地壳形变基础理论与观测技术

《地壳形变基础理论与观测技术》编委会 ◎ 著

地震出版社

图书在版编目（CIP）数据

地壳形变基础理论与观测技术／《地壳形变基础理论与观测技术》编委会著. —北京：地震出版社，2021.12

ISBN 978 - 7 - 5028 - 5318 - 1

Ⅰ. ①地… Ⅱ. ①地… Ⅲ. ①地震—关系—地壳形变—研究②地震观测—研究 Ⅳ. ①P315.7

中国版本图书馆 CIP 数据核字（2021）第 087104 号

地震版 XM4354/P（6129）

地壳形变基础理论与观测技术

《地壳形变基础理论与观测技术》编委会 ◎ 著
责任编辑：王亚明 郭贵娟
责任校对：刘素剑

出版发行：地震出版社

北京市海淀区民族大学南路 9 号   邮编：100081
发行部：68423031 68467993   传真：68467991
总编办：68462709 68423029
专业部：68467982
http://seismologicalpress.com
E-mail: dz_press@163.com

经销：全国各地新华书店
印刷：北京广达印刷有限公司

版（印）次：2021 年 12 月第一版 2021 年 12 月第一次印刷
开本：787×1092 1/16
字数：767 千字
印张：30.75
书号：ISBN 978 - 7 - 5028 - 5318 - 1
定价：78.00 元

版权所有 翻印必究

（图书出现印装问题，本社负责调换）

《地壳形变基础理论与观测技术》编委会

主　任：张　燕

副主任：申重阳　师宏波　何庆龙

成　员（按姓氏笔画排序）：

马武刚　王阅兵　韦　进　师宏波　吕品姬　吕　健

吴　云　何庆龙　杨光亮　张振伟　陈长云　畅　柳

周硕愚　赵　莹　郝洪涛　胡敏章　唐　磊

《地壳形变基础理论与观测技术》顾问委员会

主　任：吴　云

副主任：孟晓春　周硕愚

成　员（按姓氏笔画排序）：

卫爱霞　马鸿英　王晓权　吕宠吾　刘文义　达　勇

池顺良　李正媛　李　辉　苏恺之　张祖胜　陈志遥

蒋幼华　温兴卫　楼关寿

前言

在中国地震局人事教育司、监测预报司的总体部署下，根据地震人才工程下达的任务，为满足地壳形变岗位培训需求，防灾科技学院组织了本教材的编写。本教材是在对地形变测量原理、技术和方法进行系统总结的基础上编写的，主要介绍地壳形变观测基础知识、台站日常运维、形变仪器测量原理、数据处理与应用、观测质量监控、台站建设等内容。本书编写过程中，参考了地壳形变测量方面的诸多文献，尤其是《地形变测量（试用本）》一书，为本书的重要参考。本书可作为地壳形变专业技术培训用书，也可作为高校参考教材，还可作为地壳形变专业技术人员自学用书。

本教材大体分为五部分：第一部分为第1章和第2章，简要介绍了地壳形变测量的任务，部分基础知识；第二部分为第3章，主要介绍重力测量方法、重力观测仪器原理、台站运维及资料质量控制、台站建设；第三部分为第4章，介绍了倾斜应变测量方法、仪器原理、台站运维及资料质量控制、台站建设；第四部分为第5章，介绍了GNSS测量原理、观测仪器、日常运维及资料质量控制、台站建设；第五部分为第6章和第7章，介绍了水准测量和断层测量的方法，仪器、资料质量控制、台站建设；第六部分为第8章和第9章，主要介绍了地形变资料误差分析和应用。同时，本教材还提供了优秀论文及习题，供使用者参考。

本教材的第1章由周硕愚编写，第2章由张燕、吴云编写，第3章由申重阳、杨光亮、韦进、胡敏章、郝洪涛编写，第4章由张燕、唐磊、吕品姬、马武刚、赵莹编写，第5章由师宏波、王阅兵编写，第6、7章由何庆龙、陈长云、吕健、张振伟、畅柳编写，第8章由周硕愚、张燕编写，第9章由张燕、周硕愚、杨光亮编写，全书由张燕负责统稿。

本教材编写过程中，得到了《地壳形变基础理论与观测技术》顾问委员会的大力支持和帮助，在此对顾问委员会的专家、学者、教师以及地震出版社的刘素剑、王亚明、郭贵娟表示诚挚的感谢，对教材编写过程中给予大力帮助的同行致以诚挚的感谢。

尽管编写组尽量努力对待每个科学和技术问题，但由于编写时间紧、涉及的内容较多，难免存在疏漏之处，欢迎读者批评指正。

目录

第1章 概 论

1.1 地形变测量的形成与发展

地球表层是我们人类生活的家园，但它总是不断变化着。地震、火山、滑坡、岩崩、沉降、海侵等自然灾害频发，我们居住的家园并不安宁。经济社会越发达、越现代化，城市化程度越高，灾害后果往往越严重。20世纪中期，世界上一些地震灾害严重的发达国家，如美国、苏联、日本等国家都不约而同地将现代大地测量学应用于地震监测和地震减灾的研究。

我国也稍后开启同一应用研究历程。早在1962年，根据李四光和方俊院士的提议，在国务院周恩来总理的支持下，首次将水准测量应用于广东省新丰江水库蓄水变形和诱发地震的预测研究，通过精密水准测量获得了水库库首区蓄水引起地面沉降和大坝的变形，实施了大坝加固工程，抗住了随后发生的6.1级地震，大坝完好无损，这是一项载入水库诱发地震研究史册的成果；1966年邢台地震后，现代大地测量开始大规模应用于地震监测预报和现今地壳运动研究并成为常规化监测手段，在海城地震、松潘地震、龙陵地震、丽江地震等一系列大震及强震的监测预报中经受实践检验，为这些地震震前不同时间尺度的成功预测提供了实测数据支持；对于唐山大地震和汶川大地震，虽然没能够向社会发布震前短临预报，但在震前还是观测到了可识别的形变和重力变化异常，特别是汶川大地震前，地震重力学专家提出过年度预测意见，事实表明他们预测的地震时空强三要素都是准确的；现代大地测量新的技术，如GNSS（全球导航定位技术）和InSAR（合成孔径雷达干涉技术）可以获得我国昆仑山大地震（2001年11月，8.1级）、汶川大地震（2008年5月，8.0级），日本宫城大地震（2011年3月，9.0级），尼泊尔大地震（2015年4月，8.1级）清晰的同震地面运动和震后变形的空间图像和时间过程，为现今地壳运动学、动力学研究提供了强大的技术支撑，展现出新的更可期待的前景。

在现代大地测量应用于地震监测和地震减灾的理论与技术研究探索不断深化的进程中，一门前沿交叉新学科——地震大地测量学，初步形成并正在发展完善，国内测绘学界也有被称为"地球物理大地测量学"的新兴交叉学科，但内容涵盖稍有不同；而国际上不同的学者对其也有类似的不同称呼，如称之为"构造形变大地测量学"（美）、"地震大地测量学"（美）或"地球物理大地测量学"（澳）等。

地震大地测量学正成为推进现今地壳运动和地球动力学发展的强劲动力，更是地震科学和地震监测预报不可或缺的基石与支柱。

本教材所述的地形变测量，是地震大地测量学的基本组成部分，吸收了空间大地测量、物理大地测量、动力大地测量等现代大地测量学科的主要理论和技术内容，不断适应地震监测预报的需要，不断与地质学、地球物理学等相关的学科交叉融合。自20世纪下半叶以来，空间技术、光学与无线电遥感技术、计算机技术、数字技术、互联网技术等高新技术快速发展，地形变测量适时集成应用了这些先进的科学技术成果，特别是全球导航定位系统GNSS（GPS、北斗、GLONASS、Galileo），获得了深入应用研究；与此同时，在地面测量技术方面也取得了长足进步，如数据采样率达到分钟和秒的高精度数字化地倾斜仪、地应变仪和重力仪器日趋完善并形成规模台网，多色激光测距仪、数字化水准仪、断层蠕变仪、超导重力仪、绝对重力仪等先进测量仪器不断实现常规化应用；在测量数据处理和理论模型研究方面也取得同步发展，如由非参数模型发展到参数模型，由几何模型发展到物理模型，由线性模型发展到非线性模型，由运动学模型发展到动力学模型等。这些理论和技术进展促使地形变测量发生革命性的进步，获得了前所未有的强大能力，已成为地震监测预报的主要支柱学科。

地形变测量，是地震监测预报系统的重要组成部分，以服务于地震监测预报工作为根本目标和任务，是地震监测预报的理论与技术支撑之一。

1.2　地形变监测台网的组成

地形变测量，集成了当代先进的空间大地测量和地面动态测量的先进技术，精确测定时间尺度由秒至数十年，空间尺度由点（台站或测点）、线（测线）、面（台网）、区域至全球的现今地壳运动、形变与深部物质运移的时空微动态；通过严谨的数据处理、运动学和动力学建模，提供地震震前、震时和震后的地面运动形变场和地球重力场随时间、空间的变化信息，直接为地震预测预报服务。

地形变测量的核心部分，是观测研究地面位移、倾斜、应变，断层滑动、蠕变，重力、地球固体潮汐和介质物性（密度、勒夫数）等物理量的空间分布及其随时间的变化；通过建立台站网络、跨断层构造观测场地、区域和全国测网的连续观测和定期重复观测获取数据；近年来，GNSS、InSAR和卫星重力等空间对地观测技术开始应用，天基观测网络的建立促使覆盖全球的观测得以实现，地震监测预测观测研究将实现从本土到全球的跨越。

1.2.1　地形变观测台网的基本构架

地形变观测台网系统可分为两类，一类是流动形变测量，另一类是定点（台站）形变观测。两者的任务定位有所不同：流动形变测量是在选定的时段上重复测定地壳形变变化的空间状态，主要任务是为长中期地震危险性预测、地震大形势估计和年度地震趋势会商提供支持；定点形变观测是在选定的位置（台站）上连续观测形变、重力变化的时间过程，主要任务是为短临震情跟踪和短临地震危险性预测提供支持。

1. 流动形变测量网

全国流动形变测量网的建立，充分考虑对地壳运动的整体监测与地震重点区适度加密监测相结合，并考虑各种观测手段的综合配套，实施定期或不定期的流动复测，构成大范围、高精度、高时空分辨率的观测网络，监测形变和重力的时间空间态势，主要包括以下几类。

（1）GNSS区域观测网，包括中国地壳运动观测网络中的区域网以及为强化地震监测和科学研究目的而专门布设的精密GNSS观测网，用于高精度地获取统一于ITRF参考系中的地形变三维空间分布（纬向、经向、垂直向）及其随时间的变化。

（2）精密水准观测网，高精度地获取相对于平均海平面的垂直形变场空间分布及其随时间的变化。

（3）断层形变观测网，侧重于地震重点监视区，在各种层次的块体边界带——断层带上，实施跨越断裂两侧（剖面）的动态复测，包括短水准、短基线、短边激光测距、短边GNSS和重力测量等手段。

2. 台站形变观测网

台站形变观测网在固定台站上对水平位移、垂直位移、地倾斜、地应变及断层形变随时间的变化实施连续观测，提供多个时间序列的数据，主要包括以下几类。

（1）GNSS基准网。设置在多个台站上的GNSS连续观测，采样间隔为30s或更高采样率；数据处理后产出统一于ITRF参考框架中的纬向、经向和垂直向位移随时间的变化序列数据〔目前主要为日（24h）值时序〕。

（2）地倾斜台网。包括洞体和钻孔两种基本观测方式在内的多种地倾斜连续观测，全部实现了数字化、网络化和多测项，整体上跨入了第三代台网。使用多种有自主知识产权的国产仪器，能精确可靠地记录地倾斜及其地球固体潮汐随时间的细微变化，其时序取样间隔已能精细至分钟和秒，有效地扩大了监测信息的频率域。

（3）地应变台网。能实现包括洞体和钻孔两种基本观测方式在内的多种地应变连续观测，其他情况与地倾斜台网相同。

（4）断层形变台站观测网。设置在台站上的断层形变时间序列观测，采样间隔从季、月、日（大地测量方式）至连续记录（断层形变连续自记仪），主要获取断层两盘的相对滑动和蠕变信息。

3. 重力观测网

重力观测网，包括流动重力观测网和台站重力观测网。

（1）流动重力观测网。以相对重力仪、绝对重力仪实施定期或不定期的流动复测，监测重力场的空间分布及其随时间的变化。

（2）台站重力观测网。用设置在台站上的重力仪，实施不间断的连续自动观测，其时序取样间隔已能精细至分钟和秒，有效地扩大了监测信息的频率域。当前全部重力台站的观测已实现了数字化、网络化，能精确可靠地监测重力及其地球固体潮汐随时间的细微变化。其时序取样间隔已能精细至分钟，有效地扩大了监测信息的频率域。重力台网的观测技术和监测能力有了空前的提高。

1.2.2 地形变监测台网的特点

地形变监测台网具有如下特点。

（1）"空（间）""地（面）""深（部）"相结合的立体观测台网，实现了空间卫星（全球定位系统卫星、重力卫星等）观测、多种地面形变观测与深钻孔观测，以及深部探测（重力、固体潮汐因子）相结合。

（2）"点""线""面"相结合的多维度与空间观测台网。空间分布监测的尺度从全球、中国大陆及邻区、构造块体、块体内部、边界带、断裂带直至定点，实现了多种空间维度与尺度相互叠合监测。

（3）"长""中""短"相结合的多频段与多时间尺度观测台网。观测时间序列的采样间隔由数十年、数年、年、月、日、小时、分钟直至秒（相应的频率域由近似零频直至1Hz），实现多种频段与时间尺度互补监测，可为长、中、短（临）地震预报提供多重信息服务。

（4）全国整体监测与重点区加密监测相结合，甚至于全球覆盖。

（5）力学型台网。地震是一种地球动力学过程，力很难直接测定，但力作用下的运动（位移、速度、加速度）、变形（应变）和介质物理性质（密度、勒夫数）可通过实测台网进行测定。

1.3 地形变测量的任务与作用

1.3.1 地形变测量的任务

地形变测量的任务是精确测定和提供现今地壳运动、变形、重力和深部介质物性空间分布及其随时间变化的信息，监测地震的孕育、发生过程，揭示震前、震时和震后异常时空变化信息，服务于地震预测预报，并为地球科学、工程防灾减灾提供基础信息。

地形变测量能测定以下多种物理量的时间和空间变化态势。

（1）地壳水平及垂直运动，包括位移、速度、加速度、周期性与非周期性暂态变化等。

（2）构造板块与块体运动、断层运动、块体内部变形。

（3）重力及其变化、地球内部介质物性（密度、勒夫数等）变化。

（4）地壳长期缓慢变化（冰后回弹、海平面上升等）。

（5）地震、火山、滑坡等突发灾害的孕育、发生和后续过程。

（6）地壳块体蠕变、静地震、慢地震。

（7）人类活动导致环境变化的监测与诱发灾害的预测（如水库诱发地震、矿震以及矿区沉降等）。

1.3.2 地形变测量对地球科学发展的推动作用

地形变测量对地球科学的发展起到了不可替代的推动作用，主要表现在以下几方面。

（1）开拓了现今（现时）地壳运动和现今地球动力学研究新领域：状态→过程、线性→非线性、稳态→临界态与暂态。

（2）推动全球和中国现今地壳运动研究取得创新进展。

（3）推进当代地球动力学研究（大陆动力学、边缘海动力学、动力地质学、环境动力学、灾害动力学）。

（4）推进地球内部物理学研究：为模型提供时空强定量约束与检验。

（5）推进地球系统科学研究（为圈层关系研究提供定量约束）、地球表层学研究和数字地球研究。

（6）推进空间地球物理学和气象学研究，测定电离层电子浓度和对流层湿度变化等。

（7）为地震、火山等灾害预测研究注入强劲动力，提供前所未有的三维动态过程信息。

（8）为协调人和自然关系提供了有力的监测评估手段。

1.3.3　地形变测量的地震监测预报和防灾减灾作用

地形变测量的观测与研究成果为地震监测预报和地球科学提供了大量的实测信息，可应用于诸多方面，例如：

（1）板块与块体的划分，活动程度和活动方式的定量测定。

（2）边界带与断裂带的识别，活动程度和活动方式的定量测定。

（3）板间与板内、块内变形的定量测定。

（4）地震大形势判定。

（5）地震危险区的圈定和演化跟踪。

（6）孕震源区和动态图像跟踪。

（7）预估未来地震地点与震级。

（8）动态判别是否进入非线性和临界阶段，发震时间预估。

（9）短临前兆信号捕捉判别，提出地震诸要素预报意见。

（10）火山监测预报与灾害预测。

（11）海平面变化及沿海沉陷等海洋学灾害监测预测。

（12）滑坡、泥石流等地质学灾害监测预报。

（13）对流层水汽含量与电离层电子浓度监测，研究地球多圈层动力学耦合作用，探索地震短临异常，促进日地关系与通信安全研究。

（14）人类活动导致自然环境改变，进而诱发灾害的监测预测（如水库蓄水、油田开发、矿山开采等诱发的地震及其灾害）。

（15）生命线和重大工程的安全性预估、监测与预测（如核电站、特高层建筑、高速铁路、油气管线、跨海大桥、水坝等）。

地形变测量是现代大地测量学应用于地震预测和防震减灾过程中与地球物理学、地质学等学科相互渗透而初步形成的一门当代前沿交叉子学科，具有不可取代性，正在方兴未艾地发展，有待在地震监测预测和防灾减灾实践中进一步接受检验，继续从相关学科中吸取研究成果与智慧，不断从当代迅速发展的新科学技术中吸取最新成果并及时应用，做更深入研究，以便使学科更为成熟，我们应该满怀信心，努力向前！

第2章 地形变测量基础

地形变测量是精确测定现今地壳运动、变形、重力和深部介质物性空间分布及其随时间变化的信息。在深入研究地形变测量之前,我们需要掌握相关的基础知识。

2.1 太阳、地球、月球的相互关系

太阳是宇宙中距离地球最近的一颗恒星。以太阳为中心的太阳系,现在已经知道包括八大行星。从离太阳最近的算起,依次为水星、金星、地球、火星、木星、土星、天王星、海王星。除此之外,还有卫星、小行星、彗星、流星等,它们都在椭圆形轨道上围绕太阳转动(图2-1-1)。

2.1.1 地球

地球在空间的运动是复杂的。它有绕地轴的自转运动、绕太阳的公转运动,又有随太阳系绕银河系中心的旋转运动以及随银河系在宇宙中的运动等。

1. 地球的自转

地球上的观测者每天看到的日、月、星辰东升西落现象,正是地球自转运动的反映。地球绕着通过它本身的自转轴不停地自西向东旋转,自转轴与地球表面的两个交点称为北极和南极。通过地球中心并与自转轴相垂直的平面与地球表面相截所得的圆称为赤道。如果在北极上空看,地球自转是逆时针方向的。地球自转的角速度为 $7.292 \times 10^{-5}\,\mathrm{rad/s}$。在不同纬度处,地球自转的角速度相同,但线速度不同。地球自转产生了昼夜交替,它支配着人类的一切活动。人类长期使用的时间单位"日",就是以地球自转为基础建立的。

2. 地球的公转

地球是太阳系八大行星之一。它与其他行星一样,不停地环绕太阳公转。行星绕日运行的规律遵循开普勒三大定律。

第一定律:各行星的运动轨道都是椭圆,太阳在椭圆的一个焦点上。图2-1-1中,S 表示太阳,AB 为椭圆的长轴。行星在椭圆轨道上按逆时针方向运行,达到位置 A 时,距太阳最近,

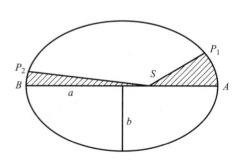

图2-1-1 行星绕太阳运行轨迹

故称 A 点为近日点；在位置 B 时，距太阳最远，故称 B 点为远日点。

第二定律：行星的向径（太阳中心与行星中心的连线）在相等的时间内所扫过的面积相等。由图 2-1-1 可以看出，由于扇形 P_1SA 和 P_2SB 的面积相等，显然，行星在近日点附近的运行速度比在远日点附近快。

第三定律：行星绕日运行的周期的平方与轨道半长径的立方成比例。设 T 为行星公转周期，a 为半长径，则有：

$$\frac{a^3}{T^2} = 常数$$

根据开普勒第一定律，地球公转轨道称为黄道，黄道为一椭圆，太阳位于该椭圆的一个焦点上。在近日点，地球距太阳约 $1.47 \times 10^8 km$；在远日点，地球距太阳约 $1.52 \times 10^8 km$。地球轨道的长轴半径约为 $1.496 \times 10^8 km$，而短轴半径约为 $1.4958 \times 10^8 km$。可见，地球公转轨道非常接近圆形。地球在黄道上逆时针方向运行一周的时间约为 365 日 5 时 48 分 46 秒。

根据开普勒第二定律，地球环绕太阳运行的速度是不均匀的，在近日点附近快，日速约为 $1°01'$；在远日点附近慢，日速约为 $57'$。地球公转的平均速度约为 $29.8km/s$。地球公转的一个重要特点，就是在公转时，它的自转轴相对于公转轨道平面（黄道面）是倾斜的，其倾角始终保持约为 $66°33'$，也就是说，地球赤道面与黄道面的夹角约为 $23°27'$。正是地球在公转过程中的这一重要特点，才产生了地球上昼夜长短和四季气候的变化。例如，每年的夏至日（约在 6 月 21 日），地球在远日点附近，太阳正射北半球，北半球为夏季，昼长夜短；冬至日（约在 12 月 21 日），地球在近日点附近，太阳斜射北半球，北半球为冬季，昼短夜长；而在春分日和秋分日，太阳正射赤道，北半球为春季和秋季，昼夜平分。南半球的四季与昼夜长短变化则与北半球相反。

2.1.2　月球

月球是地球唯一的天然卫星，两者的运动密切相关，但月球的运动更复杂一些。它具有自转运动，同时又绕地球旋转，而地 - 月又一起环绕太阳公转。我们观察月球所能看到的最显著的现象有三个：月相变化、月食，以及月球始终以同一面向着地球。实际上，这些现象都是因为月球和地球的运动使日、地、月三者相对位置发生变化而产生的。

1. 月球的自转

人们很早就发现，月球总是以同一面向着地球。这是由于月球自转周期恰好和月球绕地球转动的周期相等。图 2-1-2 可以解释这一现象：每当月球自转 1/4 周期，它绕地球的转动也恰好经过 1/4 周期，且都是向相同方向转动，故地球上的观测者就只能看到月球的相同一面了。不过，由于月球绕地球转动的轨道是椭圆，加之地球的引力使月球产生摆动，故地球上的观测者实际上能看到 59% 的月面。当然，随着宇宙探测器的发射，人类登月的成功，那 41% 的月背面对我们已不再是秘密了。

2. 月相变化

月球本身不发光，但可以反射太阳光。由于月球绕地球运转，地球绕太阳运转，月球、地球和太阳三者的相对位置不断变化，因此，地球上的观测者所见到的月球被照亮部分也在不断变化，从而产生不同的月相。通常把月相变化周期称为朔望月。

月球从新月（或满月）位置出发再回到新月（或满月）位置的时间间隔，叫朔望月或盈亏月。朔望月是月相变化的周期，它的长度等于29.53059平太阳日。当月球运行到太阳和地球之间时，通宵达旦都看不到月亮，这天的月相叫新月或朔。随着月球的运动，月球在天球赤道面上的投影逐日偏离日地连线，使得朝向地球的半个面中被太阳照亮的部分越来越大，月相成为越来越大的镰刀形。经过1/4周，月球和太阳在天球赤道面上的投影构成了直角，朝向地球的月面中有一半被太阳照亮，傍晚开始至午夜都可以看到，这天的月相叫上弦月。此后月球明亮的部分越来越大，又经过1/4周，月球运行到太阳的对面（在此指的是太阳与月球在地球的两侧），朝向地球的半个月面全部被太阳照射着，这时的月相便成为一轮皓月，叫作满月或望，通宵达旦都可观察到圆月。满月以后，圆形月亮逐渐"亏缺"，每天看到的明亮部分逐渐减小，再经过1/4周，又成为半圆形，然而和上弦月不同，这时月球的下半偏左是亮的，这天的月相叫作下弦月，午夜后可以看到。

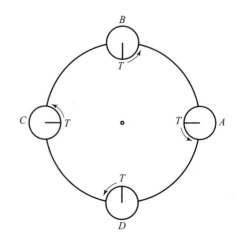

图 2 - 1 - 2　月球的自转

3. 月食

月食是月球进入地球阴影，月面变暗的现象。地球在背着太阳的方向有一条阴影，称为地影。地影分为本影和半影两部分，本影没有受到太阳直接射来的光，半影受到一部分太阳直接射来的光。月球在绕地球运行过程中如果进入地影，就会发生月食。月球整个都进入本影时，发生月全食；只是一部分进入本影，则发生月偏食。我们知道月球进入地球本影，是在望日附近，这说明月食只发生在望日（农历十六日）前后。但并不是每个望日都发生月食，这是因为黄道与白道（即月球绕地球运行的轨道）并不重合，它们具有约5°9′的倾角。因此，只有当月球运行到黄白交点附近的望日前后才能发生月食。

2.1.3　日、地、月的基本常数

130万个地球的大小才相当于一个太阳的大小。太阳的直径为13.92×10^8m，是地球的109倍。太阳的体积为1.4×10^{27}m³，是地球的130万倍。太阳的质量近2.0×10^{30}kg，是地球的33万倍，它集中了太阳系99.865%的质量，是个至高无上的"国王"。虽然如此，它在宇宙中也只是一颗普通的恒星。

地球是两极稍扁、赤道略鼓的椭球体，赤道半径为6378km，极半径为6357km，平均半径为6371km；赤道周长约4×10^4km；地球的体积为1.083×10^{21}m³；地球的质量为5.9742×10^{24}kg，由地球的质量和体积，求出地球的平均密度约为5.5g/cm³。

月亮比地球小，直径是3476km，大约等于地球直径的3/11。月亮的表面积大约是地球表面积的1/14，它的体积是地球的1/49。月亮的质量是地球的1/81；物质的平均密度约为 3.34g/cm³，只相当于地球密度的 3/5。月球上的引力只有地球的 1/6。

2.2　时间与时间变换

时间是物质存在和运动的基本形式之一，也是量度物质运动过程的基本常数。时间包含了"时刻"和"时间间隔"两个概念。时刻是指发生某一现象的瞬间。在天文学和卫星定位中，与所获取数据对应的时刻也称历元。时间间隔是指发生某一现象所经历的过程，是这一过程始末的时间之差。时间间隔测量称为相对时间测量，而时刻测量相应称为绝对时间测量。

测量时间时必须建立一个测量的基准，即时间的单位（尺度）和原点（起始历元）。其中时间的尺度是关键，而原点可根据实际应用加以选定。

符合下列要求的任何一个可观察的周期运动现象，都可用作确定时间的基准：① 运动是连续的、周期性的；② 运动的周期应具有充分的稳定性；③ 运动的周期必须具有复现性，即在任何地方和时间，都可通过观察和实验，复现这种周期性运动。

在自然界，有幸能够找到满足上述基本要求的物质运动。例如，人类最早是选用地球自转运动来计量时间的。随着科学技术的进步，人们对时间测量的要求愈来愈高，到目前为止，广泛使用的基本时间计量系统有三类：一是以地球自转运动为基础的世界时系统（如恒星时、太阳时、太阴时）；二是以原子内部电子跃迁时辐射的电磁波的振荡频率为依据的原子时系统；三是以地球公转为基础的历书时与力学时系统。

2.2.1　世界时系统

世界时系统有恒星时、太阳时、太阴时、世界时等。

1. 恒星时

以春分点的周日视运动来测定地球自转周期并建立的时间计量系统，称为恒星时。

春分点连续两次经过某地上子午圈的时间间隔叫作 1 恒星日。把 1 恒星日分成 24 等份，每个等份叫作 1 恒星时，每个恒星时等分为 60 恒星时分，每个恒星时分再等分为 60 恒星时秒。

春分点随着地球的自转在做周日视运动，当春分点恰好在某测站的上子午圈时，它在该地的时角为 0，我们把这一时刻作为该地一个恒星日的开始，则此时刻该地的恒星时为 0h。随着春分点的周日视运动，时角逐渐增大，恒星时也相应增大。当春分点第二次经过该地上子午圈，完成一个恒星日时，春分点的时角为 24h。

必须指出的是，时角是以测站的上赤道点为起算点，而不同的测站，子午圈是不同的。因此，在某一瞬间它们的春分点的时角或恒星时也是不同的。

2. 太阳时

以太阳为参考点来测量地球自转周期而建立的时间计量系统，称为太阳时。

以真太阳视面中心为参考点建立的时间计量系统，称为真太阳时。所谓真太阳，是相对后面将要讲述的假想的平太阳而言的。

1）真太阳日

一个真太阳日就是真太阳视面中心连续两次经过某地上子午圈所经历的时间间隔。和恒星日相似，1 真太阳日等分为 24 真太阳时，1 真太阳时等分为 60 真太阳时分，1 真太阳时分等分为 60 真太阳时秒。

2）真太阳时

真太阳时简称真时。当真太阳上中天时，它的时角 $t_\odot = 0h$，这个时刻称为真中午。当真太阳时角 $t_\odot = 12h$ 时，真太阳时亦为 12h，这个时刻称为真子夜。在一个真太阳日内，真太阳时角 $t_\odot$ 从 0 变化到 24h，此时真太阳时也从 0 变化到 24h。由此可知，真太阳时在数值上等于真太阳时角。以后我们直接用 $t_\odot$ 表示真太阳时。

由于时角是从子午圈起算的，而不同的测站有不同的子午圈，因此真太阳时与恒星时一样具有地方性，故称地方真时。

真太阳时的缺点是作为真太阳时基本单位的真太阳日长短不一，也就是说，真太阳时是不均匀的。

3）平太阳时

为了弥补真太阳时不均匀的缺陷，人们设想一个假太阳，这个假太阳与真太阳有着同样周期的周年视运动，和真太阳不同之处在于：① 周年视运动的轨道在赤道上，而不是在黄道上；② 在赤道上所做的周年视运动的速度是均匀的，它的速度等于真太阳在一年中运动速度的平均值。我们称这个假太阳为平太阳。这个平太阳克服了真太阳在黄道上做周年视运动而引起的时角变化不均匀的缺陷。因此，用平太阳的周日视运动来建立计量时间的单位就符合基本要求了。我们把以平太阳为参考点来测量地球自转周期而建立的时间计量系统，称为平太阳时，简称平时。由于人们习惯以平子夜为一日的开始，因此我们把平太阳连续两次经过某地下子午圈所经历的时间间隔称为一个平太阳日。1 平太阳日有 24 平太阳时，1 平太阳时有 60 平太阳时分，1 平太阳时分有 60 平太阳时秒。

当平太阳在上中天时（称平正午），其时角 $t_m = 0h$；在下中天时（称平子夜），其时角 $t_m = 12h$。但由于平太阳日是从下中天即平子夜开始起算的，故任何瞬间平太阳时 m 在数值上等于平太阳时角 t_m 加上 12h，即

$$m = t_m + 12 \qquad\qquad (2-2-1)$$

平太阳时同样也是地方时，故称地方平时。

4）时差

从真太阳和平太阳的不同点可以看出，在同一时刻真太阳的时角和平太阳的时角是不相等的，因此同一瞬间的真太阳时和平太阳时也不相等，它们之间的差别叫作时差，用符号 η 来表示，即

$$\eta = t_\odot - t_m \qquad\qquad (2-2-2)$$

顾及式（2-2-1），则

$$\eta = t_\odot - m + 12 \qquad\qquad (2-2-3)$$

平太阳时是一个看不见的假想点，我们无法直接观测，只能通过观测真太阳，按式（2-2-3）求出平太阳时。式中的时差 η 可根据观测日期和时刻在天文年历的"太阳"

表中内插求得。

3. 太阴时

以月球为参考点所度量的地球自转周期而建立的时间计量系统，称为太阴时。

1）太阴日

其指月球中心连续两次通过地球上同一子午线所需要的时间，平均是 24h50min，比平太阳日长 50.47min。这是由于月球公转方向和地球自转方向相同，月球每日在白道上平均运行 13°11′，因此当地球自转一周后，月球已经沿轨道向前运行了 13°11′，而地球需要再转过 13°11′（地球绕过这个角度所需的时间约是 50min），月球中心才能两次经过这一子午线。所以，以一定的地点来说，月球中心通过当地子午线的时刻，总比前一天延迟 50min。

2）平太阴日和平太阴时

假想的、等速在天球赤道运行的平太阴连续两次上中天的时间间隔，叫作一平太阴日，而 1/24 平太阴日取为 1 平太阴时。因为月球的公转速度大于太阳在天球上的视运动速度，当地球自转一周，平太阴已运行了一个大约 12.19° 的角度，所以地球上某一点由第一次正对月球中心到第二次正对时约需旋转 12.19°，这样一来，平太阴日便比平太阳日长，可以算出：1 平太阴日 = 24.8412 平太阳时 ≈ 24h50min。

4. 区时、世界时和地方时

地方时都是从当地的子午圈起算的。在同一瞬间，不同经度的地方，它们的地方时都不相同，而且东面的地方时比西面的地方时要大。如果各地都用自己的地方时来表示时间的话，那么就会因时间的混乱而给人们的社会生活带来许多不便。为了解决这一问题，1884 年华盛顿国际子午线会议决定采用统一的区时，即分区统一时间的方法。就是将全球划分为 24 个标准时区，每一个时区的经度差为 15°（1h）。划分次序是：从格林尼治子午圈（0°）起算，向东、向西各取 7.5°的这个范围叫作 0 时区。从零时区的边界分别向东和向西，每隔 15°划一个时区，东、西各划出 12 个时区，东 12 时区和西 12 时区重合。全球共划分成 24 个时区，各时区都以中央经线的地方平时为本区的区时，相邻两时区的区时相差 1h，全球任何地方的时间仅相差整小时数。这就为日益频繁的国际交往提供了很大方便。由于格林尼治地方平时，即 0 时区的区时，在国际活动特别是在天文测量中具有重要作用，特称其为世界时。

设任意时区的区号为 n，则区时 T_n 和世界时 T_0 有如下关系：

$$T_n = T_0 + n \quad 或 \quad T_0 = T_n - n \qquad (2-2-4)$$

通常，对格林尼治以东时区，n 取正值，以西取负值。

我国幅员辽阔，从西到东横跨东 5、东 6、东 7、东 8、东 9 共 5 个时区。现在除新疆、西藏采用东 6 时区的区时外，全国其他地区统一采用北京所在的东 8 时区的区时，称为北京时间。根据上式，北京时间与世界时的关系为

$$T_{北京} = T_0 + 8 \qquad (2-2-5)$$

区时不等于地方时，地方时是相应于该地子午线的平时，而区时是相应于时区中央子午线的平时。

由于地球自西向东自转，在同纬度的地区，相对位置偏东的地点，要比位置偏西的地

点先看到日出，时刻就要早，因此，就会产生因经度不同而出现不同的时刻，称为地方时。经度每隔15°，地方时相差1h。经度相差1°，地方时相差4min。同一条经线上的各地地方时相同。

2.2.2 原子时系统

1. 原子时和协调世界时

1）原子时

物质内部的原子跃迁，所辐射和吸收的电磁波频率，具有很高的稳定性和复现性，非常适合做时间的基准。以此为基准的时间系统，称为原子时（AT）。原子时是通过原子钟来守时和授时的，其准确度和稳定度可达 $10^{-14} \sim 10^{-13}$。

原子时秒长的定义：位于海平面上的铯133原子基态的两个超精细能级，在零磁场中跃迁辐射震荡9192631770周所持续的时间为一原子时秒。原子时秒为国际制秒（SI）的时间单位。原子时的原点为

$$AT = UT2 - 0.0039s \qquad (2-2-6)$$

许多国家都建立了各自的原子时系统，但相互之间存在某些差异。为此，国际上大约100座原子钟，通过相互对比，推算出了统一的原子时系统，称之为国际原子时（IAT）。IAT 的时刻定义为在1958年1月1日0时与UT2（加上季节变化改正的UT1）同步。在GPS测量中，原子时作为高精度的时间基准，用于精密测定卫星信号的传播时间。

2）协调世界时

原子时精确、稳定，但世界时与天象（地球自转）相吻合，在大地测量、导航、跟踪定位等诸多方面，世界时得到广泛应用。地球自转存在长期变慢的趋势，世界时每年比原子时要慢0.5~1.0s，这样逐年积累，就会造成原子时和世界时过大的偏差。从1972年起，国际上协调采用了一种以原子时秒长（SI）为基础，在时刻上尽量接近于世界时的一种折中的时间系统，称为协调世界时（UTC）。协调世界时（UTC）的秒长，严格等于原子时的秒长，采用跳秒的办法，使协调世界时（UTC）与世界时（UT1）的时刻保持接近。当UTC与UT1的时刻相差超过±0.9s时，便在UTC中引入1闰秒（正或负），使两者之差不再扩大。闰秒一般在12月31日或6月30日末加入。具体日期由国际地球自转服务组织（IERS）安排和通告。因此，UTC实际上是一种原子时系统。目前世界上几乎所有国家均发播UTC时号，并同时给出UT1和UTC的差值。这样用户可以很容易由UTC得到相应的UT1。

2. GPS 时间

出于精密导航和测量的需要，全球定位系统建立了专用的时间系统。该系统可简写为GPST，由GPS主控站的原子钟控制。

GPS时属原子时系统，其秒长与原子时相同，但与国际原子时（IAT）的原点不同。所以，GPST与IAT在任一瞬间均有一常量偏差，其时间关系为：IAT - GPST = 19s。

GPS时与协调世界时（UTC）的时刻，规定于1980年1月6日0时相一致。其后随着时间的积累，两者之间的差别将表现为秒的整数倍。

GPS 时与协调世界时之间的关系为:

$$GPST = UTC + 1s \times n - 19s \qquad (2-2-7)$$

至 1987 年, 调整参数 $n = 23$, 两时间系统之差为 4s, 而至 1992 年调整参数 $n = 26$, 上述两时间系统之差已达 7s。

2.2.3　历书时和力学时

历书时和力学时都是根据天体动力学的理论运动方程编算历表的引数, 因而是均匀的。

1. 历书时

历书时是以太阳系内的天体公转运动为基础的时间系统, 以符号 ET 表示。历书时规定, 1900 年 1 月 1 日历书时 12h 回归年长度的 1/31556925. 9747 为 1 历书秒。在该瞬间, 历书时与世界时在数值上相同, 但此后有如下关系:

$$ET = UT_1 + \Delta T_E \qquad (2-2-8)$$

式中, ΔT_E 为世界时化为历书时的改正, 通常通过观测月亮来确定。

历书时无论从理论上还是实践上都不完善, 这是因为不同的历表可以基于不同的历书时, 天文常数的改变又会使历书时不连续, 它不能算是真正的均匀时间标准。鉴于上述不足, 1976 年国际天文协会决定, 从 1984 年起用力学时来取代历书时。

2. 力学时

力学时是天体动力学理论及其历表所用的时间。常用的力学时有两种: ① 太阳系质心力学时 (TDB) 是相对于太阳系质心的运动方程所采用的时间参数; ② 地球质心力学时 (TDT) 是相对于地球质心的运动方程所采用的时间参数。

地球质心力学时 (TDT) 是建立在国际原子时 (IAT) 基础上的。TDT 的基本单位是国际制秒 (SI), 与原子时的尺度一致。国际天文学联合会 (IAU) 决定, 1977 年 1 月 1 日原子时 (IAT) 零时与地球质心力学时的严格关系为

$$TDT = IAT + 32. 184s \qquad (2-2-9)$$

若以 ΔT 表示地球质心力学时 TDT 与世界时 UT1 之间的时差, 则可得

$$\Delta T = TDT - UT1 = IAT - UT1 + 32. 184s \qquad (2-2-10)$$

在 GPS 定位中, 地球质心力学时作为一种严格均匀的时间尺度和独立的变量, 被用于描述卫星的运动。

2.3　坐标系统与坐标变换

2.3.1　地形变测量常用坐标系

以总地球椭球为基准的坐标系叫作地心坐标系; 以参考椭球为基准的坐标系, 叫作参心坐标系。无论地心坐标系还是参心坐标系, 均可分为空间直角坐标系和大地坐标系两

种,它们都与地球固体连在一起,与地球同步运动,因而又称为地固坐标系,以地心为原点的地固坐标系则称地心–地固坐标系,主要用于描述地面点的相对位置。

1. 地心坐标系

地心坐标系有两种表现形式:地心空间直角坐标系和地心大地坐标系。

(1)地心空间直角坐标系的定义:原点 O 与地球质心重合,Z 轴指向地球北极,X 轴指向格林尼治平子午面与地球赤道的交点 E,Y 轴垂直于 XOZ 平面,构成右手坐标系。

(2)地心大地坐标系的定义:地球椭球的中心与地球质心重合,椭球的短轴与地球自转轴相重合,大地纬度 B 为过地面点的椭球法线与椭球赤道面的夹角,大地经度 L 为过地面点的椭球子午面与格林尼治平大地子午面之间的夹角,大地高 H 为地面点沿椭球法线至椭球面的距离。任一地面点 P,在地心坐标系中的坐标,可表示为 (X, Y, Z) 或 (B, L, H)。

2. 参心坐标系

在经典大地测量中,为了处理观测成果和计算地面控制网的坐标,通常须选取一参考椭球面作为基本参考面,选一参考点作为大地测量的起算点(或称大地原点),并且利用大地原点的天文观测量,来确定参考椭球在地球内部的位置和方向。不过,由此所确定的参考椭球位置,其中心一般均不会与地球质心相重合。这种原点位于地球质心附近的坐标系,通常称为地球参心坐标系,或简称参心坐标系。

参心坐标系也称局部坐标系,有两种表现形式:参心空间直角坐标系和参心大地坐标系。

(1)参心空间直角坐标系的定义为:原点与参考椭球的中心重合;Z 轴与参考椭球的短轴重合;X 轴与起始大地子午面和参考椭球赤道面的交线重合;Y 轴在东经 90°处,构成右手坐标系。

(2)参心大地坐标系是以参考椭球来定义的。参考椭球的中心接近于地球质心,椭球短轴平行于地球平均旋转轴,起始大地子午面平行于起始天文子午面。在这种坐标系中,地面点的位置也用大地纬度 φ、大地经度 λ 和大地高 h 表示。

3. 天文坐标系

在地心大地坐标系中,如果以大地水准面来代替其中的椭球面,则相应的坐标系统通常称为天文坐标系(图 2–3–1)。在该坐标系统中,T_i 点坐标分量的定义如下。天文纬度 φ_i:T_i 点的垂线与地球平赤道面的夹角;天文经度 λ_i:T_i 点的天文子午面,即包含 T_i 点的垂线,并平行于地球平自转轴的平面与起始天文子午面的夹角。

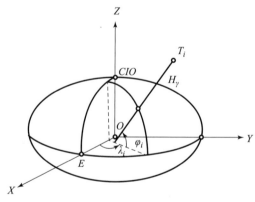

图 2–3–1 天文坐标系

为了方便,在有些文献中,还把点的正常高 H_γ 也列为天文坐标的一个分量。因此,在该坐标系中,T_i 点的位置通常记为 $(\varphi, \lambda, H_\gamma)_i$。

4. 站心坐标系

站心坐标系是原点与地面观测站重合的坐标系。根据坐标轴方向的不同分为:

(1) 站心天球坐标系:坐标轴与地心天球坐标轴平行的站心坐标系。

(2) 站心地平坐标系。如果以下标"H"表示与站心坐标系有关之量,则站心地平坐标系的定义为:原点位于观测站 T_0, Z_H 轴与 T_0 点的椭球法线相重合, X_H 轴垂直于 Z_H 轴,指向椭球的短轴,而 Y_H 轴垂直于 $X_H T_0 Z_H$ 平面,构成左手坐标系。于是在该系统中,点的坐标表示为 $(X, Y, Z)_H$。

5. 高斯平面直角坐标系

为了建立各种比例尺地形图的测量控制和工程测量控制,通常需要将椭球面上各点的大地坐标,按照一定的数学规律投影到平面上,并以相应的平面直角坐标表示。假设, (x, y) 为上述投影平面上的平面直角坐标, (B, L) 为椭球面上相应的大地坐标, (a, b) 为椭球体的长半轴和短半轴,则其间关系可一般地表示为

$$\left.\begin{aligned} x &= F_1(B,L,a,b) \\ y &= F_2(B,L,a,b) \end{aligned}\right\} \qquad (2-3-1)$$

式中, F_1、F_2 为投影函数,它根据我们对该投影所提出的不同条件,而具有不同的形式,从而构成不同的平面直角坐标系。

根据我国的地理情况,为建立地形图的测量控制和城市、矿山等区域性的测量控制,早在 1952 年便决定,采用高斯-克吕格平面直角坐标系,简称为高斯平面坐标系。由于地球椭球面是一个不可展的曲面,也就是说,我们不可能将其毫无变形地展为一个平面,所以,无论如何选择投影函数,球面上的元素投影到平面上,都会产生一定的变形。

高斯投影必须满足以下三个条件:① 中央子午线投影后为直线;② 中央子午线投影后长度不变;③ 投影具有正形性质,即正形投影条件。

2.3.2 坐标变换

1. 地心空间直角坐标系和地心大地坐标系的变换

地心空间直角坐标系和地心大地坐标系的变换关系为

$$\left.\begin{aligned} X &= (N + H)\cos B\cos L \\ Y &= (N + H)\cos B\sin L \\ Z &= \left[N(1 - e^2) + H\right]\sin B \end{aligned}\right\} \qquad (2-3-2)$$

式中, N 为椭球的卯酉圈半径; e 为椭球的第一偏心率。

(X, Y, Z) 为直角坐标, (B, L, H) 为大地坐标,当由空间直角坐标转换为大地坐标时,通常可用下式:

$$B = \arctan\left[\tan\varPhi\left(1 + \frac{ae^2}{Z}\frac{\sin B}{W}\right)\right]$$

$$L = \arctan\frac{Y}{X}$$

$$H = \frac{R\cos\varPhi}{\cos B} - N$$

$$(2-3-3)$$

式中，$\varPhi = \arctan\dfrac{Z}{(X^2 + Y^2)^{\frac{1}{2}}}$，$R = (X^2 + Y^2 + Z^2)^{\frac{1}{2}}$。

2. 天文坐标系和大地坐标系的变换

若取符号 ξ 为垂线偏差在子午圈的分量，η 为垂线偏差在卯酉圈的分量，ζ 为高程异常，则 T_i 点天文坐标与大地坐标之间的变换关系，可一般地写为

$$\begin{bmatrix} B \\ L \\ H \end{bmatrix} = \begin{bmatrix} \varphi \\ \lambda \\ H_\gamma \end{bmatrix} - \begin{bmatrix} 1 & 0 & 0 \\ 0 & \sec B & 0 \\ 0 & 0 & -1 \end{bmatrix}\begin{bmatrix} \xi \\ \eta \\ \zeta \end{bmatrix}$$

$$(2-3-4)$$

式中，大地坐标将依据式中的垂线偏差和高程异常，是相对于地心坐标系的绝对量，或者是相对于参心坐标系的相对量，而属于地心大地坐标系，或者参心大地坐标系。

3. 地心空间直角坐标系与参心空间直角坐标系之间的转换

假设 $(X \quad Y \quad Z)_T^T$ 为参心空间直角坐标向量，$(X \quad Y \quad Z)_{CTS}^T$ 为地心空间直角坐标向量，$(\Delta X_0 \quad \Delta Y_0 \quad \Delta Z_0)^T$ 为其间的定位参数向量，$(\omega_X \quad \omega_Y \quad \omega_Z)^T$ 为其间的定向参数向量，则两坐标系之间的关系，可一般地表示为

$$\begin{bmatrix} X \\ Y \\ Z \end{bmatrix}_{CTS} = \begin{bmatrix} \Delta X_0 \\ \Delta Y_0 \\ \Delta Z_0 \end{bmatrix} + R(\omega)\begin{bmatrix} X \\ Y \\ Z \end{bmatrix}_T$$

$$(2-3-5)$$

式中

$$R(\omega) = \begin{bmatrix} 1 & \omega_Z & \omega_Y \\ -\omega_Z & 1 & \omega_X \\ \omega_Y & -\omega_X & 1 \end{bmatrix}$$

$$(2-3-6)$$

4. 站心坐标系与参心（或地心）坐标系之间的变换

站心坐标系与参心（或地心）坐标系之间的转换关系为

$$\begin{bmatrix} X \\ Y \\ Z \end{bmatrix}_H = H\begin{bmatrix} \Delta X \\ \Delta Y \\ \Delta Z \end{bmatrix}_T$$

$$(2-3-7)$$

若以 $(X \quad Y \quad Z)_{T_0}^T$ 表示测站点 T_0 的参心（或地心）空间直角坐标分量，则有

$$\begin{bmatrix} \Delta X \\ \Delta Y \\ \Delta Z \end{bmatrix}_T = \begin{bmatrix} X \\ Y \\ Z \end{bmatrix}_T - \begin{bmatrix} X \\ Y \\ Z \end{bmatrix}_{T_0}$$

$$(2-3-8)$$

$$H = \begin{bmatrix} -\sin B_0 \cos L_0 & -\sin B_0 \sin L_0 & \cos B_0 \\ -\sin L_0 & \cos L_0 & 0 \\ \cos B_0 \cos L_0 & \cos B_0 \sin L_0 & \sin B_0 \end{bmatrix}_{T_0} \qquad (2-3-9)$$

式中，B_0、L_0 为测站点 T_0 的大地纬度和大地经度。

2.3.3 参考基准

1. 经典大地测量基准

在经典大地测量学中，为了便于观测成果的处理和坐标传算，一般都选择一个椭球面作为计算的参考面，并确定其在地球内部的位置和方向。这样，建立大地坐标系与确立大地测量基准问题是一致的。

由于参考椭球的几何特征对于测量计算工作具有特别重要的意义，所以长期以来，大地测量学中对地球椭球的描述，一般只是强调了表征椭球几何特性的两个参数，即椭球的长半轴和扁率（或椭球的短半轴和扁率）。为了反映地球椭球的基本物理性质，以适应空间科学和现代大地测量学发展的需要，国际大地测量学协会于 1967 年便推荐了以下 4 个量，来描述地球椭球的基本特征，即：a——地球椭球长半径（m）；J_2——地球重力场二阶带球谐系数；GM——地心引力常数；ω—地球自转角速度（rad/s）。这 4 个量通常称为基本大地参数。这些参数，可以充分地确定地球椭球的形状、大小及其正常重力场，从而使大地测量学与大地重力学的基本参数得到统一。

当基本大地参数确定后，地球椭球的扁率，便可按以下级数式计算：

$$f = \frac{3}{2}J_2 + \frac{1}{2}\overline{m} + \frac{9}{8}J_2^2 - \frac{3}{14}J_2\overline{m} - \frac{11}{56}\overline{m}^2 + \frac{27}{16}J_2^3 + \frac{9}{98}J_2^2\overline{m} + \frac{93}{784}J_2\overline{m}^2 + \frac{9}{98}\overline{m}^3$$

式中，$\overline{m} = \dfrac{\omega^2 a^3}{GM}$。

我国 1954 年北京大地坐标系，曾采用了克拉索夫斯基椭球，其参数为 $a = 6378245\text{m}$；$f = 1/298.3$。而 1980 年国家大地坐标系，改用了 1978 年 IAG 推荐的基本大地参数，即：$a = 6378140\text{m}$；$f = 1/298.257$。

参考椭球的形状和大小一经确定，建立大地坐标系（或确定大地测量基准）的主要任务，便归结为椭球体在地球内部的定位和定向。为此，通常均首先选择一参考点作为大地基准点（或大地原点），并且利用该点的天文与水准观测量，来实现椭球在地球内部的定位和定向。

参考椭球定位与定向参数的选择，一般来说，具有相当的任意性。但考虑到地区性测量计算工作的方便，通常要求满足以下条件：① 参考椭球面与地区的大地水准面最佳配合；② 参考椭球的短轴与地球的某一平自转轴相平行；③ 起始大地子午面与格林尼治平子午面相平行。

2. 卫星大地测量基准

在全球定位系统中，卫星主要被视为位置已知的高空观测目标。所以，为了确定用户接收机的位置，GPS 卫星的瞬时位置，通常也应归算到统一的地球坐标系统。

在 GPS 实验阶段，卫星瞬时位置的计算，是采用了 1972 年世界大地坐标系统，而从 1987 年 1 月 10 日开始，采用了改进的大地坐标系 WGS－84。世界大地坐标系统（WGS），属于协议地球坐标系（CTS）。但由于科学技术发展水平的限制，严格地实现理想的协议坐标系，目前尚是困难的。从这个意义上说，WGS 可视为 CTS 的近似系统，或称为准协议地球坐标系。

从 20 世纪 60 年代以来，为建立全球统一的大地坐标系统，美国国防部制图局就曾建立了 WGS－60，随后又提出了改进的 WGS－66 和 WGS－72。坐标系参数如表 2－3－1。目前全球定位系统使用的 WGS－84，是一个更为精确的全球大地坐标系统，定义 GPS 的大地测量基准，要比在经典大地测量中，定义参心地球坐标系的大地基准复杂得多。这时将涉及地球重力场模型、地极运动模型、地球引力常数、地球自转速度和光速等基本常数，同时还涉及卫星跟踪站的数量、分布，及其在协议地球坐标系中的坐标等因素。尽管如此，GPS 大地测量基准，仍可表达为一组确定 GPS 坐标系在地球内部位置和方向的参数，而这些参数是与上述基本常数和模型有关的导出量。

表 2－3－1　WGS 坐标系参数表

基本大地参数	WGS－72	WGS－84
a/m	6378135	6378137
f	1/298.26	1/298.257223563
$\omega/(\mathrm{rad} \cdot \mathrm{s}^{-1})$	$7.292115147 \times 10^{-5}$	7.292115×10^{-5}
$GM/(\mathrm{km}^3 \cdot \mathrm{s}^{-2})$	398600.8	398600.5

随着上述基本常数、地球重力场模型、地极运动模型，以及跟踪站坐标的不断改善，世界大地坐标系统，将逐步接近理想的协议地球坐标系统。

确定地区性坐标系与全球坐标系的大地测量基准之差，并进行两坐标系统之间的转换，是 GPS 测量应用中经常遇到的一个重要问题。这两个坐标系间的大地基准之差，通常应通过联合处理公共点的坐标来确定。这时，所求大地基准转换参数的精度，既与联合平差中所取的转换模型有关，又与公共点坐标的精度、数量和分布有关。

2.4　地球固体潮

太阳和月亮的起潮力使得地球整体发生周期性变形，并使海洋和大气的表面产生周期性涨落，地球整体的周期性形变称为地球的固体潮，海洋和大气表面的周期性涨落称为海潮和大气潮。尽管地球的固体潮、海潮和大气潮的驱动力都是太阳和月亮的起潮力，但它们分别为地球的固体部分、海洋、大气对太阳和月亮的起潮力的响应，所以大气潮和海潮属于大气科学和海洋科学的研究范围，地球的固体潮则属于固体地球物理学的研究范围。

2.4.1　引潮力和引潮力位

引潮力是指产生地球潮汐的力，主要来源于日、月引力。因此它与日、月相对于地球运行关系十分密切，也正是由于这种运行的周期性，才形成地球潮汐的周期变化规律。

以月亮为例，在图2-4-1中，O为地心，A为地球上任一点，作用于该点的力应有两个：一个是月亮对它的引力，另一个是地球绕地月系中心旋转所产生的惯性离心力。此两力的合力称为引潮力。

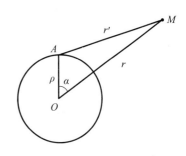

图2-4-1　月亮对A点的引潮力

根据牛顿万有引力定律，月球对A点的引力为

$$F = -f\frac{m}{r'^2} \qquad (2-4-1)$$

式中，r'为月心到地表A的距离。

此引力的大小随A点在地球上的位置和月亮相对地球位置的不同而不同，方向朝向月心。

地球绕地月公共质心公转平动的结果，使得地球（表面或内部）各质点都受到大小相等、方向相同的公转惯性离心力的作用。此公转惯性离心力的方向相同且与从月球中心至地球中心连线的方向相同（即方向都背离月球），大小为

$$P = f\frac{m}{r^2} \qquad (2-4-2)$$

式中，r为地心到月心间的距离。

地球绕地月公共质心运动所产生的惯性离心力与月球引力的合力称为引潮力，即A点的引潮力为

$$W = F + P \qquad (2-4-3)$$

当然，对地球上一点，总的引潮力应是日、月影响之和。

地球潮汐是一种复杂的自然现象，除了在地心上由于引力和惯性离心力大小相等，方向相反，因而没有引潮力外，随着地面点（也包括地球内部点）的位置不同，以及日月相对于地球的位置变化，所产生的引潮力大小不等，方向也不相同。

图2-4-2表示在某一时刻地球上不同地点所受到的引潮力的分布情况。图中非合力的细实线箭头表示月亮引力，细虚线箭头表示引潮力。对向月亮的半球来说，由于观测点（如$A \sim H$）与月心间的距离不同，它们所受到的月亮引力不同，而受到的惯性离心力却是一样的，其中A点离月亮最近，且引力F大于P，则其合力（引潮力）应朝向月球，背离地心。随着点在球表上的位置不同，它离月心的距离不断增大，引力逐渐减小，则引潮力方向逐渐偏向地心，直到C点，离月心最远，则受到的

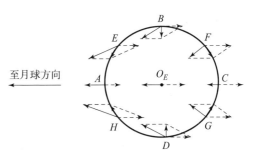

图2-4-2　地表不同点受到的引潮力

月亮引力最小，且小于该点的离心力，引潮力方向背离月心，同时也背离地心。由此可见，引潮力在地月连线方向上拉伸地球，即涨潮；而在垂直方向上压缩地球，即落潮。

由于地球自转，月亮相对于地球做周日视运动，则对地球上某一观测点来说，引潮力又将产生周期性的变化。如图 2-4-2 所示，假设月亮位于天球赤道面内，即月亮的赤纬等于零。此时当月亮在某一时刻正处于赤道上 A 点的天顶时，按上所述，A 点所受到的引潮力背向地心，出现涨潮。经过 6h12.5min，地球自转 1/4 周，则月亮位于 B 点的天顶，此时 A 点所受到引潮力指向地心，出现落潮。再经过 6h12.5min，地球又自转 1/4 周，月亮位于 C 点天顶，A 点所受到的引潮力又背向地心，出现涨潮。以此类推，可以看出，当月亮周日视运动两次经过 A 的天顶的时间里，在 A 点将出现两次涨潮和两次落潮，也就是说，由第一次涨潮到第二次涨潮所需时间为 12h25min。这种引潮力及其潮汐变化以半日为周期。但是，月亮的赤纬并不恒等于零。由天文学知识可知，它的赤纬在一个月的时间里可由 $+28°36'$ 变化到 $-28°36'$。由于月亮的赤纬变化，则引潮力及其引起的潮汐变化就不一定全是以半日为周期，它还可能出现以一日为周期或其他的周期。

为研究地球潮汐方便，和重力一样，往往采用位函数，这里与引潮力相应的是引潮力位。按式（2-4-1），则日、月对 A 点的引力位为

$$V_F = f\frac{m}{r'} \qquad (2-4-4)$$

同理，按式（2-4-2），则日、月对 A 点的离心力位为

$$V_P = -f\frac{m}{r} - f\frac{m}{r^2}\rho\cos\theta \qquad (2-4-5)$$

式中，ρ 为 A 点的地心向径；θ 为月（日）在 A 点地心天顶距；负号表示离心力分量方向和向径方向相反。

按照引潮力的定义，地面 A 点的引潮力位应是引力位和离心力位之和，即

$$V = V_F + V_P = fm\left(\frac{1}{r'} - \frac{1}{r} - \frac{\rho}{r^2}\cos\theta\right) \qquad (2-4-6)$$

由式（2-4-6）可以看出，引潮力位是一个相当复杂的函数。因为地球上任一点 A 至月（日）心距离 r'、月（日）的地心天顶距 θ 以及 A 点的地心向径 ρ 等不仅和地面点的位置有关，而且随时间而变化，所以，为了便于实际计算和理论分析，可将引潮力位展开成级数形式。

将式（2-4-6）写成球谐函数形式，即得到引潮力位的级数展开公式（也称天顶距展开公式），为

$$V = \frac{fm}{r}\sum_{n=2}^{\infty}\left(\frac{\rho}{r}\right)^n P_n(\cos\theta) = \sum_{n=2}^{\infty}V_n \qquad (2-4-7)$$

式中，$P_n(\cos\theta)$ 为 Legendre 多项式。

对于实际应用，一般取至三阶足够，所以，引潮力位实际上可以写成

$$V = V_2 + V_3 = G(\rho)\left[2\left(\frac{c}{r}\right)^3\left(\cos^2\theta - \frac{1}{3}\right) + \frac{2}{3}\frac{\rho}{c}\left(\frac{c}{r}\right)^4(5\cos^3\theta - 3\cos\theta)\right] \qquad (2-4-8)$$

式中，c 为月亮（太阳）至地心的平均距离；$G(\rho) = \dfrac{3}{4}fm\dfrac{\rho^2}{c^3}$，为 Doodson 所采用的引潮

常数。

如前所述，潮汐现象表现出十分复杂的周期性变化，因此引潮力位也就是各种不同周期函数的总和。为了研究潮汐现象的几何和力学性质，还要将引潮力位进一步展开，以便分离出其中的不同因素。由此，我们在进一步展开引潮力位时，采用天体的赤道坐标和地面点的地理坐标，以便将此两种因素在引潮力位中分离开来。引入月亮赤纬 δ、A 点的纬度 φ 和月亮的时角 t，得到地表任一点 A 的取至二阶项和三阶的引潮力位展开式（也称引潮位的拉普拉斯展开式），为

$$T_2 = D\left(\frac{c}{r}\right)^3\left[3\left(\sin^2\varphi - \frac{1}{3}\right)\left(\sin^2\delta - \frac{1}{3}\right) + \cos^2\varphi\cos^2\delta\cos2t + \sin2\varphi\sin2\delta\cos t\right]$$

$$(2-4-9)$$

$$T_3 = D\left(\frac{c}{r}\right)^4\left(\frac{R}{c}\right)\left[\begin{array}{l}\frac{1}{3}\sin\varphi(3 - 5\sin^2\varphi)(3\sin\delta - 5\sin^3\delta) - \frac{1}{2}\cos\varphi(1 - 5\sin^2\varphi)\cdot\\(1 - 5\sin^3\delta)\cdot\cos\delta\cos t + 5\sin\varphi\cos^2\varphi\sin\delta\cos^2\delta\cos2t - \frac{5}{6}\cos^3\varphi\cos^3\delta\cos3t\end{array}\right]$$

$$(2-4-10)$$

Doodson 在对引潮力位作进一步展开时，采用了天文学中的六个天文参数作为变量，使展开式中潮的振幅不显含时间的关系。它们分别是：月亮平黄经 s、太阳平黄经 h、月亮近地点平黄经 p、太阳近地点（或近日点）平黄经 p_s、月亮升交点平黄经 N、平太阴时 $\tau(\tau = T + 180°$，从月亮下中天起算，t 为月亮时角，用角度表示）。找出式（2-4-7）和式（2-4-8）中的 c/r、δ 和六个天文参数之间的关系式，代入可化为下列形式的组合式：

$$\frac{\cos^i}{\sin^i}(X)\frac{\cos^j}{\sin^j}(Y) \quad i、j = 0,1,2,\cdots \qquad (2-4-11)$$

利用三角学中的和差与积的关系式逐步将上面各项分开，化为合成角 $(X + Y)$ 和 $(X - Y)$ 的正弦或余弦函数，由此引潮力位公式式（2-4-7）和式（2-4-8）中的每一种分潮波可以写成下列形式：

$$K_{ABCDEF}\frac{\cos}{\sin}\{A\tau + BS + Ch + DP + EN + FP_s\} \qquad (2-4-12)$$

式中，K_{ABCDEF} 为相应的分潮波的系数，它是在进行数学换算时得到的常数。

将各分潮波的系数 K_{ABCDEF} 分别乘以下列函数：

对于月亮　　　　　　　对于太阳

$$2G_0 = D(1 - 3\sin^2\varphi) \quad 0.46051D(1 - 3\sin^2\varphi) = 0.92102G_0 \qquad (2-4-13)$$

$$G_1 = D\cos^2\varphi \quad 0.46051D\cos^2\varphi = 0.46051G_1 \qquad (2-4-14)$$

$$G_2 = D\sin2\varphi \quad 0.46051D\sin2\varphi = 0.46051G_2 \qquad (2-4-15)$$

式中，G_0、G_1、G_2 为大地函数。

这样就得到各分潮波的振幅，式（2-4-12）大括号内的角度就是该分潮波的相位。将这些余弦或正弦分潮波叠加，则得引潮位的 Doodson 展开式。

要计算固体潮理论值，引入的六个天文参数月亮平黄经 s、太阳平黄经 h、月亮近地点平黄经 p、太阳近地点（或近日点）平黄经 p_s、月亮升交点平黄经 N、平太阴时 τ 的计算

表达式分别为

$$
\left.
\begin{aligned}
s &= 270.43416 + 481267.88314T - 0.00113T^2 + 0.000002T^3 \\
h &= 279.69668 + 36000.76892T + 0.00030T^2 \\
p &= 334.32956 + 4069.03403T - 0.01032T^2 - 0.00001T^3 \\
N &= 259.18328 - 1934.14201T + 0.00208T^2 - 0.000002T^3 \\
p_s &= 281.22083 + 1.71918T + 0.00045T^2 + 0.000003T^3
\end{aligned}
\right\}
\quad (2-4-16)
$$

式中，T 为计算时刻相对于1900年1月1日12时的儒略世纪数，可由下式计算：

$$
T = \frac{iye \times 365 + (iye - 1)/4 + mda - 5 + t_4/24.0}{36525} \quad (2-4-17)
$$

式中，iye 为年数的后两位数字；分子第二项为1900年至计算时刻之间的闰年数；mda 为计算年首至计算日之间的整天数；t_4 为计算时间的世界时小时值，若为北京时，要减去8h。

固体潮的各种谐波均以英文字母或字母的组合来代表，例如用M代表月亮、S代表太阳，再用0、1、2、3等下脚标来注明潮波属于哪一种周期：0代表常波，1代表周日波，2代表1/2日波（半日波），3代表1/3日波等等，通常只考虑 M_2、S_2、N_2、K_1、O_1 这五种主要的潮汐波（表2-4-1）。在所有的潮汐波中，以半日和周日变化为主，而又以月亮的主半日波 M_2 的幅度最大，周期为12h 25min，在记录图中以每日两个周期的正弦形态、相位逐日推迟约50min为变化特征。

表2-4-1　五种主要的固体潮汐谐波

波类	符号	名称	与 M_2 的相对振幅	角频率（$1/h$）	周期
半日波	M_2	月亮的主半日波	1	28.98410°	12h25min
	S_2	太阳的主半日波	0.465	30.00000°	12h00min
	N_2	月亮的主椭圆半日波	0.194	28.43973°	12h40min
周日波	O_1	月亮的主周日波	0.4151	13.94304°	25h49min
	K_1	日月的周日主赤纬波	0.5845	15.04107°	23h56min

固体潮汐波各谐波的理论值，可以在假定地球是完全刚体的条件下由潮汐静力学理论计算得到。可以料到，理论值与实际观测值是不完全符合的，人们正是利用二者差异来研究真实地球的弹滞性质。大量观测表明，实测值与理论值间存在着一定的比例关系，通常用三个勒夫 h、k、l 或潮幅因子 δ（重力）、γ（倾斜）等系数表征，这为研究地球的弹性性质与地壳岩石的物理性质、探索地震前兆（含固体潮汐记录曲线畸变、固体潮对地震的触发作用等）提供了途径。

2.4.2　地球重力固体潮

1. 重力场

如图2-4-3所示，设在地球上任一点 P_0 处有一质量为 m_0 的质点，它对地球重力场的影响可以忽略不计。m_0 受到两个力场的作用：一个是地球的引力场，方向指向地球质心，它对 m_0 的吸引力为 $\boldsymbol{F}(m_0)$；另一个是由于地球以常角速度自转所产生的惯性离心力场，方向垂直于地球自转轴 NS 而向外，P_0 的离心力为 $\boldsymbol{f}(m_0)$。普通物理学称以上两个矢量的和为重力 $\boldsymbol{W}(m_0)$，即

$$\boldsymbol{W}(m_0) = \boldsymbol{F}(m_0) + \boldsymbol{f}(m_0) \tag{2-4-18}$$

若定义 $\boldsymbol{F}(m_0)/m_0 = \boldsymbol{E}(P_0)$ 为 P_0 点的地球引力场强度，$\boldsymbol{f}(m_0)/m_0 = \boldsymbol{e}(P_0)$ 为 P_0 点的地球离心力场强度，那么 P_0 点的地球重力场强度 $\boldsymbol{g}(P_0)$ 便定义为以上两个场强的矢量和，即

$$\boldsymbol{g}(P_0) = \boldsymbol{E}(P_0) + \boldsymbol{e}(P_0) \tag{2-4-19}$$

通常所说的空间某点的重力场是指该点地球重力场和宇宙空间其他物质特别是月、日等天体的引力场的矢量和。这个总的力场是一个变化场。

2. 重力加速度

一个物体的重量 $\boldsymbol{P} = m\boldsymbol{g}$，方向指向地心。一切物体都具有质量，它在地球上的任何地方都具有重量，即受重力的作用。它来源于地球对物体的引力，由于离心力很小，一级近似的情况下，认为物体在地球上所受到的引力即物体的重量（重力）。此处所谈的重力与固体潮乃至重力学中所说的重力不完全一样。在重力学中的"重力"即指重力场强度，它等于引力场强度和离心力场强度的矢量和，也就是指 $\boldsymbol{g}$。而这里所讨论的重力是由 $\boldsymbol{P} = m\boldsymbol{g}$ 所定义的，它由牛顿第二定律所规定。

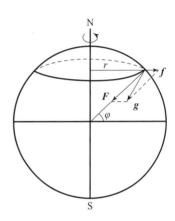

图 2-4-3　地球表面任一点的重力场和离心力场

地球上的物体随地球的自转而做曲线运动（或近似做圆周运动），这时它要产生两种加速度：切向加速度 a_t 和法向速度 a_n，法向加速度又叫向心加速度。这时物体受两个力的作用：切向力和向心力。按牛顿第三定律，与向心力对应的必有一离心力存在，向心力作用在物体上，离心力作用于地球上（方向向外）。向心力和离心力大小相等、方向相反，作用在不同的物体上。地球对物体的引力指向球心（此力近似为做曲线运动的向心力），而离心力向外垂直地球的旋转轴，这两力的合力就是物体在地球上所受到的重力。

上述重力与引力方向不一致的现象是由地球自转产生的。由于地球自转产生的离心力与物体所受引力之比约为 1/288，所以通常我们说"重力加速度垂直向下并指向球心"。

3. 重力固体潮

在地球是刚体的情况下，日、月相对于地球的位置发生变化，则日、月引力使地球的重力场产生随时间变化的周期性，这种由于日、月引力作用而使刚体地球的重力值发生变化的现象，叫作地球重力固体潮。一般总是约定重力以垂直向下为正，月亮在地面上任一点 P 产生的重力固体潮为

$$\Delta g_m(P) = -\left. \frac{\partial W_m(P)}{\partial r} \right|_{r=R} \tag{2-4-20}$$

式中，R 为地球的半径；$W_m(P)$ 为月亮在 P 点处产生的引潮力位。

计算得出月亮在刚体地球模型表面上任一点 P 任意时间 t 产生的重力固体潮，为

$$\Delta g_m(P) = -109.99 \left(\frac{c_m}{r_m}\right)^3 \left[P_2(\cos Z_m) + 0.024860 \frac{c_m}{r_m} P_3(\cos Z_m) \right] (\mu Gal)$$

$$(2-4-21)$$

$$\left. \begin{array}{l} \dfrac{c_m}{r_m} = 1 + \sum c_i \cos[n_i \cdot a(t)] \\[3mm] P_2(\cos Z_m) = \dfrac{1}{2}(3\cos^2 Z_m - 1) \\[3mm] P_3(\cos Z_m) = \dfrac{1}{2}(5\cos^3 Z_m - 3\cos Z_m) \end{array} \right\}$$

$$(2-4-22)$$

式中，c_i 为修正项的系数；n_i 为六个整数构成的行向量；$a(t)$ 为 t 时的六个天文参数 τ、s、h、p、N、p_s 构成的列向量，它们是

$$n_i = (a_i, b_i - 5, c_i - 5, d_i - 5, e_i - 5, f_i - 5) \qquad (2-4-23)$$

$$a(t) = \begin{pmatrix} \tau \\ s \\ h \\ p \\ N \\ p_s \end{pmatrix} \qquad (2-4-24)$$

式中，$(a_i、b_i、c_i、d_i、e_i、f_i)$ 构成的六位整数称为第 i 个分波的杜森幅角数，或称杜森编码。同理，可以计算出太阳 t 时在刚体地球模型表面上任一点 P 产生的重力固体潮，为

$$\Delta g_s(P) = -50.51 \left(\frac{c_s}{r_s}\right)^3 P_2(\cos Z_s) \qquad (2-4-25)$$

$$\left. \begin{array}{l} \dfrac{c_s}{r_s} = 1 + \sum_i c_i \cos(n \cdot a) \\[3mm] P_2(\cos Z_s) = \dfrac{1}{2}(3\cos^2 Z_s - 1) \end{array} \right\} \qquad (2-4-26)$$

月亮和太阳 t 时在刚体地球模型表面上任一点 P 产生的重力固体潮为

$$\Delta g(P) = \Delta g_m(P) + \Delta g_s(P) \qquad (2-4-27)$$

2.4.3 地球倾斜固体潮

球状刚体地球模型地面的法线是地球的径向，与地面点瞬时垂线垂直的平面是该点的瞬时水平面，起潮力矢量的水平分量使地球的瞬时垂线方向相对刚体地球模型的径向不断发生变化，此变化又表现为刚体地球表面相对瞬时水平面的倾斜，这种刚体地球模型表面

对起潮力水平分量的响应称为地倾斜固体潮。地倾斜固体潮是矢量。$\xi_m(P)$、$\eta_m(P)$ 分别表示月亮在地面上任意点 P 产生的地倾斜固体潮的南北分量和东西分量，有

$$\left.\begin{aligned}
\xi_m(P) &= 2F\left(\frac{c_m}{r_m}\right)^3\left[2\cos Z_m + \frac{c_m}{r_m}\frac{R}{a}\sin \pi(5\cos Z_m - 1)\right]\sin Z_m\cos Z_m \\
\eta_m(P) &= 2F\left(\frac{c_m}{r_m}\right)^3\left[2\cos Z_m + \frac{c_m}{r_m}\frac{R}{a}\sin \pi(5\cos Z_m - 1)\right]\sin Z_m\sin Z_m
\end{aligned}\right\}$$

$$(2-4-28)$$

太阳在 P 点产生的地倾斜固体潮的南北分量 $\xi_s(P)$ 和东西分量 $\eta_s(P)$ 分别为

$$\left.\begin{aligned}
\xi_s(P) &= 4F_s\left(\frac{c_s}{r_s}\right)^3\cos Z_s\sin Z_s\cos A_s \quad (\text{nrad}) \\
\eta_s(P) &= 4F_s\left(\frac{c_s}{r_s}\right)^3\cos Z_s\sin Z_s\sin A_s \quad (\text{nrad})
\end{aligned}\right\}$$

$$(2-4-29)$$

用 $\xi(P)$、$\eta(P)$ 表示月亮和太阳在地表面任意点 P 产生的地倾斜固体潮的南北分量和东西分量，则有

$$\left.\begin{aligned}
\xi(P) &= \xi_m(P) + \xi_s(P) \\
\eta(P) &= \eta_m(P) + \eta_s(P)
\end{aligned}\right\}$$

$$(2-4-30)$$

2.4.4　地球应变固体潮

设地面上有一水平线段 AB 的长度为 L，起潮力引起地壳的涨缩，AB 的长度变为 $L + \Delta L$。$\Delta L/L$ 定义为水平线应变固体潮，即地表单位长度在引潮力的作用下，产生周期性变化。$\Delta L > 0$ 表示地壳受拉张，反之，表示地壳受挤压。如果地球为刚体，ΔL 将恒为 0，就是说刚体地球不存在潮汐应变问题。因此，研究应变固体潮理论值时不能像重力和倾斜固体潮那样从刚体地球出发，只能从真实地球的平均状态出发。

在月亮和太阳的起潮力作用下，地球内部的各个质点的位移矢量 $S(r)$ 的大小和方向都不一样，在地球内部形成一个应变张量场 ε。n 阶起潮力在地面上产生的应变固体潮的三个独立分量 $\varepsilon_{\theta\theta}$、$\varepsilon_{\lambda\lambda}$、$\varepsilon_{\lambda\theta}$ 分别为

$$\left.\begin{aligned}
\varepsilon_{\theta\theta} &= \frac{1}{Rg_0}\left(h_n W_n + l_n\frac{\partial^2 W_n}{\partial\theta^2}\right) \\
\varepsilon_{\lambda\lambda} &= \frac{1}{Rg_0}\left(h_n W_n + l_n\cot\theta\frac{\partial W_n}{\partial\theta} + \frac{l_n}{\sin^2\theta}\frac{\partial^2 W_n}{\partial\lambda^2}\right) \\
\varepsilon_{\lambda\theta} &= \frac{l_n}{Rg_0\sin\theta}\left(\frac{\partial^2 W_n}{\partial\theta\partial\lambda} - \cot\theta\frac{\partial W_n}{\partial\lambda}\right)
\end{aligned}\right\}$$

$$(2-4-31)$$

计算得出地球表面上应变固体潮三个独立分量 $\varepsilon_{\theta\theta}$、$\varepsilon_{\lambda\lambda}$、$\varepsilon_{\lambda\theta}$ 的表达式，分别为

$$\varepsilon_{\theta\theta} = \frac{2}{3}F\left(\frac{c_m}{r_m}\right)^3\left\{h_2(3\cos^2 Z_m - 1) + 6l_2(b_m^2 - \cos Z_m) + \right.$$

$$\frac{c_m}{r_m}\frac{R}{a}\sin\pi[h_3(5\cos^2 Z_m - 3\cos Z_m) +$$

$$\left. 3l_3\cos Z_m(10b_m^2 - 5\cos^2 Z_m + 1)]\right\}$$

$$\varepsilon_{\lambda\lambda} = \frac{2}{3}F\left(\frac{c_m}{r_m}\right)^3\left\{h_2(3\cos^2 Z_m - 1) + 6l_2(\cos\delta_m\sin H_m)^2 - \right.$$

$$6l_2\cos^2 Z_m + \frac{c_m}{r_m}\frac{R}{a}\sin\pi[h_3(5\cos^2 Z_m - 3\cos Z_m) +$$

$$\left. 15l_3\cos Z_m(\cos\delta_m\sin H_m)^2 - 3l_3\cos Z_m]\right\}$$

$$\varepsilon_{\lambda\theta} = F\left(\frac{c_m}{r_m}\right)^3 b_m\cos\delta_m\sin H_m\left(4l_2 + 10\frac{c_m}{r_m}\frac{R}{a}l_3\sin\pi\cos Z_m\right)$$

$$(2-4-32)$$

式中，$F = \dfrac{D}{Rg_0}$。

2.5 现今地壳运动简介

我们人类赖以生存和繁衍的地球，时刻处于变动之中。地壳运动是地球活动的一部分，特别是具有百年以内时间尺度的现今地壳运动，对人类的生存和可持续发展具有特别直接和重要的意义。以造成重大生命财产损失的地震灾害为例，地震是地壳介质在构造应力作用下发生失稳破裂的一种地壳运动表现形式，因此，要解决地震预测的时间、地点和震级问题，有赖于对现今地壳运动和地震活动带地壳形变的观测和研究，需要解决诸如地壳运动速率、应变积累和传播等一系列重要的科学问题。

地壳是地球内部作用和外部（地球以外的星际空间）作用的交接地域，地壳运动是这两类因素作用的共同反映，是可以直接观测到的现象之一，因此，地壳运动的观测和研究就成为研究地球内部活动与地球动力学的重要基础和依据。

地壳运动和形变是一个历史过程，按照一定的规律演化。现今能够看到的和能够用仪器观测到的运动和形变图像是经历了长达 40 多亿年的沧桑岁月，遭受过数十次地质构造变动事件的作用演化而成的。从时间尺度来看，地壳运动可以分为几种类型：几十万年的巨变，数万年的大动态，几千至几百年的中动态，几十年的小动态，以及现今正在进行的微动态。时代越近，对人类的影响越直接、越重要。前苏联学者在 20 世纪 50 年代末提出现代地壳运动这一特定的研究领域，引起全世界地质学家、大地测量学家、地球物理学家的共同关注。1960 年，在赫尔辛基召开的第十二届 IUGG 大会上，正式成立了国际现代地壳运动委员会。此后，大约每两年召开一次国际性学术会议，多次出版会议论文集，同时还成立了区域性的现代地壳运动委员会。这一切都推动着这一新生的研究领域的不断深入和发展。

现代地壳运动和现今地壳运动，其研究内容十分广泛，研究的手段包括：地质地貌学、地球物理学和大地测量学。地壳运动的时间跨度涵盖从当前、近几十年的运动直至全新世运动或新构造运动，所以迄今为止都没有明确的定义。对于现代地壳运动，1988 年刘光鼎提出最近一万年即全新世时期的地壳运动称为现代地壳运动；1999 年丁国瑜提出上新世末至更新世时开始的喜马拉雅第二幕以来的新构造阶段的地壳运动称为现代地壳运动。2004 年赖锡安则把时间跨度从近百年、几十年直到当前的地壳运动称为现今地壳运动，这基本上是大地测量观测技术所观测到的地壳运动。

尽管迄今为止对现今地壳运动还没有一个确定的定义，但由于和人类生存与发展有密切的关系，对现今地壳运动的研究得到广泛的重视。国际大地测量协会（IAG）在评述 2000 年大地测量发展方向和前景时指出："在 1 小时至 100 年间"，最重要和最有意义的信息是，大地测量实际观测结果与地质和地球学时间（百万年）尺度上理论推算的某种平均结果之间的"偏差"。美国宇航局（NASA）地球系统科学委员会提出：具有一个人寿命时间尺度的全球变化和现实性为地球研究提供了新而急迫的任务。

为什么在地壳运动中划出现今地壳运动呢？一方面，因为现今地壳运动与人类生活、生产活动和可持续发展直接相关；另一方面，随着人类文明和科学技术的发展，人类已经用仪器记录并积累了地壳运动的大量资料，而且这些资料还将与日俱增。通过对现今地壳运动资料的空间域和时间序列的分析研究，我们可以深入认识地壳和整个地球的空间和时间微动态规律和过程，这是任何只能反映地壳和地球静态或平均行为的长期资料所不能代替的。

现今地壳运动研究是地球科学的一个新的增长点。开展现今地壳运动研究，能够从广阔的空间范围和微小的时间尺度两个方面增进我们对地壳运动的认识。

大地测量观测技术由地面常规大地测量发展到空间大地测量，特别是全球定位技术（GPS）的广泛应用，大大促进了现今地壳运动观测和研究的深入发展。

地壳运动从空间规模上看，可以分为全球、区域、局部或单个地块的运动，它们之间既相互联系和制约，又相互区别。一般而言，全球性地壳运动从宏观上看具有统一性，如板块构造运动就是对全球地壳运动总体规律的一个最佳描述，而区域性地壳运动却千差万别，各具特点，就很难用一个统一模式去描述了。

本节将只对全球现今地壳运动和我国大陆现今地壳运动做一个简要介绍。

2.5.1　全球现今地壳运动

全球地壳运动，顾名思义就是全球尺度的地壳运动，在时间尺度上，是从数亿年前开始直到现今。描述和解释全球地壳运动的学说称为大地构造学说，目前最盛行的是板块构造学说。大地测量，特别是全球定位技术（GPS）是测定全球现今地壳运动的最有效技术手段。

板块构造学说产生于 20 世纪 60 年代，H. H. 赫斯（H. H. Hess）和 R. S. 迪茨（R. S. Dietz）同时提出了海底扩张学说；随后，F. J. 瓦因（F. J. Vine）解释了海底地磁异常条带，J. T. 威尔逊（J. T. Wilson）提出转换断层概念，确证了海底扩张的存在；在此基础上，W. J. 摩根（W. J. Morgon）、D. P. 麦肯齐（D. P. Mekenzie）和 P. L. 帕克（P. L. Parker）证明地球表面存在着绕极旋转的板块运动；X. 勒皮雄（X. Le Pichon）确定了板块边界，将全球划分为 6 大板块，并计算了它们的旋转极的位置和相对运动速度。就这样，在大陆漂移、海底扩张学说的基础上，随着板块划分和运动方式的确定，一个新的学说——板块构造学说，在 1968 年诞生了。

板块构造学说的诞生，产生了巨大的影响。B. 艾萨克斯（B. Isaacks）把这一学说命名为"新全球构造"。板块构造学说的研究面向全球，说明的问题具有广泛性，使许多过去认为截然分割的和毫不相关的地质和地壳运动现象联系起来了。由于它包括了基础地质、地球物理、地球化学、海洋地质、成岩成矿等多个地球科学分支，具有综合性；由于它始终把地表构造作用与深部构造作用紧密结合，更清楚地阐明地表作用的本质，因此，它很快成为当代最盛行的大地构造学说。20 世纪 70 年代，板块构造学说开始"登陆"，人们纷纷运用板块理论来探讨大陆裂谷、青藏高原、大陆边缘及岛弧的形成和演化，重新解释沉积盆地的成因、岩浆作用、变质作用、造山作用、成矿作用以及地震活动。

板块构造学说可以成功地解释全球板缘大地震的成因与机制，因此，受到地震学家的推崇。地震活动是现今地壳运动过程的一种表现形式，既然板块构造学说可以成功解释全球板缘大地震活动，那么自然也成为解释全球现今地壳运动的学说。

现代大地测量，特别是全球定位技术（GPS）的应用，使直接测定全球地壳运动成为可能，并且将全球地壳运动的时间尺度推进到现今，甚至现时。自 20 世纪 90 年代以来，国际 GPS 服务局（IGS）不断发布全球现今地壳运动的速度场数据和图谱，这些结果一方面为全球板块构造学说提供了新的证据，另一方面为发展这一学说和研究全球现今地壳运动学与动力学提供了基础数据。

1. 岩石圈板块的概念

板块（plate）这个术语，是 1965 年威尔逊在关于转换断层的论文中提出的。通常所说的岩石圈板块是指：为构造活动带所分割的岩石圈构成的球面盖板。其面积很大，数万至数亿平方千米；厚度很小，仅百千米左右，并且同地球表面轮廓一致地弯曲。这些岩石圈板块在软流圈之上，按球面运动规律不断地改变着彼此之间的相对位置，并且与其下的软流圈之间做相对运动，因此它不是固定的，而是运动着的。同时，相对于其边缘而言，它本身较少变形。

板块构造（plate tectonics）的基本概念是：岩石圈板块的相互作用是引起大地构造活动的基本原因。板块构造学说就是研究这种相互作用的。板块相互作用主要发生在它们的边缘部分。在板块相互离散运动的边界（如洋中脊）上，大洋岩石圈不断增生；在板块相互聚合运动的边界（如岛弧—海沟、碰撞造山带）上，大洋岩石圈消亡，大陆岩石圈增长；在板块相互平行运动的边界上，岩石圈既不增生，也不消亡，而是出现地表宏伟的大陆或大洋的走滑断裂带。

现代板块边界上的这些构造活动带都是地震活动带。根据地震和地质、地球物理资料，1968 年勒皮雄将全球岩石圈划分为 6 大板块：欧亚板块、美洲板块、非洲板块、太平洋板块、印度—澳洲板块和南极洲板块（图 2 - 5 - 1），随后将美洲板块分为北美板块和南美板块。这 7 大板块的面积平均为 $10^7 \sim 10^8 km^2$，后来又进一步划分出若干中板块（$10^6 \sim 10^7 km^2$）、小板块（10^5~$10^6\,\mathrm{km}^2$）和微板块。中板块有东南亚板块、菲律宾板块、阿拉伯板块、伊朗板块、纳兹卡板块、可可板块、加勒比板块等；小板块多位于聚合的大、中板块之间，如：土耳其板块、爱琴海板块。小板块的数量比较多，其中许多尚未确切定义。

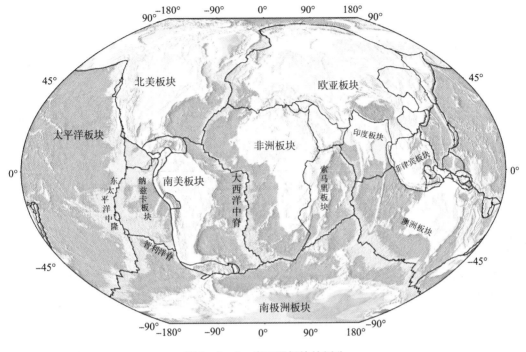

图 2 - 5 - 1　岩石圈板块的划分

根据构成板块的岩石圈类型，板块可分为：大洋岩石圈板块（也称洋壳板块、大洋板块）、大陆岩石圈板块（也称陆壳板块、大陆板块）和过渡型岩石圈板块（也称过渡壳板块）。太平洋、菲律宾、纳兹卡等是大洋板块，伊朗板块是大陆岩石圈板块，以几个大陆为核心的大板块都既有大陆岩石圈，又有大洋岩石圈和过渡型岩石圈，具有复杂的结构。比如，非洲板块是由中央的大陆岩石圈和四周的大洋岩石圈构成的，这类板块习惯上也称大陆板块。

2. 板块运动与构造现象

（1）洋脊扩张。根据海底扩张假说，地幔热柱上升到大洋岩石圈下面，分向两侧移动——形成两个相背流动环，带动其上的岩石圈张裂，中间形成裂谷；不断张裂，地幔岩浆沿裂谷上涌，构成新的海底；如此不断地进展，即导致海底扩张。新张裂的海底比其两侧的海底高出很多，呈山脊状，所以称扩张脊，也称洋脊。扩张脊是平行的两条山脊，中间为一深谷（图 2 - 5 - 2）。大西洋两侧以近似的速度做相背运动，扩张脊大致位于大西洋的中间，因而成为洋中脊；太平洋和印度洋除扩张外，还有俯冲的部分，以致扩张脊不在大洋的中间，而偏于一侧。大西洋的扩张脊比较陡峻，因而称中脊，太平洋与印度洋扩张带则比较低缓，所以也称中隆。

（2）俯冲带与深海沟。两个对流环相向移动，带动其上的板块彼此相遇，在强大的推动力下，其中一个板块俯冲于另一个板块之下，称作俯冲（图2-5-2）。一般将大洋板块冲于大陆板块之下的称为俯冲，大洋板块冲于大陆板块之上的称为逆冲。俯冲下去的板块称下伏板块，逆冲上来的板块称覆盖板块或仰冲板块。两个板块相遇时，其间的接触带称作缝合线或缝合带；但如果是一个板块的边缘部分向着大陆部分俯冲或逆冲，则只能称之为俯冲带或逆冲带，而不能称之为缝合带。俯冲带俯冲到地面以下即逐渐消亡或消失，所以叫消亡带或消失带。在俯冲带与上覆板块的接触部位，常发生地震。地震学家贝尼奥夫（Beniof）在此带测得不同深度的地震震源，因此，俯冲带也被称为贝尼奥夫带或比乌夫带。俯冲带的深度一般为200~300km，现知最大深度为720km。

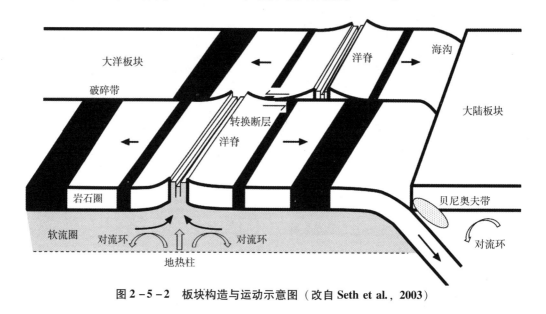

图2-5-2　板块构造与运动示意图（改自 Seth et al.，2003）

俯冲板块在强大推动力作用下向下俯冲，常使两个板块之间的地带深深下陷，形成一个深海沟。一般海洋水深4000m左右，而海沟的最大深度可达11000m。现代海沟的所在位置，均代表大陆边缘的俯冲带或板块的边界。

（3）转换断层。转换断层这一术语是威尔逊于1965年提出来的。它大致垂直于扩张脊并且切割扩张脊的许多水平错动断层。它与平移断层的性质不一样，平移断层是单纯的剪切性质的相对错动，而转换断层则具有一面张裂一面平错的特征。转换断层是球面上张裂的一种表现。转换断层的主要类型有洋脊对洋脊、洋脊对俯冲带、俯冲带与俯冲带之间的错动。有些大的转换断层可以作为板块构造的分界。

深海沟、扩张脊和转换断层，是划分全球板块构造的基本边界类型。

全球板块运动的方式大致是：大洋扩张脊不断扩张，生成新的洋壳板块；大洋板块在俯冲带不断下插、消亡。由于扩张与消亡基本保持平衡，地球表面积也就基本保持不变。

板块运动产生的岛弧、双变质带、混杂体等构造现象偏重于地质学，不在此赘述。

3. 板块运动的描述

岩石圈板块是以一个球面盖板的形式在地球表层运动的。根据欧拉几何学原理，任意两个刚性块体在球面上所做的相对运动，都是绕某一轴旋转的相对运动，这个轴就是通过地心的旋转（扩张）轴。每一对板块都有自己的旋转（扩张）轴及其与地表的焦点——旋转（扩张）极，它们彼此以大小相等、方向相反的角速度绕该轴转动（图2-5-3）。如南美洲与非洲的海岸线按同纬度不能拼合，但使南美洲绕44°N、30.6°W的极相对于非洲转动则两大陆能很好地拼合，证明南美洲相对于非洲是围绕一个与地球自转轴斜交的旋转扩张轴转动的。横切大洋中脊的转换断层也是分布在一个旋转扩张极的扩张纬线方向上的，这些断层相互平行，大体在正交洋中脊方向上呈同心圆分布，其走向与扩张速度矢量平行（图2-5-3）。

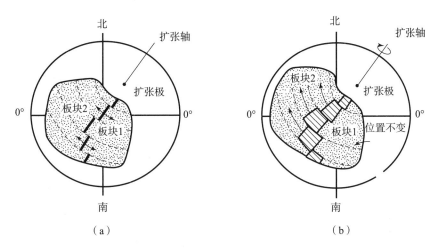

图2-5-3　板块运动示意图

（a）板块1和板块2沿洋中脊分离，板块上的质点在围绕旋转扩张极的小圆上运动；

（b）假定板块1固定，板块2相对板块1的运动

每对板块的扩张极可能在时间上发生变化，其位置可根据转换断层位于以扩张极为圆心的小圆上作转换断层或走滑型地震断层的走向的垂线（即断层面法线的投影）来确定，这些垂线在球面投影图上的汇聚点就是扩张极。由于在一定时间内，洋中脊附近形成的新洋壳的宽度与扩张速率成正比，扩张赤道处最大，扩张极处最小，据此可以近似确定扩张极位置。也可利用转换断层走向或走滑地震初动方向的方位角，或利用扩张速率，用球面三角形及最小二乘法，计算出扩张极的位置，然后利用扩张速率，可求旋转扩张角速度。表2-5-1是勒皮雄求出的部分板块相对转动的扩张极和角速度。

表2-5-1　全球主要板块相对转动的扩张极和角速度

相对旋转的板块	旋转扩张极的位置	旋转角速度/(°/10^7a)
太平洋板块—南极洲板块	70°S，118°E	10.8
太平洋板块—北美洲板块	53°N，47°W	6.0
非洲板块—印度板块	26°N，21°E	4.0
美洲板块—非洲板块	58°N，37°W	3.7
美洲板块—欧亚板块	78°N，102°E	2.8

迪梅兹（C. DeMets, 1990）等发表了一个全球板块运动模型（NUVEL-1）。该模型将全球岩石圈划分为 12 个刚性板块：太平洋板块、非洲板块、南极洲板块、阿拉伯板块、澳大利亚板块、加勒比板块、可可板块、欧亚板块、印度板块、纳兹卡板块、北美板块和南美板块。根据 1122 个取自 22 个板块边界的数据，包括：277 个扩张速率、121 个转换断层方位角和 724 个地震滑动矢量，来拟合 NUVEL-1。拟合精度比以往任何模型都要高，最大不符值小于 3mm/a。表 2-5-2 是 NUVEL-1 的欧拉矢量。

表 2-5-2　NUVEL-1 欧拉矢量（太平洋板块固定）

板块	矢量的位置	角速度/(°/10⁷a)			
		ω	ω_x	ω_y	ω_z
非洲板块	59.160°N, 73.174°W	0.9695	0.002511	-0.008303	0.014529
南极洲板块	64.315°N, 83.984°W	0.9093	0.000721	-0.006841	0.014302
阿拉伯板块	59.658°N, 33.193°W	1.1616	0.008570	-0.005607	0.017496
澳大利亚板块	60.080°N, 1.742°E	1.1236	0.009777	0.000297	0.016997
加勒比板块	54.195°N, 80.802°W	0.8534	0.001393	-0.008602	0.012080
可可板块	36.823°N, 108.629°W	2.0890	-0.009323	0.027657	0.021853
欧亚板块	61.066°N, 85.819°W	0.8985	0.000553	-0.007567	0.013724
印度板块	60.494°N, 30.403°W	1.1539	0.008555	-0.005020	0.017528
纳兹卡板块	55.578°N, 90.096°W	1.4222	-0.000023	0.014032	0.020476
北美板块	48.709°N, 78.167°W	0.7829	0.001849	-0.008826	0.010267
南美板块	54.999°N, 85.752°W	0.6657	0.000494	-0.006646	0.009517

4. 板块运动的测定

按地质学方法和地球学方法，如海底地形、岛弧、洋底地磁异常条带等确定的板块运动，是万年以上时间尺度上的平均结果；地震学的测震方法确定的只是震源附近局部的在秒、分级时间尺度上的短暂运动。那么，分钟至数十年或与人的寿命相当的时间尺度的运动，靠什么来确定呢？那就是大地测量方法。

但是，常规的大地测量方法不能胜任。常规大地测量借助于刻度尺子、光学仪器和通视条件才能实现观测，这显然实现不了跨海观测；天文大地测量，由于测量精度不够，也不能担当观测任务，如国际时间局的光学天文大地测量观测数据，直到 1967 年还在给出大西洋两岸是在靠拢而非张开的错误结果。

空间大地测量技术的发展，为测定现今板块运动提供了技术可能性。甚长基线干涉（VLBI）技术、人卫激光测距（SLR）技术和全球定位系统（GPS）技术的成功应用，才实现了真正意义上的全球板块运动的测定。在 20 世纪 70 年代，赫尔曼（Herman）和德雷威斯（Drewes）利用大量的 VLBI 和 SLR 结果拟合全球板块运动模型，但由于拟合误差较大，而未引起关注。SLR 观测到，日本的 Simosato 以 2.6cm/a 的速度向西北方向运动，中国的上海以 1.8cm/a 的速度向北北东向运动，这应该反映了太平洋板块向西、菲律宾板块向北推挤的结果。但是由于 VLBI 和 SLR 设备庞大，造价很高，难以作为板块运动测定的实用技术手段。真正意义上的全球板块运动观测，应用的是 GPS 技术。自 20 世纪 90 年代初开始，国际 GPS 服务局（IGS）根据全球 GPS 跟踪站的数据建立球心坐标系下全球现今地壳运动的速度场，不断发布全球 GPS 跟踪站点的速度数据。如图 2-5-4 所示，大西洋扩张脊穿过冰岛，岛上位于扩张脊两侧的 GPS 站背向运动分量显著，说明大西洋扩张脊目前仍在扩张。这些结果清楚地展示了全球板块运动现况，一方面为全球板块构造学说提供了新的证据，另一方面为发展这一学说和研究全球现今地壳运动学与动力学提供了基础数据。

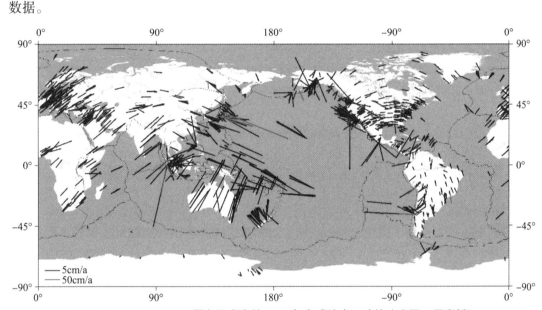

图 2-5-4　国际 GPS 服务局发布的 2005 年全球地壳运动的速度图（见彩插）

5. 板块运动与地震

现代板块的边界是现今构造运动最强烈的地带，也是地震强度最大、频度最高的地带。全球 95% 以上的地震都发生在这个带上（图 2-5-5）。发生在板块边界的地震，称为板间地震或板缘地震。

大洋裂谷带和大陆裂谷带，包括其上的转换断层，也是地球上一个重要的地震活动带。裂谷带上的地震由正断层引起，最大张应力轴以水平方向为主，并垂直于裂谷走向。这个地带有近代火山活动，常突然出现一系列震级不很高的地震组成的震群，没有明显的活动性上升或下降的趋势，也分不出前震和余震。转换断层上的地震是板块走滑运动产生的，这种破裂带内没有火山活动，几乎也没有震群。离散和转换边界上的地震都是浅震，震级一般较低，如东非裂谷带上 7 级以上地震很少，东太平洋中隆带上 5 级的地震也很少。据统计，洋中脊上释放的地震能量仅占全球的 1.8%。但大陆转换断层上的地震有的可达 8 级，如圣安德列斯断层上 1906 年旧金山 8.2 级地震。

世界上最强烈的地震带是环太平洋地震带和横贯欧亚大陆的喜马拉雅—阿尔卑斯地震

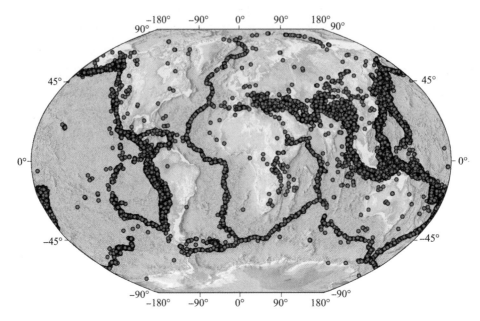

图 2-5-5　全球地震（$M > 5.5$）震中分布图（见彩插）

带。它们分布在板块聚合边界上。环太平洋地震带是大洋板块的俯冲带，世界上 80% 的浅源地震、90% 的中源地震和几乎全部的深源地震都发生在这个带上，最大地震达 8.9 级，释放的地震能量约占全球的 80%。环太平洋地震带上的地震震源机制主要是板块俯冲引起的逆断层型，并随俯冲深度和速度的不同，沿贝尼奥夫带的震源机制发生有规律的变化。我国台湾地震带和吉林深震带都属环太平洋地震带，后者距日本海沟 1200 多千米，震源深度 500~700km，震源机制解的主压应力轴方位正好是迎着板块俯冲方向的 93°~113°，仰角为 27°~28°，与板块俯冲的角度 26° 基本一致（张立敏，1983）。喜马拉雅地震带是大陆板块的碰撞带，也是大陆地震频度和强度最高的地带，这里主要是浅震和中震，震源机制为逆掩断层、逆断层及走滑－逆断层。

2.5.2　中国大陆现今地壳运动

中国大陆位于欧亚板块东南隅，地质构造复杂，构造运动强烈，地震活动频繁，周边动力环境复杂多样，是研究板块运动、板内变形和大陆地震最理想的地区。我国大陆及周边地区，特别是陆内一些地震频发的活动构造带的现今地壳运动，一直受到国内外地学界的极大关注。

为了对大地震进行有效的监测和预报，我国自 20 世纪 60 年代开始用常规大地测量技术在主要活动构造区（带）开展地壳形变监测，并利用观测成果开展地震预报理论和应用研究。但由于常规大地测量技术的局限性，设定的目标难于达到。20 世纪 70 年代开始使用的卫星大地测量技术，特别是 GPS 技术，突破了常规大地测量在时空和精度方面的局限，展示了前所未有的技术能力，迅速成为现今地壳运动和大地变形监测最适用的技术手段。

我国从 20 世纪 80 年代末开始将 GPS 技术应用于现今地壳运动和地形变的监测和研

究。开始阶段，监测区域范围很小，由于受卫星星座和仪器条件限制，观测精度不高，但显示出了常规大地测量不可比拟的优越性，引起地学界的重视。20世纪90年代，国家启动了攀登项目——现代地壳运动和地球动力学研究，首次在全国布设了22个GPS站点，组成全国监测网。"八五"国家科技攻关项目——GPS技术在地壳形变测量和中长期地震预报中的应用研究，在全国主要地震带布设多个区域性GPS监测网，大大提升了监测能力。"九五"期间实施的国家重大科学工程——中国地壳运动观测网络，在全国建立25个GPS跟踪站、56个基本站和1000多个GPS流动测站，不但规模、精度有重大突破，而且把我国各不同系统、不同尺度、不同时期的GPS观测网联结成一个整体，产生了显著的效益。综合应用这些积累的观测成果，产出了我国第一张中国地壳运动速率图和全国重力变化图，为地震预测研究、地学研究、基础测绘和工程建设创建了重要平台。

本小节我们将简要介绍我国现今地壳运动和地形变监测的主要成果，有关的理论和技术方法请参阅其他文献。

1. 中国大陆新构造环境

新构造运动对地壳、岩石圈的变形和演化有全面巨大的影响。新构造运动控制了沉积、地层、岩相的特征和组合，形成了各类断裂、褶皱等新构造形式，影响了夷平面、阶地、海岸线等地貌形态的演化，以及地震、火山的活动和分布。新构造运动提供了分析和认识现代和现今地壳运动的基本框架。

亚洲大陆形变最引人注目的是南北缩短、青藏高原隆起与增厚，NW—SE向的地壳引张，大型活动走滑断层，中国东南部向东南方向的蠕滑、旋转与挤出。

中国大陆处于欧亚板块的东部，是一个被周围板块挤压围限的区域，内部的变形与运动受到周围板块活动的强烈影响，并在一些区域叠加了深部构造活动引致的表部响应。因此，周围受力边界的展布和性质是影响中国大陆及其相邻地段新构造变形与运动状态的主要因素。根据赖锡安（2004）的论述，中国大陆的边界动力状态主要涉及以下因素。

（1）印度板块与欧亚大陆在喜马拉雅一带第三纪以来的碰撞及继续汇聚，特别是其两端的帕米尔和阿萨姆两个构造突出部位（称为构造节）向亚洲大陆的搜入。

（2）西太平洋板块向亚洲板块大陆下的俯冲，鄂霍茨克亚板块的日本海东缘—库页岛西侧挤压边界的作用。

（3）菲律宾板块在中国台湾一带与中国大陆的碰撞与会聚。

（4）日本海和东海东部冲绳海槽及南海盆地的弧后局部扩张。

（5）缅甸—安达曼弧对印支、南海一带的影响。

（6）斯丹诺夫挤压带与贝加尔裂谷带的活动对周围的影响。

（7）西伯利亚、哈萨克斯坦、土兰等古亚洲地块及其古老造山带对中国大陆的影响。

由此可见中国大陆内部变形与运动状况的边界动力环境之复杂。

2. 中国大陆活动构造块体的划分

在定量描述全球板块运动时，一般将板块作为刚性块体，用扩张轴（极）和绕轴（极）角速度来表述板块运动（勒皮雄）；NUVEL–1模型则用转动极和欧拉矢量来描述。对板块的刚性假设是一种理想化的近似。实际上，地壳不完全是刚性的，每一级板块（或块体）也不是完整的，总可以划分出次一级板块（或块体）；其运动是不均匀的，除刚性运动外，还存在着块体内部变形及复杂的边界运动；不但有水平运动和垂直运动，而且有内部物质运移。

中国大陆地壳不是完整的一块，可从地震带分布、地貌区块划分、地壳厚度、重力与地磁分布方面得到证实。地壳运动和形变很不均匀，不同尺度的构造块体的相对运动、块体内部非均匀变形与叠加，描绘出一幅复杂的运动和变形图像。

中国大陆地壳构造块体的划分已有很多研究成果。丁国瑜（1991）的活动亚板块与构造块体划分，张培震（2001）等提出的活动地块划分，是这些研究的代表性成果。这里简要介绍一下两种划分的结果。

活动亚板块和构造块体的定义是：在新构造时期至现在仍在活动着的构造单元。亚板块的含义是，一方面它相对于所处的板块来说是次一级的，另一方面它并不是大板块的单纯划小。亚板块不一定具有大板块的那些属性和条件，亚板块的变形不仅限于边缘，其内部也经历着构造过程，所以还可以进一步划分出构造块体。丁国瑜提出亚板块划分的主要依据是：① 能够反映深部过程的构造活动带，深的活动断裂带、深的活动地堑系和裂谷系；② 地震活动带，特别是强震带；③ 地球物理变异带，如地壳、岩石圈厚度的突变带，航磁异常带，重力梯度带等；④ 亚板块内部构造活动有其统一性。

构造块体的划分原则类似于上述原则，但它们对其所属的亚板块具有从属性。

丁国瑜（1991）根据上述将我国大陆及邻近区域划分为 8 个活动亚板块和 17 个活动构造块体。活动亚板块和活动构造块体的名称见表 2 – 5 – 3。

表 2 – 5 – 3 中国大陆活动亚板块及活动构造块体名称

亚板块名称	构造块体名称
I 黑龙江亚板块	I$_1$长白块体
	I$_2$松辽兴安块体
II 华北亚板块	II$_1$胶东—江苏—南黄海块体
	II$_2$河淮块体
	III$_3$鄂尔多斯块体
III 南华亚板块	III$_1$华南—东海块体
	III$_2$台湾块体
IV 南海亚板块	
V 蒙古亚板块	
VI 新疆亚板块	VI$_1$准噶尔块体
	VI$_2$天山块体
	VI$_3$塔里木块体
	VI$_4$阿拉善块体
	VI$_5$费尔干纳块体

续表

亚板块名称	构造块体名称
Ⅶ青藏亚板块	Ⅶ₁甘青块体
	Ⅶ₂西藏块体
	Ⅶ₃川滇块体
	Ⅶ₄喜马拉雅块体
	Ⅶ₅帕米尔块体
	Ⅶ₆塔吉克块体
Ⅷ东南亚亚板块	

注：蒙古亚板块，东南亚亚板块，青藏亚板块中的帕米尔块体、塔吉克块体，新疆亚板块中的费尔干纳块体的主要部分位于境外。

活动地块是指被形成于晚新生代、晚第四纪（10 万~12 万年）至现在强烈活动的构造带所分割和围限、具有相对统一运动方式的地质单元。

活动地块具有分级性，Ⅰ级地块内部可能存在次级地块，但不同地块之间或不同级别地块之间的构造形变在更大区域框架下具有协调性。活动地块边界带构造活动强烈，绝大多数强震都发生在活动地块边界带上，地块内部的变形、地震的强度和频度都远远小于其边界带。活动地块划分的基本原则是晚第四纪至现今的构造活动。

张培震（2002）将中国大陆及邻区的活动地块分为两级：Ⅰ级活动地块6个，Ⅱ级活动地块22个，各地块名称列于表2-5-4。据不完全统计：8 级以上巨震一般发生在Ⅰ级活动地块边界带，7 级以上大地震几乎都发生在Ⅰ级、Ⅱ级活动地块边界带，6 级以上强震80% 以上与Ⅰ级、Ⅱ级活动地块边界带有关。

表 2-5-4 中国大陆活动地块名称

Ⅰ级活动地块	Ⅱ级活动地块
青藏	拉萨、羌塘、巴颜喀拉
	柴达木、祁连、川滇
西域	塔里木、天山、准噶尔
	萨彦、阿尔泰、阿拉善
华南	华南、南海
滇缅	滇西、滇南
华北	鄂尔多斯、华北平原、鲁东—黄海
东北亚	兴安—东蒙、东北、燕山

习　题

一、判断题

1. 近数十年来，传统大地测量学率先应用和集成了空间、传感、超导、数字等高新技术，产生革命性的变革，进入现代大地测量学的新阶段。　　　　　　　　（　　）

2. 现代大地测量学是当今最具活力和发展最快的学科之一，不仅是解决地球科学基础问题必不可缺的学科，也成为地震科学及地震预报的三大支柱学科之一。　　（　　）

3. 现代大地测量学应用于防震减灾实践，并与地球物理学、地质学相互渗透，经过数十年的努力，已逐步形成一门前沿性的新兴子学科——地形变大地测量学。　（　　）

4. 地形变大地测量学又可称为地震大地测量学，一般简称为"地形变测量"。（　　）

5. 地形变大地测量学观测研究地球系统动力学作用下的多种地壳运动、变形和深部介质物性的空间分布及其随时间的变化。　　　　　　　　　　　　　　　（　　）

6. 地形变大地测量学不仅能直接建立多种运动学模型，还可为动力学模型提供必不可缺的定量约束条件，使动力学理论与实际观测数据有机结合、互补，从而能够较为科学地预测未来。　　　　　　　　　　　　　　　　　　　　　　　　　　　（　　）

7. 地震大地测量学（地形变大地测量学）包括：地震空间大地测量学、地震物理大地测量学（重力）、地震动力大地测量学。　　　　　　　　　　　　　　　（　　）

8. 地形变大地测量学只能提供地表变化信息，无法提供深部过程信息。　　（　　）

9. 地形变大地测量学只能提供岩石圈信息，无法探测对流层、电离层信息。（　　）

10. 各个层次的中国地形变监测台网均不包括重力台网。　　　　　　　　（　　）

11. 地形变测量的任务是：精确测定现今地壳运动、变形、重力和深部介质物性空间分布及其随时间变化的信息，监测地震和火山等灾害的孕育、发生及灾后过程，直接服务于灾害的预测预报并为地球科学、工程建设提供不可缺少的基础信息和知识。（　　）

12. 地球在空间的运动只有绕地轴的自转运动和绕太阳的公转运动。　　　（　　）

13. 地球在公转过程中产生了地球上昼夜长短和四季气候的变化。　　　　（　　）

14. 月球自转周期和月球绕地球转动的周期相等。　　　　　　　　　　　（　　）

15. 地球上的观测者只能看到月球的相同一面。　　　　　　　　　　　　（　　）

16. 春分点连续两次经过某地上子午圈的时间间隔叫作 1 恒星日。　　　　（　　）

17. 平太阴日比平太阳日长。　　　　　　　　　　　　　　　　　　　　（　　）

18. 历书时是真正的均匀时间标准。　　　　　　　　　　　　　　　　　（　　）

19. 区时等于地方时。　　　　　　　　　　　　　　　　　　　　　　　（　　）

20. GPS 时属原子时系统。　　　　　　　　　　　　　　　　　　　　　（　　）

21. 中国北京时与格林尼治时间相差 8 小时。　　　　　　　　　　　　　（　　）

22. 地球参心坐标系和站心坐标系都是右手系。　　　　　　　　　　　　（　　）

23. 地球参心坐标系以大地水准面为基本参考面。　　　　　　　　　　　（　　）

24. 在日、月引潮力的作用下，固体地球会产生周期性形变的现象。　　　（　　）

25. GPS 可以测定点位的三维坐标。　　　　　　　　　　　　　　　　　（　　）

二、单选题

1. 地形变大地测量学测定现今地壳运动的时间尺度为（　　　）。
　　A. 由年至万年　　　　　B. 由分钟至百年　　　　C. 由秒至小时

2. 地形变大地测量学测定现今地壳运动的空间尺度为（　　　）。
　　A. 由定点至全球　　　　B. 由台站至大陆　　　　C. 断裂带及其邻近地带

3. 下列地理现象中，由于地球自转而造成的现象是（　　　）。
　　A. 昼夜的交替　　B. 昼夜长短的变化　　C. 春夏秋冬的更替　　D. 正午太阳高度的变化

4. 地球绕太阳公转时，地轴与公转轨道面的夹角是（　　　）。
　　A. 0°　　　　　　B. 23°26′　　　　C. 66°34′　　　　　D. 90°

5. 位于地球上空的同步人造卫星，其绕日公转的速度与地面上对应点的自转速度相比较，两者的（　　　）。
　　A. 角速度和线速度都相同　　　　　B. 角速度和线速度都不同
　　C. 角速度相同，线速度不同　　　　D. 角速度不同，线速度相同

6. 关于参考椭球定位与定向参数的选择，通常要求满足起始大地子午面与格林尼治平子午面（　　　）。
　　A. 平行　　　B. 垂直　　　C. 相交　　　D. 没有要求

7. 平太阳和真太阳两者周年视运动的轨道（　　　）。
　　A. 都在赤道上　　　　　　　B. 前者在赤道上，后者在黄道上
　　C. 前者在黄道上，后者在赤道上　　D. 都在黄道上

8. （　　　）作为高精度的时间基准，用于精密测定卫星信号的传播时间。
　　A. 太阳时　　B. 太阴时　　　C. 恒星时　　　D. 原子时

9. 目前全球定位系统使用的大地坐标系统是（　　　）。
　　A. WGS-60　　B. WGS-66　　C. WGS-72　　D. WGS-84

10. 在经典大地测量中，为了处理观测成果和计算地面控制网的坐标，通常须选取的坐标系是（　　　）。
　　A. 地心坐标系　　B. 地球参心坐标系　　C. 站心坐标系　　　D. 高斯平面直角坐标系

11. 引潮力是指产生地球潮汐的力，主要来源于（　　　）。
　　A. 太阳的引力　　B. 月亮的引力　　　C. 日、月引力　　　D. 宇宙中所有星系

12. 下列各固体潮汐谐波中，哪一种潮汐谐波的幅度最大？（　　　）
　　A. 月亮的主周日波　　　　　　B. 太阳的主半日波
　　C. 月亮的主半日波　　　　　　D. 日月的周日主赤纬波

13. 全球构造板块划分成几块？（　　　）
　　A. 四块　　　　B. 五块　　　　C. 七块　　　　D. 多于七块

14. 全球板块的边界类型有（　　　）。
　　A. 洋中脊（或洋中隆）
　　B. 俯冲带
　　C. 洋中脊（或洋中隆）、俯冲带和转换断层
　　D. 洋中脊（或洋中隆）和海沟

三、多选题

1. 中国地形变监测台网由（　　）构成。
   A. 全球地壳形变台网　　　　　　B. 国家地壳形变台网
   C. 省自治区地壳形变台网　　　　D. 大地形变观测网
   E. 台站形变观测网　　　　　　　F. 重力观测网

2. 大地形变观测网包括（　　）。
   A. GPS 区域观测网　　　　　　　B. 精密水准观测网
   C. 激光测距观测网　　　　　　　D. 断层形变观测网

3. 台站形变观测网包括（　　）。
   A. GPS 基准网　　　　　　　　　B. 水管倾斜仪观测网
   C. 地倾斜台网　　　　　　　　　D. 钻孔应变仪观测网
   E. 地应变台网　　　　　　　　　F. 断层形变台站观测网

4. 重力观测网包括（　　）。
   A. 流动重力观测网　　　　　　　B. 绝对重力观测网
   C. 台站重力观测网　　　　　　　D. 超导重力观测网

5. 地壳形变监测台网的主要特色为（　　）。
   A. "空 – 地 – 深"结合　　　　　B. "陆 – 海 – 空"结合
   C. "点 – 线 – 面"结合　　　　　D. 中国与邻国结合
   E. "长 – 中 – 短"结合　　　　　F. 全国与重点区结合
   G. 力学型台网

6. 地球公转产生的地理现象是（　　）。
   A. 昼夜的更替　　　　　　　　　B. 昼夜长短的变化
   C. 正午太阳高度的变化　　　　　D. 各地地方时的产生

7. 以下坐标系统中，是右手系的是（　　）。
   A. 地心坐标系　　B. 地球参心坐标系　　C. 天文坐标系　　　　D. 站心坐标系

8. 以下属于世界时系统的因素有（　　）。
   A. 历书时　　　B. 原子时　　　　C. 恒星时　　　　　　D. 太阳时

9. 参考椭球定位与定向参数的选择，一般来说，要考虑的因素有（　　）。
   A. 参考椭球面与地区的大地水准面最佳配合
   B. 参考椭球面与全球的大地水准面最佳配合
   C. 参考椭球的短轴与地球的某一平自转轴相平行
   D. 起始大地子午面与格林尼治平子午面相平行

10. 太阳和月亮的起潮力会产生（　　）。
    A. 地球重力固体潮　　　　　　　B. 地球应变固体潮
    C. 地球倾斜固体潮　　　　　　　D. 海潮和大气潮

参 考 文 献

［1］ DeMets C，Gordon R G，Argus D F，et al. Current Plate Motions. Geophys J. Int. ，1990 （101），425 －478.

［2］ Seth S，Dominic L，Michael W，et al. An introduction to seismology，earthquakes，and earth structure［M］. Blackwell Pub. 2003.

［3］ Wang M，Shen Z K. Present-day crustal deformation of continental China derived from GPS and its tectonic implications. Journal of Geophysical Research：Solid Earth，2020 （125），e2019JB018774. https：//doi. org/10. 1029/2019JB018774.

［4］ 张培震，邓起东，张国民，等. 中国大陆的强震活动与活动地块. 中国科学（D 辑），2003，（33）：12 –20.

［5］ 赖锡安，黄立人，徐菊生. 中国大陆现今地壳运动. 北京：地震出版社，2004.

［6］ 董艳英，刘彩璋，徐德宝. 实用天文测量学. 武汉：武汉测绘科技大学出版社，1992.

［7］ 胡明城. 现代大地测量学的理论及其应用. 北京：测绘出版社，2003.

［8］ 胡明城，鲁福. 现代大地测量学. 北京：测绘出版社，1994.

［9］ 李春昱，郭令智，朱夏. 板块构造基本问题. 北京：地震出版社，1986.

［10］ 吴庆鹏. 重力学与固体潮. 北京：地震出版社，1997.

［11］ 丁国瑜. 中国岩石圈动力学概论. 北京：地震出版社，1991.

［12］ 尹祥础. 固体力学. 北京：地震出版社，1985.

第3章 重力测量

本章对地震前兆观测中常用的重力测量仪器及其性能指标、操作过程、资料评价方式和在地震预测中的应用案例进行了简要介绍。

3.1 重力测量概述

重力测量主要包括台站重力测量、流动重力测量（含绝对重力测量）两类，具体测量原理、测量内容及测量过程如下。

3.1.1 台站重力测量

台站重力测量是利用连续重力观测仪在重力站的观测墩进行重力加速度等采样间隔的测定，进而获得台站位置的重力潮汐的观测模型和重力随时间变化规律的过程。

1. 台站重力测量的原理

在台站观测场地、观测环境相对稳定的条件下，利用重力观测系统能捕捉观测位置物质迁移产生的垂向力变化，标定和量化观测系统变化，实现测定位置物质迁移产生垂向力变化的过程称为台站重力测量。

2. 台站重力测量的内容

由于台站观测场地和观测环境稳定，重力固体潮是台站重力测量最为重要，且量级最大的地球物理信号，量级为 $\pm(150\sim200)\times10^{-8}\mathrm{ms}^{-2}$。除重力固体潮信号外，中国地震局的科学家认为地震前一些和地震有关的信号会混频到重力固体潮信号中，因此利用高精度台站重力测量数据研究地震前和地震有关的信号成为地震预测研究的一种重要手段。我国在 20 世纪 60 年代末就开始利用台站重力测量进行重力固体潮和震前异常信息的研究。此外，国内外科学家还通过剥离测量数据中的潮汐信号研究了气压的负荷影响，地表水负荷影响，地下水影响，极潮、海潮等地球圈层物质运动产生的重力信号。

随着台站重力测量的不断增多，在统一量化和标定策略下，台站与台站之间的物理量建立联系，形成连续重力观测台网。我国连续重力观测台网的科学目标是通过监测中国大陆潮汐变化，研究中国大陆地壳的黏弹性变化特征；同时也用于监测中国大陆重力非潮汐变化。综合两方面的变化为地震监测预报服务。

3. 台站重力测量的分类

目前用于台站重力测量的重力仪主要分为两大类。第一类是弹簧型连续重力观测仪，

其精度可达到 $1 \times 10^{-8} ms^{-2}$。20 世纪六七十年代，西德的 GS 型重力仪，加拿大的 CG - 3 型重力仪，美国的 LacosteET、G 和 D 型重力仪被用于我国台站重力测量。1986 年，我国自主研发的 DZW 微伽重力仪（DZW 是"地震微"三个汉字拼音的首字母）通过国家地震局的测试和鉴定后，也加入到我国的台站重力测量中来。随着地震预测实践对观测系统的精度和稳定度要求的不断提高，2007 年前后我国又引入了美国 Microg - LaCoast 公司专为台站重力测量研制的 PET 型连续重力观测仪（portable earth tide gravity meter，PET），而后对通信系统进行改进，改称为 gPhone（gravity telephone，gPhone）。第二类是非弹簧型连续重力观测仪，其精度可以达到 $0.1 \times 10^{-8} ms^{-2}$。该型重力仪主要以超导重力仪为代表。有报道未来原子重力仪的问世，也可用于台站重力测量。1976 年 John Goodkind 和 William Prothero 首次在加州大学圣地亚哥分校（UCSD）提出了超导重力仪的设计。此后 Goodkind 的学生 Richard Warburton，以及 Prothero 的试验室助理 Richard Reineman 对超导重力仪进行改进和应用。1979 年，Goodkind、Warburton 和 Reineman 三人成立了目前世界唯一可商业化生产超导重力仪的 GWR 公司（即三人姓首字母）。超导重力仪早期的型号包括：T 型（大容量杜瓦瓶型）、CT 型（紧凑型）和 CD 型（双球型）。20 世纪末以来，随着电子技术和制冷技术水平的提高，GWR 公司陆续推出了现代全球超导重力仪（Observation Superconducting Gravimeter，缩写为 OSG）。21 世纪初，该公司又推出了体积和杜瓦容量更小的 iGrav 型超导重力仪。其中"i"代表了理想的（ideal）和充满想象力的（imaginary）。

目前我国台站重力测量的主要仪器为弹簧型连续重力观测仪。近几年也陆续引入了少量的超导重力仪。

3.1.2　流动重力测量

流动重力测量是一种区域范围的重力测量，采用相对重力联测的方式对监测区内固定重力站点进行定期重复观测，以获取重力场随时间和空间的变化，服务于地震预测及相关科学研究。

1. 流动重力监测网布设

重力监测网应根据地震监测预报和科研任务的需求进行布设。测点空间密度和复测周期要考虑监测中、强地震，进行长、中、短临预报的不同需要，并根据地震活动趋势的变化和新的科研成果适当进行调整。

测网的大小应与被监测的地质构造规模相适应，观测线路应尽量布设成环，测点的分布应力求均匀。测网布设时要进行精度设计。

重力站点应尽量与台站重力、地壳形变和地下水等观测站相结合，以利于综合研究。重力点应选在基础稳固且振动及其他干扰源影响小的地方。应远离陡峭地形、高大建筑物和大树等，避开地面沉降漏斗、冰川及地下水位剧烈变化的地区。若这些条件不能满足，观测结果应进行相应改正。

2. 流动重力监测网现状

经过数十年的持续发展，我国目前已建成空间范围覆盖中国大陆整体、重点地区时空加密的流动重力地震监测网，并形成常态化的运行机制。目前中国流动重力监测网总计有约 3500 个测点、4000 个测段；在大华北、南北带、天山等重点监视地区，测点间距为 30～50km，观测周期为每年 2 期；其他一般监视地区测点间距为 50～100km，观测周期为每年 1 期。

3. 流动重力测量方法

流动重力测量采用相对重力联测方法，测量的是不同测点之间的重力差。一般采用两三台相对重力仪进行同时同址观测，每条测线采用图 3-1-1 所示 $A-B-\cdots-X-X-\cdots-B-A$ 双程往返观测方式，闭合时间在 3 天以内，特殊情况可放宽至 4 天。

图 3-1-1　相对重力仪联测方法示意图

野外作业前，应做好准备工作，包括测区资料收集、制定实施方案、人员培训、设备检查、仪器检测标定等。

野外作业完成后，应及时完成成果整理和汇交，包括实施方案、观测记录、观测计算资料、变更测点点之记、测量成果表、工作总结、质量检查报告等。

其他未尽事宜，参照相关规范和技术规程要求执行。中国地震局现行流动重力技术规程主要包括以下三类：《地震重力测量规范》，地震出版社，1997；《中国大陆构造环境监测网络相对重力联测技术规程》，2010 年修订；《青藏高原东缘重力场变化加密监测网相对重力联测技术规程》，2010 年修订。

4. 数据记录与处理

野外测量数据记录采用专用的电子记簿软件。一条测线结束后需及时进行验算，对不合格的测量结果及时进行返工。

数据处理应首先进行格值表转换、格值系数改正、固体潮改正、气压改正、仪器高改正等各项预处理，然后由预处理数据组成段差观测量，采用平差计算方式获取各测点重力点值与精度估计。

3.2　重力测量仪器

重力测量仪器按照台站重力仪和流动重力仪分类，主要包括如下一些重力仪器，如 DZW 重力仪、GS15 重力仪、LCR 重力仪等，以下对其性能指标进行介绍。

3.2.1　台站重力仪

在重力站的观测墩上进行台站重力测量的仪器称为台站重力仪。这类仪器在正常观测情况下多为等采样间隔连续测量，因此也被称为连续重力观测仪（Continuous Relative Gravimeter，CRG）。中国地震局通过九五、十五、大陆构造环境监测网络、背景场探测等工程形成了空间分辨率为 300～450km/站的连续重力观测台网。

仪器来源主要有 3 个渠道：① 对历史仪器的改造；② 自主研发的仪器；③ 购买国外的。目前我国连续重力观测台网台站重力仪类型及其精度指标见表 3 – 2 – 1。

表 3 – 2 – 1 连续重力观测仪器关键指标

仪器类型	产地	是否生产	设计标准	直接量程	零漂	读数分辨率	设计精度	观测精度	M_2波潮汐因子精度
OSG/iGrav	美国	是	杜瓦瓶超导磁悬浮	1 mGal	1 ~ 2 μGal/年	1×10^{-7} V	0.01 μGal	0.01 μGal	≤0.0001
PET& gPhone	美国	是	斜拉金属零长弹簧	7000 mGal	≤1 mGal/月	0.1 μGal	1 μGal	10 μGal	≤0.001
GS15	德国	否	斜拉金属弹簧	2 mGal	≤1 mGal/月	0.5 μGal	1 μGal	10 μGal	≤0.002
DZW	中国	是	垂直悬挂设计	2 mGal	≤1 mGal/月	1 μGal	1 μGal	—	≤0.002

以上按照测量原理的不同初步对台站重力测量的仪器进行了分类。下面详细介绍各重力仪的原理和技术指标。

1. DZW 重力仪

DZW 微伽重力仪（地震微型）的研制是 1979 年国家地震局下达的重点科研项目，于 1980 年 10 月制作完成了第一台重力仪原理样机。经过 2 次修改和试验，在 1984 年 10 月完成了 DZW 重力仪的研制，1986 年通过了国家地震局的测试和鉴定。从第一台 DZW 重力仪的模拟记录开始，经过多年的升级改造逐步提升至秒采样，并配备了内温、外温、2 个相互垂直的倾斜测项，共计 4 个辅助观测装置，用于监控 DZW 重力仪中的金属弹簧工作情况，其内部温度稳定性为 ±（1 ~ 4）℃。重力仪零漂小于 1mGal/月，设计精度 1×10^{-8}ms^{-2}，M_2波潮汐因子精度优于 0.002。

1）工作原理与结构

图 3 – 2 – 1 所示为仪器的外形照片和本体内部结构。

合理的热结构设计保证了仪器观测精度。本仪器有内恒温、底盘恒温及外恒温三层恒温装置。恒温是通过桥路检测，经放大再控制加热丝来实现的。图 3 – 2 – 2 为仪器恒温原理框图。图中 R_1 和 R_2 是具有负温度系数的高稳定热敏电阻，与 R_1'、R_2' 一起构成电桥。当温度低于平衡点温度时，加热丝上有电流流过，处于加温状态；当温度高于平衡点温度时，加热丝上无电流流过，处于停止加温状态。

由稳幅振落器产生的 16kHz、幅度稳定度优于 10^{-3} 的正弦信号经感应分压器分压，在动片上感应出电信号，信号的大小反映固体潮作用于摆上的力所产生的摆位移，经前级、主放级放大后实现检波，最后经低通滤波器输出。

2）性能与技术指标

性能特点：① 弹性系统的垂直悬挂方式、质量平移式结构，构成典型的线性系统，

（a）

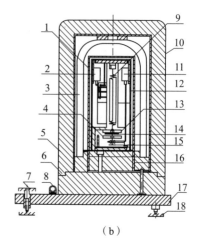

（b）

图 3 - 2 - 1　DZW 重力仪

（a）外形照片；（b）内部结果示意图

1. 内恒温；2. 调摆马达；3. 杜瓦瓶；4. 下定片；5. 外恒温；6. 聚苯乙烯保温层；7. 底脚螺丝；8. 置平气泡；9. 弹簧；10. 外罩；11. 锁摆马达；12. 主体支架；13. 上定片；14. 动片（摆）；15. 锁摆装置；16. 底盘恒温；17. 底盘；18. 垫块

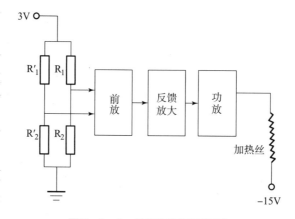

图 3 - 2 - 2　仪器恒温原理框图

灵敏度稳定，结构简单，装校方便；② 采用高精度控温系统，保证了 0.0001℃ 的控温精度，无须进行温度补偿，工作温度选择自由，只要工作温度高于环境温度即可；③ 电容传感器精度高、稳定性好，由于测量位移精度提高，免除了助动系统和机械放大；④ 热结构合理，密封良好，受气压影响较小，即使在不控温的观测室内工作，亦能获得较好的观测结果。

技术指标如下。① 分辨率为 $1 \times 10^{-8} ms^{-2}$，直接量程为 $2 \times 10^{-5} ms^{-2}$；② 电容传感器的精度：优于 $0.0001 \mu m$；③ 恒温精度：日变化小于 0.0001℃，月变化小于 0.0004℃；④ 环境温度变化影响：$3.3 \times 10^{-8} ms^{-2}/℃$；⑤ 气压变化影响：$0.75 \times 10^{-8} ms^{-2}/mmHg$；⑥ 开温功率：30W；⑦ 恒温功率：15W；⑧ 测微机箱能耗：10W；⑨ 交流电源：$220 \times (1 \pm 10\%)$ V，$50 \times (1 \pm 5\%)$ Hz；⑩ 外接直流电源：$+22.5V$，$-22.5V$；⑪ 倾斜灵敏度：

$(7\sim20)\times10^{-8}\,\mathrm{ms}^{-2}/(")$；⑫日漂移：小于 $25\times10^{-8}\,\mathrm{ms}^{-2}/\mathrm{d}$；⑬仪器精度：$(5\sim10)\times10^{-8}\,\mathrm{ms}^{-2}$。

3）检测与校准

DZW 重力仪目前采用对比观测法测定面板常数，采用静电标定法进行记录格值 C 的测定，参见《地震及前兆数字观测技术规范（试行）》。

4）安装与调试

（1）运输。摆系统结构精密，不宜受振动和冲击。运输前需用锁摆电路将摆锁住，然后关掉机箱电源，取下电缆线，小心放入具有减震措施的包装箱内。运输工具选用具有较好减震性能的车辆，平稳运行，切忌急刹车、剧烈颠簸，更不允许碰撞、倒置。

（2）仪器对工作环境的要求。仪器应置于与基岩相连的具有隔震槽的光滑水泥墩上。为取得高精度的观测资料，仪器房须保持恒温，如果工作室内湿度较大，最好放入一些吸潮材料。

（3）仪器的现场安装调试。仪器运抵目的地后，小心地将仪器搬出，并用酒精仔细擦洗其顶角槽。然后将仪器本体与恒温控制机箱、电容测微器机箱用电缆线正确地插接。将仪器本体、两个机箱及记录器的外壳与大地地线连接。用纵横水准气泡将仪器置平。电容测微器、恒温控制器应置于本体附近，记录器由屏蔽电缆线连接安装在记录室内。

2. GS15 重力仪

GS 型重力仪是德国阿斯卡尼亚厂生产的、应用广泛的金属弹簧重力仪。该型重力仪采用的是斜拉式，其摆系为质量旋转式结构。它以扭力矩为主的旋转式结构的旋转轴是带状螺旋式的金属弹簧，而不是扭丝。GS15 是"十五"期间对老型的 GS 重力仪进行电子系统和数采系统改进后的型号（图 3－2－3）。除产出进行了电子滤波的重力观测信号外，重力仪还产出了滤波系数较小（或没有滤波）的另一重力观测信号进行辅助观测。

仪器观测量程 2 毫伽，仪器零漂小于 1mGal/月。读数分辨率 0.5μGal，设计精度 1μGal，观测精度约 10μGal。M_2 波潮汐因子精度优于 0.002。从 1990 年开始观测以来，经过"九五"数字化改造、"十五"网络化改造后投入到数字地震观测网络中来。目前采样率为 1 次/min。由于仪器年代久远，目前厂家已无法为该重力仪提供售后服务。作为在中国进行台站重力测量的一类仪器，本书依然对其工作原理与结构、性能与技术指标、检测与校准、仪器安装与调试进行说明。

1）工作原理与结构

（1）GS 型重力仪的结构分 3 部分：① 弹性系统，是感受重力变化的核心部分；② 测量系统，包括读数及光学系统和自动记录系统；③ 支护系统，由支架、外壳和恒温装置组成。仪器弹性系统外层是一个磁屏蔽，用高导磁率的金属制成，以减少磁场对钢制弹簧的干扰，再外一层是恒温装置。GS 型重力仪共有两层恒温，最外层则为仪器的金属外壳，其间有 3cm 厚的隔热材料塑料泡沫小球。

（2）GS 型重力仪的工作原理。以扭力矩为主的旋转式结构的旋转轴是带状螺旋式的金属弹簧，而不是扭丝。这种系统在水平倾斜时的平衡方程写为：

$$\left.\begin{array}{l} mgl=\tau\theta \\ mgl\cos\alpha=\tau(\theta+\alpha) \end{array}\right\} \qquad (3-2-1)$$

 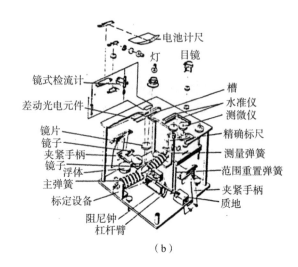

图 3 - 2 - 3　GS15 型重力仪
（a）重力仪外观；（b）本体内部结构图

式中，θ 为起始扭角；α 为摆偏离水平位置的倾角；τ 为扭力系数。

我们对式（3 - 2 - 1）的第二式中 g 和 α 微分，注意当 α 很小时，$\cos\alpha \approx 1$，$\tan\alpha \approx \alpha$，则得到：

$$\frac{d\alpha}{dg} = \frac{\theta + \alpha}{g[1 + \alpha(\theta + \alpha)]} = \frac{\theta}{g} \frac{1 + \dfrac{\alpha}{\theta}}{1 + \alpha(\theta + \alpha)} \qquad (3 - 2 - 2)$$

式（3 - 2 - 2）就是 GS 型重力仪的灵敏度公式。由于 θ 是常数，所以 $\dfrac{d\alpha}{dg}$ 仅是 α 的函数。如果仪器在制造过程中能使 $1 + \alpha(\theta + \alpha) \to 0$，则 $\dfrac{d\alpha}{dg} \to +\infty$，这时灵敏度变化为无穷大。旋转式结构可以通过选择适当的结构和材料以提高仪器的机械灵敏度。

由于式（3 - 2 - 2）的分母中有 α^2，当 α 增大时，灵敏度减小。为了使灵敏度不变，以获得最高的读数精度，野外工作总是采用零位读数法，即 $\alpha = 0$，这时

$$\frac{d\alpha}{dg} = \frac{\theta}{g} \qquad (3 - 2 - 3)$$

式（3 - 2 - 3）为一常数，这就是 GS 型重力仪零位读数的理论依据。式（3 - 2 - 3）表明，零位读数法的灵敏度与起始扭角 θ 成正比，但 θ 过大，又会加大零漂率，所以不能片面追求高灵敏度指标。因此，对仪器的设计，既要求弹性系统本身的性能良好，也要求支架、外壳以及与弹性系统有关联的部件都有高度的稳定性。这也提醒我们对仪器的操作和维护必须非常仔细。

2）性能与技术指标

① 分辨力：优于 $1 \times 10^{-9} \mathrm{ms}^{-2}$；② 系统重复性：$5.0 \times 10^{-8} \mathrm{ms}^{-2}$；③ 准确度：$1.0 \times 10^{-7} \mathrm{ms}^{-2}$；④ 测程范围：直接测程不小于 $2 \times 10^{-5} \mathrm{ms}^{-2}$，可调测程 $7 \times 10^{-2} \mathrm{ms}^{-2}$；⑤ 频带范

围：直流~2min；⑥ 仪器零漂：小于 $1 \times 10^{-5} ms^{-2}$/月；⑦ 仪器标定：具有放大与记录系统部分远程标定功能，格值相对误差小于 1%，标定重复性优于 1%；⑧ 采样率：不低于 1 次/min。

3）检测与校准

仪器常数 K 的测定法如下。

有面板常数的台站重力仪，在仪器安装前和检修后面板常数必须进行标定，面板常数取 4 位有效数字，标定的相对中误差 $\leqslant 1 \times 10^{-3}$。

（1）野外基线场测定方法。

野外基线测量前先要开展准备工作：① 测前要准备好 6V、5A/h 及 24V、10A/h 的电瓶各一组，电瓶应充好电，各接线要尽量粗、短，连接牢固，经稳压后输入仪器；② 准备好仪器防震装置及测微环境温度的温度计；③ 备好观测记录本、铅笔、小刀、计算器、测伞等；④ 调好测程范围；⑤ 提前 24h 给仪器加温；⑥ 测定并校准好最小倾斜灵敏度；⑦ 测定光电比。

测量的具体步骤如下。① 到达起始测点后，把仪器置于基点平台上，并注意每次测量均要放于同一方向和同一位置上，切莫碰撞仪器与弄断电源线。② 打开照明灯，旋转仪器置平螺丝，使仪器置平。③ 轻轻松开夹固器开关。④ 把微安表开关扭到不灵敏挡，观察表头指针移动方向。旋转测量旋钮，使指针停在零线附近，再把微安表开关拧到灵敏挡位置，再继续微调测量旋钮，使指针在零线附近。⑤ 观察目镜筒内亮线位置，用右手拧测微旋钮，并始终朝同一方向旋转，直至玻璃刻度尺的某条标志线与亮线重合。从目镜筒内读出测微器的格数，精确到 0.1~0.2 格，并记下刻度尺的格数和微安表的指针格数。⑥ 微安表的标定。旋转测量旋钮，使微安表指针左移 20 格，按步骤⑤读数，再旋转测量旋钮，使指针在微安表上右移 20 格，仍按步骤⑤读数，由读数差和电流表指针格数求出指针偏转一格所对应的测微器格数，此即微安表的标定，一般需重复该步骤两次。⑦ 重复步骤⑤，读取读数，并记下观测时间、环境温度和气压读数。⑧ 关闭照明灯和微安表开关，锁摆。⑨ 小心地把仪器、电瓶等搬回运输车内，安放于防震装置上，并由观测员用手扶好仪器，避免倾倒。到达另一测点后，重复上述各步骤（除步骤⑥外）。注意若遇中途断电或更换电瓶，则要重新接上电源，使仪器"黑白跳"正常后方可再继续工作，若遇大风和地震妨碍观测工作时，应停止观测。⑩ 每次标定，必须在基线场 2 基点上取得 6 个以上合格的独立段差结果。有关限差和计算方法见《地震及前兆数字观测技术规范（试行）》（中国地震局编，地震出版社，2001）。

（2）倒小球法。

对比观测法测定面板常数和有关记录格值 C 的测定法。参见《地震及前兆数字观测技术规范（试行）》4.3.4.2 小节。

4）仪器安装与调试

（1）重力仪和记录设备的组装。① 要注意仪器密封垫圈是否完好，气孔螺丝是否关紧。工作时先打开弹簧系统的夹固装置，后开检流计开关。关夹固装置之前，要先关检流计开关。② 工作过程中需要转动测微螺杆时，每次都要按相同方向转动，以消除测微螺杆的隙动差。③ 运输过程中要采取防震措施，避免强烈震动和碰撞，并确保弹簧系统的夹固装置不松开。④ 重力仪应置于密封箱内工作。⑤ 在重力仪和记录设备组装过程中，不要接通电源。组装结束后，认真检查电路的连接是否正确，确认无误后，方能接通电源，使仪器进入工作状态。⑥工作过程中，仪器读数要置于测程的中间段（GS型为3000~5000格）。置平仪器，接上电源，打开气孔螺丝，开始加温，24h后，关闭气孔螺丝。

新GS~15型重力仪和开关盒的使用注意事项如下。①重力仪与开关盒的连线有6V和24V电源线、信号线和电磁标定线，重力仪放在台基上安装时，首先要与开关盒各条线正确地连接好，切勿插错位置。②加热时先用"1"挡（25℃）慢速加热，然后逐渐提高温阶或换其他挡加热。③当"黑白跳"正常后，再调平仪器，打开夹固装置。④打开开关盒前面的面板，调节滤波器放大倍数的开关挡。正式工作前要测定滤波器各开关挡的灵敏度，即每格的毫伏值。通常工作时，可用开关挡"2"或"3"。选择何挡合适，要根据与记录器不同灵敏挡相匹配而定。通过匹配以达到使记录格值符合每毫米 $1.5 \times 10^{-8} \text{ms}^{-2}$ 左右的要求。⑤开关盒上的数字电压表，平时正常工作时应关好。进行拉弹簧100格测量格值 C 时，要注意输出电压不得超过 $\pm 2\text{V}$。⑥电磁标定结束后，一定要将"标定"开关放在"关"的位置。

（2）重力仪调试。①水泡位置的检验与调整。重力仪安装前（或仪器经过检修后）应用抛物线法严格测定并调整水泡位置。重力仪水泡位置的检验与调整见《重力台站观测规范》附录2（国家地震局制定，地震出版社，1986）。②光电比的测定。GS型重力仪安装前和工作过程中需要做目视观测（如测定常数）时，要先测定光电比，检修仪器后光电比应及时重新测定。光电比的测定方法见《重力台站观测规范》附录4（国家地震局制定，地震出版社，1986）。③正式记录前和检修仪器后，应在无信号输入（即未接重力仪）的情况下，将放大器、记录器和检流计等分别记录或互相组合记录48h以上，以确定零漂情况。若零漂过大，影响记录精度，应在记录成果中加上此项改正。

（3）记录设备的调试。①记录设备线性度的测定。利用输入已知信号（其幅度约为记录器量程的1/2）的方法测定记录设备的线性度。仪器安装前和检修后，必须进行此项工作。记录设备线性度的测定见《重力台站观测规范》附录12（国家地震局制定，地震出版社，1986）。②记录设备滞后的测定。在测定记录设备线性度时，即可同时进行此项工作。开始输入信号到记录笔的走迹呈直线时的时间间隔，即滞后。滞后时间不得超过100s，否则要减小滤波器的时间常数。记录设备滞后的测定过程见《重力台站观测规范》附录13（国家地震局制定，地震出版社，1986）。

3. PET&gPhone 重力仪

PET&gPhone重力仪是一种全自动的金属弹簧（零长弹簧）连续重力观测仪，是在LCR-G型基础上改进而成的，工作原理与LCR-G带反馈系统相同。结构方面的改进主要为采用了全封闭，具有更好的保温和防气压干扰性能，增加了自动调平装置，改进了数采输出接口，增加了时钟系统和自动数采专用软件和硬件。

该型重力仪的数据采样间隔为秒，并配备了9个辅助观测监控重力仪金属弹簧的工作情况，分别是：重力固体潮改正值、横水准、纵水准、内温、内压、外温、外压、仪器工作状态、摆位等。

由于弹簧受到温度的影响，弹性特征在微伽级的测量时具有极大的差异，因此PET&gPhone重力仪不仅采用了全封闭式设计，并且在控温技术上除了控制温度的变化，而且控制温度值本身。即每一台 PET&gPhone 重力仪都是工作在特定的内温环境内，使得温度变化本身对弹簧的蠕变特性最小。重力仪具有全球范围量程 7000mGal，精细测量过程中的动态量程 100mGal。仪器采用双层杜瓦瓶装置，配备原子钟跟踪 GPS 同步锁定。零漂小于 $1 \times 10^{-5} ms^{-2}$/月，观测精度 $10 \times 10^{-8} ms^{-2}$，$M_2$ 波潮汐因子精度优于 0.001。

中国地震局于 2007 年开始引进 PET&gPhone 重力仪，将其陆续投入数字地震观测网、大陆构造环境监测网络观测项目和背景场探测工程中。

1）工作原理与结构

PET&gPhone 重力仪尽管有各种不同的型号，但它们在结构上大同小异，从总体上可分为工作部分和壳体两大部分。工作部分主要包括弹性系统、测量系统、光学系统、锁摆装置、水准器、磁屏及密封盒等，壳体部分主要包括仪器外壳、面板、隔热材料、置平螺旋、温度计、加热丝和电气元件（图 3 – 2 – 4）。

图 3 – 2 – 4　PET&gPhone 重力仪

2）性能与技术指标

PET&gPhone 重力仪具有结构紧凑，体积小，重量轻，自动化程度高，利于无人值守和远程控制等优点。

技术指标如下。① 弹簧类型：金属弹簧。② 分辨率：$0.1 \times 10^{-8} ms^{-2}$。③ 精度：$10 \times 10^{-8} ms^{-2}$。④ 系统噪音：$(0.1 \sim 0.3) \times 10^{-8} ms^{-2}/Hz^{-2}$。⑤ 量程：$7000 \times 10^{-5} ms^{-2}$（全球量程）。⑥ 反馈量程（测量中）：$\pm 100 \times 10^{-5} ms^{-2}$。⑦ 漂移：$1.5 \times 10^{-5} ms^{-2}$/月或更小，一般情况下小于 $500 \times 10^{-5} ms^{-2}$/月。⑧ UPS 输入电压：110V 或 220V（须在购买时确认）。⑨ 总体系统功率：恒定负载时约 100W，最大负载时约 330W。⑩ UPS 在断电情况下工作时间：UPS 充满 4h。⑪ 重量及尺寸：重力仪主机，13kg，31cm × 32.5cm × 25.2cm（重力仪机脚高度为 9cm）；电子箱，30kg，42.5cm × 51cm × 20.5cm；笔记本电脑，3kg，26.5cm × 32.5cm × 4cm；运输箱，12kg，48.8cm × 51.2cm × 48cm；总计：58kg。

3）检测与校准

（1）可对 PET&gPhone 仪器进行远程标定检测，自动调平，通过专用软件界面操作，见图 3 – 2 – 5。

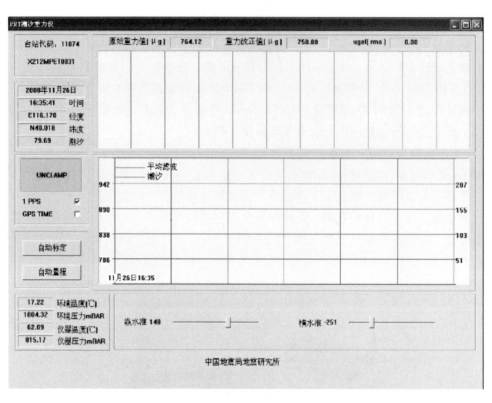

图 3 - 2 - 5　PET&gPhone 重力仪检测与校准的软件界面

（2）绝对重力仪进行同址比测。

在 PET&gPhone 重力仪的观测室旁的观测室中进行绝对重力观测，来进行相对重力仪比测。比测时长应不少于 2 天。格值系数的相对误差应≤0.002。

4）安装与调试

（1）运输。仪器装在专门的仪器箱中运输。运输前应锁摆、关电源、取下电缆线和数采信号线，小心放入具有减震功能的仪器箱。运输工具选用具有较好减震性能的车辆，平稳运行，切忌急刹车、剧烈颠簸，更不允许碰撞、倒置。

（2）仪器的现场安装调试。仪器运抵仪器室后，小心取出仪器，然后将仪器本体置于仪器墩上，概略调平仪器，正确接好电源和数采信号线，打开专用软件，将仪器初始化（第 1 次使用的新仪器），其后精确置平、数字化记录和自动化调平归零等都由软件完成。

4. GWR 公司的超导重力仪

1）工作原理与结构

Prothero 和 Goodkind（1968）在美国研制出了一种被称为超导重力仪的新型重力仪。这种仪器应用几乎理想稳定性的超导持续电流作为仪器的稳定装置。它包括悬浮在磁场里的直径为 2.5cm 的超导球。磁场是由在液氦温度下的一对超导线圈的持续电流产生的。超导球为壁厚 1mm 的铝壳球，外面镀铅（镀层厚约 0.025mm）。超导线圈在垂直方向产生很小的重力梯度。球的位置可由电容位移传感器来测定，并通过电子反馈系统使其归零，通过测量使球保持在电容电桥零点时所需反馈电压的大小来探测球上力的变化。

如图 3-2-6 所示，重力仪被镀在铜罐上的铅超导屏蔽所包围。整个系统，包括超导球、电容器极板、超导磁线圈以及超导磁屏蔽等，都悬浮在真空中。并且温度稳定到几微开。在这种情况下，仪器的噪声将降低到 $10^{-11}\,\mathrm{cm\cdot s^{-2}}$，同时仪器对温度和压力都不灵敏，在转换过程中也不会出现偏差。

（a）　　　　　　　　　　（b）

图 3-2-6　GWR 公司超导重力仪及其结构

（a）OSG 型超导重力仪；（b）重力仪剖面图

采用两种技术测量球的位置。第一种是测量通过球下直径为 1.57cm 超导环的磁通量。第二种，在电桥中把上极板与中间环状极板间的电容同下极板与中间环状极板间的电容作比较。这两种测量方法同时使用时，就有可能对支撑球的磁场变化和球上其他力的变化加以区分。应用给球的负反馈电容网络，使球的位置相对于磁通探测器的位置保持固定不变，来实现这种区分（图 3-2-7）。磁场的变化在磁通探测器和电容网络上都会产生信号，而重力变化仅在电容网络上产生信号，这样就有可能检验磁"弹簧"自身的稳定性。目前的测量结果得出，支撑磁场的变化，其上限为每小时 10^{-10}。

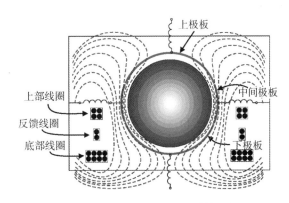

图 3-2-7　超导重力仪重力测量的工作原理

2）性能与技术指标

① 分辨力：优于 $1 \times 10^{-9} \mathrm{m} \cdot \mathrm{s}^{-2}$；

② 系统重复性：优于 $1.0 \times 10^{-8} \mathrm{m} \cdot \mathrm{s}^{-2}$；

③ 准确度：优于 $1.0 \times 10^{-8} \mathrm{m} \cdot \mathrm{s}^{-2}$

④ 测程范围：直接测程 $1 \times 10^{-5} \mathrm{m} \cdot \mathrm{s}^{-2}$，全球可调；

⑤ 频带范围：直流~2min；

⑥ 采样率：不低于 1 次/s；

⑦ 具有远程控制置平仪器功能。

3）检测与校准

超导重力仪使用绝对重力仪对其进行标定，采用比对方法，一般比对时间不少于 2 天。格值的相对精度应优于 0.002。首次安装调试由厂家负责进行。

工作开始后，将仪器首次运送到工作的测站，放置好并利用两个测微计概略置平。下一步，将制冷器接头插入杜瓦瓶的颈部。这个制冷管使用一个高级交流换热器，提供达到 4.2K 的制冷能力。它的机械驱动活塞提供极好的制冷效果，噪声也非常小。正确连接电源和信号线，检查无误后启动压缩机，开始液氦转移工作。在运行的数小时内，制冷器运转减缓，氦的温度达到汽化程度，蒸发的氦气就被重新浓缩，滴入杜瓦瓶内液氦储存罐中。

仪器达到工作温度后，开启倾斜仪和重力仪，可通过自动化软件程序遥控进行。

本系统置于测站后，能由站点工作人员或通过调制解调器由计算机进行初始化。所有必需的操作，包括球体浮起、精细的倾斜校正和以潮汐变化均值为准的调零，都能以自动或手动方式通过用户遥控来完成。

3.2.2　流动重力仪

重力仪按弹簧类型分为金属弹簧重力仪和石英弹簧重力仪两种。我国 20 世纪 60 年代进口的沃尔顿和至今仍然生产的 CG 型重力仪（如 CG - 5 全自动型重力仪、CG - 6 全自动型重力仪），以及国产 ZSM 型重力仪都是石英弹簧重力仪。金属弹簧重力仪（metal spring gravimeter）是弹性系统由金属材料制成的重力仪，目前采用较普遍的有拉科斯特重力仪（LaCoste & Romberg gravimeter，LCR 重力仪）及升级版贝尔雷斯重力仪（BURRIS 重力仪）。

1. LCR 重力仪

1）工作原理与结构

LCR 重力仪尽管有各种不同的型号，但其结构大同小异，从总体结构上可分为工作部分和壳体两大部分。工作部分主要包括弹性系统、测量系统、光学系统、锁摆装置、水准器、磁屏及密封盒等，壳体部分主要包括仪器外壳、面板、隔热材料、置平螺旋、温度计、加热丝和电气元件。LCR 重力仪见图 3 - 2 - 8、图 3 - 2 - 9、图 3 - 2 - 10。

图 3 - 2 - 8　LCR - G 流动重力仪

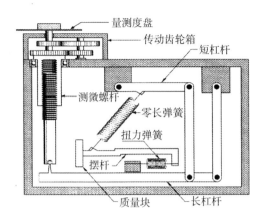

图 3 - 2 - 9　LCR 重力仪结构示意图

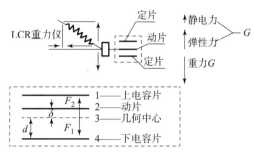

图 3 - 2 - 10　LCR 重力仪静电力自动平衡原理

2) 摆杆运动的动力学方程

图 3 - 2 - 11 是 LCR 重力仪的简化几何原理图，图中 O 为摆杆 OB 的支点和旋转中心，摆杆的旋转轴垂直于 XOZ 平面，主弹簧位于 XOZ 平面内。

质量 m 所受的重力矩为：

$$M_g = mgesin(\alpha + \beta) \qquad (3-2-4)$$

弹簧的恢复力矩为：

$$M_S = -k(l-l')a\sin\theta$$
$$= -Sab\frac{1}{l}\sin\beta \qquad (3-2-5)$$

式中，k 和 l' 为弹簧的倔强系数和初始长度。

根据转动定律，物体在做定轴转动时受到的外力矩之和等于物体的转动惯量 (J) 与旋转加速度 ($\ddot{\gamma}$) 的乘积。

$$J\ddot{\gamma} = mgesin(\alpha+\beta) - $$
$$Sab\frac{1}{l}\sin\beta \qquad (3-2-6)$$

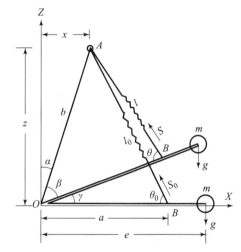

图 3 - 2 - 11　LCR – 重力仪简化几何原理

m—重块质量；g—重力加速度；A—主弹簧悬挂点；B—摆杆重心；α—助动角；β—摆杆与 OA 的夹角；γ—摆杆与水平位置的夹角；a—折合摆长；e—实际摆长；l—主弹簧长度；S—恢复力，l_0、S_0、θ_0 等—摆杆平衡在水平位置时的数值

根据图 3 - 2 - 11 中各量之间的关系，并做一些数学上的处理，不难得到式（3 - 2 - 4）和式（3 - 2 - 5）的另一种表达方式：

$$M_g = S_0a\frac{z}{l_0}\left(1-\frac{\gamma^2}{2}\right) \qquad (3-2-7)$$

$$M_S = \frac{S_0az}{l_0}\left(\frac{\gamma^2}{2}-1\right) + ka\left[\left(1-\frac{S_0}{kl_0}\right)\frac{az^2}{l_0^2}+\frac{S_0}{kl_0}x\right]\gamma - \frac{3}{2}\frac{ka^2z}{l_0^2}\left(1-\frac{S_0}{kl_0}\right)\left(x-\frac{az^2}{l_0^2}\right)\gamma \qquad (3-2-8)$$

由此，有

$$J\ddot{\gamma} = ka\left[\left(1 - \frac{S_0}{kl_0}\right)\frac{az^2}{l_0^2} + \frac{S_0}{kl_0}x\right]\gamma - \frac{3}{2}\frac{ka^2z}{l_0^2}\left(1 - \frac{S_0}{kl_0}\right)\left(x - \frac{az^2}{l_0^2}\right)\gamma \quad (3-2-9)$$

这就是我们所需要的以 γ 的多项式形式表示的摆杆在其平衡位置运动时的方程式。

3）位移灵敏度及助动原理

我们知道，提高仪器的灵敏度就是要求在重力发生变化时，随着摆杆的偏转能使 β 角有足够大的变化，达到这一目的的办法是所谓的助动。采用助动原理的重力仪称为助动型重力仪，这种仪器的重力变化与摆杆旋转角的变化之比不是一个常数，它可以通过调整仪器内部部件的几何关系加以改变。设助动系数为 A，则有：

$$\Delta\beta = \frac{A}{g}\Delta g \quad (3-2-10)$$

为了推导 A 的表达式，我们只考虑 β 与 g 的关系，并注意到当 $\alpha + \beta = 90°$ 时，有：

$$\frac{dg}{g} = \tan\alpha d\beta \quad (3-2-11)$$

比较式（3-2-10）和式（3-2-11），有：

$$A = \cot\alpha \quad (3-2-12)$$

式（3-2-12）给出一个非常重要的结论：提高灵敏度的方法是减小偏置角 α。当 $\alpha = 0$ 时，灵敏度为无穷大。α 的实际取值在 $50'' \sim 100''$ 之间，相应的 A 值在 $2000 \sim 4000$ 之间。可见其放大倍数相当可观，因此 LCR 重力仪有极高的灵敏度。

关于 LCR 重力仪是如何实现助动的，从理论上不难推导出助动系数 A 与自由周期 T 之间的关系为：

$$A = \frac{M_g T^2}{4\pi^2 J} \quad (3-2-13)$$

即增加摆的振动周期就可以加大助动系数，从而提高仪器的灵敏度。而增加 T 值可以有很多种途径，LCR 重力仪通过采用零长弹簧及在设计上使 $\alpha \to 0$ 等途径来实现助动。

4）测量系统与工作过程

测量系统由读数盘、计数器、减速箱、精密测量螺杆及杠杆等部件组成，如图 3-2-12 所示。

其工作过程是：测量时旋转读数盘 1，经过减速箱 11，由齿轮带动精密测量螺杆 3，驱动下杠杆 6，再用连杆 7 推动以 A 为支点的上杠杆 9。因为主弹簧上端点挂在杠杆 B 点，下端点挂在摆杆的 C 点，所以当上杠杆被推动时即带动主弹簧。携带摆杆使其处于水平位置（归零）。读取计数器和读数盘上的读数，完成一个观测过程。

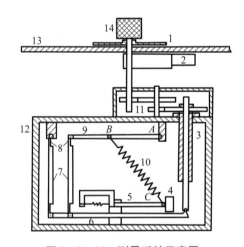

图 3-2-12　测量系统示意图

1—读数盘；2—计数器；3—精密测量螺杆；
4—摆锤；5—摆杆；6—下杠杆；7—连杆；
8—片簧；9—上杠杆；10—主弹簧；11—减速箱；
12—加热盒；13—面板；14—手轮

5）性能与技术指标

① 观测精度：优于 $1 \times 10^{-7} m \cdot s^{-2}$；

② 系统的重复性：优于 $1 \times 10^{-7} \mathrm{m} \cdot \mathrm{s}^{-2}$；

③ 系统的准确度：优于 $2 \times 10^{-7} \mathrm{m} \cdot \mathrm{s}^{-2}$；

④ 测程范围：直接测程不小于 $2 \times 10^{-3} \mathrm{m} \cdot \mathrm{s}^{-2}$，可调测程 $7 \times 10^{-2} \mathrm{m} \cdot \mathrm{s}^{-2}$；

⑤ 零漂：新仪器小于 $1 \times 10^{-5} \mathrm{m} \cdot \mathrm{s}^{-2}/\mathrm{a}$，一年后小于 $5 \times 10^{-6} \mathrm{m} \cdot \mathrm{s}^{-2}/\mathrm{a}$，呈线性；

⑥ 分辨力：静电反馈自动归零系统不大于 $3 \times 10^{-8} \mathrm{m} \cdot \mathrm{s}^{-2}$，其他不大于 $1 \times 10^{-7} \mathrm{m} \cdot \mathrm{s}^{-2}$；

⑦ 具有仪器本体格值标定结果，其标定结果可以检定。

6）检测与校准

LCR – G 型重力仪格值标定包括检测格值一次项系数的长基线标定和检测格值周期项的短基线标定两种检测标定。

LCR 重力仪在购进后或对其性能有怀疑时应进行下列性能检验。

① 仪器漂移特性（《地震重力测量规范》附录 11）。

② 外界磁场对重力仪观测结果的影响（《地震重力测量规范》附录 12）。

③ 大气压力变化对重力仪观测结果的影响《地震重力测量规范》附录 13）。

④ 环境温度变化对重力仪观测结果的影响（《地震重力测量规范》附录 14）。

每一测区正式作业前应利用倾斜平板对仪器进行各项检查，发现结果不符合要求时应检查操作是否不当、仪器本身机械结构是否发生变化或者是否是环境因素所致等，然后对仪器进行相应的调整，重复检查。检查和调整情况均应记录存档。仪器检查项目有：

① 水准器（《地震重力测量规范》附录 15）；

② 光学（机械）位移灵敏度（《地震重力测量规范》附录 15）；

③ 读数线（《地震重力测量规范》附录 15）；

④ CPI（Capacitance beam Position Indicator）装置（《地震重力测量规范》附录 16）；

⑤ 检流计零位与读数线位置的一致性（《地震重力测量规范》附录 16）；

⑥ 静电反馈系统的转换系数（《地震重力测量规范》附录 8）。

7）安装与调试

① 从仪器箱内取出仪器，轻轻放置于底盘或观测平台上，整平仪器并开摆。

② 将气压计、温度计放置在能真实记录测点气压、温度的地方。

③ 在测量过程中，保持纵、横水准器严格居中。

④ 测量结束后，按顺时针方向缓慢旋转锁摆夹固旋钮，直至仪器摆被锁紧为止，关闭照明灯。

⑤ 将重力仪轻轻放回仪器箱内，放置过程中不得碰撞仪器任何部位。

2. BURRIS 重力仪

1）工作原理与结构

BURRIS 重力仪是 LCR 重力仪的升级版。高精度 BURRIS 重力仪是 ZLS 公司研制开发的新产品，是一种陆地移动式观测重力仪，在早期金属弹簧重力仪（LCR 重力仪）技术工艺之基础上，将数字化新技术运用其中，使得其能自动读、计数，使用简单方便，并且能获得高精度、高质量而稳定的读数。其工作原理、结构和 LCR 重力仪相同。

2）BURRIS 重力仪产品特点

（1）操作方便的掌上电脑技术。BURRIS 重力仪是通过掌上电脑来读数的，安装在掌上电脑的软件（UltraGrav™）控制系统能够让初学者很快地使用 BURRIS 重力仪，并且它的操作也非常简单。

（2）两种测量模式：自动测量模式和手动测量模式。一旦设定了自动测量，操作者都不用做什么工作，UltraGrav™ 控制系统可以完成所有的工作。对于有经验的操作员，可以通过自定义 UltraGrav™ 控制系统的参数来完成复杂的应用任务。

（3）精度可调功能。如果测量速度是重要的，操作者可以选择菜单上所需要的精度来完成任务：所选择的精度越低，获得读数就越快。

（4）读数的远程控制。UltraGrav™ 控制系统提供了通过一组电缆连接的远程测量及远程控制。

（5）自动存储数据。UltraGrav™ 控制系统能够使 BURRIS 重力仪的测量不会出现大的失误，UltraGrav™ 帮用户获取读数，应用刻度因子，修正固体潮影响和水准平衡的影响，然后自动存储数据并显示出测量结果。数据被保存在闪存里，就算断电，数据也不会丢失。

（6）兼容性。野外工作证明，UltraGrav™ 控制系统也可以成功地应用于升级的 Lacoste G 型和 D 型重力仪。

（7）抗损害、重量轻、携带方便。BURRIS 重力仪包含主机、掌上电脑和电池，所有这些都被整合到一个便于携带的箱子里，而总重量不足 6kg，便于携带。另外 BURRIS 重力仪是完全密封的，因此不用担心突然下雨或是尘暴对仪器的危害。

（8）内置可充电锂电池。可连续工作 12～14h，避免了传统重力仪使用干电池或电瓶等造成的携带使用上的不便。

（9）BURRIS 重力仪有止动器和防撞器来保护重力仪。当 BURRIS 重力仪处于不工作状态中，止动器会使弹簧处于静止状态，从而保证了弹簧的使用寿命；当 BURRIS 重力仪处于运输过程中，防撞器就会保护弹簧，使其处于相对运动状态，使得重力仪在遇到碰撞时，不会像传统重力仪一样不能正常工作。

（10）自动水准校正。在传感器盖子上安装有测量轴正交的水准器，它的分辨率可以达到秒级弧度。水准器的输出信号可以通过安装在重力仪盖子上的检流计来监视或是直接从主机显示屏上监视。它能自动地对操作者输入的水准刻度值做实时的水准校正。

（11）恒温装置。所有的传感器、电子平衡系统和精密的电子电路都被放在不受外界环境温度影响的恒温炉系统里。这种高效的绝热材料被用来进一步减弱温度效应。

3）BURRIS 重力仪性能指标（表 3 - 2 - 2）

表 3 - 2 - 2 BURRIS 重力仪性能指标

项目	性能指标
电子校平	类型：单轴，Ceramic 倾斜传感器
读数分辨率	内部：小于 1μGal
	读数：单读数模式 1μGal，连续读数模式（滤波后）0.1μGal

项目	性能指标
读数重复性（在正常条件下）	在 50mGal 范围内：1~3μGal
	超过 50mGal 范围：接近 10μGal
漂移	刚使用时为 1.0mGal/月，使用一段时间后为 0.3mGal/月
超级重力仪控制系统	类型：脉冲宽度调制静电归零系统
	负反馈范围：接近 50mGal
	输入电压：11~14V（直流）
	辅加输出：①模拟部分，电平、光束和负反馈；②FM，电平和光束；③PWM：负反馈
主计算机	类型：手持计算机
	电源：重力仪供给或内部电池
胶体电池使用时间（在25℃时）	等待状态：16~18h
	工作状态：12~14h
选项锂电池使用时间	等待状态：13~14h
	工作状态：11~12h
胶体电池充电器	输入电压：85~270V（交流），47~63Hz
	输出电压：12V（直流）
	典型充电时间：7~10h
	尺寸：17.78cm×12.06cm×7.62cm
	重量：0.79kg
BURRIS 重力仪尺寸及重量	尺寸：19.05cm×30.5cm×30.5cm
	重量：7.9kg±0.45kg

4）BURRIS 重力仪野外操作注意事项

重力勘探比较简单，但是重力勘探的处理计算比较复杂，重力仪的操作更是很精密及严密的一门物探技术，其对操作员的操作有很高要求，也许是所有物探仪器里要求最高的。而 BURRIS 重力仪为高精度金属弹簧重力仪，仪器的灵敏度非常高（增益可调 0.2~2），所以在野外操作需要注意一些事项，这对提高仪器的重复性及观测精度是有帮助的。

（1）只要搬动重力仪，就必须锁上阻尼开关。因为金属弹簧重力仪的特性就是怕碰撞。任何金属弹簧重力仪，不管是处于锁摆状态还是松摆状态，如果不注意，很容易对仪器造成严重损坏。因此在实际测量过程中，尽量减少运输中的颠簸或摇晃是非常重要的。一旦发生了碰撞，则必须等待弹簧稳定下来再进行工作。

（2）测量过程中，如果需要变更测程，也就是需要调节转盘，则在调节过程中要注意消除隙动差，隙动差带来的误差可以达到 20μGal 左右的影响。

（3）测量过程中，如果需要变更测程，也就是需要调节转盘，则在进行测量的时候必须在测点松摆等待 5~10min 后再进行读数。如果不等待，则会有很大误差。

（4）野外测量过程中，如果意外发生电池断电现象，则需要在及时更换电池后等待一段时间，使得重力仪内部恒温。

（5）野外测量时，需要注意的是 PDA。如果使用无线连接，可能会在一天中的第一次打开 PDA 后，发生无法与重力仪建立连接的情况，这时发生的是无线装置出现通信不畅的情况，需要快速关断重力仪上的 ON/OFF 开关，同时关上 PDA，再打开后就可建立连接。当然，如选择无线连接，则需要在 PDA 的设置菜单中选择无线连接方式（如何选择，请查看有关 PDA 软件安装及数据回传方法的说明书）。

（6）PDA 使用无线连接测量方式的时候，电池使用的是 PDA 自己的内部电池；而当使用有线连接的时候，则与重力仪一起使用蓄电池或者外接电源工作。

（7）野外测量时，如果风太大的话，则很影响测量数据的准确性。

（8）当不得不在噪声大的地方工作的时候，可以适当地调节增益，以便能读出数（如何调节，请查看有关 PDA 软件安装及数据回传方法的说明书）。

（9）连接外接电源对重力仪进行充电的时候，放在重力仪中的蓄电池是不会被充电的。

（10）当要使用重力仪的时候，重力仪必须被恒温放置 24~48h 后才能进行测量，并且需要测量闭合连线。通常，在一个工程前，重力仪的准备工作至少需要花费 1 个星期的时间。

（11）新的重力仪掉格会非常大，大约在 1mGal/月。需要在准备的时候注意到这一点，并且在工作后的数据处理中将掉格修正过来。一般来说，掉格会随着时间的增加而减少，根据经验，一般使用 6 个月的重力仪掉格在 0.6mGal/月左右。

3. CG-5 重力仪

1）石英弹簧重力仪的基本原理与结构

石英弹簧重力仪的基本工作原理：相对石英支架保持平衡状态的质量重块，受到重力拉力以及弹簧弹性恢复力的影响。主弹簧是零长弹簧，补偿这些机构的力，用来使被移动了的重块到达确定的零位置，这个零位置通过放大系统可以测定。图 3-2-13 为石英弹簧重力仪主体结构。

测量原理：石英弹簧重力仪是利用静力平衡的原理来测量地面上重力加速度相对变化的仪器，其测量原理如图 3-2-14 所示。m 为重块；O_1m 为摆杆；O_1 为摆扭丝（与纸面垂直，故以一个点表示），作为摆杆一端的水平旋转轴；f_1 为主弹簧；g 为重力加速度；O_2 为测量扭丝，作为重力补偿杆 O_2A 一端的水平旋转轴；f_2、f_3 为一组重力补偿弹簧，用来补偿重力变化，弹力系数大的 f_2 称为测程弹簧，弹力系数约为 $f_2/50$ 的 f_3 称为读数弹簧。

若重块（m）在重力作用下对旋转轴 O_1 产生顺时针方向的重力矩，与摆杆相连的主弹簧 f_1 就会对旋转轴 O_1 产生一个逆时针方向的弹力矩。当这一对方向相反的力矩量值相等时，摆杆便处于一个静止的平衡位置。当重力变化时，重力矩随之变化，原来的平衡位置被破坏了，于是摆杆将绕轴 O_1 旋转，当旋转至某一角度后重新平衡，因此摆杆平衡位置随重力而变化。但由于摆杆在不同位置时，重力变化同一数值摆杆偏转的角度不同，因此不能直接通过测量摆杆偏角的变化来测量重力变化，否则就会产生很大的误差。而要采用水平零点读数法来测量重力变化，即选择一个特定的平衡位置作为读数基准。在每一个测点上通过计数器改变重力补偿弹簧（f_2 或 f_3）的弹力矩来补偿重力的变化，使摆杆与这个特定的平衡位置重合后记取读数。选择光系刻度线的零线作为这个特定的平衡位置时，称其为"零点位置"。于是两个测点间的重力差值 Δg 与仪器在这两个点处的读数差（$S_2 - S_1$）成正比：

$$\Delta g = k(S_2 - S_1)$$

式中，k 为比例系数，即仪器的格值常数，它表示计数器转动一个单位所对应的重力值。

图 3-2-14 所示的力学系统能否精确地测出重力变化，关键在于能否获得足够高的灵敏度以及能否消除温度、气压等因素对仪器读数的影响。

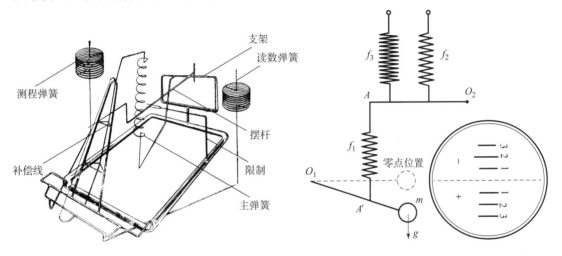

图 3-2-13　石英弹簧重力仪的石英元件　　　　图 3-2-14　石英弹簧重力仪测量原理示意图

图 3-2-15 为 CG-5 重力仪外观。图 3-2-16 为 CG-5 重力仪传感器示意图。

 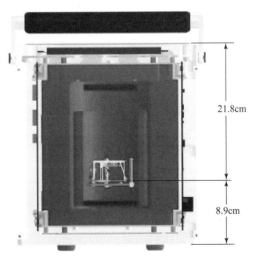

图 3-2-15　CG-5 重力仪外观　　　　图 3-2-16　CG-5 重力仪传感器

CG-5 是继 CG-3 之后发展起来的新型工业标准重力仪。敏感元件是基于熔凝石英的弹性系统。作用于校正质量块上的引力与一个弹簧以及一个相对较小的静电恢复力相平衡。熔凝石英的固有强度及其良好的弹性性质，再加上校正质量块周围的止动器，使得 CG-5 无需紧固。耐久震动支架系统提供了进一步的保护作用。

2）性能与技术指标

（1）性能特点。

CG-5 重力仪具有良好的用户界面：信息以及菜单都清楚地显示在大型 1/4 VGA 图形显示器上。

27 键字符键盘，操作方便：用户只需接受很少的培训，使用有限的几个功能键，很快即可采集到可靠的重力数据。仪器有自动功能，避免读数误差。

CG-5 具备 CG-3 的全部功能，并具有下列特点。

① 设计坚固的传感器。

② 噪声极大降低。

③ 最轻便的自动重力仪。

④ USB 及 RS-232 快速传输数据。

⑤ 标准的 1μGal 分辨率。

⑥ 小巧的长效电池。

⑦ 灵活的数据格式。

⑧ 仪器自动校准。

⑨ 在线地形校正。

⑩ 启动时仪器自检。

⑪ 调平屏幕、测量屏幕。

⑫ 能精确自动测量，残余漂移低，标定精确；读数不用校正；具有良好的重复性；能自动去噪，智能信号处理能去除由于局部受到冲击和震动所引起的测量误差；CG-5 具有十分有效的地震滤波功能，可去除较大的微地震噪声。

此外，能自动补偿及修正误差。CG-5 采用了内置的倾斜传感器，不断更新倾斜信息，从而能自动补偿因重力传感器的倾斜而引起的测量误差。在不平稳的地方测量时，这项可选性能会自动去除因仪器的晃动而带来的误差。CG-5 能根据操作者输入的地理位置以及时区资料，对各个读数进行自动计算，并进行实时潮汐修正。

（2）技术指标。

① 传感器类型：无静电熔凝石英；

② 读数分辨率：$1 \times 10^{-8} \mathrm{m \cdot s^{-2}}$；

③ 标准差：$<5 \times 10^{-8} \mathrm{m \cdot s^{-2}}$；

④ 测量范围：$8000 \times 10^{-5} \mathrm{m \cdot s^{-2}}$，不用重置；

⑤ 长期漂移（静态）：$<0.02 \times 10^{-5} \mathrm{m \cdot s^{-2}}/\mathrm{d}$；

⑥ 自动补偿倾斜范围：200″；

⑦ 波动范围：20g 以上的冲击，通常小于 $5 \times 10^{-8} \mathrm{m \cdot s^{-2}}$；

⑧ 自动修正：潮汐、仪器倾斜、温度、噪声、地震噪声。

3）仪器检测、校准以及安装调试

仪器可在基线场进行格值标定，日常检测自动化程度高，自动调平，在专用软件界面上操作。

（1）运输。仪器装在专门的仪器箱中运输。运输前应锁摆、关电源，小心地放入具有减震措施的仪器箱，并选用具有较好减震性能的车辆平稳运行，切忌急刹车、剧烈颠簸，更不允许碰撞、倒置。

（2）仪器的现场安装调试。仪器运抵观测点后，需小心取出仪器，然后将仪器本体置于仪器墩上，概略调平仪器，打开专用软件，仪器初始化（第 1 次使用的新仪器），其后精确置平、数字化记录和自动化调平归零等都由软件完成。

CG - 5 在野外观测时，因具备全自动化功能，概略置平后，只需在面板上按照操作手册进行简单的操作，仪器将完成观测、数据采集、数据存储等全部工作，无须人为干预。

4. CG - 6 重力仪

1）基本原理与结构

CG - 6 重力仪是 CG - 5 重力仪的升级版，基本原理与结构与 CG - 5 重力仪相同。CG - 6 相对重力仪是全球范围可使用的重力仪，测量范围超过 8000mGal，读数分辨率为 0.0001mGal。CG - 6 相对重力仪既可满足用户进行大区域的地质调查需求，也可用于精细的微重力研究工作。

仪需按一个键便可开始准确测量，只用花一分钟的时间便可获得测量读数。此外，测量时间可选择 60s 和 120s。CG - 6 相对重力仪每次测量的最终读数是对 0.1s 采样处理的最终结果。读数以 mGal 为单位显示在主机的 LCD 屏幕上。测量的数据存在主机的硬盘中，可以直接下载到计算机上。

重力仪的传感器、控制系统和电池集成在一个轻便的主机箱体内。通过将 CG - 6 重力仪的传感元件密封在一个温度稳定的传感器室中，使其在外界温度和大气压力产生变化时受到保护。该设备的允许工作温度范围为 - 40℃到 45℃，因此用户可在各种环境中使用这种仪器。

当在不稳定的地面上进行重力测量时，内部的倾斜传感器不断对 CG - 6 相对重力仪的倾斜信息进行处理并改正。CG - 6 相对重力仪的控制台左右两侧各有一个调平指示箭头，箭头指示三脚架螺丝的转动方向。CG - 6 相对重力仪内部装有两块充电锂电池，电池的电量可供仪器正常测量一整天。

2）CG - 6 重力仪技术指标（表 3 - 2 - 3）

表 3 - 2 - 3 CG - 6 重力仪技术指标

项目	技术指标
传感器类型	整体熔凝石英弹簧
读数分辨率	0.1μGal
标准差	<5μGal
测量范围	全球范围（8000mGal）
残余漂移	<20μGal/天

项目	技术指标
未补偿漂移	<200μGal/天
自动倾斜补偿范围	±200″
振动	通常 20g 冲击下 <5μGal
自动改正	潮汐，倾斜，温度，噪声滤波，地震滤波，漂移
数据输出率	最高 10Hz，用户可调
GPS 精度	标准 <3m
免接触操作	可选手持蓝牙平板电脑
电池容量	2 节 6.8A·h（10.8V）智能控制可充电锂电池，25℃可使用一天
功率消耗	25℃时，5.2W
工作温度	-40℃到45℃，高温版可达55℃
数字数据输出	USB 和蓝牙
尺寸	21.5cm(高)×21cm×24cm
重量	5.5kg（含电池）
标准配置	·CG-6 Autograv™重力仪 ·CG-6 三脚架 ·2 块可充电智能电池 ·电池充电器 ·电源适配器和 USB 电缆 ·运输箱 ·用户手册 ·备件 ·手提包
可选配件	·平板电脑及 w/Lynx 重力软件 ·高温环境测量选项 ·寒冷天气测量附件 ·双肩背包 ·备用电池 ·平板电脑配用电池 ·梯度测量三脚架 ·备用电池盖

3）使用

CG-6 相对重力仪与电池分开装在一个运输箱内，以便装运至野外测量（图3-2-17）。

（1）仪器开箱。按下位于运输箱前面的红色泄压阀（图3-2-18），打开箱体外侧的连接锁扣，打开箱盖，可见运输箱内 CG-6 相对重力仪的所有组件（图3-2-19、图3-2-20），给仪器安装电池（图3-2-21）。

图 3 – 2 – 17　CG – 6 相对重力仪运输箱

图 3 – 2 – 18　红色泄压阀

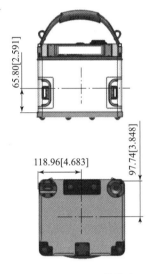

65.80[2.591]

118.96[4.683]

97.74[3.848]

图 3 – 2 – 19　运输箱内 CG – 6 相对重力仪的所有组件

图 3 – 2 – 20　CG – 6 运输箱及整套设备组件

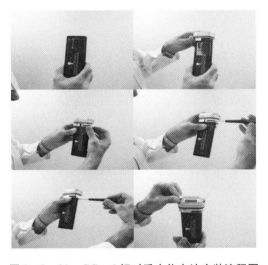

图 3 – 2 – 21　CG – 6 相对重力仪电池安装流程图

图 3-2-22 中，左右两侧的调平箭头指示三脚架螺丝的调节方向。在调平时，应先调节右侧螺丝，再调节左侧螺丝。使用位于屏幕底部的上、下、左、右箭头来选择菜单中的选项。在任意屏幕显示时，移动光标至"BACK"或"CANCEL"，按下"Enter"键可回到之前的屏幕。

（2）启动 CG-6 相对重力仪。当初次启动 CG-6 相对重力仪或关闭仪器超过 24h 之后，需要接以下步骤操作。① 仪器预热：在 CG-6 重力仪通电之后，需要持续通电加热 2h，达到其工作温度。② 仪器稳定：仪器需要通电 24h，使其稳定。当仪器稳定之后，才能进行野外测量的操作设置。

（3）CG-6 相对重力仪可通过 15V 直流外部电源或两个内部智能电池供电。仪器工作时两块电池同时等量供电（电池安装位置见图 3-2-24）。当仪器连接外部电源时（图 3-2-23），外部电源将直接给仪器供电并对内部智能电池进行充电。当电池充满时，外部电源将持续保持电池满电状态。电池充满电大约需要 4h。智能电池也可以使用室内座充进行充电（图 3-2-25）。

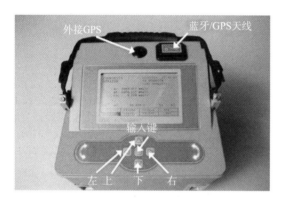

图 3-2-22　CG-6 相对重力仪控制台和按键

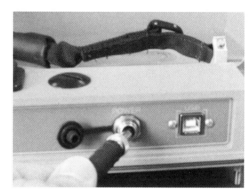

图 3-2-23　CG-6 相对重力仪充电口

图 3-2-24　CG-6 相对重力仪电池安装位置

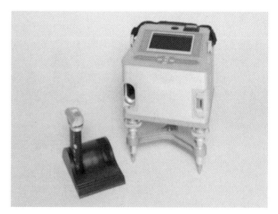

图 3-2-25　CG-6 相对重力仪智能电池座充

4）CG-6 相对重力仪的维护及故障检修

CG-6 相对重力仪主屏幕上部显示两块电池的充电状态或剩余电量，并且显示日期、时间、测量时间、仪器工作状态以及连续测量次数。使用时的故障、原因及解决办法详见表 3-2-4。

表 3-2-4 CG-6 相对重力仪使用时的故障、原因及解决办法

故障	原因	解决办法
CG-6 重力仪不能开机	电池电量耗尽或充电器未连接	更换充满电的电池或连接充电器
	电池未能正确安装	拔出电池，检查后安装
电池不能正常充电	电池亏电	用座充重新充电（充电器上绿灯由闪烁变成常亮）
读数出现明显偏差或接近 Gcal1 值，并且 ERR/SD 很低	传感器粘连	用手指轻敲 CG-6 主机面板
数据传输失败	数据传输线连接问题	重新连接

5. 重力测量电子记簿系统

相对重力测量数据采集与处理系统是天津天维科技开发有限公司结合多年重力测量与软件开发经验，依据相对重力测量技术规范要求开发的专用相对重力测量数据采集与处理系统。该系统以相对重力测量规范为标准，进行数据采集、检核、数据处理与输出，可自动完成段差计算、成果输出。系统采用 JAVA 语言开发，适用于基于 Android 操作系统的平板电脑，在设计的科学性、实用性、全面性上都更为完善，是面向对象的设计、面向重力测量工程的管理与应用。

1）重力测量电子记簿系统的特点

该系统的主要特点是：界面友好，操作简单；功能齐全，数据采集与处理规范化；便于携带，实用性强；内外业一体化。

（1）数据记录与处理。① LCR 型重力仪静态精度试验数据记录与处理；② CG5/6、BURRIS 型重力仪的静态精度试验数据处理；③ LCR、CG5/6、BURRIS 型重力仪的动态精度及一致性试验的数据记录与处理；④ LCR、CG5/6、BURRIS 型重力仪的长、短基线一次项比例因子标定的数据记录与处理；⑤ BURRIS 型重力仪反馈因子标定的数据记录与处理；⑥ LCR、CG5/6、BURRIS 型重力仪重力联测数据记录与检查；⑦ LCR、CG5/6、BURRIS 型重力仪重力梯度测量数据记录与检查；⑧ LCR、CG5/6、BURRIS 型重力仪灵敏度检查的记录与计算；⑨ LCR、CG5/6、BURRIS 型重力仪纵、横气泡检查的记录与计算；⑩ BURRIS 型重力仪摆杆倾斜试验数据的记录与计算；⑪ 重力点概略坐标采集与点之记制作；⑫ 数据采集过程记录。

（2）数据输出，包括原始观测数据的表格化输出、交换数据格式化输出和静态曲线输出。

2）系统安装与更新

首先确认重力测量系统包含有完整的使用说明。

本系统由平板电脑与软件共同组成，拿到平板电脑后，将载有软件安装包的 SD/TF 卡插入平板电脑（打开 SD 卡槽，小心装入 SD/TF 卡），安装相对重力测量数据采集与处理系

统，并把重力测量目录下的预存文件、BURRIS 静态、CG 静态等文件夹放置在平板电脑内部存储中的重力测量目录下，然后打开应用管理，查找重力测量并打开其全部应用权限。

以后的升级与更新，将以更新包的形式发送，收到升级包后直接运行安装即可。本系统与硬件绑定，所以如需更换硬件，需与系统开发者联系。

3）重力测量系统启动

系统安装成功后，单击平板电脑上的"重力测量"图标即可启动（图 3 - 2 - 26）。所有操作完全符合 Android APP 习惯，用户能够快速掌握系统应用方法。

图 3 - 2 - 26　软件安装后的桌面

重力测量系统启动后，首先显示启动画面（图 3 - 2 - 27）：

图 3 - 2 - 27　软件启动画面

3s 后进入主界面（图 3 – 2 – 28）。

图 3 – 2 – 28　主界面

4）操作界面介绍

本系统采用 Android 系统传统图形界面，简洁易懂、直观方便。

（1）主界面说明。

① 新建工程：输入仪器号、观测者、记录者、仪器内温后选择光学、电子读数方式及气压单位后，即新建工程；

② 打开工程：选定工程所在的目录，打开工程中的工程文件，一个工程目录下可以有多个工程文件，工程名缺省为"单位代码＋建立工程日期"，用户也可根据需要自行定义；

③ 关于：显示软件的相关信息。

（2）数据输入界面说明。

记录仪器选择区〔图 3 – 2 – 29 中（1）号框〕：本区域列出当前工程中所有观测的仪器号，但在检调时只列出本项目才会观测的仪器（如测反馈因子时只出现 BURRIS 型仪器）；在此区域点选对应的仪器编号，则进入所选仪器编号的仪器记录状态。

进行项目提示区〔图 3 – 2 – 29 中（2）号框〕：在此区域提示正在进行记录的重力项目，如图 3 – 2 – 29 显示水平梯度代表正在进行的为水平梯度测量。

日期与时间提示区〔图 3 – 2 – 29 中（3）号框〕：在此区域实时显示当前的日期与时间。

测站基本信息输入区〔图 3 – 2 – 29 中（4）号框〕：在此区域输入测站、仪器等基本信息，仪器观测与记录者信息缺省为建立工程时的预定值，在此修改后会作为新的缺省值；与测点有关的坐标信息在输入点号后（点号输入处失去输入焦点，即点击其他处后），如果用户提前录入过该点坐标信息（在测站点文件中），则此时会直接调取并填入相应位置，否则当记录完成本站记录后，在测站点文件中会自动添加该点信息，以便后边调用。

水平梯度距离输入区〔图 3 – 2 – 29 中（5）号框〕：在水平梯度观测时才允许输入，

其他项目本处为只读状态；在本处输入水平梯度观测的中间位置与其他方向观测位置的水平距离，一个方向需输入一次，但数据无变化的可采用一个值而不必再输入，输入数据的单位为厘米。

垂直梯度高差输入区〔图 3 – 2 – 29 中（6）号框〕：垂直梯度高点观测位置与低点观测位置的高差，其他参见（5）。

测站环境等信息选择区〔图 3 – 2 – 29 中（7）号框〕：项目内容见显示，此区域的内容需变化时点击项目右侧下拉按钮可选择相应内容。

测回数显示区〔图 3 – 2 – 29 中（8）号框〕：如多测回观测时，此处提示当前的测回数或上次观测位置（如水平梯度、垂直梯度、反馈因子等观测时提示）。

确认读数按钮〔图 3 – 2 – 29 中（9）号框〕：当一次读数输入完成后，点击读数确认按钮才完成本次读数输入。

观测时间显示区〔图 3 – 2 – 29 中（10）号框〕：当完成一次读数输入（点击读数确认后），该区域显示本次观测时间并记录。

读数输入区〔图 3 – 2 – 29 中（11）号框〕：输入每次读数，如本系统不做特殊说明，则读数一般要求输入微伽值（7 位读数）。

垂直梯度位置选择区〔图 3 – 2 – 29 中（12）号框〕：当进行垂直梯度观测时，在此选择高、低观测位置。

水平梯度位置选择区〔图 3 – 2 – 29 中（13）号框〕：当进行水平梯度观测时，在此选择观测位置，水平梯度观测共五个位置，其中除原点外，其他位置均与（5）中的水平梯度观测距离对应。

观测路线中测站测静与本站备注输入区〔图 3 – 2 – 29 中（14）号框〕。

功能按钮区〔图 3 – 2 – 29 中（15）号框〕：各类观测在此区域有对应的功能按钮，如"保存"为保存本界面本次输入数据，"检查"或"计算"为计算本项目结果，下一站或下一读数为进行下站或下组读数的记录，"定位"为取得当前的 GPS 空间坐标并填入相应位置。

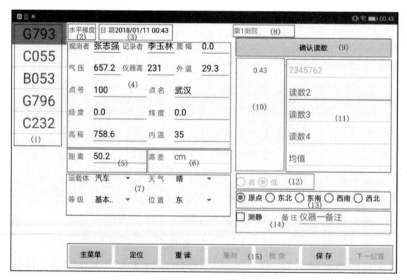

图 3 – 2 – 29　数据输入界面

（3）数据文件说明。

数据文件：以".DAT"为扩展名，在此郑重声明，本文件不可使用本软件（或授权软件）之外的其他软件打开修改，否则会导致无法挽回的损失，由此造成的后果将由使用者负责；

打印文件输出：以".RTF（或DOC）"为扩展名保存观测记录，可以用WORD打开；

交换文件输出：以".TXT"为扩展名保存观测记录，纯文本方式的输出可用于与其他软件交换数据；

重力已知点文件：记录系统计算（如计算一次项系数）所需的已知重力点成果；

重力仪格值表文件：记录包含仪器一次项系数与格值的数据文件；

测站信息文件：记录测点坐标、等级等信息的数据文件；

"替换信息.txt"文件：与测站信息格式相同，但本文件由用户自行编辑，本文件只用于数据处理计算时替换观测时的测点坐标数据，所以如果不做替换，则不要在处理计算时选替换坐标项。

5）系统操作

（1）建立工程。在主菜单中点击新建工程，则进入新建工程界面，由于重力测量潮汐改正对时间要求的准确性，本系统在新建工程时要求校对时间，一旦校准，本时间将作为该工程的时间参考基准，时间系统为北京时间；本系统工程名组成见图3-2-30。

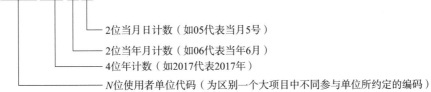

图3-2-30 新建工程界面

文件名一般使用系统所用的缺省名即可，文件名由"工程名+2位序列号"组成，当然用户可以在新建工程时更改系统提供的缺省文件名和工程名，不过为便于成果汇缴后数据文件的管理，建议用户采用系统自动定义的缺省名。工程名将作为本系统文件管理的目录名，文件名为记录数据的数据文件名。

如系统时间有误，请退出本系统，校准时间后再次进入本系统。时间校对无误后，输入相应信息并确定，然后开始下步工作。

仪器号首字符以 G、B、C（均为大写）开头（其中 G 代表 LCR – G 型仪器，B 代表 BURRIS 型仪器，C 代表 CG5/6 型仪器），且观测者、记录者，内温必须全部填入（内温范围为 30~60℃），输入仪器号时，系统会打开系统预存文件目录的"观测信息.txt"文件，与其中的每台仪器比较，如仪器号相同，则自动更新当前对话框本序号的观测者、记录者、内温。如观测信息文件不存在或输入的仪器号与该文件中的各条记录均不匹配，则系统将本条记录存入"观测信息.txt"文件，以备下次输入同名仪器号后直接填写观测者、记录者、内温，如欲更换观测者、记录者，直接修改"观测信息.txt"文件。

使用某台仪器时，请注意在系统预存文件目录中格值表文件夹里是否有正确的与"新建工程"中所输入仪器号同名、后缀为 TXT 的格值表文件，如不存在，则将其复制保存，系统在记录观测数据时会经常使用。

（2）打开工程。当一条测线或某项工作未完成时，重新启动程序可直接打开某工程下的记录数据文件，继续未完成的工作内容。打开工程的过程为，程序启动后，在主菜单中点击"打开工程"，系统进入"打开工程"界面（图 3 – 2 – 31），此时可选择欲打开的工程数据文件。

（3）工作项目选择。当新建工程或打开工程后，进入工程界面（图 3 – 2 – 32），用户可选择所要开始（或继续）的工作内容有四大类：仪器检调、重力测量、数据处理、文件输出。其中仪器检调包含了 LCR 型、CG 型、BURRIS 型重力仪规范中要求的各项检调项目的数据记录与检查。重力测量包含了动静态试验、重力联测、反馈系数、长短基线测量、梯度测量等数据记录与检查。数据处理包含了动态试验、重力联测、长短基线测量、梯度测量等数据计算与结果输出。BURRIS 与 CG5/6 的静态试验曲线图输出也属于数据处理内容。文件输出包含了原始记录数据的打印文件与数据交换文件输出。

图 3 – 2 – 31　打开工程　　　　　　　　图 3 – 2 – 32　工程界面

6）仪器检调

点选主菜单中的检调，进入仪器检调界面（图 3 – 2 – 33）。

（1）LCR 型仪器检调。点选检调界面中的"拉格斯特仪器"，进入 LCR 型仪器检调界面（图 3 - 2 - 34）。

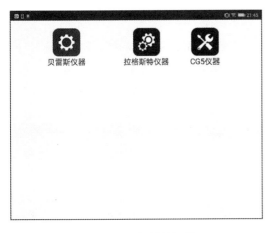

图 3 - 2 - 33 仪器检调界面

图 3 - 2 - 34 LCR 型仪器检调界面

灵敏度、纵气泡、横气泡检调采用类似的界面，其中灵敏度与纵气泡检调按细则要求分别进行，界面左侧为要记录的仪器号，多台仪器间可随时切换记录，一个文件最多可同时记录 6 台仪器的检调数据。本系统采用的界面风格相似，以灵敏度检测为例（图 3 - 2 - 35），一个界面分为五个区域：上部为项目内容和时间、日期提示区；下部为操作按钮区；中间左侧为仪器选择区；中间中部为测站基本信息区（如观测者、记录者、天气、运载工具、观测方法、观测位置等）；中间右侧为数据输入与提示区。

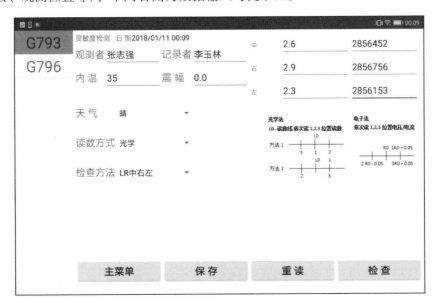

图 3 - 2 - 35 灵敏度检测界面

灵敏度、气泡检调的记录流程为：选择仪器→修改测站与环境基本信息→输入观测数据→检查→保存。

待选仪器来源于建立工程时所输入的仪器号，一旦建立工程后，不允许在记录过程中添加仪器。仪器选项所对应的观测者、记录者等信息来源于建立工程时所定缺省数据，但允许在记录时根据实际情况修改。

测站与环境信息包含天气、读数方式、检查方法选择，选择时可点击对应项目右边的下拉弹出按钮，之后在列出的列表中选择。读数方式分为光学与电子两种；检查方式与相对重力测量规程对应的方式相同，需说明的是，检查方式中的字母分别代表：L——分划线位置读数；R——读数盘读数；B——气泡位置读数；V——电压表读数；A——检流计读数。中左右代表读数顺序为先读气泡居中位置，然后是气泡左偏、气泡右偏读数。

输入数据时，数据输入区左侧有观测位置提示，输入时按顺序输入对应的观测数据。其中纵气泡位置居中为 0，左偏为负，右偏为正，数值为刻度值，如 0.5 代表纵气泡右偏 0.5 大格；横气泡位置居中为 0，后（下）偏为负，前（上）偏为正；读数要求输入 7 位整数（基本含义为以 μGal 为单位输入，在本系统中所有读数均按此单位输入）；分划线读数按分划线刻度值输入（如 2.3）；电压表读数以毫伏、检流计以毫安为单位输入。

数据输入完成后，点击检查按钮，系统会对输入数据进行计算检查并提示检查结果。如合格，则可点击保存记录本次检调记录，否则点击重读按钮重新检查。

纵气泡、横气泡细调方法与气泡基本调整方式类似，其区别为细调分别在气泡的 5 个位置读数——居中位置，左（前）、右（后）各两个位置；其他参考纵横气泡检调。纵气泡、横气泡细调界面如图 3-2-36 所示。

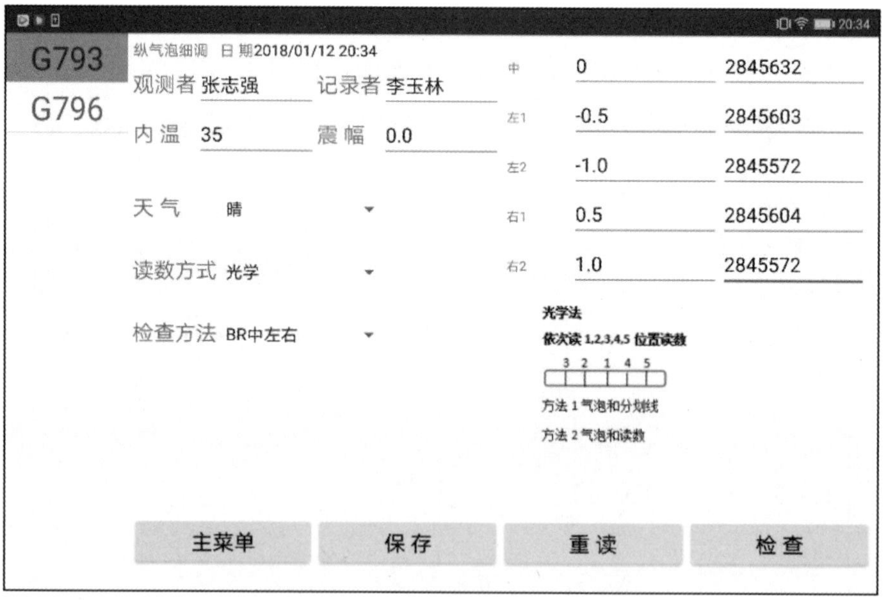

图 3-2-36 纵气泡、横气泡细调界面

（2）CG 型仪器检调。在检调菜单中点选"CG5 仪器"，进入 CG 型仪器检调界面，可进行 5 项内容的检调：X 轴倾斜传感器检调；Y 轴倾斜传感器检调；X 轴倾斜传感器灵敏度检调；Y 轴倾斜传感器灵敏度检调；倾斜传感器交叉耦合检调。

选择对应的项目并点击，进入相应的数据输入界面。

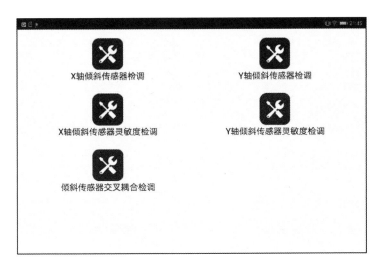

图 3 - 2 - 37 CG 型仪器检调界面

然后在提示处输入相应数值并检查保存，如点选"X 轴倾斜传感器检调"后弹出输入界面（图 3 - 2 - 38）。

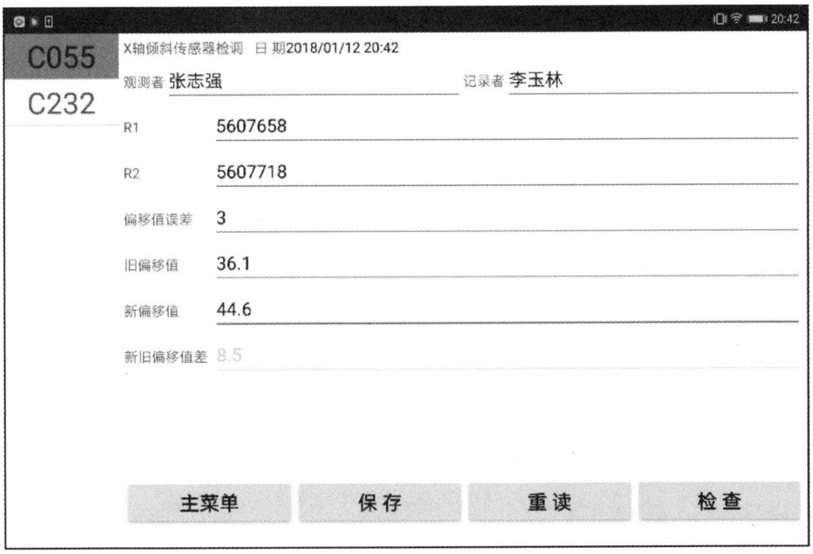

图 3 - 2 - 38 "X 轴倾斜传感器检调"输入界面

点选"X/Y 轴倾斜传感器灵敏度检调"后弹出输入界面（图 3 - 2 - 39）。"X/Y 轴倾斜传感器检调"与"X/Y 轴倾斜传感器灵敏度检调"分为调整前和调整后两部分，本系统将同一工程文件中的第一次检调作为调整前，最后一次默认为调整后，所以在输入这两项内容时请注意。

"倾斜传感器交叉耦合检调"界面如图 3 - 2 - 40 所示。

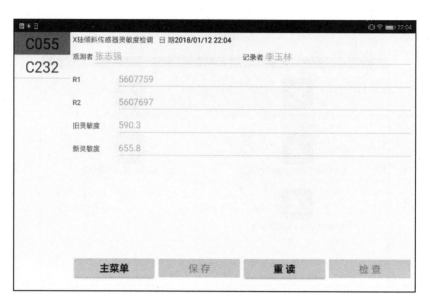

图 3 - 2 - 39 "X 轴倾斜传感器灵敏度检调"输入界面

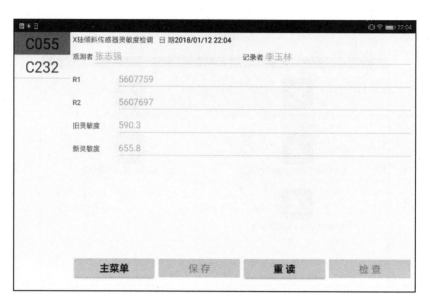

图 3 - 2 - 40 "倾斜传感器交叉耦合检调"界面

（3）BURRIS 型仪器检调。在检调菜单中点选"贝雷斯仪器"，进入贝雷斯仪器检调页面（图 3 - 2 - 41）。BURRIS 型仪器需进行 5 项内容的检调：摆杆的上下止动端和读数线的检调、纵水准检流计平衡位置及增益的检调、横水准检流计平衡位置及增益的检调、摆杆因子与反馈因子的检测。

选择止动端检调后弹出数据输入界面（图 3 - 2 - 42）。

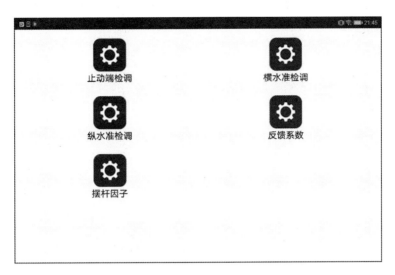

图 3 – 2 – 41 贝雷斯仪器检调页面

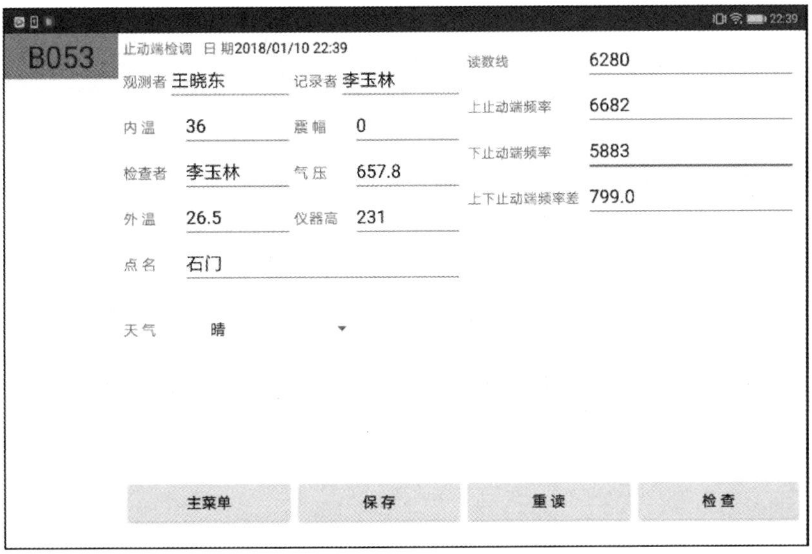

图 3 – 2 – 42 "止动端检调"数据输入界面

选择纵/横水准检调后进入检调界面（图 3 – 2 – 43）。进行纵/横水准检流计平衡位置及增益检调时，系统会计算出偏移值与 P 值并提示。摆杆因子与反馈因子标定将在后续章节介绍。

7）重力测量

重力测量项包含了重力仪动/静态试验、重力联测、长短基线校准、反馈因子及梯度测量等。在主菜单中点选重力测量后进入重力测量选项界面（图 3 – 2 – 44）。

仪器的动态试验、重力联测、长短基线校准、反馈因子及梯度测量均使用图 3 – 2 – 44 所示界面进行数据输入，但不同项目或仪器在输入时会有所区别，测站与环境基本信息输

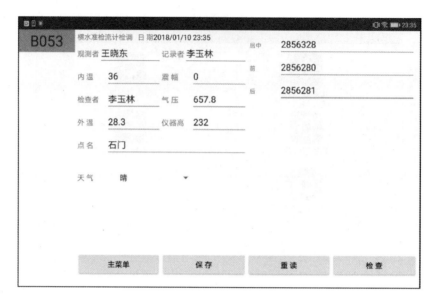

图 3 - 2 - 43　纵/横水准检调界面

入均相同，在输入测站点号后，点号输入位置失去输入焦点后，系统会判断点位信息文件中是否存在该点，如存在则自动调出该点信息，如点名、经纬度、高程等，否则需用户自行输入。在输入测站基本信息项时，要特别注意数据单位。其中，仪器高单位为 mm；经纬度单位为度分秒，输入时采用习惯的"度·分秒"方式输入，即"度"＋"."＋"2位分"＋"2位秒"；高程单位为 m；距离在水平梯度测量时才允许输入，距离的单位为cm，但实际量测的为 mm，所以输入时用小数输入即可；高差在垂直梯度测量时才允许输入，其单位为 cm，输入方法与水平梯度之距离相同；温度单位为℃；气压单位与工程建立时确定的单位一致，缺省为 hPa；BURRIS 读数方式只接受直接读出微伽值方式。

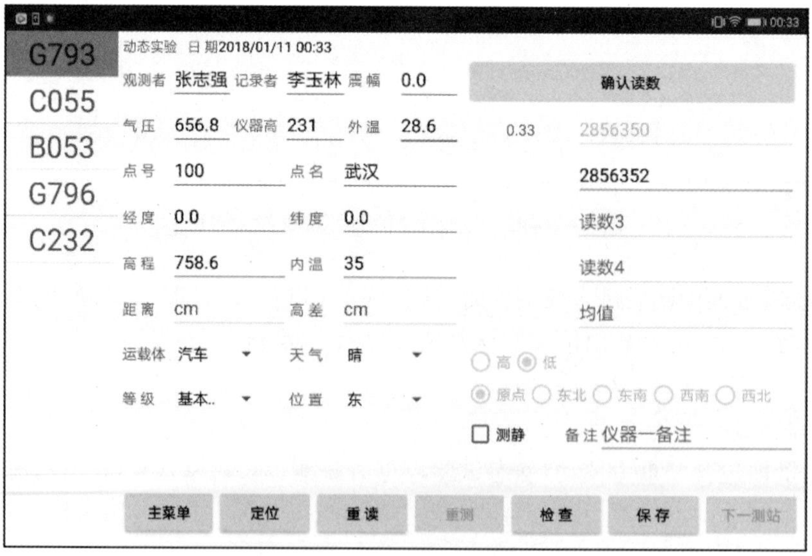

图 3 - 2 - 44　重力测量选项界面

（1）重力联测。点选动态试验、重力联测、长/短基线校准、反馈因子及梯度测量后均进入图 3-2-44 所示界面，窗体左侧为当前平板电脑所要进行记录的观测仪器号标签，选择仪器号即可进入所选仪器的工作记录状态。

输入点号后系统会打开预存文件目录下的"测站信息 . txt"文件，用每条记录的点号与当前点号比较，如果相同，则更新窗口内的点名、等级、经度、纬度、高程。输入读数前要先输入测站及环境信息数据的内容（尽管不是一定要先输入这些数，但先输入是一个比较好的习惯），输入读数后点击"确认读数"按钮进行确认和记录，如第三个读数输入合限，则更新均值，否则提示输入第四个数据，如第四个数据依然输入错误，则将本站保存为作废站。点击重测按钮将会把本次保存为作废站，在输出的打印文件备注中可以看到本站作废原因。当选择测静时，如连续观测同一个点时，取第一个和最后一个作为静调前后点处理，当用临时点（非站点且不参与计算）时，点名前须加"@"，如"@ AB"。

动态试验、长基线与重力联测相同。短基线观测记录方式为每测线观测必须完整，但可连续记录，如：A1-A2-A1-A1-A2-A1-A2-…。

（2）梯度测量。梯度包括水平梯度与垂直梯度，水平梯度计算需要观测点之间的水平距离，所以在观测时需要量取标石中心距四个角方向观测位置的距离，在保存数据前保证该数据的存在。一个测站每次观测时一个方向一般输入一次距离即可（输入数据处见图 3-2-44 观测界面标注），距离单位为 cm。一个点水平梯度完整的观测顺序是：中心（原点）—东北—中心—西北—中心—西南—中心—东南—中心。此为一测回，其中东北、西北、西南、东南的观测顺序可以任意调整，当记录某一位置时，必须确保界面右下角处观测位置单选控件（标记有原点、东北、东南、西南、西北标记，见图 3-2-44 中的观测界面标注），程序将以此选项为观测位置的标志；垂直梯度观测时，需输入高点与原点之间的高差（输入数据处见图 3-2-44 观测界面标注），高差单位为 cm，垂直梯度观测顺序为高—低—高或低—高—低，此为一个完整测回，但上测回最后一个读数作为下测回第一个读数，如低—高—低—高—低…，可以连续记录；水平梯度与垂直梯度每个位置一次一测，观测应读数三次，取均值。梯度观测的观测位置在打印文档中的备注内说明。

（3）BURRIS 仪器反馈因子测量。BURRIS 仪器反馈因子观测见图 3-2-45。观测时先输入基础读数的大数与 OBS-G 值、原反馈因子值，同时将大数分别加 20 和减 20，并将加减后的大数输入前面标有"+20""-20"标记的数据输入处（输入数据处见图 3-2-45 观测界面标注），然后分别在读数输入处输入对应位置的 OBS-G 值、-20、+20 连续读数一次为一测回，连续观测十个测回完成反馈因子的观测。

（4）BURRIS 仪器摆杆比例因子标定。观测数据输入方法见图 3-2-46 所示示例，读数以 μGal 为单位输入。

（5）LCR 型仪器静态试验（图 3-2-47）。主窗口中的曲线图随读数的更新而更新，其他对话框中的内容（除仪器高）只在第一次静态试验时输入，仪器高随仪器号的改变而改变。读数为 7 位，经度、纬度只允许在第一次静态试验数据记录前填写。

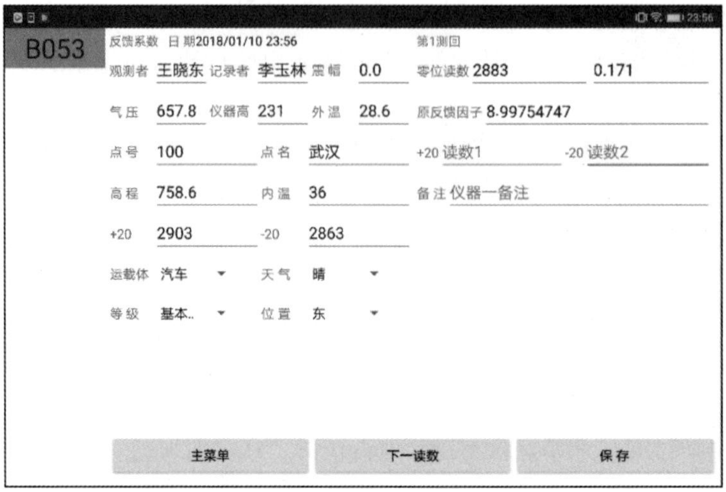

图 3 - 2 - 45　BURRIS 仪器反馈因子测量界面

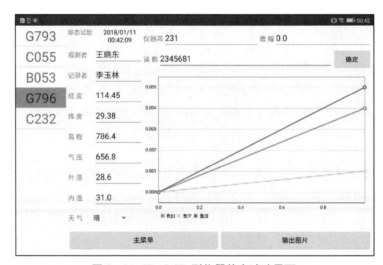

图 3 - 2 - 46　BURRIS 仪器摆杆比例因子标定界面

图 3 - 2 - 47　LCR 型仪器静态试验界面

在 LCR 型仪器静态试验观测记录完成后，随时打开该文件都可再输出其静态曲线图；CG5/6 型、BURRIS 型重力仪的静态试验只处理其观测数据，不在此处记录，其数据处理见数据处理部分。输出的静态曲线图如图 3-2-48 所示：纵坐标为静态零漂的微伽值，横坐标为以分钟为单位的相对观测时间，各曲线为观测值零漂曲线、潮汐曲线、经潮汐改正后的零漂曲线。

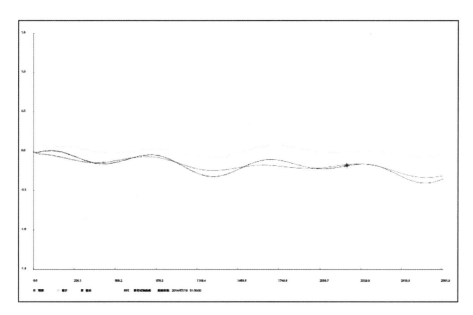

图 3-2-48　输出的静态曲线图

（6）打印文件输出。首先打开某个工程文件（或在确保其打开状态下），在主菜单下以 ".RTF（doc）" 为扩展名输出测量记录（图 3-2-49），可用 Word 打开或打印上交。

图 3-2-49　输出文件

在平板电脑上打开后的界面如图 3－2－50 所示：文件可复制至手提电脑或台式电脑上打印。

点　名	武汉	内　温	36.0	观测者	王晓东
日　期	2018/1/11	外　温	29.3	记录者	李工林
大　气	晴	气　压	657.8	检查者	李工林
仪器号	B053	仪器高	231.0	微震幅度	0.0

摆杆比例因子标定

仪器读数		输出频率	摆杆比例因子
零位读数 S0	2937786.0		
S0 － 0.250	2937.54	5882.0	0.000627
S0 ＋ 0.250	2938.04	6680.0	

反馈增益因子的标定

组数	仪器读数			差值
	读数盘位置	大数（X）	OBS_G	
1	零位读数	2883.0	0.171	
	X-20	2863.0	19.876	
	X+20	2903.0	-19.54	-39.416
2	X-20	2863.0	19.876	
	X+20	2903.0	-19.54	-39.416

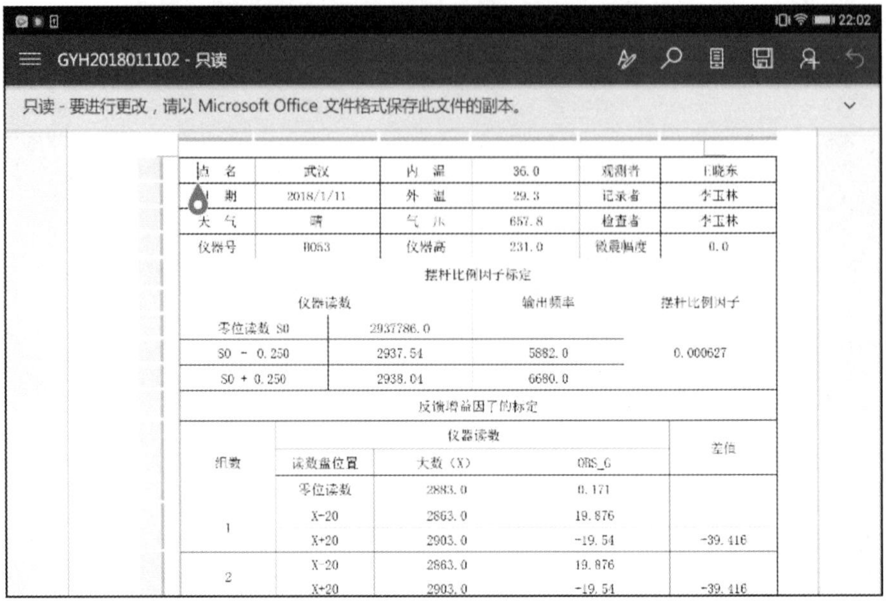

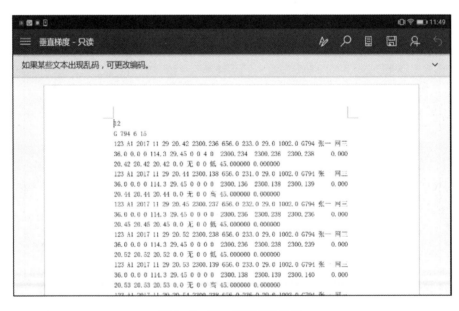

图 3－2－50　平板电脑上打开文件

（7）交换文件输出。打开要输出的工程文件，点选主菜单中的交换文件，则在“重力测量\ 交换文件”目录中输出以“.txt”为扩展名的测量记录数据中间交换文件，如图 3－2－51 所示。

12
G 794 6 15
123 A1 2017 11 29 20.42 2300.236 656.0 233.0 29.0 1002.0 G794 张一 网三
36.0 0.0 0 114.3 29.45 0 0 4 0 2300.234 2300.236 2300.238 0.000
20.42 20.42 20.42 0.0 无 0 0 低 45.000000 0.000000
123 A1 2017 11 29 20.44 2300.138 656.0 231.0 29.0 1002.0 G794 张 网三
36.0 0.0 0 114.3 29.45 0 0 0 0 2300.136 2300.138 2300.139 0.000
20.44 20.44 20.44 0.0 无 0 0 高 45.000000 0.000000
123 A1 2017 11 29 20.45 2300.237 656.0 232.0 29.0 1002.0 G794 张一 网三
36.0 0.0 0 114.3 29.45 0 0 0 0 2300.236 2300.238 2300.236 0.000
20.45 20.45 20.45 0.0 无 0 0 低 45.000000 0.000000
123 A1 2017 11 29 20.52 2300.238 656.0 233.0 29.0 1002.0 G794 张一 网三
36.0 0.0 0 114.3 29.45 0 0 0 0 2300.236 2300.238 2300.239 0.000
20.52 20.52 20.52 0.0 无 0 0 低 45.000000 0.000000
123 A1 2017 11 29 20.53 2300.139 656.0 233.0 29.0 1002.0 G794 张 网三
36.0 0.0 0 114.3 29.45 0 0 0 0 2300.138 2300.139 2300.140 0.000
20.53 20.53 20.53 0.0 无 0 0 高 45.000000 0.000000

图 3－2－51　交换文件输出

（8）数据处理。完成重力联测计算、一次项系数计算、短基线计算、动态精度计算等（图3-2-52），其中 LCR 型仪器的静态曲线在测量数据记录窗体下输出（以后的输出同样是打开对应的工程文件后输出），BURRIS 和 CG5/6 型仪器的静态曲线在主菜单下选择从仪器内导出的记录数据文件直接输出。

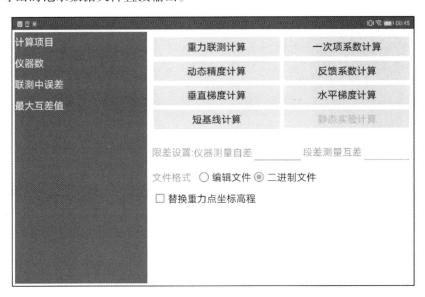

图3-2-52　数据处理

如果将其他平板电脑中的测量原始文件或编辑文件与本机内数据合并处理，则请按目录分别复制至本机的原始文件与交换文件目录下。

静态试验计算完成后输出到相应的文件夹（见前述文件目录）下的文件为名为"仪器号 . png"的 PNG 曲线图形文件。

其中各项（除静态试验计算）均有读二进制数据、读编辑数据两项，读记录数据读取". dat"文件，读编辑数据读取". txt"文件（交换文件）。

输入仪器测量自差值、段差测量互差值。如果选中"替换重力点坐标高程"，则系统会在预存文件目录下查找"替换信息 . txt"，比较各测站中的点号、点名、等级是否与"替换信息 . txt"文件中的记录相同，相同则使用"替换信息 . txt"文件中的经度、纬度、高程替换待计算工程中同点号、点名、等级测站的数据。

必要项目选择和输入后，点选要进行处理的项目，则弹出窗体要求选择一个或多个（系统允许同时选择多个数据文件合并处理，见图3-2-53）。计算完毕后，计算结果保存路径参见文件目录描述。

垂直梯度计算结果见图3-2-54。

（9）关于。"关于"显示软件版权相关信息，见图3-2-55。

（10）日志还原。在普通用户系统上无法还原，还原后将显示如下内容。① 工程名：显示本机创建或其他机器创建的、本机打开的工程；② 测点数：本工程中仪器试验、仪器检调、仪器细调、重力联测的累计测点数；③ CRC 校验值：工程数据的校验值；④ 开始时间：工程创建的时间；⑤ 结束时间：工程最后一次测量的时间。

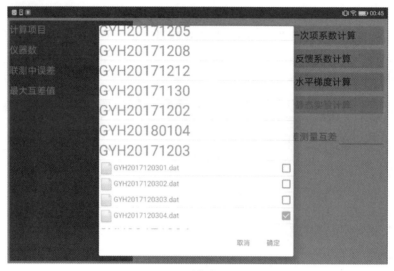

图 3-2-53　选择数据处理项目

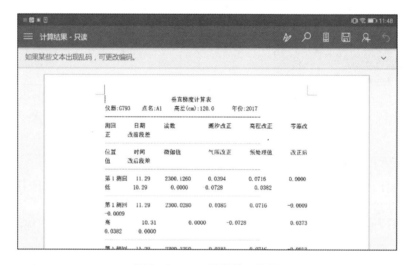

图 3-2-54　数据处理结果

图 3-2-55　软件版权相关信息

3.2.3 绝对重力仪

绝对重力仪是探测地球重力场信息的重要手段，是人类社会认识地球不可缺少的一个工具。它在物理探矿、地震与海平面监测、大地水准面的精确测定、地壳垂直形变等方面将发挥越来越重要的作用。

自 1904 年在波茨坦利用可倒摆测量绝对重力值至今，已有 100 多年，其测量精度由原先几个 1×10^{-5}（mGal）已变为今天的 2×10^{-8}（μGal）左右，这一质的飞跃主要发生在近 20 年，其中最近的一次是 Neibaner 等于 1993 年将原先的 JILA 型仪器，改进成 FG5 型仪器，使重力测量的精度达到了顶峰。然而与此同时，一种新的便携式小型绝对重力仪器 A10 正得到试用。此外，另一种新型的原子喷泉式绝对重力仪已在实验室试验成功，无疑，这将进一步推动地球物理学、大地测量学和计量学的发展。

20 世纪七八十年代，绝对重力仪得到很大的发展，主要是为了适应许多国家计量、地球物理和地震监测等方面的需要。绝对重力仪的主要型号及生产试制单位为：AF-GL——美国空军地球物理实验室；BIPM——国际计量局；GSI——日本国土地理院；IAE——前苏联科学院西伯利亚分院自动化与电子测量研究所；IFE——联邦德国汉诺威大学大地测量研究所；IGPP——美国地球物理与行星物理研究所；NAOM——日本水泽国际纬度天文台；IMGC——意大利计量研究所；JAEGER——法国 JAEGER 工厂；JILA——美国实验天体物理实验联台研究所；NIM——中国计量科学院；SITU——日本东京大学地震研究所；FGI——芬兰大地测量研究所；GSC——加拿大地质测量局；IMG——奥地利气象与地球物理研究所。

目前我国或国际上使用较多的是 FG5，所以本节主要介绍 FG5 型仪器。FG5 是新一代的绝对重力仪，它是由 NIST（美国国家标准与技术研究所）的 James Faller 和他的同事们经过 30 年的研究研制的。1962 年，干涉系统使用白光干涉条纹，此后，Faller 和他的同事们不断改进仪器的设计。FG5 的前身是六个系列的 JILAg 重力仪，由 NIST、DMA（国防制图局）、NOAA（美国国家海洋和大气局）、GSC（加拿大地质调查所）、汉诺威大学地球测量研究所、芬兰大地研究所、澳大利亚的维也纳大学测量与地球物理研究所共同合作完成。

FG5 绝对重力仪是一种高精度、高准确度的测量垂直重力加速度（g）的便携式仪器。FG5 的操作原理很简单。测试块在真空舱里由机械设备垂直上升，然后自由下落约 20cm 的距离。用干涉仪来精确确定测试块由于重力作用而加速自由下落不同时刻的位置。测试块的加速度是根据其测量轨迹直接计算的。

1. 工作原理与结构

自由落体式绝对重力仪通过让一个角锥棱镜作为落体在高真空中自由下落，用激光干涉法测量落体下落距离，用原子钟同步的时钟信号测量相应下落时间，用最小二乘法拟合实测得到的距离和时间值，再进行固体潮、气压、极移、仪器高等各项改正，得到所测量点的重力加速度值。落体自由下落的距离通过激光干涉法得到，等于干涉条纹数乘以激光半波长。落体自由下落距离的不确定度由激光器的不确定度所保证。落体自由下落的时间，对应于落体自由下落的距离，由原子钟同步的时钟信号所得到。落体自由下落时间的不确定度由原子钟的不确定度所保证。FG5 绝对重力仪利用自由落体原理、迈克尔逊激光干涉条纹的原理，用激光记录每个时刻自由落体的位移和速度，通过位移和速度的精确测定，按下面的公式计算重力加速度：

$$x_i = x_0 + v_0 t_i + \frac{1}{2} g t_i^2 + \frac{1}{6} \gamma v_0 t_i^3 + \frac{1}{24} \gamma g t_i^4$$

仪器的主要部件是激光干涉仪，其用于跟踪自由下落的三棱反射镜的运动。绝对重力测量以测量加速度的距离和时间这两个基本量为基础来观测传感器件在重力场中的自由运动。现代的绝对重力仪全都采用自由落体方法。

绝对重力仪的最主要部件包括迈克尔逊干涉仪、三棱镜落体（测试体）以及基准棱镜（固定参考镜）。稳频激光光源给出稳定的长度标准。为了减少残余大气影响，使用了"双源同步下落式技术"，并采用了具有 30～60s 长周期超长弹簧系统来减小微震干扰，以提高观测精度。

绝对重力仪采用了无阻力下落装置，落体舱采用一个真空无阻力盒（DFC）来抛落和接触自由落体质量；DFC 由伺服马达首先释放落体质量，在测量过程中跟踪落体质量，但并不接触，最后在落体室末端接触落体质量，可消除落体室内残余空气和静电荷等产生的阻力。参照光学单元安装在一个活动的长周期垂直体即超长弹簧中。在超长弹簧中，用机械温度补偿系统来消除超长弹簧的热漂移。

2. 基本技术参数

（1）准确度：2μGal（观测一致性）。

（2）精确度：$15\mu\text{Gal}/\sqrt{\text{Hz}}$（在一个安静的台站），如观测 3.75min 可获得的精度为 $1\mu\text{Gal}$，或 6.25h 可获得的精度为 $0.1\mu\text{Gal}$。

（3）工作温度条件：20～30℃。

（4）操作范围：全球。

3. 设计特点

FG5 绝对重力仪是高精度、高准确度的测定重力加速度的便携式仪器，代表了现有绝对重力仪的最高水准，绝对重力仪的设计特点：

① 自动获取数据以及电脑系统控制；

② 实时数据处理和大容量的数据自动存储；

③ 可选择的环境监测软件包，包括气压、温度以及其他信息；

④ 由固体潮汐、海洋负荷潮、极移、气压等因素造成的对重力值影响的实时改正；

⑤ "超级弹簧"长周期的主动隔离系统；

⑥ 拥有专利的纵向同轴干涉计可消除倾斜称合；

⑦ 内置用于垂直校准的光学系统；

⑧ 可有效消除空气阻力的真空落体仓；

⑨ 自动伺服控制系统；

⑩ 频率稳定的碘稳定型激光器；

⑪ 内置铷原子钟；

⑫ 可使用电池供电的离子真空泵；

⑬ 特制的防震运输集装箱。

4. 安装与调试

不同型号的绝对重力仪的结构、安装和调整方法有所不同，在使用前应认真阅读使用手册，严格遵守操作规程。其中 FG5 绝对重力仪安装要点如下：① 安置激光干涉仪的基座，使激光通道对准测量标志中心，调整基座，使其大致水平；② 安装落体舱的三角架，使其与干涉仪基座密切配合；③ 将落体舱稳固地安置在三角架上；④ 将超长弹簧筒安置并固定在干涉仪基座上；⑤ 接通电源，连接各部件。

仪器安装完毕，还要进行下列调整和检验，使仪器处于工作状态：① 调整测量光路的垂直性；② 检查调整激光稳频器、干涉仪及时间测量系统；③ 调整超长弹簧的参数；④ 输入检验程序，输入观测计算程序以及测点编号、经纬度、高程、重力垂直梯度等点位参数。检查计算机的运行状态。

3.3 重力台网监测运行与管理

重力台网监测运行与管理细则主要根据《地壳形变、电磁、地下流体台网运行管理办法（修订）》(2015 年)、《地震观测仪器停测审批管理办法》(2013 年)、《地震前兆台网观测数据跟踪分析工作约定（试行）》(中震函〔2013〕311 号)、《区域地震前兆台网运行管理技术要求（修订)》(中震测函〔2014〕92 号)、《地震前兆台网产品产出技术要求（试行)》(中震测函〔2015〕79 号) 和《形变学科观测资料质量评比办法（2015 年修订)》等有关规定制定。

3.3.1 数据采集与存储

对于连续重力观测数据的采集与存储，采用台站重力仪进行台站重力观测，数据采集系统和网络控制系统利用特定的通信网络汇集存储于存储设备中。现阶段连续重力观测数据已经完全实现了等采样间隔的数字化记录。并且现代数据采集器和存储系统也已经实现了数据自动化存储。因此当前观测数据的采集和存储主要有以下 3 部分内容：

（1）数据采集器自动采集重力固体潮及其辅助观测的原始秒、分和整时值数据。

（2）数据管理系统自动存储观测的电量数据、物理量数据、日志数据和辅助观测数据。

（3）重力、气压分钟值、整时值数据文件或数据库文件的磁盘或光盘的备份。

3.3.2 数据分析与异常落实

和预报人员不同，重力站的观测和看护人员的数据分析与异常落实工作，主要集中在对人为干扰、观测系统、观测场地和观测环境的变化进行记录和分析上，具体应该完成以下工作。

（1）对观测资料进行潮汐和非潮汐分析，对突变事件及时调查核实。

（2）利用观测系统的辅助观测和同址观测的其他仪器核查仪器的观测状态（温控、

供电、标定等）。

（3）异常时段观测场地是否有人为因素（人进入仪器室、改造洞室等）的影响，台站 500km 范围内是否有基建、施工等干扰；如有，应将人为干扰因素作为工作日志的内容进行填写；如有施工等干扰，不仅要填写工作日志，还应该与上级主管部门联系，告知观测场地的干扰情况，如：干扰和台站的相对位置、干扰的范围（土石开挖的体积、基建的占地面积和形状）。相关调查结果应记录在当月的观测月报中。

（4）异常时段观测环境，例如：气候变化（台风、暴雨等），500km 外的水库、大型土木建筑等。如有，应将人为干扰因素作为工作日志填写；如有施工等干扰的不仅要填写工作日志，还应该向上级主管部门联系并告知观测场地的干扰情况。如：干扰和台站的相对位置，干扰的范围（土石开挖的体积，基建的占地面积和形状）。相关调查结果应记录在当月的观测月报中。

（5）如异常变化和上述因素无关，再考虑是否存在地震前兆，可上报省局并密切关注异常变化的动态变化情况。

3.3.3 工作日志

仪器要有单独的工作日志，记录台站名称、仪器型号、观测日期和观测值班人员姓名。值班人员当日填写值班日志，记录标定过程，记录天气过程及观测曲线中断、形态畸变的时段（准确至小时），收集中强地震时的特异记录图像或典型的干扰图像，记录造成观测中断、畸变的原因。对突变事件及时调查核实，记录调查核实结果并上报。停电、雷害、标定、改造洞室、人为干扰等引起记录中断、畸变时均应在工作日志中记载。

3.3.4 资料报送

（1）每日报送前一天重力分钟值数据文件（数字化重力仪）或整点值数据文件（模拟重力仪）。

（2）每月 5 日前报送上月台站观测月报。观测月报的内容应该包含：在运行仪器概况、仪器格值校准及使用、数据采集报送和预处理情况、特殊事件记录、观测曲线附图等部分。报告应该有题目、报告人、报告编写时间。没有情况的应写"无"。

（3）每年 1 月 31 日前报送上一年度观测年报。年报中应该包括"台站及测项概况""全年仪器运行情况""数据采集处理及报送情况""特殊事件记录""附件"。

其中"附件"应该包含年度重力观测人员名单，加盖公章；全年仪器格值标定表；台站基础设施检查。报告也应该有题目、报告人、报告编写时间。没有情况的应写"无"。

3.3.5 仪器标定

仪器的标定又称仪器的校准，主要包括时间校准、格值校准两部分。

1. 时间校准

连续重力观测仪应通过 GPS 或网络实现系统时间校准，在没有 GPS 信号的台站应保证网络通畅。标定校准时，可调用网络控制提供的重力仪观测监控系统查看监控系统和计算机操作系统的时间差异，精确至秒。如出现差异超过 2s 的情况，在检查网络授时无故障的情况下，可重新热拔插网络控制器，实现数据采集器和服务器的时间系统一致。

2. 格值校准

（1）格值校准工作内容及要求。连续重力观测仪格值校准分为日常校准（电子灵敏度）和弹簧格值校准，应符合以下要求：① 观测仪器日常校准每年宜不少于 1 次，根据仪器的标定结果判断是否需要增加标定次数；② 仪器检修、更换部件或重新安装后应进行格值校准；③ 落实异常等认为必要时可进行校准；④ 标定时间宜选择在国家的半年和年度地震趋势会商后进行；⑤ 日常校准的时间应为固体潮大潮时段的波峰和波谷时段；⑥ 按照附录 A 中的不同类型重力仪标定要求编写标定记录表；⑦ 国家重力台网中心应定期利用高精度绝对重力仪对台网重力观测仪器进行弹簧格值校准。

（2）格值校准技术要求。重力仪格值校准分为"GS 数字化型重力仪标定""GS15 拉弹簧测定重力仪电压灵敏度""GS15 重力仪静电标定""DZW 型重力仪格值标定""gPhone 重力仪标定"，技术指标应满足以下要求：① 所有标定方法校准幅值 $\geq100\times10^{-8}\mathrm{m\cdot s^{-2}}$；② 除 gPhone 重力仪无需计算格值外，其他仪器格值计算结果应该精确到小数点后三位；③ GS15 重力仪静电标定和 GS15 拉弹簧测定方法单次标定格值中误差优于1%；④ 仪器校准格值较原使用格值变化应优于 2%；⑤ 仪器校准格值较原使用格值变化 $\geq2\%$ 时，应重新校准，在确认仪器工作正常且操作无误的情况下，方可启用新格值，否则沿用上一次的格值；⑥ 仪器校准格值较原使用格值变化 $\geq2\%$ 或入网前首次上台后时，并且仪器工作状态正常，可利用绝对重力比测的方法进行格值校准。

（3）格值系数应用要求如下：① 当需要启用新格值时，应向国家重力台网中心备案，经同意后方可进行；② 对于相对重力仪能够自行采用，工作人员在数采中输入格值系数，并同时记录观测日志和工作日志；③ 对于格值系数无法改正的，观测站人员可联系国家重力台网中心人员，在统一处理观测数据时进行格值系数的改正。

3. 仪器调零

连续重力观测仪调零操作按照以下要求执行：① 有自动调零功能的仪器宜采用自动调零，数字化仪器应避免人工调零；② 仪器测值接近数据记录量程的上、下限读数范围时，应进行调零操作，避免观测输出值因超量程而出现限幅；③ 因观测值漂移过大而超出自动调零范围时，可采用人工调节仪器机械装置的方法使仪器回到记录量程内。

4. 仪器水平调整

连续重力观测仪应该处于水平条件下进行观测。在没有达到水平条件的情况下应该予以调整。可参考以下操作执行：① 仪器检修、更换部件或重新安装后应进行水平调整；② 水平调整时间宜选择在国家的半年和年度地震趋势会商后进行；③ 仪器水平调整应该在标定和调零时间之前。

3.3.6　日常监测维护

根据观测仪器的性能，对仪器的主要参数每天进行日常检查，并做好记录。对于重力仪的恒温控制检查，有室温控制系统时，监视室温控制系统是否正常。仪器开始工作后，尽量少进出仪器室，以免干扰仪器。其包括观测环境维护、观测仪器维护、观测站基础信息维护、观测站点升级改造、观测站点迁移与废弃、维护日志填写等部分。

1. 观测环境维护

（1）环境监控。连续重力观测站点的观测环境应符合 DB/T 7—2003 的要求。重力台站应被定期巡视。通过检查观测数据和日志的方式监控观测环境的变化。

（2）环境保护。执行国务院颁布的《地震监测管理条例》所规定的保护范围，依法对连续重力观测站点的观测环境和监测设施实行严格保护。

2. 观测仪器维护

（1）每日例行工作内容应包括检查仪器工作状态、公用设备运行状态、相关软件运行状态、数据采集和上报情况、报警信息及校对观测仪器的时钟。检查结果每日应填写运行监控日报，并上报到区域中心。

（2）软件的升级维护。应按照区域台网中心的统一要求及时进行相关应用软件的升级维护，保证软件版本的一致性和使用的规范性。

（3）观测仪器维修应符合以下要求：① 仪器设备出现故障后应在 24h 内报修，并在观测日志、工作日志中记录故障情况；② 故障排除后恢复观测的当天应在工作日志中记录维修情况、停测时间等；③ 配置仪器关键部件和易损备件并定期检查，保证其可用性；④ 观测仪器的一般维护检修工作宜安排在月底或年底，事前应报告区域中心、学科中心；⑤ 仪器维护、检修等工作的事前报告内容包括仪器型号、检修或维护内容、预计停测时间等。

（4）观测仪器的更新升级与淘汰的标准：① 使用年限超过十年，故障后无法维修的仪器，宜进行更新升级；② 同时出现连续两年故障率持续增高、观测精度下降、数据质量不合格、维修后依然无法恢复的仪器，宜进行更新升级；③ 因型号老旧，无配件维修，出现故障无法维修，即使维修，也无法恢复正常状态且备案已停测的仪器设备，应予以淘汰，淘汰仪器测点无相应测项设备的，应优先计划新增观测仪器；④ 已被建议停测或搬迁的测站，恢复观测和搬迁前，观测仪器不宜进行更新和升级。

3. 观测站基础信息维护

（1）观测站基础信息内容。连续重力观测站点的基础信息应包括：站点名称、代码、经纬度、高程、台基岩性、地震地质条件、地震活动性、测点分布图、值守方式、观测山洞或钻孔信息、测项信息和观测仪器信息等。

（2）基础信息维护要求。区域中心应按以下要求维护地震台网数据库中所辖区域连续重力台网站点基础信息：① 按照《地震台站代码》（DB/T 4—2003）规定的编码原则和方法进行已有测站和新增测站的代码编码；② 连续重力观测洞室信息应包含山洞地基岩性、覆盖厚度、洞内温度、观测洞室分布及带有方向和标注进深尺寸的示意图；③ 连续重力测项信息宜包含测项代码、仪器名称等；④ 观测仪器入网时，应向国家重力台网（学科）中心提交仪器安装报告，并将仪器名称及代码、仪器型号、生产厂商、数据采样率等信息录入数据库；⑤ 连续重力观测站中的各套仪器应使用不同测点代码，在原测点更换同类型仪器且观测方式和采样率相同时，测点编码不变，在原测点更换不同类型仪器时，需采用新的测点编码；⑥ 测点迁移、改造，仪器变动时应及时更新数据库信息并报学科中心备案。

4. 观测站点升级改造

存在以下问题时，观测站点应进行技术升级和改造：① 观测洞室密封、防潮等设施不能满足连续重力观测精度要求；② 供电、通信和防雷地网等设施使用年限较长，故障率增加，影响观测正常运行；③ 现有场地、洞室条件不适合新型观测仪器使用。

5. 观测站点迁移与废弃

存在以下问题时，应迁移或废弃观测站点：① 观测环境被破坏或受到严重干扰，连续重力观测仪器无法正常观测或观测资料不可用时，应废弃或迁移原观测站点；② 因国家重点建设项目无法避开而导致观测环境不能满足监测要求的，宜迁建测点；③ 观测站点迁移应以连续重力台网布局为准则，当周边区域无替代测项时，宜在原测点附近另选址进行迁建；④ 在迁建新测项完成前，宜在原址继续维持观测，同时加强数据处理工作。

6. 维护日志填写

运行维护中的操作，应在当天工作日志中记录。

（资料性附录）重力观测常用仪器校准

GS 重力仪

读数幅值在 10000～20000 时，选择合适时机调零。调零完成，待仪器稳定后进行仪器标定。标定方法分为数字化型重力标定方法、拉弹簧标定方法、静电标定方法。

数字化型重力仪

GS 数字化重力仪的标定采用电磁校准方法（表 3 – 3 – 1）。利用通电线圈产生的电磁力使摆偏离原平衡位置，若电流固定，则摆的偏角固定，依输出电压变化可以计算格值：K_0 是一个常数，在仪器出厂前已经在实验室测定给出。

表 3 – 3 – 1　GS 数字化重力仪标定记录表

日　　　期：
仪　器　号：
测项分量：

标定开关动作	标定常数 K_0		
	时间（单位）	输出读数 V（单位）	电压差值 ΔV（单位）
开			
关			
开			
关			
⋮			
开			
关			
输出电压差平均值 $\overline{\Delta V}$（单位）			
格值 $C = K_0 / \overline{\Delta V}$（单位）			

校准记录者：

标定当天固体潮观测原始时间序列如图 3 – 3 – 1 所示。

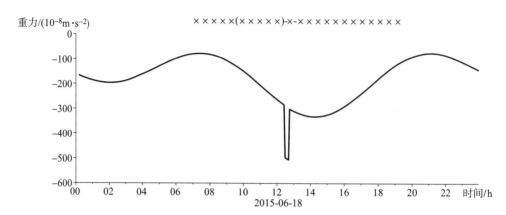

图 3 – 3 – 1　×××× 年 ×× 月 ×× 日 ×××× 台 GS 重力仪重力潮汐观测标定记录

拉弹簧测定重力仪电压灵敏度表（表 3 – 3 – 2）

　　GS15 拉弹簧测定重力仪电压灵敏度采用的方法是，通过拨动重力仪自带的标定器调整弹簧位置的方式，查看数采输出电压。比较弹簧位置变化量（格）和输出电压变化量之间的关系，利用标定常数 K 计算电压灵敏度。电压灵敏度精度优于 1%，仪器校准后电压灵敏度较原有值变化应该优于 2%。

表 3 – 3 – 2　×××× 年度拉弹簧测定重力仪电压灵敏度

测定日期：×××× 年 ×× 月 ×× 日

$K = ××.×××$ 　　（$10^{-8} \text{m} \cdot \text{s}^{-2}$/格）

时间（h：min）	光学读数（格）	拉弹簧（格数）	输出电压（mV）	电压变化量（mV）	电压灵敏度 C_v（$10^{-8} \text{m} \cdot \text{s}^{-2}$/mV）
均值					
中误差					
相对误差					
中值					
$= ×.××××\times10^{-3}$			$C_v = ×.×××\times10^{-3}$		

测定者：　　　　　　　　　　　　　　　　　　　　　　　　　计算者：

标定当天固体潮观测原始时间序列如图 3 - 3 - 2 所示。

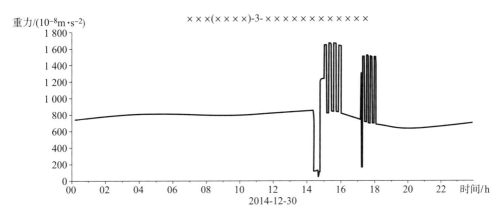

图 3 - 3 - 2　××××年××月××日×××台 GS 重力仪重力潮汐观测拉弹簧标定记录

静电标定记录计算表（表 3 - 3 - 3）

静电标定与数字化 GS 重力仪标定系统标定原理一致，采用电磁校准方法。实际操作时，必须到仪器洞室进行。需要记录标定开关前后输出电压的变化，每次断通标定开关后根据仪器内部的标定常数计算格值 C；同时计算各次标定的格值中误差 M_c 以及相对误差 M_c/C，其中 M_c 的结果应该优于1%。仪器校准格值较原使用格值变化应该优于2%

表 3 - 3 - 3　电（磁）标定重力记录格值

测定日期：××××年××月×日

标定开关位置	输出电压（mV）	电压变化 ΔV（mV）	记录位移（m·s^{-2}/mV）	位移变化 ΔL（m·s^{-2}/mV）	记录格值 C（10^{-8}m·s^{-2}/mV）
断					
通					
断					
通					
断					
通					
断					
通					
断					
通					
平均：					

$C = \underline{\hspace{2cm}} \times 10^{-8}$（m/s^2/mV）

$M_c = \pm \underline{\hspace{2cm}} \times 10^{-3}$

$M_c/c = \pm \underline{\hspace{2cm}} \times 10^{-3}$

测定者：

标定当天固体潮观测原始时间序列如图 3 - 3 - 3 所示。

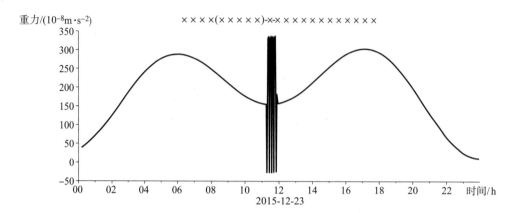

图 3 - 3 - 3　××××年××月××日××××台 GS 重力仪重力潮汐观测静电标定记录

DZW 型重力仪格值标定表（表 3 - 3 - 4）

DZW 型重力仪格值标定和 GS 数字化重力仪的标定方法基本类似，利用通电线圈产生的电磁力使摆偏离原平衡位置，若电流固定，则摆的偏角固定，利用标定前后电压值均值和标中电压值均值之间的差值作为脉冲幅度，利用标定常数计算标定格值。标定常数是一个常数，在仪器出厂前已经在实验室测定给出。

表 3 - 3 - 4　××××年××月××日

分量代码	标定常数 K_0					
	标前时间	电压读数	标后时间	电压读数	标中时间	电压读数
	均值 V_1		均值 V_2			
	$L_{cp}(mV) = (V_1 + V_2)/2$				均值 H_{cp}（mV）	
	脉冲幅度 ΔV（mV）				标定格值 η（×μGal/mV）	
	标定精度（%）					

标定者：　　　　　　　　　　　　　　　　　　　　　　　　　　　　　校核者：

标定当天固体潮观测原始时间序列如图 3 - 3 - 4 所示。

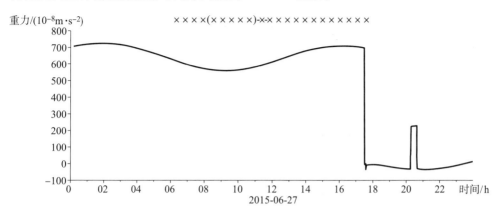

图 3 - 3 - 4　××××年××月××日××××台 DZW 型重力仪重力潮汐观测标定记录

PET&gPhone 重力仪（表 3 - 3 - 5）

仪器倾斜读数超过 ±300 单位时，应在年度年终会商后选择合适时机调整仪器倾斜状态。待仪器稳定后进行调零。其他读数幅值在 10000～20000 之间时，选择合适时机调零。倾斜状态调整和调零完成后，待仪器稳定后进行仪器标定。

PET&gPhone 重力仪在标定后，不产出标定记录表。标定后仅在观测时间序列中出现明显的一个凸起和观测数据。恢复正常后继续正常固体潮观测表明标定正确，否则标定不正确。

表 3 - 3 - 5　标定记录观测日志

日期：
仪器号：
测项分量：

台站名称	测点代码	处理日期	日志类型	起始时间	结束时间	日志描述	日志记录人	备注
			标定					

标定者：

标定当天固体潮观测原始时间序列如图 3 - 3 - 5 所示。

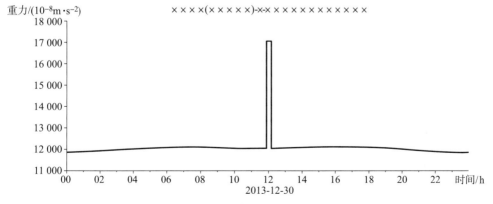

图 3 - 3 - 5　××××年××月××日××××台 PET&gPhone 重力仪重力潮汐观测标定记录

3.4 重力观测资料质量监控

以下对地震监测运维中重力观测资料质量监控进行说明，主要包括评定指标、评分标准两方面。

3.4.1 重力观测资料质量的评定指标

1. 台站重力

我国连续重力观测分为有人值守和无人值守两个系列，二者的质量评定指标既有共性，又存在差异。有人值守台站观测资料的质量评定指标共包含 5 部分，分别为技术指标、日常运行、环境维护、数据跟踪分析、应用奖励。无人值守台站只有技术指标、日常运行、环境维护三部分。

（1）技术指标：衡量观测数据的技术指标。参数包括观测精度、数据完整率、数据连续率（运行连续率）。其中观测精度又被称为数据的内在质量精度。其参数包括 Nakai 检验小于 2 段数百分比 σ_N、调和分析 M_2 波潮汐因子中误差 σ_δ。本项指标适用于有人值守和无人值守两个系列。

（2）日常运行：衡量观测任务完成过程中各工作内容的规范性指标，包括提交资料的规范性和完整性、观测执行过程中工作细节规范性。本项指标适用于有人值守和无人值守两个系列。

（3）环境维护：衡量重力站维护过程中各项工作内容的规范性指标，包括观测系统、观测场地维护过程的工作细节。本项指标适用于有人值守和无人值守两个系列。

（4）数据跟踪分析：衡量有人值守台站的工作人员资料处理分析能力的指标，包括观测事件处理过程的工作细节、异常落实过程的工作细节等。本项指标只适用于有人值守系列。

（5）应用奖励：衡量利用连续重力观测数据在工作中的创新性、成果产出与地震预测应用效果，主要包括新技术、新方法的应用，学术论文、科研课题，地震预测效果等内容。本项指标只适用于有人值守系列。

2. 流动重力

流动重力观测资料质量评定指标共包含 4 部分，分别为技术指标、日常运行、跟踪分析、应用奖励。

（1）技术指标：衡量观测数据质量的技术统计参数，主要包括段差自差均值、段差互差均值、平差后单位权中误差、平差后点值精度均值、任务量。

（2）日常运行：衡量流动重力测量任务完成过程中各项工作内容的规范性，包括提交资料的完整性和规范性、测量执行过程中工作细节的规范程度、技术总结报告的规范性等。

（3）跟踪分析：衡量应用流动重力观测资料进行震情跟踪分析工作的完善程度，主要体现为年度地震趋势分析报告（包括年中趋势意见）的规范性。

（4）应用奖励：衡量在流动重力测量工作中的创新性、成果产出与地震预测应用效果，主要包括新技术、新方法的应用，学术论文、科研课题，地震预测效果等内容。

3.4.2 重力验收评分标准

台站重力观测包括有人值守台站和无人值守台站两个系列，二者的验收评分标准也有区别，因此对两个系列台站重力观测的评分标准分别进行介绍。

1. 有人值守系列台站重力观测

1）技术指标（58分）

（1）月评观测精度（6分）。

①Nakai 检验小于 2 段数百分比（3分）：≥0.80，不扣分；≥0.10，扣 0.1 分；≤0.10，扣 0.3 分。当月数据不连续、无法解算时，此项不得分。

②M_2波潮汐因子相对中误差（3分）：≤0.005，不扣分；≥0.005，扣 0.1 分。当月数据不连续、无法解算时，此项不得分。12 个月统计平均分。

（2）年评观测精度（35分）。

Nakai 检验小于 2 段数百分比 σ_N 得分 Y_1，按照下式计算（不高于18分）：

$$Y_1 = \begin{cases} 15.2, & 0 < \sigma_N < 76\% \\ 5.5555\,\sigma_N + 10.9778, & 76\% \leq \sigma_N < 85\% \\ 6.0745\,e^{\sigma_N} + 1.4878, & 85\% \leq \sigma_N \end{cases} \qquad (3-4-1)$$

M_2波潮汐因子相对中误差 σ_δ 得分 Y_2，按照下式计算（不高于23分）：

$$Y_2 = \begin{cases} 18.3, & 0.005 < \sigma_\delta \\ -175\,\sigma_\delta + 31.475, & 0.001 \leq \sigma_\delta \leq 0.005 \\ -3998\,e^{\sigma_\delta} + 4033.3, & 0.001 \geq \sigma_\delta \geq \min \end{cases} \qquad (3-4-2)$$

内精度指标分：

$$内精度指标分 = (Y_1 + Y_2) \times P_1 \times P_2 \qquad (3-4-3)$$

式中，P_1 为观测室类型加权；P_2 为仪器类型加权。

P_1、P_2 分别按表 3-4-1 和表 3-4-2 取值。

表 3-4-1 观测室类型加权

观测室类型	山洞台	地下室	地表
加权值（P_1）	1	1.002	1.004

表 3-4-2 仪器类型加权

观测仪器类型	PET & gPhone	GS15	DZW
加权值（P_2）	1	1.002	1.004

观测精度计算：

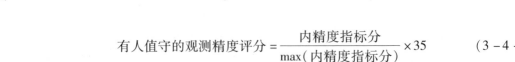

$$有人值守的观测精度评分 = \frac{内精度指标分}{\max(内精度指标分)} \times 35 \qquad (3-4-4)$$

（3）数据完整率（15分）。

以国家重力台网中心数据库中的预处理数据计算，以百分数表示。公式为：

$$数据完整率 = \frac{已有数据样本数 - 无效测值样本数}{应有数据样本数 - 可扣除缺记数} \times 100\% \qquad (3-4-5)$$

报经学科技术管理组备案的山洞改造或仪器更新改造（事先报告）、仪器正常检修（事先报告、2天以内）等原因引起的缺记可以作为"可扣除缺记数"，不计在无效测值样本数中。无人值守台站完整率用原始数据来代替。

（4）数据连续率（2分）。

数据连续率又称为运行连续率，通过数据库中原始数据来测算。每年统计重力固体潮观测测项的数据运行连续率：连续率≥99.5%得满分；<99.5%时，每减少0.1%扣0.02分，扣完为止。以国家重力台网中心数据库中的原始数据计算，以百分数表示。公式为：

$$数据连续率 = \frac{已有数据样本数 - 无效测值样本数}{应有数据样本数} \times 100\% \qquad (3-4-6)$$

其中，样本数的单位为天。

2）日常运行分（18分）

（1）预处理和日志（10分）。

根据检查期间对每日预处理和日志记录情况给出的"好""中""差"评价结果进行评分，评价为"好"不扣分，评价为"中"每次扣0.01分，评价为"差"每次扣0.02分。

（2）故障响应（1分）。

用抽查的形式，以预处理数据和观测日志为评判依据，台站没有做到的每次扣0.01分。扣完为止。

（3）报告检查（7分）。

台站应通过电子邮箱和FTP提交月报和年报（电子版）。月评以月报报送及时性检查为主，年评以检查月报内容、年报（含校准记录报告）内容为主。每出现一次问题，酌情扣0.1~0.5分。

3）环境维护（17分）

（1）制度建设（1分）。

台站应该在报送年报时，将"台站运行维护的规章制度"作为年报附件报送管理部。已建立健全本站运行维护的规章制度或依据负责部门制定的运行维护规章制度进行日常运维的得1分，无规章制度的得0分。

（2）场地维护（6分）。

台站应在报送年报时，将"场地维护"的相关报告作为年报附件报送管理部。在年评中对"观测墩维护（3分）""观测室维护（2分）""室内环境（1分）"3个部分进行评判。评判方式为对年报中带有时间的观测墩、观测室和观测室环境照片进行判定。维护不及时、室内不整洁等，每项扣0.1分。

（3）设施维护（10分）。

台站应在报送年报时，将"设施维护"的相关报告作为年报附件报送管理部。在年评中对"防雷接地（2分）""供电设施（2分）""设备维护（5分）""设备线路（1分）"4个部分进行评判。设施运行不正常，设备维护不及时的，每项扣0.1分。

4）数据跟踪分析（5分）

数据跟踪分析的月评分为2分、年评分为3分。其中年评以抽查的形式对本年度的特殊事件进行数据跟踪分析记录进行评分。

（1）事件记录质量（2分）。

（2）事件记录完整性（0.5分）。

（3）数据跟踪分析落实报告的质量（本项加分最多不超过1分）。

以上三项合计不超过3分。

5）奖励分（2分）

奖励包括技术创新、课题奖励、论文奖励、预报奖励4个部分。年度资料学科预评比工作前上报申请加分材料，经管理部核实后，依据奖励加分办法酌情加分。奖励加分不超过2分。

（1）技术创新：在连续重力观测各项工作中探索采用新技术、新方法，并经过论证，提高了工作质量和成果质量。每项酌情加0.1~0.5分。

（2）课题奖励：申请奖励的课题必须与连续重力观测直接相关。奖励分可在执行期内任意一年申请，每项课题仅限使用一次。根据课题级别和参与人排名确定分值（表3-4-3）。

表3-4-3　课题奖励分标准

项目级别 ＼ 排名	1	2~3	4~5
国家级（国家自然基金及以上）	0.4	0.2	0.1
省部级（省级基金，地震局星火计划和所、局重点课题等）	0.2	0.1	0.05
一般项目（国家局"三结合"，震情跟踪，局、所一般课题）	0.1	0.05	—

（3）论文奖励。公开发表了论文有奖励分。实际上异常核实报告、异常落实报告等对地震预报起到作用的技术文档近几年也被列入论文奖励中来（表3-4-4）。

表3-4-4　论文奖励分标准

刊物级别 ＼ 排名	1	2~3	4~5
SCI	0.4	0.2	0.05
EI	0.2	0.05	0.05
中文核心	0.2	0.05	—
一般刊物	0.05	—	—

（4）预报奖励：对本测区及周边上年度发生的中强地震在年度趋势分析报告中有明确预报意见或者填写了地震预报卡片（震前填写并提交给中国地震局）的，可以申请本项加分，并提交省局（中心）级盖章的相关证明材料。预报奖励以南北地震带一级块体边界东100km 为界，东西分区计算。每项加分按表 3 - 4 - 5 和表 3 - 4 - 6 计算。如震级或距离要素有偏差，视情况在表中分值基础上增减分值。

表 3 - 4 - 5　预报奖励分标准（西部）

震级	加分	距离/km	加分
$5.0 \leqslant M_S < 6.0$	0.2	<150	0.2
$6.0 \leqslant M_S < 7.0$	0.3	<200	0.3
$M_S \geqslant 7.0$	0.4	<300	0.4

表 3 - 4 - 6　预报奖励分标准（东部）

震级 M_S	加分	距离/km	加分
$5.0 \pm$	0.2	<150	0.2
$6.0 \pm$	0.3	<200	0.3
$\geqslant 6.5$	0.4	<300	0.4

2. 无人值守系列台站重力观测

1）技术指标（58 分）

（1）观测精度（41 分）。

① Nakai 检验小于 2 段数百分比的得分计算参见式（3 - 4 - 1）；

② M_2 波潮汐因子相对中误差的得分计算参见式（3 - 4 - 2）；

③ 内精度指标分的计算参见式（3 - 4 - 3）；

④ 观测精度分：

$$无人值守的观测精度评分 = \frac{内精度指标分}{\max(内精度指标分)} \times 41 \qquad (3 - 4 - 7)$$

（2）数据完整率（15 分）。

以台网中心数据库中的原始数据计算为主，以百分数表示，计算公式参见式（3 - 4 - 8）。

$$数据完整率 = \frac{已有数据样本天数 - 无效测值样本天数}{应有数据样本天数 - 可扣除缺记天数} \times 100\% \qquad (3 - 4 - 8)$$

报经学科技术管理组备案的山洞改造或仪器更新改造（事先报告）、仪器正常检修（事先报告、2 天以内）等原因引起的缺记可作为"可扣除缺记天数"，不计在无效测值样本天数中。统计重力固体潮观测测项的数据完整率得分：

$$完整率得分 = 完整率 \times 15 \qquad (3 - 4 - 9)$$

（3）数据连续率（2 分）。

以台网中心数据库中的预处理小时值数据计算为主，以百分数表示：

$$数据连续率 = \frac{已有数据样本数 - 无效测值样本数}{应有数据样本数} \times 100\% \qquad (3 - 4 - 10)$$

每年统计重力固体潮观测测项的数据运行连续率得分:
$$连续率得分 = 连续率 \times 2 \qquad (3-4-11)$$

2) 日常运行分 (25分)

(1) 大事记 (10分)。

每年检查国家重力台网中心的无人值守台站本年度的预处理观测数据、残差时间序列和大事记记录。对不符合以下情况的酌情每处扣0.4分。

对人员进出观测室、开闭隔震门、台站周边环境变化、重大地震影响、极端天气等情况进行大事记备案,需有相关人员签字。

对预处理后的观测数据进行检查,抽查全年最少10处重大事件,应有相应大事记备案。其中,大事件包括了"地震""错误数据"和"趋势转折事件",具体如下。① 地震:西部6级以上地震,东部5级以上地震,中国及其周边海域(日本及其周边海域、中国台湾及其周边海域、马六甲海峡及其周边海域)7.0级以上,世界范围内的8.0级以上地震;② 错误数据:仪器观测月内出现超过4h及以上的错误数据(例如走零、缺记)的事件;③ 趋势转折事件:出现超过150μGal的趋势性变化或转折事件(事件呈现:非线性零漂、掉格;事件时间持续:5日以内)的。

(2) 故障响应 (7分)。

出现观测系统故障未及时报告、报修(超过48h)或处理(超过72h),出现1次扣1次分数,扣完为止。无人值守重力站未响应1次扣0.5分。

(3) 报告检查 (8分)。

对"大事记备案"文档、年报进行检查。检查的扣分原则遵循"有人值守重力站年报检查"的扣分原则。

3) 环境维护 (17分)

(1) 制度建设 (1分)。

已建立健全本站运行维护的规章制度,或依据负责部门制定的运行维护规章制度进行日常运维的得1分,无规章制度的得0分。

(2) 场地维护 (6.5分)。

其包括观测墩维护、观测室维护和重力站点标识维护三部分。破坏、维护不及时等1次扣0.5分。

(3) 设施维护 (9.5分)。

其包括防雷接地、供电设施、设备维护三部分。设施故障未解决,设备不正常的,1项扣0.5分。

3. 流动重力

1) 技术指标 (58分)

(1) 段差自差均值。

其指所有测段单台仪器段差自差的平均值,用于衡量单台仪器观测结果的自符合程度。本项指标满分为20分,评分方法参考公式:
$$Z_1 = 22.7 - A/3$$
式中,A 为测段自差均值。

（2）段差互差均值。

其指所有测段不同仪器段差异的平均值，可衡量不同仪器观测成果的一致性程度。本项指标满分为 10 分，评分方法参考公式：

$$Z_2 = 12 - B/(2.1\sqrt{N})$$

式中，B 为测段互差均值；N 为使用仪器台数。

（3）平差后单位权中误差。

其用于衡量平差后重力观测整体的联测精度。本项指标满分为 15 分，评分方法参考公式：

$$Z_3 = 20 - C/2$$

式中，C 为测段平差后的权中误差。

（4）平差后点值精度均值。

其用于衡量内业计算完成后测点重力值的精度。本项指标满分为 12 分，评分方法参考公式：

$$Z_4 = 12 - D \times 0.01/(4\pi) \times A/4$$

式中，D 为点值精度平均值；A 为网型指数（$A =$ 面积/周长/周长）。

（5）任务量。

其用于衡量野外观测任务的任务量。本项指标满分为 1 分，评分方法参考公式：

$$Z_5 = 0.8 + (X - 60) \times 0.005$$

式中，X 为测段数，小于 60 段以 60 计。

2）日常运行（30 分）

（1）资料完整性。

本项满分 10 分。根据以下要求检查资料的完整性：① 资料目录；② 小组电子资料；③ 平差计算数据与结果；④ 单期技术总结报告；⑤ 新建和更改测点点之记；⑥ 每期测点环境照片；⑦ 重力网点位统计表；⑧ 实际联测图；⑨ 年度技术总结报告；⑩ 队、室级年度检查验收报告；⑪ 局、中心级年度验收报告；⑫ 年度观测计划执行情况表；⑬ 年度趋势分析报告；⑭ 奖励分申请材料（视需要）。每缺一项扣 0.5 分，并敦促相关人员予以补齐，每项中视其不完整程度扣 0.1～0.5 分。

（2）测量过程执行情况。

本项得分满分 20 分，下限 10 分。根据评比工作中发现和核实的问题按下列标准扣分：① 工作前未对仪器做精确检查和调整或检验项目不完整，扣 0.2 分；② 每天观测前未做灵敏度和水准气泡检查或检查不严格，一次扣 0.1 分；③ 平差数据与原始记录不一致且未注明原因，一处扣 0.1 分；④ 自查或互查超限未返工，一次扣 0.3 分；⑤ 点位变更手续不全者，每变更 1 点扣 0.1 分；⑥ 新建或更改测点无点之记、点位信息不合规则，一次扣 0.2 分；⑦ 测点环境变化未更新点之记，视情况扣 0.1～1 分；⑧ 基础信息输入有误且未注明，一次扣 0.1 分；⑨ 观测数据记录错误未注明原因，一处扣 0.1 分；⑩ 统计表中新增或变更点未标注、相邻测网的公共点未标注，每点扣 0.1 分；⑪ 各级检查验收未完成规定的检查面或检查面不详，一次扣 0.5 分；⑫ 无故未完成监测计划，一段扣 1.0 分，公共点未联测，每点扣 0.3 分；⑬ 与上期相比，段差变化超过 $40\mu Gal$ 未进行核实测量且未说明原因，对确认的可能异常 2 天内未报告，一段扣 0.3 分；⑭ 自差、互差统计有差错，一处扣 0.1 分。

（3）技术总结报告（5.0 分）。

本项得分满分 5 分，按以下内容检查技术总结报告：① 任务概况［来源、完成情况、分区分组（仅限单位技术总结报告）等］；② 前期准备工作（人员、设备、仪器检调、仪器参数）；③ 联测方法及路线，测点情况；④ 测量情况，超限返工测段统计；⑤ 数据计算说明；⑥ 误差分析统计；⑦ 存在的问题及建议。每缺一项扣 0.5 分，每项中视其不完整程度扣 0.1～0.5 分。

3）跟踪分析（5.0 分）

跟踪分析体现在年度地震趋势分析报告（包括年中趋势意见）中，满分 5 分，参照表 3 - 4 - 7 中的标准分四档计分。

表 3 - 4 - 7　地震趋势分析报告分档标准

档次	A（5.0）	B（4.50～4.99）	C（4.00～4.49）	D（3.00～3.99）
标准	1. 计算方法、参数选用正确； 2. 材料齐全，图表清晰； 3. 系统误差得到消除，其他干扰因素有定量计算或定性分析； 4. 异常判别论据充分，结论明确	1. 计算方法、参数选用正确； 2. 材料齐全，图表清晰； 3. 系统误差得到消除； 4. 异常判别论据充分，结论明确	1. 计算方法、参数选用正确； 2. 材料齐全，图表清晰； 3. 进行了一般的误差分析； 4. 异常判别论据基本充分，结论较明确	某一项或几项略差于 C 档

4）应用奖励（2.0 分）

应用奖励分为技术革新、课题奖励、论文奖励、预报奖励四项，满分为 2 分，具体评分标准如下。

（1）技术革新（0.2 分）。

在各项技术工作中探索采用新技术、新方法并经过论证提高了工作质量和成果质量，由检查验收组对相关材料进行审核评价，酌情计分。本项满分为 0.2 分。

（2）课题奖励（0.5 分）。

利用流动重力观测资料积极申请课题，促进流动重力观测资料的应用，由检查验收组对相关材料进行审核评价，按照表 3 - 4 - 8 计分。本项满分为 0.5 分。

表 3 - 4 - 8　课题奖励分标准

项目级别＼排名	1	2～3	4～5
国家级	0.4	0.2	0.1
省部级	0.2	0.1	0.05
一般项目	0.1	0.05	0.02

（3）论文奖励（0.5分）。

利用流动重力观测资料进行相关研究，发表学术论文，由检查验收组对相关材料进行审核评价，按照表 3 - 4 - 9 计分。本项满分为 0.5 分。

表 3 - 4 - 9　论文奖励分标准

排名 刊物级别	1	2 ~ 3	4 ~ 5
SCI	0.40	0.20	0.05
EI	0.20	0.05	0.01
中文核心	0.1	0.01	—
一般刊物	0.05	—	—

（4）预报奖励（0.8分）。

应用流动重力观测资料，在中强地震预测中取得了良好效果，由检查验收组对相关材料进行审核评价，按照表 3 - 4 - 10 计分。本项满分为 0.8 分。

在年度趋势分析报告中有明确预报意见或填写了地震预报卡片（震前填写并提交给中国地震局）的，可申请本项加分，并提交省局（中心）级盖章的相关证明材料。

预报奖励以南北地震带一级块体边界东 100km 为界，东西分区计算。如震级和距离两要素均有偏差，视情况在表 3 - 4 - 10 的分值基础上增减分值。具体见表 3 - 4 - 10。

表 3 - 4 - 10　预报奖励分标准（东西分区以南北地震带一级块体边界东 100km 为界）

区域	震级	距离/km	奖励分
西部地区	$5.0 \leqslant M_S < 6.0$	< 150	0.2
	$6.0 \leqslant M_S < 7.0$	< 200	0.3
	$M_S \geqslant 7.0$	< 300	0.4
东部地区	$M_S 5.0$ 左右	< 150	0.2
	$M_S 6.0$ 左右	< 200	0.3
	$M_S \geqslant 6.5$	< 300	0.4

3.5　重力监测站点的建设

重力监测站点的建设按国家标准《地震台站观测环境技术要求　第 3 部分：地壳形变观测》（GB/T 19531.3—2004）和《地震台站建设规范　重力台站》（DB/T 7—2003）中有关重力台站观测环境的技术要求进行。

3.5.1　观测场地勘选和环境技术要求

1. 观测场地勘选

1）观测场地类型选择

重力观测场地应选择在具备电力、通信、交通等工作条件的地方，并按下列 3 种类型的顺序优选：① 洞体型，进深不小于 20m，岩土覆盖厚度不小于 20m 的山洞；② 地下室型，顶部岩土覆盖厚度不小于 3m；③ 地表型，顶部无岩土覆盖。

2）地质构造条件

观测场地应在下述地质构造范围内踏勘选定：① 布格重力异常梯级带；② 具有发震构造特征的地质活断层（含隐伏活断层）附近，但应避开破碎带。

3）观测场地岩土类型

观测场地按优先顺序可分为基岩场地和黏性土场地两种类型。

基岩场地可按优先顺序分为花岗岩等结晶岩类、灰岩等细粒沉积岩类；选择作为观测场地的基岩场地宜具备下列条件：① 岩层倾角不大于 40°；② 岩体完整；③ 岩性均匀致密。

黏性土场地应选择无明显垂向位移与破裂的密实黏土地段，不应选择含有淤泥质土层、膨胀土或湿陷性土地段。

孔隙度大、吸水率高、松散破碎的砂岩、砾岩、砂页岩等岩体以及沙质、松散土层不宜选择作为观测场地。

4）地形地貌条件（表 3 - 5 - 1）

表 3 - 5 - 1　重力监测站地形地貌条件

场地类型	宜选择地段	不宜选择地段
洞体型	有植被或黏土覆盖的山体，顶部地形平缓、对称；洞口宜位于下陡上缓的山坡下部；高于最高洪水水位和地下水最高水位面	风口、山洪汇流处；移动沙丘、滑坡体、塌陷体等附近
地下室型和地表型	地形平缓、对称；高于最高地下水水位面	风口或山脊处

5）勘选的步骤与方法

① 收集备选场地区域地震地质图、布格重力异常图、地形图，交通、水文、气象、供电等资料；② 了解备选场地地区未来 20 年内国民经济建设和社会发展长远规划；③ 初步选定 2 个以上备选场地；④ 对备选场地实施野外踏勘，实地了解场地各种条件，结合室内设计确定最佳场地。

2. 重力观测环境的技术指标

1）观测环境的技术指标

荷载、水文地质环境变化源在重力观测台站产生的重力加速度畸变量 48h 内不大于 $4 \times 10^{-8} \mathrm{m/s^2}$，测试方法见国家标准《地震台站观测环境技术要求　第 3 部分：地壳形变观测》（GB/T 19531.3—2004）附录 D。

振动源在重力观测台站产生的重力加速度突发性变化量应不大于 $4 \times 10^{-8} \mathrm{m/s^2}$，测试方法见国家标准《地震台站观测环境技术要求　第 3 部分：地壳形变观测》（GB/T 19531.3—2004）附录 D。

2）观测仪器与干扰源的最小距离规定

对于明确的干扰影响来源，在已发布的国家标准《地震台站观测环境技术要求　第3部分：地壳形变观测》（GB/T 19531.3—2004）中对各种干扰源距地震台站地形变观测仪器的最小距离做了明确规定，参见表3-5-2。

表3-5-2　GB/T 19531.3—2004中重力观测距干扰源最小距离的规定

干扰源类型	干扰源		最小距离/km
荷载变化干扰源	海洋潮汐		≥10
	水库、湖泊	蓄水量 $1 \times 10^8 m^3$ 以上	≥3.0
	江、河	水位年涨落大于2m	≥3.0
	建筑、工厂、仓库、列车编组站等荷载变化源	总荷载变迁质量大于 $5 \times 10^7 kg$	≥0.5
振动干扰源	铁路、公路、机场跑道	铁路、三级以上公路	≥1.0
		机场跑道、停机坪[①]	4E级机场不小于5.0；3C级机场不小于3.5
	采石、采矿爆破点，冲击振动设备等振动源	单段炮震药量大于50kg	≥3.0
		单段炮震药量大于500kg	≥6.0
		冲击力大于等于 $2 \times 10^3 kN$	≥1.0
水文地质环境变化干扰源	注水区、采矿采油区、地下水漏斗沉降区等	抽（注）量为 $5 \sim 100 m^3/d$、水位降深5m以下的抽（注）水井、采油井	≥1.0
		抽（注）量大于 $100 m^3/d$、水位降深5m以上的抽（注）水井、采油井	≥2.0
人工电磁干扰源	35kV及以上电压的高压输电线、变压器等		≥0.3

①以跑道和停机坪的外围轮廓线到观测仪器最小直线距离计算。

注：机场等级划分据《国际民用航空公约》附件14的规定。

3.5.2　观测装置系统技术要求

仪器室的结构与尺寸应满足所选仪器的要求，仪器墩直接建在基岩上，与基岩连成整体，墩面平整。安置数据采集系统、标定系统和辅助观测设备的固定平台建在记录室。

1. 仪器墩

仪器墩长1.0~1.8m，宽1.0m；仪器墩宜高出仪器室地面0.3m；仪器墩墩面的平整度优于3mm。

2. 仪器室

（1）洞体型仪器室。宜采用开凿的专用山洞，并由引洞和仪器室两部分组成；宜建造为高2.6m，宽2.8m，上部为半圆形、下部为平整地面的拱形洞室。洞体型仪器室设计示意图见图 3 – 5 – 1。

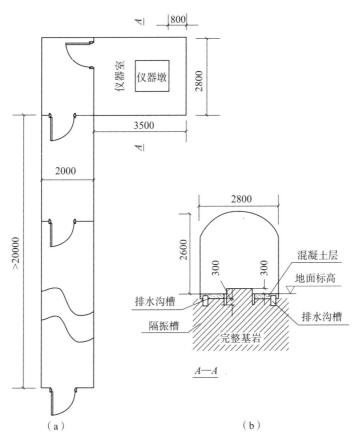

图 3 – 5 – 1 重力仪洞体型仪器室平面图和剖面图

（a）平面图；（b）剖面图

（2）地下室型仪器室。结构应为四周均有走廊式间隔的套房，形成房中房，套房四壁的墙壁厚度不小于 0.24m，其内部的四壁和顶部应充填隔热防火材料；不应设置窗户，并应在仪器室和走廊式通道间设置 3 道以上船舱式密封门；套房外部四周（走廊式通道）地面下应设排水暗沟；仪器室宽度应大于 2.8m，使用面积 9～15m²，如图 3 – 5 – 2 所示。

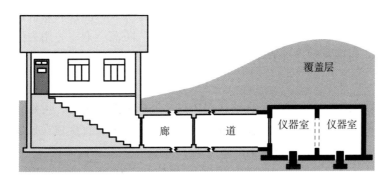

图 3 – 5 – 2 地下室型仪器室设置示意图

（3）地表型仪器室。除无覆盖层外，结构要求应与地下室型仪器室相同，如图 3 - 5 - 3 所示。

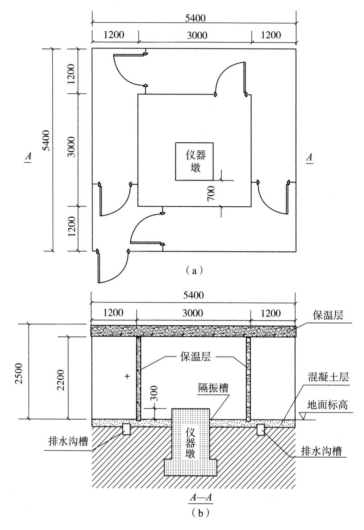

图 3 - 5 - 3　地表型仪器室

（a）平面图；（b）剖面图

（4）仪器室环境要求。地下室型、地表型仪器室应加装恒温控制系统。恒温控制点应高于仪器室常温最高温度 1～2℃，但不应使用空调器。防潮，不应使用去湿机。室温度应设定在 5～40℃；日温差应小于 0.1℃，年温差应小于 1℃；相对湿度不应大于 90%。

3. 记录室

（1）洞体型观测场地的记录室宜建在洞体内，面积不能满足时，可建在洞外。

（2）将地下室型或地表型建筑作为仪器室时，记录室不宜直接建在仪器室上部，不能满足时，可采用平顶式建筑，净高不宜超过 3.2m。

（3）重力仪与记录设备之间的信号传输距离不宜超过 20m；超过 20m 时，应在重力仪信号输出端加装有源信号放大器。

（4）记录室使用面积不宜小于20m²，室温应保持在10～30℃，相对湿度应小于80%，避免直接对外开门，屋面、地面和墙体应做防潮和防水处理，记录和标定等电子设备不得受阳光直射，室内应有防尘措施。

4. 供电与防雷

应具备220V±20V电源，并应配置UPS电源、蓄电池；加温电源距重力仪器主体的距离应小于10m。市电、信号线应分开走线，并分设线盒。重力观测系统所使用的市电电源应设避雷装置。交流电接地应与设备外壳接地分开，并不得和避雷地线相连，且间距应大于5m，接地电阻不应大于4Ω。交流电接地可参见《地震台站建设规范　重力台站》（DB/T 7—2003）附录F。低于36V直流电源的设备接地，除遵照设备说明书的规定外，还应在设备与交流电源间采用隔离变压器，将设备的工作电源闭合电路与输入端供电电源闭合电路分离。

3.5.3 施工程序与要求

1. 仪器室建造

（1）洞体型仪器室。洞体的坑道宜建成L形，仪器室与洞口之间应设置不少于3道船舱式密封门。洞体底面应内高外低，坡度可在1/500～1/200之间选择。洞室的岩壁应完整、无剥落或掉石，否则应对观测洞室岩壁用水泥沙浆做被覆；洞壁两侧地面下应设排水暗沟。

（2）地下室型、地表型仪器室的建造满足3.5.2中"2. 仪器室"的要求。

2. 仪器墩建造

在拟建仪器墩的地点，应先通过钻探或人工开挖选择符合仪器墩岩土结构要求的点位建设仪器墩，再根据仪器墩的位置开挖仪器室地基。禁止用爆破方式建造仪器墩及开挖仪器室地基。仪器墩建造参见图3－5－4。

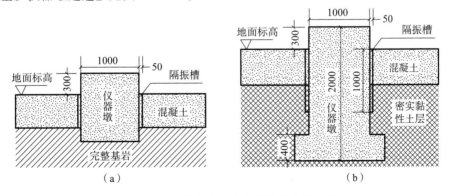

图3－5－4　混凝土重力仪器墩建造示意图

（a）完整基岩场地；（b）黏性基岩场地

（1）基岩场地的仪器墩，应直接建在基岩上，且与基岩连成整体。若基岩出露完整，可直接利用基岩做墩，应将基岩打磨平整；基岩面较深时，应在开掘出的基岩上浇铸混凝土墩面。

（2）黏性土场地的仪器墩采用混凝土浇筑，其整体高度应在 2~2.3m。

（3）仪器墩上应设置水准点、重力点和指北标志。水准点、指北标志可设置于仪器墩表面的任意一角上，重力点标志应设置于仪器墩面中心处。

（4）采用混凝土制作仪器墩时，可参照下列要求制作：① 调制混凝土，须先将砂、石洗净，浇灌时须逐层充分捣固，灌好后根据气温情况每日浇水 2~5 次；② 气温在 0℃以下时，必须加入防冻剂，拆模时间不得少于 24h；③ 拆模时间可根据气温和外加剂性能决定，一般条件下，平均气温在 5℃以上时，拆模时间不少于 12h。

（5）仪器墩周围应设置宽度不小于 50mm、深度不小于 300mm（基岩基础的仪器墩）或 1000mm（密实黏性土层基础的仪器墩）的隔振槽。隔振槽应用细砂充填，并用沥青覆盖。

3.5.4 观测站建设技术文档

台址勘选和洞室建设完成后，应提供完整的建台资料和相关图件（包括照片及底片），原件应以纸介质和电子介质两种方式归入台站技术档案室保存，并应有复制件交台站所属省（直辖市、自治区）地震局和中国地震局监测管理部门存档。

1. 勘选资料归档内容

（1）台站建设计划书。

（2）台址勘选报告，包含下列内容：任务来源；备选台址地理位置；地震地质（活断层等）、水文地质、地形地貌、被覆与植被、周边交通、气象、可能的干扰源；历史地震和地质灾害等图件、照片和文字描述；勘选过程和主要勘选人员；观测场地综合评价；勘选结论等。

（3）台站建设土地征用报批文档。

（4）有关图纸：以仪器室为中心的 400m×400m 范围内比例尺为 1:1000 的地形图；以仪器室为中心的 10km×10km 范围内比例尺为 1:2.5 万或 1:5 万的地形图；以仪器室为中心的 10km×10km 范围内的区域地质图，比例尺为 1:10 万或 1:20 万；以仪器室为中心的 20km×20km 范围内的重力布格异常图，比例尺为 1:20 万或 1:50 万。

2. 建设技术资料

（1）建筑设计及施工图纸。

（2）仪器墩施工过程，特别是开挖至墩基底部未浇灌仪器墩前的施工过程摄像或照片及说明。

（3）建台施工技术文档：仪器室特殊部位，如断裂、岩层风化或夹层等的详细部位、规模、渗水情况均应放大绘制，并附文字说明；被覆前的洞室、墩基、特殊部位的照片与地质采样标本及其有关说明；仪器室的大比例尺地质素描图（比例尺为 1:100 或 1:500）。

（4）台站竣工验收文档。

（5）台站基本信息文档：经纬度（准确到 1'）；仪器墩方位（准确到 1°）；海拔高程（准确到 1m）；绝对重力值（准确到 $0.1 \times 10^{-5} \text{m/s}^2$）；山洞进深、覆盖层厚度（或地下室深度）；洞室年温变化范围和湿度。

（6）竣工后的观测室全貌照片，记录建设过程的摄像、照片、图件等资料。

习　题

一、选择题

1. 所有固体潮观测量均为（　　），其观测数据的数值均是相对于某一基值的相对值，这个基值通常被称为数据的（　　）。

   A. 相对测量、起始基线　　　B. 绝对测量、起始基线　　　C. 相对测量、起算点

2. 因停电、雷害、（　　）等引起记录中断、畸变时均应在工作日志中记载。

   A. 标定　　　　　　　　　B. 改造洞室　　　　　　　　C. 人为干扰

3. 超导重力仪每年必须与绝对重力仪进行一次（　　），观测时间为（　　）。

   A. 比对观测、两星期　　　B. 比对观测、两天　　　　　C. 比对观测、两个月

4. 重力仪标定的面板常数标定方法分三类：国家基线场比测法、（　　）、（　　）。

   A. 绝对标定　　　B. 倒小球法　　　C. 对比观测法　　　D. 基线标定

5. 重力观测场分（　　）类型，依地质条件又可分为基岩场地和黏性土场地两种类型。

   A. 洞体型、地下室型、地表型三种

   B. 洞体型、地下室型两种

   C. 洞体型、地表型两种

6. 地下室型重力仪器室日温差应小于（　　），年温差应小于（　　）；相对湿度不应大于90%。

   A. 0.2℃，1℃　　　B. 0.1℃，1℃　　　C. 0.02℃，0.1℃　　　D. 0.03℃，0.5℃

7. 重力仪与记录设备之间的信号传输距离不宜超过（　　）；超过（　　）时，应在重力仪信号输出端加装有源信号放大器。

   A. 10m，10m　　　B. 20m，20m　　　C. 30m，30m　　　　D. 40m，40m

8. 重力记录室使用面积不宜小于20m²；室温应保持在（　　），相对湿度应小于80%。

   A. 10～20℃　　　B. 0～30℃　　　C. 10～40℃　　　　D. 10～30℃

二、简答题

1. LCR-PET重力仪是一种全自动型重力仪，是在LCR哪种类型仪器的基础上改建的？

2. DZW重力仪的恒温精度指标是多少？

3. DZW重力仪的恒温功率是多少？

4. GS型重力仪共有几层恒温？

5. GS型重力仪的测程范围是多少？

6. GS型重力仪面板常数标定取几位有效数字？标定的相对中误差指标是多少？

7. GS型重力仪电磁标定结束后，要注意哪些事项？

8. GS型重力仪的调试有哪几项？

9. DZW重力仪有几层恒温？

10. DZW重力仪采用哪种弹性悬挂方式？结构特点是什么？

11. 我国流动重力测量目前普遍采用哪种类型的重力仪？

12. 简述 LCR 重力仪平衡原理。

13. LCR 重力仪的观测精度是多少？

14. LCR 重力仪的测程范围是多少？

15. 试述 LCR – G 型重力仪的两种格值检测标定。

16. LCR 重力仪在购进后或对其性能有怀疑时应进行哪些性能检验？

17. 在测量过程中，对纵、横水准器有何要求？

18. 测量结束后，重力仪放回仪器箱前，应完成哪些重要操作？

19. 简述激光绝对重力仪工作原理及落体方式。

20. 绝对重力仪的准确度是多少？

21. 绝对重力仪的测程范围是多少？

22. 绝对重力仪采用了什么措施来减小微震干扰？

23. 绝对重力仪的标定主要是指对仪器的哪个关键部件单元的标定和比对？

24. 超导重力仪的超导小球的位置用什么来测定？通过什么系统使其归零？

25. 超导重力仪的准确度是多少？

26. 超导重力仪的测程范围是多少？

27. 超导重力仪的采样率指标是多少？

28. 超导重力仪温度变化分辨力是多少？用什么器件测量？

29. 重力观测日常监测工作评分由哪几项内容组成？各占多大比例？

30. 重力观测资料的评比总分是如何计算的？

31. 评比总分达到多少才可确认重力观测资料的质量为优秀？

参 考 文 献

［1］管泽霖，宁津生．地球形状及外部重力场．北京：测绘出版社，1981．

［2］P 梅尔基奥尔．行星地球的固体潮．杜品仁，吴庆鹏，等译．北京：科学出版社，1984．

［3］北京大学地球物理系，武汉测绘学院大地测量系，中国科学技术大学地球物理教研室．重力与固体潮教程．北京：地震出版社，1982．

［4］国家地震局科技监测司．地震地形变观测技术．北京：地震出版社，1995．

［5］赵晓燕，陈春生．重力观测技术．北京：地震出版社，1997．

第4章 倾斜应变测量

倾斜应变测量是地壳形变学科内容的一个重要组成部分，是安装在监测台站的固定的连续观测。倾斜应变测量不仅为地球固体潮汐、地壳岩石性质及地球弹性研究等提供科学实验数据，而且是地震预测预报研究的重要手段。地倾斜测量是监测地壳形变垂直方向的相对运动和固体潮汐的动态变化，地应变测量是监测地壳应变状态和固体潮汐的动态变化。目前全国有近600套倾斜应变仪在连续观测，大部分产出分钟值、小部分产出秒值观测资料。

4.1 倾斜应变测量概述

倾斜应变测量包括洞体和钻孔地倾斜测量、洞体和钻孔地应变测量。

4.1.1 洞体地倾斜测量

洞体地倾斜测量是在山洞或地下室内应用倾斜仪测定地面的倾斜变化。

地倾斜观测的目的是研究地壳形变垂直的相对运动和固体潮汐的动态变化。地倾斜观测所用仪器的基本类型及其简单工作原理如下。

（1）水管式倾斜仪：两个盛水的钵体用一根长管道连通，钵体中水位的变化与地面的倾斜成正比。早期应用的是 FSQ 型水管倾斜仪，目前广泛应用的是 DSQ 型水管倾斜仪，这是自动测量地壳倾斜变化的一种精密仪器，是电子技术等高新技术在 FSQ 型水管倾斜仪基础上的发展应用。FSQ 型水管倾斜仪和 DSQ 型水管倾斜仪的基本工作原理是一致的，均根据连通管内液面保持自然水平的原理工作。当安装仪器主体的台基出现相对垂直位移时，两端钵体中的液面会相对于钵体发生变化，此变化传给漂浮在液面上的浮子，使之随液面同步位移，这个位移经传感器转换成电信号，并由多芯屏蔽电缆传输到测微仪中。FSQ 型水管倾斜仪用自动平衡记录仪进行模拟长图记录，而在 DSQ 型水管倾斜仪中，模拟电压传输到数采仪中，进行数据采集、存储、传输。DSQ 型水管倾斜仪与 FSQ 型水管倾斜仪相比，具有灵敏度高、性能佳、功能强、适用性强的特点。

（2）固定摆倾斜仪：当地球表层即地壳局部倾斜时，摆架整个倾斜，摆还是继续垂直地悬挂着，即仍在铅垂线方向内。摆架倾斜的角度就是地壳倾角。固定摆倾斜仪主要分为垂直摆倾斜仪、水平摆倾斜仪。

垂直摆倾斜仪的原理比较简单。垂直摆由柔丝、摆杆和重块 3 部分组成，运用摆的铅垂原理，在没有振动的条件下摆处于铅垂状态，当地面发生倾斜变化时，摆的平衡位置发生变化，摆和支架之间产生相对位移，使电容式位移传感器的动片和定片之间的间距也相应发生变化，通过传感器将这种变化转换成电信号并加以放大，可将摆的微小位移记录下来。

水平摆由铅垂摆演变而来。做绕一轴线转动的铅垂摆，其重锤通过摆杆刚性连接在一横轴上，横轴可以在轴套内转动。横轴是水平放置的，摆杆就位于垂线上。当摆杆直立起来但又不在铅垂线上时，与铅垂线只差极微小的角度的摆就称为水平摆。

（3）气泡倾斜仪：其原理与木工用的水准气泡相似。在地面上固定一个圆水准气泡，或相互垂直的两个长水准气泡，地面的倾斜会引起气泡移动，在两个正交方向上各用一对电极来感应气泡的位置，则可同时监测两个分量的地壳倾斜。

目前在我国地震倾斜潮汐观测台网中主要应用前两类倾斜仪，故对气泡倾斜仪不多做介绍。

4.1.2 钻孔地倾斜测量

钻孔地倾斜测量是在钻孔中安置倾斜仪，进行地倾斜观测。由于仪器安置在地下较深处，因此可大大削弱温度、振动等的干扰。

钻孔倾斜仪有 CZB - 1 型竖直摆倾斜仪、SSQ - Ⅱ型双轴倾斜仪与 ZQY - 2 型钻孔式气泡倾斜仪。其中 CZB - 1 型竖直摆倾斜仪利用一个铅垂摆来测定地面倾斜变化。用细丝吊起一个重锤，由于重力作用，重锤的方向必然指向地球质心。当地壳产生倾斜时，地面和仪器支架（外壳）同时倾斜，重锤仍保持铅垂方向，与仪器外壳产生了相对位移，由电容测微器直接测量、记录并输出位移产生的电信号，能分辨 10^{-10}m 量级位移变化，从而实现微小倾斜量的测量。

4.1.3 洞体应变测量

应变仪是连续监测地壳应变状态的仪器，地应变观测资料在地球科学的许多方面具有重要意义，它不仅为地球弹性研究提供了重要数据，而且是地震预报研究的一个重要手段。应变仪有两大类：第一类为水平应变型，第二类为钻孔应变型。

水平应变测量原理是测量地表面两点间水平距离的相对变化量，即

$$\varepsilon = \frac{L' - L}{L} = \frac{\Delta L}{L} \qquad (4 - 1 - 1)$$

式中，L 为原地壳表面两点间的距离，称为基线长；L' 为变化后地壳表面两点间的距离；ΔL 为基线的绝对变化量；ε 为应变量，即单位长度的相对变化量，根据约定，压缩为负，伸张为正，即：$\varepsilon < 0$ 时，L 压缩；$\varepsilon > 0$ 时，L 伸张。

20 世纪 70 年代初，我国研制了目视伸缩仪，是第一代观测仪器。1983 年研制出第二代观测仪器——SSY - Ⅱ型水平石英伸缩仪，其灵敏度为 3×10^{-9}，能清晰记录固体潮汐。在"九五"期间，中国地震局成功推出了新型的洞体应变观测仪器——SS - Y 型伸缩仪。该仪器在保持高精度、高稳定性的同时缩短了基线长度，彻底解决了基线炸裂和水银胀盒汞泄漏的问题，提高了自动化、智能化程度。SS - Y 型伸缩仪主要用于洞体地应变监测与

研究，也可用于大型精密工程、大型建筑、水库大坝等的应变测量。

SS－Y 型伸缩仪以线膨胀系数极小的含铌特种因瓦材料为基线棒，传感器的探头固定在标定器上，把这一端称为测量端，标定器及相邻的一个框架安装于测量墩上，固定座置于固定墩上，基线一端与固定座连接固定，基线由测量方向无阻力的悬吊系统托起。在密封较好的洞体恒温环境下，视基线棒长度不变，当固定墩与测量墩之间距离发生变化时，探头与极片之间的间距随之变化，电涡流位移传感器将此间距变化转换为电压变化，经过前置放大器，由电缆传输至主机，通过计算得到应变量的变化。

4.1.4　钻孔应变测量

为观测地壳应变状态随时间的微小变化，可在钻孔中安装专用的应变传感器进行应变测量，该传感器称为钻孔应变仪。传感器在井下，有助于减少地表气象因素的干扰。

钻孔应变仪可大体分三种类型：第一类，体积式钻孔应变仪，根据安装钻孔仪器中腔体的体积变化，获得岩体体积的相对变化；第二类，剪应变式钻孔应变仪，根据安装在钻孔仪器中几个分量元件的组合观测，可以获得最大和最小主应变值之差，即岩体最大剪应变状态的相对变化；第三类，分量式钻孔应变仪，根据安装在钻孔应变仪中 3 个分量的元件输出的信息量，获得岩体最大与最小应变值以及最大主应变轴的方位角。

我国在 20 世纪 80 年代中期就相继研制成功了 5 种具有国际水平的钻孔应变仪，其中有 4 种属于长圆筒型的分量式应变仪，1 种为体积式应变仪。

长圆筒型的分量式钻孔应变仪的工作原理如下。在一个长的薄壁圆筒内，用 3 个或 4 个精密的位移传感器按不同直径方向布设，以感受筒内径的径向位移。当圆筒用膨胀水泥固结在岩孔内时，岩石应力－应变状态的变化可引起筒径向位移。通过 3 个径向位移值即可推算出平面应变状态。按照分量式式钻孔应变仪中传感单元的不同类型，分量式钻孔应变仪又分为压磁式、压阻（应变片）式、电容式、振弦（弦频）式等。

通常所说的体应变仪指一个较为完整的观测系统，由井下探头部分和地面仪器部分组成，最核心的部分是井下部分（探头）。此外，为排除气象因素对地壳应变状态带来的干扰，在体应变仪观测的同时，还需同步观测气压及井水水位变化等辅助项目。体积式钻孔应变仪的工作原理较为简单，在一个长圆形的弹性筒内，充满了硅油，当受到四周岩石的挤压或拉伸时，筒内的液体压力发生改变，通过液压的增大或缩小，即可得知岩石的应变状态是压缩还是拉伸，通过差压传感器感受腔室的压力变化，其电输出值与长圆筒的体积应变成正比，即可得到应变变化值。

4.2　倾斜应变观测仪器

在我国，自 1962 年 3 月 19 日广东新丰江发生 6.1 级地震，地形变观测技术率先应用于地震前兆观测。1966 年邢台地震以来，地震预报事业开始起步。20 世纪 70 年代初，我国相继研制成功了金属水平摆倾斜仪、目视水管仪、目视伸缩仪等，作为第一代观测仪器在几个台站安装使用，为研究应变与地震关系奠定了初步基础。但由于第一代观测仪器的灵敏度系数低、长期稳定性等尚处于起步阶段，加之观测条件较差，干扰大，所以迫切需要提高技术水平。

1977 年国家地震局在芜湖召开第三次地应力学术讨论会，并于 1978 年在长沙召开地震观测仪器（地震前兆观测技术）工作会议。会议上，根据我国观测技术发展的实际状况，确认定点形变、应变连续观测技术应以能够明显地观测到地球固体潮汐为发展目标，并以此来选择仪器研制的技术参数和观测条件。1980 年 4 月初在上海召开了定点形变连续观测仪器研制座谈会，确认部分地形变仪器方案认证，标志着第二代模拟自记形变仪器的全面启动。由此，分别成功地研制了浮子水管倾斜仪、石英伸缩仪、钻孔应变仪等，其分辨力达到 10^{-9} 量级，能清晰地记录到地倾斜与地应变固体潮汐，并实现了模拟记录。与此同时，对金属水平摆倾斜仪在保持原有仪器稳定性的前提下增长光杆距，以提高观测精度，从 1981 年开始率先使用了 5m 凹面镜取代原 1m 的平面反射镜，达到了较好的效果，灵敏系数从 10^{-8} 量级提高到 10^{-9} 量级，能记录到倾斜固体潮汐。1982 年初总结了增长光杆距的经验，并在全国推广。

为了加快建立现代化的数字地壳形变前兆台网，"九五"期间，在国家财政部和各地方政府的大力支持下，中国地震局"中短期前兆观测仪器"专题研制成功一批以数字化为标志的形变观测仪器，如 DSQ 型水管倾斜仪、SS－Y 型洞体应变观测仪、TJ－Ⅱ型钻孔（体积）应变仪与 VS 型垂直摆倾斜仪等，并实施了地震前兆台站（网）数字化改造，建成了第三代形变台网——数字化观测台网。

随着网络通信技术的迅猛发展，在"十五"期间，"中国数字地震观测网络项目"又开始以"IP 到仪器"为标志的形变观测技术建设，一个数字化、智能化、网络化的新时代展现在我们面前。

本节将介绍"十五"建设以来应用于台站观测的倾斜应变仪器，包含洞体和钻孔仪器，重点内容是仪器的工作原理、装置结构、安装与使用、维修维护技术等。为了叙述方便，对仪器传感器部分的基本原理进行集中介绍。

4.2.1 传感器

倾斜应变仪器涉及的传感器主要有电容传感器、差动变压器、电涡流传感器、磁传感器、温度传感器。

1. 电容传感器

电容传感器具有灵敏度高、结构简单、长期稳定性好及价格较低等特点，因此被广泛用于小量程、精度要求高的位移测量上。VS 垂直摆倾斜仪、CZB－1 型竖直摆钻孔倾斜仪、YRY－4 型分量式钻孔应变仪以及 DZW 微伽重力仪等都使用了电容传感器。近年来，高精度电容测微器中较普遍地采用感应变压器和锁相放大器，使电容测微器的精度大大提高。由于运算放大器性能和速度的提高，采用精密高速运放能制作出性能理想的反相器，以替代感应分压器。由于电容式位移传感器的输出信号很小，信噪比低，在电路中采用锁相放大器可有效地滤除噪音对测量结果的影响。

1）基本原理

电容测微器有两片式和三片式。从原理上讲，三片式要比两片式优越。这里以三片式

（应用在洞体垂直摆倾斜仪上）为例介绍其原理。

三片式差动位移传感器由三块金属板组成，中间为活动板，两边为固定板，装校时三者应严格保持平行，表面光洁度必须很高，化学性能必须稳定，加工时需研磨后再镀金。因为金属板的面积较大，电容板之间的间距较小，边缘效应的影响可忽略不计，故金属板之间的电场可看作均匀的，电场方向与金属板垂直，等位面则与金属板平行。因此金属板之间的电位差与其间距成正比：

$$\frac{U_1 - U_3}{L_1} = \frac{U_3 - U_2}{L_2} \qquad (4-2-1)$$

式中，U_1、U_2 为振荡源和其经过反相后加到固定板上的电压（瞬时值）；U_3 为活动板受电场感应所产生的电位；L_1、L_2 为活动板 III 与电容板 I 和电容板 II 之间的距离。

由式（4-2-1）可得：

$$\frac{U_1 + U_2 - 2U_3}{U_1 - U_2} = \frac{L_1 - L_2}{L_1 + L_2} = \frac{\Delta L}{L_0} \qquad (4-2-2)$$

式中，ΔL 为活动板偏离零位的距离；L_0 为间距 L_1 和 L_2 的平均值，$L_0 = (L_1 + L_2)/2$。

假定加在两固定板上的电压大小相等而相位相反，即 $U_1 = -U_2$，代入式（4-2-2），得：

$$\Delta L = L_0 \times \frac{U_3}{U_2} \qquad (4-2-3)$$

由式（4-2-3）可以看出，偏离零位的距离 ΔL 与传感器的输出电压成正比。

2）电路原理

由于动板离零位的距离 ΔL 与传感器的输出电压 U_3 成正比，故由传感器的输出电压 U_3，就可以求出动板与零位的距离，即可根据输出电压的变化量，求出动板位移的变化量。

因传感器的输出电压 U_3 的幅度很小，信噪比也很小，因此必须经高增益放大后才能检测，并需锁相放大器滤除噪音，消除噪音对测量结果的影响。电容传感器的方框图如图 4-2-1 所示。

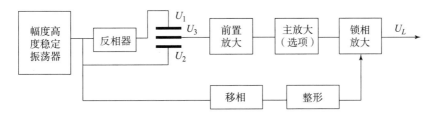

图 4-2-1 电容传感器方框图

图中移相的作用是调整参考通道的相位，使信号通道中的正弦波与参考通道中的方波在相位上严格一致，从而保证锁相放大器的工作。

下面分析振荡器的幅度变化、放大器的增益变化及振荡电压与反向电压之间的相对变化对测量精度的影响，从而对振荡器的幅度稳定性、放大器的增益稳定性以及反向器的性能指标提出要求。

假如反相器的输入和输出幅度不严格相等，产生了差值 ΔU，即 $U_2 = U_1 + \Delta U$，则由式（4 - 2 - 1）可得：

$$\frac{\Delta U + 2U_3}{2U_2} = \frac{\Delta L}{L_0} \qquad (4 - 2 - 4)$$

由式（4 - 2 - 4），经整理后得：

$$U_3 = \frac{K_T U_0}{L_0} \cdot \Delta L - \frac{\Delta U}{2} \qquad (4 - 2 - 5)$$

由式（4 - 2 - 4）和式（4 - 2 - 5）可知，当电容传感器两动片上的电压幅度严格相等时，动板在零位上所感应的电位也为 0；反之，若二者的幅度存在差值 ΔU，动板在零位上所感应的电位就不等于零。

在零位上，电容测微器的测量误差最小，该处的测量误差完全由反相器的性能指标决定，其输入与输出电压幅度差越小，测量位移的精度越高。离零位较远之处，振荡器的幅度变化和放大器的增益变化对测量结果的影响较为显著。为了保证电容测微器精度，必须限制其量程。

量程 - 精度比由振荡器的幅度稳定性和放大器的增益稳定性所决定。幅度稳定性和增益稳定性越高，量程 - 精度比也越高。假如要求电容测微器分辨力为 $0.0001\mu m$，量程为 $0.1\mu m$，则量程 - 精度比为 1000:1，故振荡器的幅度稳定性和放大器的增益稳定性必须优于 1/1000。另外，由于要求电容测微器分辨力为 $0.0001\mu m$，电容板之间的间距为 0.4mm，则要求反相器输入输出电压之间比值的变化小于 4×10^{-7}。

3）前置放大器

前置放大器的电路如图 4 - 2 - 2 所示。由于电容传感器输出阻抗很高，前置放大器的输入阻抗必须更高。图示的电路能同时满足高输入阻抗和高稳定增益。

4）主放大器

主放大器采用两级选频放大。两级带通滤波器的中心频率相同，

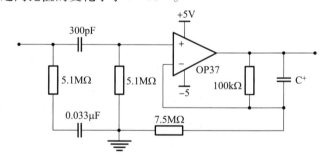

图 4 - 2 - 2 前置放大器

为了防止同频干扰，两个摆体的中心频率分别选为 8kHz 和 16kHz。选频放大器的作用是滤除频带以外的噪声。如果没有滤波，噪声的尖峰经放大后在锁相放大器的输入端将达到饱和，从而影响锁相放大器的工作性能。

众所周知，锁相放大器的 Q 值越高，对噪音的滤除就越有效。但 Q 值过高时，增益稳定性和相位稳定性就变得较差。为了使选频放大器的增益稳定性优于 1/1000，选择电路的结构和参数时要使 Q 值较低，从而保证增益稳定性和相位稳定性，如图 4 - 2 - 3 所示。

5）锁相放大器

由于电容传感器信号较小，信噪比很低，当噪声高于信号时，噪声就淹没了信号，无法进行准确的测量。锁相放大器是滤除噪声最有效的方法。恰当地增加低通滤波器的时间常数可以有效地压缩等效的噪声带宽。若采用一阶低通滤波器，等效噪声带宽可由下式得到：

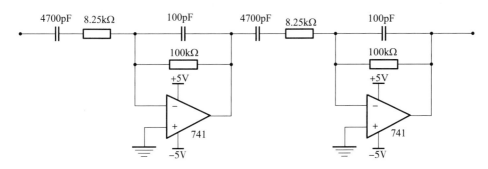

图 4 - 2 - 3　主放大器

$$\Delta f = \int_0^{+\infty} |H(jw)|\,\mathrm{d}w = \int_0^{+\infty} \frac{\mathrm{d}w}{1 + w^2 R^2 C^2} = \frac{1}{4RC} \quad\quad (4-2-6)$$

当 $RC = 10\mathrm{s}$ 时，$\Delta f = 0.025\mathrm{Hz}$。故锁相放大器的 Q 值为：

$$Q = f/\Delta f = 640000$$

锁相放大器的带宽很窄，Q 值很高，干扰和噪声的影响可以忽略不计。

锁相放大器要求参考通道的方波与信号通道的正弦波一致。如果两者之间的相位发生了变化，锁相放大器的输出就会发生变化。当二者相位一致时，锁相放大器的输出为最大。

6）稳幅振荡器

为了保证电容测微器的精度，振荡器的幅度稳定性必须很高。我们采用了一种程控正弦波发生器电路来产生稳幅振荡（图 4 - 2 - 4）。这种正弦波发生器最基本的原理是 DAC 接口技术。工作时，先将正弦编码表存于 EPROM 中，然后启动时钟信号发生器，让其送出时钟频率 f。f 推动一个顺序地址发生器，产生连续变化的地址，将 EPROM 中的内容顺序读出，然后通过锁存器及 DAC 输出正弦波形中的一个电压点。当地址发生器从“0”开始计数到满度值后再次回到“0”时，表示一个波形输出。低通滤波为滤除 DAC 输出的高频成分，使波形光滑。

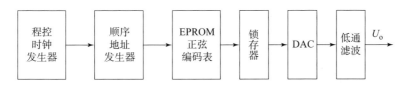

图 4 - 2 - 4　高稳幅正弦波发生器

7）移相电路与整形电路

移相电路的特点是相位稳定性较好。当组件参数变化时，参数变化对相移 φ 的敏感度较低，但该电路的移相范围较小。

由于电容测微器仅须在较小范围内调整相位，但要求移相电路有较高的相位稳定性，故图 4 - 2 - 5 所示的移相电路能较好满足电容测微器的要求。

整形电路如图 4 - 2 - 6 所示。移相电路输出的正弦信号经整形电路后变成方波，又将方波的高电平和低电平相位成同步检波所需的电压、方波的高电平为 0.7V，这时同步检波中的场效应管处于导通状态，方波的低电平为 - 4.3V，这时同步检波电路处于夹断状态。

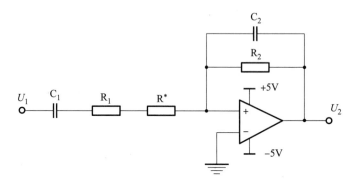

图 4 - 2 - 5　移相电路

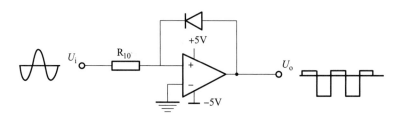

图 4 - 2 - 6　整形电路

8）低通滤波器

低通滤波器用于滤除电子系统的噪声和各种干扰，亦能滤除车辆及其他震动源引起的地面脉动的干扰。低通滤波器采用图 4 - 2 - 7 所示的电路，由两级二阶低通滤波器组合成四阶低通滤波器。该滤波器具有较好的截止特性和滤波性能，低通滤波器的时间常数越大，φ 值越大，带宽则越窄，滤除噪声和干扰的能力越强；但若低通滤波的时间常数太大，则会使固体潮波产生相位滞后，故需恰当地选择电路参数和滤波常数，该低通滤波器的时间常数为 10s。

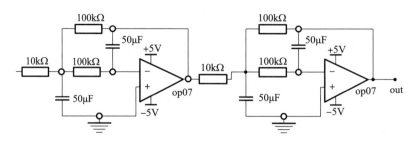

图 4 - 2 - 7　低通滤波电路

2. 差动变压器

采用差动变压器作为位移传感器，它具有结构简单、工作可靠、灵敏度高、线性度好、防潮性能好、温度系数小、安装方便，特别是动态范围大等优点。在形变观测技术中，DSQ型水管倾斜仪和SS－Y（2005）型伸缩仪都使用了此差动变压器作为换能器。

1）基本原理

当可动铁芯移动，相对不动的差动变压器线圈经测量电路输出的电压与铁芯的位移成正比。差动变压器实质上是铁芯可动的变压器，其结构示意和原理图如图4－2－8和图4－2－9所示。

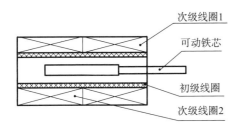

图4－2－8　差动变压器结构

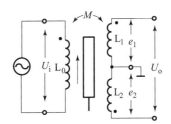

图4－2－9　差动变压器原理图

差动变压器主要由铁芯和差动线圈组成，在铁芯与线圈间由非磁性不锈钢材料制成的导管隔离，导管同时起着固定线圈位置的作用。

差动线圈由一个初级线圈 L_0 及两个对称绕制的次级线圈 L_1 和 L_2 组成，导管内壁与铁芯外圆柱要求制成一定间隙，以保证铁芯在线圈中间无阻力地移动。

由振荡器供给初级的交流励磁电源（载波频率）U_i，产生交变磁场，使次级绕组 L_1、L_2 产生感应电压 e_1、e_2，由于 L_1 和 L_2 的圈数相等，并且是差动连接的，当可动铁芯处于线圈中心位置时，$e_1 = e_2$，因此，它们的大小相等而相位相反（180°），故次级输出端电压便等于零（$U_o = e_1 - e_2 = 0$）。实际上此时 U_o 不完全等于零，那时的 U_o 称为残余电压。

当可动铁芯由中心向一边移动时，L_0 和 L_1 的电感耦合增加，e_1 增大，而 L_0 和 L_2 的电感耦合减小，e_2 变小，故两个次级绕组便产生电压差 $\Delta e(\Delta e = e_1 - e_2)$，此时输出电压 $U_o = \Delta e$。显然输出电压与可动铁芯的位移在一定范围内呈线性关系，因此差动变压器就将铁芯的位移量转换成电量。当可动铁芯由中心向另一个方向移动时，L_0 与 L_2 的电感耦合增大，e_2 增大，而 L_0 与 L_1 的耦合减小，e_1 变小，故次级输出电压 $U_o = \Delta e = e_2 - e_1$，此输出电压相位相反。此输出电压在相位上改变了180°。

若忽略涡流损耗和铁损等因素，差动变压器的输出由两种情况确定。

若铁芯处于中间平衡位置：$\Delta e = 0$；若可动铁芯向一端移动，就有电压输出：

$$\Delta e = \pm 2\omega \Delta M \frac{U_i}{\sqrt{R_p^2 + (\omega L_p)^2}} \qquad (4-2-7)$$

式中，ω 为激励的频率；ΔM 为初级线圈与两个次级线圈的互感系数之差（$\Delta M = M_1 - M_2$）；U_i 为初级激励电压；R_p 为初级线圈的损耗电阻；L_p 为初级线圈的电感。

2）差动变压器主要技术性能

量程：大于100μm；

线性度：高于1%；

分辨力：0.05 ~ 0.001μm；

激励电压频率：2kHz；

灵敏度漂移：零点 < 0.01% /℃，满度 < 0.03% /℃；

工作温度： - 10 ~ + 70℃。

3）电路原理

它由初级线圈和两组次级线圈、插入线圈中心的棒状可动铁芯及其连接杆、线圈骨架、外壳等组成。当可动铁芯在线圈内移动时，改变了磁通的空间分布，从而改变了初次级线圈之间的互感量。当一定频率的交变电压供给初级线圈时，初级线圈要产生感应电动势，随着可动铁芯的位置不同，互感量也不同，次级线圈产生的感应电动势也不同，这样经前置放大器把可动铁芯的位移量变成电压信号输出。电路框图如图4-2-10所示。

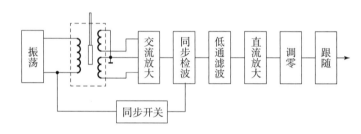

图4-2-10　差动变压器前置电路框图

位移换能器电路的作用是将位移量转换成相应关系的电信号输出。稳幅振荡器提供高稳定的正弦激励电压给传感器，传感器输出与位移有关的信号，经前置放大后，进行同步解调、低通滤波，得到与位移呈线性关系的直流电压。电路原理与电容传感器基本类同，请参考。

（1）稳幅振荡器。传感器激励电压的幅度是量测的基准。它的幅度稳定性直接决定了仪器的测量准确度，本仪器采用的振荡器的稳定度小于0.1%，从而使输出幅度保持恒定。

（2）同步检波电路。同步检波的作用如图4-2-11所示。振荡器的输出除供传感器外，另一路加到整形电路上，把正弦波变成方波，方波起到开关的触发作用，正弦波经过同步检波器后，就变为全波的脉动电压，经过直流滤波器后就可得到待测的直流信号。

由于铁芯在零位以上移动和在零位

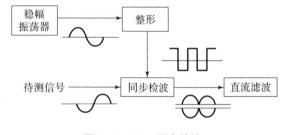

图4-2-11　同步检波

以下移动时，差动变压器次级输出的电压相位发生180°的变化，所以同步检波后输出的正负电压就代表了可动铁芯是在零位上下的移动。

当铁芯在线圈内移动时，改变了磁通的空间分布，改变了初、次级之间的互感量。当适当频率的电压激励初级绕组时，次级线圈就会产生电动势。随着铁芯位置的不同，互感也不同，次级线圈产生的感应电动势也不同。这样就把铁芯的位移变成了电压信号输出。若将两个次级线圈组反向串接，其输出便是差动方式。

（3）调零电路。调节调零电位器，在不改变机械装置的情况下进行电零位调节，使仪器快速达到稳定状态，有利于资料的连续性。

（4）跟随器。为了减少长距离信号传输中的信号损失，除要求后置电路的高输入阻抗外，自身还要有低阻抗输出的特性，为此，一般在输出端设计一个跟随器。

3. 电涡流位移传感器

电涡流位移传感器是典型的非接触式换能器，它由两部分组成，即前置器和带电缆的探头。前置器放于前置放大器盒中，探头固定在探头座中。传感器的工作机理是电涡流效应。SSQ－2I 型数字倾斜仪和 SS－Y（2000）型伸缩仪使用的换能器就是电涡流位移传感器，不同的是 SSQ－2I 型数字倾斜仪使用的是差分式双探头电涡流位移传感器。

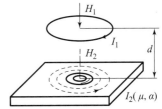

图 4－2－12　电涡流作用原理图

1）基本原理

如图 4－2－12 所示，前置器产生的高频电流信号通过电缆送到探头头部内的线圈，在探头头部周围就产生交变磁场 H_1。如果在磁场 H_1 的范围内没有金属导体材料接近，则发射到这一范围内的能量都会全部释放；反之，如果有金属导体材料接近探头头部，则交变磁场 H_1 将在导体的表面产生一个方向与 H_1 相反的交变磁场 H_2。H_2 的反作用，就会改变探头头部线圈高频电流的幅度和相位，即改变了线圈的有效阻抗。这种变化既与电涡流效应有关，又与静磁学效应有关，即与金属导体的电导率、磁导率、几何形状、线圈几何参数、激励电流频率以及线圈到金属导体的距离等参数有关，通常可由金属导体的磁导率 μ、电导率 σ、尺寸因子 γ，线圈与金属导体间距离 d，线圈激励电流 I 和频率 ω 等参数来描述。因此线圈的阻抗可用下列函数表示：

$$Z = f(\mu, \sigma, \gamma, I, \omega, d) \qquad (4-2-8)$$

如果控制 μ、σ、γ、I、ω 恒定不变，那么阻抗 Z 就成为距离 d 的单值函数。

2）输出特性

在实际应用中，线圈密封于探头中，线圈阻抗的变化通过封装在前置器中的电子线路的处理转换成电压输出。这个电子线路并不是直接测量线圈的阻抗，而是采用并联谐振法，见图 4－2－13，即在前置器中将一个固定电容 $C_0 = C_1 \cdot C_2 / (C_1 + C_2)$ 和探头线圈 L_x 并联，与晶体管 T 一起构成一个振荡器，振荡器的振荡幅度 U_x 与线圈阻抗成比例，因此振荡器的振荡幅度 U_x 会随探头与被测金属导体的间距 δ 的改变。U_x 经检波滤波、放大、非线性修正后输出电压 U_0。U_0 与 δ 的关系曲线如图 4－2－14 所示。可以看出该曲线呈 S 形，即在线性区中点 δ_0 处（对应输出电压 U_0）线性最好，其斜率（即灵敏度）较大，在线性区两端，斜率（即灵敏度）逐渐下降，线性变差。在 SS－Y 型伸缩仪中，选用的电涡流位移传感器的线性范围是 $0.5 \sim 2\text{mm}$，而仪器设计指标只有 0.1mm。因此选用的电涡流位移传感器的线性范围和线性度是足够的，被测金属导体是安装在因瓦棒上的金属极片。在 SSQ – 2I 型水平摆倾斜仪中，被测金属导体就是仪器的摆。

图 4 – 2 – 13　传感器原理框图

3）影响灵敏度的几个因素

（1）几何尺寸。作为被测面的金属极片也是传感器系统的一个重要组成部分，它的性能参数会影响整个传感器系统的性能。探头线圈产生的磁场范围是一定的，它在被测体表面形成的涡流场也是一定的，如图 4 – 2 – 15 所示，在这里不做复杂的计算，只把几何尺寸的关系公式列下：

$$R_a = 1.39 R_{as} \qquad (4 – 2 – 9)$$
$$R_i = 0.525 R_{as} \qquad (4 – 2 – 10)$$
$$C = 0.86 R_{as} \qquad (4 – 2 – 11)$$

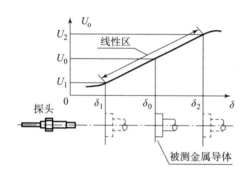

图 4 – 2 – 14　传感器输出特性

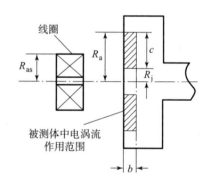

图 4 – 2 – 15　电涡流作用范围

　　所以，当被测面为平面时，以正对探头中心线的点为中心，被测面直径应当大于探头头部直径 1.5 倍以上；否则灵敏度就会下降，小得越多，灵敏度下降得越多，一般当被测面大小与探头头部直径相同时，灵敏度会下降至 70% 左右。

（2）被测面的厚度。被测体的厚度也会影响测量结果。在被测体中，电涡流场作用的深度由频率、材料导电率、导磁率决定，深度 b 可按下式求得：

$$b = 50.3 \sqrt{\frac{\sigma}{\mu \cdot f}} \text{（单位:cm）} \qquad (4 – 2 – 12)$$

式中，σ 为导电率；μ 为导磁率；f 为频率。

　　因此，如果被测体太薄，将会造成电涡流作用不够，使传感器灵敏度下降，一般厚度大于 0.1mm 的导磁材料（如钢）及厚度大于 0.05mm 的弱导磁材料（如铜、铝等）的灵敏度不会受其厚度的影响。

（3）金属材料。被测面材料不同，它的导电率和导磁率也不同。当被测体为导磁材料

（如普通钢、结构钢等）时，由于磁效应和涡流效应同时存在，而且磁效应与涡流效应相反，要抵消部分涡流效应，使得传感器感应灵敏度降低；而当被测体为非导磁或弱导磁材料（如铜、铝、合金钢等）时，由于磁效应弱，相对来说涡流效应增强，因此传感器感应灵敏度要高。下面列出用同一套传感器测量几种典型材料的被测面时，它们之间灵敏度的关系为：$S(铜) = 1.8 \times S(45 钢)$；$S(不锈钢 1Cr18Ni9Ti) = 1.27 \times S(45 钢)$；$S(铜) = 1.42 \times S(不锈钢 1Cr18Ni9Ti)$。

考虑洞体仪器的观测环境特点，一般采用铜或不锈钢材料做被测面金属极片，以提高传感器的灵敏度。

4. 磁传感器

磁传感器是 20 世纪 80 年代引进的日本 SONY 公司的高灵敏度传感器，应用于 FSQ 浮子水管倾斜仪与 SSY－Ⅱ石英伸缩仪。

1）基本原理

一个均匀绕制的线圈的电感为：

$$L = \mu_S \mu_0 n^2 S/l \qquad (4-2-13)$$

式中，μ_S 为磁芯材料的相对导磁率；μ_0 为真空导磁率，$\mu_0 = 4\pi \times 10^{-7} \mathrm{H/m}$；$n$ 为线圈匝数；S 为铁芯截面积；l 为铁芯长度。

由此可见，当线圈匝数、铁芯材料与几何尺寸一定，铁芯长度与位置不变时，则线圈的电感仅与铁磁性材料的导磁率 μ_S 有关。

$$\mu_S = \frac{\vec{B}}{\vec{H}} \qquad (4-2-14)$$

式中，$\vec{B}$ 为磁感应强度；$\vec{H}$ 为磁场强度。

当磁场某一方向变化时，线圈的磁场强度随之变化。图 4-2-16 中的发磁体就是一块稳定的磁铁，检测头就是绕在铁磁性材料上的线圈。当发磁体向某一方向移动时，线圈的电感量随之变化，通过测量电路将

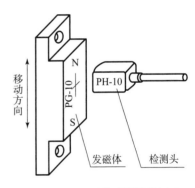

图 4-2-16　磁传感器的检测头

电感的变化量转换成直流电压输出，便可以得到位移的变化量。这就是磁传感器的原理。

2）磁传感器的主要技术参数

电源：直流 12V、40mA；

量程：>100μm；

分辨力：0.01μm；

线性度：≤1%；

最高相应频率：4kHz；

输出阻抗：3kΩ。

3）输出特性

输出特性如图 4-2-17 所示。它的输出与两个方向有关。发磁体与检测头之间的距离 d 决定了它的灵敏度系数，d 越小，其灵敏度系数越大，如表 4-2-1 所示。

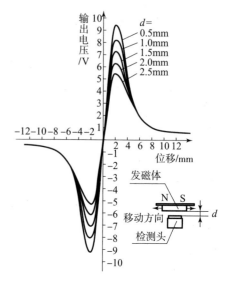

图 4-2-17 磁传感器的输出特性

表 4-2-1 SONY-B2 型磁传感器灵敏度系数

发磁体与检测头间隙 d/mm	输出灵敏度系数
0.2mm	0.18V/(10μm)
0.5mm	0.15V/(10μm)
1.0mm	0.11V/(10μm)
1.5mm	0.07V/(10μm)
2.0mm	0.05V/(10μm)
2.5mm	0.04V/(10μm)

因此要得到高灵敏度系数，就必须将检测头与发磁体靠得很近。

从图 4-2-17 中可以看出，尽管发磁体与检测头的间隙不同，其最大输出电压也不同，但实测表明其线性度在 ±1mm 左右范围内小于 1%，在 300μm 范围内小于 0.5%。很明显，愈接近零点，其线性度愈好。

4）磁传感器电路原理

B2（B3）型 SONY 磁传感器由发磁体（PG-10）、检测头（PH-10）（图 4-2-17）和电盒子三部分组成。发磁体是块性能稳定的永久磁铁，检测头内有两组线圈（L_4、L_5），其他电路在电盒子内。

由三极管 BG 与 L_1、L_3、R_6、C_1 组成振荡电路，所产生的激励脉冲提供给检测头。当发磁体与检测头产生相对位移时，检测头中两组线圈（L_4、L_5）的磁场强度发生变化，经检波、滤波网络，从 "A+" "A-" 两端得到直流输出（图 4-2-18）。

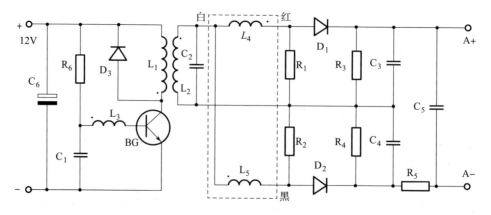

图 4-2-18 SONY 磁传感器电路原理

5. 温度传感器

TCM 测温仪是用来观测洞体温度相对变化的专用辅助设备。其分辨力达到 0.001℃。

1）基本原理

TCM 测温仪采用国际上公认的温标元件 Pt100 铂电阻作为传感器。铂电阻有很高的稳定性和重复性等优点，并具有良好的线性，当洞室温度变化时，铂电阻的阻值变化与温度成正比。

0 ~ 300℃时，铂电阻与温度的关系为：

$$R_t = R_0(1 + At + Bt^2) \qquad (4-2-15)$$

式中，R_0 为 0℃ 时的铂电阻阻值（对于 Pt100 铂电阻，为 100Ω）；A 为常数，等于 $3.94851 \times 10^{-3}℃^{-1}$；$B$ 也为常数，等于 $-5.851 \times 10^{-7}℃^{-2}$。

由上式可见，温度变化 1℃ 时，Bt^2 项为 -5.851×10^{-7}，在洞室年变化温度不超过 0.05℃ 的情况下，此项可忽略不计。式（4-2-15）就变为：

$$R_t = R_0(1 + At) \qquad (4-2-16)$$

$$R_t = R_0 + AR_0t \qquad (4-2-17)$$

可见，铂电阻的阻值 R_t 变化与温度成正比，即 $\Delta R_t = AR_0t$。温度每变化 1℃，铂电阻的阻值 R_t 变化 0.394851Ω，如果通过铂电阻的电流为 2.5mA，则得到输出电压约为 0.99mV，因此温度测量必须使用高精度电桥测量。

2）测温仪的电路

图 4-2-19 为 TCM-3 型测温仪的电路原理图，这不是普通的运算放大器，而是一个运放构成的差动型电桥放大器，E 不是输入信号电压，而是电桥电路的工作电压，它的输出电压为：

$$U_o = E(R_1R_4 - R_2R_3)[R_1(R_3 + R_4)] \qquad (4-2-18)$$

当初始平衡时，选 $R_3 = R_1 = R$，$R_4 = R_2 = r$，此时电桥放大器输出为零，同时选择 R_1 为工作臂，上式就变为：

$$U_o = E(\Delta r)/(R + r) \qquad (4-2-19)$$

式（4-2-19）与从图 4-2-20 所示的等效桥路中得到的输出电压关系式是相同的。由此可见，此电桥放大器在单臂工作时具有线性输出特性。

图 4-2-21 为 TCM-3 型测温仪的实际电路，图中 R_t 为 Pt100 铂电阻探头。其测量误差来自工作电压 E 的稳定性，电阻的匹配误差与温度特性，运放的共模抑制比、输入失调与温漂等，所以必须选择精密稳压、高精度电阻与低漂移、高共模抑制比的运放。同时还要考虑温度探头的引线所带来的影响，这里也使用了四线制。这样一来，就可以消除温度对探头引线电阻所产生的误差影响。由于洞室温度变化很小，有利于减小温漂，初始的匹配平衡不仅有利于零温度的调整，而且有利于运放的共模抑制比的提高，减小失调误差。

图中 R_4、R_5 和 W_1 电阻网络是用来调试零位温度的，后续的放大器调节整个电路增益。由于探头和前置放大电路是配套调试的，所以在更换时探头和前置盒也需要同时配套更换。

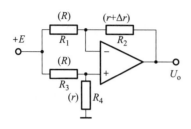

图 4 - 2 - 19　测温仪的电路原理图

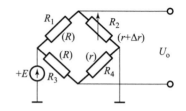

图 4 - 2 - 20　测温原理等效电路

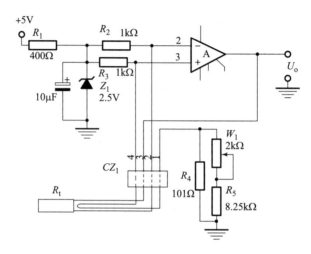

图 4 - 2 - 21　TCM - 3 型测温仪前置电路

4.2.2　水管倾斜仪

水管倾斜仪根据静止液面在重力作用下保持水平的特性，测量两端点间的高差，从而直接得到垂直形变。

1. 工作原理与结构

仪器基本原理是连通管内水面保持自然水平的原理（图 4 - 2 - 22）。当连通管两端地基出现相对垂直位移时，两端液面便会相对于仪器钵体发生变化，这种变化，通过浮子、位移传感器等变成电信号输出自动记录。设 ρ 为液体密度，A_1、A_2 分别为两端钵体的横截面积，Δh 为两端相对高差变化量，h_1、h_2 分别为两端钵体内液面的变化量。根据液体的不可压缩性，得：

$$\rho h_1 A_1 = \rho h_2 A_2, \Delta h = h_1 + h_2 \qquad (4 - 2 - 20)$$

从而，得：

$$h_1 = \frac{A_2}{A_1 + A_2}\Delta h, h_2 = \frac{A_1}{A_1 + A_2}\Delta h \qquad (4 - 2 - 21)$$

液面的变化使固定在浮子上的差动变压器的铁芯相对于固定在盖板上的线圈作垂直移动，这个相对移动借助于位移换能器输出一个模拟电信号，这个电信号由电缆传输到一定距离的测微仪器中，然后按需要分别进入前兆数采仪或模拟记录系统，这样将东、西、南、北四端的液面变化和"东—西""北—南"两分量的高差变化以数采方式记录出来。自动记录出来的 Δh 就可换算成相应的地倾斜角 $\Delta \Psi = \dfrac{\Delta h}{L} \rho''$（式中 L 为仪器两端点的跨距）。

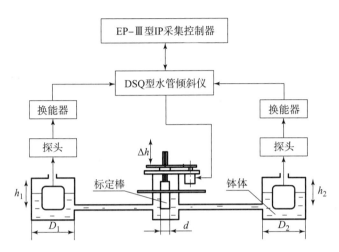

图 4 – 2 – 22　DSQ 型水管倾斜仪基本工作原理示意图

2. 仪器的结构及组成部分

仪器由主机和电子记录两大系统组成。主机系统由主体、校准装置、管路系统组成。仪器的主机系统见图 4 – 2 – 23。电子记录系统由差动变压器式位移传感器、DSQ 测微仪、EP – Ⅲ 型 IP 采集控制器组成。若需要模拟记录，则再配置自动扩展测微仪及自动记录器就可以了。

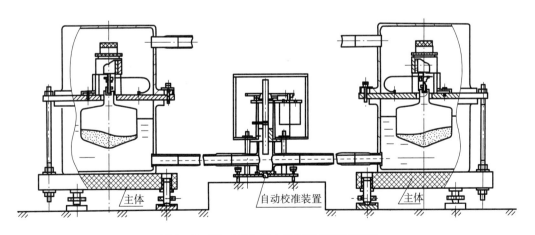

图 4 – 2 – 23　DSQ 型水管倾斜仪主机系统

结构相同的两个主体安放在山洞洞室基岩主墩上，两主墩中央安置校准装置，用玻璃管一根接一根地衔接，接头用硅胶管使它们连通。该仪器一般由正 EW 和正 NS 正交的两个分量组成，也可采用三边布设观测法来安放水管倾斜仪。主机以蒸馏水为工作介质。电子记录系统除位移传感器装在主体上，换能器置于主体旁边外，其余安放在仪器记录室内。

1）主体结构

用三根均匀分布在圆周上的不锈钢支柱将上盖板和底座稳固地连成一体，中间放置内壁经磨砂抛光的玻璃钵体，上盖板面上装设有调整、固定位移传感器的线圈件的垂直向微调装置，还装有浮子的导向装置。

导向装置由三条具有圆弧的平薄簧片、簧片夹头、簧片固定块组成。它可使放置在钵体水中漂浮的浮子在中心定向垂直位移。三条簧片相互夹角均为120°，其平面端集中在中心，用簧片夹头夹紧，其近圆弧处的另一端用簧片固定块固定在上盖板面上，浮子顶端固定竖直装上的差动变压器铁芯棒，通过簧片夹头与其连接夹紧，该浮子的垂直位移全靠这簧片导向装置精确而几乎无摩擦导向。

2）校准装置

校准装置主要由内部充满水的校准筒和通过螺旋机构可以上下运动的校准棒组成。为进行自动校准，还装有一对齿轮和步进电动机。步进电动机由电缆线连接到 DSQ 型水管倾斜仪上，实现自动校准。图 4-2-24 是仪器校准原理示意图。

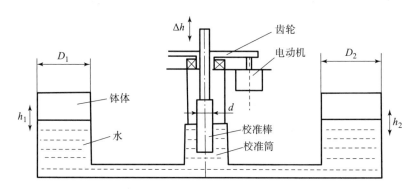

图 4-2-24　仪器校准原理示意图

用校准棒增减液体体积、人为改变液面变化来进行静态校准。校准是为了求得液面改变单位高度时电信号的变化量 ΔU。根据水的不可压缩特性，对一个分量两个钵体内液面高度的变化 $\Delta H_{水}$ 可由如下计算公式确定：

$$\Delta H_{水} = \frac{\Delta h_{标} \times d^2}{D_1^2 + D_2^2} \qquad (4-2-22)$$

式中，d 为校准棒直径值；D_1、D_2 为两个钵体内径值；$\Delta h_{标}$ 为预先给出的校准棒移动量，如 20mm。

d、D_1、D_2 在仪器出厂时给出实测值。

3）DSQ 型水管倾斜仪

它主要由变压器、电源板、校准遥测仪、前面板、后面板组成。电源板主要提供传感器换能器 ±20V 电源和交直流自动转换。仪器引入 220V、50Hz 的交流电源，经变压器降至 AC 20V，再由桥式电路进行全波整流，然后由三端稳压器组成的稳压电路得到一个

±20V 的直流稳压电流，提供给位移换能器。当交流供电停电时，通过交直流自动转换，外接的 ±24V 直流电源（台站自备 ±24V 电瓶）与倾斜仪接通，供 DSQ 型水管倾斜仪正常工作。通过 EP－Ⅲ型 IP 采集控制器控制倾斜仪校准器进行自动校准。还提供前兆数采仪各端信号值，并具测量选择功能。仪器前面板见图 4－2－25，后面板接线图见图 4－2－26。

图 4－2－25　前面板

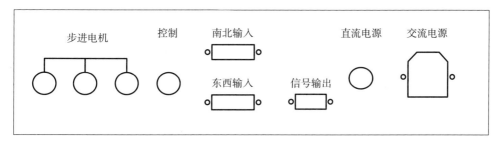

图 4－2－26　后面板接线图

"测量选择"波段开关：指要选择哪一路测量信号，如要测量 E 路信号，只需将波段开关指向 E。用电表读取各路信号时，只要将电表正、负极接在"测量"上的"＋""－"极上就可读取。

4）位移换能器

位移换能器（LVDT）的工作原理参见图 4－2－27。

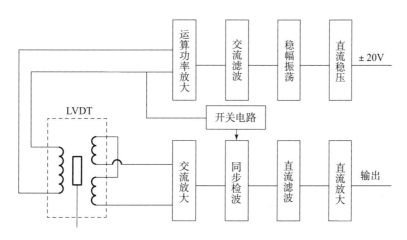

图 4－2－27　LVDT 工作原理方框图

位移换能器电路的作用是将位移量转换成相应关系的电信号输出。稳幅振荡器提供高稳定的正弦激励电压给传感器，传感器输出与位移有关的信号，经前置放大后，进行同步解调、低通滤波，得到与位移呈线性关系的直流电压，规定液面升高时电压增大。

位移换能器放置于塑料盒中，它需置于主体附近较为干燥处。其前、后面板参见图 4 - 2 - 28。

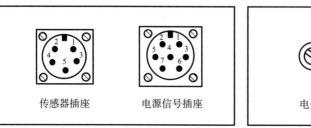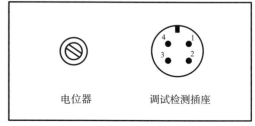

图 4 - 2 - 28　DSQ 位移换能器前（左）、后（右）面板

换能器盒上有三个插座：五芯插座连接传感器，七芯插座为供电和信号输出插座，四芯插座为调试检测插座。还为调试检测插座配有插头，插头上红线为换能器输出信号，黑线为信号地线。平时插头不能旋入，只是在用数字电压表调试仪器灵敏度和检测时才使用。

七芯插座用五芯屏蔽电缆线连接 DSQ 型水管倾斜仪，其相配插头：1 脚为 - 20V 电源，2 脚为 +20V 电源，5 脚为电源地（0V），3 脚为信号输出，7 脚为信号地（⊥）。

安装时需注意：电源信号插头旋入换能器之前需用数字电压表检查插头相应各脚的电压是否正常："2 - 5"脚间为 +20V，2 脚为正极；"1 - 5"脚间为 - 20V，1 脚为负极。若量得电压正负极性不对，就会烧坏换能器；若量出的电压不在 18 ~ 21V 范围内，盒内稳定电源工作就不正常。

换能器上的实芯电位器是用来调节换能器的输出信号放大倍数的，以使仪器一个分量两端电灵敏度 $n(mV/1\mu m)$ 调成一致。

3. 主要技术指标

（1）灵敏度：0.0005″；

（2）系统稳定性：日漂移量小于 0.005″；

（3）基线长度：10m 以内（ >5m），按需要大于 10m 更好；

（4）校准精度：优于 1%；

（5）校准：自动化；

（6）记录方式：数据采集。

4. 安装与维护

1）仪器的安置条件

DSQ 型水管倾斜仪单独设置的仪器墩位与密封体布设及其几何尺寸和采取的封闭措施见图 4 - 2 - 29。其技术要求如下。

（1）仪器安放的主墩采用坚硬岩石块体（外加工或在山洞开凿时留凿成）。主墩底面和洞室墩位岩面要密合好（用水泥砂浆充填孔隙），墩的四周和洞体地平设置隔震槽。

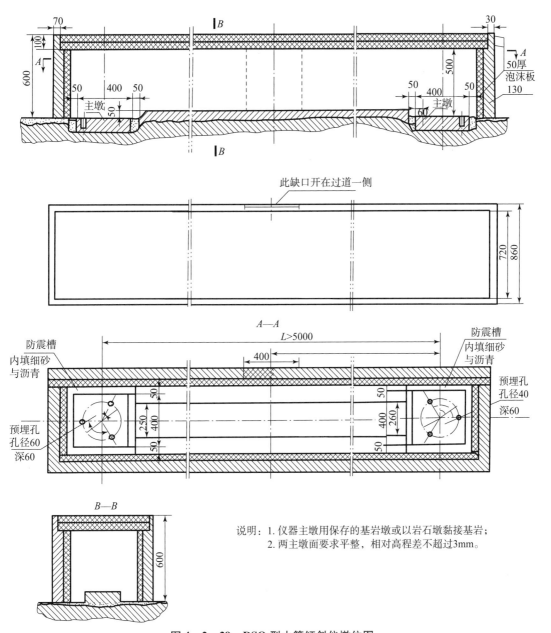

图 4－2－29　DSQ 型水管倾斜仪墩位图

（2）两主墩顶面的相对高差不超过 3mm，主墩面离地平高≤0.3m。

（3）两主墩之间布设一道顶面平直的砖墙，以放玻璃水管及标定装置，砖墙顶面要高于两主墩顶面 50mm。

（4）一般采用四周围砌砖墙，再用 50mm 厚的聚苯乙烯硬泡沫板做小腔体密封等措施。

2）安装仪器前的准备

（1）检查主墩顶面水平、两主墩间、中间砖墙间的高差预埋孔位置等是否合乎标准规范要求。

（2）准备好的蒸馏水静置在洞中仪器安放处需 3 天以上，以使蒸馏水与洞内温度相同，否则钵体和管路内壁易存气泡。

（3）在溶化的肥皂粉水中，用捆有长毛刷或纱布球的铁丝插入玻璃管内来回移动清洗玻璃管，然后用洁净的流水冲洗干净。紧接着用酒精——冲荡，待酒精挥发尽后再移置于山洞内。钵体同样用洗净剂、清水、酒精清洗干净，并用白绸覆盖好，硅胶管接头剪裁成长约 80mm 的小段，先用清水洗，然后用蒸馏水洗净。

（4）金属件表面用酒精擦洗油污灰尘，待酒精挥发尽后也移置于洞中，覆盖上白绸。擦洗干净的零部件，不要用手直接接触，要戴上手套。安装过程中始终要注意这点。

（5）量取各仪器安装墩位到记录室的距离。按此长度截取五芯屏蔽电缆（RVVP 5 × 16），每端需五芯屏蔽电缆一根，每个校准装置需一根四芯电缆线（非屏蔽）。两个分量共计 4 根五芯屏蔽电缆线和 2 根四芯电缆线，每根两端用医用胶布（或其他方法）编写好相应的标志和序号，以防混乱。

3）仪器安装

（1）在各主墩顶面上仪器安放处放置三个垫块，供主体放置底座脚螺旋。

（2）将主体置于主墩上，拿开上盖板，取编好号的玻璃钵体置于同一分量上，用白丝绸覆盖好；中间砖墙上一一摆放玻璃管；居中处置放校准装置，注意校准棒要取出，让校准杯口敞开。玻璃管每一接头处用已洗净的硅胶管套接好，管头端面接触，不留空隙，如图 4-2-30 所示。

对最后不足一根管长处，需按空长横截玻璃管补装。具体做法是：将手弓锯条反上在锯弓架上，在截断处一面来回拉锯，一面不停地浇上水拌金刚砂。片刻即可"磨割"断。

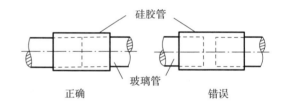

正确　　　　　　错误

图 4-2-30　玻璃管连接示意图

（3）从一端钵体沿内壁徐徐注入已在洞中静置过的蒸馏水。注意：水流不得直冲水面。

（4）排除管中所有大小气泡。把管内所有大小气泡赶到两管端接头处，再将竹扦沿玻璃管外表面和硅胶管内表面之间徐徐插入，把气泡排放干净。

（5）调整位移传感器铁芯位于铅垂面内，将铁芯装在浮子顶端孔内。手拿浮子轻敲，使浮子内的配重物大致平聚后，又能自由漂浮。待稳静后用铅垂线视其铁芯歪斜方向，用手指轻敲浮子上锥面的对径处（图 4-2-31），直到铁芯轴线位于铅垂面内为止，转动浮子 90°，照前述调整另一个方向。两方向调整好后，再检查两向。此法可在任一盛水桶中进行。

（6）取下铁芯，将浮子小心移入注好水的钵体中（放入前轻轻擦净水，用白绸蘸酒精将有水部分普擦一下）。

（7）摆直玻璃管，移动管端套接硅胶管，使两两管端接触

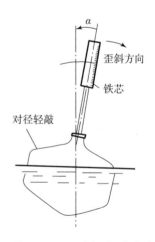

图 4-2-31　浮子调直方法

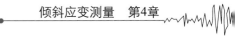

无空隙（图4-2-30左图），调整钵体中水位到所需高度，规定从钵体底面量起为90~95mm。

（8）调节校准装置底座上的三个螺钉，以改变校准杯高度，使校准杯内的水面与校准杯水银槽顶面大致相平，然后将校准棒（上装有马达、齿轮、套筒等）轻轻插入校准杯内，以避免有气泡，再将套筒从下端侧面用三个螺钉固定在校准杯金属轴套上，最后在校准装置水银槽中用滴管注入一层水银。检查校准棒移动是否灵活：先用手转动大齿轮，若发现转动不灵活，原因有2个，一个是步进马达轴上的小齿轮与大齿轮啮合过紧，这时松动步进马达四个固定螺钉，将小齿轮拉开一点，若还不行，则另一个原因是校准棒螺母与校准棒轴套两者中心线不在一条直线上。这时要调节大齿轮下面的三个梅花沉头螺钉，先将它们松开，调至大齿轮转动灵活，然后逐一轮流压紧这三个螺钉，直至转动灵活为止。

（9）盖上盖板，旋紧三根支柱上的螺母，将铁芯杆穿簧片夹头中心固定于浮子上，然后旋紧簧片夹头紧定螺钉，使导向支承弹簧和浮子连成一体。

（10）利用管状水准器在上盖板上表面两垂直方向交替放置，反复调节脚螺旋，使上盖板上表面水平，以满足仪器的几何安装要求。

（11）将位移传感器线圈装入，固定在微调装置上。注意引线端朝上，调整微调装置使铁芯置于线圈中央，不得擦碰，然后固定微调装置。再在盖板上将传感器引线压紧。

（12）在盖板上圆槽处压入软垫圈，然后罩上玻璃罩子，并用带弯压块、螺钉加以压紧。

（13）将地脚螺钉用混凝土埋设在仪器主墩的预埋孔内，埋设深度以能压紧主体底座为宜。

（14）电气部分安装，接线图见图4-2-32。换能器与测微仪主机间的接线用五芯屏蔽电缆，如需接长，其接头处要求五芯线长短错开相接，以防短路。接头尽可能地少。洞内走线要选择干燥、人不易碰及处。走线要整齐、美观。

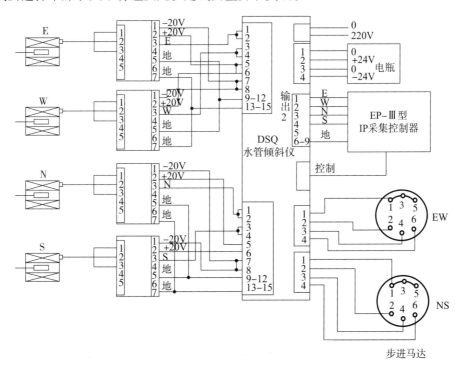

图4-2-32 电气连接图

每个插头插脚的焊接应无虚焊。焊头加套塑料套管，以防相碰短路。所有插头焊毕后，应对每根线进行检查，无误后方可分别进行通电检查。如：先检查东端，确认电源信号插头"2-5"脚为+20V，"1-5"脚为-20V无误后，在主体附近的换能器上旋入电源信号插头、传感器插头和调试检测插头。

微调东端主体上的垂直微调装置，使线圈相对于铁芯做垂直平行运动，用数字电压表测量差动变压器输出信号。此时可测得从-13V左右到+13V左右的对称的输出特性曲线。（这亦是换能器工作是否正常的检查方法）。用同样方法，分别通电检查西、北、南端的换能器。（已检查无误的可不断电）四端调毕即呈工作状态，便可进行整机调试。用非屏蔽的四芯电缆线分别接通校准步进电机与DSQ型水管倾斜仪后面板步进电机插座。

5. 校准与格值计算

1）电灵敏度的调试

此工作的目的在于保证仪器的精度，使得钵体中水位变化 $1\mu m$ 时，得到传感器输出电讯号是多少毫伏，即为了求得电灵敏度 n。具体调试步骤如下。

首先参照 EP-Ⅲ 型 IP 采集控制器用户手册里的"3.3 仪器启动"这节。

（1）将校准棒旋至高端某处，用数字电压表检测传感器输出信号，调节各主体上的垂直微调装置，使输出信号约为 0mV（罩上罩子后的数值）时，停止调节，立即罩上罩子。（罩子拿下来后，在主体部分调节完毕之后应立即罩上罩子，以保护局部）。

（2）调节校准棒，人为造成钵体内一水位变化量 $\Delta H_{水}$ 如为 $50\mu m$ 左右，（校准棒移动 20mm）传感器电压变化量 ΔU 应在预定范围内，否则应调换能器电位器。

（3）继续改变水位（上升、下降）4次，取每次测得的 ΔU 的平均值 $\overline{\Delta U}$。

（4）求出电灵敏度 $n = \dfrac{\overline{\Delta U}}{\Delta H_{水}}$（$mV/\mu m$），同一分量两端电灵敏度要求一致，其相对误差应≤1%，具体操作是微调换能器的电位器，使其达到一致。

（5）具体调试方法为：调节校准棒，用数字电压表量调试检测插头上的信号线和地线，读取差动变压器换能器输出电压 U_A。此时，U_A 要大，不能为 0mV，便于精调。

通过公式 $U_B = \dfrac{\overline{\Delta U}}{\Delta U_A} \times U_A$，算出 U_B，即调节后的差动变压器换能器输出电压。式中 $\overline{\Delta U}$ 为所要调的比例电压，ΔU_A 为所测到的平均值。

举例：东端 $\overline{\Delta U_E} = 966.2mV$，西端 $\overline{\Delta U_W} = 981.2mV$。可见东端和西端的电灵敏度相对误差为 1.5%（即 $\dfrac{981.2-966.2}{974.7} \times 100\% = 1.5\%$，分母"974.7"为两端 $\overline{\Delta U}$ 的平均数），超限，故必须进行电灵敏度微调。倘若要使东端调得和西端一样（即向西端看齐），微调时只需东端换能器放大倍数增大一点就可与西端一致了。具体微调按下式进行：$U_B = U_A \times \dfrac{981.2}{966.2}$，假设微调前东端换能器的输出电压读数为 $U_A = 1006.6mV$，接着按上式算出：

$$U_B = 1006.6 \times \frac{981.2}{966.2} = 1022.2 （mV）$$

然后，微调东端换能器电位器，使其输出读数变为 1022.2mV，为了可靠起见，微调完还需进行校准，并视校准结果作进一步精调，以确保同一分量两端的电灵敏度相对误差≤1%。

（6）将校准后的同分量两端 $\overline{\Delta U}$ 取平均数，算出电灵敏度 $n(\mathrm{mV/\mu m})$，然后代入格值公式可算出格值 η。

2）格值计算

为使仪器的灵敏度保持一致，以保证仪器的长期工作精度，必须对仪器的格值定期进行自动校准。令从两端钵体水位变化测得的垂直高差为 Δh，其相应的倾斜角 $\Delta \Psi$ 为：

$$\Delta \Psi = \frac{360 \times 60 \times 60}{2\pi} \times \frac{\Delta h}{L} = 0.206265'' \frac{\Delta h}{L} \qquad (4-2-23)$$

式中，Δh 为测得的垂直高差，单位为 μm；L 为两端钵体中心距离，单位为 m。

在采用前兆数采仪记录情况下，地倾斜角 $\Delta \Psi$ 的计算公式为：

$$\Delta \Psi('') = \eta \times V = 0.206265 \frac{1}{n \times L} \times V \qquad (4-2-24)$$

式中，η 为仪器的格值，单位为 $('')/\mathrm{mV}$；n 为电灵敏度，单位为 $\mathrm{mV/\mu m}$；V 为观测数据，单位为 mV。

这时仪器的格值用上式计算便得：$\eta = 0.206265 \frac{1}{n \times L}[('')/\mathrm{mV}]$。

一般当仪器安装长度 $L \leqslant 10\mathrm{m}$ 时，EW、SN 分量 n 调至 $30\mathrm{mV/\mu m}$ 左右，当 $L > 10\mathrm{m}$ 时，两分量 n 调至 $20\mathrm{mV/\mu m}$ 左右。

实际仪器校准和格值计算是通过计算机控制全自动进行的：在计算机上点击"启动校准"，过 20min 左右后仪器校准结束，仪器格值就自动生成。具体操作见 EP-Ⅲ型 IP 采集控制器说明书。

4.2.3 垂直摆倾斜仪

垂直摆倾斜仪是利用摆的铅垂原理测得倾斜角度的变化。

1. 垂直摆倾斜仪原理

洞体垂直摆倾斜仪是用于记录地倾斜固体潮的形变观测设备，其运用了摆的铅垂原理，具体工作过程如图 4-2-33 所示：垂直摆 A 在没有地面倾斜的条件下处于铅垂状态，当地面发生倾斜 $\Delta \theta$ 时，悬挂摆体的支撑机构与地面同步倾斜，垂直摆因此就与支撑机构产生了相对角度变化 $\Delta \theta$，即地面倾斜角度。通过仪器的微位移电容传感器测量 L 的变化来记录这一角度变化，转换为模拟电压量后通过数据采集器的记录完成对地倾斜固体潮的观测。

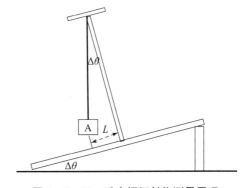

图 4-2-33 垂直摆倾斜仪测量原理

2. 结构

常用洞体垂直摆倾斜仪包括 VS 垂直摆倾斜仪和 VP 垂直摆倾斜仪，VP 垂直摆倾斜仪是在 VS 垂直摆倾斜仪基础上研制的新型宽频带仪器，已逐步取代了 VS 垂直摆倾斜仪。

1）VS 垂直摆倾斜仪

VS 垂直摆倾斜仪由传感器系统（机械结构）、电源系统、信号处理系统、数据采集系统四部分构成。图 4 – 2 – 34 为其系统实物图。图 4 – 2 – 35 为其机械结构图。

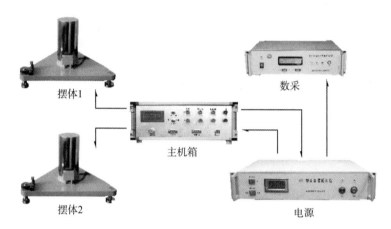

图 4 – 2 – 34　VS 垂直摆倾斜仪实物图

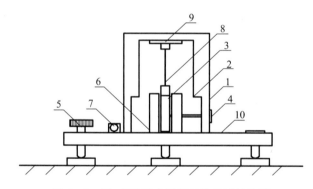

图 4 – 2 – 35　VS 垂直摆倾斜仪机械结构图

1. 外屏蔽罩；2. 主体支架；3. 动片（摆）；4. 锁摆机构；5. 调平机构；
6. 定片；7. 气泡；8. 柔丝；9. 顶板；10. 底盘

2）VP 垂直摆倾斜仪

VP 垂直摆倾斜仪由传感器及信号处理系统、电源系统、数据采集系统三部分构成，如图 4 – 2 – 36 所示。图 4 – 2 – 37 为其机械结构示意图。其与 VS 垂直摆倾斜仪的区别为加装了自动调零机构，传感器支撑底盘由等边三角形改为等腰直角三角形。

3）垂直摆摆系结构

VS 垂直摆倾斜仪与 VP 垂直摆倾斜仪具有类似的摆系机构，电容位移传感器的重要组成部分（动片）是倾斜仪的核心机构。图 4 – 2 – 38 为其摆系示意图。

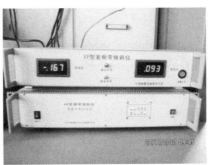

图 4-2-36　VP 垂直摆倾斜仪实物图

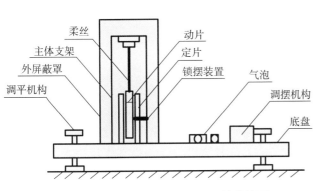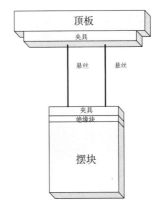

图 4-2-37　VP 垂直摆倾斜仪机械结构图　　　　图 4-2-38　传感器摆系示意图

垂直摆倾斜仪的摆系主要由夹具、悬丝和摆块三部分组成。摆块采用双丝悬挂（图 4-2-38），这种悬挂方式使摆系只有一个运动自由度。摆块为均匀铜质长方体，摆重约为 280g，折合摆长为 10cm。悬丝的性能对垂直摆倾斜仪来说是至关重要的，悬丝的材料采用恒弹性合金钢 Ni42CrTi，该材料具有较大的抗拉强度，经热处理后有较好的弹性稳定性。由于该材料有较大的抗拉强度，所以吊丝的厚度可以薄至 0.02mm，因此具有足够高的偏转灵敏度。（悬丝的弹性强度与厚度的三次方呈正比，与宽度的一次方呈正比）。

电容式位移传感器中间为动片，即摆的质量块；两边的为定片，固定在仪器的支架和底盘上。动片为一精密加工的长方体，定片的面积略大于动片并包容动片。为保证动片和定片表面的平面度和光洁度，均采用光学研磨，并进行真空镀金处理。真空镀金是为了避免动片和定片表面氧化并导致厚度的改变。动片（摆）和定片通过安装和调整保持严格平行，平行度调整到 10″ 以内，间距为 0.4mm，动片和定片若不平行，则会引起传感器的非线性。主体支架采用圆柱形结构，所受应力均匀分布，这种结构可减小仪器零漂；主体支架为整体结构，克服了螺钉连接所产生的黏滑运动。

调平机构用于置平仪器，水准气泡的灵敏度为每格 10″，可通过调平机构的调节，使摆处于零位附近。

锁摆机构是为了避免在运输过程中摆与周围的部件发生碰撞导致摆系损伤而设计的。运输前通过丝杆和传动机构将摆锁紧；工作时，再通过相反的运动将摆松开，使摆处于自由状态。

4）高精度电容位移传感器

垂直摆倾斜仪采用的是高精度电容位移传感器，具有精度和灵敏度高、结构简单、长期稳定性好及价格较低等特点。最早的电容测微器采用谐振法，将被测量的电容探头和已知的电感构成谐振回路，根据已知的电感和测量得到的振荡频率，算出电容，再算出两电容板之间的距离和相对位移量。由于电感不稳定，这种方法受到限制，以后逐渐被三片式的差动电容位移传感器所代替。近年来，高精度电容传感器中较普遍采用大小相等、方向相反的方波（VP 垂直摆倾斜仪）或者正弦波（VS 垂直摆倾斜仪）作为激励源，与锁相放大器一起使用，使电容测微器的精度大大提高。由于电容位移传感器的输出信号很小，信噪比低，在电路中采用锁相放大器可以有效地滤除干扰和噪音对测量结果的影响。

3. 垂直摆倾斜仪的出厂校准及台站校准（标定）

1）垂直摆倾斜仪的出厂校准

为了使垂直摆倾斜仪产出的观测数据连续、稳定、可用，在仪器投入观测之前，必须对其进行校准操作，用以获取准确的测量电压值（传感器输出数据）和观测物理量（数据采集器输出数据）之间的转换关系。参照地震行业有关仪器的校准规则，其校准的核心问题是为仪器模拟出微小的位移形变量。目前使用广泛的是基于压电陶瓷的校准平台方式进行垂直摆倾斜仪的出厂校准工作，属于一种可溯源的绝对校准方式。具体原理如图 4 - 2 - 39 所示。首先把仪器整体置于平台之上，远程控制微位移发生器（压电陶瓷），使其产生一个向上的位移量，让位于平台之上的倾斜仪产生倾斜，然后通过激光干涉仪记录这个向上倾斜的位移量。用位移量与平台基线长度的比值就可以算出仪器的倾斜角度量。通过倾斜仪输出的模拟电压量与仪器倾斜角度量的比值，就可以得出倾斜仪的格值。仪器灵敏度为其格值的倒数。图 4 - 2 - 40 为校准现场图。

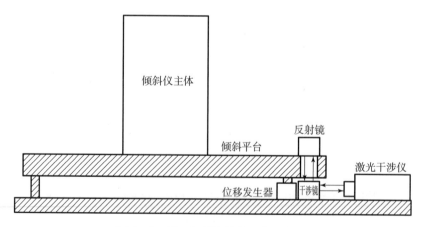

图 4 - 2 - 39　倾斜仪校准平台示意图

图 4 – 2 – 40　垂直摆倾斜仪平台校准现场图

$$灵敏度 = \frac{V_i}{V_o} = \frac{\dfrac{y}{L} \times 206265}{V_o}$$

式中，V_i 为平台倾斜量；y 为平台垂直位移量；L 为平板长度 0.834m；V_o 为仪器相对输出量；206265 为弧度转化角度常量。

2）垂直摆倾斜仪的台站校准

在垂直摆倾斜仪台站运行过程中，为准确掌握仪器的运行状态，需要定时对仪器进行校准，其原理为使用静电力的方式驱动传感器动片运动，使其产生微小的倾角（模拟地倾斜时摆系产生的倾角），然后根据倾角角度和仪器输出数据，得出仪器的格值，最后根据格值状况评估仪器的运行状态。

VS 垂直摆倾斜仪静电力校准原理如图 4 – 2 – 41 所示。电容 C_S 选用 1μF 的聚苯乙烯电容，其容抗为 10Ω，故其交流阻抗很小，可视作短路，而其直流阻抗为无穷大。R_S 为一阻值足够大的电阻，$R_S = 5.1\mathrm{M}\Omega$。在这种参数选择情况下，$A$ 点和 C 点的交流幅值相等，A 点和 B 点的直流电位相等，从而使得电容位移传感器和静电校准装置的工作互不干扰，互不影响。

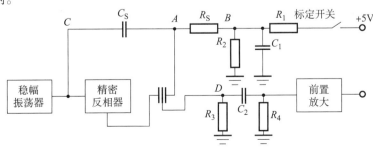

图 4 – 2 – 41　VS 垂直摆倾斜仪静电力校准电路图

VP 垂直摆倾斜仪的静电力校准电路图如图 4 - 2 - 42 所示，标定电压仍为 5V，但增加了一个 2.5V 的稳压芯片，故加到定片上的标定电压为 2.5V，电路得到简化。

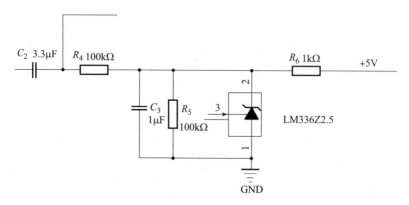

图 4 - 2 - 42　VP 垂直摆倾斜仪静电力校准电路图

平板电容两极板之间的静电引力为：

$$F_e = \frac{\varepsilon S}{2d^2} U^2 \qquad (4-2-25)$$

式中，ε 为真空的介电常数，$\varepsilon = 8.85 \times 10^{-12} \ m/s^2$；$d$ 为动片与定片 II 之间的距离，单位为 m；S 为平板电容器的面积，在 VS 垂直摆倾斜仪中即为动片的面积，单位为 m^2；U 为动片和定片之间的电位差，单位为 V。

在静电力校准过程中，校准电压加在垂直摆倾斜仪的其中一个定片上，动片面积 S、动片与定片 II 之间的距离 d、在动片与定片 II 之间所加的直流电压 U 均为恒定量，故静电力 F_e 也是一个恒定量。

根据静电力就可算出摆的方向偏移量 Φ。垂直摆倾斜仪在工作状态时，摆处于铅垂状态，摆位于位置 A；当进行校准时，由于静电力的作用，摆移动至位置 B，这时摆不再处于铅垂状态，产生了一个角度变化量 Φ。

$$\Phi = \tan\Phi = \frac{F_e}{F_g} = \frac{\varepsilon S U^2}{mg \cdot 2d^2} \qquad (4-2-26)$$

式中，m 为摆的质量，单位为 kg；g 为重力加速度，单位为 m/s^2。

由数据采集器得出校准脉冲的高度 L，即可算出格值 η_0。

$$\eta_0 = \frac{\Phi}{L} \times 206065000$$

在实际台站校准中，根据静电力施加的方式不同，分为自动校准和人工手动校准两种方式。VP 垂直摆倾斜仪依然保留人工手动校准功能，但现在台站主要使用的为自动校准方式。

（1）人工校准。处于工作状态的垂直摆倾斜仪，加在定片上的校准电压为 0V，这时定片与动片等电位。当进行校准时，打开校准开关，这时 + 2.5V 基准电压加至其中一个定片上，动片和该定片之间产生 2.5V 的电位差，由于静电引力的作用，动片（摆）将向定片方向移动。校准的持续时间为 15min，校准结束时关闭校准开关，这时加在定片上的电压恢复至 0V，即仪器恢复到正常状态。校准时间选在小潮且潮汐曲线较为平缓的时刻进行。校准开关在电源机箱面板上。

（2）自动校准。利用数据采集器远程控制，在电脑界面上启动校准，数据采集器自动控制校准时间，计算校准幅度，自动生成新格值。

4."零漂"及"调零"

形变观测设备多为高精度测量设备，因为自身器件制造工艺及环境影响原因，其在观测过程中不可避免地存在最佳工作点偏移的现象，这会导致仪器数据输出超出数据采集器的记录范围，出现所谓的"零漂"现象，此时就需要人工干预，对仪器进行调整，使其回归到正常观测范围，即进行"调零"操作。

VP 宽频带倾斜仪的调零采用自动调零的方式进行，当仪器机箱面板显示数据大于 +1900mV 或者小于 -1900mV 的情况下，可以通过电脑界面远程对仪器进行调零操作。为了避免仪器调零相互干扰，每次调零不允许同时对两个分向进行操作。每次自动调零时间持续 15min，若还未能调零到位，可以再次启动自动调零按钮，再次调零。若调零到位，即可正常观测。图 4－2－43 为仪器的调零机构。

VS 垂直摆倾斜仪的调摆常采用机械式微位移产生方式，即利用倾斜仪底脚螺丝调节杆进行调节。将 VS 垂直摆倾斜仪三角形底板的支撑杆设计成一个固定支撑杆和两个调节支撑杆，这样既可尽量提高本体的稳定性，又可方便地进行底板调平。非基线方向的调节支撑杆水平调整完后反向锁紧固定，限制其机械漂移；基线方向的调节支撑杆则被用来进行调摆。尽管调节支撑杆采用细牙螺纹减小螺距，但是手动调摆仍十分困难。由于调节量极其微小，极易产生过调整，为了使调摆操作方便自如，可采用蜗轮蜗杆减速机构，如图 4－2－44 所示。

图 4－2－43 VP 垂直摆倾斜仪调零机构

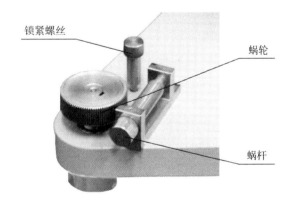

图 4－2－44 蜗轮蜗杆减速调摆图

将调节支撑杆上端手柄设计成蜗轮形状，通过离合机构可将蜗杆和蜗轮啮合上。在底板水平调整时松开蜗杆，直接用蜗轮进行大范围调节；调摆时，挂上蜗杆，进行小范围的细微调节，实践表明采用这种结构很容易进行调摆。

调摆时首先要观察底板上的水平气泡，确定好调摆方向，因为来回调摆会改变螺纹结合部分的应力状态，破坏其长期应力稳定的效果。当无法通过气泡确定出调摆方向时，可以采用检测同步检波输出电压或直接通过示波器来观测同步检波信号波形的办法来确定调摆方向，并且可观测到摆偏离零位的情况。

5. 主要技术参数

VP 垂直摆倾斜仪和 VS 垂直摆倾斜仪主要技术参数如表 4-2-2 所示。

表 4-2-2　VP 垂直摆倾斜仪和 VS 垂直摆倾斜仪主要技术参数

技术指标 ＼ 仪器类型	VP 垂直摆倾斜仪	VS 垂直摆倾斜仪
传感器类型	电容传感器	电容传感器
分辨力	$0.0001''$	$0.0001''$
频带宽度	6s 到直流	78s 到直流
日漂移	不大于 $0.005''$	不大于 $0.005''$
输出量程	$2''$	$0.8''$
仪器功耗	10W	20W
调零方式	自动调零	手动调零
数据采样率	1 次/s	1 次/min

6. 仪器安装与调试

1）仪器洞室墩设置

VS 垂直摆倾斜仪的底盘是一边长为 46cm 的正三角形，两个摆体安装在同一仪器墩上，仪器墩的大小应不小于 90cm×120cm；VP 垂直摆倾斜仪的底盘为直角边长为 64cm 的等腰直角三角形，仪器墩的尺寸应不小于 110cm×130cm。放置仪器的墩材应选用坚硬完整和致密均匀的基岩，最好为花岗岩。石灰岩、石英砂岩等致密性较差的岩石由于具有透水性，易造成湿度对基岩稳定性的影响。如江苏徐州大黄山台的砼砖墩和石灰岩墩同一时期观测的年变幅值分别为 88μm 和 26μm。最好的情况是放置仪器的墩材直接在基岩上修凿而成。

2）锁摆

由于仪器的摆块相对悬丝较重，摆块若非观测方向摆动，则悬丝容易弯折；其次，摆块上用于传递微弱电压信号的钨丝只有 0.01mm 粗细，摆块大幅度运动极易导致钨丝折断，所以垂直摆倾斜仪在搬运移动之前需用锁摆机构将摆固定。锁摆时用一字形螺丝刀深入仪器本体罩子上的锁摆孔，按顺时针方向转动丝杆，将摆锁紧。搬运过程中，仪器应小心放入具有减震措施的包装箱中，运输过程中切忌剧烈颠簸，更不允许碰撞或倒置。

3）仪器安装

垂直摆倾斜仪是高精度观测设备，设备现场安装工艺的好坏直接关系到仪器观测质量的高低。因此安装工作必须十分细致。垂直摆倾斜仪的安装步骤如下。

（1）将仪器小心平稳地从仪器箱中搬出，并尽可能水平地放置在与基岩相连的墩体上，墩体上表面必须光滑平整，若墩体表面高低不平，则需打磨平整后再搁置仪器。

（2）仪器定向。垂直摆倾斜仪的两套摆系分别观测东西向和南北向的地倾斜变化，仪器在洞室内安装时，要保证一套摆系的动片摆动方向与东西方向平行，另一套摆系的动片摆动方向与南北方向平行。VP 垂直摆倾斜仪底盘的斜边为摆系的动片摆动方向，所以仪器安装时要保证仪器的斜边与东西或者南北方向平行。VS 垂直摆倾斜仪动片的摆动方向与仪器三角形底盘中心一条边平行，所以仪器安装时要保证此条边与东西或南北方向平行。放置仪器时的方向误差应小于 0.5°。正东西向和正南北向的方向线需用北极星方位角法测定得到，在夜间用经纬仪在室外观测北极星，将南北方向线通过经纬仪传达到洞室内，并将南北方向线和东西方向线刻录在水泥墩的墩面上，有些用户为方便起见，使用罗盘来确定正东西向和正南北向，由于磁偏角在不同地区有差异，再则由于洞室内的钢筋或其他铁磁性物质会使地磁方向产生变化，使仪器定向产生误差，故不宜用罗盘定向，最好还是用北极星方位角法定向。一般方向线在墩体建设的同时都已经找好，并标注在墩体上，所以按照标准方向安放仪器即可，实在没有方向线，也可以用手机自带指北针寻找方向，其精度也可满足观测相位要求。

（3）置平。打磨仪器垫块所在平面，放稳仪器之后，就要调节仪器底盘上的底脚螺丝，将仪器底盘上纵横两个方向上的气泡调至中间水平状态，以保证仪器底盘处于水平状态。

（4）布线。VS 垂直摆倾斜仪是通过一根两芯直流电源线和一根四芯屏蔽信号线，把山洞内墩体上的仪器与山洞外观测室内主机和数据采集器连通的。VP 垂直摆倾斜仪通过两根五芯屏蔽线实现同样的功能。具体布线连接定义，请参阅各仪器说明书。

（5）松摆。在仪器本体安放和布线等工作完成以后，即可对仪器传感器进行松摆操作：打开仪器外罩上的密封盖（图 4-2-45），沿逆时针方向转动锁摆机构到转不动时为止，这时摆即松开，松摆后需将密封盖再盖上，并加密封胶进行密封，防止潮气进入，防止密封罩内的干燥剂受潮。

（6）仪器苯板防护罩的安装。为了更好地保证仪器运行稳定性，防止温度、气流等外界因素的干扰，在仪器安装完成以后，都要为仪器制作一个苯板防护罩，把洞内两个分量的本体都罩在其内（图 4-2-46）。

图 4-2-45　仪器外罩密封盖

图 4-2-46　VP 垂直摆倾斜仪苯板防护罩

4）仪器调试

（1）对于 VS 垂直摆倾斜仪的调试，首先需要进行电容传感器电路的移相电路和反向电路调整工作。调整移相电路的目的是使电容测微器电路中信号信道与参改信道的相位一致，调整反相电路的目的是使电容式位移传感器中两定片上的电压的相位差恰好是 180°。移相电路和反相电路的调试需通过示波器（示波器接法见图 4 - 2 - 47）观测同步波电路输出端的波形进行调整，调好相移后的同步检波波形如图 4 - 2 - 48 所示。然后进行仪器的调零工作，使仪器在数据采集器量程范围内进行观测。在进行调零时，打开主机箱后面板上数字面板表上的显示开关，数字面板表测量并显示同步检波的输出电压，当摆在零位附近时，同步检波的输出电压接近于零，数字面板表的输出电压很小，摆偏离零位越远，数字面板表的输出电压越大。

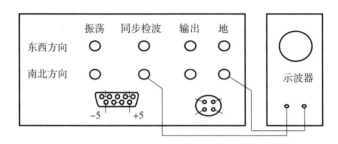

图 4 - 2 - 47　VS 垂直摆示波器接法示意图

图 4 - 2 - 48　VS 垂直摆倾斜仪同步检波输出波形

数字面板表的右边有一个切换同步检波输出电压的切换开关：当该切换开关拨向左方时，数字面板表显示东西方向的同步检波输出电压的平均值；当切换开关拨向右方时，数字面板表显示南北方向同步检波输出电压的平均值。调摆时需转动蜗杆，带动蜗轮及丝杆转动，从而改变仪器的姿态，使摆处于零位附近。当数字面板显示表头数为正时，将蜗杆朝正（顺时针）方向转动；当显示表头数为负时，则将蜗杆朝负（逆时针）方向转动。显示范围为 ±1.999V，若数字面板表闪动 -1 或 1 时，说明超出量程，当经过调整使数字面板的数小于 100mV 时，仪器便可记录，调零完毕后关闭数字面板表电源开关。

进行调零时还可在示波器监视下进行调整，将示波器探头接至所要检测方向的同步检波的输出端，可按照图 4 - 2 - 47 所示的连线方式从示波器屏幕上观察到波形。正弦波的幅度越大，说明摆偏离零位越远，调摆时通过调节蜗杆，带动蜗轮，将波形调至最小，这时摆接近于零位。

最后，在仪器能记录到平滑完整的固体潮曲线以后，需要对仪器进行一次校准工作，获得新的安装环境下的格值，若校准正常，则此次安装工作完成。

（2）VP 垂直摆倾斜仪的调试相对简便，由于采用了方波振荡电路和 CD4069 反相器芯片，免去了移相电路和反向电路的调整工作，只需在电脑网页上进行远程调零操作，记录到完整平滑的固体潮曲线后，进行远程校准工作，获取新的观测格值即可。

调整过程中也可用示波器监控同步检波信号状态，同步检波信号位于零电位附近，并出现过零动作时刻，调零的马达（直流电机）将会自动停止。图 4 − 2 − 49 所示的示波器显示了正常状态下的 VP 垂直摆倾斜仪同步检波信号。

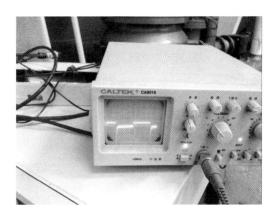

图 4 − 2 − 49　VP 垂直摆倾斜仪同步检波信号

7. 仪器的操作和使用

摆式倾斜仪属于台站型固定观测设备，其日常操作包括调零和校准两项。调零操作需要关注仪器主机面板数据，若数据即将超出量程，则需尽快调零。校准工作需按照中国地震台网中心的要求，进行周期性网页远程操作，校准成功后（校准精度不大于1%）会自动生成格值校准表（表 4 − 2 − 3）；若校准不成功，需要根据结果查找原因，解决后再次进行操作即可。

表 4 − 2 − 3　垂直摆倾斜仪格值校准表

分量代码	校准偏角常数				26.81	
	标前时间	电压读数/mV	标后时间	电压读数/mV	标中时间	电压读数/mV
2221	11：52	−754.8	12：30	−736.2	12：08	−444.0
	11：53	−754.6	12：31	−735.5	12：09	−443.5
	11：54	−754.4	12：32	−735.0	12：10	−443.0
	11：55	−754.1	12：33	−734.4	12：11	−442.4
	11：56	−753.6	12：34	−734.0	12：12	−441.9
	11：57	−753.1	12：35	−733.4	12：13	−441.1
	均值 V_1	−754.1	均值 V_2	−734.7	12：14	−440.4
					12：15	−439.6
					12：16	−438.8
					12：17	−438.3
					12：18	−437.9
					12：19	−437.2
	$L_{cp}(mV) = (V_1 + V_2)/2$	−744.4			均值 H_{cp}	−440.6
	脉冲幅度 $\Delta V(mV)$	303.75	校准格值 $\eta[\times 10^{-3}('')/mV]$		0.08826	
	校准精度（%）	0.52				

4.2.4 水平摆倾斜仪

水平摆倾斜仪是利用双吊丝悬挂原理测得倾斜角度变化的。

1. 工作原理

SSQ-2I 型数字石英水平摆倾斜仪是用于测量地倾斜变化的一种高灵敏度仪器。仪器由四部分组成：石英水平摆体，电涡流位移传感器，数据采集器、IP 网络传输、光电隔离器、稳流稳压源，胀盒-水银杯校准器，见图 4-2-50。

图 4-2-50　SSQ-2I 型水平摆倾斜仪

SSQ-2I 型仪器具有灵敏度高、稳定性好等特点，适用于固定台站长期连续观测地面缓慢的倾斜形变。仪器的灵敏度为可调的，设计的格值在 0.3~0.5m(")/mV 范围内工作，根据工作需要，可以降低灵敏度使用，不影响仪器的其他性能。

SSQ-2I 型数字倾斜仪采用石英水平摆接收地面倾斜信号。当地面发生倾斜时，摆杆绕旋转轴偏转，通过电涡流传感器把摆端的位移变成电信号输出。仪器的结构原理如图 4-2-51 所示。根据应用 Zqllner 双吊丝悬挂原理制成的水平摆的平衡方程及运动方程，可以获得以下关系式：

$$\varphi = \frac{\psi}{i + \rho / (mg\, l_0)} \qquad (4-2-27)$$

$$T = 2\pi \sqrt{\frac{l_0}{g(i + \varepsilon)}} \qquad (4-2-28)$$

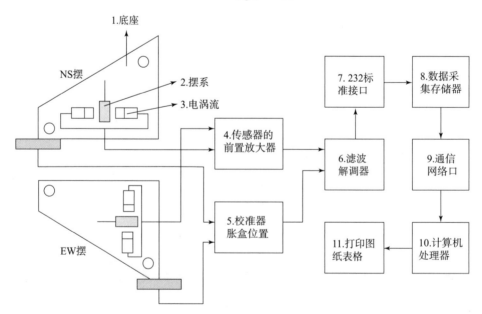

图 4-2-51　SSQ-2I 型数字石英水平摆倾斜仪结构原理图

$$\eta = \frac{4\pi^2 l_0}{Bg\,T^2} \times 206265 \qquad (4-2-29)$$

式中，$\varepsilon = \dfrac{\eta}{mgl_0}$；$\varphi$ 为摆杆的偏转角；ψ 为地倾角；i 为摆杆的旋转轴与铅垂线在摆杆平面上的夹角；ρ 为上下两根吊丝的扭力系数；m 为摆的质量；g 为重力加速度；l_0 为折合摆长；T 为摆的自振周期；B 为与传感器、放大器有关的电学常数；η 为仪器的格值。

根据式（4-2-27）选择仪器的参数，即设计时用来确定 η、m、l_0、i 的数值，以获得预期的灵敏度和最好的稳定性。根据式（4-2-28）、式（4-2-29）可以确定摆的自振周期与仪器格值的关系，在校准仪器的格值时要使用这些公式。

1）电涡流传感器

DWL 型电涡流传感器是一种非接触测量位移传感器，它由探头和前置换能器构成，探头和前置换能器之间用高频电缆连接。当被测金属摆锤靠近探头时，将在金属摆锤表面产生涡流，再经前置换能器转化成电压输出。探头到被测体之间的距离 δ 成线性，调节探头与被测体之间的距离 δ 可改变输出的灵敏度：距离越大，灵敏度越低；距离越小，灵敏度就越高。一般摆锤与传感器的探头间距调节好后就固定住，不可再随意调节。

前置换能器原理见图 4-2-52，它由一个电容与传感器线圈并联，组成 LC 谐路，当电感线圈与被测体的距离发生变化时，电感线圈的 Q 值发生变化，因此 LC 振荡器输出一个调幅波，经检波后由跟随器输出电压值。

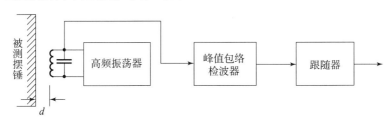

图 4-2-52　前置换能器电路原理图

2）主机前面板

SSQ-2I 前面板（图 4-2-53）平时显示当前时间。在测量过程中交替显示 NS 向及 EW 向的测量电量值及倾斜毫角秒值。用"监控/运行"开关可灵活地进行手控标定操作和显示内容的切换。

图 4-2-53　主机前面板

3）主机后面板

主机后面板如图 4 - 2 - 54 所示。

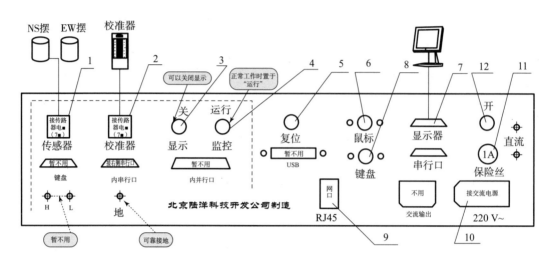

图 4 - 2 - 54　主机后面板

1. 七芯信号插头（连接 NS、EW 摆信号及前置放大器 ±15V 电源）；2. 七芯标定插头（连接步进电机及光电传感器）；3. 前面板显示器开关；4. 运行/监控开关；5. 复位按钮：用于主机复位；6. 鼠标插头；7. 外接显示器插头；8. 键盘插头；9. RJ45 网络连接口；10. 交流电源输入；11. 保险丝盒；12. 电源开关

4）校准装置

（1）水平摆倾斜仪的格值公式为：

$$\eta = \frac{\varPsi}{\Delta U} = \frac{4\pi^2 L_0}{2AgT^2} \tag{4-2-30}$$

式中，η 为水平摆倾斜仪的格值；L_0 为水平摆倾斜仪的折合摆长；A 为光杠杆长度；g 为重力加速度；ψ 为地倾斜角；ΔU 为地面倾斜角 ψ、摆杆偏转引起电压值的改变量；T 为摆的自振周期。

（2）QB - 2 型胀盒/水银杯的构造原理如图 4 - 2 - 55 所示，胀盒像一个厚壁的空盒气压计，用一段几米长的软尼龙管把胀盒的空腔与水银杯连接起来。升高或降低水银杯，会使胀盒空腔内产生不同的压力，从而使胀盒产生弹性形变。利用水银杯在不同高度产生的压力引起胀盒中心的弹性形变产生微量变化，使倾斜仪获得一个人为已知的角 Ψ，同时测定传感器电压值的改变量，便可获得倾斜仪的格值 C。如升高水银杯，胀盒空腔内压力增大，其上盖便鼓出一个可以精确测定的微小量 Δf，则

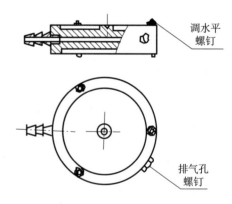

图 4 - 2 - 55　胀盒结构图

$$\Delta f = \alpha \cdot \Delta H \tag{4-2-31}$$

式中，ΔH 为水银杯高差的变化；α 为比例常数，通称胀盒常数，它是在实验室用干涉仪精

确测定的。

把水平摆倾斜仪的旁移螺钉 V_2 放在胀盒上盖的中心，以 V_1、V_3 螺钉支撑点为旋转轴测仪器的倾角为：

$$\psi = \frac{\Delta f}{S} = \frac{\alpha \cdot \Delta H}{S} \quad\quad (4-2-32)$$

式中，S 为 V_2 螺钉到 V_1、V_3 螺钉形成的旋转轴的垂直距离（图 4－2－56）。

用胀盒/水银杯校准仪器的格值 η 的公式定为：

$$\eta = \frac{\psi}{\Delta U} = \frac{\Delta f}{\Delta U \cdot S} = \frac{\alpha \cdot \Delta H}{\Delta U \cdot S} \times 206265 \times 10^{-6} \quad (4-2-33)$$

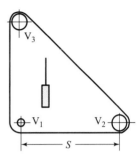

图 4－2－56　水平摆底座示意图

2. 主要技术指标

1）传感器

探头直径：14mm；

量程：2mm；

灵敏度：8～15mV/μm；

线性度：0.8%；

零值电压：20mV；

频响范围：0～5kHz。

2）主机

线性度：±0.02% 读数，+0.005% 满度值（0～40°C）；

动态范围：＞100dB；

输入电源：AC220V×（1±10%）；

输入端对机壳绝缘性能：＞500MW（500V）；

测量通道：2道；

接口：并口（打印机）、RJ－45网口、显示接口、鼠标接口和键盘接口等。

3. 安装、调试和维护

1）水平摆本体的安装

仪器的安装分两部分，在仪器室安装摆本体、传感器及校准器，在记录室安装数字采集器、稳压稳流12V充电器。其中校准器安装请参阅 QB－2 型胀盒校准器说明书。安装时应注意以下几点。

（1）把仪器墩及摆本体尤其是底垫块的孔和调平脚螺钉的顶尖擦拭干净。如果仪器墩在放置底垫块的部位不够平整，可以用旧砂轮打磨仪器墩，使底垫块与仪器墩接触良好。胀盒需用水准器校正水平。安装时要注意摆本体的方位，摆杆的方位与正南北或正东西偏差不能超过 0.5°。

（2）安置好摆本体后，在底垫块的孔里及调平螺钉、螺母上注入少许缝纫机油，以防锈蚀并起润滑作用，但不能涂黄油或凡士林等油脂，以免影响仪器的稳定性。

（3）把摆本体的脚螺钉放入底垫块孔内，旋转一下底垫块，检查脚螺钉是否真正放在底垫块的孔内。如果摆本体的方位不正，可以轻轻移动底垫块，调整摆本体的方位。

（4）布设从摆房到记录室的电缆，根据摆房到记录室的距离，架设一根七芯屏蔽电缆，每根线径$\phi 0.2$，长度依要求而定。七芯电缆中，三根为传感器$\pm 15V$电源输入端及公用端，另外四根为东西向、南北向的信号线及输出公用端。电缆从摆房到记录室最好用整根线，如果中间有接头，则每芯都要单独焊接，并用防潮胶布包好密封，以保证良好的绝缘性能。另外，还需架设一根七芯电线，线径$\phi 0.25$，其中用于校准的四根线为步进电机引线，另三根为光电传感器专用。

（5）在记录室安装数据采集器稳压稳流电源、免维护充电直流电池。仔细检查每根线接得是否正确，然后才能打开电源。

2）涡流传感器的连接方式

安装好传感器后，按前置换能器接线要求接通电源，传感器电源电压$\pm 15V$。接线端和公用端地为输入端，NS向信号、EW向信号及公用端地输出端如图$4-2-57$所示。传感器安装位置的调整应使得传感器输出电压在输出特性曲线的线性区域的中间。

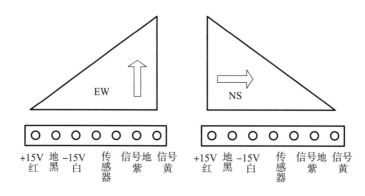

图 4 - 2 - 57　电源输入和信号输出连接示意图

3）摆本体及电涡流传感器的调节

第一步，打开仪器罩。摆的方位定好并安放妥当位置后，打开仪器罩，先拧下仪器罩上四个固定螺钉，并用改锥在仪器罩下面轻轻把罩撬起，注意防止仪器罩密封橡胶圈脱落，然后垂直向上提起一定高度并取下仪器罩。注意在取仪器罩时位置提得高一些，防止碰坏石英系统。

第二步，安装电涡流传感器。打开仪器罩后，首先安装电涡流传感器的前置放大盒，把前置盒放入夹摆器的方框中，用顶丝顶牢，注意：把两个探头放到离石英系统远一点的位置，以防不小心碰坏系统。然后把前置放大器盒引出的五芯电缆线从仪器底板的$\phi 6$孔中穿出，再把记录室引进的七芯电缆线按编号与山洞南北摆和东西摆的连线相接。此时请注意：要先把南北摆和东西摆的正电源并在一起、负电源并在一起、地线并在一起，南北向信号线独立，东西向信号线独立，并甩出两个方向的信号线头和地线的头，连接一个四芯航空插头，用于以后调节仪器的零位时连接数字万用表的检测头。

第三步，松开夹摆装置。用左手食指托住摆锤端的摆杆，右手逆时针方向慢慢地旋转夹摆器的手轮，以防突然松开夹摆器的装置而拉断吊丝，待夹摆器松开，摆锤脱离了两边夹板后，随着吊丝慢慢地拉直，左手便可轻轻地离开摆杆，而后将夹摆器两夹板的间隙调到最大位置，就可以安装传感器探头了。

第四步，调节摆的周期。通过调节摆本体上的调平脚螺钉来调节摆杆的偏转，其中 V_1 为支撑螺钉，V_3 为灵敏度螺钉，用来调节摆的周期，V_2 为旁移螺钉（图 4-2-56）。通过调节 V_3 螺钉，把摆的自振周期调到 8s 左右。然后安装传感器的两个探头，注意此时摆处于自由摆动的状态，装探头时要非常小心，以防碰断吊丝。先把摆锤调到靠夹板的一边，另一边把探头从夹板的 $\phi 14$ 孔中穿出，让探头的金属套出现一个小边并与夹板平行。此时探头面需平行，不能翘起，位置要平正，然后用顶丝顶牢，固定好探头。再调节 V_2 脚螺钉，让摆锤靠向装好探头的一边，再按上述方法装另一边的探头。探头装好后，可用数字万用表直流电压挡来准确地调摆的固有应用周期 T，摆幅大时可把电压挡放在 20V 处。摆锤在两个传感器探头之间摆动会出现交替的正负电压值的变化，此时可用秒表记一个周期的时间，即出现正电压时，按秒表，当摆动一周再出现此正电压值时，按秒表，就正好是一个周期。周期调好后，正转手轮把摆锤轻轻夹住；再反转手轮两圈，使松开的摆锤与探头之间有 4mm 间隙（两边各 2mm）。此时仪器调节完毕，盖上仪器罩，用万用表测量输出信号，轻轻调节 V_2 螺钉，使输出电压达到 $\pm 200mV$ 内居中位置。一台调好后再调另一台摆，两台摆都调好后，稳定一天后再重新检查输出电压是否在 $\pm 200mV$ 以内的居中位置，偏离过大再轻轻调节 V_2 螺钉，使之尽量居中。待仪器稳定后可以用胀盒准确地校准仪器的格值。

4）摆体传感器与主机的连接

图 4-2-58 至图 4-2-60 为各连接插头插座的连线，在安装或检修时需仔细注意，准确使用。

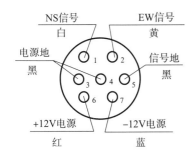

图 4-2-58　信号插座

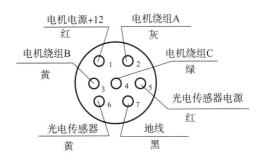

图 4-2-59　校准器插座

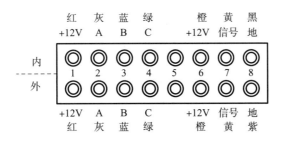

图 4-2-60　内外接线盒连接

153

5）主机工作

（1）主机的工作方式。

SSQ－2I型仪器有两种工作方式：运行方式和监控方式。

运行方式：将后面板上的"监控/运行"开关拨至"运行"位置，再按键盘上的"RST"键或重新开机，此时显示器显示当前时间，并自动定时测量。

监控方式：将后面板上的"监控/运行"开关拨至"监控"位置，再按键盘上的"RST"键或重新开机，此时显示器显示"SSQ2"，用户可以通过键盘进行操作。

（2）监控操作。

监控操作是通过键盘显示板上的键盘进行的，此键盘安排如图4－2－61所示，有25个按键，其中有16个数字键、8个命令键和1个复位键。复位后，仪器显示"SSQ2"，表示系统已进入监控状态，可以接受键盘的命令。这时系统只能接受3种命令。①地址码：地址码由数字键（0～F）输入，同时在显示器的高4位显示。显示器最左位为最高位，依次向右排列，并用第1～8位表示。其中第1～4位为地址码（存储器地址）显示位。输入地址时，由第4位进入，每输入一个数码，原输入的地址码左移1位，新的数码填在第4位。若输入的地址码多于4位，最先输入的数字从左端溢出。②MON键：为进入待命状态0键，按下此键，在显示器最高位显示"P"提示符。③USE键：为进入待命状态1键，按下此键，在显示器最高位显示"P"提示符。

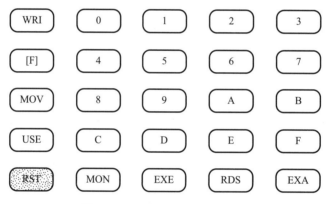

图4－2－61　SSQ－2I主机键盘

（3）主要命令键的功能。

① WRI（存储器数据输入键）：进入监控状态或按【MON】键进入待命状态0；键入存储器地址4位或内部寄存器地址2位十六进制数；输入要写入的内容2位十六进制数，在显示器第5、第6位上显示出来；按下【WRI】键，将内容写入对应地址，同时显示器显示出下一个单元的地址和其内容。若想连续输入，则输入要写入该地址的内容后，按【WRI】将内容写入，同时显示下一地址及内容。

② EXA（存储器加1检查键）：进入监控状态或按【MON】键进入待命状态0；输入想要检查的单元地址，按下【EXA】键，显示器上显示出该地址的内容；若想修改该单元内容，则输入新内容，按【WRI】键，新内容写入，显示器上显示下一地址及其内容，地址向增1方向变；若不想修改该地址内容，按【EXA】键，显示器上显示下一地址及其内

容。地址向增1方向变。每按下一次【EXA】键，检查下一个地址单元的内容，连续按【EXA】键，地址连续向增加方向变化。如果想要向地址减少的方向变化，按【RDS】键。

③ RDS（存储器减1检查键）：在待命状态0下，输入了地址码，并按下【EXA】键，显示器上显示出该地址及其内容，这时按下【RDS】键，显示器上显示出地址码减1及其内容。若想修改其内容，则输入新的数据，按【WRI】键，新内容写入，显示地址加1。若不想修改该单元内容，可按【RDS】键继续检查，每按一下【RDS】键，地址减1，并显示其内容。

④ EXE（连续执行持续键）：在待命状态0下，输入程序的首地址，然后按【EXE】键，程序便从首地址开始连续执行。如果用户程序不对显示器操作，则在显示器的最高位显示提示符"U"，表示仪器已退出监控状态，转向了用户程序。如果用户程序对显示器进行了操作，则提示符"U"消失，并显示用户的内容。

（4）主机工作前的准备。

① 在修改工作参数前必须将内存锁打开。打到监控方式按复位【RST】键后再操作，按【MON】→显示P→输入5FFF→显示5FFF→按【EXT】→显示5FFF##→输入88→显示5FFF88→按【WRI】→显示6000##→按【MON】→显示P。

② 设置自动校准时间的步骤（以每月6日09时40分为例）。打到监控方式按复位【RST】键后再操作，按【MON】→显示P→输入400D→显示400D→按【EXA】→显示400D##→输入06→显示400D06→按【WRI】→显示400E##→输入09→显示400E09→按【WRI】→显示400F##→输入40→显示400F40→按【WRI】→显示4010##→按【MON】→显示P。

③ 设置装置系数即校准的已知倾角值操作步骤：如NS的已知倾角值$\psi = 0.10485''$，EW的已知倾角值$\psi = 0.10536''$，输入步骤如下。打到监控方式按复位【RST】键后再操作，按【MON】→显示P→输入4010→显示4010→按【EXA】→显示4010##→输入01→显示401001→按【WRI】→显示4011##→输入04→显示401104→按【WRI】→显示4012##→输入85→显示401285→按【WRI】→显示4013##→输入01→显示401301→按【WRI】→显示4014##→输入05→显示401405→按【WRI】→显示4015##→输入36→显示401536→按【WRI】→显示4016##→按【MON】→显示P。

（5）主机手控校准操作。

① 打到监控状态→按【RST】复位键→显示"……SSQ2……"状态下→输入指令2650，按【EXE】→开始标定采数SN向V_1、WE向V_1（标定器水银杯在低位处）→电机运行2min到位停1min45s，第二次采数SN向V_2、WE向V_2（标定器水银杯在高位处）→标定器自动启动电机运行2min到位回到标定器水银杯的低位处，等待1min45s，第三次采数SN向V_3、WE向V_3→标定过程完成，然后自动根据V_1、V_2、V_3值计算出NS向和WE向格值。

② 检查显示格值的操作：在监控的方式下，第一道SN向地址码为4017H、4018H、4019H，第二道EW向地址码为401AH、401BH、401CH。

6）日常维护和注意事项

（1）按形变规范要求，水平摆每月在小潮时段自动启动校准并计算出格值。

（2）注意观察主机显示屏，当屏幕 SN、EW 各倾斜物理量超过 $4 \times$ 格值数时［例如，SN 向格值 $0.538 \mathrm{m}(") / \mathrm{mV} \times 4 = 2152 \mathrm{m}(")$］，在此格值灵敏度状态下，主机显示屏显示的倾斜物理量超过 $1900 \mathrm{m}(")$ 时便要进观测洞室调摆，把电压调到 $\pm 200 \mathrm{mV}$ 以内。

（3）更换传感器的操作。① 先断开要更换的传感器电源，即拔掉洞内接线盒 NS 向或 EW 向需更换传感器的航空插头，无需关主机电源。② 打开仪器罩前，先卸下 4 个固定螺钉，再用平口改锥轻轻撬开底边，两手握住仪器罩子垂直向上提起，此时注意密封垫圈不能脱落掉下，碰到石英支架和吊丝。③ 顺时针旋转夹摆器的手轮，加大摆锤的间距，然后旋转位移底脚螺钉让摆锤靠一边，先卸下没靠摆锤向的传感器头，再动位移螺钉，使摆锤靠向另一边，根据摆锤间距大小的需求调手轮，再卸另一边的传感器头。④ 焊下传感器盒的 5 根连线（红线 $+15 \mathrm{V}$、黑线电源地、白线 $-15 \mathrm{V}$、黄线信号输出、紫线信号地）。⑤ 换上新传感器的操作步骤与前面讲的拆卸传感器过程是一样的，先焊线固定传感器盒，然后分别装传感器头。请注意：新换的传感器头在夹块孔中出露的边长是很关键的，最好让传感器头的金属边与夹块孔边平行，传感器头金属边不露出来。然后用顶丝顶紧。⑥ 两边传感器头装好固定后，逆时针旋转手轮传感器头把摆锤轻轻夹住（不要过紧），然后按所给传感器盒标注的 $\pm 3 \mathrm{mm}$ 要求再顺时针旋转 3 圈（1 圈正好是 1mm）。再调节好防靠摆的金属丝头。⑦ 插上航空插头通电，接上检测头和数字万用表，摆运动时万用表会显示正负电压交替变化，最大输出电压 $\pm 8 \mathrm{V}$ 以上属正常。然后盖上罩子，调零位测周期。周期一般不会变化太大，但输出灵敏度会变化，变高或变低。如果稳定后灵敏度变低（即标定格值变大了），可调高周期，达到所要求的灵敏度；如果变高，可降低灵敏度以达到要求。

（4）校准器故障。① 如校准过程中电机出现不停地转动，或者是标定的旋转梁没有在垂直位置停止，而是不到位就出现停止现象，有可能是光电控制管烧坏，需重新更换一套。② 电机控制部分正常执行启动和到位，但电机没有运转，此时标定的输出值没有改变，检查电机 3 组线圈没有交变输出信号，说明标定控制板没有工作，有可能烧坏，需更换。

4. 校准与格值计算

1）格值公式

仪器的格值为：

$$\eta = \frac{\alpha \cdot \Delta H}{\Delta U \cdot S} \times 206265 \times 10^6$$

式中，α 由厂家提供（如 0.5583×10^{-6}）；S 已知；ΔH 是水银杯由最低点升到最高点的高差；ΔU 是水银杯由最低点升到最高点时的传感器输出的电压差。

为了提高 ΔU 的精度，可以重复以上的标定步骤并取均值。

2）格值计算示例

已知：NS 向胀盒常数为 0.5583×10^{-6}，底脚距离 S 为 330mm，水银杯在低位置输出电压 U_1 为 $-175 \mathrm{mV}$，转梁由低点转 $180°$ 到高点时，输出电压 U_2 为 $-352 \mathrm{mV}$，转梁由高处转到低处，回到原来的位置时输出电压 U_3 为 $-176 \mathrm{mV}$，胀盒运行高差 ΔH 为 300mm。

（1）计算水银杯高差变化引起的电压值变化。

$$\Delta U = \left| U_2 - \frac{|U_1 - U_3|}{2} \right| = \left| (-352) - \frac{|(-175) + (-176)|}{2} \right| = 176.5 \, (\text{mV})$$

（2）计算格值。

$$\eta = \frac{\alpha \cdot \Delta H}{\Delta U \cdot S} \times 206265 \times 10^{-6}$$

$$= \frac{0.5583 \times 10^{-6} \times 300 \times 206265}{175.5 \times 330}$$

$$= 0.5974 \times 10^{-3} \, (\text{″})/\text{mV}$$

实际仪器标定通过设定标定时间，其标定和计算过程由软件控制自动化进行。标定指令操作在 SSQ-2I 主机功能部分有详细说明。

4.2.5　钻孔倾斜仪

钻孔倾斜仪是一种在井下测量地壳微量倾斜和记录地球倾斜固体潮的仪器。

1. 工作原理与结构

1）钻孔倾斜仪的工作原理

钻孔倾斜仪的基本工作原理是利用一个竖直悬挂的重力摆来检测地球表面的倾斜变化。在图 4-2-62 中，M 是一个质量块，用细丝或者簧片把它悬挂在封闭的支架内 [图 4-2-62 （a）]，由于地球引力作用，重块必然垂向地球中心。A 和 B 是固定在支架上的两块电容极板，调整初始状态，假设 M 与 A、B 间距离相等，都为 d，当地球表面产生倾斜变化时，仪器支架随地表面倾斜 $\Delta\Phi$，

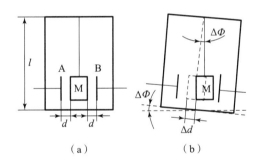

图 4-2-62　基本原理图

（图 4-2-62），重块仍然保持铅垂方向，重块与仪器支架间产生了 Δd 的相对位移。Δd 与 $\Delta\Phi$ 有以下关系：

$$\Delta\Phi(\text{″}) = 206265 \times \frac{\Delta d}{l} \qquad (4-2-34)$$

式中，l 为摆长，即摆的转动中心（悬挂点）到测试点的距离；206265 是弧度与角秒的换算常数。

因为实际应用时倾斜角度非常小，摆长又是不变的常数，因此 Δd 与 $\Delta\Phi$ 是线性关系。

一般情况下，地球表面倾斜变化是很小的，根据地震前兆观测规范要求，需要分辨到万分之二角秒的倾斜量，设摆长为 150mm，应用式（4-2-34）可以计算出必须测量出 1.45×10^{-10} m 的位移变化，即 0.145nm 的位移量。

2）钻孔倾斜仪的结构

仪器可分为主体（探头）、控制箱和记录设备三大部分（图 4-2-63）。

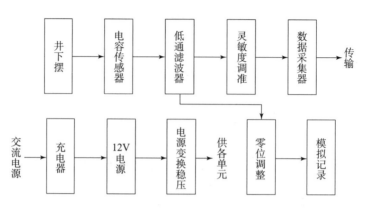

图 4－2－63　整体方框图

（1）探头

探头结构见图 4－2－64，其核心部分是一个竖直悬挂的重力摆。重力摆可以在任意竖直面内摆动，摆的下部设有检测摆的位移量的电容测微器，当地壳产生倾斜时，自由悬挂的摆相对于与地表连接的支撑架产生相对位移，电容测微器将此微小位移量转换成电压变化，经防水电缆输送到地面，地面可以使用模拟记录器进行笔绘记录，也可以通过数据采集器、通信线路、计算机实现地倾斜资料的远程传输与数据处理。

为了便于调整，摆悬挂在可以正交的两个竖直面内灵活转动的摆盒内，摆盒连接在探头外壳上并且可以在任一个竖直面内转动。摆盒下方有两个由电机驱动的调整机构，用来把摆盒调到工作位置，也就是使摆处在电容测微器的工作区域。摆盒内还装有静电校准或电磁校准装置，用来检查全系统的灵敏度。全部探头元件装在一个耐压的密封外壳内，外壳下部连接

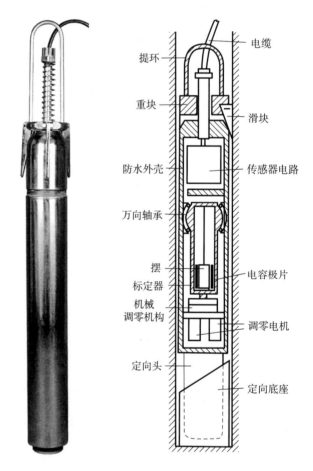

图 4－2－64　探头外形和它的内部结构

着定向头与底座配合，可以把摆放置在所需的方位。探头上部有提环、固紧弹簧、锥形块和三个对称分布的斜面滑块，用来把探头牢固地固定在井孔底部。

（2）电容传感器

CZB－1 型竖直摆钻孔倾斜仪使用电容传感器，先把摆的相对位移量变成电容电

桥中电容参数的变化，再经过转换电路转换为电压的变化，这里只给出方框图（图 4 – 2 – 65）。

（3）控制箱

控制箱是仪器的地面部分，如图 4 – 2 – 66、图 4 – 2 – 67 所示。其主要作用：一是为井下探头提供工作电源；二是对井下送来的倾斜信号进一步处理，放大或衰减、滤波、零位调整后送到模拟记录仪或数据采集器；三是控制井下仪器部分摆的工作状态，使它工作在最佳状态；四是产生校准装置需要的稳定电压与电流，实现系统的校准；五是将传感器产生的信号电压转换成规定格式的数字电压贮存起来，通过网络供用户调用或定时发送。

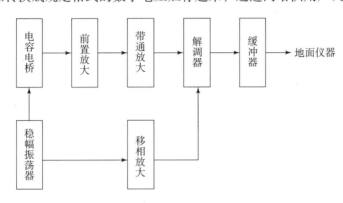

图 4 – 2 – 65　电容传感器电路框图

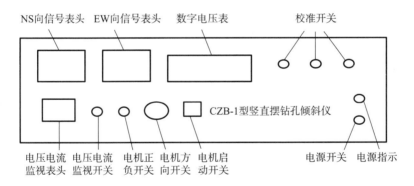

图 4 – 2 – 66　主机控制箱前面板

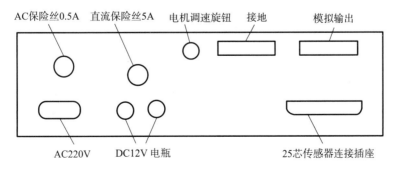

图 4 – 2 – 67　主机控制箱后面板

其功能如下。

① NS 向信号表头和 EW 向信号表头指示井下仪器探头的倾斜方向，指针偏右为"正"，偏左为"负"。

② 电机方向开关，标有 0、1、2 字样，0 为关断，1 为 NS 向，2 为 EW 向。需要调整至哪个方向，首先要把电机方向开关放置到这个方向上。

③ 电机正负开关。上面标有"＋""－"符号，欲使表针向正，就把此开关打到"＋"，欲向负，就打到"－"。

④ 电机启动开关是井下调整机构电机的启动开关，压下后电机立即转动，放开后电机停转。长时间压下，电机连续转；短暂点一下，称为"点动"，则电机微动。

⑤ 电压电流监视开关拨向"电压"，则电压电流监视表头指示井下传感器工作电压，正常指示为 2~3 格；调整井下摆时应拨向"电流"，指示井下电机工作电流，正常为 0.2~0.4 格。按下启动开关，该表无反应，说明电路未接通；按下启动开关该表指示在 1 格以上，说明调整机构卡死，电机转不动。

⑥ 后面板上的电机调速旋钮的作用是控制井下电机的转速，仪器下井后初调时用快速（顺时针旋到底），细调时用慢速（逆时针旋 60° 左右）。

2. 钻孔倾斜仪的主要技术指标

摆长：200mm；

自振周期：约 0.6s；

分辨力：0.0002″；

非线性度：优于 1%；

线性范围：4″；

满量程输出：±2V；

校准重复性：优于 1%；

可调范围：±3°；

通道数：2；

采样率：1 次/min；

交流输入功率：220V/11W。

3. 安装调试与维护

1）安装环境条件

本仪器为钻孔型仪器，适合安装在钻孔底部或者钻孔的中部。井孔尽量选在结构完整的基岩（花岗岩、石灰岩最好）上；覆盖层很厚的地区可以用全密封钻孔（深度要加大），亦可以安装在环境温度年变化不大于 1℃、日变化不大于 0.1℃ 的地方，如山洞、矿井、人防工事及其他倾斜观测室中。观测点的选择应当符合国家地震局制定的《地震台站观测规范》第六章第二部分对于地倾斜观测台址的选择及观测室条件的有关要求。

2）钻孔要求

CZB 型竖直摆钻孔倾斜仪的钻孔要求如图 4－2－68 所示。

（1）钻孔孔深。

钻孔的深度视基岩完整程度而定，一般以 40～80m 为宜。基岩坚硬完整的地区 40～60m；基岩欠完整的地区适当加深到 70～80m；基岩埋藏很深的地区要考虑 90m 以上并用全封闭套管，最下面工作段套管要用无磁不锈钢套管。

（2）钻孔孔径。

在靠近地面的土层和破碎层打 φ173 孔，直到完整基岩处后继续钻进 2～3m，然后下 φ168 套管。完整基岩用 φ150 钻具钻进，保持孔径 150～155mm，快到计划深度时，提前 10m 改用 φ80～φ90 钻具钻进，通过岩芯比较，选择最完整、无裂隙的 4～5m 作为仪器的工作段；计算好仪器工作段下段的深度，在此深度用 φ130 的金刚石或合金钻具把 φ90 孔扩成 φ130 孔，保证磨光后的孔径为 130～133mm。为保证钻孔的对称性，使仪器能顺利下到井底，在变径处应用锥形钻头打成一个喇叭口。

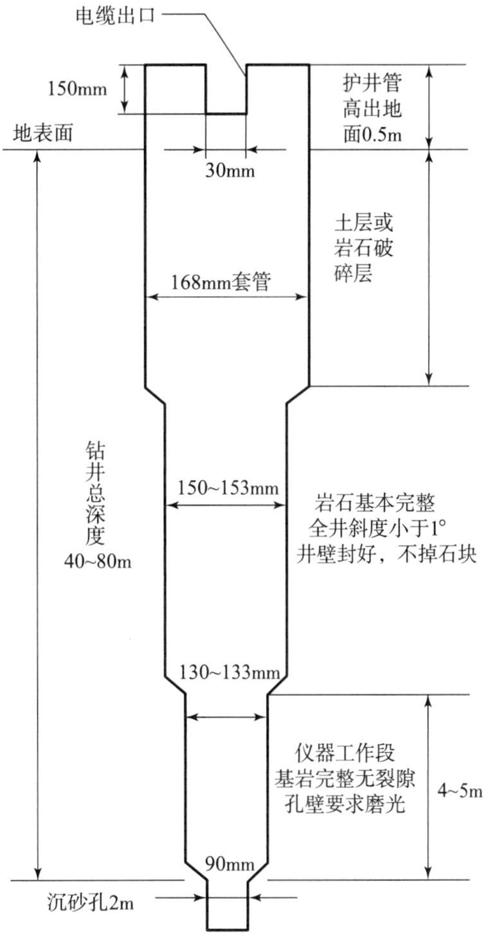

图 4－2－68 竖直摆钻孔倾斜仪钻孔要求

（3）钻孔倾斜度和记录室距离。

孔深 100m 以内倾斜度应小于 1°，200m 以内小于 3°。孔位到记录室电缆长度不超过 30m。

（4）装仪器孔段要求。

装仪器孔段要求岩石完整，4～5m 内无明显的裂隙为好。孔径为 130～133mm，要求孔壁光滑、无裂隙、节理不发育，孔径准确。因此，建议最后 5m 钻进时采用金刚石或合金钻头钻进。应保留 1m 左右的仪器安装孔段的岩芯，放在木箱内长期备查，其余岩芯按顺序排放整齐，便于安装仪器时参考。

3）钻孔处理方法

（1）裂隙、溶洞的处理。遇到破碎带、大的裂隙以及溶洞时应用水泥封井，水泥固结后再钻进。

（2）下套管。钻孔开孔直到钻到完整基岩后，继续钻进 2～3m，然后下相应孔径的套管，套管长度不应小于 6m。要求用水泥将套管固结在孔内。套管应高出地表面 0.5m，套管预留电缆出线槽，并加可以锁紧的井盖。

（3）洗孔。钻孔结束后，用较高压力较大泵量洗井，一个月后孔内沉淀物厚度不大于 0.3m。

（4）井口处理。井口处砌一个 0.6m×0.6m，高 0.65m 水泥井台并加水泥盖保护。井口到观测室最好用较粗的 PVC 塑料管地埋电缆，穿线管内预穿一根引导铁丝。

（5）资料备案。钻孔相关资料务必长期保存，以备安装仪器时使用。① 钻井柱状图、井孔倾斜度、平时水位深度。② 钻井到观测记录室的距离，以及从井口到地面仪器所需要的电缆长度。③ 应要求钻孔施工方指定专门技术人员对钻孔按探孔编录规范进行详细的岩芯编录，绘制 1:200 柱状图及相关资料，一式 3 份。

4）仪器底座的安装和测向

仪器的定向底座下部为固紧装置，用来把底座固定在井孔壁上，使它不能转动和下滑，上部为滑轨和定向槽，用来把探头安放在预定方向上。底座的安装方法是用专用工具使支撑杆收回，使用简易绞车将底座徐徐送到井底或预定深度，再拉起控制钢丝绳，支撑杆会自动弹出，撑紧井壁，底座会自动固定在孔内，再提出吊钩和承重钢丝绳，底座下井安装即告完成。底座的测向是用专用的测向杆进行的，把预先校正好的定向杆一根根连接起来，使传递误差限制在很小范围内，把底座定向槽的方向传递到地面上，用罗盘测定磁方位角，再加上当地磁偏角改正，得到底座定向槽的真方位角。在探头安装位置地磁场正常情况下也可以用电子罗盘仪测定底座方位，将装有罗盘的测向仪连接测向头，下到井底，使定向头与底座方位一致，在地面读取罗盘读数，再加上磁偏角改正，得到底座的真方位角。

5）下井部分安装

（1）仪器下井前应做的准备工作。

① 根据已测定的底座定向槽方位角，调整仪器下端定位头与传感器零方向的夹角，以使下井后传感器处于正北正东方向。

② 检查仪器，按步骤进行地面调试，确认各功能部件工作正常无误方可下井安装。

（2）仪器下井安装方法。

仪器的下井可以使用简易绞车，下井时应十分注意电缆与绳索同步，电缆若下得过快，就会挤入仪器和井壁间隙中，造成下井或以后提出困难。下井过程中要避免探头受到震动和碰撞。

仪器的定向头接触底座时，可以感觉到定位销在滑轨上的摩擦，着底时有"咯"的一下震动，如感觉不明显，可以轻轻提起，再慢慢落下仔细体会，在电缆上做上标记，反复几次，比较仪器几次下去的深度，取最深位置为正确的定向位置。

仪器定向好后快速放松钢丝绳，使仪器上端的弹簧把斜块压紧，晃动钢丝绳，使吊钩脱离探头上端的提环，取出钢丝绳。再用钢丝绳吊一重锤轻轻敲打仪器顶端，使仪器与井壁紧密结合，提出绳索，下井完成。

（3）井下仪器的调整。

① 把探头屏蔽电缆的 25 芯插头插到机箱后面板的插座上并锁紧。

② 将仪器接通 220V 电源，打开电源开关，电源指示灯应正常发光。

③ 电机调速旋钮放快速。根据 NS 表头和 EW 表头显示的正、负，将方向开关、正负开关放在正确位置至关重要。例如，NS 向表头显示正满格，EW 向表头显示负满格，即

NS 要向负调，EW 要向正调才能到工作区。先将方向开关打到 NS，正负开关打到"－"，这时应该把面板上的监视开关打向"电流"，即显示电机运转电流，压下电机启动开关，可以看到监视表头有指示，正常应在 0.5 小格以下。因为井孔都有斜度，仪器放入井下，可能倾斜很严重，需要较长时间持续按下电机启动开关。NS 向、EW 向应交替调整，直到两个方向表头指示都快速过零。

④ 电机调速旋钮放慢速。将方向开关打向 NS，正负开关打向需调整的正负位置，断续压下电机启动开关，即压一下停一下，再压一下停一下，称为"点动"，有时甚至可以点一下立即放开，直到表针跑到合适位置。

⑤ 用同样的方法调整 EW 向，直到 EW 向表针移到合适位置。

⑥ 由于 NS、EW 是同一个摆，调整一个方向会影响另一方向，交替微调 NS 向和 EW 向，最后一定使用"点动"，直到两方向表针都在满意位置且自由晃动。

在日常工作中，信号表头满格或者将要超出数采工作范围，输出信号电压接近 2V 时，则要启动井下电机进行机械调零。方法同前，只需按上面的③、④、⑤、⑥款内容操作即可。

（4）传感器工作。

传感器进入工作区的三个标志。① 调整电机时从正到负或从负到正，信号表针能快速"过零"；② 受地脉动影响，表针灵活晃动；③ 扳动校准开关，可看到表针微量变化（约 0.2 格）。

6）记录部分的连接

仪器除了本身提供的数据采集系统外，可以将符合中国地震局数字地震前兆网络协议的多个厂家生产的各种型号的数据采集系统连接使用。数据采集系统所需的信号从机箱内滤波输出端取出，此信号变化范围为 －2～+2V。用专用屏蔽线由机箱后面板接线架引出信号接到采集器输入端，注意屏蔽网一定要接零电位。

7）故障与检修

（1）钻孔倾斜仪的故障分析和检修方法。

钻孔式仪器不同于山洞仪器，主体部件在几十米井下，要检修，需要把仪器探头部分从井下提到地面上来，打开密封盖，才能进行；检修完还要重新安装到井下，比检修山洞仪器复杂得多。因此要求使用者和检修人员清楚地了解仪器各部分的原理和结构，根据故障现象正确地检查分析故障原因，必要时通过一些试验找明原因后正确地进行修理。根据仪器可能产生的故障，通常检查的方法有以下几种。

① 外部观察法。充分利用仪器面板上的指示部件，像指示灯、表头以及面板上的旋钮、开关等进行检查、分析。

② 万用电表检查法。用万用电表可检查交直流电源的电压、稳压部分是否正常。通过各关键点的电压比较分析，能找出故障原因和故障位置。

③ 分段检查法。通过级与级之间的插接件、开关的断开、交换位置等，可以判断出故障部位。

④ 交换替换法。由于 NS、EW 两个方向的线路完全一样，所以可以交换连接进行试记，根据试记结果分析判断故障部位。但在试验结束后一定要恢复至原来的状态。否则，轻则造成井下不能调整，重则造成仪器严重损坏。

⑤ 井下仪器震动检查法。如果井下仪器未固定牢固，会在记录上引起跳动。这时可以打开井口，抓住电缆在井口外甩动，使波动传到仪器，经一个机械冲击，看记录笔头和信号表针是否变化。如果井下探头已经与井壁结合紧密，这时候笔头仅移动几个毫米；若笔头跑出很远，说明未固定紧，需要加固。

（2）典型故障的检修举例。

① 记录大部分时间正常，但有时乱画 ［图 4 - 2 - 69 （a）］，有可能是电源供电不稳造成的，需测量每天记录不好时段供电电压是否太低或太高。解决办法是增加稳压措施，保证电压波动在 220V ± 22V 以内。

② 一贯记录正常，突然两方向笔头靠边，这种情况要观察两个信号表头，如果仅是笔头靠边，信号表头变化并不明显，有可能是受到整个仪器探头微量下沉的影响，这时候只要调整一下笔头即可恢复工作。如果两个信号表头都靠边，应先检查供井下的 +9V、-9V 电源是否有一路损坏。若没损坏，则可能井孔有较大的沉降，可开动井下电机调整。

③ 两个方向同步产生台阶"掉格"。这可能是由于井下机械耦合太紧，一般说这种同步的"台阶"随着力量释放会越来越少，越来越小，直至自然消失 ［图 4 - 2 - 69 （b）］。

④ 原来记录很好，突然一个方向或两个方向的曲线出现毛刺（频率较高）［图 4 - 2 - 69 （c）］，可以把井下连接控制箱的 25 线插接头拔掉，记录应为直线，曲线如果仍有毛刺，原因可能是在机箱内。若拔掉 25 线插头后记录走直，说明故障在井下。

⑤ 记录曲线有长周期畸变。这种畸变一般都是较长期的，一个周期可达到 10 ~ 20min，甚至更长时间 ［图 4 - 2 - 69 （d）］。这种情况一般是由于井下未固定好，仪器未坐稳，耦合松动，或仪器耦合面上有泥沙，造成长时间蠕变。这时可采用原位重下法试之。

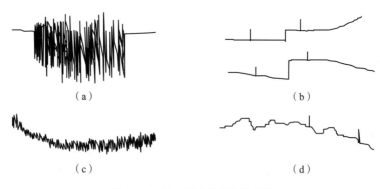

（a）

（b）

（c）

（d）

图 4 - 2 - 69　典型故障检修举例

⑥ 漂移比较大。一般刚安装的仪器漂移大，过几天会越来越小，一个月后降至 0.01（"）/天，若一直向一方向"漂"，也有可能是耦合松弛造成的，也可能是沉积层上的井孔、钢管自身的重量，不断沉降，造成持续"漂移"，这种漂移可能会持续多年。有的岩石孔会受降雨和周围灌溉影响，朝某个方向倾斜。

⑦ 平时记录很好的固体潮曲线形态畸变，甚至消失，倾斜方向反常，这时用上述方

法排除仪器本身故障，如确认仪器正常，应考虑地震或别的原因造成的地倾斜异常，应密切注视。

⑧两笔头突然大幅度乱画。一向工作很好的仪器，突然两方向大幅度乱画，甚至无法平静下来，调节各旋钮也无济于事。有可能是探头内进水，但这种情况极少遇到。只有提出来打开修理。

4.2.6　校准与格值计算

本仪器装有静电校准和电磁校准装置。其原理是人工模拟一个力作用于摆体，相当于地壳倾斜时，重力作用于摆的水平向分力使摆偏移一微小角度，可以用来测定整个测量系统的灵敏度。

1. 静电校准原理

静电校准是在摆的一侧装上一个电容片，与摆体形成一个电容，在电容上加一定电压，产生静电引力，把摆吸引过去；摆离开原平衡位置，重力作用的水平分力就不为零。从图 4-2-70 中可看到，重力的水平分力为 $mg \cdot \sin\theta$，随着 θ 值的增大，此力也增大，偏到某一位置此力与静电力相等，二者方向相反，摆就稳定在这个位置。

$$\frac{\varepsilon_0 A \cdot U^2}{4\pi d^2} = mg \cdot \sin\theta \qquad (4-2-35)$$

式中，A 为极板面积；U 为两极板间电压；d 为极板间距。

电容极板、校准电压固定后，静电力也为一个定值，θ 角亦为定值。如图 4-2-71 所示，当模拟记录纸上产生位移为 L 时，整个系统灵敏度为：

$$\eta = \frac{\theta}{L} [(")/\text{mm}] \qquad (4-2-36)$$

式中，θ 为在实验室测定的相对于一定电压的校准常数。

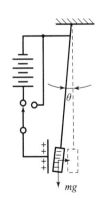

图 4-2-70　静电校准原理

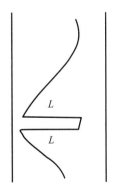

图 4-2-71　校准记录

2. 电磁校准原理

电磁校准装置是在摆体上装一个小的磁体，在磁体轴线上装一组线圈，线圈固定在摆盒上。当线圈通入电流时，产生的电磁力为：

$$F_L = K \cdot I \qquad (4-2-37)$$

式中，K 为特定的常数，与磁体强度、位置、线圈匝数、通过电流有关；I 为通过校准线圈的电流；F_L 为作用在摆上的电磁力。

此力吸引或排斥摆离开原平衡位置，偏转某一角度后，重力水平分力与电磁力平衡，即

$$K \cdot I = mg \cdot \theta \qquad (4-2-38)$$

$$\theta = \frac{K}{mg} \cdot I \qquad (4-2-39)$$

此处，θ 与 I 成正比，当电流固定后摆的偏转角是一个常数，即 θ 是一个常数，仪器出厂前在实验室已经测定给出。每次校准时仪器输出信号就会产生一个电压脉冲，从采集数据中找出该脉冲的幅度 ΔV，可根据下式计算系统的灵敏度：

$$\eta = \Delta V / \theta \qquad (4-2-40)$$

举例：某台仪器出厂给出 $\theta_{NS} = 0.1028''$，$\theta_{EW} = 0.1250''$，从采集数据中找到校准电压幅度 $\Delta V_{NS} = 65.06 \mathrm{mV}$，$\Delta V_{EW} = 91.24 \mathrm{mV}$。计算格值。

$$\eta_{NS} = 0.1028/65.06 = 0.00158[(''){/}mV]$$

$$\eta_{EW} = 0.1250/91.24 = 0.001370[(''){/}mV]$$

4.2.7 洞体应变仪

洞体应变仪（伸缩仪）是安装在山洞内用来测量地壳表面两点间应变量的。

$$\varepsilon = \frac{\Delta L}{L} \qquad (4-2-41)$$

式中，L 为基线长；ΔL 为基线变化量；ε 为应变量，即单位长度的相对变化量。

图 4-2-72 是安装在台站洞体内的 SS-Y 型伸缩仪的主体。

4.2.7.1 工作原理与结构

1. 伸缩仪工作原理

SS-Y 型伸缩仪是洞体应变仪中的一种，它以线膨胀系数极小的含铌特种因瓦材料为基线，如图 4-2-73 所示。校准器、位移传感器及与其相邻的一个框架安装于测量墩 B，固定座安装于固定墩上，基线一端 A 与固定座固定连接，基线由测量方向无阻力的悬吊系统托起；悬吊系统由框架及吊丝组成，每隔 1.5m 设立一个支墩，框架固定在支墩上；基线的另一端连接一片直径大于 24mm 的金属极片（亦称被测面）或差动变压器线圈；电涡流传感器的探头或差动变压器的可动铁芯固定在校准器上。

图 4-2-72 安装在洞体内的
SS-Y 型伸缩仪主体

B 端称为测量端。

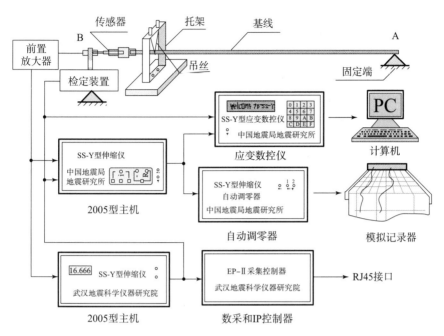

图 4 - 2 - 73　伸缩仪原理结构示意图

伸缩仪基本原理如图 4 - 2 - 74 所示，以 A 点为基点（固定端），B 点为测量端，L 为基线长。上图为初始架设状态。当地面发生拉伸（或压缩）时，B 点相对于 A 点产生微小变化 ΔL，以电涡流传感器为例，探头与金属极片的间距为 $0.4 \sim 1.2\,\mathrm{mm}$，相对于基线 L 可以忽略不计。当固定墩与测量墩之间距离变化时，在特定的环境下，基线长度 L 不变，探头与极片之间的间距随之变化

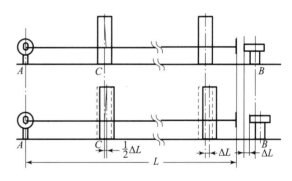

图 4 - 2 - 74　伸缩仪原理示意图

ΔL。每一个支架墩相对于基点 A 也产生变化，假定地面是均匀结构，如基线中点 C 相对于基点 A 伸长 ΔL。位移传感器将此变化转换成电压变化，经过前置放大器。由电缆传输至主机输出。通过灵敏度、格值等换算，便可计算出应变量的变化。

2. 伸缩仪结构

1）主机

主机主要功能：为前置放大器提供电源，接收前置放大器的输出信号，并将信号转送至自动调零器或应变数控仪，同时也转送给地震前兆数据采集器或 EP - Ⅲ型 IP 采集控制器进行数据采集、传输和联网，有关 EP - Ⅲ型 IP 采集控制器的校准等操作请仔细阅读相应的说明书。

（1）2000 型主机结构。

2000 型主机的另一个主要功能是自动校准与电零位调整控制。图 4 - 2 - 75 为主机面板图。在一般情况下"1"为 EW 向，"2"是 NS 向（以下同）。所以"输入 1"接 EW 向前置盒，"输入 2"接 NS 向前置盒；"校准 1"接 EW 向校准电机，"校准 2"接 NS 向校准电机；"输出"中，"1"为 NS 向前置器模拟电压输出，"2"为 EW 向前置器模拟电压输出。分别转送给地震前兆数据采集器或模拟自动调零器，经自动调零单元后输出给自动平衡记录仪，进行固体潮汐曲线记录。"通信"口接应变数控仪，以便全自动校准及数采传输和联网。

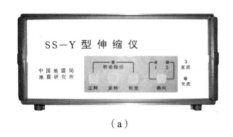
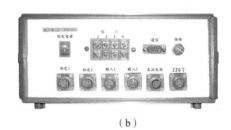

（a）　　　　　　　　　　　　　　　（b）

图 4 - 2 - 75　主机前后面板
（a）前面板；（b）后面板

主机前面板的灰色部分是校准电机控制键，其按键功能如下。（a）"换向"：每按一次键，系统控制对象更换一次测向，此时对应的指示灯亮，并发出短、长声"嘟、嘟……"。（b）"正转"与"反转"：每按一次键，电机旋转一步，如连续按键不放，则电机旋转连续；正转时输出信号变小，反转时输出信号变大。（c）"校准"：每按一次键，本机将控制电机旋转，做一次校准。（d）"转动指示"：当电机旋转时，该指示灯亮。

当使用上述校准电机控制键时，必须将后面板上的"校准电源"打开。在主机的后面板上可以进行电零位操作和校准操作。

① 电零位操作。（a）打开后面板上的"校准电源"开关；（b）将电压表连接在后面板相对应的操作测向输出接线柱上，并记录下操作前原始电压值 U_1；（c）按"正转"与"反转"键，使输出电压在零附近，并记录下操作前原始电压值 U_2；（d）关闭后面板上的"校准电源"开关；（e）按规范要求计算改正值 $\Delta = (U_1 - U_2)\eta$。

② 校准操作。（a）打开后面板上的"校准电源"开关。（b）按"换向"键，选定要操作的测向。（c）将电压表连接在后面板相对应的操作侧向输出接线柱上，并记录下校准前原始电压值 U_0。（d）按"校准"键，本机将控制电机旋转，做一次校准，发出长"嘟"声后校准电机开始转动，来到位后，停留 30s，发出一声短"嘟"声，此后 5s 内供记录第一个校准测试数据 U_1，接下来校准电机又一次开始转动，停留 30s 后，连续发出两个短"嘟"声，此后 5s 内请记录第二个校准测试数据 U_2。依此类推，直至连续发出 10 个短"嘟"声，记下第 10 个校准测试数据 U_{10}，校准结束发出"嘟"声后，请记录下返回测量点的电压值 U_{11}。（e）关闭后面板上的"校准电源"开关。（f）根据格值公式计算格值。

（2）2005 型主机结构。

2005 型主机与 2000 型主机不同，见图 4 - 2 - 76。它没有调零和校准控制功能，只有校准工作电源和步进电机工作电源指示，其控制来自 EP－Ⅲ型 IP 采集控制器。有关操作见其说明书。后面板上有温度连接插座，直接与温度仪前置盒连接；有三个信号插座，与位移传感器前置盒连接，一般情况下 1 号接 NS 向，2 号接 EW 向，3 号接斜边；有四个信号输出，接 EP－Ⅲ型 IP 采集控制器，1、2、3 输出应对应其输入，4 号为温度输出，注意输出接头为上正下负。本系统采用五芯航空插头座，其接线请参考图 4－2－88。所不同的是正负电压值：位移传感器电压为 ±20V，温度传感器电压为 ±9V。

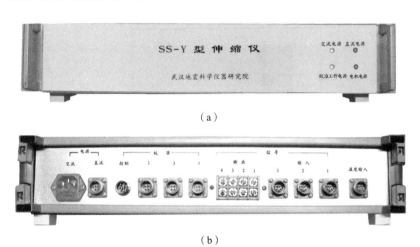

图 4－2－76　伸缩仪主机

（a）2005 型主机前面板；（b）2005 型主机后面板

2）基线

基线是伸缩仪的最基本部件，是仪器漂移的主要来源。指标要求仪器的日漂移不大于 10^{-8}，此日漂移要求基于特定的环境，即仪器安装的洞体温度日变化不大于 $0.03℃$。在这两个指标条件下，基线材料的线膨胀系数必须小于 $0.33×10^{-6}K^{-1}$，即选择线膨胀系数小的含铌特种因瓦材料（Nb－Invar），而不是石英（$0.6×10^{-6}K^{-1}$）。要做到基线热漂移影响小，就要使洞体温度日变化不大于 $0.02℃$。

3）校准装置

校准器依据的是斜楔块产生微位移的原理，如图 4－2－77 所示。步进电机转动，带动弹性连轴，使测微头随之转动，从而使斜楔块产生 X 方向位移，进而使滑块产生 Y 方向微位移。探头座与滑块连接，因而步进电机转动，使传感器的探头产生一定的微位移量，从而达到校准目的。若步进电机步距选择 $6°$，则 60 步使步进电机轴转一圈，带动测微头转一圈，使斜楔块在 X 向位移 0.5mm。设斜楔块斜面斜率为 1:50，则滑块 Y 向位移量为 0.01mm，步进电机走一步，滑块的位移为 $0.167\mu m$。步进电机由应变数控仪控制。在实际应用中，为了提高校准测量精度，减小机械空程误差，则采用大步距单向校准法。其具体方式见图 4－2－78，工作点 A 退 4 圈，紧接着进 2 圈，到达 1 号点，此时停 30s，供读数（或采集）；再进 4 圈到达 2 号点，同样停 30s，供读数（或采集）后，连续退 6 圈进 2 圈到达 3 号点。以此类推，到达 10 号点后，退 2 圈返回工作点，反复 5 次，记录了 10 个数据，产生 9 个差值，供计算灵敏度与格值用。校准工作时间先后不到 6min。大步距单向校准法不仅消除了机械空程误差，而且使校准区就是日后的工作区。由于校准时间短，不再受潮汐变化所带来的误差影响，也不必再选择波峰、波谷或小潮汐时校准。由于是自动校准，避免了人进洞对仪器的影响，所有这些均为提高校准精度提供了保证。零位附近是最佳工作点，在校准前，先将工作点回归到零位，系统将自动控制零位跟踪，校准过程也可人工操作，此时也应采用大步距单向校准法进行。

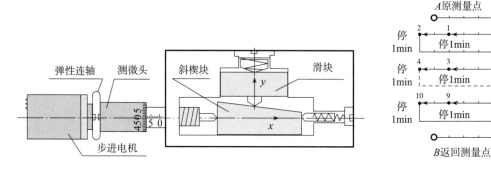

图 4 – 2 – 77　校准器结构示意图　　　　　图 4 – 2 – 78　大步距单向校准法

4.2.7.2　伸缩仪的主要技术指标

分辨力：优于 1×10^{-9}。

漂移：$< 10^{-6}/$年。

换能器的灵敏度：优于 $0.01 \mu m$；量程：$> 100 \mu m$；非线性度：$\leqslant 1\%$。

校准器的灵敏度：优于 $0.2 mm$；重复精度：$\leqslant 1\%$。

输出：自动调零模拟输出或数字输出。

供电：$220 \times (1 \pm 20\%) V$。

4.2.7.3　安装与维护

1）仪器洞室墩位设置

安装完成后做好密封保温罩，目的有两个：一是保温，减少温度变化的影响；二是密封，减少气流的干扰。有的台站在泡沫板周围覆盖一层农用薄膜，密封保温效果更佳。测量墩和固定墩之间的基岩应无裂隙和夹层，否则降雨干扰相当大。

2）校准器、固定座及支架的安装

根据仪器洞室墩位设置图，在各墩面上划出仪器安装中心线，用配置的膨胀螺丝将校准器、固定座、支架固定在仪器支墩上。注意固定座、支架安装与墩面上画出的安装中心线对齐，再放置基线杆。

3）基线与吊丝安装

按照一个支架 2 根吊丝的数量，预先剪成一段段约 24cm 长的吊丝，在两个吊丝调节杆上先预留，一边上吊丝一边调节基线杆，每根吊丝两头旋绕在各自调节螺杆的吊丝压紧垫圈之间，并注意旋绕方向（图 4 – 2 – 79），然后由吊丝压紧螺母压紧。安装吊丝时，注意不要折弯，并且在整个安装调试过程中，也要注意不能折弯。调节螺杆可以上下微量调节，使基线杆保持在中心线位置及适当的高度，最后要保持两根吊丝松紧程度一致。图 4 – 2 – 80 为支架安装完成后结构图。

…

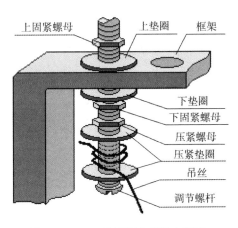

图4-2-79　吊丝调节螺杆安装图

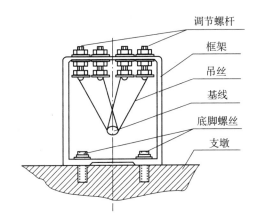

图4-2-80　支架安装图

基线连接如图4-2-81所示，要正确安装，否则会影响仪器正常工作。安装时，一边连接因瓦棒，一边用吊丝将因瓦棒吊于支架中。整个基线连接完后，在测量端的因瓦棒端头装上极片，并注意测量

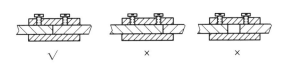

图4-2-81　基线连接示意图

面与安装中心线垂直，且调节吊丝，使金属极片面中心点对准传感器探头中心，两个面保持平行，然后逐个调整各支墩吊丝，使因瓦基线成为一条直线，并与仪器中心线对齐，可以反复多次，调试完后，将固定墩一端的因瓦棒固定于固定座上。

4）传感器安装

（1）电涡流传感器安装。

电涡流传感器探头与被测面安装见图4-2-82和图4-2-83。先将探头安装在标定器上，注意不要让探头电缆打绞，探头电缆与探头一起旋转，然后把探头固紧螺母上紧，使探头与金属极片被测面中心对齐，探头面与被测面尽可能平行（或使探头垂直于被测面），探头电缆的另一端与前置盒连接。前置盒放在一个合适的位置，垫放在一块泡沫塑料之上，并使探头电缆自由悬放。

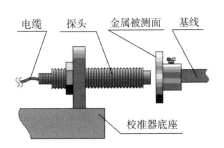

图4-2-82　电涡流传感器安装

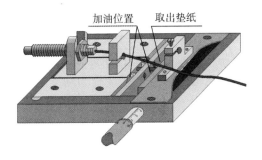

图4-2-83　涡流探头在校准器上的安装

（2）差动变压器安装。

差动变压器的安装见图4-2-84和图4-2-85。先将线圈固定在线圈套上，通过线圈套和基线棒连接，在连接时注意不要有间隙。通过铁芯夹将可动铁芯套安装在校准器上，由螺母固定。线圈与可动铁芯的位置需要调节，可动铁芯上标有一条安装线，线圈端面对准安装线时，传感器输出在零位附近，但由于高传感器灵敏度，需要仔细调整。调节支架上的吊线，将线圈调成水平，可动铁芯应平行于线圈内孔，不能有摩擦感。传感器电缆与前置盒通过四芯插头连接；引线应放置自如，不要有任何阻力。

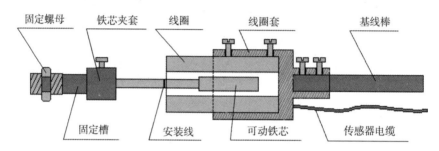

图4-2-84　差动变压器探头安装

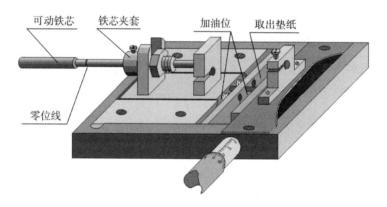

图4-2-85　可动铁芯在校准器上的安装

（3）前置放大盒。

前置放大盒侧面板上的3个接线柱是为了监测信号而设置的，中间接线柱为信号地线，靠近五芯插座的接线柱为前置放大器的输出信号，另一边的一个接线柱为未经放大的传感器输出信号。五芯插座针脚定义见图4-2-86，两种传感器相同。图4-2-87为差动变压器传感器的实物照片和线圈接线图。

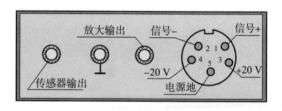

图4-2-86　伸缩仪前置放大盒

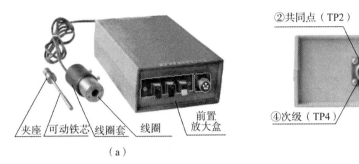

图 4-2-87 差动变压器

(a) 传感器；(b) 线圈接线图

（4）传感器与前置放大器更换。

① 拆卸。（a）将前置放大器的供电信号插头拔下，使前置放大器及传感器断电。（b）将前置放大器盒底部 4 个小孔内的自攻螺丝旋下，将盒子打开。（c）将传感器探头电缆连接传感器、前置放大器的插头小心拔下，使前置放大器与探头分离。（d）拿开校准器的有机玻璃罩。松开 4 个底板压块的螺丝，使校准器可移动。（e）小心地将传感器探头（或可动铁芯）取下，更换电涡流传感器时，特别注意探头与探头电缆同时转动，否则可能损坏电缆或探头。更换差动变压器时，应松开线圈套和基线棒连接的螺丝。至此，旧的前置放大器及传感器已拆卸完毕。

温馨提示：前置放大器、传感器、探头是配套的，因此必须一起更换。

② 安装。电涡流传感器的探头放置在前置放大器盒子里，请小心取出。（a）按拆卸步骤反向操作，将探头（或可动铁芯）装于校准器上，固紧时只需用手，而不用扳手使劲固紧。（b）将探头电缆插头穿过前置放大器塑料盒侧板上的大圆孔，将插头插入传感器前置器，然后将盒子盖上固定，或将差动变压器线圈套与基线固定。

③ 调试。（a）移动校准器底板，使探头居于因瓦棒上金属极片的中心。同时探头与因瓦棒在一条直线上，或使可动铁芯的安装线与线圈端面对齐，并保持平行，（b）将前置放大器插头插上，使前置放大器与传感器都供上电。用数字表监测前置放大器输出信号。（c）校准器中心点的调整：用手轻旋弹性连轴，使测微头读数在标定中心点 [（a）中]。（d）重复步骤（a），并使探头与金属极片间隙发生变化（可用扳手或老虎钳轻轻敲底板），此时，前置放大器输出信号会跟着变化：间隙减小，输出信号减小；间隙增加，输出信号增加。（e）将底板上的 4 个固定块固紧，使底板与仪器墩连在一起：首先检查底板与墩面接触是否平整，如不平整，要用硬物垫平整；其次，4 个螺丝旋紧时，不能先旋紧某一个螺丝，要慢慢地把 4 个螺丝几乎同时旋紧，这样底板不容易变形。在上述步骤中，需同时监视输出信号大小及探头与因瓦棒是否在一条直线上。输出信号大小要求调整在 ±100mV 之内，否则需重新调整。（f）盖上有机玻璃罩，放好前置放大器盒子，注意探头电缆要自然平整。再检查前置放大器输出信号，要求前置放大器输出信号在 ±100mV 之内。（g）盖上泡沫封板。试记 1~2h，待仪器稳定后，重新进行自动标定。标定重复精度要求小于 2%。

5）布线与密封

从测量墩到记录室布线，一根为前置放大器的信号电源电缆，一根为步进电机控制电缆（图4-2-88）。布线时要注意整齐，两端要留出余量。焊接好各自插头，注意反复检查两次以上，无误后，逐步通电。用万用表检查前置放大器的插头（插头不要插入前置放大器）处的电压值是否正确，正确方可连接所有连线插头，注意在关掉电源后进行连接。此时可再次通电调试。

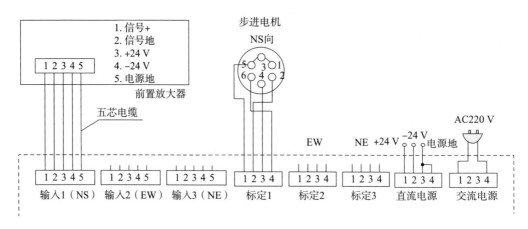

图4-2-88　仪器接线图

整个仪器架设完成后，就可加盖泡沫板密封保温罩，在周围覆盖两层农用薄膜，待仪器状态渐趋稳定，就可以开始精密调节。

6）整机调试与校准

将校准器测微头调到合适位置（即进行校准操作时的零位）。微调校准器底板，使探头与金属极片面中心对齐、平行（差动变压器的可动铁芯在线圈中心），微调两者之间的间隙或距离，使前置放大器输出信号在零附近。将主机与EP-Ⅲ型IP采集控制器连接起来。经一二天后，漂移减小，调整衰减器，提高仪器记录灵敏度，可以记录到清晰的固体潮曲线。试记结束，手动校准器的测微头，再次将前置放大器输出调到零附近，进行仪器校准。此后便可正式记录。注意：校准器是高精密的机械装置，所以要避免灰尘与沙土等侵入，在做校准之前必须清洗干净，并加足清油（一般可用缝纫机油），试校准2~3次后，再正式校准3次，确认重复性良好后，再进行格值计算，否则格值就会产生较大的偏差。格值偏差较大时，可用千分表加以校核。

注意：出厂时提供的 Δl 在百分规某一中心位 $l_{中} \pm 3mm$ 的范围内。如果与电零位相偏离，应调整校准器的位置。

特别提示：在与其他二次仪表配套使用时，请注意相应的使用说明。

7）远程控制

（1）主机与IP采集控制器连接。

EP-Ⅲ型IP采集控制器是连接网络的远程控制器，与伸缩仪主机连接，不仅能自动完成数据采集、校准、格值计算、编制工作日志等工作，还可以通过网络连接远程下载所采集的数据和实现各种控制。连接线有两条。

（2）输出信号连接。

伸缩仪主机输出信号与 IP 采集控制器的八芯 PLT - 16 航空插头相连，其管脚定义如表 4 - 2 - 4 所示。

表 4 - 2 - 4　信号连接管脚定义

管脚号	1	2	3	4	5	6	7	8
通道	CH1	CH2	CH3	CH4	CH5	CH6	×	地
SS - Y	NS	EW	斜边	洞温	×	×	×	地
八芯电缆颜色	红	黄	蓝	绿	橙	紫	酱	白

（3）控制线连接。

伸缩仪的校准控制插座与 IP 采集控制器的九芯 φ16 航空插头相连，其管脚定义如表 4 - 2 - 5 所示。

表 4 - 2 - 5　控制插座管脚定义

管脚号	1	2	3	4	5	6	7	8	9
电缆颜色	红	黄	蓝	绿	橙	紫	酱	白	灰

（4）仪器常数设置。

运行计算机浏览器，在地址栏输入 IP 地址"http：//10.3.18.200"就可以访问仪器设置页。网页做成下拉菜单的形式，通过点击网页的各链接，可以对仪器进行设置。除用户设置、网络设置、仪器设置外（请参照有关说明书），各项设置操作不需要用户名与密码认证。"通道设置"要准确填写，参见图 4 - 2 - 89。

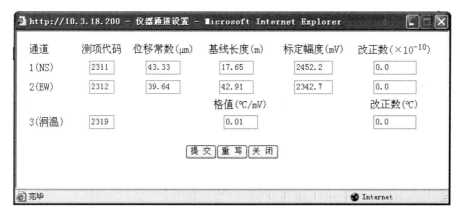

图 4 - 2 - 89　通道设置

（5）远程控制和数据下载。

只要得到台站的 IP 地址，在有网络连接的任何一个地方，在计算机浏览器中输入该地址就可以访问仪器主页。主页做成下拉菜单的形式，通过点击主页的各链接，可以对仪器进行远程校准、监控、下载数据等操作。仪器主页与仪器设置页具有类似的风格，操作也相似。

（6）自动校准。

点击首页的"校准"，选择需校准的分量，各个分量可以同时进行校准操作，也支持各个分量的单独操作。启动校准后，整个标定过程（包括动作、计算、记录）自动完成，不需要人工参与，也不要中断。整个校准过程需要 5min。操作结束后，机内将自动生成校准表格，待以后下载调用。

4.2.7.4 格值计算

1）计算公式

（1）电压校准格值（供数控仪与采集仪使用）。

$$\eta' = \frac{\Delta l}{\overline{\Delta U} \cdot L} \times 10^{-6} (\mathrm{mV}^{-1}) \qquad (4-2-42)$$

式中，Δl 为校准器位移常数，单位为 μm，此值出厂时提供；L 为基线长度，单位为 m；$\overline{\Delta U}$ 为电压差的绝对值均值，单位为 mV。

（2）模拟记录格值（供模拟记录使用）。

$$\eta_{\mathrm{mm}} = 0.08 \frac{\Delta l \cdot \beta}{\overline{\Delta U} \cdot L} \times 10^{-6} = 0.08\beta\eta' (\mathrm{mm}^{-1}) \qquad (4-2-43)$$

$$\eta_{格} = 0.2 \frac{\Delta l \cdot \beta}{\overline{\Delta U} \cdot L} \times 10^{-6} = 0.2\beta\eta' (格^{-1}) \qquad (4-2-44)$$

式中，β 为衰减倍数。

（3）计算重复精度。

重复性表示位移传感器或测量装置的输入量按同一方向作全量程连续多次标定时所得输出特性不一致（离散）的程度。重复特性的好坏与许多随机因素有关，可以用以下两种方法计算。

① 重复性一般可用极限误差来表示，即用校准数据与相应行程输出平均值之间的最大偏差值占满量程输出的百分比表示重复性。

$$重复性(R) = \pm \frac{校准值与均值之最大误差(\Delta_{\max})}{满量程(Y_{\mathrm{FS}})} \times 100\% \qquad (4-2-45)$$

这里，使用已经校准过的数采仪或数字电压表测量，其测量值作为校准读数，重复两点的读数差就是校准值，其均值也就是满度值。

② 重复误差是随机误差，用极限误差来表示就不太合理，用标准误差来计算重复性指标是比较合理的方法，具体计算方法如下：

$$R = \pm \frac{2\sigma \sim 3\sigma}{Y_{\mathrm{FS}}} \times 100\% \qquad (4-2-46)$$

式中，σ 为标准偏差，根据贝塞尔公式来计算，即：

$$\sigma = \sqrt{\frac{\sum_{i=1}^{n} (y_i - \bar{y})^2}{n-1}} \qquad (4-2-47)$$

式中，y_i 为每次重复两点的读数差值；$\bar{y}$ 为上述差值的算术平均值；n 为测量次数（通常 $n > 3$）。

按式（4-2-47）即可计算出重复性指标，一般可取 2σ，其置信概率为 95.44%，取 3σ 时，其置信概率为 99.73%。

2）实例

假设在湖北宜昌台，校准器位移常数 Δl 为 43.99μm，EW 向基线长 L_{EW} 为 21.88m，衰减倍数 $\beta = 10$，校准记录结果见表 4-2-6。计算如下。

（1）求出 $\overline{\Delta U}$ 值（即电压差的绝对值均值）。

$$\overline{\Delta U} = \frac{\sum |\delta|}{9} = 3603.50 \, \text{mV}$$

（2）求电压校准格值（数采格值）。

$$\eta' = \frac{\Delta l}{\overline{\Delta U} \cdot L} \times 10^{-6} (\text{mV}^{-1}) = 5.579 \times 10^{-10} \, \text{mV}^{-1}$$

（3）求模拟标定格值。

$$\eta_{\text{mm}} = 0.08 \cdot \beta \cdot \eta' = 4.463 \times 10^{-10} \, \text{mm}^{-1}$$

$$\eta_{\text{格}} = 0.2\beta\eta' = 11.16 \times 10^{-10} \, \text{格}^{-1}$$

（4）计算重复性。

最大偏差为：

$$\Delta_{\text{max}} = |3612.9 - 3603.50| = 9.4 \, (\text{mV})$$

重复性 R 为：

$$R = \pm \frac{9.4}{3603.50} \times 100\% = \pm 0.26\%$$

（5）填写校准表。

在标定参数计算完后，要填写好标定记录表。表中不能有空白，若无模拟记录，在衰减倍数中填"无"，在计算的数据格内画杠，见表 4-2-6。

表 4-2-6 伸缩仪格值标定样表

宜昌台 SS-Y 型伸缩仪格值标定表

分　量：___EW___ 标定器编号：SS-Y-B99025　置盒编号：SS-Y-Q98401

基线长 $L = \underline{22.88}$m，位移常数 $\Delta l = \underline{43.99}$μm，衰减倍数 $\beta = \underline{10}$

日　期 __1998__ 年 __10__ 月 __24__ 日 __08__ 时，室温 __23__ ℃ 天气 ___晴___

序号	U(mV)		$|\Delta U|$（mV）	计算
0	U_0	−13.5		1. 电压灵敏度
1	U_1	1876.5		$S = 81.92$ mV/μm
2	U_2	−1736.4	3612.9	2. 数采格值
3	U_3	1869.8	3606.2	$\eta_{\text{数}} = 5.579 \times 10^{-10}$ mV^{-1}
4	U_4	−1731.6	3601.4	3. 数采校正值
5	U_5	1870.1	3601.7	$\Delta = U_0 \cdot \eta'_{\text{数}} - U_{11} \cdot \eta''_{\text{数}}$
6	U_6	−1729.9	3600.0	$= 37.38 \times 10^{-10}$
7	U_7	1872.0	3601.9	4. 模拟格值
				$\eta_{\text{格}} = 0.2 \cdot \beta \cdot \eta'$

续表

序号	$U(\text{mV})$		$|\Delta U|(\text{mV})$	计算
8	U_8	-1729.7	3601.7	$= 11.16 \times 10^{-10}$ 格$^{-1}$
9	U_9	1874.5	3604.2	5. 模拟校正值
10	U_{10}	-1726.8	3601.3	$\Delta = U_{11} \cdot \eta'_{格} - U_0 \cdot \eta''_{格}$
11	U_{11}	-20.2		$= 139.5 \times 10^{-10}$
	$\overline{\Delta U}(\text{mV})$		3603.50	6. 校准重复性 $R = \pm 0.26\%$

校准结果

电压灵敏度/ $(\text{mV}/\mu\text{m})$	数采格值/ (mV^{-1})	数采校正值	模拟格值/ 格$^{-1}$	模拟校正值
81.92	5.579×10^{-10}	37.38×10^{-10}	11.16×10^{-10}	139.5×10^{-10}

观测者 <u>杜为民</u>　记录者 <u>高 平</u>　校核者 <u>吕宠吾</u>

4.2.8　钻孔体应变仪

为观测地壳应变状态随时间的微小连续变化，可在钻孔中装入专用的应变传感器进行测量，该传感器称为钻孔应变仪或钻孔应变仪的井下部分，俗称探头。

通常说的体应变仪，指一个较为完整的观测系统，全称体积式应变仪，由井下探头部分和地面仪器两大部分组成，如图 4-2-90 所示。

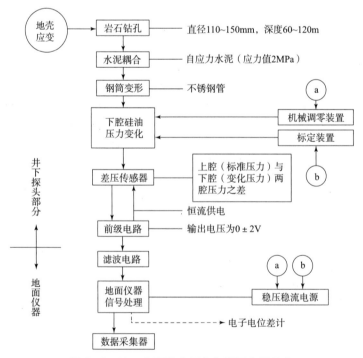

图 4-2-90　井下探头部分和地面仪器部分

钻孔体应变仪井下探头部分的基本构成见图4－2－91。体应变仪的优点是工作原理简单，因而易于取得较为可靠连续的观测资料，目前在国内外仍属主要的钻孔应变观测仪器，使用数量较多。此外，为排除气象因素给地壳应变状态带来的干扰，在体应变仪观测中还需同时观测气压及井水水位的变化。后两者属于体应变仪的辅助观测项目。

1. 基本原理

体应变仪（国外俗称"奶瓶"）的工作原理较为简单，即一个长圆形的弹性筒内充满了硅油，当它受到四周岩石的挤压或拉伸时，筒内的液体压力发生改变，通过液压的增大或缩小，即可得知岩石的应变状态是压缩还是拉伸。规定：电压向正向变大表示受压，即正为压，曲线向上变化；电压朝负向变大表示受拉，即负为张，曲线向下变化。

在用计算机进行数据计算时，一般将 10^{-9} 作为应变单位。在"九五"数字仪器和"十五"项目中，仪器观测数据以 10^{-10} 为应变单位。在编写报告总结时，可根据应变量的大小以 10^{-8}、10^{-7} 或 10^{-6} 为单位。

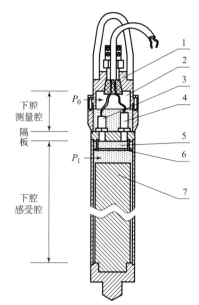

图4－2－91 钻孔体应变仪井下探头部分的基本构成

1. 密封盖；2. 氩气；3. 电磁阀；4. 传感器；5. 硅油；6. 校准电阻丝；7. 金属芯柱

2. 仪器结构

1）井下探头的构成

一个长圆形筒内有一个隔板，将筒分为上腔室和下腔室。下腔室又称感受腔，其内充满硅油。上腔室内装有传感器及电磁阀门，也充有硅油，但在硅油的上方充有氩气。由于有氩气的存在，上腔的压力 P_0 基本恒定；但在下腔，只要外力使得腔室的体积有微量变化，由于硅油难以被压缩，硅油的压力 P_1 即会产生明显的变化。硅油是一种性能十分稳定的液体。

探头内还有差压传感器、电磁阀门、金属芯柱以及校准用的热电阻丝等。

（1）差压传感器，用来感受上腔室与下腔室的压力之差，即 $P_1 - P_0$，但实际上 P_0 基本不变（制作时已将其设定为一个标准大气压，即约 0.1MPa），所以差压传感器所反映的信息，只是下腔室的压力变化，即 ΔP_1。而 ΔP_1 又与下腔体积（内容积）V_1 的相对变化，即体积应变 $\Delta V_1/V_1$ 成正比，于是差压传感器的电输出值 e 与长圆筒的体积应变 $\Delta V_1/V_1$ 成正比。

（2）电磁阀门，通电时能够开启，使得上腔与下腔沟通，两腔间的压力差变为零，$P_1 = P_0$，又由于 P_0 是恒定的标准压力（一个标准大气压），因而开启电磁阀时可使下腔的硅油液压力恢复为原有的标准压力。

开启电磁阀门时，硅油会有少量（如 0.003cm³ 量级）的流动，所需的时间仅为 0.2s 左右，因此电磁阀门在绝大部分时间内是关闭的（不通电状态）。

当岩石的体应变变化达 6×10^{-6} 量级时，地面电子线路能自动开启电磁阀一次，使压差传感器的工作点恢复到零位（$P_1 \approx P_0$，电子线路的零位输出近于 0V）。因此，无论岩石应变的变化有多少，体应变仪的测量量程是可以"无限拓宽"的。

在体应变仪的运输与安装过程中，电磁阀门的作用也十分重要。由于在此期间外界温度变化很大，在热胀冷缩的影响下筒的体积也会变化，电磁阀门的不断开启可保护压差传感器，使其所受的压力差在允许的范围之内。

控制电路由两部分组成，一部分为反相器 A、B 构成的史密特触发器，另一部分为晶体管驱动器，见图 4-2-92。

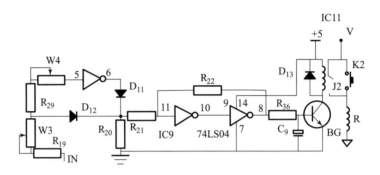

图 4-2-92　控制电路

电路的常态：史密特电路输出端电位低，三极管 BG 截止，继电器电流为零，触点断开，电磁阀关闭。当信号电路的电压加大，达到史密特电路的触发值时，电路输出高电位，三极管饱和导通，继电器吸合，电磁阀通电电路开启。

（3）金属芯柱。在下腔中，它的作用有二：一是可使探头的灵敏度提高，即同样的体应变条件下，由于金属相对硅油而言更不易被压缩，导致硅油产生的压力变化加大，金属棒体积越大，ΔP_1 值越大；二是金属棒的存在加大了探头自身的比重，这有利于探头在下井安装时能自行沉入孔底的水泥中。

2）体应变仪的地面仪器

地面仪器部分包括激励电源、前级电路、滤波电路、阻抗变换器、调零电路、直流稳压电源、交直流切换器、防雷击电路等，如图 4-2-93 所示。

（1）激励电源，由前级电路中引出一恒流源，作为传感器的供电电源。

（2）前级电路，由于空间的限制，也由于放大倍率不需很高，因而采用一级放大，并且置于井下探头之内。经比较，选用 INA128 或 XM-104 集成电路。其优点是功耗小（几毫瓦），温度漂移小，噪声小，外部元件少，稳定性、可靠性很高。它的应用使得地面电路中的信号通道十分简捷。

（3）滤波电路，采用的有源滤波器具有较好的选频特征，现在使用的通频带为 0~5Hz，也可以调节为 0~10Hz，阻尼系数在 0.7 附近。

（4）阻抗变换器，阻抗变换电路高输入阻抗及低输出阻抗电路，放大倍率近为 1 且十分恒定，设置阻抗变换器的目的，是使其后的信号电路与自动开阀电路两者互不相扰。

（5）调零电路，采用同相位求和加法电路。

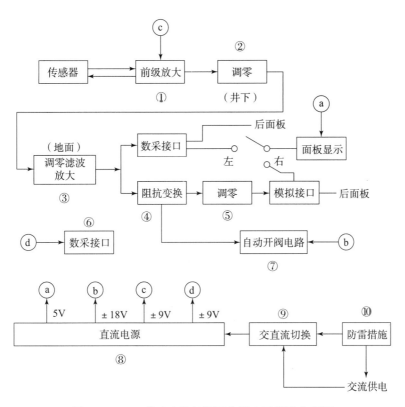

图 4 - 2 - 93　体应变仪的地面仪器电子线路方框图

（6）数据的采集与传输，从"十五"计划开始，体应变仪的地面仪器进行了改进，增加了数据的采集与传输部分，具体技术内容可参见说明书。

3）校准电路

校准电路由探头中的热电阻丝和地面部分的校准延时电路组成。

（1）校准用热电阻丝。在隔板的下方有一组很细的电阻丝，浸在下腔室的硅油液中，当地面仪器启动校准电路时，电阻丝被短暂通电 2s，电阻丝发热并将热能散布于硅油中，硅油因受热而膨胀。实际上又由于下腔室内没有可膨胀的空间，这一膨胀只能转化为硅油压力的变化，并由差压传感器所感受。

这一转换过程（电能—热能—膨胀）可以借助热力学定律及相关的计量测试给予严格检定，因而由校准电路的通电时间（2s）、通电电流等参数，即可得知每次校准所对应的校准幅度（$\Delta V_1/V_1$）。该值由厂家给出。

（2）延时电路如图 4 - 2 - 94 所示，由 555 时

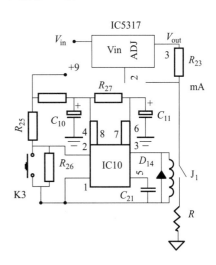

图 4 - 2 - 94　校准延时电路

基电路和 RC 网络组成延时网络，通电时间 $t = 1.1R_{27}C_{11}$，这两个元件的质量十分关键。常态：2 脚高电位，输出 3 脚低电位，继电器 J_1 不吸合；校准时：触动 K_3，2 脚低电位，3 脚高电位，继电器吸合 2s。

3. 主要技术指标

TJ-2 型体应变仪的主要技术指标列于表 4-2-7 中，较以往的 TJ-1 型的指标均有所提高：① 校准，重复误差由 5% 降至 2%；② 灵敏系数，由 $1mV/(1 \times 10^{-8})$ 提高为 $2mV/(1 \times 10^{-8})$ 以上；③ 动态范围（线性范围内的最大输出电压与噪声电压之比），由 ± 6000 左右提高到 $\pm 2 \times 10^{4}$。

表 4-2-7　TJ-2 型体应变仪的技术指标

内容	以往（TJ-1、TJ-1A）	TJ-2 型现已达到的水平
1. 灵敏度（灵敏系数）	$1mV/(1 \times 10^{-8})$	$\geqslant 2mV/(1 \times 10^{-8})$
2. 分辨率（灵敏度）	$(1 \sim 1.5) \times 10^{-9}$	$\leqslant 1 \times 10^{-9*}$
3. 传感器数目	1	2^{*}
4. 量程	$(2 \sim 3) \times 10^{-6}$	$\geqslant 6 \times 10^{-6*}$
5. 动态范围	$(2 \sim 3) \times 10^{3}$	$\geqslant 1 \times 10^{4*}$
6. 噪声水平	$0.1mV$	$< 0.1mV^{*}$
1. 自身稳定性	$\approx 1 \times 10^{-7}/a$	$1 \times 10^{-7}/a$
2. 校准方法	恒电压，5s	恒电流，2s
3. 校准重复性（小应变条件）	$5\% \sim 10\%$	$\approx 3\%^{*}$
4. 线性度	$< 1\%$	$0.2\% \sim 1\%$
1. 地面仪器的交流供电范围	$220V \pm 20V$	$220V \pm 50V$
2. 仪器输出	未规范	$0 \pm 2V$
3. 零漂检测能力（开阀时电压输出为 0）	弱	健全*
探头外径	$\phi114$	$\phi108$（A 型、B 型） $\phi89$（C 型）
探头总长	TJ-1：$\geqslant 2.8m$ TJ-1A：$\geqslant 2.0m$	$1.8m$（A 型） $1.3m$（B 型、C 型）
下井装置	依靠钻机	可以用自制绞架

注：带 * 的为进展明显的技术指标。

4. 安装调试与维护

1）观测室的条件与要求

体应变观测室的使用面积不小于 $5m^2$，室内没有腐蚀性气体。工作台可为水泥台、较稳重厚实的木制桌或计算机工作台，桌面面积不小于 $1m^2$；观测室距钻孔不超过 20m；年温差不大于 30℃，日温差不大于 5℃；湿度不大于 90%；做好防尘工作；不要让阳光直射电子仪器，不要将暖气或火炉等热源与仪器离得太近，不要有振动源（如大型电机）影响仪器。此外，观测室的避雷系统是必要的。

2）钻孔施工的要求及注意事项

（1）开孔时以较大孔径为宜。例如安装探头处的孔径为 130mm 或 110mm，开孔孔径可取 168mm 或 150mm。

（2）安装套管时，放在完整基岩下 2~3m 或更深处为好，套管总长不得小于 6m；为确保钻孔完工后没有掉块或塌落现象；套管应高出地面 20~30cm。其周围土层务必要填实，以防止地表水流入井中。

（3）在钻孔变径处，应先用尖钻头打一喇叭口，再改用 150mm、130mm 或 110mm 小口径钻头钻进，以保证同心钻进，使钻孔中没有平台，利于探头下沉。

（4）取芯钻进，在现场编写大比例尺柱状图。除注意岩性外，还应特别注意裂隙状况，有无破碎带，有无涌水、漏水现象或其他特殊情况。以上事项应注明所在孔位深度。

在前 50m 钻进中可采用钢砂钻进，50m 之后尽可能用合金钻头钻进。

（5）钻孔深度的选定：以超过 60m 为宜，直至有 4m 以上完整岩石处为止；如条件允许，取 100~120m 深效果更好。在洞室中钻孔时，孔深可取 15~25m。

完整段岩芯应取 1m 左右，放一木箱内，长期保存备查。

（6）如条件允许，在钻孔底部再钻一个沉砂孔，孔径为 40~60mm，深 0.5~1.0m，并查看岩芯。若岩芯破碎，则应将此段再做扩孔处理后继续加深钻进；若沉砂孔岩芯完整，则钻孔进尺终止。

（7）用井斜仪测量孔斜，不应超过 3°，以利于探头的入井。

（8）用清水冲洗钻孔，直至将孔中岩粉冲净。

（9）施工一方与使用一方办理钻孔验收手续。

（10）用一铁制井口帽盖将钻孔套管口封好、锁住，严防异物落入井内。

（11）施工报告、柱状图及验收报告，一式三份（一份存于台站，一份交台站的上级管理部门，一份交应变仪厂家），不可丢失。

3）探头的安装

探头安装系在近百米深的钻孔之内，且为一次性安装，必须由有经验的业务人员来完成。

（1）技术准备工作。① 认真查看钻孔柱状图。用测井绳及两个重锤分别测量钻孔深度。细锤进入沉砂孔，粗重锤只进入观测孔，由此测得孔深、沉砂孔实际长度。② 按沉砂孔的实有高度，计算该段的体积，备好并洗净相应体积的小石子（线度 3~4cm 为宜）。③ 膨胀水泥、石英砂按预定的比例称好重量。④ 测量（或再次确认）电缆的长度，下井用钢丝绳的长度，在末端分段做好标记。架设下井用绞车绞架（图 4-2-95），检查下井绞车的工作状态。⑤ 再次清点下井用设备、材料及工具，码放在合理的位置。⑥ 挖好埋设地面电缆用的地沟以及电缆通向观测室的洞口（或检查电缆通道是否畅通）。⑦ 检查全部电学系统，记录半天以上时间，以确认全套系统工作无误。

（2）探头的安装程序。① 将测好体积并洗净的石子徐徐落入井口（不可一下子倒入），自然落入沉砂孔中。② 按预定比例将膨胀水泥、石英砂及清水称重后用铁铲进行充分快速搅拌。③ 将沉砂器送入孔底后再提出，确认其自动开关装置无误后，将沉砂器吊于孔口，再将水泥浆倒入沉砂器中。沉砂器注满水泥后，徐徐送下，落入孔底后，提升 20cm 再自由落下，在钢丝绳上做一标记，再将沉砂器空筒提至地面（图 4-2-96）。④ 由专人看管仪器及监视曲线情况，随时向负责人报告。将探头移至井口，入井，沉于水内后徐徐下落，直至水泥层上方数米停顿片刻。由现场负责人查看并确认曲线形态正常无误后，正式下令将探头自动沉入孔底之水泥浆中。检测电缆及钢丝绳的尺度标记，确认无误后，将探头提上半米，再慢慢放入井底。将电缆与钢丝绳放松半米左右，并在井口暂时固定。⑤ 20～30min 后，如确认曲线记录无异常情况，向井内倒入已测好其体积的细河砂或 100 目左右石英砂，使探头上方 1m 内有水泥及砂粒填充。这一填充可削弱气压及井水水位对探头产生的直接负荷。

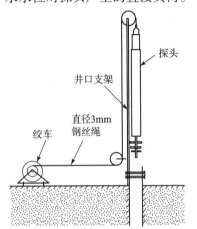

图 4-2-95　下井专用绞车绞架

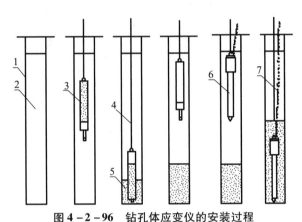

图 4-2-96　钻孔体应变仪的安装过程

1. 钻孔；2. 水；3. 沉砂器；4. 钢丝绳；5. 水泥；6. 应变仪；7. 电缆

（3）探头安装的收尾工作。探头安装的收尾工作主要有两部分：孔口处理和地面段电缆的处理。

在探头安装后的第二天，再将辅助观测之电测水位计投放于井水之下 5m 左右，再做孔口处理。具体要求和内容如下。① 钻孔套管高于地面 200～300mm，加有铁制井盖帽，最好用铁锁锁住。② 将探头悬吊钢丝绳系在一铁棒上，铁棒横置于套管口上方。电缆在井口处于自由状态（不受力）；在套管附近的电缆段要加有保护层，防止其划伤压坏。③ 钻孔周围砌一水泥台，其内部的边长或直径为 800～1000mm，高约 400mm，上方再置一可移动水泥盖板。④ 电缆自水泥台下端的小孔中穿出，埋于地面以下。⑤ 如台站的钻孔不止一个，应在水泥台处做好编号标记，以防混乱。

孔口处理的目的是防止井孔落入异物，防止地面水流入，防止井口套管受到机械伤害，如图 4-2-97 所示。

地面段电缆的处理，是为了防止电缆因受到各种因素影响而导致机械损伤，降低电磁干扰，以及防止雷击伤害，降低气温变动对电缆参数的干扰。具体要求如下。① 井口与观测室之间电缆的长度，以小于 20m 为宜。② 地面段电缆的埋设深度，在北方以 50cm 以下为宜，在南方以 40cm 以下为宜。地面电缆长度超过 10m 时必须采用铁管保护，以防雷击；地面电缆小于 10m 时可以用砖块砌成小型通道，或用细质土深埋（埋深 80～100cm）。埋设时要考虑防止鼠类等咬伤电缆。③ 电缆自观测室墙角的小洞穿进室内，电缆在室外不得有裸露处。上述工作结束后，由安装人员向观测人员做一次技术讲解，以掌握本仪器的操作。

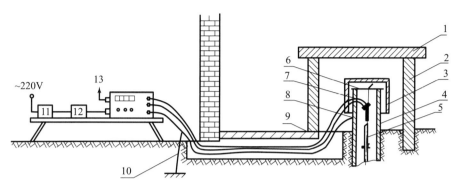

图 4 - 2 - 97　钻孔孔口的处理

1. 井围盖板；2. 井围；3. 钻孔铁帽；4. 套管；5. 钢丝绳；6. 承重铁棍；7. 电缆；
8. 地线接点；9. 地沟盖板；10. 地线接点；11. 避雷器；12. 稳压器；13. 输出口

4) 仪器的初期观测

在探头安装后的第一个月中要特别需要给予监视，一是由于探头安装后立即有一调整变化过程，曲线变化幅度较大（它来自钻孔温度的恢复、地下水流动状态的平衡、探头周围及探头内部力学状态的调整平衡等）；二是由于台站观测人员初次接触该仪器，有一个熟悉过程，如有不慎，易造成操作不当或失误，甚至可能损伤探头。初期观测的要点如下。

（1）每日巡视仪器记录状况 2 次以上，逐渐掌握记录曲线的漂移及变化规律。防止断电、电缆插座松开等事件发生。

（2）如发现曲线变化不规则或变动幅度较大等异常情况，应及时与仪器安装人员联系。

（3）严防有人触动仪器，致使供电出现中断，出现严重事故。因为在仪器下井初期，常需要自动开启电测阀门，以保护井下的传感器。

（4）一两个月之后，仪器制作人员需与台站观测人员再次讨论有关仪器操作方面的情况，了解观测人员是否已真正掌握仪器说明书中有关具体操作方面的要领，尤其是手动开阀和校准两个重要操作程序的熟练程度。

（5）厂家正式向台站、省地震局提交安装报告 3 份。

初期观测后，即可进行试观测，并于 2 个月（最多 5 个月）后编写使用报告及组织验收，经省地震局认可后转入正式观测报数。验收工作建议由台站、仪器制造单位、省地震局三部分人员完成。

5) 常见故障的处理

（1）区分仪器故障与地下信息异常。注意，在记录资料出现异常情况时，切不可急于动手检修仪器，必须冷静观察和分析异常情况的性质与起因，再做相应处理。例如，有的台站出现测值突跳，但仔细查看原始资料会得知该突跳经历了数分钟的时间，这种突跳一般来自地下，例如新挖钻孔孔壁的岩石崩落，也可能来自地壳应变状态的急速变化等，因此，这种突跳并非来自仪器。又例如，有的台站在几天之内出现测值的明显单向漂移，这也可能并非源于仪器自身的不稳定。如果单向变化的幅度明显大于 1×10^{-6} 的应变，在认

185

为必要时可以手动开阀一次，以判定该异常是否源于仪器的故障，遇有这类异常变化，若急于动手检修仪器，会中断观测而造成损失。

（2）区分外围条件故障与主机故障。体应变仪地面仪器的结构可靠，自身故障率较低，无故障率在3年以上。多数故障来自主机的外围条件，所以遇有仪器工作状态异常时，首先要从外围情况入手。

外围条件故障常有如下数种：① 电源插头接触不良或保险丝断路，导致仪器面板上的显示灯灭，显示屏无显示，输出口无电压；② 直流电瓶电压不足或与仪器的插座接触不良，于是当交流电断电时测量数据出现不稳或阶跃，甚至仪器不能工作；③ 电缆插头与地面仪器的插座接触不良，致使井下信息的传送受阻，或是井下前级电路不能得到供电；④ 电缆受损（如受到外力伤害），甚至断开（如受鼠害），致使井下部分工作状态异常或不能工作；⑤ 送往数据采集器的信号线中断，接触不良，导致数采器收不到信号或信号不稳定。

（3）仪器内部的常见故障与处理要根据故障做出初步判断，制订检修计划，之后再打开机盖，如制订计划时没有把握，可以与上级主管仪器维修人员或与厂家进行讨论。

检修仪器是否需要断电，依故障特点而定。一般说来，可以在通电状态下打开仪器盖，随即查看各元器件的外观有无异常，有无气味，用手触摸变压器绝缘外皮及各元件，了解发热状况。此后再根据故障的特点进行针对性的检修。通电检查的最大优点是不会丢失数据，并保障井下传感器处于通电的恒温状态。但要注意，有时万用表表针触及信号电路会带来干扰，因此，通电检查的时间段要记入值班日志。而对于经验不足的维修人员而言，要特别注意的是，务必防止误操作导致的短路，有时它会带来严重后果。有些情况下（如更换元件），必须断电操作。断电时间越长，缺测率越高，而且井下传感器断电冷却的程度越大，来电后的恢复时间也越长。因此，断电前要做好充分准备，以缩短断电时间。断电操作固然安全，但往往有更换元件或线路的情况存在，因而在结束检修时，务必细心反复查看，确认无误后再合盖、通电。

这里列举了一些容易出现的现象及相应的处理方法（表4-2-8）。由此可举一反三，从现象出发给予正确的判断和处理。

表4-2-8　体应变仪常见故障与处理

现象	可能的原因	处理方法
1. 前面板红绿灯同时熄灭	① 无外电源供电 ② 直流稳压电路损坏	① 检查供电电路及变压器电压 ② 检查直流稳压电路
2. 红灯或绿灯只有一个灯闪亮		检修该路直流电源
3. 显示屏不亮，但输出信号（电压）正常	① 显示屏开关钮损坏 ② 显示屏供电电源（5V）损坏 ③ 显示屏损坏	① 更换开关钮 ② 检修5V直流电源 ③ 更换显示屏

续表

现象	可能的原因	处理方法
4. 显示屏数字全部为0且闪烁（溢出）	① 拨动开关钮处于"模拟"挡（即调零挡），则有可能是"调零"钮位置不当，导致模拟口输出量超过 +2V 或 -2V ② 拨动开关处于"数字"挡，先检查数采输出电压是否超过2V，若已超过，表明自动开阀电路有故障	① 细心调节"调零"钮，使"模拟"口的输出电压在 ±2V 之内 ② 检查"校准电磁阀"的电子锁是否已锁住，若锁住，需将锁打开，实现自动开阀 锁打开后的输出电压仍大于2V，表示电磁阀电路有故障，此时请务必及时与厂家联系，以防发生意外事故
5. 电磁阀不能开启（手工开阀钮不起作用，或是不能自动开阀）	① 手动开阀按钮失灵 ② 探头电缆插头与仪器插座接触不良 ③ 电磁阀供电电压过低，或供电电路故障	① 更换按钮 ② 将插头插座的铜片用细砂纸打磨，再用酒精棉洗干净，重新插妥 ③ 细心检查开阀电路
6. 校准钮不起作用	原因同上条	同上条

5. 校准与格值计算

校准，具有检查性的作用，用于检测体应变仪观测系统（由探头到电压输出口）是否灵敏，灵敏系数 A（或格值 B）是否有明显的变化。现今体应变仪的校准装置，重复性误差在 ±3% 以内。注意到这一点，就能理解当校准结果与以往值（历次标定结果的平均值）的差别小于 ±4% 时，都应视为正常现象，并且无需每次校准之后都要随即更改格值用于数据处理。

按观测规范，明确每年1月1日、7月1日各校准一次，在更换或大修仪器之后也需要进行校准。在特殊情况下，如应变固体潮曲线的幅度连续数日变得过小或过大时，经过台长同意可以进行校准，并将结果记入值班日志。各次校准的结果，仅用于了解测量系统灵敏系数的不稳定性是否超过4%，只要未曾超过，就无需更改厂家给出的格值。如遇到校准结果异常的情况，须于20min之后再重复校准一次。如果仍异常，请与厂家联系进行核对，以共同确定是否更新格值。如更新格值，须由厂家与台站共同写出技术报告，交与上级主管部门备案。

1）零位值稳定性检测

这里的零位值（零点值），是指由传感器到地面仪器电压输出口整个电学系统的零点值。当电磁阀开启、上下两腔的压力差为零时，即相当于机械调零调节到机械零位时（对于体应变仪而言，它是绝对的机械零点），电学系统的电压输出值应当在0mV附近，显然该值越稳定越好。因此从原理上看，由每一次电磁阀开启时所显示的电压输出值的大小及变化情况，可得知电学系统是否出现有零位的漂移。

在零位值检测方面有两点应予以说明。

（1）电学系统的零位值，约在 ±30mV 之内，相当于 1×10^{-7} 量级的体应变量，而不是真正的0mV。这一情况来自仪器制作中调试技术的多种局限。

（2）电磁阀开启有两种方法，一是由电路自动开启，当输出电压约达 +1.95V 或

- 1.95V 时，电磁阀电路自动对电磁阀通电约 0.2s；二是手工按动电路开关，给电磁阀通电而开启，两种开启方法带来的效果稍有不同。电路开启时，通电时间较短，是为了降低电磁阀通电时的热效应（它会引发测值扰动），但硅油的流通不够彻底，使得电学测值不能完全恢复到原值。而人工开启时，电磁阀的通电时间又往往较长，电磁阀体的发热会带来测值扰动。因此，这两种开阀状态下测量系统的零位值不很一致，并且与真正的零位值有些偏离。根据现有的资料，电磁阀开启关闭、数据稳定后的实际零位值约在 ±250mV 范围之内，且有一定涨落都是正常的。

只有当电学系统的零位值漂移大于 250mV（约为 1×10^{-6} 的应变）时，才能通过开启电磁阀时的测值检测出本观测系统的零位漂移来。虽然目前还没有其他更好的检测零位漂移的方法，但体应变仪只有一个机械零位，且易于重复，能用来判定电学系统是否有大的漂移（例如当出现过大幅度趋势异常时，用来落实该异常的可靠性），这毕竟是体应变仪的一个优点。

2）参数计算

（1）由电量值换算为待测物理量。体应变仪地面仪器输出口（模拟输出口、数据采集器用输出口）所给出的是电压（mV）值，而待测量为体应变值。此外，辅助观测仪器的待测量为气压和水位值，由测量量（mV）换算为待测量，所用计算式很简捷。

$$体应变仪值(\Delta V/V) = 格值 B \times 仪器输出毫伏值 \qquad (4-2-48)$$

举例，厂家给出 $B = 3 \times 10^{-9} \text{mV}^{-1}$，现在仪器输出值（变化幅度数值）为 1234.5mV，则此电压数值所对应的体应变值（相对值）为：$\Delta V/V = 3703.5 \times 10^{-9}$。

用同样方法可计算气压值。就目前的辅助观测仪器，已将格值 B 调整为 1，即：气压挡 1mV 相当于 1hPa 气压变化；水位挡 1mV 相当于 1cm 水位变化。

（2）由校准幅度计算格值的方法。为进一步了解校准的物理过程，观测人员有必要进一步了解格值（或灵敏系数）的测试原理与过程。当然，每年两次的校准只是用于检验仪器性能，一般并不随即更动格值，以防止数据处理中的混乱。

校准时体应变幅度的确定。每次校准动作产生的体应变幅度 $(\Delta V/V)_标$ 是确定的、恒定的，该值已由厂家给出，其来源如下。热阻丝通电，其热能所产生的硅油热膨胀体积 ΔV 为：

$$\Delta V = \eta \cdot P \cdot t \cdot \frac{\alpha}{c\rho} \qquad (4-2-49)$$

式中，η 为转化效率，按地壳所的实测结果，$\eta = 0.75$；P 为加热功率，单位为 W；t 为通电时间（2s）；α 为硅油热膨胀系数，$8.89 \times 10^{-4} \text{K}^{-1}$；$c$ 为硅油比热，$1.42 \text{J}/(\text{g} \cdot \text{℃})$；$\rho$ 为硅油比重，0.95g/cm^3。

将各参数代入上式，得：$\Delta V = 9.885 \times 10^{-4} P$（W/cm³）。故校准动作所给出的应变幅度为：

$$\left(\frac{\Delta V}{V}\right)_标 = 9.885 \times 10^{-4} \times \frac{P}{V_1} \qquad (4-2-50)$$

例如，电阻丝电阻 $R = 20\Omega$，通电电流为 103.0mA，则 $P = 0.339\text{W}$，此时：$V_1 = 3927 \text{cm}^3$，$(\Delta V/V)_标 = 5.33 \times 10^{-8}$。

由校准过程确定格值，如果有电子电位差计，则由校准时的记录曲线（图 4 - 2 - 98）可以了解校准的过程，而且也有利于准确判定校准时的电压输出值（$U_1 - U_0$）。由于校准的体应变为压缩，因而 $U_1 > U_0$，校准时的体应变幅度（$\Delta V/V$）标为已知，现又由校准动作求得电压变化（$U_1 - U_0$），因而可求得

$$灵敏度\ A = (U_1 - U_0)/(\Delta V/V)_标 \qquad (4 - 2 - 51)$$

$$格值\ B = (\Delta V/V)_标/(U_1 - U_0) \qquad (4 - 2 - 52)$$

如果没有电子电位差计，则可用显示屏的读数变化求算 $U_1 - U_0$。读数方法及注意事项可参阅仪器使用说明书。式中的最大电压值 U_1 一般出现在校准动作之后的 $10 \sim 30s$ 之间：① 按动校准钮；② $10 \sim 30s$ 后记录曲线出现极大值。

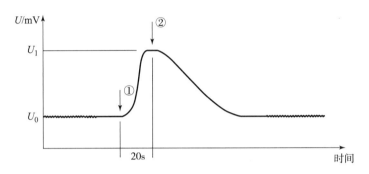

图 4 - 2 - 98 校准记录曲线

计算举例：在校准之前，仪器面板的读数为 7248.5mV，在校准之后的最大读数为 7264.7mV，于是有 $U_1 - U_0 = 16.2\text{mV}$，而根据说明书，厂家给出仪器的校准幅度（$\Delta V/V$）标为 4.99×10^{-8}，于是可计算出格值为 $B = 4.99 \times 10^{-8}/16.2 = 3.0810^{-8}$（$\text{mV}^{-1}$）。

尽管在"十五"期间已采用智能化数据采集器自动测试出 A、B 参数，但计算方法仍为上式。

4.2.9 分量钻孔应变仪

在钻孔中安装专用的应变传感器观测地壳应变状态随时间的微小变化。目前在网观测的有 YRY - 4 型、RZB - 2 型和 SKZ - Ⅲ型，都是四分量钻孔应变仪。

1. 工作原理与结构

1）YRY - 4 型分量式钻孔应变仪

（1）基本原理。

YRY - 4 型分量式钻孔应变仪为长圆筒径向位移式仪器。在圆筒中部位置安装了多个分量的径向测微传感器，内设有 4 个方向的 4 组径向测微传感器，测量 4 个方向圆筒直径的微小变化，见图 4 - 2 - 99。当圆筒探头放入地层钻孔，并用耦合介质将探头与地层连为一体后，通过仪器测量系统就能获得地层钻孔 4 个方向的钻孔孔壁径

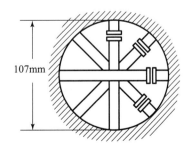

图 4 - 2 - 99 传感器分布图

向位移 u。

根据弹性力学的分析，在垂直方向的长钻孔中，水平地层平面上某个 Ψ 方向的钻孔孔壁径向位移 u 与水平面上的主应力 σ_1、σ_2 及主应力方向 Φ 之间有如下关系：

$$u = R[(\sigma_1 + \sigma_2) + 2(\sigma_1 - \sigma_2)\cos 2(\Psi - \Phi)]/E \qquad (4-2-53)$$

式中，R 为钻孔半径；E 为岩石的杨氏弹性模量。

测量钻孔中 3 个不在一直线上的径向位移 u_1、u_2、u_3，根据式（4-2-53）可解得主应力 σ_1、σ_2 及主应力方向 Φ 3 个未知量。通常的多分量钻孔应变观测，如 Gladwin 的三分量应变仪布置为均匀三等分式，由不同方向的 3 个测值，可求出主应力 σ_1、σ_2 及主应力方向 Φ，或求得应变的三分量 ε_x、ε_y 及 γ_{xy}。

YRY-4 型分量式钻孔应变仪则将 4 个径向位移传感器按照米字形 4 等分的"张衡地动仪"八方式布置，相邻两传感器方向相差 45°。由 4 个传感器的测值除了可确定平面中的 3 个应变分量外，还能提供一组校核条件，用以检查测值的可靠性。

按这种方式布置测微器，也方便了将体积应变与形状应变分离开来，米字形布置的 4 个径向传感器的输出，与地层应力间的关系如下：

$$\left.\begin{array}{l} U_1 = (R/E)[(\sigma_1 + \sigma_2) + 2(\sigma_1 - \sigma_2)\cos 2(\Psi - \Phi)] \\ U_2 = (R/E)[(\sigma_1 + \sigma_2) - 2(\sigma_1 - \sigma_2)\sin 2(\Psi - \Phi)] \\ U_3 = (R/E)[(\sigma_1 + \sigma_2) - 2(\sigma_1 - \sigma_2)\cos 2(\Psi - \Phi)] \\ U_4 = (R/E)[(\sigma_1 + \sigma_2) + 2(\sigma_1 - \sigma_2)\sin 2(\Psi - \Phi)] \end{array}\right\} \qquad (4-2-54)$$

4 个传感器中，两两垂直的两组测值之差为：

$$\left.\begin{array}{l} U_a = U_1 - U_3 = (R/E)[4(\sigma_1 - \sigma_2)\cos 2(\Psi - \Phi)] \\ U_b = U_2 - U_4 = -(R/E)[4(\sigma_1 - \sigma_2)\sin 2(\Psi - \Phi)] \end{array}\right\} \qquad (4-2-55)$$

显然，U_a 及 U_b 只与差应力 $(\sigma_1 - \sigma_2)$ 有关。而两两垂直的两组测值之和 U_c 只与面积应力 $(\sigma_1 + \sigma_2)$ 有关。

$$U_c = U_1 + U_3 = U_2 + U_4 = 2R(1-V)(\sigma_1 + \sigma_2)/E \qquad (4-2-56)$$

两组垂直方向的位移之和相等，提供了 4 个测值的校核条件，即 $U_1 + U_3 = U_2 + U_4$，由

$$U_b/U_a = -\tan 2(\Psi - \Phi) \qquad (4-2-57)$$

可直接求出主应力方向 Φ。

当 4 个分量的测值满足校核条件式（4-2-56）时，我们就可以认为 4 路测值都是可靠的，数据反映的是真实的地层应变。式（4-2-56）是个很严格的条件，地应变信号从地层传入探头，经过机械、电子、数采到最后记录，只有各个环节都正常才能得到满足式（4-2-56）的结果。这一特性对于地震监测工作是很有意义的。不同的时段长度都可用式（4-2-56）所示的校核条件检验，以确认长时段数据的可用性。

需要注意的是，钻孔应变观测只能得到地壳应力及应变某时段中的相对变化值，因此，只能用来确定附加应力、附加应变状态，也就是从时刻 t' 到 t'' 这段时间中的应变的变化，并由此来确定此期间附加主应力、主应变的大小和方位。

（2）基本结构。

YRY-4 型分量式钻孔应变仪探头主体长 400mm，探头外径为 107mm，内装 4 个方向

的径向位移电容测微传感器，4路测微传感器信号直接送上地面。

径向位移电容测微传感器中，由长度基准杆支撑的电容极片分为动片与定片组，分别固定在直径相对方向的筒壁上，钻孔孔径的变化使极片的间隙发生变化，引起电容量改变。测量电路将电容量的变化转换成电压值并通过信号电缆送上地面。

为了避免连接传感电容与测量线路间的导线分布电容带来的误差，YRY-4型探头的测量线路采用微型集成组件，与传感电容一起组成一个整体，并用弹性波纹管连接密封，使之既能将测量电路固定，又不影响弹性应力环的自由变形。在形成的密封空腔中充以硅油，以保护传感电容稳定工作。

测量电路的输出电压，由电缆直接送上地面。探头中某一方向径向电容测微传感器测定的电压-位移特性如图4-2-100所示。

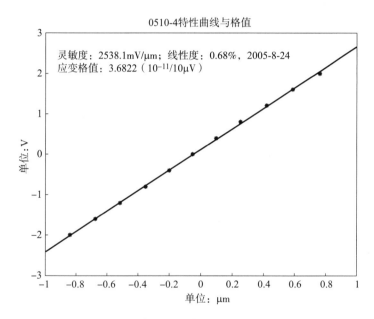

图4-2-100　径向电容测微传感器测定的电压-位移特性

仪器的电信号输出规定为：传感器受压，电信号向负方向变化；受张，向正方向变化。

传感器的通频带为0~20Hz，所以，应变仪的记录频带包括潮汐，也包括了地震，甚至微震频带。由于数据采集与传输设备的限制，应变仪的通频带尚未充分利用。目前的记录信息主要在每分钟一个点的低频段，反映潮汐信息已经足够。高频的地震信息现在没有记录，相信随着数据采集与传输技术的飞速发展，将来会得到利用。

探头安装初期，形变量较大，传感器会超出线性工作范围，为此，每个传感器设有独立的调节电容间隙的机械装置，可供随时调节电容测微传感器桥路的工作点。YRY-4型分量式钻孔应变仪的调零已实现遥控自动操作。图4-2-101是一个方向的电容径向测微装置的结构原理图。

（3）校准装置与格值。

应变观测资料用于潮汐分析时，仪器格值的准确性和稳定性将决定分析的精度。YRY

地壳形变基础理论与观测技术

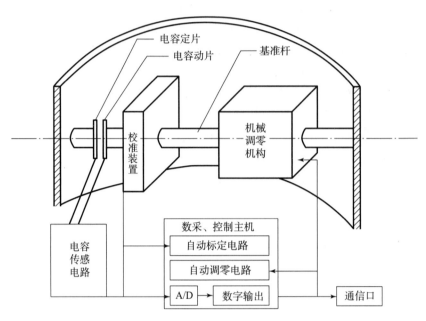

图 4-2-101　一个方向的电容径向测微装置原理图

型分量式钻孔应变仪的每一个探头均在实验室中对 4 个径向测微传感器测定了位移灵敏度，即该传感器方向探头直径缩短 1μm 的输出电压变化。

如：1 路传感器的位移灵敏度 K 为 3920mV/μm，表示在第一路传感器方向，探头直径缩短 1m，输出电压将变化 3920mV。根据传感器的位移灵敏度和探头直径 L(107mm)，就可得到该路传感器的应变灵敏度格值：

$$S = 1/(KL)(\text{mV}^{-1}) \qquad (4-2-58)$$

按上式算得该路传感器的应变灵敏度格值 $S = 23.84 \times 10^{-10} \text{mV}^{-1}$。

当仪器被安装到井孔中后，无法再用实验室测微设备对仪器的灵敏度 K 或格值 S 进行检测，为了检查仪器的灵敏度 K 或格值 S 是否有变化，仪器系统设置了校准装置。

YRY-4 型分量式钻孔应变仪采用现场校准来检查仪器的灵敏度 K 或格值 S 是否发生变化。校准系统以介于长度基准杆中的一组压电伸缩晶片为主体构造，在这组压电晶片上施加电压，利用晶体的逆压电效应引起晶片伸缩，逆压电晶片伸缩即引起传感电容器极板间距相反方向的变化，改变了传感电容片的间隙。这就相当于对传感器施加了可控应变。知道晶片的逆压电伸缩常数后，只需量出施加在晶片两端的阶跃电压 V(V)，就可知道这种可控应变的大小。因此，同时测量出仪器的输出阶跃信号 u(V)，便可测得传感器的位移灵敏度 K(mV/μm)。

$$K = \frac{u}{V \cdot d} \qquad (4-2-59)$$

式中，d 为晶片的逆压电伸缩常数，数值在实验室中测得，单位为 μm/V。

仪器校准由 EP-Ⅲ型 IP 采集控制器接受校准指令自动执行。发送校准指令后，EP-Ⅲ型 IP 采集控制器即向探头中的校准片施加校准直流电压，并测出此校准电压，同

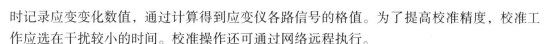

时记录应变变化数值，通过计算得到应变仪各路信号的格值。为了提高校准精度，校准工作应选在干扰较小的时间。校准操作还可通过网络远程执行。

（4）调零装置。

YRY-4型分量式钻孔应变仪的动态范围达到90dB以上，但仪器长期工作后，仍可能超出量程。YRY-4型分量式钻孔应变仪的4个径向测微传感器上都有可调整基准杆长度的机械调零装置，可以调整仪器工作零点。

安装成功并正常工作的YRY-4型分量式钻孔应变仪的调零操作也是由EP-Ⅲ型IP采集控制器自动程序执行完成的。工作人员只需输入调零指令，仪器就自动完成调零操作。调零操作也可通过网络远程执行。

（5）数采、控制主机。

与YRY-4型分量式钻孔应变仪探头配套的地面数采、控制主机是EP-Ⅲ型IP采集控制器。它可以通过远程控制实现数据自动采集、校准，自动计算仪器格值、校正值及其应变量等。

2）RZB-2型分量式钻孔应变仪

（1）应变探头结构及力学测量原理。

RZB型电容式钻孔应变测量系统由井下应变探头、辅助观测探头、数据采集器三部分组成。应变探头安装在内径130mm的钻孔中，使用特种水泥耦合。应变探头内安装有1~4号水平向应变传感器。1~4号传感器依次顺时针相差45°角排列。应变传感器的两端固定在探头内壁上，当探头外钢筒随钻孔基岩发生变形时，应变传感器就可以进行精确的测量。

图4-2-102为钻孔三层嵌套模型。探头在钻孔中通过水泥层与井壁焊接耦合。根据探头外筒、水泥层以及钻孔基岩（基岩的硬度远大于水泥与钢筒）的弹性模量关系，我们可以认为钻孔的应变几乎无损耗地传递到了位移传感器上。4个电容式位移传感器依次成45°角排列安装，可同时测量4个水平方向上的应力应变，根据钻孔应力反演的3层嵌套模型可以反演出整个应力场的分布情况，实现钻井内地壳受力变形状态的观测。

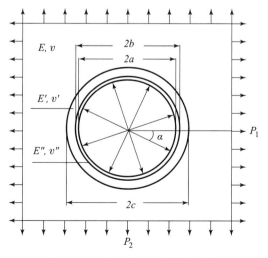

图4-2-102 钻孔三层嵌套模型

· 193 ·

（2）应变传感器测量原理。

两块平行的金属板可以构成一个电容器，其电容量由极板的相对有效面积、间距以及填充其间的介质特性所决定。我们用电容器的原理制作位移传感器，只要被测物体位置的移动改变了上述任何一个结构参数，传感器的电容量就会有相应的变化，通过测量电容量的变化就可以达到精确测量位移的目的。

RZB 型钻孔应变测量系统的传感元件采用三极板差动式电容传感器，见图 4 – 2 – 103。传感器的三块平行金属极板构成了两个差动变化的电容器，随着探头外筒的压缩、拉伸，极板间距会发生相应的变化，其电容量便随之改变。探头外筒使用金属刚性材料，在钻孔中通过水泥层与井壁焊接耦合。传感器如图 4 – 2 – 103 所示被安装在钢桶（井下探头）内，随着探头外筒的压缩、拉伸，极板间距会发生相应的变化，其电容量便随之改变。通过测量电容量的差动变化就可以精确地感知探头外壳的形变情况。

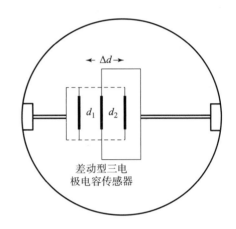

图 4 – 2 – 103　RZB 型钻孔应变测量
系统的传感元件

图 4 – 2 – 104 为 RZB 型电容式钻孔应变测量系统的电原理模块图，图中虚线部分就是三电极差动式位移传感器。它由三块金属板组成，三极板保持平行，两侧极板间距固定，且采用特殊工艺保证极板间距不变，即图中 $d_1 + d_2 =$ 常数；中极板为移动极板，随探头外壁产生位移；在传感器中集成了数字化的等效比率变压器和前置放大器。电容传感器如前所述安装在应变探头中，虚线框外的电路位于探头的电子舱内。传感器的上、中、下极板与比率变压器形成交流电桥。图中 N_1、N_2 表示比率变压器抽头接地点两边的匝数，比率变压器的总匝数等效为 128 匝（为了减小比率臂体积便于集成，所以比率变压器匝数有所减少，同时由于放大倍数降低，匝数可以极大地降低），即 $N_1 + N_2 = 128$。在应变探头内嵌有 MCU 控制单元，用于调节比率变压器的中心抽头接地点、调制放大的放大倍数、A/D 转换操作以及数据的总线传输。MCU 通过改变 N_1 值调节比率变压器中心抽头接地点，以调节桥路平衡，报送给地面的接地点位置即为 N_1 值。中极板输出的电桥不平衡信号在经前置放大后又经过调制放大、相敏检波、低通滤波和 A/D 转换后经数据总线传送到地面。为了提高系统的可靠性，设置两套完全相同的程控系统，平时只有一套工作，另一套作为冷备份，完全与电源断开。在地面的数据采集器，对总线传输的数据进行记录并存储。由于数字信号通过 RS485 总线传输，因此数据采集、传输及设置均通过总线命令完成。

信号处理电路前移使得传感器的输出信号可以尽可能近地进入调制电路，这样就可以在不降低测量精度的前提下适当降低放大倍数，因此系统的一次调节动态范围得到了极大的提高。RZB 型钻孔应变测量系统的一次调节动态范围提高到了 120dB。由于一次调节动态范围的提高，新型钻孔应变观测系统在进入正式观测以后几乎不需要再做平衡调节。这对于长期大动态范围的应变观测、台站运行维护、提高数据连续率十分有利。

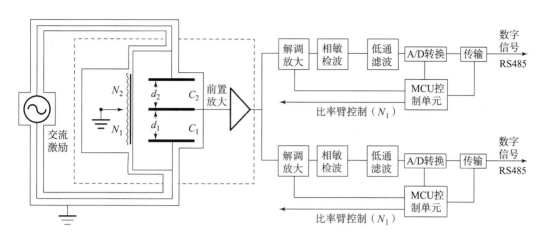

图 4 - 2 - 104   RZB 型电容式钻孔应变测量系统的电原理模块图

3）SKZ - Ⅲ型分量式钻孔应变仪

（1）工作原理。

分量钻孔应变观测对象为水平面应变状态的变化。深孔地震应变仪为分量式应变仪，直接测量的是探头套筒内壁某方位直径的相对变化（图 4 - 2 - 105）。其基本假设是：当远处有均匀水平应变 ε_1（最大主应变）和 ε_2（最小主应变）时，方位 θ 的探头套筒内壁直径相对变化值 S_0 可表达成：

$$S_0 = A(\varepsilon_1 + \varepsilon_2) + B(\varepsilon_1 - \varepsilon_2)\cos2(\theta - \varPhi) \qquad (4 - 2 - 60)$$

式中，$\varPhi$ 为主方向（ε_1 的方位）；A、B 为耦合系数。

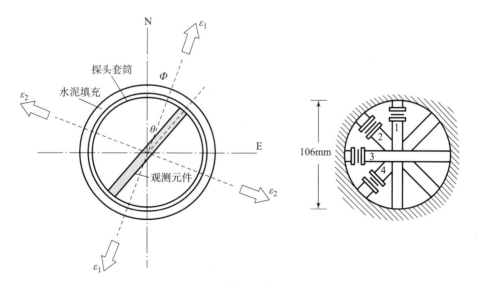

图 4 - 2 - 105   分量钻孔应变观测原理示意图

四分量钻孔应变观测在仪器探头套筒中装有 4 个位移观测元件并按照米字形 4 等分布置，分别测量间隔为 45° 的 4 个方位的套筒内壁直径变化 S_i（$i = 1,2,3,4$）。在理想情况下，四分量测值满足自洽方程：

$$S_1 + S_3 = S_2 + S_4 \qquad\qquad (4-2-61)$$

当 4 个分量的测值满足校核条件 [式（4-2-61）] 时，我们就可认为 4 路测值都是可靠的，数据反映的是真实的地层应变。这是个很严格的条件，地应变信号从地层传入探头，经过机械、电子、数采到最后记录，只有各个环节都正常时才能得到满足 [式（4-2-61）]。这一特性对于地震监测工作是很有意义的，不同的时段长度都可用此公式校核条件检验，以确认长时段数据的可用性。

当四分量原始测值显著偏离自洽方程时，应对元件灵敏度进行相对矫正，此时，应记原始测值为 $R_i(i=1，2，3，4)$，采用矫正值 $S_i = K_i R_i$，其中 K_i 称为元件灵敏度矫正系数。四分量钻孔应变观测数据的处理应使用增量，即某一时刻的观测值对观测之前某一时刻观测值的变化量。需要注意，钻孔应变观测，只能得到地壳应力及应变某时段中的相对变化值。因此，只能用来确定附加应力、附加应变状态。也就是从时刻 t' 到 t'' 这段时间中的应变的变化，并由此来确定此期间附加主应变的大小和方位。

（2）基本结构。

SKZ-Ⅲ型分量式钻孔应变仪探头主体长 900mm，探头外径为 106mm，内装 4 个方向的径向微位移电容传感器。位移传感器采用三极板电容传感器，感受筒的材料为 304 优质不锈钢，使用高精度线切割加工成 8 个均布的肋条，沿着 45°夹角水平放置四个电容式位移传感器，以便感受筒内径的变化。钻孔孔径的变化通过耦合介质引起筒内径变化，使电容极板的间隙变化，引起电容量改变。测量电路将电容量的变化转换成电压值并通过信号电缆送上地面。内部机械结构参见图 4-2-106。

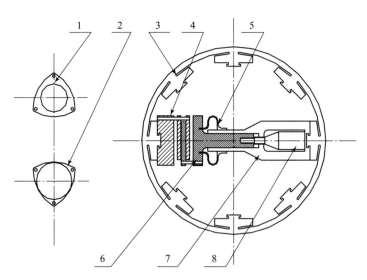

图 4-2-106　传感器内部机械结构图

1. 电容动片；2. 电容定片；3. 传感器感受筒；4. 定片支杆；5. 稳定片；6. 动片支杆；7. 导向筒；8. 纳米驱动器

定片支杆 4 左侧固结在感受筒 3 的肋条上，用于固定电容定片 2；导向筒 7 右端固结在感受筒 3 肋条上，动片支杆 6 右端在导向筒 7 中实现轴向移动，移动推力由纳米驱动器 8 实现；动片支杆 6 左端连接电容动片 1；稳定片 5 沿轴向产生 30g 预应力，作用是防止动片支杆 6 颤动。

仪器的电信号输出规定为：传感器受压，输出电信号向负方向变化；受张，输出电信号向正方向变化。

传感器的通频带为0~1Hz，可扩展到100Hz，应变仪的记录频带包括潮汐，也包括了地震。目前的记录信息为秒采样和分钟采样，反映潮汐信息已经足够，也能记录到部分地震信息。由于数据采集与传输设备的限制，应变仪的通频带尚未充分利用，未来考虑用高频数据采集器来记录应变仪高频信号。

探头安装初期，形变量较大，传感器会超出线性工作范围，为此，每个传感器设有独立的调节电容间隙的机械调零装置，可供随时调节电容测微传感器桥路的工作点。

（3）标定装置。

仪器标定由地面控制主机接受标定指令后执行。按动左端的旋钮，一个继电器准备工作，再按动右端的旋钮，继电器吸合，井下的电容传感器与周边的一个大电容相串连，总的电容数值发生改变，其改变量是已知的，相应的应变量也是可以唯一对应的。

（4）调零装置。

仪器长期工作后，可能超出量程。在钻孔应变仪的4个径向位移传感器上都有可调传动杆长度的机械调零装置，可以调整仪器工作零点。

SKZ－Ⅲ型分量式钻孔应变仪的调零是由工作人员手动操作的。首先打开面板电源，通过波段开关显示所需要的通道。按动调零按钮即可，每按动一次，数据则向零点靠近一部分，如果期望调整得细致一些，则使用微调，将每次调节的幅度降低。

2. 主要技术指标

1）YRY－4型分量式钻孔应变仪

分辨力：优于 5×10^{-11}；

漂移：小于 10^{-8}/日；

通频带：0~20Hz（高频端信号需配100次/s以上采样率的数采器）；

量程：大于 $1\mu m$（相当于 5×10^{-6} 应变）；

非线性度：≤1%；

校准器校准方法：电校准；

输出：数字输出；

供电：AC 220V×（1±20%）或 DC 12V。

2）RZB－2型分量式钻孔应变仪

（1）RZB－2型应变仪主要技术指标。在进行了井下集成后，RZB系列钻孔应变仪各项技术指标均有了显著的提高，其测量动态范围提高了10倍。地壳应变观测：4分量工作元件，1分量参考元件；应变灵敏度：10^{-10}；测量动态范围：140dB，折合应变为 $\pm 3 \times 10^{-3}$；一次调节动态范围：120dB，折合应变为 $\pm 2 \times 10^{-4}$；输出格值线性：$\pm 1\%$；标定信号精度：$\pm 0.5\%$；探头密封性能：500m水深；数据采集器：符合国家"十五"台网入网标准，可存储200天数据，有供传输联网用的RS232和RJ45接口，可进行无线/有线网络传输；供电：电源符合国家防雷、防浪涌标准，自带蓄电瓶切换电源；辅助观测手段：自带水位、气压和井温等辅助观测手段。

（2）辅助测项主要技术指标。钻孔应变观测由于其本身的特点，会受到大气压力、地下水活动、井温的影响。因此在进行钻孔应变观测的同时，还要进行气压、水位、井温等辅助测项观测。其主要技术指标见表4-2-9。

表4-2-9 辅助测项主要技术指标

技术指标 辅助测项	测量范围	灵敏度
气压	600~120hPa	±0.1%
水位	0~10m	1mm
温度	0~50℃	0.01℃

3）SKZ-Ⅲ型分量式钻孔应变仪

（1）SKZ-Ⅲ型分量式钻孔应变仪传感器探头外观见图4-2-107。探头规格如下。探头直径：106mm；探头长度：900mm；探头重量：30kg；探头比重：3.5；元件数量：4个（互为45°夹角）；适合钻井的直径范围：130~150mm；耦合方法：用专用的膨胀水泥和精细石英砂混合。

（2）性能指标。灵敏系数：$(4~8)×10^{-6}V^{-1}$；分辨力：优于$5×10^{-10}$；线性度：≤1%；标定重复性：<1%；量程范围：$10×10^{-6}$；可扩展量程：$>10^{-3}$；数据的存储量：30天；探头功耗：0.4W；采样率：秒钟、分钟；体积：标准2U机箱；记录方式：模拟/数字形式；电源：采用直流12V。

图4-2-107 传感器探头外观

（3）辅助测项主要技术指标。

钻孔应变观测由于其本身的特点，会受到大气压力、地下水活动及井温的影响。因此在进行钻孔应变观测的同时，还要进行气压、水位、井温等辅助量的观测，目前设有气压、水位、水温三个辅助测项，其主要技术指标见表4-2-10。

表4-2-10 辅助测项主要技术指标

辅助测项	测量范围	灵敏度	分辨力
气压	15~115kPa	22.5mV/kPa	0.1hPa
水位	0~10m	0.16mV/mm	1mm
水温	0~80℃	20mV/℃	0.003℃

3. 安装调试与维护

1）YRY-4型分量式钻孔应变仪

（1）钻孔要求。

① 基本指标：斜度<3°，根据经验，孔斜度以<1°为好；深度>30m（若在山洞中，

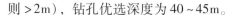

则 >2m），钻孔优选深度为 40～45m。

② 安置探头的测量段。对于岩孔，避开岩石裂隙密集区、岩脉、透镜体；对于土孔，避开砾石层，避开富含水层，但安装在土孔中的仪器将不能响应体积应变。采芯率 >70%。

③ 套管：对于岩孔，从地表到新鲜基岩安装钢制密封套管，套管长度 >10m，由于地层情况复杂，岩孔套管应一直下到探头的测量段上缘。钻孔口套管周围砌水泥井台，并加带锁井盖；对于土孔，可不安装套管，对于钻孔需要填平的情况，钻孔口设立耐久性明显标志。

（2）钻孔处理。具体的钻孔处理工作要求如下。

① 钻孔前先在观测室旁整理出约 5m 宽、6m 长的平坦场地，并铺水泥面层（厚 10cm），可防止地面降水渗入钻孔附近地层产生干扰，也方便钻孔施工与探头安装。孔位距观测室墙 2～5m。

② 应变仪探头的安装段应是完整、坚硬的基岩层。因此，钻孔深度直到取得 1.5m 以上完整岩芯（岩芯在钻进中折断者仍算完整）处为止。完整段岩芯要放入木箱中保存。取芯钻进时要求现场编写大比例尺柱状图，除注意岩性外，还应注意裂隙状况、有无破碎带、有无涌水或漏水情况，并详细记录。取芯率不低于 70%。

③ 开孔以大于 160mm 尺寸钻进，可用合金钻钻进；到 30m 深处如已进入基岩完整段，改用 130mm 金刚石钻头钻进。在钻孔变径处，应先用锥形钻头打一"喇叭口"，再改用 130mm 口径金刚石钻头钻进，以保证钻孔同心。

④ 130mm 完整基岩段以上，安放内径大于 136mm 套管，以确保井孔中没有掉岩块现象。

⑤ 为防止地下水、地面降水渗入井中，造成观测干扰，要求用水泥浆压力封井，将护井井管与地层固结，以防止地层渗水进入井中。

⑥ 钻去井孔中水泥（钢管内壁不得留有水泥层），如水泥浆压力封井在钻完 130mm 孔后进行，130mm 完整基岩段需用原钻井用金刚石钻头钻去水泥，并用锥形钻头再钻去变径处多余水泥。130mm 孔的实际孔径要求在 131～132mm 之间。

⑦ 用清水冲洗钻孔，直到将孔中岩粉与水泥浆冲尽，此项工作极为重要，因为附在井壁上的泥浆会影响探头与地层的连接。探头下井前会用井下电视、井径仪等检查，只有清洗合格的井孔才能安装探头。

⑧ 进行井斜、井漏测量；灌满水的井孔，每小时水位下降应不大于 3cm。

⑨ 井口套管高出地面 20～30cm，用内径 6cm 的钢管连接观测室和井管，以便电缆通过，连接钢管转弯处避免有 90°死弯（用 135°弯）。

⑩ 用水泥或金属制作井口护台，以防破坏。

（3）探头安装与整机调试。

YRY－4 型分量式钻孔应变探头由厂方负责安装。YRY－4 型分量式钻孔应变仪的标准配置由 4 分量应变探头、水位气压辅助观测探头、EP－Ⅲ型 IP 采集控制器、电动发电型防雷隔离电源、信号隔离光缆等部分组成（图 4－2－108）。220V 交流电源停电时，配套的 12V、12A 的电瓶可维持仪器系统继续工作 12h。

整机在观测室安置好，通信线、电源接通后，仪器进入工作状态。首先调整仪器各路

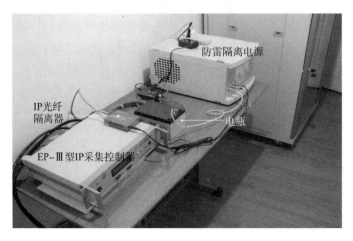

图 4 – 2 – 108　YRY – 4 型分量式钻孔应变仪的标准配置

信号到零点附近。检查自动调零、自动校准、通信等功能。一切正常后，便可准备探头下井安装。

在探头下井安装前，先要做探头定向标志，即将探头中 1 路径向应变传感器对准台站地理南北方向，摄下探头中的磁罗盘照片（图 4 – 2 – 109），待探头下井固定后再拍摄一张探头中的磁罗盘照片（图 4 – 2 – 110），根据这两张照片就可知道探头中 1 路径向应变传感器的实际方位为北偏东 28°。依次顺时针加 45°角，就是 2、3、4 路径向应变传感器的实际方位。

图 4 – 2 – 109　地面定向照片

图 4 – 2 – 110　井下定向照片

地面定向也可以磁南北为参照方位，此时，计算径向应变传感器的实际方位时要做磁偏角校正。

探头安装完毕后，便可正式记录。数天后，漂移减小，应可以记录到清晰的固体潮曲线。

钻孔应变仪采用水泥耦合，将应变传感探头与地层一体化是应变观测的要求。因此，应变探头安装后就无法取出。这就对应变探头的防雷提出了很高的要求。YRY – 4 型分量式钻孔应变仪采用了两项防雷措施，一是在信号输出端插入2m长光缆，切断由信号线进入的雷击通道；二是采用由电动机、绝缘传动胶带、发电机构成的自发电系统，切断由220V交流电源线进入的雷击通道。此外，尽量缩短从井口到观测室地面控制机箱连接电缆的长度（规范要求这段距离要小于20m，最好控制在小于5m）。

由电动机、绝缘传动胶带、发电机构成的防雷隔离电源中，电动机、发电机都采用滚珠轴承的无刷电机，运转寿命很长，但绝缘传动胶带的寿命约半年左右，观测人员要定期（如3个月）检查绝缘传动胶带，及时换下受损的传动胶带，以免传动胶带损坏，影响仪器连续工作，造成数据中断。

（4）常见故障及排除方法见表4-2-11。

表4-2-11　YRY-4型分量式钻孔应变仪常见故障排除

故障现象	故障可能原因	检查	判断	排除方法
记录呈一条直线或乱码	主机电源不通	指标灯不亮	保险丝熔断，电源断路	更换保险丝
	记录超量程	检查信号电压值	超过+2V或-2V	仪器调零
	传动带断	隔离电源电流表无指示	电动机转，发电机不转	换传动带
记录大幅变化	停电时间长，电瓶电压降低过多	检查电瓶电压	电瓶电压低于12V	接通交流电或临时接上备用电瓶
	附近有机井抽水	指数曲线形态，多路同步	由多路记录确定方位，寻找机井	停止抽水
	井孔进水	检查水位记录	水位同步变化	堵住进水通道
	地层的真实应变	没有发现可排除的干扰因素	符合1+3=2+4条件	进一步分析是否地震前兆异常
水位记录走直线	水位计露出水面	检查水位计位置	水位计是否露出水面	水位计放在水面下

2）RZB-2型分量式钻孔应变仪

（1）选址条件。

RZB-2型分量式钻孔应变仪的选址条件如下。①距离近期有明显活动的断层1km以上，以避开断层对邻近地应变场的削弱、畸变效应。②距大型水库、河流、泥石流、矿山采空区、山洪区、降雨聚水区、大型抽水站0.5km以上，以避免它们造成的地表荷载影响和地下水位变动的影响。③距大型振动机械（如锻锤，冲床等）或主干公路200m以上，以避免振动噪声。④距大型变压器、发射天线、大型电机等200m以上，以避免电磁干扰。⑤有2m以上的完整基岩段。⑥地温偏高或地热梯度较大的地方，地下水沉降速率较高或流动明显的地方，一般都不适于作为钻孔应变前兆的观测点。

（2）钻孔施工要求。

钻孔应变探头适宜安装在60~300m深，φ130孔径的钻孔中，钻孔倾斜度应小于

3°。测量井段指距孔底约 5m 的井段，在钻进到接近目标井深，即钻孔测量段时，选择岩石完整、致密的岩层进行测量井段的施工。测量井段应采用金刚石钻头钻进，要求孔壁光滑。终孔孔径为 $\phi130$，测量井段最大孔径应小于 $\phi133$。钻孔结构如图 4 - 2 - 111 所示。

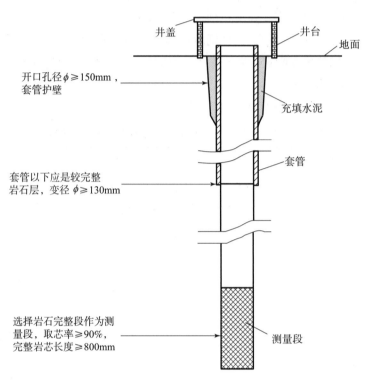

图 4 - 2 - 111 钻孔结构示意图

建议使用 $\phi150$ 钻具从地表开孔钻进，在钻到新鲜基岩后，继续钻进 2~3m，然后下 $\phi146$ 套管。如覆盖层较厚，套管应穿过覆盖层；如覆盖层较浅，则套管长度也应不小于 6m。为防止地层及地表水流动干扰钻孔内的静水位，造成观测值波动，须将套管用水泥与岩石孔壁固结为一体。钻进过程中如遇破碎带、大的裂隙和溶洞，须用水泥封井后再行钻进。套管应出露地表 50cm 左右，并预留标准丝扣（钻进施工时先用短护丝保护）。

根据国家台网中心 2012 年发布的钻孔应变仪观测用钻孔施工要求，钻孔最浅深度应为 60m。

注：钻孔应变仪下井及安装需要在室外进行，因此钻孔应在室外施工，不要将钻孔打在室内或者山洞内，也不要在钻孔施工完成后在钻孔上加盖观测室或是房间。为防止过长的走线影响数据传输，并考虑防雷因素，钻孔距离观测室（地面仪器放置地点）的距离最好不超过 20m。

（3）应变仪安装。

① 应变探头安装的必要条件。应变探头安装在百米深的钻孔之内，且为一次性安装，稍有不慎或处理不当就可能导致严重后果。探头安装由课题组专业人员携带专用工具设备完成。安装过程需要台站或甲方人员配合。

② 应变探头安装的通用流程。一般说来，安装人员到达台站后，首先了解台站及钻孔施工的具体情况，对钻孔井深、井斜及沉砂情况进行测井检验，在台站的协助下做技术准备（仪器检查，探头组装，孔口至观测房间电缆线的保护处理，下井装备试车等），安装探头后进行孔口电缆线固定。

（a）技术准备。认真查看钻孔柱状图。用测井测绳及模拟探头测量钻孔深度，测井探头可在井底进行沉砂捞取，以测量井底沉砂情况。按沉砂孔的实有高度，计算该段的体积，必要时可投放一定量的鹅卵石（直径 2~3cm 为宜），以隔绝沉砂对探头耦合的影响。专用膨胀水泥、石英砂按预定的比例称好重量。水泥体积的考虑原则是：它不仅将探头四周注满，并且亦应注满探头顶部 3~4m 处。所用清水不得含有碱性。测量（或再次确认）电缆的长度、下井用钢丝绳的长度，在末端分段做好标记，检查下井绞车的工作状态。再次清点下井用设备、材料及工具，固定在合理的位置。挖好埋设地面电缆的地沟，以及电缆通向观测室的洞口（或检查电缆通道是否畅通）。备好 50mm 内径的铁管，准备穿线。检查全部电学系统，如供电源状况、电缆线编号、线间电阻、仪器输出与探头输出电压等。如无误，将探头与主电缆及仪器对接，通电检查，记录一段时间，以确认全套系统工作是否正常，再将电缆头与探头完成机械对接。

（b）探头安装的程序。如有需要，先将称好体积并洗净的石子徐徐放入井内，不可太快，使其自然落入沉砂孔中。将探头吊于孔口，校准探头内电子罗盘。再测量探头此时各分量的输出值并记录。记录探头电缆线线号（探头电缆线每隔 1m 标有一个线号，逐米加1。根据线号可精确读出探头下井的米数）。将探头徐徐下放。下放过程中每隔 1m 左右用塑料线卡将电缆线与钢丝绳扎紧，以免电缆线与钢丝绳缠绕，影响辅助观测探头或其他井下设备的安装。应变探头落至孔底后，提升 0.5~1m，以减少孔底沉砂对探头耦合的影响。将钢丝绳在井口处使用钢丝卡打一个绳结，并穿入一铁棒上，横置于套管口上方，使电缆固定。将钢丝绳在井口套管处的多余段锯掉。探头固定好后，测量探头各分量测值并记录。将灌封水泥用注浆管下放。注浆管每根 2m，使用丝扣连接。注浆管下放到探头上方后，在地面连接注浆泵。将特种水泥和清水按照一定的配比充分搅拌后泵入井中。泵水泥前取搅拌后的水泥 300mL，留样。完成水泥泵送后。测量应变探头各分量测值并记录。

图 4-2-112 为下井安装示意图，图中三脚架为可拆卸便携式铝合金三脚架，重量轻，使用简便，便于运输；三脚架顶端使用定滑轮将钢丝绳导向；应变探头通过上提梁与钢丝绳相连；绞车控制探头下放，转速比为 1:10，只需手动操作就可下放安装 300kg 以内的探头。因此，探头安装可以

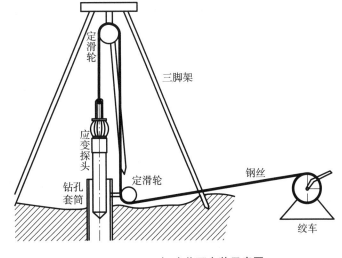

图 4-2-112　探头井下安装示意图

完全脱离钻机。在探头下放到位后，使用专用注浆泵向钻孔内灌注特种水泥，使探头与钻孔耦合。

（c）辅助观测探头安装。安装辅助观测探头前，需要先等应变探头耦合水泥达到初凝状态，即水泥灌封约24h以后，然后使用测绳测量水泥顶面到井口的距离，并记录存档，之后即可以安装辅助观测探头了。①水位气压探头安装，其工作深度为水位线以下 0～20m。考虑到钻孔水位的变化起伏，因此其安装深度一般选取在 5～10m。由于气压水位探头重量较轻，因此将探头人工手动下放到位后，使用塑料绳卡将探头电缆捆扎在应变探头电缆及钢丝绳上即可。为了防止地下水位下降较多后，探头露出水面，脱离工作区间，安装探头时还应在井口预留 2～10m 电缆。需要注意的是：水位气压探头内部有一根塑料导气管，一定要避免电缆线过度折弯造成导气管损坏。②井温探头，其工作区域较大，为水位线以下，水泥顶面以上的部分。其安装深度一般选取在水泥顶面以上 5～10m。由于井温探头重量较轻，因此将探头人工手动下放到位后，使用塑料绳卡将探头电缆捆扎在应变探头电缆及钢丝绳上即可。辅助观测探头安装完毕后，需做孔口处理，目的是防止井孔落入异物，防止地面水流入，防止井口套管受到机械伤害。在套管的出口处用尼龙布或塑料布包扎，以防受损。再用铁制井口盖将井口盖好，最好有螺丝固定并有锁锁住。如台站的钻孔不止一个，应在孔口处做好编号标记，以防混乱。

（d）电缆线布设。应变与辅助观测探头安装完成后就需要布设电缆线，即对应变及辅助观测探头的电缆进行布设走线，电缆自观测室墙角的小洞穿进室内，接入观测室中。

地面段电缆的处理是为了防止电缆受到各种因素导致的机械损伤，降低电磁干扰，以及防止雷击伤害，降低气温变动对电缆参数的干扰。因此电缆线的布设应尽量避免架空，电缆在室外不得有裸露处，穿线管应使用金属管，应变探头电缆加两根辅助观测探头电缆共三根，合并起来约4cm粗，因此需要使用50mm的金属穿线管。

观测室与钻孔距离不宜过远。观测室与钻孔的距离最好在20m以内。如条件所限，钻孔与观测室距离较远，则电缆线总长不应超过300m，即孔深加钻孔距观测室距离应小于300m。地面段电缆的埋设深度，在北方以50cm以下为宜，在南方以30cm以下为宜。地面电缆小于10m时可以用砖块砌成小型通道，或用细质土深埋（埋深80～100cm）。埋设中要考虑防止老鼠咬伤电缆。

（e）钻孔孔口处理。在钻孔孔口处砌电缆线水泥台，其内部的边长或直径为800～1000mm，高约400mm，上方再置一可移动水泥盖板。

3）SKZ-Ⅲ型分量式钻孔应变仪

（1）选址条件。

应变观测资料的质量和钻孔周围环境、岩石的质量等因素关系很大，因此我们特别注意到地址的选择勘察及钻孔的工序与质量控制。中国地震局发布的《地震及前兆数字观测技术规范》中部分重要内容如下。①距离明显活断层1km以上，避开断层对应变场的消弱和畸变。②距离大型水库、河流、矿山采空区、山洪区、降雨蓄水区、大型水电站0.5km以上，避免地表载荷和地下水干扰。③距离有大型振动机械的矿企、干线公路200m以上，避免振动噪声。④有6m以上完整段基岩。⑤避开城市饮用水及大型灌溉水井300m，如地下水波动速率大于0.5m/d，则不适合安装钻孔应变仪。

（2）钻孔施工。

钻孔施工直接影响观测质量，要求如下。① 井孔周围施工前进行平整，电源、水源符合安全要求。② 开孔 168mm，适合直径 146mm 套管安装。套管为无缝工业管，壁厚 4～5mm，直径误差不大于 1mm，表面无锈蚀及明显缺陷。③ 套管长度大于 6m，地平下大于 5.7m，或根据基岩破碎情况适当延伸，套管要深入完整基岩 3m，确保交付使用后无掉块或坍塌现象。④ 套管顶端高于地面 300mm，套管周围使用水泥固结，确保牢固和防止地表水流入钻孔。⑤ 探头安装处直径为 135mm。⑥ 变径处使用锥形钻打孔，确保变径处同心，防止出现台阶阻碍探头安装。⑦ 取芯钻进，在现场编写大比例柱状图，记录工作日志，对岩石裂隙、溶洞、岩性、漏水、进尺速度、岩芯长度进行详细描述。⑧ 钻孔使用合金钻头或者金刚石钻头，终孔 10m 使用金刚石钻头缓慢钻进，保证钻孔的表面质量。⑨ 探头安装部位有大于 6m 的完整基岩。⑩ 遇到流沙、淤泥、破碎带需要水泥固井。⑪ 孔底完整段岩芯（长度 1m）长期保存。⑫ 钻孔斜度小于 1° 为合格。⑬ 使用长度 1m、直径 133mm 无缝管反复通井，无阻碍卡死为合格。⑭ 井底淤泥岩粉经过一天沉淀后厚度不大于 20cm。⑮ 套管顶部做封堵加锁，防止异物落入。⑯ 钻孔深度以交工验收实测为准，井口套管周围地平与井底差值为计算深度，误差 0.5m。井口地平面不得低于周围，形成蓄水洼地。⑰ 钻孔位置，与甲方指定位置偏离不大于 10cm。⑱ 施工方交付合格的钻孔日志和柱状图资料。

（3）观测室要求。

① 观测室面积不小于 5m²，室内没有腐蚀性气体，标准机柜，观测室距离钻孔小于 20m 为宜。

② 年温差控制在 5～35℃，注意防尘和阳光直射，湿度小于 80%。

③ 市电控制在 180～230V，也可以使用太阳能电池供直流电源，直流电通过稳压源控制在 11.5～12.5V。

（4）探头安装。

探头安装由厂家专业人员携带安装工具完成，需要台站人员在场，以了解基本的安装过程，对现场情况的了解和对测量原理的认识将有利于后续的资料分析工作。根据钻孔施工要求对钻孔质量进行检测，查看钻孔柱状图，测量钻孔深度，推算井底淤积深度，使用直径 119mm 钢管通井两次，看是否有阻碍，准备好工具及水、石英砂、特种水泥、安装工具。

① 技术准备：（a）在钻孔套管上固定安装绞车；（b）下放钢丝辊刷井壁；（c）注水洗井 4～6h；（d）用井下电视查看井壁岩石完整情况及是否有淤积物；（e）投放粗石子，隔离淤积物；（f）安装定向底座；（g）电子测斜仪测量底座卡口方向和井斜；（h）投放石英砂，固定底座；（i）测试探头的性能指标，完全无误后拷机 10h 以上。

② 探头下井安装：（a）将探头放入井口，固定在绞架上，使用细钢丝绳与绞车连接，电缆不能承重；（b）启动减速电机缓慢下探头，每隔 2m 用细绳将钢丝绳和电缆捆扎一次；（c）探头到井底后通过经验测算是否进入卡口，并精确定位；（d）安装塑料管道，输送耦合水泥；（e）固定井口电缆，封闭井口；（f）将主机在仪器房安置妥当，信号接入数据采集器；（g）通过地面主机观察数据变化情况，最初因为水泥发热探头膨胀，之后随

着温度下降和水泥膨胀，数据呈现压缩状态。

4. 校准与格值计算

1）YRY-4型分量式钻孔应变仪

YRY型钻孔应变仪采用现场电标定来确定仪器的格值。标定系统以插于长度基准杆中的一组压电伸缩晶片为主体构造，在这组压电晶片上施加电压，利用晶体的逆压电效应引起晶片伸缩，逆压电晶片伸缩即引起传感电容器极板间距相反方向的变化，改变传感电容片的间隙。这就相当于给传感器施加了可控应变。知道晶片的逆压电伸缩常数后，只需量出施加在晶片两端的电压 U，就可知道这种可控应变的大小。

仪器标定由地面控制主机接受标定指令自动执行。打开标定器开关，标定器向探头中的标定片施加标定直流电压。用数字电压表测出此标定电压，同时记录应变变化数值，通过计算就可得到应变仪各路信号的格值。计算公式如下：

$$S = \frac{1}{K \cdot \Phi} = \frac{U \cdot d}{u \cdot 0.107}(\mathrm{mV^{-1}}) \qquad (4-2-62)$$

式中，U 为施加的校准电压，单位为 V；d 为晶片的逆压电伸缩常数；K 为传感器的位移灵敏度，单位为 mV/μm；u 为传感器输出阶跃方波的电压幅度，单位为 mV；Φ 为钻孔应变仪探头直径，单位为 m，经测定 $\Phi = 0.107\mathrm{m}$。

如给某探头施加校准电压 28.4V，测得第一路传感器输出阶跃方波电压幅度为9.27mV，经实测，晶片的逆压电伸缩常数 $d = 29.5 \times 10^{-12}\mathrm{m/V}$，该路传感器的位移灵敏度为：

$$K = u/(U \cdot d) = 9.2/(28.4 \times 29.5 \times 10^{-12}) = 11064(\mathrm{mV/\mu m})$$

传感器的应变灵敏度格值为：

$$S = U \times d/(u \times 0.107) = 8.446 \times 10^{-10}(\mathrm{mV^{-1}})$$

校准过程由 EP-Ⅲ型 IP 采集控制器在指令下自动执行，测量 U、u 两项数据，并自动计算出 4 路传感器的应变格值，具体计算无须观测人员介入。

2）RZB-2型分量式钻孔应变仪

RZB型分量式钻孔应变仪采用现场或远程标定来确定仪器的格值。应变探头内的各分量传感器均自带偏置调节系统，既可作为调零机构，同时也是格值标定部件。偏置调节系统采用电子标定的方式，在电容传感器上并联固定的微电容，等效产生一个微位移量，即灵敏度标定常数 d。灵敏度标定常数值由传感器出厂时实验确定。根据接入等效微位移量后系统的输出变化计算得到仪器格值。

钻孔应变仪的输出电压会随测到的应变值变大或变小，当输出电压超出观测范围（±4V）时，就需要对输出电压加注偏置——在传感器端并联一个微电容，使得输出电压增高或降低到测量范围以内（±4V）。偏置值是仪器加注偏置时在数据采集中设置的参数，在数据采集器设定网页的测量参数表中；原偏置值为在正常工作条件下数据采集器设定网页中测量参数表中的偏置值；标定偏置值为在标定操作中更改后的偏置值；原偏置电压值 U_1 为在加注偏置后的原电压输出值；标定偏置电压值 U_2 为在加注偏置后的标定电压输出值。

3）SKZ – Ⅲ型分量式钻孔应变仪

SKZ – Ⅲ型分量式钻孔应变仪通过仪器电容标定方法进行校准和格值计算，具体操作如下：

（1）按动标定按钮，5min 之后，按动复位钮。

（2）通过采集器调出标定数据，采集器数据中有 5~6min 的数据是标定数据，为一个矩形突起台阶，取突起台阶中间三个数据均值为标定输出，与标定前数据相减。

4.3　倾斜、应变台站监测运行与管理

按照《地壳形变、电磁、地下流体台网运行管理办法（2015 年修订）》《地震监测台网倾斜应变观测与运行管理工作细则（2015 年修订）》的要求，维护地震监测台网中的倾斜、应变观测站（含无人值守观测站点）的观测仪器正常运行，具体包括数据采集与存储、数据分析与异常落实、各类日志的填写、资料按时报送、仪器校准和日常维护等方面，各部分具体要求详见后续章节。

4.3.1　数据采集与存储

为了使观测数据能够长期服务于地震预报和地学科学研究，并能被科研人员方便地从网络上调用，倾斜和应变观测数据应按统一的格式、同类测项按统一的单位妥善永久保存。

地倾斜和地应变观测网的数据流程为：具备信息节点的观测站汇集本站和下属各仪器的观测数据和日志，入本地数据库，各观测站数据库定期自动交换到省级中心数据库，省级中心数据库再交换到国家中心数据库，国家中心将地倾斜、地应变观测数据和日志交换到学科中心数据库。

（1）地倾斜测量值变化应遵循下列规定：① 观测分量的方向以向东（E）、北（N）倾为数据向正方向变化，向西（W）、南（S）倾为数据向负方向变化；② 水管倾斜仪各分量的高差（输出电量）读数规定：北南（NS）分量为北端读数减南端读数，东西分量（EW）为东端读数减西端读数，北东分量（NE）为北东端读数减南西端读数，北西分量（NW）为北西端读数减南东端读数。

（2）地应变测量值变化应遵循下列规定。① 洞体应变观测和钻孔分量应变观测：岩体张性变化为数据向正方向变化，压性变化为数据向负方向变化；② 钻孔体应变观测：岩体张性变化为数据向负方向变化，压性变化为数据向正方向变化。

4.3.2　数据预处理

（1）观测站每天 12 时前完成前一天观测资料的预处理工作，填写观测日志和工作日志，数据和日志均入数据库保存。

（2）观测数据的预处理工作使用中国地震前兆台网数据处理系统的相应功能完成，不允许人工修改数据。

（3）具体要求。

① 数据预处理一般只针对分钟采样时间序列。原始数据为秒采样序列时，在预处理前应先进行降采样。

② 仪器校准、调零过程中产生的台阶和非潮汐数据应进行"台阶"和"缺数"处理。

③ 明确原因的人为干扰、仪器故障、停电等引起的突跳、突变台阶、缺记等应进行相应处理。

④ 观测仪器或供电、通信系统的故障、检修过程中产出的数据宜做"缺数"处理。

⑤ 地震波形记录不处理。

⑥ 由气象因素、外界干扰引起的渐变台阶或畸变不处理。

⑦ 水管倾斜仪只处理高差数据。

⑧ 预处理中应注意收集并保存强地震时的特异记录图像及典型干扰图像。

4.3.3 观测日志与工作日志

事件记录内容应包括：该事件发生的日期和起止时间、事件名称和类型、事件发生原因、处理结果说明、记录填写人员姓名等等。

使用中国地震前兆台网数据处理系统软件填写观测日志，使用中国地震前兆台网数据管理系统软件填写工作日志。

1. 观测日志

（1）观测日志在数据预处理时填写。对观测资料进行台阶、突跳、缺数等预处理时，观测日志中应准确注明处理流程和依据，如"仪器调零""格值校准""停电""人为进洞干扰"等，并在观测日志的"处理流程和依据""备注"两个字段中填写详细说明。

（2）观测日志应逐条记录对观测产生显著影响的所有事件，包括仪器故障、维修、格值校准、调零、停电、雷害、洞室改造、人为干扰、地震等，以及其他引起观测数据出现大幅突跳、阶变等异常变化事件。

（3）仪器调零及操作结果、格值校准及采用新格值等应在观测日志中记录。

2. 工作日志

（1）工作日志由观测站值班人员当日填写，应记录观测仪器和公用设备的运行状况，仪器故障和维修情况，数据采集、预处理，资料报送情况等。

（2）仪器校准、换水、维修等操作和应用软件升级更新时，应在当天工作日志中记录。

（3）应逐条记录当日发生的对观测产生显著影响的所有事件，包括可能对观测造成干扰影响的天气异常变化，记录环境温度、气压、降水量等辅助信息。当日无任何情况，日志中填写"正常"。

4.3.4 资料报送

根据观测技术规范和《数字化地震前兆台网运行管理规定（试行）》的要求，台站要按日、按月、按年度根据观测资料处理生成各种数据文件和报表，包括倾斜、应变、气压、温度等的时值、日均值等，并定时向省级台网中心、学科技术管理组报送。资料报送内容如下。

（1）日数据。倾斜、应变观测的原始数据、预处理数据、辅助观测数据和观测日志、工作日志等均视为观测站产出的常规数据产品，以数据库形式保存和汇集。

（2）观测运行月报。月报标题应包括：台站名称、报告年月、报告编写人和报告编写日期。主要内容包括：在运行仪器概况，仪器格值校准及使用，数据采集、报送和预处理情况，特殊事件记录。

（3）观测运行年报。年报需在标题处加盖公章，封面标题应包括：台站名称、报告年份、报告类型以及报告编写人和编写日期。主要内容包括：台站及测项概况，全年仪器运行状况，数据采集、处理及报送情况及特殊事件记录。年报附件应包括：测项观测人员名单并盖章、全年仪器格值校准计算表、各测项分量日均值序列年变曲线图、辅助观测年度曲线图（气温、气压可用每日定时观测值绘制，降水量应绘制日降水量直线图，洞室温度根据仪器配置情况可绘制定时值或日均值图）。

4.3.5　仪器格值校准

1. 倾斜、应变观测仪器格值校准次数、时段要求

（1）地倾斜和洞体应变观测仪器格值校准一般每年不少于2次，两次校准间隔时间≤195天；钻孔应变观测仪器格值检查一般每年1次（DB/T 中的 54—2013 7.2.1 条）。

（2）仪器检修、更换部件或重新安装后应进行校准并启用新格值。

（3）落实异常等，认为必要时可进行校准。

（4）校准时段应选在固体潮小潮时段或波峰、波谷时段。

（5）仪器格值校准一般应采用自动校准操作。

2. 格值校准技术指标要求

（1）倾斜仪校准幅度宜≥0.04″，洞体应变校准幅度宜≥1×10^{-6}，钻孔应变校准幅度应为 $(4 \sim 15) \times 10^{-8}$。

（2）校准过程中电压读数不得超过量程的90%（如，对于±2V量程，校准过程中的电压读数不得大于1.8V或小于−1.8V）。

（3）倾斜、洞体应变同分量格值校准重复精度≤1%（VS型垂直摆倾斜仪为≤2%），钻孔应变校准重复精度≤3%。计算公式：

$$R = \frac{2\sqrt{\sum_{i=1}^{n}(\Delta U_i - \overline{\Delta U})^2/(n-1)}}{|\overline{\Delta U}|} \times 100\%$$

式中，n 为校准时往返测量的次数；ΔU_i 为相邻两个测量值之间的差值；$\overline{\Delta U}$ 为差值的平均值。

（4）水管倾斜仪同分量两端灵敏度的一致性应优于或等于1%。

（5）倾斜和洞体应变仪器校准格值较原使用格值变化≥2%时，应重新校准并检查确

认仪器工作状态正常、校准装置系统工作正常且操作无误，当日或次日连续 2 次校准相对误差 <2%，方可启用新的格值。格值误差计算公式：

$$格值误差 = \frac{本次校准格值与上次格值之差}{上次格值} \times 100\%$$

（6）钻孔应变仪格值变化的绝对值在 2%～5% 时应记录新格值，变化达到或超过 5% 时，应对仪器进行检查和维修。

（7）格值计算结果取四位有效数字。

3. 格值校准记录与上报

仪器校准按照上述规定执行，每次校准须记录并保留格值计算表。校准完成后的 5 天内应通过"倾斜应变台站运行管理平台"填写并提交格值记录信息。

4.3.6 仪器维护及检修

1. 仪器调零

（1）仪器测值接近数据记录量程的上、下限读数时，应进行调零操作，避免观测输出值因超量程而出现限幅。

（2）仪器格值校准前预计电压读数可能超限时应进行调零。

（3）有自动调零功能的仪器应进行自动调零。因观测值漂移过大，超出自动调零范围时，可采用人工调节仪器机械装置的方法使仪器回到记录量程内。

2. 仪器换水

（1）应定期检查水管倾斜仪钵体内水位、水质，水分蒸发过多、水位较低时应补充注水，水质混浊、变污时须换水。

（2）换水工作一般宜安排在年底，并应事前报告省级台网中心和地壳形变台网中心。

（3）清洗管道、钵体并更换水后应进行仪器格值校准。

3. 故障维修

（1）仪器设备出现故障应在 24h 内报修，并在当天的观测日志、工作日志中记录故障现象和联系维修的情况；故障排除后恢复观测的当天应在工作日志中记录维修情况、停测时间等。

（2）仪器因故障维修等原因预计停测时间在 3 个月以下但超过 1 个月的，应报倾斜应变观测技术管理部备案；预计停测时间将超过 3 个月的，须报中国地震局监测预报司审批，应按要求填写"地震观测仪器停测审批表"，附上省级预报部门的意见，同时报倾斜应变观测技术管理部审核。

4. 一般维护、检修

（1）观测仪器的一般维护、检修工作宜安排在月底或年底，应事前报告给省级台网中心和地壳形变台网中心。

（2）仪器维护、检修、换水等工作的事前报告内容包括：仪器型号、检修或维护内容、预计停测时间等。

（3）在每年雷雨季节以前（3、4月时）检查各仪器供电电源的避雷设备、通信和信号线路防雷设施的工作状态，做好检修和维护，确保各防雷设施在雷雨季节中正常运行。有条件的测站应检查地网并宜使接地电阻值＜4Ω。

4.3.7　台站数据处理软件

"十五"数字地震观测网络项目建设完成后，台站观测实现了 IP 到仪器，在台站、区域台网中心、学科中心都建立了 ORACLE 数据库，相应的数据采集和存储方式都转换为数据库形式。"十五"系统使用中国地震前兆台网数据处理系统软件，该软件建立在 ORACLE 数据库基础上，日常观测应用的基本处理功能可参考相关说明书《前兆台网数据处理与评价方法理论模型》。

地震台站每天对前一天产出的倾斜应变原始观测数据进行预处理，生成预处理数据和台站产品数据，即对仪器运行过程中出现的突跳、台阶、尖峰等进行修正，对标定、仪器运行故障产出的无效数据进行处理等。预处理完成后的数据存入数据库中的相应表中，并同时通过数据处理软件产出时值、日值等数据产品，定时通过数据汇集功能自动同步到上一级节点。目前，基于 ORACLE 数据库的倾斜应变数据处理系统的主要功能见表4－3－1。

表4－3－1　倾斜应变数据处理系统的主要功能

子模块		功能
预处理	数据转换	将原始数据转化为预处理数据
	年初归零	每年1月1日0时数据归零（主要针对模拟数据，随着观测手段的数字化转型，目前已不建议使用该功能）
	突跳处理	对严重影响动态曲线的单点突跳或超过规定变幅的数据做补插处理
	缺数处理	将因停电、仪器标定等造成的缺记、非正常数据记为"缺数"
	台阶处理	对标定、仪器调零等造成观测数据序列突变掉格进行处理，以形成连续观测值
	处理过程记录	对所有预处理过程进行记录，标注其操作内容和特征参数
常规计算	整时值产出	从预处理后数据中提取倾斜、应变整时值并入库
	均值计算	由预处理后数据生成日均值序列并入库
	缺记统计	对各测项原始、预处理数据缺测数进行统计计算
专业分析计算	固体潮理论值计算	倾斜、应变整时值固体潮理论值计算
	调和分析计算	整时值月长度潮汐分析，获取潮汐因子等参数
	拟合检验	得到整时值观测序列非潮汐拟合精度信息
	倾斜观测事件检出	对倾斜原始观测数据进行检验，按规定的阈值检出数据并保存入库
	应变观测事件检出	对应变原始观测数据进行检验，按规定的阈值检出数据并保存入库

子模块		功能
图形显示	观测曲线图	对倾斜、应变、辅助观测等测项，绘制日、月、年或特定时段动态曲线图
	均值图	一年的日均值图像显示
	矢量图	倾斜、应变矢量图显示
	对比动态曲线	对倾斜、应变观测等测项，绘制日、月、年或特定时段动态曲线图
报表报告编制	台站数据月报编制	月报表（整时值、日均值）
	台站工作月报编制	月报（仪器工作状况、原始数据连续率统计，预处理数据完整率统计，事件记录）
	台站工作年报编制	年报（台站和仪器基本信息，归零差值，仪器工作状况和全年标定结果，各测项观测数据统计结果，观测人员名单）
基础信息展示	GIS 底图设置	确定 GIS 底图的来源，可选用本地（机）底图或者服务器底图
	台网基础信息展示	在 GIS 平台上展示数据库中的台网基础信息，包括台站（点）分布图、台站（点）基本信息（经度、纬度、高程、测项及分量等）；同时，GIS 图可输出保存

4.4　地倾斜观测资料质量监控

对于地倾斜观测台站，观测资料质量的评定已建立了一套度量精度的标准体系，可以定量审核观测资料优劣，评价观测资料好坏。大量实践和经验表明，多年来对地倾斜观测资料质量的评定是有实际效果的，评定的内容与指标也在不断完善，主要包括下述各项。

4.4.1　地倾斜观测资料质量的评定指标

1. 运行评定指标

地倾斜观测记录的突出特点就是实现了连续观测，这种连续观测对地震预报中短临震兆信息的提取、地震学现象的研究，都是很重要的。地倾斜观测资料运行评定指标主要包括数据连续率和完整率。

（1）数据连续率，评价仪器连续运行状况的指标，按照式（4-4-1）计算：

$$x = \frac{y_1}{y} \times 100\% \tag{4-4-1}$$

式中，x 为数据连续率；y_1 为已入库原始数据样本数；y 为应有数据样本数。

（2）数据完整率，观测数据可用性评价指标，按照式（4-4-2）计算：

$$w = \frac{d_1}{d} \times 100\% \tag{4-4-2}$$

式中，w 为数据完整率；d_1 为已入库预处理数据样本数；d 为应有数据样本数。

2. 观测精度评定指标

地倾斜观测精度的评定指标包括：潮汐因子均方差和相对噪声水平。

1）潮汐因子均方差

台站日常监测资料是动态随机观测序列，序列中既有多种信息成分，也有噪声影响。为了更好地使用资料和维护观测系统的正常运行，建立客观、准确评定计算资料序列精度的指标就显得尤为重要。

固体潮观测值相对其理论值的偏离通常可使用基于最小二乘法的维尼迪柯夫调和分析方法进行分析，该方法可以求解各个波群的观测振幅对理论振幅之比及观测相位与理论相位之差。前者定义为潮汐振幅比，即潮汐因子，后者定义为潮汐相位滞后，二者统称为潮汐导纳，也可称为潮汐响应函数。

M_2 波潮汐因子均方差是用来评定固体潮汐（地倾斜、地应变等）观测资料内在质量精度的一项定量指标。指标采用调和分析方法求得，其数学模型如下。

设观测序列表示为分潮波的叠加形式：

$$y(t) = \sum H_n \cos[\omega_n t + \varphi_n(T)] + D(t) \qquad (4-4-3)$$

以 48h 为一段，将观测序列 $y(t)$ 分段，用设计的偶滤波器 C_i^τ 和奇滤波器 S_i^τ（$\tau = 1$，2，3，代表全日波、半日波、1/3 日波）对观测序列做滤波计算，对应 $y(t)$ 的时序编号为 -23.5，-22.5，$\cdots$，-0.5，0.5，$\cdots$，22.5，23.5，简化后，有：

$$\begin{cases} M_i^\tau = \sum_{k=1}^{p} x_k \sum_{n=\alpha_k}^{\beta_k} \overline{C}_n^\tau h_n \cos\Psi_n(T_i) + \sum_{k=1}^{p} y_k \sum_{n=\alpha_k}^{\beta_k} \overline{C}_n^\tau h_n \sin\Psi_n(T_i) \\ N_i^\tau = \sum_{k=1}^{p} -x_k \sum_{n=\alpha_k}^{\beta_k} \overline{S}_n^\tau h_n \sin\Psi_n(T_i) + \sum_{k=1}^{p} y_k \sum_{n=\alpha_k}^{\beta_k} \overline{S}_n^\tau h_n \cos\Psi_n(T_i) \end{cases} \qquad (4-4-4)$$

式中

$$\begin{cases} \overline{C}_n^\tau = 2 \sum_{t=-23.5}^{23.5} C_t^\tau \cos\omega_n t \\ \overline{S}_n^\tau = 2 \sum_{t=-23.5}^{23.5} S_t^\tau \sin\omega_n t \end{cases} \qquad (4-4-5)$$

$$\begin{cases} M_i^\tau = \sum \overline{C}_n^\tau H_n \cos\varphi_n(T_i) \\ N_i^\tau = -\sum \overline{S}_n^\tau H_n \sin\varphi_n(T_i) \end{cases} \qquad (4-4-6)$$

$$\begin{cases} x_k = \delta_k \cos\Delta\Psi_k \\ y_k = \delta_k \sin\Delta\Psi_k \end{cases} \qquad (4-4-7)$$

式中，H_n 为第 n 个潮波的观测振幅；ω_n 为第 n 个潮波的角频率；$\varphi_n(T_i)$ 为第 n 个潮波 T 时刻的初相位；h_n 为第 n 个潮波理论振幅；$\Psi_n(T_i)$ 为第 n 个潮波在 T_i 时的理论相位；δ_k 为第 k 个波群的潮汐因子；$\Delta\Psi_k$ 为第 k 个波群的相位差；α_k 为第 k 个波群起始潮波编号；β_k 为第 k 个波群最后潮波编号；p 为某类波划分的波群数。

若可用资料为 m 段，则对每类波可得 $2m$ 个形如式（4-4-4）的方程，用矩阵表示为：

$$aX = M \qquad (4-4-8)$$

其中

$$X = (x_1, y_1, \cdots, x_p, y_p) \qquad (4-4-9)$$

$$M = (M_0^\tau, N_0^\tau, \cdots, M_m^\tau, N_m^\tau)^T \qquad (4-4-10)$$

$$a = \begin{bmatrix} \sum_{n=\alpha_1}^{\beta_1} \overline{C}_n^\tau h_n \cos\Psi_n(T_1) \cdots \sum_{n=\alpha_p}^{\beta_p} \overline{C}_n^\tau h_n \cos\Psi_n(T_1), & \sum_{n=\alpha_1}^{\beta_1} \overline{C}_n^\tau h_n \sin\Psi_n(T_1) \cdots \sum_{n=\alpha_p}^{\beta_p} \overline{C}_n^\tau h_n \sin\Psi_n(T_1) \\ -\sum_{n=\alpha_1}^{\beta_1} \overline{S}_n^\tau h_n \sin\Psi_n(T_1) \cdots -\sum_{n=\alpha_p}^{\beta_p} \overline{S}_n^\tau h_n \sin\Psi_n(T_1), & \sum_{n=\alpha_1}^{\beta_1} \overline{S}_n^\tau h_n \cos\Psi_n(T_1) \cdots \sum_{n=\alpha_p}^{\beta_p} \overline{S}_n^\tau h_n \cos\Psi_n(T_1) \\ \vdots & \\ \sum_{n=\alpha_1}^{\beta_1} \overline{C}_n^\tau h_n \cos\Psi_n(T_m) \cdots \sum_{n=\alpha_p}^{\beta_p} \overline{C}_n^\tau h_n \cos\Psi_n(T_m), & \sum_{n=\alpha_1}^{\beta_1} \overline{C}_n^\tau h_n \sin\Psi_n(T_m) \cdots \sum_{n=\alpha_p}^{\beta_p} \overline{C}_n^\tau h_n \sin\Psi_n(T_m) \\ -\sum_{n=\alpha_1}^{\beta_1} \overline{S}_n^\tau h_n \sin\Psi_n(T_m) \cdots -\sum_{n=\alpha_p}^{\beta_p} \overline{S}_n^\tau h_n \sin\Psi_n(T_m), & \sum_{n=\alpha_1}^{\beta_1} \overline{S}_n^\tau h_n \cos\Psi_n(T_m) \cdots \sum_{n=\alpha_p}^{\beta_p} \overline{S}_n^\tau h_n \cos\Psi_n(T_m) \end{bmatrix}$$

$$(4-4-11)$$

一般资料段数 $m > p$，式（4-4-8）可用最小二乘法求解，方程为：

$$AX = B$$

其中，$A = a^T a$，$B = a^T M$。于是有

$$X = A^{-1}B \qquad (4-4-12)$$

求得未知数 X，并计算潮汐因子与相位滞后：

$$\delta_k = (x_k^2 + y_k^2)^{\frac{1}{2}} \qquad (4-4-13)$$

$$\Delta\Psi_k = \arctan\left(-\frac{y_k}{x_k}\right)(k = 1,2,\cdots,p) \qquad (4-4-14)$$

由下式求得单位权中误差，即为倾斜潮汐因子均方差。

$$\sigma = \frac{M^T M - B^T X}{2(m-p)} \qquad (4-4-15)$$

2）相对噪声水平

相对噪声水平指标是用来判断观测资料长期稳定性的另一项定量指标。有两种计算方法。

（1）切比雪夫多项式计算。应用切比雪夫多项式与一年观测资料 73 个五日均值作 30 阶拟合得到，是一种数学逼近拟合的方法。设 $\tilde{X}_k$ 为五日均值序列，其对应的 m 阶切比雪夫多项式展开式为：

$$F_m(k) = \frac{1}{2}C_0 + \sum_{n=1}^{m} C_n T_n(x_k) \qquad (4-4-16)$$

式中，m 为拟合阶数，一般取 $m=30$；k 为五日均值序列号；$C_n = \frac{2}{N}\sum_{k=1}^{N} \tilde{X}_k T_n(x_k)$；$T_n(x) = $

$\cos[narccos(x)]$ 为切比雪夫多项式，其递推公式为：

$$T_{n+1}(x) = 2xT_n(x) - T_{n-1}(x)$$

其中，$x_k = \cos\dfrac{2k-1}{2N}$；$F_m(k)$ 为第 k 个切比雪夫多项式拟合值。通过计算拟合值 $F_m(k)$ 与观测值 $\tilde{X}_k$ 的方差，得到五日均值的相对噪声水平，见式（4-4-17）。

$$\tilde{M}_1 = \pm\sqrt{\frac{1}{N-1}\sum_{k=1}^{N}\left[F_m(k) - \tilde{X}_k\right]^2} \qquad (4-4-17)$$

式中，$\tilde{X}_k$ 为五日均值数据；N 为五日均值个数；$\tilde{M}_1$ 为五日均值相对噪声水平。

（2）连均方差计算。使用均方差、期望、偏度等指标对台站观测资料序列统计特性的计算检验得知，日均值观测序列带有系统变化的信息成分，不能作为随机统计序列；由日均值之差构成的差分序列，较原序列的统计特性有较大变化，偏离性、离散性、凹凸性等项指标得到了削弱，序列服从或近似服从正态分布，从而可以利用该序列直接求差分值的均方差，再由误差传播定律求出日均值在不受系统成分影响下的均方误差。差分序列均方差称为均方连差。对于观测序列 $(y) = y_1, y_2, \cdots, y_i, \cdots, y_N$，由其构成的日均值一阶差分序列为：$(\Delta y) = y_2 - y_1, y_3 - y_2, \cdots, y_{i+1} - y_i, \cdots, y_N - y_{N-1}$。由统计检验得日均值一阶差分序列 $y_{i+1} - y_i$，近似服从 $N(0, \sqrt{2}\sigma)$。其中，$\sqrt{2}\sigma$ 为差分序列的均方差。定义均方连差为：

$$q^2 = \frac{1}{N-1}\sum_{i=1}^{N-1}(y_{i+1} - y_i)^2 \qquad (4-4-18)$$

它是差分序列均方差的估值，具有无偏性。由此估算出日均值序列精度：

$$M_1 = q^2/2 \qquad (4-4-19)$$

式中，q^2 为均方连差；N 为计算天数（≥90，即3个月）；y_i 为日均值序列。

在实际计算中，由日均值序列组成日差序列，由式（4-4-19）求出不受系统误差干扰的日均值序列的观测精度，较其他方法更具客观性。

4.4.2 地倾斜验收评分标准

地倾斜观测资料评比分省、市、自治区地震局验收，技术管理部预评，形变学科技术协调组统评三级。对观测资料质量的评定是从日常工作、资料质量指标评比两方面进行的。目前资料评比中，评分所占的比例是：技术指标评分占58%，日常运行评分占42%。评比检查的内容包括下述部分。

1. 技术指标评分

技术指标评分主要包括对仪器观测精度、数据完整率和连续率的评定。

（1）现有的地倾斜观测精度指标共有两项内容：地倾斜调和分析中误差，倾斜观测相对噪声水平计算。① 调和分析评分指标：按 Venedikov 调和分析方法，对一个月时间长度的倾斜观测资料进行调和分析，以 M_2 波的中误差 m_γ 指标为评定倾斜观测资料质量的第一项指标，要求Ⅰ类倾斜台站观测 $m_\gamma < 0.02$。② 相对噪声水平指标：采用均方差拟合精度，评价倾斜潮汐观测资料的一年长期稳定性精度，作为评定倾斜潮汐观测资料质量的第二项

指标。要求 I 类倾斜台站观测 $M_l < 0.02''$。

（2）数据完整率。用形变学科中心数据库中的预处理数据计算，以百分数表示。公式为：

$$数据完整率 = \frac{已有数据样本数 - 无效测值样本数}{应有数据样本数 - 可扣除缺记数} \times 100\%$$

报经学科技术管理组备案的山洞改造或仪器更新改造（事先报告）、仪器正常检修（事先报告、2 天以内）、强雷击损坏（2 天以内）等原因引起的缺记可以作为"可扣除缺记数"，不计在无效测值样本数中。

（3）运行连续率。用形变学科中心数据库中的原始数据计算，以百分数表示。公式为：

$$运行连续率 = \frac{已有数据样本数 - 无效测值样本数}{应有数据样本数} \times 100\%$$

2. 日常运行指标评分

日常运行检查按照《数字地震及前兆观测技术规范》《地震前兆台网运行管理办法（试行）》和《地震前兆台网形变观测与运行工作细则》的相应要求进行。

（1）数据预处理。观测站每天 12 时前完成前一天观测资料的预处理工作，填写观测日志和工作日志，数据和日志均入数据库保存。观测数据的预处理工作使用中国地震前兆台网数据处理系统的相应功能完成，不允许人工修改数据。

（2）仪器工作状态检查。每日监控本站（点）观测仪器、公用设备等技术系统的运行状态、报警信息，校对观测仪器的时钟，监视观测数据采集、入库和数据库同步上报情况。

（3）仪器校准。对于仪器标定正确与否的考查标准，根据不同仪器的标定规定，按《数字地震及前兆观测技术规范》中水管倾斜仪、水平摆倾斜仪、垂直摆倾斜仪等具体的标定规定执行。对仪器标定的检查指标有下述 5 项：① 标定次数与限差，要求按规范规定的次数与限差进行标定，仪器检修、调试仪器后均应进行标定；② 标定精度，要求仪器标定的重复性优于（含）1%；③ 格值计算，按仪器型号标定得到各参量，代入格值计算公式，正确计算；④ 格值取位，格值计算结果有效位数选取应符合取位要求；⑤ 标定记录，倾斜仪器格值应按照统一要求内容逐次书写记录，每年汇总形成全年仪器标定记录表。

（4）资料报送与年度总结。在正常监测运行中，倾斜观测资料上报按日、月、年的时间间隔，报送不同内容的观测资料。① 日资料同步，主要是台站向省地震局、国家前兆台网中心以数据库形式同步汇集数据，包括原始数据、预处理数据、均值数据、观测日志、工作日志等资料；② 月、年资料寄送是指台站或省地震局前兆台网中心向学科技术管理组每月、每年报送观测数据文件；③ 分析预报和技术革新，鼓励利用倾斜观测资料开展预报、科研工作，鼓励围绕倾斜观测仪器设备的技术改革与创新，特别在验收中增加此项；④ 年度技术总结。

4.5 地应变观测资料质量监控

目前绝大多数台站安装的应变仪观测精度高于 1×10^{-9}，能够清晰地记录到应变固体潮汐的变化幅度。随着地应变观测手段的不断丰富，评定指标也在不断完善，主要包括下述各项。

4.5.1 地应变观测资料质量的评定指标

1. 运行评定指标

地应变观测的运行评定指标包括数据连续率和完整率，分别按照式（4-4-1）和式（4-4-2）进行统计计算。

2. 观测精度评定指标

地应变观测精度的评定指标包括：潮汐因子相对均方差、洞体应变的相对噪声水平和分量钻孔应变的自检内精度。

1）潮汐因子相对均方差

以观测资料 M_2 波潮汐因子相对中误差为内精度指标，可用公式计算：

$$\alpha = \frac{S}{R_\alpha} \tag{4-5-1}$$

式中，S 为 M_2 波中误差；R_α 为 M_2 波潮汐因子。

2）洞体应变的相对噪声水平

相对噪声水平是用来判断观测资料长期稳定性的一项定量指标。由使用均方差、期望值、偏度等指标对台站观测资料序列统计特性的计算检验得知，日均值观测序列带有系统变化的信息成分，不能作为随机统计序列；由日均值之差构成的差分序列，较原序列的统计特性有较大变化，偏离性、离散性、凹凸等项指标得到了削弱，序列服从或近似服从正态分布，从而可以利用该序列直接求差分值的均方差。

$$M_1 = \frac{q^2}{2} = \frac{1}{2(N-1)} \sum_{i=1}^{N-1} (y_{i+1} - y_i)^2 \tag{4-5-2}$$

式中，q^2 为均方连差；N 为计算天数（≥90，即三个月）；y_i 为日均值序列。

3）分量钻孔应变的自检内精度

钻孔四分量应变观测，是以弹性力学的"圆孔加衬问题"的解为理论依据的。当远处有均匀水平主应变 ε_1 和 ε_2 时，钻孔的 θ 方向的孔径相对变化为：

$$s_\theta = A(\varepsilon_1 + \varepsilon_2) + B(\varepsilon_1 - \varepsilon_2)\cos2(\theta - \phi) \tag{4-5-3}$$

式中，ϕ 为 ε_1 的方位角；系数 A 和 B 为套筒内、外径和围岩、填充水泥以及套筒材料的杨氏模量和泊松比的函数。

四分量钻孔应变观测仪器的探头置于钻孔中，与孔壁耦合；探头中有四个水平放置的元件，互相之间的夹角皆为45°，用来测量四个方向的孔径相对变化 s。由此可知，钻孔应变观测直接给出的并不是应变变化。而且，理论上，任意两个互相正交方向的测值之和应是相等的。即任意选择一个元件的孔径相对变化测值，记为 s_1，依次顺时针转动 $45°$，有元件测值 s_2、s_3 和 s_4。当探头与围岩的耦合处于理想状况时，应该有：

$$s_1 + s_3 = s_2 + s_4 \qquad (4-5-4)$$

但是这四组测值实际上并不完全符合这个关系，而是有一定的误差。这个误差可能反映了探头与围岩的耦合状况。

我们知道，平面应变只有三个独立变量。四分量钻孔应变仪四个分量的观测构成两组互相正交的孔径相对变化观测，可检验它们是否相等。这种"自检"可以根据一定的假设来对元件观测值进行校正。一种比较简明的方法是令 $S_i = k_i s_i (i = 1, 2, 3, 4)$，假设 $S_1 + S_3 = S_2 + S_4$，将大量实际测值代入此式，给定任意一个 k_i 为 1，可以反演得到其他 k_i。分别给定不同 k_i 为 1，可以得到四组 $k_i (i = 1, 2, 3, 4)$，取这四组 k_i 的平均值作为最终的反演结果，这样的 k_i 都应在 1 附近取值，特别当耦合处于理想状况时，所有 k_i 都等于 1。我们称对 k_i 的这种反演为实地相对标定，称 k_i 为相对校正系数。实践证明这种校正是十分有效的。用这样得到的 $S_i (i = 1, 2, 3, 4)$ 替代 $s_i (i = 1, 2, 3, 4)$，应该更接近真实孔径相对变化。

根据钻孔四分量应变观测资料上述的自检方法，可以用相对标定结果来判断钻孔应变观测资料的质量。根据研究，对于理想情形，相对标定系数都应该等于 1。我们初步判断，由实际资料得到的所有标定系数都比较接近 1 的台站，仪器工作状态比较好，产出资料质量比较高，可以比较可靠地用于科学研究。但是，单从标定系数来看，四个元件的标定系数可能都接近于 1，也可能部分接近于 1，台站较多的状况下，无法判定哪个台站的观测质量较高。由此，我们进一步由四个元件的标定系数求出均值和偏差，仿照潮汐因子内精度概念，定义：

$$\alpha = \frac{S}{R} \qquad (4-5-5)$$

式中，α 为自检内精度；S 为偏差，这里的偏差是相对于四个元件标定系数的均值来计算的；R 为四个元件相对标定系数均值的绝对值。

用"自检内精度"来描述一个台站的仪器的观测质量，可衡量各台站仪器工作状态的相对优劣。

4.5.2　地应变验收评分标准

地应变观测资料评比分省、市、自治区地震局验收，技术管理部预评，形变学科技术协调组统评三级。对观测资料质量的评定是从日常工作、资料质量指标评比两方面进行的。目前资料评比中，评分所占的比例是：技术指标评分占 58%，日常运行评分占 42%。评比检查的内容包括下述部分。

1）技术指标评分

技术指标评分内容主要包括对仪器观测精度、数据完整率和连续率的评定，其中数据完整率和连续率的评定方法同地倾斜数据完整率和连续率的计算方法。

现有的地应变观测精度指标包括三项内容：地应变调和分析相对中误差、洞体应变相对噪声水平和分量钻孔应变自检内精度。

调和分析评分指标：按 Venedikov 调和分析方法，对一个月时间长度的应变观测资料进行调和分析，以 M_2 波的中误差 m_γ 指标为评定地应变观测资料质量的第一项指标，要求 I 类地应变台站观测 $\sigma_\alpha/\alpha < 0.05$。

相对噪声水平指标：采用均方差拟合精度，评价应变潮汐观测资料的一年长期稳定性精度，作为评定洞体应变潮汐观测资料质量的第二项指标，要求 I 类应变台站观测：$\sigma_N < 2 \times 10^{-9}$。

自检内精度：采用之前描述的自检方法，即通过分量式钻孔应变仪四个分量的观测构成两组互相正交的孔径相对变化观测，通过检验它们是否相等来判断钻孔应变观测资料的质量，以此作为分量钻孔应变的第二项指标，要求 I 类钻孔应变台站观测：$\alpha \leq 0.2$。

2）日常运行指标评分

日常运行检查按照《数字地震及前兆观测技术规范》《地震前兆台网运行管理办法（试行）》和《地震前兆台网形变观测与运行工作细则》的相应要求进行。

（1）数据预处理。观测站每天 12 时前完成前一天观测资料的预处理工作，填写观测日志和工作日志，数据和日志均入数据库保存。观测数据的预处理工作使用中国地震前兆台网数据处理系统的相应功能完成，不允许人工修改数据。

（2）仪器工作状态检查。每日监控本站（点）观测仪器、公用设备等技术系统的运行状态、报警信息，校对观测仪器的时钟，监视观测数据采集、入库和数据库同步上报情况。

（3）仪器校准。① 洞体应变观测仪器格值校准一般每年不少于 2 次，两次校准间隔时间 ≤195 天；钻孔应变观测仪器格值检查一般每年 1 次。② 洞体应变同分量格值校准重复精度应 ≤2%，钻孔应变校准重复精度应 ≤3%。

（4）资料报送与年度总结。在正常监测运行中，倾斜观测资料上报按日、月、年的时间间隔，报送不同内容的观测资料。① 日资料同步，主要是台站向省地震局、国家前兆台网中心以数据库形式同步汇集数据，包括原始数据、预处理数据、均值数据、观测日志、工作日志等资料。② 月、年资料寄送是指台站或省地震局前兆台网中心向学科技术管理组每月、每年报送观测数据文件。③ 分析预报和技术革新，鼓励利用倾斜观测资料开展预报和科研工作，鼓励围绕应变观测仪器设备的技术改革与创新，特别在验收中增加此项。④ 年度技术总结。

4.6 倾斜、应变监测站的建设

本节规定了洞室地倾斜和地应变观测站建设中观测场地勘选、仪器墩与观测室建设、设备配置的技术要求，适用于地震监测预报和相关科学研究的洞室地倾斜和地应变观测站的建设。

4.6.1 洞室倾斜、应变监测站的建设

1. 观测场地勘选和环境技术要求

1) 观测场地勘选

（1）基本要求：观测场地应具备观测工作正常进行所需的电力、通信和交通等条件。观测场地勘选应考虑当地国民经济建设和社会发展长远规划及可能对观测环境造成的影响。

（2）地震地质条件：观测场地宜选在活动断层（断裂带）附近，但距破碎带的距离应≥500m；地基岩体坚硬完整、致密均匀；地基岩层倾角应≤40°。

（3）地形地貌条件：拟建洞室的山体顶部地形平缓、对称，宜有植被或黄土覆盖；洞室底面应高于当地最高洪水位和最高地下水位面。

（4）洞室观测场地不宜选在下列地段：风口、山洪汇流处，移动沙丘、泥石流、滑坡易发地段，溶洞和雷击区。

2) 观测环境的技术指标

（1）地倾斜观测环境的技术指标。① 荷载、水文地质环境变化源在地倾斜观测台站处产生的地倾斜畸变量每日应≤0.003″，当月 M_2 波潮汐因子误差应≤0.02。② 振动源在地倾斜观测台站处产生的地倾斜突发性变化量应≤0.005″。③ 水库、湖泊蓄水涨落 1m，在地倾斜观测场地处产生的地倾斜畸变量应≤0.008″。

（2）地应变观测环境的技术指标。① 荷载、水文地质环境变化源在地应变观测台站处产生的地应变畸变量每日应≤3×10^{-9}，每月应≤3×10^{-8}，当月 M_2 波潮汐因子误差应≤0.04。② 振动源在地应变观测台站处引起的地应变突发性变化量应≤3×10^{-9}。

（3）观测仪器与干扰源最小距离的要求。为了保护地震台站地形变观测的正常观测环境，将干扰的影响减小至允许的范围内，对于明确的干扰影响来源，在已发布的国家标准《地震台站观测环境技术要求 第3部分：地壳形变观测》（GB/T 19531.3—2004）中，依据影响方式，将地壳形变观测干扰来源分为三类：振动干扰源、荷载变化干扰源和水文地质环境变化干扰源，并对各种干扰源距地震台站地形变观测仪器的最小距离做出了明确规定，参见表4－6－1。

表4－6－1　GB/T 19531.3—2004中倾斜、应变观测距干扰源最小距离的规定

干扰源类型	干扰源		最小距离/km	
			地倾斜观测	地应变观测
荷载变化干扰源	海洋潮汐		≥4	≥4
	水库、湖泊	蓄水量 $1 \times 10^9 m^3$ 以上	≥3.5	≥4.0
		蓄水量 $1 \times 10^7 \sim 1 \times 10^9 m^3$	≥2.5	≥2.5
		蓄水量 $1 \times 10^6 \sim 1 \times 10^7 m^3$	≥1.0	≥1.0

续表

干扰源类型	干扰源		最小距离/km	
			地倾斜观测	地应变观测
荷载变化干扰源	江、河	水位年涨落大于2m	≥1.5	≥1.5
		水位年涨落1~2m	≥1.0	≥1.0
	建筑、工厂、仓库、列车编组站等荷载变化源①	总荷载变迁质量大于 $5×10^7$ kg	≥1.0	≥1.2
振动干扰源	铁路、公路、机场跑道	铁路、三级以上公路	≥1.0	≥1.0
	采石、采矿爆破点、冲击振动设备等振动源	单段炮震药量大于50kg	≥2.0	≥2.0
		单段炮震药量大于500kg	≥4.0	≥4.0
		冲击力大于等于 $2×10^3$ kN	≥1.0	≥1.5
水文地质环境变化干扰源	注水区、采矿采油区、地下水漏斗沉降区等	抽（注）量为5~100m³/d、水位降深5m以下的抽（注）水井、采油井	≥0.8	≥1.6
		抽（注）量大于100m³/d、水位降深5m以上的抽（注）水井、采油井	≥1.0	≥3.0
人工电磁骚扰源	35kV及以上电压的高压输电线、变压器等		≥0.3	≥0.3

①最小距离以工厂、仓库的外围边界、列车编组站最外股道到观测仪器最小直线距离计算。

2. 观测装置系统技术要求

1）仪器洞室

（1）洞室应是开凿的专用山洞，也可利用现成的山洞。

（2）倾斜和应变观测均按南北、东西两分量布设，若受场地限制，两分量夹角可在60°~120°之间；当有洞室条件时，宜布设第三分量。各分量方位按"北极星任意时角法"测定天文方位角，方位角测定误差≤1°。同分量两仪器墩之间（仪器基线中间）应无断层或夹层。

（3）基线式仪器观测洞室尺寸：长≥10m，宽2m，高2.5m；摆式仪器观测洞室尺寸：长≥3m，宽2m，高2.5m。

（4）观测洞室的覆盖厚度应满足下列要求：①仪器室的顶部覆盖厚度应≥40m，如果地表有黄土覆盖层，顶部覆盖厚度也应≥20m；②仪器室的侧旁覆盖厚度应≥30m；③利用已有的山洞建观测室，其覆盖厚度要求参见表4-6-2。

（5）洞室温度应满足下列要求：日变幅应≤0.03℃，年变幅应≤0.5℃。

表 4 – 6 – 2　观测室洞顶、旁侧覆盖厚度参考表（$a_* = 0.05℃$）

岩土 \ Z/m \ $a_0/℃$	30	35	40	45	50	55	60	65	70	75	80
石英岩	32.0	32.8	33.4	34.0	34.5	35.0	35.4	35.8	36.2	36.6	36.9
砂　岩	25.6	26.3	26.8	27.3	27.7	28.1	28.4	28.7	29.0	29.3	29.6
花岗岩	23.2	23.8	24.2	24.7	25.1	25.4	25.7	26.0	26.3	26.6	26.9
片麻岩	21.2	21.7	22.1	22.5	22.8	23.2	23.5	23.7	24.0	24.2	24.4
石灰岩	20.4	20.9	21.3	21.7	22.0	22.3	22.6	22.8	23.1	23.3	23.5
玄武岩	18.9	19.5	19.8	20.1	20.4	20.7	21.0	21.2	21.4	21.6	21.8
石膏岩	15.2	15.4	15.8	16.1	16.4	16.6	16.8	17.0	17.2	17.3	17.5
干（黄）土	11.3	11.6	11.8	12.0	12.2	12.4	12.5	12.6	12.8	12.9	13.1
蛇纹岩	10.1	10.4	10.6	10.8	10.9	11.1	11.2	11.4	11.5	11.6	11.7

注：$Z = -3168.3114(\ln a_* - \ln a_0)\sqrt{K_S}$，$a_*$ 为室温年变幅值，a_0 为地面温度年变幅值，K_S 为岩土热扩散率。

2）仪器墩

（1）仪器墩的基本要求。观测仪器主墩由花岗岩、大理石、灰岩岩石加工而成，用水泥砂浆将其与基岩平面直接黏接。

（2）基线式（长条型）仪器主墩的要求。倾斜、应变共墩观测时，仪器墩的尺寸：长 0.65m，宽 0.4m。单独设置时，仪器墩的尺寸：长 0.4m，宽 0.4m。仪器墩出露地面的高度应 ≤0.3m，仪器墩周围设隔振槽。仪器墩墩面平整，高差 ≤2mm。同分量两仪器主墩间高差 ≤3mm。基线式仪器墩设置示意图参见图 4 – 6 – 1。

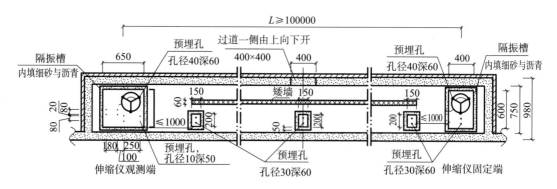

图 4 – 6 – 1　基线式仪器墩设置示意图

（3）基线式仪器支墩的要求。水管倾斜仪两仪器墩之间可以用一长条支墩支撑管道，支墩高度应高于仪器墩。应变观测两仪器墩与支墩之间距离为 1m，其余支墩按 1.5m 间隔设置。支墩的尺寸：长 0.4m，宽 0.2m。支墩与仪器墩间高差 ≤5mm。

（4）摆式仪器主墩的要求。仪器墩尺寸：长 1.6m，宽 1.0m。仪器墩高出地面的距离应 ≤0.3m，仪器墩周围设隔振槽。仪器墩墩面平整，高差 ≤2mm。

3）记录室

记录室宜建在洞口或设在引洞内，距仪器室应 ≤200m；洞口记录室建筑面积应 ≥

$30m^2$；记录室室温 $5 \sim 30℃$，相对湿度 $\leqslant 80\%$；记录室应防尘。供电：不间断 $220V \times (1 \pm 10\%)$ 交流供电。有防雷措施。

3. 施工程序与要求

1）观测洞室

观测洞室由引洞和仪器室两部分组成，洞室一般规格为：高 2.5m，宽 2m，顶部呈半圆形。洞体开挖过程中对观测室的顶部、两侧、地面做地质素描图（1:200），对洞内小断裂、夹层及岩性变化较显著部位应适当放大比例尺详细描绘，并记载其规模、渗水情况等细节。

洞室的岩壁应完整、无剥落或掉石，否则应对观测洞室岩壁用水泥砂浆做被覆。洞室的地面应内高外低，坡度应在 1/500～1/200 之间，洞壁两侧应设排水暗沟，以利于洞内积水向外排泄。

仪器室一般尽量设置在观测山洞洞室的深处，从引洞进入观测仪器洞室至少宜用四道以上的船舱密封门密封。长条型仪器洞室与其他仪器的洞室最好相互分隔，避免人为干扰影响。

2）仪器墩

仪器墩基部位应精确定位，按稍大于设计平面图墩位大小开挖至完整基岩，并摄像。采集、保存岩样标本，并在现场敲击墩基岩石，用磁带录下发出的坚实完整声音。

记录仪器墩安置方法、墩基平面平整程度、两者接合面用水泥砂浆充填情况、墩面高出地平的距离等。

仪器主墩的周围要设隔振槽，槽宽一般为 0.05m，槽深应 $\geqslant 0.3m$，槽内填细砂，上面用沥青覆盖。

应变仪的支墩由岩石或混凝土构成，支墩周围也要设隔振槽，槽深 $\geqslant 0.3m$，槽内填细砂，上面用沥青覆盖。水管倾斜仪的支墩可用砖砌，可不设隔震槽。

3）其他要求

为避免气流等干扰，长条形观测仪器安装后，应用塑料泡沫板等对仪器整体连同基线实施小腔体密封。观测洞室到记录室的市电供电电缆与仪器信号电缆应分开布线。

4. 观测站建设技术文档

每一观测站建设均要建立技术档案，包括选台报告、勘选资料、台站建设方案、洞室建设资料、台站土地使用证、验收报告和技术总结等资料，在建设完成后都要整理归档保存。

1）勘选资料归档内容

（1）台址勘选报告的内容如下。① 任务来源。② 台站地理位置（经度 λ_E，纬度 ϕ_N，可从 1:50000 地图上量取，准确至 1'），海拔高度。③ 台站的地震地质（活断层等）、水文地质、地形地貌、覆盖植被、气象及其他自然条件，有条件时应提供台站及山洞附近 $10km \times 10km$ 范围内区域地质图（比例 1:50000）。④ 山洞基础岩性、覆盖层厚度等。⑤ 台站周围约 $2km^2$ 范围内的大比例尺地形图（1:5000 或 1:10000）。⑥ 台站附近可能的干扰源（铁路、主干公路、水库、抽水井、大型仓库等，标明距离）。⑦ 台址山体概貌（素描或摄像）。

（2）现有洞体内试记（摆式仪光记录亦可）记录（注：指人防或军事工事）。

（3）台址综合性评价、勘选结论。

（4）勘选过程和主要勘选人员。

2）观测洞室建设归档内容

（1）观测场地的详细设计与施工图件（含平面图）及其文字说明。

（2）仪器墩的加工与安置技术档案，包括：仪器墩石材岩性及大小尺寸（长×宽×高）。仪器墩四周隔振槽的充填物。仪器中间墩材，尺寸大小，安置情况。

（3）坑道船舱水密门的施工技术档案，包括：船舱水密门型号、尺寸、价格，船舱水密门施工布设情况（平面图、摄像）。

（4）仪器小腔体保温体的施工技术档案，包括：仪器小腔体保温设施平面图，仪器小腔体保温施工结果［壁厚、腔体大小（长×宽×高）、侧面有否出入口等］。仪器小腔体四侧面与顶部聚苯乙烯泡沫板（5cm 厚）密封情况（封盖前与封盖后分别摄像或照相）。

（5）山洞平面布局图。标明山洞中的仪器位置、长条仪器基线长度、各分量的天文方位角、观测记录室位置和到仪器主体的距离。

3）仪器记录室技术档案

（1）记录室设计与施工方案；

（2）记录室的平面布设；

（3）记录室的电源、避雷接地、走线，防盗等设施。

4）辅助设施资料

室外天文观测墩与气象要素观测装置技术档案。

4.6.2 钻孔倾斜、应变监测站的建设

1. 观测场地要求

1）基础工作条件要求

（1）应具备连续稳定供电条件，满足仪器运行要求；

（2）应具备连续稳定通信条件，满足数据传输要求；

（3）应具备安全保障条件；

（4）应具备交通便利条件，满足及时维护需求。

2）地质构造要求

（1）观测场地宜选在活动断裂带两侧，但应避开断层破碎带；

（2）地层倾角不宜大于 40°，岩体完整，岩石结构均匀、致密；

（3）应避开地热异常高温区；

（4）应避开地下水强径流区；

（5）应避开地下岩溶发育区。

3）观测环境要求

（1）观测场地应避开冲积扇、山洪通道、风口、易遭雷击区域；

（2）应避开对钻孔地倾斜和钻孔地应变观测有影响的发展规划区域；

（3）钻孔地倾斜台站观测环境的技术指标应符合 GB/T 19531.3—2004 中 4.1 的规定，

钻孔地应变台站观测环境的技术指标应符合 GB/T 19531.3—2004 中 4.2 的规定；

（4）观测场地避开各种干扰源的距离应符合 GB/T 19531.3—2004 中第 5 章的规定；

（5）观测环境综合干扰的测试方法应按照 GB/T 19531.3—2004 中附录 C 的规定执行。

4）综合观测要求

（1）宜与测震、重力、全球导航卫星系统基准站观测（CNSS）、断层形变、静水位进行同址综合观测；

（2）应在观测场地配备气象三要素辅助观测。

2. 钻孔建设

1）成孔要求

（1）钻孔的整体构成见图 4-6-2；

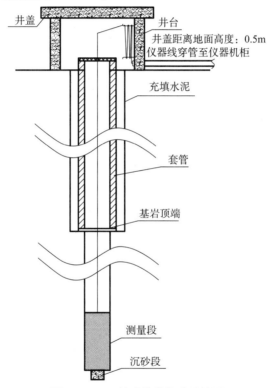

图 4-6-2　钻孔整体构成设计图

（2）全孔的岩芯采芯率不小于 70%；

（3）宜对钻孔进行密闭性测试。

2）基本指标

（1）钻孔的斜度不大于 1°；钻孔直径 130mm 或 150mm，深度 40～150m，较为完整基岩的长度应大于 15m。

（2）孔径应符合 DB/T 31.2—2008 中 4.2.12 和 DB/T 31.2—2008 中 4.2.11 的规定。

（3）钻孔深度宜不小于 30m。

3）测量段

（1）应保证安装探头的测量段基岩完整，避开岩石裂缝隙段、岩脉、透镜体、富含水层；

（2）应连续采芯；

（3）应按照 GB/T 50266—2013 中 2.9 的规定，对测量段的岩芯进行岩石压缩变形试验，测算岩石弹性模量、泊松比等参数。

4）套管

（1）从地表到基岩应安装标准密封套管，套管嵌入基岩宜不小于 1m；

（2）套管与孔壁间应灌注水泥浆，并做翻浆处理。

5）钻孔地面

（1）钻孔口套管周围应砌水泥井台，并加盖锁井盖，井盖应标有钻孔和仪器信息；设计参见图 4-6-3 至图 4-6-6。

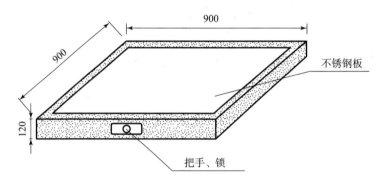

图 4-6-3　钻孔井盖设计图（单位为 mm）

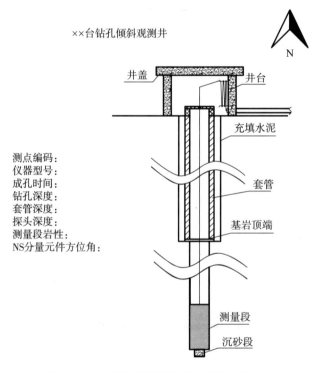

图 4-6-4　钻孔倾斜观测井井盖信息设计图

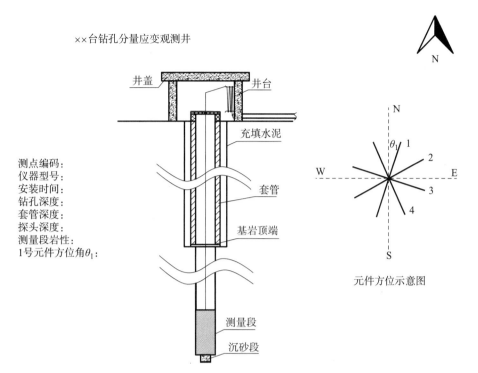

图 4 - 6 - 5　钻孔分量应变观测井井盖信息设计图

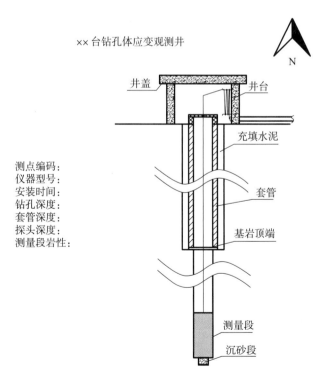

图 4 - 6 - 6　钻孔体应变观测井井盖信息设计图

（2）钻孔口周围地面应做不透水处理，处理面积宜不小于 4m×4m。

（3）钻孔上方不得修建建筑物。

3. 记录室

（1）应在钻孔附近建记录室，也可利用已有建筑物做记录室，记录室距钻孔宜小于 20m，面积宜不小于 6m²，图 4-6-7 给出了设计室的一个设计示例。

（2）记录室的抗震设计应符合 GB 50011—2010 对乙类建筑的规定。

（3）记录室应采取防火和防盗措施，宜安装视频监控设备。

（4）记录室温度应保持在 -20～45℃ 之间，相对湿度应在 20%～90%。

（5）记录室应采取防尘措施。

（6）记录室的综合防雷措施应符合 DB/T 68—2017 的规定。

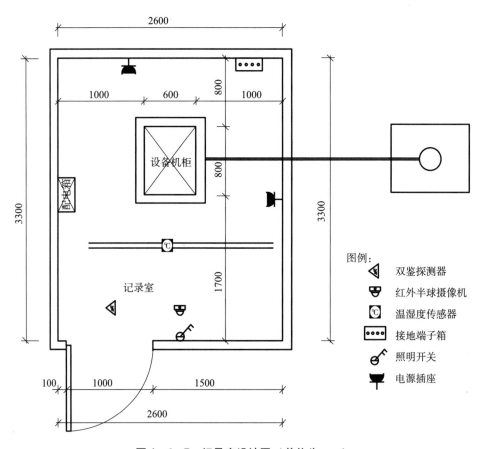

图 4-6-7　记录室设计图（单位为 mm）

4. 设备配置

1）主要观测设备

钻孔地倾斜仪和钻孔地应变仪的技术指标和功能要求均应符合 DB/T 31.2—2008 中第 4 章和 DB/T 45—2012 中第 4 章的规定。数据采集器的数据吐出率应不低于 1sps（sample per second，每秒采样次数）；仪器探头内部应有防雷措施。宜配置备用传感器。

2）钻孔内辅助观测设备

钻孔内应按表4－6－3的规定配置气压计、温度计和水位计等辅助观测设备。

表4－6－3　钻孔内辅助观测设备技术指标与配置要求

仪器名称	主要技术指标	数量
气压计	分辨力应不大于0.1hPa，采样率应不小于1次/min	1套
温度计	分辨力应不大于0.01℃，采样率应不小于1次/min	1套
水位计	分辨力应不大于0.001m，采样率应不小于1次/min	1套

5. 设备安装与运行

1）设备安装

（1）钻孔地倾斜仪、钻孔地应变仪及其他辅助设备应按照仪器使用说明书中的安装要求和步骤安装。

（2）仪器安装时，安装单位应填写仪器安装记录表，仪器安装记录表的内容和要求见表4－6－4。

（3）钻孔内温度计应与主观测仪器探头的深度一致。

表4－6－4　仪器安装记录表

台站信息			
台站和测点代码			
台站名称			
台站地址		邮编	
台站联系人		联系电话	
供电及通信情况说明			
环境干扰说明			
钻孔信息			
钻孔经度		钻孔纬度	
钻孔深度		套管深度	
测量段深度		测量段岩性	
地面高程		井斜度	
水位与干孔说明			
仪器信息			
仪器型号及名称			
安装位置磁偏角［单位：（°）］			

仪器信息				
元件的真方位角 ［单位：(°)］	元件 1：	首次安装各 元件的格值	元件 1：	
	元件 2：		元件 2：	
	……		……	
	……		……	
IP 采集器	仪器编号			
	仪器 ID 号			
	IP 地址			
安装信息				
仪器安装时间				
安装单位				
安装人员				
仪器厂家联系方式				
填表人		填表时间		

2）试运行

（1）仪器安装完成后，应进行不少于六个月的试运行。

（2）试运行期间的观测数据完整率宜不小于95%。

（3）试运行最后一个月的数据质量应达到以下要求。① 钻孔倾斜观测数据的 M2 波潮汐因子中误差和相对噪声水平应符合 DB/T 40.1—2010 中 6.3.1 的规定。应采用 Venedikov 调和分析方法计算潮汐因子中误差，采用切比雪夫多项式拟合法计算相对噪声水平，计算方法参见 DB/T 45—2012 附录 G。② 钻孔体应变观测数据的 M2 波潮汐因子中误差应符合 DB/T 40.1—2010 中 7.3.1 的规定。应采用 Venedikov 调和分析方法计算潮汐因子中误差，计算方法参见 DB/T 54—2013 附录 A。③ 钻孔四分量应变观测数据的 M2 波潮汐因子中误差应符合 DB/T 40.1—2010 中 7.3.1 的规定，观测数据自检信度宜不小于 0.7。应采用 Venedikov 调和分析方法计算潮汐因子中误差，计算方法参见 DB/T 54—2013 附录 A；自检信度计算方法参见 DB/T 54—2013 附录 B。

6. 归档资料

1）基本要求

台站在建设完成后，应将观测场地和钻孔勘选报告、钻孔施工报告、测量段岩性试验报告、仪器安装报告、台站试运行报告、土地使用情况等材料按照主管单位的档案管理要求进行归档。

2）观测场地和钻孔勘选报告

观测场地和钻孔勘选报告应包括下列内容：

（1）观测场地的地理位置和行政属地；

（2）勘选单位、勘选过程、勘选方法和主要勘选人员情况；

（3）观测场地的地层岩性、地质构造、水文地质、地形地貌和自然环境情况；

（4）观测场地的区域地质构造图、地形图；

（5）钻孔的勘选，宜对观测场地进行地球物理方法勘探，预探测地下含水层、岩石完整性；

（6）钻孔周围的干扰源情况；

（7）现场勘选的图片；

（8）观测场地和钻孔勘选的综合评价和结论。

3）钻孔施工报告

钻孔施工报告应包括下列内容：

（1）测井柱状图；

（2）钻孔施工单位、施工设计、施工概况、施工设备、施工人员、施工时间；

（3）钻孔施工过程及现场照片；

（4）岩石密闭性测试说明；

（5）套管安装过程及现场照片；

（6）岩芯保存措施，应按取芯顺序编号、拍照并妥善保存岩芯和照片；

（7）钻孔的质量评价方法及结论。

测井柱状图中应包含下列内容：

（1）钻孔位置的经纬度（精确到0.001°）；

（2）钻孔位置的磁偏角（精确到0.1°）；

（3）各井段的井径（精确到0.1mm）；

（4）各井段的测井斜度（精确到0.1°）；

（5）钻孔深度（精确到0.1m）；

（6）各地层岩性说明；

（7）测量段岩石完整性。

4）测量段岩性试验报告

测量段岩性试验报告应包括下列内容：

（1）岩石压缩变形试验说明；

（2）试验过程；

（3）试验结果。

5）仪器安装报告

仪器安装报告应包括下列内容：

（1）安装单位、协助单位、安装时间和安装人员；

（2）台站和钻孔概况介绍；

（3）仪器、辅助观测设备说明；

（4）仪器探头专用防雷措施说明；

（5）以钻孔为中心，空间范围分别为500m×500m（比例尺不小于1:2000）和5km×5km（比例尺不小于1:20000）的卫星地图；

（6）钻孔水位情况说明，应说明是否为干孔；

（7）安装过程及现场图片，应包括仪器探头安装的居中程度说明；

（8）钻孔分量应变仪、钻孔倾斜仪应给出各元件的真方位角，并说明定位方法，若用罗盘定位，应附照片；

（9）仪器网络参数；

（10）安装结论；

（11）仪器安装记录表。

6）台站试运行报告

台站试运行报告应包含下列内容：

（1）台站及钻孔基本情况介绍；

（2）仪器及安装情况；

（3）仪器运行情况；

（4）主观测和辅助观测曲线；

（5）试运行期间数据质量情况；

（6）试运行结论。

7）土地使用情况

土地使用情况应包括土地使用或征用许可证书、报批文档等材料。

习　题

一、判断题

1. 倾斜应变测量包括洞体和钻孔地倾斜测量、洞体和钻孔地应变测量。　　　　（　　）

2. 当直流输出接近 +1.8V 或 −1.8V 时，应进行机械调摆。　　　　　　　　（　　）

3. 标定每月一次，时间选在大潮时进行。　　　　　　　　　　　　　　　　（　　）

4. VS 垂直摆倾斜仪调摆方向应遵循"顺大逆小"的原则。　　　　　　　　　（　　）

5. 当仪器发生不明故障时，首先用配套的示波器检查"同步检波"处的波形。　（　　）

6. 电源机箱面板表头显示与主机箱表头显示一致。　　　　　　　　　　　　（　　）

7. 当一分向放大电路发生故障时，可用另一分向放大电路替换。　　　　　　（　　）

8. 仪器洞室要定期除潮或用干燥剂去湿。　　　　　　　　　　　　　　　　（　　）

9. 信号通道的正弦波与参考通道中的方波在相位上一致。　　　　　　　　　（　　）

10. 低通滤波的时间常数越长，固体潮曲线越好。　　　　　　　　　　　　　（　　）

11. 遇到雷击，检查仪器输出，若直流输出为一直线，首先更换最后一级放大器上的7650芯片。　　　　　　　　　　　　　　　　　　　　　　　　　　　　　　　　（　　）

12. 竖直摆钻孔倾斜仪是一种测量地壳应力变化的仪器。　　　　　　　　　　（　　）

13. 竖直摆钻孔倾斜仪的基本工作原理是利用一个竖直悬挂的重力摆来检测地球表面的倾斜变化。　　　　　　　　　　　　　　　　　　　　　　　　　　　　　　　　（　　）

14. 电容测微器的作用是将摆的位移量转换成电压的变化。　　　　　　　　　（　　）

15. 竖直摆钻孔倾斜仪可分为主体（探头）、控制机箱和记录设备三大部分。　（　　）

16. 万用电表检查法是用万用电表检查所有的电压和电流，找出故障原因、故障位置。

                                              （   ）

17. 静电校准和电磁校准装置的原理是人工模拟一个已知的相当于地壳倾斜时，重力作用于摆的水平向分力，作用于摆体，使摆偏移一微小角度，用来检测整个测量系统的灵敏度。

                                              （   ）

二、选择题

1. 在传感器电路中使用锁相放大器主要是为了（   ）。
   A. 提高传感器的灵敏度系数   B. 放大器增益
   C. 滤除噪音，提高信噪比   D. 电路匹配

2. DSQ 型水管倾斜仪观测到的结果是（   ）。
   A. 应变固体潮   B. 倾斜固体潮

3. VS 垂直摆倾斜仪传感器采用的是（   ）。
   A. 电容式传感器   B. 电感式传感器   C. 电涡流式传感器

4. 理想的仪器石墩应选用（   ）。
   A. 大理石   B. 花岗岩石   C. 钢筋混水泥石

5. 伸缩仪记录曲线向下表示（   ）。
   A. 地面压缩   B. 地面伸长

6. 伸缩仪基线的作用是（   ）。
   A. 力的传递   B. 保持长度不变

7. 伸缩仪校准装置的机械原理是（   ）。
   A. 斜楔块微动原理   B. 齿轮减速原理

8. 为了减小机械间隙误差，提高校准时测量精度，伸缩仪校准中使用了（   ）。
   A. 大步距单向标定法   B. 等距测量

9. 伸缩仪的电调零的特点是（   ）。
   A. 调节范围大，有漂移   B. 调节范围小，无漂移

10. YRY – 4 型分量式钻孔应变仪有（   ）独立应变传感分量。
   A. 2 个   B. 4 个   C. 6 个   D. 8 个

11. YRY – 4 型分量式钻孔应变仪相邻分量间的夹角为（   ）。
   A. 30°   B. 45°   C. 60°   D. 90°

12. 传感器输出信号规定，压应变对应电信号变化方向为（   ）?。
   A. 向正电压方向变化   B. 向负电压方向变化

13. 4 路应变间满足的检核条件为（   ）。
   A. 1 + 2 = 3 + 4   B. 1 + 3 = 2 + 4   C. 1 + 4 = 2 + 3

14. 由 4 路应变数据可解算得的地层平面应力（应变）的分量数最多有（   ）。
   A. 1 个   B. 2 个   C. 3 个   D. 4 个

15. 由相互垂直的两路应变分量的和得到的是（   ）。
   A. 面应变   B. 剪应变

16. 由相互垂直的两路应变分量的差得到的是（   ）。

A. 面应变   B. 剪应变

17. YRY－4 型分量式钻孔应变仪传感器的通频带为（ ）。

  A. 0～1Hz B. 0～5Hz C. 0～20Hz D. 0～100Hz

18. YRY－4 型分量式钻孔应变仪观测井位要求距离抽水机井大于（ ）。

  A. 100m B. 300m C. 500m D. 1000m

19. YRY－4 型分量式钻孔应变仪探头安装在钻孔中，安装段的孔径为（ ）。

  A. 110mm B. 130mm C. 150mm D. 200mm

20. 安装 YRY－4 型分量式钻孔应变仪探头的地层倾角应小于等于（ ）。

  A. 30° B. 36° C. 40° D. 60°

21. 台站要（ ）进行仪器格值校准，并（ ）对观测系统性能进行检修，提交评估报告。

  A. 定期，不定期 B. 不定期，定期 C. 定期，定期

22. 台站的前兆仪器时钟钟差超过（ ）者进行校时并做好记录。

  A. 30s B. 10s C. 1s

23. 国务院（ ）发布的《地震监测管理条例》。

  A. 2001 年 B. 2002 年 C. 2003 年 D. 2004 年

24. 对倾斜、应变观测记录数据，无论是模拟观测还是数字观测，均采用（ ）的原则归算和保存有关数据。

  A. "起始基线" B. "基线归算" C. "年初归零" D. "相对测量"

25. 数字化地倾斜观测量计算公式 $\phi = \eta \cdot V + \Delta$ 中，η 为数采（ ），单位是（ ）。

  A. 格值，10^{-3}（″）/mV   B. 电压，mV

  C. 格值，10^{-3}（″）   D. 改正值，10^{-3}（″）

26. 倾斜、应变观测仪器需要定期标定，时间为（ ）。

  A. 大潮时段或波峰、波谷时段   B. 小潮时段或波峰、波谷时段

  C. 大潮或线性变化时段   D. 小潮或线性变化时段

27. 数字化仪器标定周期为（ ）至（ ）。

  A. 半年，一年   B. 2 个月，3 个月

  C. 3 个月，半年   D. 3 个月，6 个月

28. 水平摆模拟观测仪器胀盒阶跃法标定（ ）标定一次。

  A. 每星期 B. 每月 C. 每两个月 D. 每年

29. 观测场地宜选在活动断层（断裂带）附近，但距破碎带的距离应（ ）。地基岩体坚硬完整、致密均匀。地基岩层倾角应（ ）。

  A. ≥500m，≤20°   B. ≤500m，≥40°

  C. ≥5000m，≤40°   D. ≥500m，≤40°

30. 拟建洞室的山体顶部地形平缓、对称，宜有植被或黄土覆盖。洞室底面应（ ）当地（ ）洪水位和（ ）地下水位面。

  A. 高于，最高，最高   B. 低于，最高，最低

  C. 高于，最低，最低   D. 低于，最高，最高

31. 振动源在地倾斜观测台站产生的地倾斜突发性变化量应（　　），在地应变观测台站引起的地应变突发性变化量应（　　）。
    A. 不大于 $0.005''$，不大于 3×10^{-9}　　　　B. 大于 $0.005''$，不大于 3×10^{-9}
    C. 大于 $0.005''$，大于 3×10^{-9}　　　　　　D. 不大于 $0.005''$，不大于 3×10^{-9}

32. 水库、湖泊蓄水涨落1m，在地倾斜观测场地产生的地倾斜畸变量应（　　）。
    A. 小于 $0.008''$　　　　　　　　　　　　　　B. 不大于 $0.008''$
    C. 大于 $0.008''$　　　　　　　　　　　　　　D. 不小于 $0.008''$

33. 仪器洞室的顶部覆盖厚度应（　　），如果地表有黄土覆盖层，顶部覆盖厚度也应（　　）；仪器室的侧旁覆盖厚度应（　　）。
    A. $\geq 40m$，$\geq 20m$，$\geq 30m$　　　　　　B. $\leq 40m$，$\geq 20m$，$\geq 30m$
    C. $\geq 20m$，$\geq 10m$，$\geq 20m$　　　　　　D. $\leq 40m$，$\leq 20m$，$\leq 30m$

34. 洞室温度应满足下列要求：日变幅应（　　），年变幅应（　　）。
    A. $\leq 0.3℃$，$\leq 0.5℃$　　　　　　　　　　B. $\leq 0.05℃$，$\leq 0.5℃$
    C. $\leq 0.3℃$，$\leq 0.05℃$　　　　　　　　　D. $\leq 0.03℃$，$\leq 0.5℃$

35. 应变观测两仪器墩与支墩之间距离为（　　），其余支墩按（　　）间隔设置。支墩与仪器墩间高差$\leq 5mm$。
    A. 1m，1m　　　　　B. 1m，1.5m　　　　　C. 1.5m，1.5m　　　　　D. 1.5m，1m

36. 记录室宜建在洞口或设在引洞内，距仪器室应（　　）；记录室室温（　　），相对湿度$\leq 80\%$。
    A. $\geq 200m$，$\leq 40°$　　　　　　　　　　　B. $\leq 200m$，$\geq 0°$
    C. $\leq 2000m$，$5 \sim 30℃$　　　　　　　　　D. $\geq 100m$，$0 \sim 40℃$

37. 洞室的地面应内高外低，坡度应在（　　）之间，仪器室一般尽量设置在观测山洞洞室的深处，从引洞进入观测仪器洞室至少宜用四道以上的船舱密封门密封。
    A. $1:500 \sim 1:200$　　　　B. $1:200 \sim 1:100$　　　　C. $1:2000 \sim 1:500$

38. 井下倾斜仪钻孔直径130mm 或150mm，深度$40 \sim 150m$，较为完整基岩的长度应大于15m；孔底部须有5m以上的完整岩芯；井斜不大于（　　）。
    A. $10°$　　　　　B. $5°$　　　　　C. $2°$　　　　　D. $1°$

39. 应变仪钻孔的深度为 $60 \sim 100m$（在山洞中$\geq 15m$），有条件时可以更深；钻孔的斜度应（　　）；钻孔下部为裸孔，其长度$\geq 5m$。
    A. $\leq 3°$　　　　　B. $\leq 5°$　　　　　C. $\leq 2°$　　　　　D. $\geq 1°$

40. 体应变仪钻孔直径依次分为四挡：150mm，130mm，118mm，（　　）。
    A. 120mm　　　　　B. 91mm　　　　　C. 100mm　　　　　D. 110mm

41. 井下倾斜仪井口套管应高出地表（　　）以上，套管的总长度应大于10m，并深入到基岩以下 3m，其四周与土层和岩石接触紧密，如必要时用水泥固定。
    A. 10cm　　　　　B. 20cm　　　　　C. 50cm　　　　　D. 30cm

参 考 文 献

[1] 中国地震局监测预报司. 中国地震前兆观测技术系统研究. 地震监测，1995.

［2］国家地震局科技监测司．地震地形变观测技术．北京：地震出版社，1995.

［3］蔡惟鑫．中国第三代地壳形变连续观测技术．地壳形变与地震，1997（1），103－108.

［4］刘迎春．传感器原理设计与应用．4版．长沙：国防科技大学出版社，2002.

［5］全国地震标准化技术委员会．地震台站建设规范地形变台站：DB/T 8—2003．北京：地震出版社，2004.

［6］全国地震标准化技术委员会．地震观测仪器进网技术要求第2部分：应变仪：DB/T 31.2—2008．北京：地震出版社，2008.

［7］全国地震标准化技术委员会．地震台网设计技术要求地壳形变观测网第1部分：固定站形变观测网：DB/T40.1—2010．北京：地震出版社，2010.

［8］全国地震标准化技术委员会．地震地壳形变观测方法地倾斜观测：DB/T 45—2012．北京：地震出版社，2012.

［9］全国地震标准化技术委员会．地震地壳形变观测方法钻孔应变观测：DB/T 54—2013．北京：地震出版社，2013.

［10］全国地震标准化技术委员会．地震台站综合防雷：DB/T 68—2013．北京：地震出版社，2017.

［11］全国地震标准化技术委员会．地震台站观测环境技术要求第3部分：地壳形变观测：GB/T 19531.3—2004．北京：中国标准出版社，2004.

［12］中国电力企业联合会．工程岩体试验方法标准：GB/T 50266—2013．北京：中国计划出版社，2013.

［13］中国地震局监测预报司．地壳形变数字观测技术．北京：地震出版社，2003.

［14］周克昌，李辉，杨冬梅，等．前兆台网数据处理与评价方法理论模型．北京：地震出版社，2011.

［15］国家地震局科技监测司．形变前兆特征的识别与研究．北京：地震出版社，1994.

［16］国家地震局科技监测司．形变·重力·应变专辑．北京：地震出版社，1991.

［17］国家地震局科技监测司．中国地震预报方法研究．北京：地震出版社，1991.

［18］国家地震局科技监测司．预报专辑．北京：地震出版社，1991.

［19］江在森，丁平，王双绪，等．中国西部大地形变监测与地震预测．北京：地震出版社，2001.

［20］陆远忠，吴云，王炜，等．地震中短期预报的动态图像方法．北京：地震出版社，2001.

［21］梅世蓉，冯德益．中国地震预报概论．北京：地震出版社，1993.

第5章 全球导航卫星系统测量

随着全球导航卫星系统（简称 GNSS）观测技术、数据处理方法的不断发展，其应用领域在不断扩展，高精度高时空分辨率观测在地壳形变、大地震前后及震时发挥着越来越重要的技术和数据产品支撑作用。了解和掌握 GNSS 观测技术基础知识对地震监测和预报业务应用是十分必要的。

5.1 GNSS 测量

5.1.1 基本原理

GNSS 定位的基本原理是：任一时刻 t，在地面上的某个观测站同时观测到至少 4 颗卫星，观测站的接收机接收卫星发出的信号，根据电磁波信号在空间传播的时间测得卫星至接收机的距离，这些卫星在 t 时刻的空间位置已知（卫星星历），依此就可以确定接收机的空间位置和钟差。这种定位方法类似于经典测量中的"后方距离交会"法。

国际上四大卫星导航系统（北斗、GPS、GLONASS 和 Galileo）的定位原理是相同的，均采用 3 球交会的几何原理来实现定位：以卫星为球心，距离为半径画球面；3 个球面相交得两个点，根据地理常识排除一个不合理点，即得用户位置。

因为确定一个空间点需要三维坐标，所以用户只要能接收到 3 颗卫星的信号，分别确定观测站点到这 3 颗卫星的距离，就可以求出其位置。

GNSS 卫星发射测距信号和导航电文，导航电文中含有卫星的位置信息。用户用 GNSS 接收机在某一时刻同时接收 3 颗以上卫星的信号，测量出测站点（接收机天线中心）P 至 3 颗以上卫星的距离并解算出该时刻 GNSS 卫星的空间位置坐标，据此利用距离交会法解算出测站 P 的位置坐标。设在时刻 t_i 在测站 P 用 GNSS 接收机同时测出 P 点至 3 颗卫星的距离 ρ_1、ρ_2、ρ_3，通过导航电文解算出该时刻 3 颗卫星的三维坐标为 (X_j, Y_j, Z_j)，$j=1$，2，3。用距离交会的方法求解出 P 点的三维坐标 (X, Y, Z) 的观测方程为：

$$\left.\begin{array}{l} \rho_1^2 = (X - X^1)^2 + (Y - Y^1)^2 + (Z - Z^1)^2 \\ \rho_2^2 = (X - X^2)^2 + (Y - Y^2)^2 + (Z - Z^2)^2 \\ \rho_3^2 = (X - X^3)^2 + (Y - Y^3)^2 + (Z - Z^3)^2 \end{array}\right\} \qquad (5-1-1)$$

在 GNSS 定位中，高速运动的卫星的坐标随时间在快速变化着，需要实时地由 GNSS 卫星信号测量测站至卫星之间的距离，实时地由卫星的导航电文解算出卫星的坐标值，并标定测站点的定位。依据测距的原理，定位原理与方法主要分为伪距法定位、载波相位测量定位以及差分定位等。对于待定点来说，根据其运动状态可以将 GNSS 定位分为静态定位和动态定位。静态定位指的是对于固定不动的待定点，将 GNSS 接收机安置于其上，观测数分钟乃至更长的时间，以确定该点的三维坐标，又叫绝对定位。若将两台接收机分别置于两个不同的固定不动的待定点上，则通过一定时间的观测，可以确定两个待定点之间的相对位置，又叫相对定位。动态定位则至少有一台 GNSS 接收机处于运动状态，测定的是各观测时刻（观测历元）运动中的接收机的点位（绝对定位或相对定位）。

利用接收到的卫星信号（测距码或载波相位），均可进行静态定位。实际应用中，为了减弱卫星的轨道误差、卫星钟差、接收机钟差以及电离层和对流层的折射误差的影响，常采用载波相位观测值的各种线性组合（即差分值）作为观测值，获得两点之间高精度的 GNSS 基线向量（即坐标差）。

卫星在空中连续发送带有时间和位置信息的无线电信号，供用户接收机接收。接收机接收到信号的时刻要比卫星发送信号的时刻迟，即时延。GNSS 卫星配置有精度极高的原子时钟，可确保时延测量的高精度。但为降低观测成本，站点接收机的时钟一般为精度较低的石英钟，所以常常需要将第四个卫星的信号作为确定时间的参照，接收机需要使用第四颗卫星来确定时间参数并用来纠正接收机钟差，从而修正接收机时钟低精度造成的距离误差。

1. 伪距测量

卫星和接收机同时产生同样的伪随机码，一旦两个码实现时间同步，接收机便能测定时延，卫星到接收机的空间距离就是通过该时延来确定的，将时延乘上光速，便得到距离。由于测量时间、大气延迟等误差的必然存在，所以称为伪距。

伪距法定位的原理是由 GNSS 接收机在某一时刻测量得到四颗以上 GPS 卫星的伪距以及已知点的卫星位置，采用距离交会的方法求定接收机天线所在点的三维坐标。所测伪距就是由卫星发射的测距码信号到达接收机的传播时间乘以光速所得的量测距离。由于卫星钟、接收机钟的误差以及无线电信号经过电离层和对流层中的延迟，实际测出的距离与卫星到接收机的几何距离有一定的差距，因此一般称量测出的距离为伪距。用 C/A 码（粗码）进行测量的伪距为 C/A 码伪距，用 P 码（精码）测量出来的伪距为 P 码伪距。伪距法定位虽然一次定位精度不高（P 码定位误差约为 10cm，C/A 码定位误差为 20～30m），但因其有定位速度快，且无多值性问题等优点，仍然是 GNSS 定位系统进行导航的最基本的方法。同时，所测伪距又可以作为载波相位测量中解决整波数不确定性问题（模糊度）的辅助资料。因此，有必要了解伪距测量以及伪距法定位的基本原理。

GNSS 卫星依据自己的时钟发出某一结构的测距码，该测距码经过 τ 时间的传播后到达接收机。接收机在自己的时钟控制下产生一组结构完全相同的测距码——复制码，通过时延器使其延迟时间 τ' 并将这两组测距码进行相关处理，若自相关系数 $R(\tau') \neq 1$，则继续调整延迟时间 τ'，直至自相关系数等于 1 为止。使接收机所产生的复制码与接收到的 GPS 卫星测距码完全对齐，那么其延迟时间 τ' 即 GNSS 卫星信号从卫星传播到接收机所用的时间τ。由于测距码和复制码在产生的过程中均不可避免地带有误差，而且测距码在传播过程中还会由于各种外界干扰而产生形变，因而自相关系数往往不可避免地带有误差，而其自相关系数不可能达到1，只能在自相关系数为最大的情况下来确定伪距，也就是复制码和测距码基本上对齐了，延迟时间τ'也就确定了。卫星信号的传播是一种无线电信号的传播，其速度等于光速c，卫星至接收机的距离即τ'与c的乘积。

2. 载波相位测量

利用测距码进行伪距测量是全球定位系统的基本测距方法。然而由于测距码的码元长度较大，对于一些高精度应用来讲，其测距精度显得过低，无法满足需要。如果观测精度均取至测距码波长的百分之一，则伪距测量对P码而言量测精度为30cm，对C/A码而言为3m左右。而如果把载波作为量测信号，由于载波的波长短，$\lambda_{L_1}=19$cm，$\lambda_{L_2}=24$cm，定位就可以达到很高的精度。目前的大地型接收机的载波相位测量精度一般为$1\sim2$mm，有的精度更高。但载波信号是一种周期性的正弦信号，而与相位相关，又只能测定不足一个波长的部分，因而存在着整周期数不确定的问题，使解算过程变得比较复杂。

在GNSS信号中，由于已用相位调整的方法在载波上调制了测距码和导航电文，因而接收到的载波的相位已不再连续，所以在进行载波相位测量以前，首先要进行解调工作，设法将调制在载波上的测距码和卫星电文去掉，重新获得载波，这一工作称为重建载波。重建载波一般可以采用两种方法：一种是码相关法，另一种是平方法。采用前者，用户可同时提取测距码和卫星电文，但用户必须知道测距码的结构。采用后者，用户无须知道测距码的结构，但只能获得载波信号，而无法获得测距码和导航电文。

载波相位测量的是GNSS接收机所接收的卫星载波信号，与接收机本地参考信号的相位差，以$\psi^j(t_k)$表示k接收机在接收机钟面时刻t_k时所接收到的j卫星载波信号的相位值，$\psi_k(t_k)$表示k接收机在钟面时刻t_k时所产生的本地参考信号的相位值，则k接收机在接收机钟面时刻t_k时观测j卫星所取得的相位观测可写为：

$$\psi^j_k(t_k)=\psi_k(t_k)-\psi^j(t_k) \qquad (5-1-2)$$

通常的相位或者相位差测量只是测出一周以内的相位值。实际观测中，如果对整周进行计数，则自某一初始取样时刻t_0以后就可以取得相位观测值。如图5-1-1，在初始t_0时刻，测得小于一周的相位差为$\Delta\psi_0$，其整周数为N^j_0，此时包含整周数的相位观测值应为：

$$\psi^j_k(t_0)=\Delta\psi_0+N^j_0=\psi_k(t_0)-\psi^j(t_0)+N^j_0 \qquad (5-1-3)$$

接收机继续跟踪卫星信号，不断测定小于一周的相位差$\Delta\psi(t)$，并利用整波计数器记录从t_0到t_i时间内的整周数变化量$\mathrm{Int}(\psi)$，只要卫星S^j从t_0到t_i之间卫星信号没有中断，则初始时刻整周模糊度N^j_0就为一常数，这样，任一时刻t_i卫星S^j到k接收机的相位差为：

$$\psi^j_k(t_i)=\psi_k(t_i)-\psi^j(t_i)+N^j_0+\mathrm{Int}(\psi) \qquad (5-1-4)$$

此式说明，从第一次开始，在以后的观测中，其观测值包括了相位差的小数部分和累计的整周数。

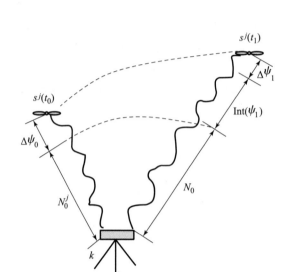

图 5 - 1 - 1　载波相位观测原理示意

5.1.2　卫星导航系统

1. 中国北斗卫星导航系统

北斗卫星导航系统（BeiDou Navigation Satellite System，BDS）（以下简称北斗系统）是中国着眼于国家安全和经济社会发展需要，自主建设、独立运行的卫星导航系统，北斗系统由空间段、地面段和用户段三部分组成。① 空间段。北斗系统空间段由若干地球静止轨道卫星、倾斜地球同步轨道卫星和中圆地球轨道卫星三种轨道卫星组成混合导航星座。② 地面段。北斗系统地面段包括主控站、时间同步/注入站和监测站等若干地面站。③ 用户段。北斗系统用户段包括北斗兼容其他卫星导航系统的芯片、模块、天线等基础产品，以及终端产品、应用系统与应用服务等。该系统是为全球用户提供全天候、全天时、高精度的定位、导航和授时服务的国家重要空间基础设施。

中国在 2000 年 10 月和 12 月共发射 2 颗地球静止轨道卫星，建成北斗一号系统并投入使用。该系统采用有源定位体制，为中国用户提供定位、授时、广域差分和短报文通信服务；2003 年，发射第三颗地球静止轨道卫星（该卫星是导航定位系统的备份星），它与前两颗"北斗一号"工作星组成了完整的卫星导航定位系统，确保全天候、全天时提供卫星导航信息，进一步增强系统性能。这也标志着我国已成为世界上第三个建立完善的卫星导航系统的国家。

2004 年 8 月，中国启动了北斗二号系统工程建设。2012 年底，完成 14 颗卫星（5 颗地球静止轨道卫星、5 颗倾斜地球同步轨道卫星和 4 颗中圆地球轨道卫星）发射组网。北斗二号系统在兼容北斗一号系统技术体制基础上，增加无源定位体制，采取广播式服务，也保留了位置报告、短报文通信服务，为亚太地区用户提供定位、测速、授时和短报文通信服务，成为国际卫星导航系统四大服务商之一。北斗二号系统采用无源定位体制，即空间卫星接收地面运控系统上行注入的导航电文及参数，并且连续向地面用户发播卫星导航信号，用户接收到不少于 4 颗卫星信号后，进行伪距测量与定位解算，得到定位结果。

在前两代星座的肩膀上，北斗三号系统工程于 2009 年 12 月正式立项。北斗三号系统由 24 颗中圆地球轨道、3 颗地球静止轨道和 3 颗倾斜地球同步轨道的 30 颗卫星组成。2020 年 6 月 23 日，我国按计划发射最后一颗地球静止轨道卫星，此时，北斗三号全球星座部署全面完成。与北斗二号相比，除了服务区域由区域覆盖扩大到全球覆盖外，北斗三号在精度和可靠性上都有很大的提高。它可以提供多个频点的导航信号，能够通过多频信号组合使用等方式提高服务精度。目前，北斗三号卫星空间信号精度均值为 0.41m。在当前星座条件下，B1I、B3I 信号，定位精度水平约 3.6m，高程约 6.6m，测速精度约 0.05m/s，授时精度 9.8ns（95% 置信度），亚太地区精度提升约 30%；B1C、B2a 信号，定位精度水平约 2.4m，高程约 4.3m，测速精度约 0.06m/s，授时精度 19.9ns（95% 置信度）。其单星设计寿命由以前的 8 年提高到 10~12 年，并首次提出"保证服务不间断"指标。

北斗系统有别于其他卫星系统的特点如下。

（1）第一个采用三频定位的卫星系统，通过 3 个不同频率的信号可以有效地消除定位时产生的误差，并且多个频率的信号可以在某一个频率信号出现问题时改用其他信号，提高定位系统的可靠性和抗干扰能力，定位精度更高。

（2）北斗具有短报互文的功能。用户终端可进行双向报文通信，进行汉字短报文传送信息，用户不仅可以知道自己在哪里，还可以告诉其他人自己的位置。2020 年，升级拓展后的短报文通信服务，区域通信能力达到每次 14000 比特（1000 汉字），既能传输文字，还可传输语音和图片，并支持每次 560 比特（40 个汉字）的全球通信能力。

（3）有源定位和无源定位。有源定位需要用户的接收机自己发射信号来与卫星通信，无源定位则不需要，北斗定位第二代采用的是无源定位。当用户上空的卫星数量很少时，仍然可以定位。

2. 美国全球定位系统（GPS）

全球定位系统 GPS（Global Positioning System）是 20 世纪 70 年代由美国陆海空三军联合研制的新一代空间卫星导航定位系统。GPS 系统由 28 颗地球同步卫星组成（4 颗为备用星），均匀地分布在距离地球 20000km 高空的 6 个轨道面上。这些卫星与地面支撑系统组成网络，每隔 1~3s 向全球用户播报一次其位置（经纬度）、速度、高度和时间信息，能使地球上任何地方的用户在任何时候都能利用 GPS 接收机同时收到至少 4 颗卫星的位置信息，应用差分定位原理计算确定自己的位置，精度约为 10 m。

其主要特点是卫星系统全球、全天候工作；采用码分多址（CDMA）方式，根据调制码来区分卫星；定位精度高，单机定位精度优于 10m，采用差分定位，精度可达厘米级和毫米级；高效率，操作简便，应用广泛。

1996 年美国提出 GPS 现代化计划，其第 1 个标志性行动是，从 2000 年 5 月 1 日起，取消 GPS 卫星人为恶化定位精度的 SA 技术，致使定位精度有数量级的提升。20 多年来，美国持续推进现代化计划，投入 200 多亿美元的巨资，主要目标是提高空间段卫星和地面段运控的水平，将军用和民用信号分离，在强化军用功能的同时，将民用信号从 1 个增加到 4 个，除了保留 L_1 频点上的 C/A 码民用信号外，在原先的 L_1 和 L_2 频点上又加上民用 L_{1C}

和 L_{2C} 码，还新增加了 L_5 频点民用信号，大大增加了民用信号的冗余度，从而改进了系统的定位精度、信号的可用性和完好性、服务的连续性，以及抗无线干扰能力；也有助于高精度的实时动态差分（Real – Time Kinematic，RTK）测量和在长短基线上的应用，还有利于飞机的精密进场和着陆、测绘、精细农业、机械控制与民用室内增强的应用，以及地球科学研究。GPS 现代化是项系统性工作，它包括空间卫星段、地面运控段、新的运控系统（Operational Control System，OCS）和用户设备段现代化，其核心是增加 L_5 频点和民用信号数量与改变制式，实现与其他 GNSS 信号的互操作。最后 1 颗 GPSIIIF 预计 2034 年发射，届时将宣告 GPS 现代化进程结束。

3. 俄罗斯格洛纳斯卫星系统

GLONASS（格洛纳斯）是全球卫星导航系统 "GLOBAL NAVIGATION SATELLITE SYSTE" 的缩写。GLONASS 的正式组网比 GPS 还早，这也是美国加快 GPS 建设的重要原因之一。不过苏联的解体让格洛纳斯受到很大影响，正常运行卫星数量大减，甚至无法为俄罗斯本土提供全面导航服务，更不要说和 GPS 竞争了。到了 21 世纪初，随着俄罗斯经济的好转，格洛纳斯也开始恢复元气。GLONASS 的工作卫星有 21 颗，分布在 3 个轨道平面上，同时有 3 颗备份星。这三个轨道平面两两相隔 120°，同平面内的卫星之间相隔 45°。每颗卫星都在 19100km 高、64.8°倾角的轨道上运行。每颗卫星需要 11h15min 完成一个轨道周期，精度约为 10m。

其主要特点是卫星系统抗干扰能力强；系统采用了军民合用、不加密的开放政策；采用频分多址（FDMA）方式，根据载波频率来区分不同卫星。

4. 欧盟的伽利略定位系统

伽利略定位系统（Galileo Positioning System），是欧盟建造的卫星定位系统。伽利略定位系统的基本服务有导航、定位、授时，特殊服务有搜索与救援，扩展应用服务系统有在飞机导航和着陆系统中的应用、铁路安全运行调度、海上运输系统、陆地车队运输调度、精准农业。该系统共发射了 30 颗卫星，其中 27 颗卫星为工作卫星，3 颗为候补卫星。卫星高度为 24126km，位于 3 个倾角为 56°的轨道平面内。该系统除了 30 颗中高度圆轨道卫星外，还有 2 个地面控制中心。韩国、日本、阿根廷、澳大利亚、俄罗斯等国也参与其中。

该系统的主要特点是定位精度更高、更可靠；防干扰性更强，技术更先进；能够和美国的 GPS 等实现多系统内的相互兼容。

5.1.3　地壳形变测量

自 20 世纪 80 年代以来，空间大地测量技术的观测精度得到大幅度提高，其观测结果已被应用于板块运动、冰后期反弹、火山、地震、地球自转和地球系统内部物质再分布等地球动力学过程的研究，尤其是 GNSS 观测技术，应用更为广泛，GNSS 接收机价格相对便宜，观测比较容易实施，在地壳形变监测中得到了广泛应用。例如为了监测地壳形变，美国针对北美大陆地区的构造、演化进行全方位的研究。"板块边界观测计划"（PBO）作为 EarthScope 计划的重要组成部分，沿太平洋 – 北美板块俯冲边界带逐步建设了 1100 个

GPS 连续站；日本建设整合了 GNSS 观测网并命名 GEONET，包含共 1400 多个 GNSS 连续站，平均距离约 20km，使日本成为世界上 GNSS 连续观测网络密度最高的国家之一；我国自 20 世纪 80 年代开始，在青藏高原、南北地震带、川滇和华北首都圈等地壳运动活跃区和地震监测重点区布设了一系列 GPS 观测网，用于研究这些区域的地壳形变、地震以及判断板块内部块体构造运动模型。随着经济的发展，建成包含 260 个连续观测和 2000 个流动观测的 GNSS 观测网络，即国家重大科技基础设施中国大陆构造环境监测网络，积累了大量地表运动观测数据。这是一类观测精度非常高（上百千米范围内可以测量 1mm/年的水平方向变化）、分布在监测区域地表上的站点坐标时间序列。利用这类时空观测数据提取精确可靠的地壳形变信息，反演地球动力学机制，是现代大地形变测量数据处理的科学目标。为此，很多学者开展了一系列的理论和方法研究，也取得了不少应用成果。

从现有的研究成果来看，通过全球连续 GNSS 网观测数据已经成功地解算了全球板块运动模型参数，其结果与基于地质和地球物理调查数据（百万年平均）得到的板块运动模型参数（NUVEL–1A）非常接近，连续或分期的 GNSS 观测网成功地观测到了同震位移和震后位移，并且用于反演地震断层面上的位错分布，或结合地震波数据联合反演，增加人们对地震破裂过程的认识，通过 GNSS 观测结果结合地质调查和地球物理勘探结果，研究划分板块内部次一级的构造运动块体，以及确定各块体之间的相对运动等。目前，国内外研究关注的焦点和难点是如何通过 GNSS 观测得到的站点坐标时间序列提取块体边界或断层带的地壳形变信息，进而研究如地震孕震形变等地球动力学过程。

1. GNSS 地壳形变监测在地震预测中的作用

1）GNSS 地壳形变监测的优点

在 GNSS 介入地壳形变监测之前，我们主要通过地震学、地质学和大地测量学中的常规手段进行地壳形变监测。

地质学途径给出的地壳形变的时间尺度大致是百万年的，也就是说，通过地质学途径给出的地壳运动是大空间范围内的百万年尺度的平均。而地震学研究的时间尺度大致为秒。两者之间的时间尺度相差极大，它们之间所存在的时间空挡使得地壳形变的研究在时间上不能实现连续，从而使得地壳形变在地震预测中的作用大打折扣，而 GNSS 可以提供全天候的观测，进行地壳形变监测的时间尺度可以是分、时、日、月、年到几十年、上百年，它恰好填补了地震学和地质学这一时间域空挡。通过常规测量手段进行地壳形变的监测，只能测定各孤立点的当前运动，既无法给出变形点之间的运动信息，也无法给出大范围内的整体运动。利用 GNSS 进行地壳形变监测则可以弥补常规手段的不足，不仅可以提供点的运动信息，还能给出点之间的运动状态，更重要的是，可以在大范围内对地壳形变进行监测。

因此，GNSS 全天候、观测点间无需通视的优点使得地壳形变监测的内容更加丰富，观测也更加方便，为我们预测地震提供了更多的信息资源。

2）GNSS 地壳形变信息的提取

通过 GNSS 监测可以获得的有关地壳形变的信息主要分以下几种。

（1）相对于全球参考框架的 GNSS 观测位置的时间序列。观测位置坐标包括 3 个，分别是 E（东向）、N（北向）、H（垂直方向），而所有 GPS 测站的观测坐标都可以纳入统一的参考坐标系中，这个参考坐标系通常称为参考框架，如 ITRF2008 国际地球参考框架。这样就使得各期观测的站点位置坐标有了可比性。

（2）相对于区域基准的 GNSS 观测位置的时间序列。通过扣除区域相对于全球的刚性运动，可以获得区域本身的运动信息，也就是说，扣除刚性运动后获得的运动信息可以描述区域本身的相对运动。这时观测的位置坐标是相对于这个区域基准的。

（3）GNSS 站间的观测基线长度的时间序列。GNSS 观测的基线长度是不受参考基准影响的，它反映的是两个站之间的相对运动状态。根据不同的投影，还可以获得不同方向上的基线变化分量，如东西（E）方向上的基线长度变化分量。

（4）变形参数时间序列。通过上述获得的 GNSS 位置时间序列和基线长度时间序列，可计算获得相应的应变参数数据，如剪应变、正应变分量、面应变等。根据以上信息可以建立相应的位移场、速度场和应变场，从而使得我们对地壳运动的认识更直观、更全面。

3）GNSS 地壳形变推动地震预测研究

地震震后的地壳形变监测表明，形变能的积累主要集中在块体的边界带上。GNSS 三维地壳运动位移场是地壳块体相互作用动力机制、断层应力积累、地下介质物性、流变结构等诸多地质地球物理问题研究的重要基础，块体与边界带的连续监测，对于揭示强震孕育与发生地壳形变全时空过程的前兆演化特征，进而对地震预测具有非常重要的现实意义，同时也是我们所面临的需要解决的一个重大而迫切的课题。

大地震的孕育和发生是在一个大区域内地壳内部应力长期积累、集中、加强的过程和最终导致应变能量突然释放的结果。但地震类型、构造环境、应力作用与积累方式的不同等，也决定了孕震形变场与前兆特征及其演化的复杂性。目前的认识是伴随强震孕育的过程中地壳较长时段呈常态运动和变形，一定时段和空间范围具有异态运动和变形，较短时段与较小范围的运动或形变表现为闭锁或部分闭锁，异常运动或形变范围的向外扩展或向内收缩，以及临震前甚至在较小空间尺度可能出现量级显著超常的运动和形变等各种复杂现象。事实上，因为到目前为止，在我国还未能获得大震孕育全时空形变过程的精细结果，因此，具有高空间密度的连续跟踪监测被认为是获取这种信息最为切实可行的手段。加强对主要构造活动块体边界带的密集观测，对于揭示地震孕育时地壳形变场的时空精细演化过程与特征，全面地认识这种过程与特征，并对地震成因的深入研究无疑具有里程碑意义，是地震预测由经验走向物理，由长中期走向短期预测过程中不可缺少的。

地震预测预报的进步需要更多的、物理意义明确的观测信息，尤其是连续地球物理场做支撑。以 GNSS 监测信息为基础，辅之以其他观测技术，形成天地一体的卫星地震监测系统。如结合电离层观测，获取 TEC 变化的各种参数和图像，对提高地震短临预测能力具有重要价值；结合重力观测，通过对物质流动、密度与形变变化关系的研究，可在较深层次上探索孕震机理。观测网络的建设是推动地震预报研究深入的关键环节。

2. 国外、国内 GNSS 定位技术在地球动力学方面的应用

空间大地测量学的发展，为精确地研究板块运动的规律，开辟了重要的新途径。高精度的 GNSS 卫星定位技术，已经日益普遍地应用于板块运动的监测，并已取得了良好的结果。对现有观测数据的分析表明，欧亚板块与太平洋板块间的相互运动速度约 1cm/年，北美板块与太平洋板块间的相对运动速度约为 5cm/年，而北美板块内部的变形不超过

1cm/年。由于高精度的 GPS 定位技术，可以精确提供有关板块运动的四维信息（空间和时间），而且其设备简单，作业方便，所以它不仅在监测区域性板块运动和板块内的地壳变形方面，具有广阔的应用前景，而且在监测全球性的板块运动方面，也可与其他空间定位技术相媲美。

美国最早于 1985 年沿圣安德烈斯断裂带开展 GPS 布网观测试验，1986 年开始在加州建设 GPS 连续地壳形变监测网，2001 年建成由 250 个 GPS 连续站组成的南加州监测网（SCIGN），该监测网首次构成了在一个区域内的密集台阵形式的 GPS 观测网络。

为了更好地开展对北美大陆西部板块边界地区变形的研究工作，2003 年美国自然科学基金会批准了"地球透镜计划"（EarthScope），针对北美大陆地区的构造、演化进行全方位的研究。"板块边界观测计划"（PBO）作为 EarthScope 计划的重要组成部分，沿太平洋 – 北美板块俯冲边界带逐步建设了 1100 个 GPS 连续站，其中近 200 个连续站并址布设了钻孔应变仪，从而在美国西部地区构成一个站点间距达到 20km 的监测台网。在有条件的情况下，监测网观测资料可以与其他手段观测数据结合使用，提供详实的形变数据，利用这些数据研究包括板块边界变形的模式和驱动力、岩石圈流变学、间歇发生的震动和滑动现象，通过这些研究使美国站在地震学和构造学研究的最前沿。

日本也是利用 GNSS 开展地震监测最早的国家之一：1993 年建成由 110 个 GNSS 连续站组成的形变监测系统（COSMOS – G2），站点主要分布在关东南部和东海地区；1994 年增加了 100 个站，形成了覆盖全日本的 GNSS 台阵（CRAPES）；1995 年整合 COSMOS – G2 和 CRAPES 并增加了 400 个站；1996 年整合后的网络开始运行，网络命名为 GEONET；之后为加强观测网络逐步增加观测站，目前已包含共 1400 多个 GNSS 连续站。日本国土面积 37.8 万 km^2，GNSS 连续站之间平均距离约 20km，使日本成为世界上 GNSS 连续观测网络密度最高的国家之一。GEONET 可以监测地壳的长期板块运动，也可以监测地震引发的地面位移、探测火山爆发等。2011 年日本 M_W9.0 级特大地震，GEONET 详细记录了地震引发的板块变形，对震后减灾、地震研究和灾后恢复测量发挥了重要作用。

为了服务于全球的空间大地测量研究，1994 年国际大地测量学会倡导全球的大学、研究机构等单位自愿成立国际 GPS 服务组织。随着其他卫星导航系统的发展，更名为国际 GNSS 服务组织（IGS）。IGS 最早在全球范围提供数据交换服务，目前共享了 400 多个 GNSS 连续观测站的原始数据，定期发布精密星历、快速星历、超快速星历、电离层等高质量数据产品，为中国大陆高精度 GNSS 数据处理提供稳定的参考框架。

我国利用 GPS 技术监测地壳运动起步较早，自 20 世纪 80 年代中期开始至 21 世纪初"中国地壳运动观测网络"建成，取得了中国地壳大尺度运动的初步结果，更有"十一五"期间国家重大科技基础设施"中国大陆构造环境监测网络"（简称"陆态网络"）将我国 GNSS 观测网进一步扩大，形成国家骨干网，为地学研究和地震监测预报奠定了基础。中国地壳运动以中部的南北地震带为界，西部地壳形变量大、复杂，东部形变量小，相对比较平稳。西部的地壳运动在印度板块对欧亚板块的作用影响下，呈现南北向缩短，东西向伸长的基本特征。运用 GNSS 观测资料对我国活动地块模型进行定量分析，得到活动地块明显的相对运动，可进一步研究地块内部的稳定性、块体边界断层的活动性与震害危险性，进而建立大陆地壳动力学模型。

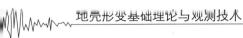

自 20 世纪 70 年代板块构造理论取得很大成功并被全球地球科学家所接受以来，大陆构造变形就成为地球动力学研究的核心内容。在过去 20 多年的大陆动力学研究过程中，人们提出了多种理论和假说，而所有这些理论和假说都可以归结为下列两种理论模型，它们反映了对大陆内部构造变形及其动力学认识的根本差异。

一种认为板块构造的理论基本上适用于大陆内部，构造变形通过一系列"微型"刚性块体的相互作用来实现，主要的构造变形应发生在分隔刚性块体的边界断裂上；另一种理论认为大陆岩石圈是非刚性的变形体，构造变形发生在宽阔的区域内，方式多种多样，板块理论不适用于大陆内部。

这两种有关大陆动力学理论的争论从 20 世纪 80 年代开始一直持续至今。完整和可靠的构造变形运动学图像能够对不同的大陆动力学理论进行检验，从而改善理论模型，深化对动力学过程的认识。GNSS 大地测量技术的发展使得在短时间内获取大范围地壳运动的速度场成为可能。目前高精度 GNSS 相对定位的中误差已达到了 10^{-9} 水平，也就是说，上千千米长基线的观测中误差可达到毫米级，这样的精度足以检测出地壳运动与构造变形的细微变化。因此，GNSS 观测所获得的高分辨率现今地壳运动与构造变形是反演地球内部的构造变形和物质运移的重要边界条件和约束条件，是研究大陆动力学的关键。

3. GNSS 网数据处理

GNSS 网数据处理主要包括两个方面，一方面是如何利用分期和连续的高精度 GNSS 观测获取点位位移、速度及其精度；另一方面是如何布网才能更有效和更经济地监测到地壳形变。现有的研究工作主要集中在前一个方面，即高精度 GPS 数据处理。数据处理的规模可以分为全球网、洲际网和区域网三个层次，国际上所采用的主流软件有 MIT 的 GAMIT、JPL 的 GIPSY 以及瑞士伯尔尼大学的 BERNESE 等。一般区域网的数据处理都要加入至少一个全球网的连续观测站数据一起处理，先进行以日为单位的基线松弛解，然后利用基线解组网得到点位自由网平差解，最后通过固定或限制全球连续站坐标和速度的方式，通过卡尔曼滤波得到所有区域网站点在全球坐标框架中（如 ITRF2008）的坐标时间序列。在上述数据处理过程中，已经加入了固体潮汐模型改正、大气延迟模型改正、轨道参数改正、极移改正等，但这些改正仍残留有模型误差也是不可避免的。

GNSS 数据处理是利用原始观测值通过严密的数学物理模型估计测站精确三维坐标的过程。数据处理过程涉及改正模型、参考框架、定位模式等不同的方面。

（1）数据处理模型。由于 GNSS 误差源复杂，高精度地壳形变监测依赖精密卫星轨道、卫星钟差、各种物理改正模型以及高精度非线性参考框架的建立与维持。卫星轨道和钟差由各 IGS 数据分析中心产出，目前 GPS 卫星的轨道精度为 2.5cm，钟差精度为 20pm。GNSS 定位所需要的卫星天线和接收机相位中心改正参数、大气模型、电离层模型、潮汐模型等基本成熟，目前发展动态体现高阶电离层效应改正模型、实测大气模型的应用等。

（2）非线性参考框架。国际地球参考框架（ITRF），由国际地球自转服务局（IERS）建立并维持。目前使用的 ITRF2014 参考框架考虑了测站周期形变波动以及大震震后快速衰减。针对中国大陆及周边 IGS 基准站受到特大地震、大地震震后形变的持续影响，建立适合我国地壳形变监测的非线性参考框架是未来工作重点之一。

（3）多星座/多频率组合实现高频 GNSS 准实时定位。GNSS 数据处理主要分为静态解算（日解或周解）和动态解算（1Hz）两大类。静态解算主要应用于测定板块、块体、断层的长期运动速率，同震及震后形变场。动态解算广泛应用于 GNSS 地震学。随着 GLO-NASS、北斗和 Galileo 等导航卫星系统的全球组网，利用多星座/多频率组合实现高频 GNSS 准实时定位是当前研究的热点之一。

（4）非差定位模式。GNSS 数据处理根据定位模式分为差分模式和非差模式两类。差分定位模式的解算精度和可靠性比较高，但计算效率相对比较低。非差定位模式则对卫星轨道和钟差的要求很高，优点在于容易实现并行计算，效率很高。随着观测网络的规模不断扩大，非差定位模式是未来发展的趋势。

4. 位移场拟合和应变分析

构造运动主要包括全球尺度的板块运动、区域性的板块边界走滑或俯冲运动以及板块内部构造单元之间的相互运动。板块运动目前引用较多的是 NUVELL－1A 模型，它根据地震、地磁和转换断层运动等资料把全球划分为十几个刚性运动的块体，每个块体都做绕某个极轴的欧拉运动。在板块运动边界，地表运动表现为板块的相对运动与边界弹性变形的合成，板块内部构造单元分割带的地面运动，也有类似的特征。Matsuura 率先提出了一种用块体运动与断层位错运动合成来表述块体边界的地面运动的理论模型，并且运用于解释美国加州大地测量得到的地面移动数据。随后，这种模型被广泛运用于对板块边界、断层带大地形变观测数据的解释。当断层发生地震时，该模型也可以用于描述地震断层滑动分布造成的地表形变场。

图 5－1－2 为断层位错运动模型，其中 XOY 为地面，断层面长为 L、宽为 W、倾角为 δ，断层位于（$Z \leqslant 0$）弹性半无限空间中，其下边缘埋深为 d，断层面上的（负）位错分布记为 U_1、U_2 和 U_3，依次称为走滑位错、倾滑位错和张裂位错分量。根据弹性均匀各项同性半无限空间中的位错理论，只要知道上述断层位错模型的 4 个几何位置参数和 3 个断层面上的位错分量，就可以计算地表任意点 (X, Y) 的位移。

具体运用上述位错模型时，一般采用所谓的块体位错运动模型，它实际上是把块体边界的运动表述成块体间的相对运动叠加上断层（负）位错引起的形变。如图 5－1－3

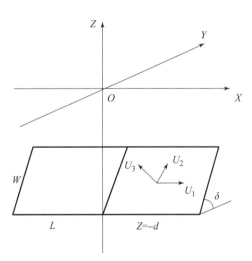

图 5－1－2　断层位错运动模型

所示，假定 A 地块和 B 地块间存在着长趋势的稳定的相对运动 V_{AB}，A 地块与 B 地块的边界由断层面 F 分开，在断层面的上部的阻碍作用以负位错分布模型来表示，则地面任一点的运动 y 则表示为：$y = V_{AB} + f_\Sigma$，式中 f_Σ 表示断层面上负位错分布引起的地壳形变。如果 y 是两期观测期间监测点的位移，则 V_{AB} 表示对应于观测期间的 A 地块与 B 地块的相对位移，f_Σ 表示负位错引起的监测点位移。如果 y 是监测点的平均速度，则 V_{AB} 表示 A 地块与 B 地块的相对速度，f_Σ 表示负位错引起的监测点速度。

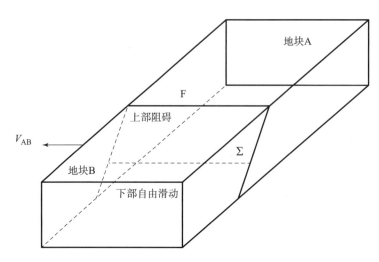

图 5 - 1 - 3　块体运动位错示意图

　　为了描述断层面上位错的非均匀分布，一般将断层面分成矩形格网，地面点位运动的位错贡献是所有断层面上格网单元位错贡献的总和。上述两个块体的运动可以推广到多个块体及多条断层边界。很显然，这种模型也可以表述地震引起的共震位移，这时只要令 $V_{AB}=0$ 即可。

　　GNSS 网观测得到的是若干个空间分布的站点的位移或速度，下面直接利用这些离散观测点上的位移来分析地壳应变。

　　直接由位移计算应变的方法是所谓的三角形法。该方法假定地壳是弹性体，其应变张量在局部小区域是一个常数，那么通过小区域内任一个三角形的三个顶点的位移或三条边长的变化量就可以解算应变张量的各个分量。但是由于观测数据，如位移或边长变化量是有误差的，这些误差显然要传播到应变计算结果上，而且同样的误差会因三角形形状因子的不同，而得到不同的应变结果的误差，通常利用这种方法计算应变的三角形形状因子要求大于 0.1。

　　为了克服三角形法计算应变的随意性和结果的差异性，El - Fiky 等提出了一种最小二乘拟合推估的方法。该方法把观测数据中的位移看作随机信号，利用离散的观测点上的位移数据本身构建位移信息的经验空间协方差矩阵，并且据此给出监测区域连续分布的位移场函数，进而通过对位置求导的方法计算区域应力场。

　　综上所述，把 GNSS 地壳形变监测网作为一个整体时空观测单元，既可以通过观测序列的时空分析尝试分离形变信号和噪声，又可以通过引入更加符合实际的形变物理模型来抑制数据中的噪声，提高反演结果的精度。实际上，形变信息提取与物理模型反演是一个相辅相成的过程，随着这两方面研究的不断深入，必将更好地发挥 GNSS 网监测在地壳形变和地震预测研究中的科学作用。

　　高精度的地壳运动与形变，需要稳定可靠的高精度 GNSS 测量仪器进行数据记录，以保障观测数据质量。

5.2　测量仪器

GNSS 观测仪器包括接收机、气象设备，以及配选设备外接原子频标（原子钟）等设备。

5.2.1　GNSS 接收机

1. 接收机介绍

GNSS 接收设备由天线和接收机两大部分构成，其主要功能是接收与处理卫星发射的信号，获取导航电文及必要的观测量。接收机部分包括信号处理器（信号识别和处理）、微处理器（控制、数据采集和导航计算）、用户信息传输单元（操作板、显示板、存储器）、精密振荡器（产生标准频率）和电源。由于 GNSS 连续观测站观测精度和设备可靠性要求较高，GNSS 观测设备应采用高精度双频测量型 GNSS 接收机和高精度可抑制多路径效应的天线。

2. 技术指标

用于观测高精度地壳形变的接收机必须是稳定可靠的，根据最新技术发展，GNSS 接收机的关键和重要技术指标见表 5-2-1。

表 5-2-1　接收机技术指标列表

序号	指标项	指标内容和标准
1	观测频率	支持接收多卫星系统（GPS、GLONASS、北斗、Galileo）信号
2	记录信号	可接收伪距（C/A 码、P 码）、各频率全周载波相位（$L_1/L_2/L_5/L_{2C}$），GLONASS 卫星系统 L_3CDMA 信号，北斗卫星系统 $B_1/B_2/B_3$ 信号，Galileo 卫星系统 $E_1/E_2/E_6$，且具备双频同步跟踪地平仰角 0° 以上的所有可用卫星
3	信号通道	并行通道不低于 400 个，支持更多的卫星信号同步跟踪
4	接收机钟频	晶振日稳定性不低于 10^{-6}
5	记录数据采样率	至少具有 30s、1Hz、50Hz 等采样率，且在此采样间隔之间可调
6	数据存储	支持文件循环存储，必须是固化内存≥8GB 的存储量（工业级存储介质，非外接存储设备），至少支持 12 个独立的并行数据记录时段，并且支持每个记录时段独立分配存储空间
7	数据传输	支持 TCP/IP 和 NTRIP 协议；内置 FTP 服务器（支持至少 3 个 IP 同时连接）网络安全；支持 HTTPS；支持 FTP 推送（Active Push）
8	通信端口	至少 1 个集成以太网端口（RJ45），RS232 串口至少 2 个（其中 1 个串口与数字气象仪或倾斜仪连接）
9	外接原子钟频	接口可满足原子钟 10MHz 或 5MHz 接入

续表

序号	指标项	指标内容和标准
10	功耗	接收机与扼流圈天线的整体功耗应在 6W 以内
11	环境适应性	工作温度：在 -40 ~ +65℃的环境下能长期连续正常工作 存放温度：-40 ~ +80℃ 工作湿度：在相对湿度≤100% 的场合下能长期连续正常工作，全密封防水符合 IP67 标准
12	电源	电源适配器：输入电压 100 ~ 240V，输出电压 9.5 ~ 28V 直流电输入：至少具备一个直流供电端口， 非正常断电后恢复供电自动恢复工作
13	观测精度	静态精度：水平向 3mm + 0.3ppm，垂直向 5mm + 0.3ppm

3. 接收机设置与操作

本小节以目前广泛使用的 Trimble 公司 NetR9 接收机为例，详细描述其设置和操作过程。

1）NetR9 接收机面板（图 5 - 2 - 1）按键基础操作功能

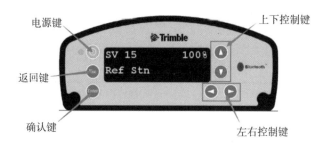

图 5 - 2 - 1　NetR9 接收机面板

（1）按电源键一下，接收机开机。

（2）按电源键 3s，接收机关机。

（3）按电源键 5s 以上，接收机重置。

（4）按 ESC 返回键可以返回上一级菜单。

（5）在主界面按 Enter 确认键一下，可以进入菜单选择栏。

（6）在其他界面按 Enter 确认键一下，均为确认功能。

（7）在主界面上按上下控制键，可以分条查看已经配置的信息。

（8）在菜单选择栏上按上下控制键，可以选择菜单。

（9）左右控制键可以进入修改模式，并可横向进行选择（例如修改 IP）。

（10）在修改模式下，可通过上下控制键进行调整。

备注：① 电源键旁为电源指示灯，正常状态为常亮，按 ESC 返回键时会熄灭；② 查看模式下，显示屏上文字均为常亮状态；③ 修改模式下，显示屏上文字为闪烁状态；④ 长时间未操作时，显示屏会熄灭，按任意键即可唤醒。

2）电脑直连 NetR9 操作流程

（1）用网线连接接收机与电脑，并确保接收机为开机状态。

（2）在接收机面板上，按一下 Enter 确认键，显示屏显示"Ref Stn Setup"（图 5－2－2）。

（3）按上下控制键中的下控制键，显示屏显示"Ethernet Config"（图 5－2－3）。

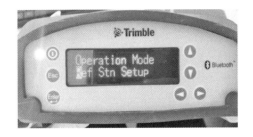

图5－2－2　进入设置界面

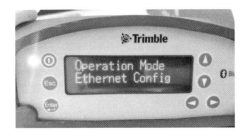

图5－2－3　进入网络设置

（4）按一下 Enter 确认键，显示屏显示 DHCP，用上下控制键选择上"Disable"。

（5）按一下 Enter 确认键，显示屏显示"IP Address"，按一下右控制键，显示屏开始闪烁后，用控制键调整 IP 地址，输入无误后按 Enter 确认键（图 5－2－4）。

（6）用同样的操作方式修改"Subnet Mask"后确认即可（图 5－2－5）。

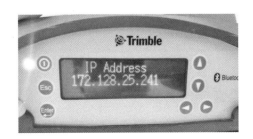

图5－2－4　IP 地址设置

图5－2－5　子网掩码设置

（7）按 Enter 确认键直至返回主界面，之后按住电源键3s，重启接收机（图5－2－6）。

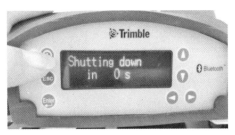

图5－2－6　接收机关机

（8）在电脑上打开"控制面板"→"网络和 Internet"→"网络连接"，在本地连接上右键打开"属性"，打开 IPV4 修改界面，将其中 IP 地址修改成与接收机同一网段，子网掩码和接收机一致即可（图 5－2－7）。

图 5 - 2 - 7　电脑 IP 设置

4. NetR9 接收机网页操作

（1）使用浏览器访问接收机 IP 地址（图 5 - 2 - 8）。

（2）在接收机配置里面的"应用文件"界面上传已有配置文件（由其他接收机导出标准配置），之后选择现在执行（图 5 - 2 - 9）。

图 5 - 2 - 8　使用浏览器访问接收机 IP 地址

图 5 - 2 - 9　上传配置文件

（3）检查并修改以下各项（均在网页左侧栏目中）。

① 接收机状态→标识：系统名修改为需要的名称（图 5 - 2 - 10）。

② 接收机配置→天线→天线序列号和天线类型（图 5 - 2 - 11）（若同时更换天线，需要修改 RINEX 名和天线序列号，量取天线高度并记录）。

图 5 - 2 - 10　修改系统名称

图 5 - 2 - 11　配置天线信息

③ 接收机配置→参考站→获取"当前位置"，获取较为准确的站点单点定位位置。

④ 数据记录中按需求配置相应的数据存储内容（图 5 - 2 - 12），建议勾选"满时删除"，并依据接收机内存大小设置好 pool 值大小。

⑤ I/O 配置→TCP/IP（依据想要连接的端口），勾选"只输出/允许多个连接"（图 5 - 2 - 13）。

图 5 - 2 - 12　数据记录配置

图 5 - 2 - 13　数据输出接口配置

⑥ I/O 配置→串口 1→选择 MET - TILT→波特率改为"9600"→命令中输入"＊0100p9"并改为"30 秒"（图 5 - 2 - 14，需连接气象仪）。

⑦ 接收机配置→常规（图 5 - 2 - 15）：电池更改为"可编程"并设置电压为最低值（10.8V 和 9.5V）。

⑧ 接收机配置→跟踪（图 5 - 2 - 16）：打开 GPS、GLONASS、北斗（按需求打开卫星即可）。

⑨ 卫星→启用/禁用（图 5 - 2 - 17）：建议将 SBAS 全部禁用。

图 5 - 2 - 14　气象仪接口配置

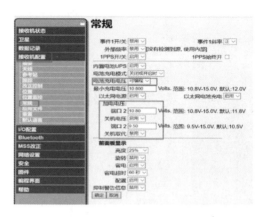

图 5 - 2 - 15　电力电压设置

图 5 - 2 - 16　配置接收星座

图 5 - 2 - 17　可接收卫星配置

⑩ 接收机配置→参考站（图 5 - 2 - 18）：填写测站名和测站码。

（4）若需要将接收机固定 IP 地址，则需要在网络设置中修改接收机的 IP 地址、子网掩码、网关，修改后重启接收机以生效（图 5 - 2 - 19）。

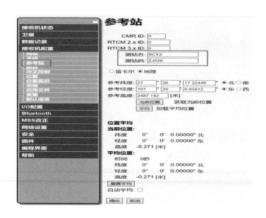

图 5 - 2 - 18　参考站设置

图 5 - 2 - 19　接收机 IP 地址配置与修改

5.2.2　GNSS 天线

一般采用扼流圈天线，为保障信号强度，天线内置信号前置放大器。连续观测 GNSS 基准站天线须安装天线罩，以防止雨雪和其他杂物影响信号接收，主要指标见表 5 - 2 - 2。

表 5 - 2 - 2　扼流圈天线主要指标

序号	指标项	指标内容和标准
1	抗多路径效应	配备的扼流圈天线（Choke Ring）应具有国际大地测量权威机构（NGS 或 Geo ++）认证的天线绝对相位中心改正模型
2	相位中心偏差	扼流圈天线相位中心偏差：小于 1mm
3	精度和稳定性	天线的相位中心稳定性在半年内必须优于 1.0mm，并有定向标志，以满足高精度测量的要求
4	环境适应性	工作温度：在 - 40 ~ + 65℃ 的环境下能长期连续正常工作 存储温度： - 40 ~ + 70℃ 工作湿度：在相对湿度 ≤100% 的场合下能长期连续正常工作， 裸天线应全密封防水，符合 IP67 标准

5.2.3　其他辅助仪器

GNSS 连续观测站的气象观测设备一般采用高精度，可自动观测记录包括干温、湿温或相对湿度及气压在内的数字化气象仪。外接频标原子钟（铯钟、铷钟），其稳定度优于 $10^{-12}/s$，高于一般测量型 GNSS 接收机振荡器 2 个数量级以上，可提高 GNSS 测量，特别是相对测量中整个观测网精度。在对时间、时间传递或时间同步要求较高的应用项目中，高精度的外接频标原子钟的配备必不可少。

为保障观测数据的连续性和高质量，及时发现和处置台站仪器故障或观测问题，很有必要对 GNSS 站网进行日常运行维护。

5.3　GNSS 监测运行与管理

5.3.1　GNSS 站网日常观测

1. 观测设备安置与注意事项

（1）天线应稳定地架设在观测墩上，天线定向线应指正北，定向误差不能大于 5°，基座或天线的水准气泡必须严格居中。

（2）仪器的集成柜应平稳地放在观测室中合适的地方。

（3）要逐项检查各电缆的连接，经检查确认无误后方可开机；在正式观测前应精确量取天线高度，读数精确至 1mm。要详细记录天线高量取的位置（前置放大器底部，天线盘的盘底、盘中、盘顶等）及量测方式（垂高、斜高）。

（4）在接收机中按规范规定设定和输入所有观测参数（详见接收机操作章节），包括点名、天线高、接收机与天线号、时段设置（起止时间、采样率、最少卫星数、截至高度角）、台站坐标等；与气象仪直接连接的接收机，分别在接收机、气象仪中进行相关设置。

（5）接收机开始工作后，观测员每天要查看一次接收机的信息，包括锁定卫星数量、卫星号、各通道信噪比、存储介质记录情况等。

（6）观测员要细心操作仪器，要防止他人或其他物体碰撞天线或阻挡卫星信号。

（7）雷雨期间要防止雷击，雷雨过境时可暂时关机。

（8）观测过程中发生意外情况（如仪器发生故障）应及时向数据中心报告，并采取必要措施。

（9）气象观测采用经检验的数字气象仪器，数据采用自动下载或人工下载，随同GNSS观测数据存储和传输。

（10）气象数据采样间隔：不大于30s。观测内容：干温（℃）、相对湿度（%）、气压（hPa）。

（11）气象记录不正常时应对气象仪参数进行重新设置，设置方法见仪器说明书。

2. 日常监控运维

（1）每天对观测仪器及其他与观测相关的设备的运行状态进行检查，应严格遵守值班人员守则，每天认真填写观测日志。严禁事后补记、涂改与编造。发现问题及时处理，并上报省级中心。

（2）应定期对观测设备、辅助设施等进行维护。

（3）因通信、电力、仪器故障等导致观测或数据传输中断的，应及时解决，并填写故障报告上报省级中心。

（4）站点改造升级、设备更换、停机维护等，应上报省级中心，由省级中心报国家中心备案、审批。

（5）基准站观测环境发生变化，如GNSS观测墩异常；基准站周边有大型施工作业，如工程施工、矿产开采、爆破等；河道水位、水库库容量、地下水开采引起的地面沉降等变化；环视高度角15°以上有高大建筑物或树木遮挡；基准站周边100m内出现强电磁干扰，如新建无线电发射塔、高压输送线路等干扰源，应及时上报省级中心。

（6）省级中心每天对省级GNSS观测系统和技术系统进行监控，发现问题及时与基准站联系处理，汇总产出省级基准网运行监控月报并上报国家中心。

（7）国家中心每天对GNSS基准网技术系统运行状态进行监控，发现问题及时通知省级中心，汇总产出GNSS基准网运行监控月报并在网站上公布。

5.3.2　GNSS应急观测

（1）如发生特殊情况（发生地震，或震情紧张时），一般情况下，由数据中心远程触发同震高频数据下载，特殊情况下需GNSS台站技术人员手动下载应急数据。

（2）应急观测开始，由数据中心提取或由基准站根据数据中心要求将所需的计算机硬盘内存储的触发前的采样率为1s或更高采样的观测资料发送给数据中心。应急观测过程中，定时向数据中心传输一次数据。

（3）应急观测期间台站负责人或技术人员需保障台站电力、网络以及观测设备正常工作。

5.3.3　运维值班与管理

（1）值班人员需认真填写观测日志，严格交接班手续。

（2）每日定时检查并记录 GNSS 接收机是否正常连续观测记录，检查 GNSS 观测数据是否已自动下载到计算机指定的目录。

（3）每周定时检查太阳能蓄电池电压（直流 12V）是否正常。

（4）每周定时检查气象仪观测记录是否正常。

（5）数据自动下载出现问题时，应手动下载数据到指定目录。观测及数据记录出现故障应立即通知数据中心并做相关处置。

（6）传输或设备出现故障时，实行 24h 故障响应：① 在接到或发现故障报警后 1h 内响应并进行故障处理、填写故障记录表；② 基准站关键设备损坏或无法查明故障原因，应在 24h 内报修。

（7）每周 2 次巡查，填写工作日志，包括：① 观测环境是否有遮挡物和电磁干扰源；② 基准站门窗是否安全，观测室是否干净整洁；③ 网络通信（光纤、交换机、路由器）、供电、避雷设备（供电线路、交流不间断电源、直流不间断电源、避雷装置），观测设备（接收机、NAS 存储器、气象仪）是否正常工作；④ 其他重大情况。

（8）在强降雨、中到大雪、强雷电、大风等恶劣天气后，立即全面巡查，及时清除积水和积雪，详细记录巡检情况。

（9）UPS 电源间隔 3 个月放电 1 次，检测零地电压，测量供电电压，检查避雷器件，保证供电持续稳定。

（10）不得擅自拷贝观测数据，做好安全保密工作。

（11）由国家台网中心负责仪器参数设置、修改，设备更换等工作。

（12）外部单位来访或在 GNSS 基准站进行其他流动观测前，须经上级管理部门同意，并做好登记。

5.3.4　数据转换与检查

RINEX（Receiver Independent Exchange Format，与接收机无关的交换格式）是一种在 GNSS 测量应用中普遍采用的标准数据格式。该格式采用文本文件存储数据，数据记录格式与接收机的制造厂商和具体型号无关。RINEX 格式常见的版本号有：2.10、2.11、2.12、3.00 以及 3.01 等。

接收机记录的数据文件一般都是设备厂商自定义的二进制文件，一般不能直接使用，需要设备自带软件或者第三方数据格式转换软件将其转换为标准的 RINEX 格式后进行应用。常见的接收机自带转换软件有 ConvertoRinex、TPS2RIN、LGO 等，第三方软件有 UNAVCO 开发的 TEQC、德国地学研究中心开发的 GFZRNX 等，原始观测文件转换后包括观测文件、导航文件、气象文件等。

GNSS 观测数据质量检查，可采用数据预处理软件，主要从以下几点进行初步检查。

（1）数据完整率。数据完整率为实际接收到的观测值个数和理论应接收到的观测值个数之比，它反映了测站接收机接收数据是否连续，主要检验数据丢失历元和丢失观测值的情况。数据完整率越高，数据连续性越好。在计算观测值个数时与采用的截止高度角有关。当测站周边有遮挡时，可能未接收到低高度角的观测数据，从而导致计算所得的数据完整率较低。当提高截止高度角时，数据完整率会有所提高。另外，由于定轨中采用双频数据，故取不同频点中完整率最小的作为最终完整率。

（2）周跳比。周跳比为观测值数和周跳数之比，它反映了周跳发生的频率，也是衡量接收机采集数据时连续跟踪和稳定性的指标之一。从定义上看，周跳比越大，数据周跳发生概率越小，观测值质量越好。

（3）伪距多路径效应。伪距多路径效应的绝对值难以获取，通常做法是基于伪距和相位的线性组合（简称 MP 组合）来反映伪距多路径效应的变化情况（相位多路径忽略不计），它能客观反映周围环境对观测值的污染情况。伪距多路径越小，该影响越小，观测值质量越好。在进行周跳探测之后，可利用 MP 组合得到各历元伪距多路径误差。

除此之外，还有其他质量检核指标，如基线重复性精度、站点时间序列的稳定性、卫星信号天空图等等。

5.3.5 数据处理

GNSS 台站的日常数据处理，一般由台站完成从数据观测到数据采集、数据下载至台站计算机并进行相关运行维护等任务，数据管理中心或数据处理部门承担数据传输、数据转换、数据预处理、数据管理、数据处理、数据共享等任务。GNSS 数据处理过程如下。

1. 数据预处理

（1）文件准备，包括原始观测文件、站约束控制文件、时段控制文件、测站表、历元表、初始坐标表、各种辅助表、坐标系文件、坏卫星列表文件、天线相位中心表、GPS 接收机和天线码文件、站海潮文件、经纬度海潮文件、IGS 精密星历、IGS 广播星历等。

（2）测站先验坐标确定。测站先验坐标采用差分的办法计算获得，即采用以北京房山 BJFS、武汉 WUHN、拉萨 LHAS 和乌鲁木齐 URUM 等 GPS 基准站为差分固定站，得到待解观测站的先验坐标，其坐标精度可以达到 ±0.1m，或者采用精密单点定位（PPP）的方法获取。

（3）测站信息检查。进行测站信息正确性的检验，包括测站点名一致性与正确性检查、接收机与天线型号的正确性检查、天线高的正确性检查，最后将天线高归算至相对应的位置，由处理软件自动计算天线相位中心位置，并归算至标石标志面。

2. 单日解处理

单日数据处理的对象是每站每日的 GNSS 载波相位观测量、伪距观测量和多普勒观测量，计算的未知参数包括测站位置、接收机钟差与卫星钟差、卫星轨道参数、大气延迟参数、地球定向参数 EOP 等多种参数。在解算中对各参数都给予了松弛的约束。最终获得测站和卫星轨道的单日区域松弛解（h-file），这个单日解给出了区域测站、极移和卫星参数的松弛解和方差-协方差矩阵。

3. 平差计算

采用"非基准方法"进行平差，首先对测站坐标约束较为松弛，进行类似于自由网平差的解算，得到自由网解成果。其次，根据一定原则选取全球 IGS 框架点，在此基础上对自由网解算结果进行坐标参考框架转换，最后得到最终的全球和区域解结果。软件配置文件中平差参数设置：对待定点的坐标松弛（±10m），对待定点的速度场松弛（±1m）；卫星轨道松弛 ±100m；地球定向参数 EOP 松弛约束；给予 ±0.2mas 的 Markov 马尔科夫随机过程约束等等。

全球框架站选取原则如下。为得到观测站点在 ITRF 框架下的坐标和速度，需要对全球框架站点的选取进行合理、严密的分析。框架站的选取步骤为，首先利用站点时序等资料按照一定标准对各台站的数据质量进行分析，并对测站进行初步筛选；其次，利用七参数法对初选台站进行精选；再次，对精选的测站进行监督分类；最后采用分级栅格化的方法使台站在全球的分布符合均匀化的原则。

首先利用全球 IGS 跟踪站的 7 个单日松弛解（igs1 ~ igs7）和区域网测站单日松弛解文件通过公共点和公共卫星进行合并，得到一个包含所有 IGS 测站、区域网测站、极移和卫星参数的松弛解及方差 - 协方差矩阵的 h 文件。然后进行整网的无约束平差，即平差过程中对站点和卫星均采用松弛约束。最后再将无约束平差结果旋转至指定 ITRF 框架中，这一步是通过以已选取的全球分布的 IGS 站为框架站实现的，站点的控制信息采用 IERS 发布的相应站点在特定 ITRF 框架下的坐标与速度值。

5.3.6　观测环境的保护

GNSS 连续观测站在建立时，对其观测站点勘选、建设有其特殊要求。为了保证数据观测质量，观测环境保护尤为重要。

根据《地壳运动监测技术规程》要求，台址 3km 范围内不得进行深层抽、注水，采石爆破，筑堤建水库，1km 范围内不得修筑铁路及主干公路。观测墩顶面水平视线高度角 15° 以上无阻挡物。无线电电台、微波等无线发射设备不得干扰正常的 GNSS 观测。

GNSS 连续观测站工作环境的保护是观测环境保护的重要组成部分。观测室温度 -30 ~ +55℃，工作室温度应保持在 0 ~ +30℃。并注意观测室与工作室防潮防尘。

GNSS 观测数据质量直接影响数据产品的精度和可靠性，在站址勘选和日常观测过程中对数据质量进行控制是一项重要的工作。

5.4　资料质量控制

5.4.1　GNSS 观测资料质量的评定指标

评定指标包括：GNSS 数据完整性评价（数据完整率）；数据有效性评价（数据有效率）；由于地物反射卫星信号而产生的多路径效应（MP1 和 MP2 的值）；观测墩与观测室的折损程度与修复情况；防雷接地，电力系统的完整性和规范性；设备维护情况与线路铺设；观测环境维护程度；台站日常运维情况。

5.4.2　GNSS 观测资料验收评分标准

GNSS 观测资料评分总分为 100 分，包含观测设施维护、观测环境维护、数据安全性评分，日常值班与巡检、故障响应、连续运行状况评分，数据完整性、数据有效性和多路径效应评分。具体评分标准和依据如下。

1. 数据完整性（30 分）

$$数据完整率 = 实际数据总观测量 \div 理论数据总观测量 \times 100\%$$
$$数据完整率评分 = 基数分 \times 数据完整率$$

按照分级标准确定起算基数：

数据完整率大于等于 95%，小于 100%，基数分 30 分；

数据完整率大于等于 80%，小于 95%，基数分 28 分；

数据完整率小于 80%，基数分 23 分。

2. 数据有效性（10 分）

$$数据有效率 = 数据有效观测量 \div 总观测量 \times 100\%$$

按照分级标准确定分数：

数据有效率大于等于 95%，小于 100%，得 10 分；

数据有效率大于等于 90%，小于 95%，得 8 分；

数据有效率大于等于 85%，小于 90%，得 6 分；

数据有效率小于 85%，得 4 分。

3. 多路径效应（5 分）

多路径效应评分依据为用预处理软件计算得到的 MP1 和 MP2 的值。

MP1 和 MP2 的值小于 0.5m 得 5 分；每大于 0.01m 扣 0.1 分，扣完为止。

4. 观测设施维护（17 分）

1）观测室和观测墩（3 分）

观测室、工作室有墙体坍塌、开裂、墙皮脱落、漏水、门窗破坏、基准站标识未悬挂或破损等现象，每发现一项，扣 0.2 分（此项共 1 分，扣完为止）。

观测墩出现下沉、倾斜、基础开裂等现象未及时通报，扣 1 分。

GNSS 观测墩的水准或重力标志损坏、顶部软连接无空隙、无防雨防尘罩，每发现一项，扣 0.5 分（此项共 1 分，扣完为止）。

2）防雷接地（3 分）

未安装避雷针或室外观测设施不在避雷针保护范围内、引下线未与避雷针和地网连接、地网接地电阻大于 4Ω、未安装 B + C 级防雷器或防雷器不能正常工作、用电设备未通过防浪涌插座、传输线路未加装网络防雷器，机柜及内部设备未做接地处理，每发现一项，扣 0.5 分，扣完为止。

3）基础电力（4 分）

室内电源未按负载要求安装空气开关，各插口有短路、老化、碳化痕迹，电池组续航能力不符合要求（单块电瓶 12V 以下），每发现一项，扣 0.5 分（此项共 2 分，扣完为止）。

市电供电站点，配电设备存在漏电现象、左零右火接线错误、UPS 主机及电池组未按要求连接，每发现一项，扣 0.5 分（此项共 2 分，扣完为止）。

太阳能供电站点，太阳能板及附属配件有损坏、控制器输入输出电压不符合标准（直流输出 12V，交流输出 220V），每发现一项，扣 1 分（此项共 2 分，扣完为止）。

4）设备维护（5 分）

接收机主机、气象仪、原子频标（仅核心站）、路由器、交换机、光端机、协议转换器、调制解调器（卫通）、交/直流 UPS 主机、摄像头、语音话机、数据采集器、传感器未正确安装或未正常工作，每发现一项，扣 0.5 分（此项共 3 分，扣完为止）。

接收机主机未固定、天线未指北、天线与馈线接口连接松动、气象传感器固定不牢固或有损坏、馈线套管老化开裂，每发现一项，扣 0.5 分（此项共 2 分，扣完为止）。

5）设备线路（2 分）

机柜走线捆扎不规范、室内布线杂乱或悬空、设备连接线破损或松动、室外电缆（通信线缆、地埋线）裸露或老化，每发现一项，扣 0.5 分，扣完为止。

5. 观测环境维护（4 分）

1）室内环境（1 分）

站内设备不整洁、放有无关的设备或杂物、无有效消防设施等，每发现一项，扣 0.2 分，扣完为止。

2）室外环境（3 分）

房顶有影响观测信号的构筑物及杂物，扣 1 分。

环视高度角 15°以上出现树木或建筑物遮挡，站点 300m 以内有新建无线电发射源，站点周边 100m 以内有新建高压输电线路，站点周边有新建水库、大坝、公路等，或滑坡、沉陷、隆起等地形地貌局部变化，未及时采取相关措施并上报主管部门，每发现一项，扣 0.5 分（此项共 2 分，扣完为止）。

6. 数据安全性（2 分）

未经允许进行基准站网络外部连接或对外服务，扣 2 分。

7. 日常运行（27 分）

1）日常值班与巡检（8 分）

日志或来访登记填写不完整，每发现一次，扣 1 分，扣完 4 分为止。（有人值守台站为台站人员填写，无人值守台站为运管部门填写）

未定期对基准站进行巡检（运管单位每年至少 1 次，有人值守台站每季度巡检 1 次）或无巡检报告，每发现一次，扣 2 分，扣完 4 分为止。

2）故障响应（4 分）

计划内设备更换、停机维修、线路改造等可控型中断，未及时报送或中断时间超过 24h，每发现一次，扣 1 分。

运营商通信链路故障、供电输配线路故障、核心设备损坏等不可控突发型故障，未及时报送或中断时间超过 72h，每发现一次，扣 1 分。

观测设备、室内通信设备中断，接到或发现故障报警后，响应时间超过 24h，每发现一次，扣 0.1 分。

3）连续运行状况（15 分）

连续运行状况评价指标为连续运行率。

$$连续运行率 = 实际正常运行时间 \div 总运行时间 \times 100\%$$

$$连续运行评分 = 基数分 \times 连续运行率$$

按照分级标准确定起算基数：

连续运行率大于等于 95%，小于 100%，基数分 15 分；

连续运行率大于等于 80%，小于 95%，基数分 12 分；

连续运行率小于 80%，基数分 10 分。

8. 其他（5 分）

报告应真实反映基准站的实际情况，如发现弄虚作假，此项不得分。

报告有缺项漏项，所附图件不清晰，标注有误，整饰不规范，未按要求设置封面和目录，无编写者、校对者、批准者签名和签发部门公章（扫描），每发现一项，扣 1 分，扣完为止。

用于高精度地壳形变观测的 GNSS 站点具有严格的建设技术要求，比如场地一般为基岩基础、观测设施稳定性以及净空环境等，为此地震行业出台了相关的建设标准和规程。

5.5 站点建设

GNSS 站点建设分为图上设计、实地勘选、土建设计与施工、设备安装等环节。

5.5.1 观测场地勘选和环境技术要求

1. GNSS 连续观测站技术设计

为保证设计和建设的顺利进行，设计前应充分收集下列资料：站点所在地区地形图、交通图、地质构造图，站点所在地区已有的 GNSS 测量、大地测量成果资料，与设计有关的地质与地壳形变测量分析报告，与设计有关的地震、地球动力学资料，与设计有关的交通运输、物质供应、通信、水文、气象、冻土和地下水位等资料，与设计有关的地震台、人卫站、气象台、验潮站、地球物理基准站、兵站等的站址资料，与设计有关的文件（上级批准的工程项目建议书、可行性报告，布设要点和技术规程等）。

设计过程如下。首先在地形图上标明未来台站周围地区的主要地质构造、地震活动，与设计有关的地震台、人卫站等位置。其次，根据建站的科学目的和布设原则，在图上初步确定站址，给出初步方案。在提出方案的过程中应充分考虑地质专家的意见。然后对所选站址进行实地勘测和设计。最后填写站点设计书，绘制设计草图，编写设计报告。设计完成后应上交下列资料。① 设计报告，主要内容有：任务来源与要求；地质构造和地震活动背景；地壳形变概况；设计的基本情况、理论依据和预期达到的目标；建站的工作量，实施人员、仪器、器材及装备等的计划数量和技术要求；对建站和今后观测工作的建议；经费估算。② 设计草图，图上应标明地质构造、地震活动、所选台站的站名、编号、概略坐标（B、L、H），主要公路、铁路、河流、湖泊、城镇、厂矿和乡村等。③ GNSS连续观测站的土建设计草图。④ 站点设计书。

2. GNSS 连续观测站实地勘选

室内设计完成后，应进行站址的实地勘选。

选址小组应由测量人员和地质人员共同组成。选址工作开始前，选址人员对技术设计、区域情况进行充分研究，并制定选址工作计划。

根据 GNSS 定位的工作条件和观测环境的要求，连续观测站应选择在安全僻静、交通便利、天顶视野开阔、电磁波干扰小并利于测量标志长期保存和观测的地方。有条件时尽可能选择在已有的地震台、人卫站、气象台、兵站、验潮站等所在地，下列地点不应设站。① 地基条件差的地点，例如：断层破碎带内或地质构造不稳定的地方；易于发生滑坡、沉陷、隆起等地面局部变形的地点（诸如采矿区、油气开采区、地下水漏斗沉降区等）；易受水淹、潮湿或地下水位较高的地点；距铁路 200m，距公路 50m 以内或其他受剧烈振动的地点；短期内将因建设而可能毁掉观测墩或阻碍观测的地点。② 工作条件差的地区，例如：交通十分困难，生活条件很差，不宜建设和居住的地点（无人观测站除外）；供电、通信无法保证的地区；强雷击区等。③ 观测环境差的地点，例如：强电磁波源（例如电视塔、移动通信站、微波中继站等）附近；多路径效应严重的地点；距铁路 200m，距公路 100m，距超高压线 100m 以内及其他强磁场影响地点。测站位置各方向视线高度角 15°以上应无阻挡物。特殊困难地区，经批准可在一定范围（水平视角不超过 60°）内，放宽至 25°。

根据选址工作计划，在技术设计的基础上，选址人员应到达实地勘测点位，了解有关情况，最后选定站址。在实地踏勘中，如发现不能按室内技术设计要求选定站址时，选址小组可在附近重新确定站址，但必须符合技术设计和选址原则的要求。

新选站址应取当地有一定知名度的地名为点名，并向当地政府部门或群众进行调查后确定，切忌杜撰。一般以选用县级地名作为站名为好。少数民族地区应使用准确的译音。站名的书写一律用国务院公布的简化字。

选址人员应携带一台 GNSS 接收机在选定的站址上进行实地试测，确定站址概略坐标，观测在该站址上接收 GNSS 卫星信号的状况并加以记录。连续测试时间应不少于 24h。

在大城市、工矿区或附近有较强电磁干扰的地区，应使用电磁波场强仪进行实地频谱测试，以保证所选点位在 GNSS 工作频谱范围内不受干扰。

站址选定后，应设立一个注有站号、站名、标石类型的点位标记，拍摄点位的远景、近景照片各一张，并按规范要求，填绘点之记。

如果在室内技术设计时，尚有一些所需的资料未能收集到，则在选址时，应继续收集。尤其需了解测区的自然地理、交通运输、传输通信、物资供应、生活条件、砂石、水电、民工等情况，并收集其他有关资料。

站址选好后，应着手观测场地的规划。确定观测室和工作室的位置，通信、电力线路、气象仪表的布设方案，防雷设备的设置，安全防卫措施，生活条件的安排等等。

实地勘选后应上交下列资料：① 选址点之记；② 所选站址实地测试结果；③ 规划、设计书（选址后对室内设计书修改的定稿）和图件；④ 选址工作技术总结，其主要内容有：连续观测站所属行政区划，连续观测站周围自然地理、地震地质概况，已有台址（点位）利用情况，交通、通信、物资、水电、民工、治安等情况，选址工作实施过程及对技术设计的修改意见，对建站及观测工作的建议。

5.5.2 施工设计与关键技术要求

1. GNSS 观测墩建设

GNSS 观测墩原则上应建在完整的基岩上，只有所在站址的基岩埋深超过 20m 时才允许埋设土层标。GNSS 观测墩采用加筋混凝土建成，墩体钢筋主筋采用直径为 16mm 的 I 级螺纹钢筋，箍筋采用直径为 6mm 的 II 级盘条钢，墩体混凝土标号为 C20。混凝土必须搅拌均匀并现场浇灌，浇灌时要用电动振动棒充分捣实，保证固结质量及外表光洁，观测墩外表面不用水泥等做二次粉饰，同时使用建筑专用水平尺保证整个墩体垂直。

GNSS 观测墩墩体顶部有强制归心装置，供安放 GNSS 接收机天线使用，强制归心装置埋设时应用格值 8′ 的圆水准器调平。观测墩在观测室地坪上还应在两条正交直径的四端各埋设一个水准标志，供定时检查墩体是否倾斜。

GNSS 观测墩周围应设 50mm 宽的隔振槽，内填粗砂；隔振槽的深度与观测室地基同深。观测墩穿过观测室屋顶处应设 50mm 宽隔离缝，以避免观测室变形对观测墩的影响。GNSS 观测墩应高出屋顶 400~600mm，以减少多路径效应的影响。

观测墩应埋设在观测室内。观测墩高出地面一般不超过 5m，但不低于 2m，天线应高于屋顶。观测场地规划应保证 GNSS 观测墩周围视野开阔，各方向视线高度角 15°以上应无阻挡物。观测墩周围应有 4~6cm 的隔振槽。连续观测站内应埋设联测用水准点和重力观测墩。

GNSS 观测墩高出屋顶部分为直径 380mm 的圆柱形。屋顶以下、观测室地坪以上部分为直径 500mm 的圆柱形。天花板至地坪上的净高应在 2100~3100mm 之间。

基准站 GNSS 观测墩埋设深度的规定如下。GNSS 基岩观测墩：当基岩表面的深度小于或等于 10m 时，必须首先清理基岩表面的风化层，然后再向下开凿 0.5m，让观测墩基底坐落在完整的基岩上。当基岩表面的深度大于 10m 时，可在清理基岩表面的风化层后直接将观测墩基底坐落在完整的基岩面上；GNSS 土层观测墩：观测墩基底深度应达 20m，如果在此深度上恰好遇到软土、流沙、涌水等不良地层时，应继续向下开挖或钻孔，直至穿过该种地层，进入良好受力土层不小于 0.5m，保证观测墩基底坐落在良好受力土层上。

基准站 GNSS 观测墩一般应避开永久冻土地区，必须在永久冻土地区建设的基准站 GNSS 观测墩基底的埋深应达到最大融冻深度线以下 0.5m。

基岩上埋设的观测墩至少需经过一个月方可进行观测。非基岩上埋设的观测点应在设计要求的稳定期之后方可进行观测。

2. 观测室建设

GNSS 观测室主要用于减少环境对标墩的影响并保护 GNSS 标墩和安装在观测室内的

其他附属设施免遭破坏。每个新建站均需建设一个建筑面积为 $20m^2$ 左右的观测室，供在其室内建 GNSS 观测墩用。

GNSS 观测室应有一定的保温能力，避免环境温度的剧烈变化对观测墩的影响；具备防雨功能和一定的防潮功能，以延长观测墩的工作寿命。观测室要有足够的空间，便于开展一些测量工作（例如重力观测和水准联测）。因此观测室的设计应因地制宜地有所区别（例如南北方、多雨区和干旱区、地震高烈度区和低烈度区的差别等）。此外，观测室在屋面结构层上除了保温层与防水层之外，还需要在最上层敷设一层散射层或吸波层，避免将相关信号反射至 GNSS 天线造成杂波干扰。观测室必须防盗、防破坏、保证设备安全运行。必要时应加固观测室墙体和门窗，加高观测墩。观测室还应防震（比当地设防烈度高 1 度），并注意避雷、防火、防水、防潮、防漏、防鼠害、防锈蚀、防风沙、防观测天线积雪及屋顶的隔热等问题。观测室应保证接收机的工作温度范围为 $-20 \sim +55℃$，天线的工作温度范围为 $-30 \sim +65℃$。

观测室的室内净高应大于等于 2100mm（可用 2m 标尺进行精密水准测量），推荐净高 3100mm；室内空间应可保证重力测量的需要。采用的建筑材料按比该地区设防烈度高一度的普通民居的标准即可。图中注记以毫米为单位。

为防直接雷击，基准站观测室必须安装有良好接地的铜制专用避雷针（或等效产品）。观测室屋顶除有防雨、保温层外，最上层应铺设吸波层（专用吸波材料）。

3. 避雷设施

每一个 GNSS 观测站均需配套建设防雷设施。

避雷设施应满足《建筑物防雷设计规范》（GB 50057—2010）和《建筑物电子信息系统防雷技术规范》（GB 50343—2012）中的要求，站点建（构）筑物直击雷防护按第二类防雷建筑物要求，对站点信息系统雷击电磁脉冲防护按 A 级进行设计，实现对直击雷防护和感应雷（雷击电磁脉冲）防护的要求。

各站点采取避雷针、避雷带或两者结合的直击雷防护措施，防止或减少直接雷击造成的天线、站点建筑物的损坏。选择能降低避雷针高度设计方案，减少落雷概率。

采取等电位连接、合理设计接地系统防止或减少因雷击造成的地电位反击。采取必要的屏蔽措施减少雷击电磁脉冲干扰，防止或减少因雷击电磁脉冲造成设备损坏。采用电源、信号电涌保护器，防止或减少雷电波引入所产生的脉冲过电压和脉冲过电流，造成站点设备损坏或失效。

整个防雷系统由以下部分构成：观测墩直击雷防护系统、工作室直击雷防护系统、工作室等电位连接系统、工作室电源和信号线路防护系统等。

4. 电源建设

基准站观测室必须使用双源供电（市电 + UPS）。GNSS 接收机直接采用电池组供电，其他设备可采用 UPS 供电。为防感应雷击，基准站电源线都必须安装防雷击保护器，安装方式依据产品安装说明。

5. 通信信道建设

设备之间的通信联系相隔 30m 以上，如 GNSS 接收机与服务器之间、气象参数记录仪与服务器之间、原子钟与 GNSS 接收机之间的通信联系，可以通过增加通信光缆、Modem 和信号放大器实现，以保证数据传输准确无误。相距较近（＜30m）时，数据链路通过设备本身所附带的通信电缆实现。

GNSS 基准站户外信号通信电缆的防感应雷装置要求应满足相关规范。

5.5.3　观测设备系统技术要求

GNSS 观测设备的基本配置包括：GNSS 接收机、天线、气象仪器、电源、传输设备、防雷装置、有线通信设备等。部分 GNSS 基准站配置计算机、原子钟、卫星通信等设备。前文对 GNSS 接收机（主机）、天线及气象等设备的技术指标均已进行描述，在这里不再赘述。

1. 设备安装和集成

1）GNSS 天线安装

GNSS 观测墩伸出基准站房屋顶，观测墩顶部标有指北方向标，并预埋了强制归心装置。① 将 GNSS 天线连接线从室内接至屋顶，连接线两端连接头分别为 N 头（大一些的，内部有针）和 TNC 头（小点的，内部有针），N 头留在室外，TNC 头留在室内，电缆的室外部分需要使用护管保护；② 将强制归心装置顶部的保护盖旋出卸下；③ 将 GNSS 天线安装支架下端旋入并拧紧；④ 将 GNSS 天线与安装支架上端旋紧；⑤ 旋转安装支架上半部，将 GNSS 天线的连接线接口旋到指向北（与观测墩顶部指北方向标一致），用改锥将安装支架的上下端的锁紧螺丝拧紧；⑥ 将 GNSS 天线电缆一端的 N 头与 GNSS 天线的接口对接拧紧；⑦ 注意 GNSS 天线电缆走线不能打直弯，不能扭曲，对于超过 20m 的长电缆，与 GNSS 天线和接收机连接的一段需平行走线 15cm 以上再走弯；⑧ 安装 GNSS 天线罩，将天线罩上的指北线对准北方，与天线指北一致，用内六角扳手把螺丝上紧，保证天线与天线罩为一体，不出现松动现象，同时应保证整体与连接杆连接紧密，不能轻易旋转。

2）气象仪探头安装

气象仪探头安装步骤为：① 将气象仪探头安装支架在室外檐头处固定，必要时需要根据实际情况进行改造；② 将气象仪探头连接线从室内接至屋顶，连接线两端连接头分别为表体接头和探头，表体接头留在室内，探头留在室外，室外部分接线需要使用护管保护；③ 将气象仪探头固定到气象仪探头安装支架上。

3）机柜安置与组件调试

综合考虑房间内各接线箱和 GNSS 天线连接线缆预留管孔的位置，选择房间内一侧墙壁放置机柜，机柜外部一侧预留放置直流不间断电源及交流不间断电源（UPS）电池柜的位置。

机柜内从下向上分别安放的组件如图 5-5-1 所示，主要有：① 机架式防浪涌插座（即防雷电源接线板）放置在最下层后侧，插座口向后；② 直流不间断电源（UPS），高度 2U（Unit 的缩写，以下简称 U），分配 3U 空间，从前部插入，下面固定安装机柜水平搁板；③ 交流不间断电源（UPS），主机高度 2U，分配 3U 空间，从前部插入，下面固定安装机柜水平搁板；④ 机架式普通电源接线板，高度 2U，放置在直流不间断电源（UPS）上方后侧，插座口向后；⑤ 路由器，高度 1U，分配 2U 空间，从前部插入，下面固定安装机柜水平搁板；⑥ 光端机与网络存储设备（NAS）共用一层，分配4U空间，下面固定安装机柜水平搁板；⑦ GNSS接收机与气象仪共用一层，分配4U空间，气象仪在左侧，GNSS接收机在右侧，下面固定安装机柜水平搁板。

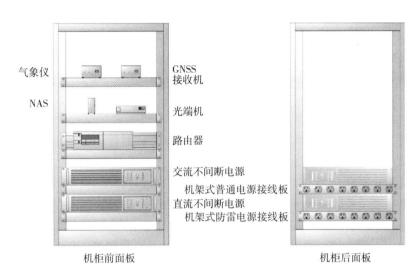

图 5-5-1　机柜布置图

（1）直流不间断电源安装调试。将直流不间断电源主机装入机柜内相应层中，将面板机柜安装孔与机柜用螺钉固定；电池箱最后会预留2根线，其中红线连接到UPS背板的正极，蓝线连接到UPS的负极。将直流不间断电源所配置的国标插头（此为UPS的输入，位于UPS背板），插入机架式普通电源插座内。

关于直流不间断电源所配置的输出，分别有2路。其中一路+12V连接接收机，已经配置好线材以及插头，可以直接与GPS接收机连接（在直流不间断电源背板上有详细标注）；另外一路+12V接气象仪，已经提供插头，气象仪所提供的插头可以直接插入（在直流不间断电源背板上有详细标注）。

线路接好后开始调试。① 开机。在交流/直流输入电压正常状态下，按市电电源POWER开关，使"1"字样的一端陷下，则启动KHD34，设备正常工作，输出12V直流电。② 在交流异常时，需要在电池状态下启动UPS：按后面板上的电池状态开机"ON"按键，可以启动KHD34，设备正常工作，输出12V直流电。③ 关机，先按面板市电电源POWER开关，使"0"字样的一端陷下，关闭市电输入，KHD34转入电池态运转，再按后面板电池状态关机按键"OFF"键，将UPS完全关机。④ 设备在完成开机后，如果出现电池放电到电池容量结束，UPS为保护电池，会切开电池回路，实现对电池的保护，在市电恢复后，不必人为干预，UPS可以自行开机，实现无人值守功能。

（2）光端机安装调试。光端机为非机架式设备，将其放入相应层内右侧。将光纤插入光端机的光纤输入插口中；将一根RJ45网线插入光端机的RJ45输出插口中；将光端机所配交流适配器电源输入插头插入机架式普通电源接线板的插座中，将输出插头插入光端机的电源输入插口中。

将笔记本电脑打开，将RJ45网线插入RJ45网络接口中，根据电信运营商的要求设置该网络接口相应网络连接的 IP 地址，如自动获取 IP 地址或输入固定 IP 地址（包括子网掩码和网关地址等），测试网络是否连通。如网络连通，证明光端机安装、连接正常。

（3）路由器需要专业技术人员进行网络配置和调试。将路由器电源线的国标三相电源插头插入机架式普通电源接线板的插座中，将电源线的另一端插入路由器的电源输入插口内；再将连接光端机网络输出插口的 RJ45 网线另一头插入路由器后面板的 ETH0 口。

（4）GNSS 接收机安装调试。将 GNSS 天线电缆留在室内的 TNC 头接入 GNSS 接收机背板的天线接口内，并拧紧；将 12V 直流电源输出插头插入 GNSS 接收机电源 LEMO 型串口 2 内；将一根 RJ45 网线的一端插入 GNSS 接收机背板的 RJ45 插口内，另一端插入路由器的 RJ45 端口内；将气象仪的 9 孔串口电缆接入 GNSS 接收机的 9 针串口 1 内。

手动配置 GNSS 接收机的 IP 地址、子网掩码、网关；配置笔记本电脑的 IP 地址、子网掩码、网关，使之与接收机处于同一网段；用网线连接笔记本电脑和路由器，网线一端接入笔记本电脑的网口，另一端接入路由器的一个网口；打开 IE 网络浏览器，配置 GNSS 接收机的一般配置、数据记录，存储并下载该站接收机的配置文件，文件名命名为该站点名，该文件作为安装报告的一部分；下载一个包含气象数据的数据文件（15min 1Hz 记录间隔），转换为 Rinex，检查 M 文件是否包含了气象数据，并摘录一条当时的气压（PR）、温度（TD）、湿度（HR）三要素数据，记到安装记录表中；检查接收机记录的数据文件是否上传到了 NAS 存储器里，提供接收机配置界面的"FTP Push 记录"屏幕截图证明（按笔记本电脑上的 PrntScrn 键，然后粘贴到 Word 文件里，保存），作为安装报告的一部分。

（5）气象仪安装调试。将气象仪连接电缆的一端（带黑色电源线）插入气象仪 9 孔串口接口内，另一端插入 GNSS 接收机背板的 9 针串口 1 口内；通电后通过 GNSS 接收机进行调试。

在 GNSS 接收机 IE 界面里配置接收机与气象仪的通信，按照气象仪数据通信配置的操作进行配置，配置完后等待接收机记录 15min 1Hz 的数据文件，下载到计算机，转换为 Rinex 文件，查看 M 文件，若包含气压、温度、湿度数据，则说明气象仪配置成功。

2. 仪器检验

GNSS 仪器在安装前必须进行检验，仪器出现故障需要更换主机或天线的，必须对更换的主机或天线进行检验。仪器检验完毕后要提交检验报告，其中包括仪器信息（厂商、配件号、序列号等）、数据采集情况简介、基线解算结果、检验结果分析及结论。检验内容主要如下。

（1）一般项目检验：① 接收机及天线外观是否良好，型号是否正确，各部件是否完好；② 电缆型号是否符合要求，接头是否完好、配套，天线电缆的长度是否符合要求；③ 天线与基座连接件是否完好、配套，需固紧的部件是否有松动和脱落；④ 接收机数据传输接口配件及软件是否齐全，数据传输性能是否完好；⑤ 使用圆水准器的天线与基座每年至少检验一次。

（2）仪器性能检验，即对观测数据质量（TEQC）的检验。该项检验主要检测仪器跟踪卫星的能力、抗多路径效应的能力以及钟的日频稳定性。选择最佳卫星通视观测环境，观测场地周边不得有高度角大于 10° 的遮蔽物与多路径反射物。连续观测 24h，截止高度角设置为零，采样间隔 30s。采用预报星历做 TEQC 的检验。

仪器必须在 3min 内完全锁定所有可见卫星并能正常记录所有必须观测的数据；接收卫星数量不少于 24 颗；高度角在 10° 以上的观测量中应有大于 95% 的有效观测量；测距观测质量 MP1 和 MP2 小于 0.5m；钟的日频稳定性不低于 1×10^{-8}，对于个别情况，在保证观测精度的前提下，可适当放宽，但不得低于 1×10^{-7}。

（3）接收机内部噪声水平检验。采用"功率分配器"（简称功分器）将同一天线的输出信号分成功率、相位相同的二路或多路信号送到接收机，然后对观测数据进行双差处理，求得坐标增量，以检验仪器固有误差。该项检验又称为零基线检验，主要检测接收机内部噪声水平。选择周围高度角 10° 以上无障碍物地方安放天线，按图 5-5-2 连接功分器。二台仪器同步跟踪卫星观测 0.5h；交换接收机天线接口，再观测一个时段（0.5h）；用静态定位软件计算零基线长度，载波相位后处理结果应该优于 1.0mm。

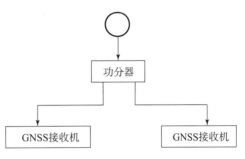

图 5-5-2　同一天线连接两接收机示意图

（4）天线相位中心稳定性检验，目的是测定天线电气中心与天线几何中心之差及其稳定程度，可采用相对定位法进行。实际测定的天线相位中心偏差的水平分量构成的径向偏离长度不得超过 2mm，同时测得的天线的相位中心偏差的南北分量、东西分量与制造商给出的天线相位中心偏差的南北分量、东西分量之差不得超过 1mm。数据处理可以使用 GAMIT 软件或随机商用软件。用同样的方法分别处理 L_1 和 L_2，均要满足要求。检测中如果发现某天线超限，允许重新检验一次，两次超限，则视该天线为不合格天线。

（5）长基线检验，首次用于地壳运动观测及维修过的接收机及天线。按照区域网的观测参数设置接收机，在同一个观测墩上安置接收机与配套天线，连续观测 4 天。采用高精度的定位软件，与多个不同距离的观测站的同步观测联合处理。300km 以内基线边长重复率应不超过 3.0mm，300km 以上基线边长重复率应优于 1×10^{-8}。

3. 仪器管理与维护

必须指定专人保管与维护仪器，不论采用何种运输方式，均要有专人押送。要注意防震、防潮、防晒与防尘。

GNSS 仪器在室内存放期间，要有专门的仪器管理人员负责管理与维护。仪器要存放于通风良好的固定位置。每月都要对仪器进行一次通电检验。干燥剂必须定期烘干。

严禁擅自拆卸 GNSS 接收机主机及天线的各部件。如发生故障，应认真记录有关情况，并立即向有关管理人员与部门汇报。

5.5.4　观测站建设技术文档

建站结束后应上交的资料包括：

（1）观测站点之记，建站照片 4 张（观测墩位开挖后照片、观测墩灌注前照片、观测墩建成后照片、连续观测站建成后远景照片各一张）；

（2）站位改选报告（改选理由及新点位情况）；

（3）测量标志委托保管书及批准使用土地文件；

（4）GNSS 连续观测站的施工（竣工）报告；

（5）建站工作技术总结（扼要说明建站工作情况、建站中的特殊问题及对观测工作的建议等）。

习　题

一、单选题

1. GNSS 连续观测站日常观测时，天线定向线应指正（　　），定向误差不能大于（　　），基座或天线的水准气泡必须严格居中。

  A. 正东，5°　　　　B. 正北，5°　　　　C. 正北，15°　　　　D. 正南，5°

2. 正式观测前应精确量取天线高度，读数精度至（　　）。

  A. 1mm　　　　 B. 10mm　　　　 C. 5mm　　　　 D. 4mm

3. 气象数据采样间隔：（　　）。

  A. 1min　　　　 B. 30s　　　　 C. 10min　　　　 D. 1Hz

4. 北斗三号全球卫星导航系统由（　　）颗卫星组成。

  A. 30　　　　 B. 32　　　　 C. 28　　　　 D. 31

5. 每日观测数据 R 文件小于（　　）时，应检查 GNSS 接收机各项参数设置。

  A. 500KB　　　　B. 600KB　　　　C. 700KB　　　　D. 800KB

6. 根据《地壳运动监测技术规程》要求，在距铁路（　　）m，距公路（　　）m 以内不得设站。观测墩顶面水平视线高度角（　　）以上无阻挡物。

  A. 100，50，25°　　B. 100，100，15°　　C. 200，100，15°　　D. 200，50，10°

7. 目前全球定位系统使用的大地坐标系统是（　　）

  A. WGS – 60　　　B. WGS – 66　　　C. WGS – 72　　　D. WGS – 84

8. GPS 卫星所发射的信号包含载波、测距码和数据码。所有这些信号都是在同一个基本频率（　　）控制下产生的。

  A. 10.23MHz　　　B. 100.23MHz　　　C. 1000.23MHz

9. 与 GNSS 空间卫星有关的误差，主要有（　　）。

  A. 电离层折射的影响　　　　　　　　B. 对流层折射的影响

  C. 卫星钟差和卫星星历的误差

10. 与接收机性能有关的误差，主要有（　　）。

  A. 接收机钟差、天线相位中心偏离误差、接收机内部噪声的影响

  B. 对流层折射的影响和多路径效应的影响

11. GNSS 连续观测站技术参数设定中，测站名使用（　　）位英文大写字符、数字组成缩写名。

  A. 8 位　　　　 B. 3 位　　　　 C. 6 位　　　　 D. 4 位

12. 三要素气象仪的九针串口数据线与（　　）设备相连接。

A. 路由器　　　　　B. GNSS 接收机　　　C. 气象仪探头　　　D. GNSS 天线

13. 在 GNSS 接收机内部噪声水平检测中，一般采用零基线检验接收机内部噪声水平。零基线是检验接收机钟差、信号通道时延、延迟锁相环误差及机内噪声等电性能所引起的定位误差的一种有效方法，它需要有几台仪器同一个时段同步接收卫星多少小时？（　　）

A. 2 台，0.5h　　B. 4 台，1h　　　　C. 2 台，1h　　　D. 3 台，3h

14. 用于地震研究的 GNSS 定位观测，目的是监测（　　）的运动。

A. 地壳　　　　　B. 地倾斜　　　　　C. 地应变　　　　D. 重力场

15. 用于监测我国大陆地壳运动总貌的 GNSS 连续观测站的站址应选在地块稳定的部位，每个块体上至少要有（　　）以上测站，才能反映地块刚体运动的 7 个（3 个平移、3 个旋转和 1 个尺度）参数。

A. 1 个　　　　　B. 2 个　　　　　　C. 3 个　　　　　D. 4 个

16. 用于监测我国主要活动断裂运动的 GNSS 连续观测站，应设立在断裂的两侧，但应避开断裂的（　　）。

A. 两盘　　　　　B. 活动点　　　　　C. 破碎带　　　　D. 上盘

17. 要求在 GNSS 接收机天线周围高度角（　　）不要有遮挡物。

A. 30°以上　　　B. 5 以上°　　　　C. 15°以上　　　D. 10°以上

18. GNSS 连续观测站应选择在安全僻静、交通便利、天顶视野开阔、电磁波干扰小并利于（　　）长期保存和观测的地方。

A. 测量信号　　　B. 测量标志　　　　C. 观测墩　　　　D. 观测设备

19. 观测室应保证接收机的工作温度范围为 $-20 \sim +55℃$，天线的工作温度范围为 $-30 \sim +65℃$，接收机天线电缆长度不超过（　　）。

A. 60m　　　　　B. 100m　　　　　　C. 200m　　　　　D. 500m

20. "十一五"期间，由中国地震局牵头六部委共建的国家重大科技基础设施"中国大陆构造环境监测网络"项目包含 GNSS 基准站（　　）个。

A. 300　　　　　B. 280　　　　　　C. 260　　　　　D. 400

21. 用于地壳运动观测的高精度 GNSS 土层型观测标墩，一般要求埋深（　　）m。

A. 5　　　　　　B. 10　　　　　　　C. 15　　　　　　D. 20

22. 影响 GNSS 观测数据质量的因素不包括（　　）。

A. 雨水天气　　　　　　　　　　　B. 台站树木遮挡

C. 接近 L_1 或 L_2 频率的无线电干扰　　D. 接收机或天线故障

23. RTK 测量属于（　　）。

A. 静态测量　　　B. 相对定位　　　　C. 单点定位　　　D. 绝对定位

24. RINEX 格式文件不具备的性质是（　　）。

A. RINEX 文件是二进制的专用格式文件

B. RINEX 文件是可读的文本文件

C. RINEX 文件是通用格式文件，绝大部分 GPS 厂商均支持该格式

D. RINEX 格式是与接收机无关的数据交换格式，可用于多品牌多型号 GNSS 接收机的

联合作业

25. 关于多路径效应, 下述说法中, 错误的是 （　　　）。

  A. 多路径效应是指在 GPS 测量中, 被测站附近的反射物所反射的卫星信号（反射波）进入接收机天线, 和直接来自卫星的信号（直射波）产生干涉, 从而使观测值偏离真值的现象

  B. 多路径效应与观测环境有关

  C. 测站附近的大面积水域、大型建筑等不会产生多路径效应

  D. 可以通过适当增加观测时间削弱多路径误差

二、多选题

1. GNSS 接收站站址应尽量远离 （　　　）、雷达站以及其他强电磁波源等, 此外也应尽可能避开超高压线路。

  A. 移动通信站　　　　B. 电视天线　　　　　C. 电视塔　　　　　D. 微波中继站

2. GNSS 测量误差中, 系统误差, 主要包括 （　　　）。

  A. 卫星的轨道误差　B. 卫星钟差　　　　　C. 接收机钟差　　　D. 大气折射的误差

3. 北斗卫星导航系统星座主要由哪几类轨道卫星构成? （　　　）

  A. GEO　　　　　　B. IGSO　　　　　　C. MEO　　　　　　D. LEO

4. 我国现有连续 GNSS 观测网络观测标墩主要有 （　　　） 等类型。

  A. 土层型　　　　　B. 基岩型　　　　　　C. 三脚架　　　　　D. 房顶标

  E. 金属锚标　　　　F. 墙侧标

5. 用密集的 GNSS 观测可以获取大地震的 （　　　） 形变场。

  A. 同震　　　　　　B. 震后　　　　　　　C. 震间

6. GNSS 数据质量分析指标有 （　　　）。

  A. 多路径效应　　　B. 电离层延迟　　　　C. 周跳比　　　　　D. 信噪比

  E. 数据完整率

三、判断题

1. 全球导航卫星系统（GNSS）的主要功能是定位、授时、导航等。　　　　　　（　　　）

2. 国际 GNSS 服务组织（IGS）发布的数据产品主要包括测站信息、测站坐标和速度、卫星的精密轨道、精准时间。　　　　　　　　　　　　　　　　　　　　（　　　）

3. GNSS 系统主要由空间星座部分、地面监控部分和用户设备部分三大部分组成。（　　　）

4. GNSS 定位通常有 2 种方式: 一种称为绝对定位, 另一种称为相对定位。　（　　　）

5. GPS 信息用 L 波段的两个频率的电磁波作为载波。其波长分别为 19.03cm 和 24.42 cm。

                       （　　　）

6. GNSS 测量误差, 主要来源于与空间卫星有关的误差、信号传播的误差和接收机的误差三个方面。　　　　　　　　　　　　　　　　　　　　　　　　　　　（　　　）

7. Trimble NetR8 或 R9 GNSS 接收机网络 IP 地址可以通过液晶面板进行设置, 也可以通过网口连接电脑登录 web 界面进行设置。　　　　　　　　　　　　　　　（　　　）

四、填空题

1. 全球卫星导航系统（the Global Navigation Satellite System）, 也称为全球导航卫星系统,

是能在地球表面或近地空间的任何地点为用户提供全天候的三维坐标、速度以及时间信息的空基无线电导航定位系统。常见系统有美国的_____、中国的_____、俄罗斯的_____和欧洲的 Galileo（伽利略）四大卫星导航系统。

2. 国际上常用的高精度 GNSS 数据处理软件有 GAMIT、_____、_____和 PANDA。

3. GNSS 卫星上的时钟一般采用_____。

4. GNSS 用于地震预测研究主要通过研究_____和_____过程，分析地震的大形势、大趋势和危险地点。

五、简答题

1. GNSS 定位中，若按照接收机的运动状态，可分为哪两种定位方式？若按照参考点的不同，可分为哪两种方式？

2. GNSS 用于地震监测的主要数据产品有哪些？

3. 什么是周跳？

六、计算题

接收机的位置为 (x, y, z)，信号到达接收机的时刻为 t，不同卫星发送信号的时刻分别为 t_1、t_2、t_3 和 t_4，卫星的瞬时位置分别为 (x_1, y_1, z_1)、(x_2, y_2, z_2)、(x_3, y_3, z_3)、(x_4, y_4, z_4)，卫星到接收机的瞬时距离分别为 L_1、L_2、L_3 和 L_4，光速为 c。根据 GNSS 测量原理，列出接收机定位的方程（暂不考虑误差影响）。

参 考 文 献

［1］地壳运动监测工程研究中心. 地壳运动监测技术规程. 北京：中国环境出版社，2014.

［2］纪龙蛰，单庆晓. GNSS 全球卫星导航系统发展概况及最新进展. 全球定位系统，2012，37（5）：56-61.

［3］姜卫平. 卫星导航定位基准站网的发展现状、机遇与挑战. 测绘学报，2017，46（10）：1379-1388.

第6章　地震水准测量

地震水准测量是应用大地测量方法获取地壳垂直形变信息的工作，也是地震前兆观测中的一个重要手段。本章对地震水准测量的原理，我国地震水准测量现状，地震水准测量常用仪器设备、操作过程、软件使用、资料处理应用、资料成果质量评价以及站网建设等进行介绍。

6.1　地震水准测量原理

6.1.1　基本概念

（1）地震水准测量：监视地壳垂直形变与断层两盘相对垂直位移的水准测量。地震水准测量包括区域水准测量、跨断层水准测量和台站水准测量。

（2）区域水准测量：用于监视地震重点防御区域地壳垂直形变的地震水准测量。

（3）跨断层水准测量：监视断层两盘相对垂直位移的地震水准测量。

（4）台站水准测量：监视地震台站附近的断层两盘相对垂直位移的地震水准测量。

（5）测线：若干相连测段构成的地震水准测量线段。

（6）测网：若干测线构成的一组地震水准测量闭合环。

6.1.2　地震水准测量简介

地震水准测量的目的是监视地壳垂直形变与断层两盘相对垂直位移。

在地形变监测区按一定计划布设水准观测点，在每个观测点将水准标石（水准点）牢固地埋在地下或出露于地表的基岩上，点与点相连组成地震水准路线，多条水准路线相连接成网状，就构成了垂直测量的控制网（地震水准网）。定期测量各条水准路线上水准点之间的高差，经过适当处理就可以确定地壳是否发生了垂直形变。

在活动断层上下两盘按规范要求布置水准观测点，定期观测水准点之间的高差，跟踪断层两盘相对垂直位移。

1. 水准测量原理

人们选用"高程"来描述一个点的高低。假定整个地球上的海水是静止不动的，没有潮汐，没有波浪；假设这个静止不动的海水面穿过陆地，在全球形成一个封闭面，称为大地水准面。大地水准面是一个重力等位面，在其上各处都与通过该处的垂线相垂直。任何一点的高程就是指该点沿垂线到大地水准面的距离。

地球的形状实际是很不规则的，它的表面有很大起伏，各处的岩石质量、密度差异也很大，因此大地水准面是一个很复杂的封闭面，无法用数学的方法进行推算。在研究地球形状时，人们采用与其最接近的旋转椭球体来代替它。

中国采取青岛验潮站长期观测的海平面为高程的起算基准，称之为黄海高程系。我们知道，任一点的高程就是指该点沿垂线方向到大地水准面的距离，如已知一点 A 的高程，要求另一点 B 的高程，可以先测出 B 点相对于 A 点的高差 h_{AB}，则 B 点的高程为：

$$H_B = H_A + h_{AB} \qquad (6-1-1)$$

水准测量是测定两点间高差的较精密的方法之一，它是利用一个水平视线来测定两点间高差的，在 A、B 两点上（图6-1-1）竖立水准标尺，在两点中间安置仪器，使视线处于水平状态，先对准 A 点（称为后视）水准标尺，得读数 a；再对准 B 点（称为前视）水准标尺，得读数 b，则所求 A、B 两点的高差就是：

$$h_{AB} = a - b \qquad (6-1-2)$$

也就是说两点间的差为后视读数减前视读数。高差为正值时说明前视点 B 高于后视点 A，高差为负值时则 B 点比 A 点低。

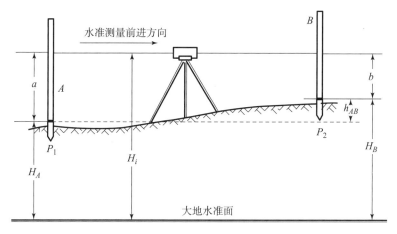

图6-1-1　水准测量原理图

2. 全国地震水准网

我国地震水准形变观测工作始于1962年，当时广东省新丰江水库地区发生6.1级地震（即1962年3月19日河源地震），为研究和监测库区的地壳运动，在该库区周围建立了一个高精度的监测网。1966年邢台地区发生7.2级地震和6.2级强余震后，在周恩来总理的亲自关怀和倡导下，由著名地质学家李四光先生亲自指导，在我国一些主要地震活动区、活动构造带上建立了大规模的水准监测场地，并进行了地震预报方面的有益探索，开始地震综合预测研究工作。

中国地震局第一监测中心和中国地震局第二监测中心依托国家一、二等水准网（图6-1-2），加密布设了覆盖大华北、川滇、陕甘宁等地区的水准网，总长约7.5万千米，主要在首都圈、南北带和郯庐带部分地区（图6-1-3）。

图 6-1-2　国家一等水准网路线复测示意图（见彩插）

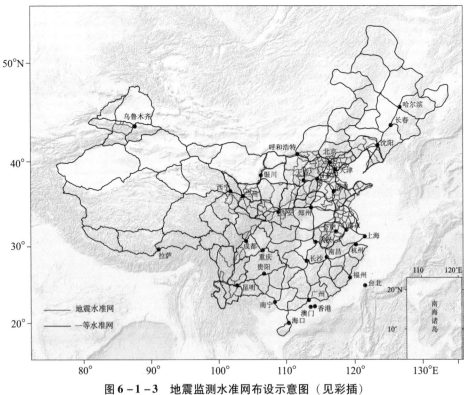

图 6-1-3　地震监测水准网布设示意图（见彩插）

3. 全国跨断层测量场地

20 世纪 60 年代初期，由地质学家李四光先生亲自指导，开创跨断层测量技术，并在新丰江、华北、西南等地区开展工作。

20 世纪七八十年代，全国先后有 27 家单位，沿我国大陆主要构造带建立跨断层测量场地。

20 世纪 80 年代中后期，跨断层观测手段增多（水准测量、基线测量、短程测距、短边三角形测量等等），有效监测全国各主要地震带和地震活跃区。

20 世纪 90 年代至今，跨断层测量进入规范化、标准化的发展运行轨道，由国家局、省局和专业测量队构成统一的三级管理体系，颁布实施《跨断层测量规范》。

中国大陆晚新生代和现代构造变形以地块运动为主要特征，强震活动受控于活动地块运动，而集中分布于活动地块边界上（张培震等，2003）；有历史记载以来，中国大陆几乎所有 8 级和 80%～90% 的 7 级以上的强震发生在这些活动地块的边界带上（张国民等，2000），如图 6－1－4 所示。

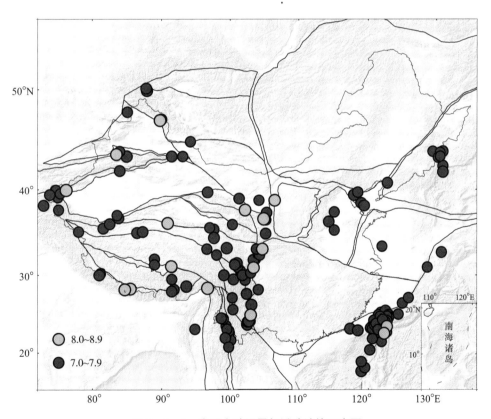

图 6－1－4 中国大陆强震与活动地块示意图

跨断层场地的布设充分考虑了现今中国大陆主要活动断裂和活动地块分布特征，现有场地 299 处，其中跨断层流动场地 279 处，跨断层定点形变台站 20 处（图 6－1－5）。

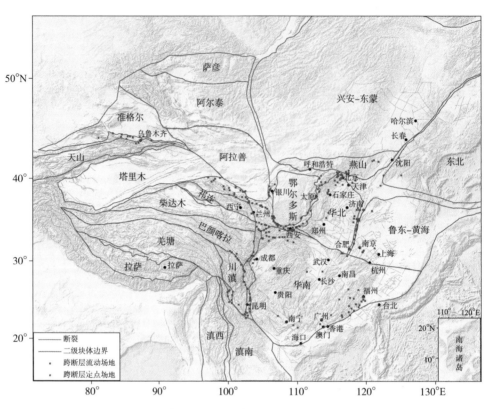

图6-1-5 全国跨断层形变观测网络示意图（见彩插）

6.2 地震水准测量仪器

6.2.1 仪器选用

近年来地震水准测量中电子水准仪（图6-2-2）逐渐取代了传统光学水准仪（图6-2-1），仪器设备均应符合表6-2-1的要求。

（a） （b） （c） （d）

图6-2-1 自动安平光学水准仪

（a）NI004；（b）NI007；（c）NI002；（d）NI002A

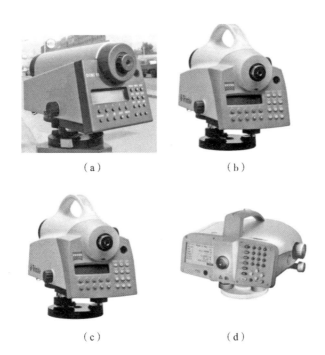

图6-2-2 自动安平数字水准仪

（a）天宝系列DINI11；（b）DINI12；（c）DINI03；（d）徕卡DNA03

表6-2-1 地震水准测量允许使用的仪器

序号	仪器名称	最低指标	备注
1	自动安平光学水准仪（配套线条式因瓦标尺）	±0.40 mm/km	用于地震水准测量，其基本参数与检验要求见GB/T 10156
2	自动安平数字水准仪（配套条码式因瓦标尺）		
3	全站仪	测角：±0.7″ 测距：1 mm + 1 ppm	用于跨河水准测量，其基本参数与检验要求见GB/T 27663
4	温度记录仪	分辨力优于0.2℃	用于温度测量

6.2.2 数字水准仪介绍

随着电子技术的发展，近年来各仪器生产厂家陆续推出了数字化电子水准仪，这些仪器除了具有光学仪器所具备的高精度的特点外，还具有自动读数、自动记录及与计算机进行直接通信、记录数据的直接传输等特点，避免了对观测数据的人为干预，确保观测数据的原始性和正确性。目前市场上的高精度数字水准仪有德国蔡司厂的DINI系列、瑞士徕卡厂的DNA系列和日本索佳生产的DL系列数字水准仪。本节结合现行的《地震水准测量规范》和《地震水准测量数据采集和成果整理系统》，对数字水准仪进行介绍。

1. 数字水准仪的工作原理

数字水准仪的工作原理是利用仪器内置的机械补偿器自动调平，将在一定范围内的倾斜视线自动纠正到水平位置，将水准标尺上的某一尺段条形编码成像在望远镜中，再通过控制面板上的按钮用传感器（DINI 仪器采用 CCD 传感器）测量影像，与内部存储的标准编码信号进行相关分析和比对，找到最佳重合位置，得到仪器的视高读数及仪器至标尺的距离，最后通过光电二极管阵列将信息转化成数字信号，将测量数据和计算信息显示在显示屏上，并将其自动记录在 PC 卡、内部存储器或者专用记录设备上。目前中国地震局采用的是中国地震局第一监测中心开发的数据记录设备和系统。

2. 数字水准仪的结构

数字水准仪的结构可以分成两部分：一部分是用于仪器的整平、调焦、照准及实现仪器的自动补偿装置，保证提供水平视线的机械部件和光学部件，这部分与补偿式自动安平水准仪有相似之处；另一部分是用于操作控制、影像分析、数据计算、显示、存储和传输的电子部件。图 6 - 2 - 3 是 DINI03 数字水准仪及其配套的条码因瓦标尺。

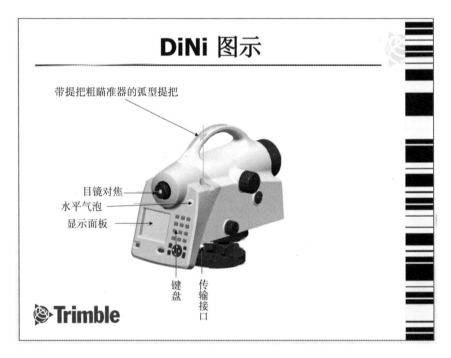

图 6 - 2 - 3　DINI03 数字水准仪及其配套的条码因瓦标尺

3. 仪器的主要技术指标

DINI03 数字水准仪的主要技术指标与 NI002（包括 NI002A）仪器的比较见表 6 - 2 - 2。

表 6－2－2 **DINI03 数字水准仪的技术参数及与 NI002 水准仪的对比**

项目	DINI03	NI002	备注
每千米观测高差偶然中误差	±0.30mm	±0.20mm	均使用因瓦标尺
电子测距范围	1.5～100m	人工读数	
测距精度（20m）	±20mm	0.1m	
测高最小读数单位	0.01mm	0.005mm	
测距最小读数单位	1mm	根据需要	
测量时间（单个观测值）	4s	因人而异	
望远镜放大倍率	32	40	
望远镜孔径	40mm	55mm	
100 处测量标尺读数范围	2.2m	2.8m	
测距加常数	0.0m	+0.4m	NI002A 为 +0.25m
短视距	0.3m	无	
补偿器补偿范围	15′	10′	
补偿器补偿精度	±0.2″	±0.1″	
圆水准器格值	8′/2mm	8′/2mm	
水平度盘刻度间隔	1grad/1°	无	
显示屏	4 行，每行 21 个字符	无	
测量方式	单次测量、多次测量 线路测量 放样测量 中视测量	人工读数测量	
线路测量模式	BF，aBF（BF，FB） BFBF，aBFBF（BFBF，FBFB） BBFF，aBBFF（BBFF，FFBB） BFFB，aBFFB（BFFB，FBBF）	无	"B" "F" 分别表示观测顺序的 "后" "前"，符合精密水准测量规范的测量模式仅为 aBFFB
存储	PCMCIA 卡 （可存 1 万数据行）	无	
数据改正	可进行地球曲率和折射改正	无	
电源	NimH6V 1.1Ah 内部电池	无	约可用 3 天
工作温度范围	－20～+50℃	－25～+45℃	
体积	125mm×176mm×295mm	370mm×310mm×155mm	
重量	3.5kg	6.5kg	均不包括脚架

从表6-2-2中可以看出，DINI 数字水准仪的各项技术指标与已经停产多年的 NI002 自动安平水准仪相近，且在水准测量的自动化方面有较大的进步，观测精度也符合规范的要求，可以应用于地震监测的精密水准测量。

6.2.3　数字水准仪的操作

为了提高地震水准测量作业效率，减少测量中的人为干预，保障数据保密、安全和质量，地震水准测量采用专用设备（图6-2-4）和软件操作数字水准仪进行测量和数据处理。

图6-2-4　专用设备与 DINI03 数字水准仪连接图

"地震水准测量外业记录和资料处理软件"是由中国地震局科学技术司组织、中国地震局第一监测中心和第二监测中心共同承担的地震科技星火攻关项目完成的。

外业数据采集软件在 PC 机上采用 C 语言编写，编译为可执行程序，采集数据以兰德 HT-2680A 版本 V1.13 掌上电脑为开发测试平台，同时也适用于同类型的掌上电脑。资料整理处理软件采用 VB 高级编程语言编写。

软件菜单根据功能可分为任务属性设置菜单和观测主菜单。任务属性设置菜单用于选择观测任务类型、测量等级、仪器型号、观测模式等，这几项属性通常可以在外出作业前确定；观测所需功能放置于观测主菜单中，水准观测、仪器检查、成果查询、观测时间查询、测段作废、信息设置、上下标志联测等功能都可以在观测主菜单中调用。

数字水准记录程序主要菜单项设计及流程如图6-2-5所示，且需要对仪器进行设置，使得仪器能正常与记簿器（专用设备）进行通信。

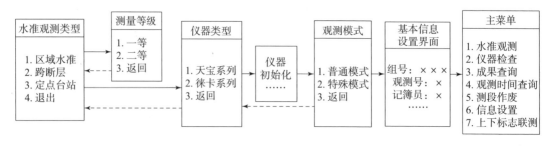

图6-2-5　数字水准记录程序主要菜单项设计及流程图

1. 任务属性设置

任务属性设置菜单通过选单的方式对观测任务类型、测量等级、仪器型号、观测模式等任务属性进行设置，包括"水准观测类型"、"测量等级"（只有区域水准有）、"仪器类型"、"观测模式"四级菜单。

进入记录程序后的第一个菜单为"水准观测类型"，用于选择观测类型，包括区域水准、跨断层和定点台站，此外还有意外恢复功能，用于观测时抄表机死机强制重启的恢复（此项功能暂不开放，将在更新阶段放出）。具体界面如图6-2-6所示。

此时若选择"1. 区域水准"，则会进入如图6-2-7所示的测量等级选择菜单，选择"一等"或"二等"（图6-2-7）或者在上一级菜单中直接选择"跨断层"或者"定点台站"后，都将直接进入如图6-2-8所示的"仪器类型"菜单。

图6-2-6 "水准观测类型"菜单　图6-2-7 "测量等级"菜单　图6-2-8 "仪器类型"菜单

选择完仪器类型后，程序会对观测仪器自动初始化，初始化设定内容与仪器型号有关，表6-2-3和表6-2-4分别为徕卡和天宝系列仪器的初始化设定内容。

表6-2-3　徕卡系列初始化设定内容

序号	项目	内容
1	波特率	19200
2	奇偶校验	0
3	停止位	1
4	数据位	8
5	距离单位	m
6	视线高小数点后位数	5
7	截止符	CR/LF
8	两字符串发送延迟	30ms
9	地球曲率改正	OFF

表6-2-4　天宝系列初始化设定内容

序号	项目	内容
1	波特率	19200
2	奇偶校验	0

续表

序号	项目	内容
3	停止位	1
4	数据位	8
5	最大视线长度	100m
6	最小视线高	0.00000m
7	最大视线高	3.00000m
8	视线高小数点后位数	5
9	视线高单位	m
10	距离单位	m
11	地球曲率改正	off
12	大气折光改正	off
13	倒尺测量	off
14	提示音乐	on
15	自动关闭	off

选择所使用的仪器后将进入"观测模式"菜单，观测模式分为两种：普通模式和特殊模式（图6-2-9）。两种模式的唯一区别就是普通模式有作业时间限制，用于一般情况下的观测；而特殊模式没有作业时间限制，需要在正常作业时间外出现了特殊情况下使用特殊模式。选择作业模式后，将会出现"信息设置"界面（图6-2-10）。

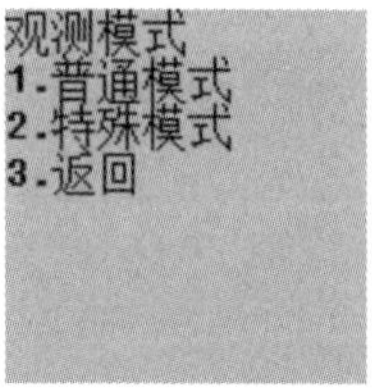

观测模式
1.普通模式
2.特殊模式
3.返回

组号:XXX
观测员:XXX
记簿员:XXX
仪器类型:DINI12
仪器号:XXXXXX
尺号:XXXXX XXXXX

图6-2-9　"测量模式"菜单 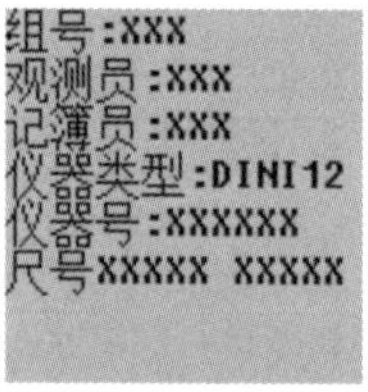　　　　图6-2-10　"信息设置"界面

通过"信息设置"界面可以对观测信息进行设置，有两种方法。

（1）预先将设置信息通过文本文件的形式导入HT-2680A的"D：\"根目录，文本文件名为"DSYS.INI"，文件按顺序包含：组号、观测员、记簿员、仪器类型、仪器号、尺号等6个字段，每两个字段之间用空格来分隔。

（2）手工录入与修改：没有预先将设置信息导入或者测量过程中观测信息发生变化时，需要对观测信息进行手工录入。进入"信息设置"菜单，根据屏幕提示，按【取消】进行设置，输入组号后按【确定】将跳到下一项，按【取消】键可以清除本项信息以便进行输入，依次确认或输入每一项信息后即可，"仪器类型"项将自动被跳过，输入完成并核对后，按【确定】写入文件。观测员和记簿员不能手动输入，只能按上下箭头翻选预录库中的人员，按【确定】修改完毕。

修改完成或者确认观测信息即进入观测主菜单（注意：进入观测主菜单之后将无法返回上一级菜单，请确认观测类型、测量等级、仪器型号、观测模式和观测信息后再按确认）。

此外，观测信息可以在主菜单信息设置里进行修改。

2. 观测流程

确定水准观测类型、测量等级、仪器型号和观测模式后就进入了观测主菜单，界面如图 6 - 2 - 11 所示。

1）水准观测

进行观测前，必须先设置观测信息，信息设置方法与进入观测界面之前相同。完成信息设置后可进行观测，在观测主菜单中选择"水准观测"即可进入"观测信息"菜单（图 6 - 2 - 12）。

图 6 - 2 - 11　观测主菜单

图 6 - 2 - 12　"观测信息"菜单

（1）观测。

观测流程如图 6 - 2 - 13 所示，其中"观测信息"菜单中选择"观测"进入观测设置，选择观测标志，如图 6 - 2 - 14 所示。

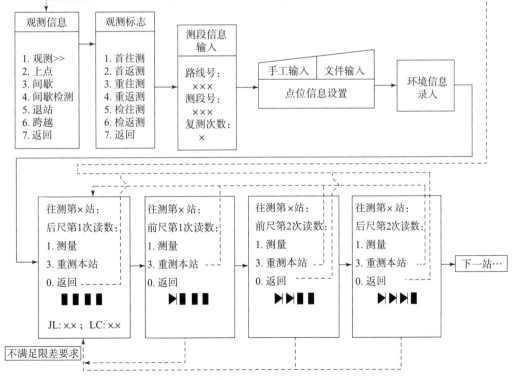

图 6 - 2 - 13　数字水准记录程序观测流程图

观测标志包括首往测、首返测、重往测、重返测、检往测、检返测等，选择所需观测类型，然后按照提示依次输入测段信息（图 6 - 2 - 13），包括路线号、测段号、复测次数（路线号和测段号为 3 位数字，复测次数为 1 位数字，非数字字符或者超过位数限制的数字都无法输入），检查确认后按【确定】，进入点位信息输入界面，记簿程序可以从观测

图 6 - 2 - 14 "观测标志"菜单

前录入的点名库中直接调用点位信息（点名、经度、纬度）。若事先没有将点名库导入到 HT - 2680A 中，也可选择手动输入点位信息，点名最多包含 15 个汉字，经度输入格式为 "ddd. mmss"，范围为 73.0001 ~ 135.5959，纬度输入格式为 "dd. mmss"，范围为 18.0001 ~ 53.5959，输入并确认后按【确定】进入环境信息录入界面。

输入并确认环境信息后按【确定】进入观测界面：前两行显示的是当前测站数和当前读数的标尺及读数次数，后三行为操作提示，按数字键【1】或者【确定】即可进行测量，按数字键【3】可以重测本站，按数字键【0】即与光学水准记簿程序在观测界面输入 "-1" 相同，可以进入如图 6 - 2 - 12 所示"观测信息"菜单，进行上点、间歇、间歇检测、退站、跨越等操作。

接下来一行为观测状态显示栏，未进行观测时显示为四个小黑块，当从仪器读取数据时会显示"数据读取中"，本站已观测数据会用三角形表示出来，当作业时间小于 1h 时，第二个观测界面最底下一行将显示剩余作业时间。

（2）上点。

如图 6 - 2 - 15 所示，在观测界面中，按数字键【0】或选择"返回"菜单项，就可以进行"上点""间歇""退站"和"跨越"等操作了。

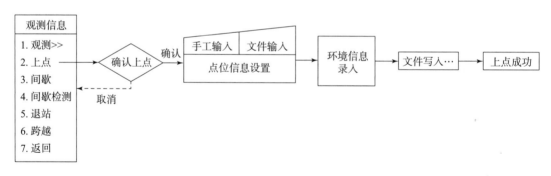

图 6 - 2 - 15 上点操作流程图

2）仪器检查

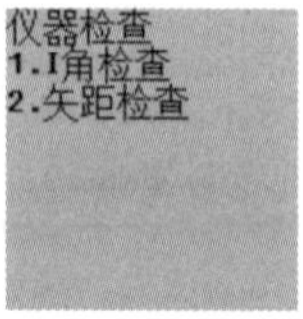

在观测主菜单中选择"2. 仪器检查"可以进入"仪器检查"菜单（图 6 - 2 - 16）。

（1）I 角检查。

在"仪器检查"主菜单中选择"I 角检查"即可进入，首先会被要求输入观测条件，接着输入近标尺距离

图 6 - 2 - 16 "仪器检查"菜单

和远标尺距离，单位为 m。之后即可进入读数界面，根据提示输入对应的读数即可，总共

需要输入4组共16个读数，读数顺序按照《国家一、二等水准测量规范》（GB/T 12897—2006）执行。

全部数字读取完毕并按【确定】后软件将自动计算仪器I角并显示，再次按【确定】即可写入I角检查文件并返回"仪器检查"主菜单。

（2）矢距检查。

在"仪器检查"主菜单中选取"矢距检查"，按提示输入观测条件后会提示输入标尺1和标尺2的编号，其中标尺1为快尺，标尺2为慢尺。然后即可进入读数界面，依次读取并输入标尺1上端读数、中间读数、下端读数，标尺2按照同样顺序读取并输入，按【确定】后将自动计算标尺矢距，再次按【确定】即可写入矢距文件并返回"仪器检查"主菜单。

3）成果查询

观测成果查询可以分为水准观测成果查询和仪检成果查询，在"成果查询"菜单中分别对应"观测成果"和"仪检成果"。

（1）观测成果。

水准观测成果查询：在"成果查询"菜单中选择"观测成果"，将会出现测量类型选择菜单，其中包括一等、二等、跨断层、定点台站，选取所需查询的类型，软件将要求输入要查询的路线号和测段号，相应的成果会显示在屏幕上。

（2）仪检成果。

输入相应的仪器检查项目类型并输入观测日期，即可查询到相应成果。

（3）观测时间查询。

为方便查询外业作业时间，软件提供了观测时间查询功能，输入待查询地点的经纬度、年月日即可查询。

（4）测段作废。

测量进行过程中，当出现无法挽回的错误时，可以将本测段作废，从而重新测量，这时可使用测段作废功能。为防止误删观测数据，测段作废时需要输入作废代码"911"。测段作废是退出观测主菜单的唯一出口，当完成测量后也可以通过测段作废来退出程序，测段作废功能对已完成的测段不会产生影响。

3. 地震水准测量资料处理

地震水准测量资料处理程序共由三部分组成：数据传输模块、数据准备模块、数据处理系统。

1）数据传输

数据传输模块采用朗特数码科技有限公司编写的一个开放传输环境模块，使用界面如图6-2-17所示。

左边的"PC文件"框显示的为PC机本地的文件，右边的"HT文件"框显示的为HT-2680A上的文件。通信前请确认通信口、波特率和序列号等设置的正确性。序列号通常为0。【列目录】按钮用于列取HT-2680A上的文件目录。在用户选择了PC机上的一个或几个文件时，窗口的右下角会出现两个按钮："OCX通讯"和"DLL通讯"，表示把PC机的文件传送到HT-2680A上。它们的功能完全相同，只是通信过程中的状态显示界面有所不同而已。

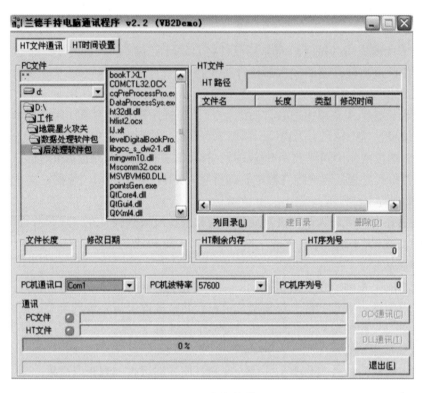

图 6 - 2 - 17 "数据传输"界面

2）数据处理（生成观测手簿、仪检手簿、高差表等）

（1）点位信息文件生成。

如图 6 - 2 - 18 所示，点信息生成器用于生成"POINTS. INI"文件，"POINTS. INI"文件用于外出作业前将点位信息提前导入记簿器中，以方便外业过程中使用。

使用步骤如图 6 - 2 - 18 所示。

① 点击线号输入框，输入 2 位或 3 位线号，按【Tab】键跳入点名输入框，输入点名，再按【Tab】键进入经度输入框，输入经度，经度格式为"DDD. MMSS""DD. MMSS"或者"D. MMSS"，再按【Tab】键进入纬度

图 6 - 2 - 18 点信息生成界面

输入框，纬度格式为"DD. MMSS"或者"D. MMSS"。为防止输入错误，在线号输入框以及经纬度输入框中加入了较为严格的智能判断功能，若发现无法继续输入，请检查输入内容是否存在错误。

② 输入完成后，点击【插入行】按钮，或者按键盘快捷键【Alt】＋【I】，即可将刚输入的点位插入到表格中，同时程序将自动选择表格中的最后一行即刚插入的行，此时若发现错误，可点击【删除选中行】按钮快速删除该行；插入行后光标将自动跳转至点名编

辑框并选中点名，以方便输入，按步骤 1 操作直到录入完成。

③ 删除方法：若发现之前录入的点位信息有错误，可在表格中选中所需删除的行，然后点击【删除选中行】即可。选取方法与 Windows 中相同，按住【Ctrl】的同时点击可复选，按住【Shift】的同时单击可连续选择。

④ 快速输入方法：若发现即将录入的点位信息与表格中之前录入的某项差别不大，可在表格中双击该行，该行的线号、点名、经纬度将出现在对应的输入框中，此时稍作修改即可插入行。

⑤ 全部点位信息录入完成后，可点击【写入 POINTS. INI】按钮将点位信息写入文件，"POINTS. INI" 文件位于与点位生成器相同目录。

（2）基本信息设置文件生成。

如图 6 - 2 - 19 所示，选择【电子】选项卡，进入后输入相关信息，点击【生成SYS. INI】按钮，即可生成"SYS. INI"文件，供数字水准仪记录程序所用。

（3）数据处理系统。

数据处理系统共由电子手簿生成、成果输出与汇总和数据核查组成，程序主界面见图 6 - 2 - 20。

图 6 - 2 - 19　数字信息设置文件

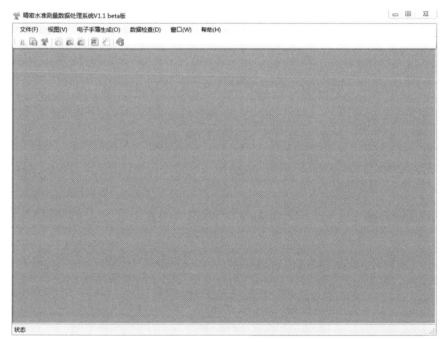

图 6 - 2 - 20　水准测量数据处理系统界面

① 观测手簿生成。首先在数据处理系统界面的"电子手簿生成"菜单中选择"观测手簿生成"项，见图 6 - 2 - 21。

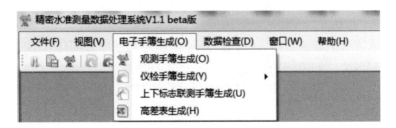

图 6 - 2 - 21　选择观测手簿生成程序界面

选择后会弹出欢迎界面和程序主界面，如图 6 - 2 - 22 所示。

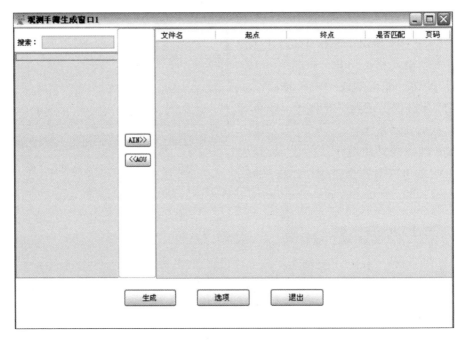

图 6 - 2 - 22　观测手簿生成程序主界面

选择存有解密后观测数据的文件，并将文件导入进行匹配，生成观测手簿（图 6 - 2 - 23）。

② 仪检手簿生成。首先在数据处理系统界面的"电子手簿生成"菜单下选择"仪检手簿生成""i 角手簿生成"项，如图 6 - 2 - 24 所示。

选择存有解密后 i 角数据的文件，并将文件导入进行匹配，单击【确定】后进入文件夹选择，选择"生成"菜单中的"生成"选项，就可以生成观测手簿，仪检手簿如图 6 - 2 - 25 所示。

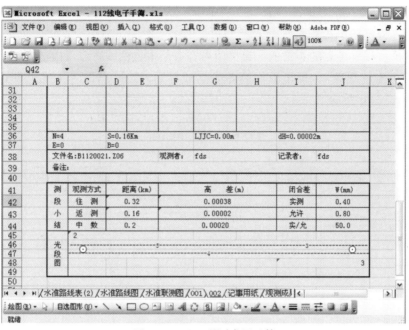

图 6 – 2 – 23　观测成果手簿

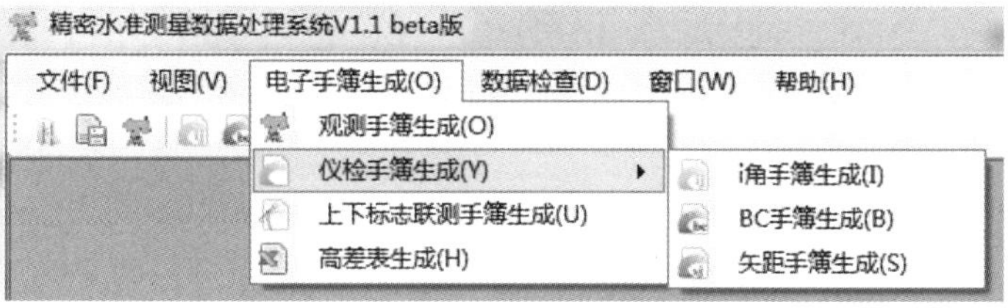

图 6 – 2 – 24　仪检手簿生成流程

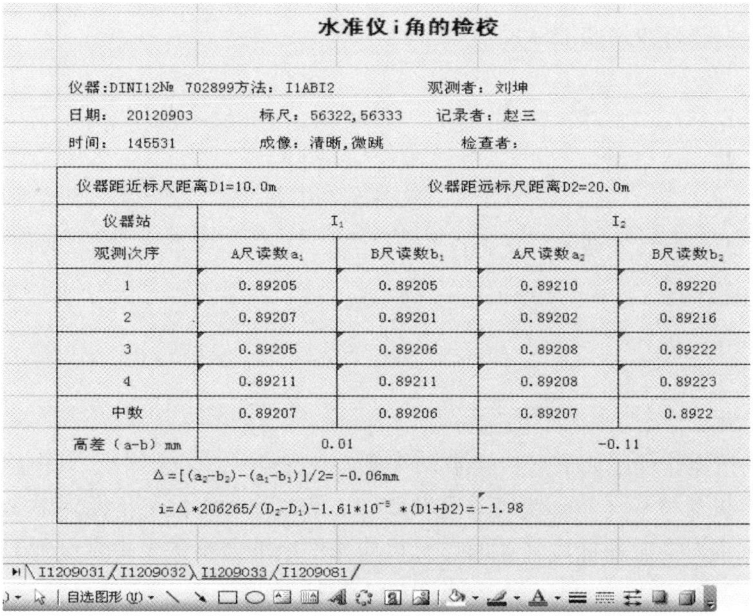

图 6 – 2 – 25　仪检手簿

③ 高差表生成。在“电子手簿生成”菜单中选择“高差表生成”即可打开高差表生成程序，进入程序后，程序将自动对路线进行核查，然后点击“选项”，进入设置界面，根据实际数据，设置各点的布格值，布格值可在表格中自由编辑或者由已有 xls 文件导入，完成编辑后点击“更新”，即可返回高差表生成界面，然后点击“生成”即可生成高差表，如图 6－2－26 所示。

一等水准测量外业高程与概略高程表

路线名称：420　自　1　至　榭北　施测年份：2012　编算者：　校算者：　检查者：

点序号	点名	原点名	土质	测段距离/km	往测开始、结束时刻	返测开始、结束时刻	往测上午测站数	往测下午测站数	返测上午测站数	返测下午测站数	往测温度/℃	返测温度/℃	往测高差/m	返测高差/m	纬度/(°)	经度/(°)	概略高程/m	往测标尺长度改正/mm	返测标尺长度改正/mm	往测标尺温度改正/mm	返测标尺温度改正/mm	正常水准面不平行改正/mm	重力异常改正/mm	往测固体潮改正/mm	返测固体潮改正/mm	标尺号1	标尺号2
1	001														38.256944	113.703333	110.000										
2	001		沙石	0.2	1210091453 1210091508	1210091528 1210091542	0	4	0	4	25.0	25.0	-0.24429	0.24426	38.256944	113.703333	109.756	0.00	0.00			-13.44	0.05			38201	38207
3	榭北		实土	0.2	1210091543 1210091558	1210091602 1210091605	0	6	0	2	20.2	8.9	-0.24443	0.24433	39.000000	113.000000	109.511	0.00	0.00			-7.33	0.05			38201	38207

图 6－2－26　高差表

6.3　地震水准测量监测运行与管理

6.3.1　观测与记录

1. 观测

地震水准测量采用测段、区段、线路、闭合环往返观测。数字水准仪观测方法如下。

(1) 往、返测奇数站照准标尺顺序为：

① 后视标尺；

② 前视标尺；

③ 前视标尺；

④ 后视标尺。

(2) 往、返测偶数站照准标尺顺序为：

① 前视标尺；

② 后视标尺；

③ 后视标尺；

④ 前视标尺。

(3) 一测站操作程序如下（以奇数站为例）：

① 首先将仪器整平（望远镜绕垂直轴旋转，圆气泡始终位于指标环中央）；

② 将望远镜对准后视标尺（此时，标尺应按圆水准器整置于垂直位置），用垂直丝照准条码中央，精确调焦至条码影像清晰，按测量键；

③ 显示读数后，旋转望远镜照准前视标尺条码中央，精准调焦至条码影像清晰，按

测量键；

④ 显示读数后，重新照准前视标尺，按测量键；

⑤ 显示读数后，旋转望远镜照准后视标尺条码中央，精确调焦至条码影像清晰，按测量键，显示测站成果，测站检核合格后迁站。

2. 观测精度

地震水准测量的观测精度应符合表 6－3－1 的限差规定。

表 6－3－1　测量精度限差

观测类型	精度			
	M_Δ/(mm/km)	M_W/(mm/km)	M_{km}/(mm/km)	M_Z/(mm/km)
区域水准测量	±0.45	±1.0	—	—
跨断层水准测量	±0.50	—	—	—
台站水准测量	—	±0.8	±0.45	±0.10

3. 复测间隔

地震水准测量的重复观测时间间隔应符合表 6－3－2 的规定。

表 6－3－2　地震水准测量复测间隔

观测类型	复测间隔
区域水准测量	1~5 年
跨断层水准测量	1~12 个月
台站水准测量	1~7 天

4. 观测记录

地震水准观测的记录均应在现场观测后直接记录或输入。地震水准测量的记录应使用管理部门认定的通过鉴定的记录程序在观测现场直接记录。电子记录应符合 CH/T 2004 和 CH/T 2006 的要求。地震应急等特殊情况下也可采用手工记录，手工记簿应符合 GB/T 12897—2006 中 9.1.3 的要求。

地震水准观测的手工记录均应使用 2H 铅笔，记录的文字与数字应清晰、整洁。手簿中任何原始记录不得涂擦，对原始记录中有错误的数字与文字，应仔细核对后在现场以单线划去，在其上方填写正确的数字与文字，并在备考栏内注明原因。对作废的记录，亦用单线划去，并注明原因及重测结果记录于何处。重测记录应加注"重测"二字。

区域水准测量的测段始末、作业间歇、检测时，应记录观测日期与时间、仪器高度位置的温度、天气、云量（十级制，肉眼所见云彩遮蔽天空面积的十分之几则为几级云量）、成像（清晰稳定、微跳）、太阳方向（相对于路线前进方向的太阳方位：前方、前右、右方、右后、后方、左后、左方、前左，阴天为无）、道路土质、风向及风力（观测前进方向风吹来的方位：前方、前右、右方、右后、后方、左后、左方、前左；风力按 GB/T 12897—2006 中表 D.4 风级表记录）。跨断层水准测量和台站水准测量可只在每个光段的开始和结束时记录前述信息。

下列情况不得进行地震水准观测：

（1）日出前 1 h 至日出后 30 min 与日落前 30 min 至日落后 1 h 的时间范围内；

（2）太阳中天前后一段时间内（每年 11 月—次年 3 月为中天前后各 1 h，6—8 月为中天前后各 2 h，其他月份为中天前后各 1.5 h。施测单位可根据测区在不同季节的气象条件适当增减，但中午间歇时间最短应不少于 2 h）；

（3）标尺分划线的影像跳动剧烈时；

（4）气温突变时；

（5）风力过大而使标尺与仪器不能稳定时。

6.3.2 观测成果整理、检查与归档

1. 观测成果整理

地震水准测量的观测工作结束后，应及时整理和检查观测成果。确认全部符合规范要求后，进行外业计算和精度评定。

1）区域水准成果整理

（1）区域水准测量外业计算项目包括：① 观测手簿的计算，测段、区段、测线往返测闭合差的计算；② 环线闭合差的计算；③ 每千米水准测量往返测高差中数偶然中误差的计算［式（6-3-1）］；④ 每千米水准测量全中误差的计算［式（6-3-2）］；⑤ 最后按测线编算区域水准测量成果表，编算区域水准测量成果表时，应进行水准标尺长度改正、正常水准面不平行改正和重力异常改正。

$$M_\Delta = \pm \sqrt{\frac{1}{4n} \cdot \left[\frac{\Delta\Delta}{R}\right]} \tag{6-3-1}$$

$$M_W = \pm \sqrt{\frac{1}{N} \cdot \left[\frac{WW}{F}\right]} \tag{6-3-2}$$

式中，Δ 为测线往返测高差不符值，单位为 mm；R 为各测线长度，单位为 km；N 为测段数；W 为经过各项改正后的水准环闭合差，单位为 mm；F 为水准环线周长，单位为 km；N 为水准环数。

（2）重测测段的作废成果应在观测手簿中注明作废原因，在技术总结中将作废成果作为附表列出。

（3）区域水准测量应按项目编制作业组技术总结、实施部门技术总结和实施单位技术总结。技术总结按 CH/T 1001 的规定编写，由承担单位、实施部门和作业组的负责人审核签名。

2）跨断层水准成果整理

（1）跨断层水准测量外业计算项目包括：① 观测手簿的计算；② 测线往返测高差不符值的计算；③ 用测线往返测高差不符值计算每千米水准测量往返测高差中数偶然中误差 M_Δ 的计算，M_Δ 按式（6-3-1）计算。

（2）跨断层水准测量成果应进行尺长改正，测线构成闭合环时宜进行闭合差改正。

（3）按场地编制各测线的跨断层水准测量成果表。

（4）完成跨断层水准观测后，施测单位每年用各测线的往返测高差不符值计算每千米水准测量偶然中误差。跨断层水准测量 M_Δ 超限可不进行重测，但应分析超限可能的原因。

（5）跨断层水准测量应按年度编写作业组技术总结和实施单位（部门）技术总结，省局级管理部门应综合本省的跨断层作业情况编写省局级跨断层水准测量技术总结。技术总结按 CH/T 1001 规定编写，由承担单位、实施部门和作业组的负责人审核签名。

3）台站水准测量成果整理

（1）台站水准测量的成果整理内容包括：① 观测手簿的计算；② 测线往返测闭合差的计算；③ 用每条测线的往返测不符值按测线计算每月的测站往返测高差中数的偶然中误差 M_Z，M_Z 的计算方法见式（6-3-3），各测线按月计算 M_Z 后，按测线计算单测线的 M_Z 年度平均。再以带权平均（权为各测线的测站数）的方法计算台站的 M_Z；④ 用日均值的一阶差分 δ 计算每千米往返测高差中数的偶然中误差 M_{km}。各测线按月计算 M_{km} 后，按测线计算单测线 M_{km} 年度平均值，再取各测线年度 M_{km} 的平均值作为台站的年度 M_{km}，M_{km} 的计算方法见式（6-3-4）；⑤ 当台站的水准测线构成闭合环时，还应用各测线的往返测高差中数计算环闭合差。再用每天的环闭合差按月计算每千米水准测量的全中误差 M_W。M_W 的计算方法见 GB/T 12897—2006 中 9.2.4 条。按月计算 M_W，取各月平均值作为年度 M_W，计算方法见式（6-3-2）。

$$M_Z = \pm \sqrt{\frac{[\Delta\Delta]}{4 \cdot N \cdot n}} \qquad (6-3-3)$$

式中，Δ 为测段往返测高差不符值，单位为 mm；N 为测线的测站数；n 为当月的不符值个数；δ 为高差日均值的一阶差分（每月第一天与上月最后一天的差分作为当月第一天的差分值），单位为 mm。

$$M_{km} = \pm \sqrt{\frac{[\delta\delta]}{2 \cdot L \cdot (n-1)}} \qquad (6-3-4)$$

式中，L 为测线长度，单位为 km；n 为当月参加统计的日均值个数。

（2）测量成果应进行水准标尺长度改正。

（3）台站应建立测线、测站的观测成果及辅助观测成果数据库，能够生成日均值、五日均值、月均值、年均值和成果表，成果表和图件按年度打印装订成册。

（4）M_Z、M_{km} 和 M_W 超限时，不进行重测，但应认真分析可能的原因，采取有效的纠正措施，提高观测成果的精度。

（5）每月编制台站水准测量成果表，报送相关单位或部门。

（6）每月填写台站辅助观测成果表，报送相关单位或部门。

（7）应按年度编写台站技术总结，省局级管理部门应综合所有台站的作业情况编写省局级台站水准测量技术总结。技术总结按 CH/T 1001 的规定编写，由承担单位、实施部门和作业组的负责人审核签名。

2. 地震水准测量成果检查

实施部门和实施单位应按质量检查规定进行成果质量检查，并编写质量检查报告。

3. 地震水准测量成果归档

1）基本要求

经过检查后的地震水准测量成果应清点整理、装订成册，编制目录，开列清单，上交资料管理部门归档，形成技术资料档案。

2）区域水准测量成果归档

区域水准测量成果通过验收后应提交以下归档资料：

（1）观测技术设计书、任务书及实施方案；

（2）水准仪、水准标尺检验资料及标尺长度改正数综合表；

（3）水准观测手簿及观测数据电子文件，水准点上重力测量资料；

（4）地震水准测量高差与概略高程表 2 份（需独立编算，可含外业高差各项改正数计算）；

（5）作业小组、实施部门和实施单位的技术总结；

（6）实施部门和实施单位的质量检查报告（含质量评定）；

（7）验收报告（含质量评定）。

3）跨断层水准测量成果归档

跨断层水准测量成果通过验收后应提交以下归档资料：

（1）水准观测记录数据和水准观测手簿；

（2）水准仪、水准标尺检验资料；

（3）跨断层水准测量观测成果表及图件；

（4）观测技术总结（按年度）；

（5）资料分析报告（按年度）；

（6）队级和省局级质量检查报告（含质量评定）；

（7）验收报告（含质量评定）。

4）台站水准测量成果归档

台站水准测量成果通过验收后应提交以下归档资料：

（1）水准观测记录数据和水准观测手簿；

（2）水准仪、水准标尺检验资料；

（3）辅助观测记录或手簿；

（4）辅助观测仪器的检验资料；

（5）水准测量及辅助观测成果表和图件；

（6）观测技术总结（按年度）；

（7）资料分析报告（按年度）；

（8）台站级和省局级质量检查报告（含质量评定）；

（9）验收报告（含质量评定）。

6.3.3 数据产品与产出

1. 区域水准测量数据产品产出

首先对外业数据进行整理，其次生成观测手簿、高差表，进行水准拼环，再次整理平差记事本，进行静态网平差，并对单期数据进行检查和修正。由于不同水准资料可能由不同单位施测，而且水准点丢失补埋等现象时有发生，因此需要对多期水准观测资料的公共点进行统一、查找并处理阶跃、整网平差调算等，处理具体流程如图6-3-1所示。利用式（6-3-5）所示的经典动态平差公式对整理出来的多期观测高差进行自由网动态平差、对处理结果进行成图等内业处理过程，得到区域的垂直形变速率及相关图件。

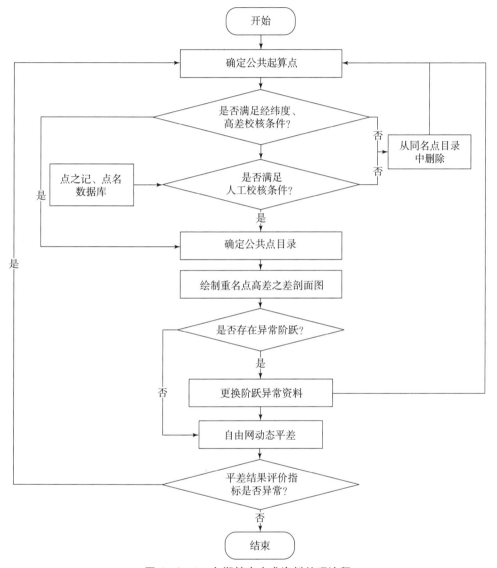

图6-3-1　多期精密水准资料处理流程

$$v_{jk} = \sigma H_k - \sigma H_j + (t_{jk} - \overline{t})Vel_k - (t_{jk} - \overline{t})Vel_j - h_{jk} \qquad (6-3-5)$$

式中，t_{jk} 为 jk 测段观测时间；$\overline{t}$ 为测网的平均观测时间；Vel_j 为 j 点速率；Vel_k 为 k 点速率；h_{jk} 为 jk 两点的观测高差；v_{jk} 为改正数；σH_k 为 k 点的高程改正数；σH_j 为 j 点的高程改正数。

区域水准测量结果可用于研究地壳垂直形变，一般产出如下基本图件产品：

① 垂直等值线图或位移速率等值线图。这是区域水准复测网形变研究的主要图件，是该区域特定时间内垂直形变的综合反映。在标有测区主要地质构造的简明地图上，根据

点之记、水准路线图，将平差计算的水准点一一标出，位置应力求准确。在水准点位旁注上该点的变化值或速率值，参考地质构造格局、构造运动特点，勾画形变（或速率）等值线。勾画等值线时，相邻两点变化值可按线性内插，内插时应顾及构造运动特征。一般以实线勾绘上升区，虚线勾绘沉降区。等值线特别密集处即形变高梯度带。

② 测线剖面图。平差计算前根据测段高差绘制。以两期观测高差之差 Δh 沿剖面的累积值 $\sum \Delta h$ 为纵坐标，以水准点距为横坐标。在剖面的相应位置标出断层位置。剖面图可以清楚地显示垂直形变与构造的关系，特别是跨越不同构造单元的典型剖面，能全面展现垂直形变空间状态。

③ 点位高程变化图。对于有多期复测资料的地区，在构造特殊部位选择一些点位，绘制各点高程随时间变化图。该图能直观地考察、比较各点垂直形变强弱差异，尤其是一些映震较好的点位，更能明显反映构造形变随时间演化的过程。

④ 立体形变图。随着计算机应用技术的发展，用计算机绘制形变立体图可把整个区域的形变（升、降）全貌显示出来，非常直观。

2. 跨断层水准测量数据产品产出

1）反映断层两盘相对运动变化的时序曲线

跨断层水准测量能较好反映断层两盘的相对上升和下降变化，通过对断层两侧固定标识的不定期观测获得的原始观测数据时序曲线能较好反映断层两盘的相对运动特征，如跨海原断裂带水泉水准测线异常变化，见图 6 - 3 - 2。

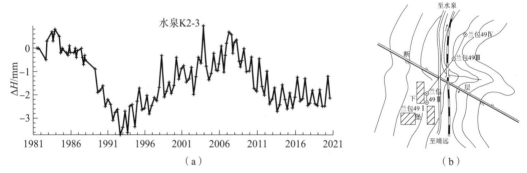

图 6 - 3 - 2　跨海原断裂带水泉 K2 - 3 水准测线反映的断层两盘相对变化

（a）反映断层两盘上升或者下降变化的时间序列；（b）场地测线布设示意图

2）基于典型震例判识的跨断层形变时序异常特征图

鉴于地壳构造与孕震过程复杂、对断层形变机理的认识不足，或非构造因素干扰的影响，如果某构造区或断裂段多场地准同步出现异常，如芦山地震前鲜水河断裂上出现的群体性异常，见图 6 - 3 - 3，或者可以用构造体系运动加以解释，异常的可信度会增大，并加深对其物理过程的认识。

3）台站水准测量数据产品产出

台站水准测量相对于跨断层水准测量的产品产出有两个方面的不同：一是因为观测周期短，原始观测数据更加丰富；二是增加了一些辅助测项的产出，如断层两侧二氧化碳浓度（如唐山台站断层二氧化碳浓度变化，见图 6 - 3 - 4）、温度、降水、气压和风力风向等。

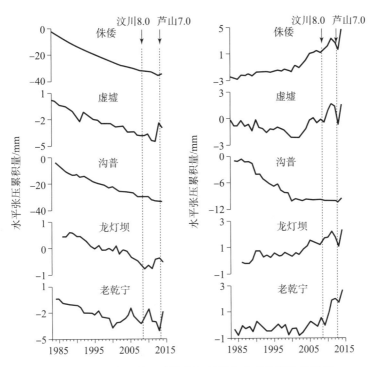

图 6 - 3 - 3　芦山地震前鲜水河断裂上出现的群体性异常

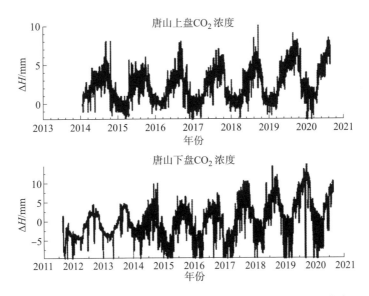

图 6 - 3 - 4　唐山台站断层上、下盘二氧化碳浓度变化时序曲线

6.3.4　仪器技术指标与检定

（1）地震水准测量仪器技术指标应符合表 6 - 3 - 3 规定。

（2）地震水准测量仪器的检定和检校项目应按表 6 - 3 - 4 规定的内容执行。

（3）每隔 5 年按新仪器的检定要求对水准仪和水准标尺进行一次全面检定。

（4）每天工作开始前应检校表6－3－4中的2、8项。

（5）若对仪器某一部件的质量有怀疑，应及时进行相应项目的检验。经过修理和校正后的仪器，应对受其影响的相关项目进行检定和检验。

（6）用于跨断层水准测量和台站水准测量的水准仪及水准标尺在每年固定月份按表6－3－4所列的作业前项目进行检定或检验校准。第3项每年上、下半年各测定一次。台站更换水准仪和水准标尺时需按作业前的检验项目进行检定和检校。

（7）地震水准测量开始作业的7个工作日应每天进行1次 i 角的测定。若 i 角变化≤5″，区域水准和跨断层水准作业期间每隔10天测定1次；台站水准每旬固定日期进行1次 i 角的测定。数字水准仪的 i 角＞10″时，宜采用仪器自带的 i 角检校程序进行 i 角的校正。

（8）台站水准使用自动安平光学水准仪时，应每月测定 $2C$ 角。

（9）用单根水准标尺作业时，作业前应送法定计量检定单位检定或自行测定一根标尺的零点差。

表6－3－3　水准测量仪器技术指标限差

序号	检定项目	指标限差	超限处理方法
1	水准标尺分划面弯曲差	4.0 mm	使用前进行修理
2	一对水准标尺零点不等差	0.10 mm	调整配对
3	水准标尺基辅分划常数偏差	0.05 mm	采用实测值
4	水准标尺中轴线与标尺底面垂直性	0.10 mm	分析后使用
5	水准标尺名义米长偏差	100μm	禁止使用，送厂校正
6	一对水准标尺名义米长偏差	50μm	调整配对
7	测前测后一对水准标尺名义米长变化	30μm	分析原因，正确处理
8	水准标尺分划偶然中误差	13μm	禁止使用
9	水准仪测微器全程行差	1 格	禁止使用
10	水准仪测微器回程差（任一点）	0.05 mm	禁止使用
11	自动安平水准仪补偿误差	0.20″	禁止使用
12	水准仪视准观测中误差	0.40″	禁止使用
13	水准仪调焦透镜运行误差	0.15 mm	禁止使用
14	水准仪 i 角	15.0″	校正，超过20″所测成果作废
15	双摆位自动安平水准仪摆差（2C角）	40.0″	禁止使用，校正后使用
16	水准仪测站观测中误差	0.08 mm	禁止使用
17	水准仪竖轴误差	0.05 mm	禁止使用
18	自动安平水准仪磁致误差（60μT 水平稳恒磁场）	0.02″	禁止使用
19	数字水准仪视距测量误差	100 mm ±20 mm	禁止使用
20	光学水准仪视距乘常数测定中误差（m_k）	K 值0.30%	禁止使用

表 6 - 3 - 4　地震水准测量仪器的检定和检校项目表

序号	检定和检校项目名称	新仪器	作业前	作业后	跨河水准测量前	检校方法及范例
1	水准标尺的检视	+	+		+	GB 12897—2006 之 B.1
2	水准标尺上的圆水准器的检校	+	+		+	GB 12897—2006 之 B.2
3	水准标尺分划面弯曲差的测定	+	+	+	+	GB 12897—2006 之 B.3
4	水准标尺名义米长及分划偶然中误差的检定	+	+	+	+	应由法定检定机构检定
5	一对水准标尺零点不等差及基、辅分划读数差的测定	+	+		+	GB 12897—2006 之 B.4
6	水准标尺中轴线与标尺底面垂直性测定	+	+			GB 12897—2006 之 B.5
7	水准仪的检视	+	+		+	GB 12897—2006 之 B.6
8	水准仪上概略水准器的检校	+	+		+	GB 12897—2006 之 B.7
9	水准仪光学测微器隙动差和分划值的测定	+	+		+	GB 12897—2006 之 B.8
10	水准仪视准线观测中误差的测定	+	+		+	GB 12897—2006 之 B.9
11	自动安平水准仪补偿误差	+	+		+	GB 12897—2006 之 B.10
12	水准仪十字丝的检校	+				GB 12897—2006 之 B.11
13	光学水准仪视距常数的测定	+				GB 12897—2006 之 B.12
14	数字水准仪视线距离测量误差的测定	+				GB 12897—2006 之 B.22
15	水准仪调焦透镜运行误差的测定	+	+		+	GB 12897—2006 之 B.13
16	水准仪 i 角检校	+	+	+	+	GB 12897—2006 之 B.15
17	双摆位自动安平水准仪摆差 $2C$ 角的测定	+	+	+	+	GB 12897—2006 之 B.16
18	水准仪测站观测中误差和竖轴误差的测定	+				GB 12897—2006 之 B.17
19	水准仪磁致误差的检定	+				应由法定检定机构检定

注：表中"＋"表示应标定或检校。

6.3.5　日常维护

1. 数字水准仪的维护

数字水准仪是较为昂贵的精密测量仪器，仪器除进行必要的检查外，还应注意日常维护，确保仪器能正常运转，在日常使用和维护中应注意以下几方面。

（1）各台站都应有专人使用和保管仪器，在使用仪器前，应认真阅读操作手册，了解仪器的使用要求。建议对使用者进行操作培训。

（2）作业人员应严格按操作手册的要求操作，使用时务必小心，不要磕碰，不要在危险的环境下使用仪器，脚架的中心螺旋应严格与仪器配套，严禁非专业人员打开仪器的外壳。

（3）作业时使用测伞，禁止太阳暴晒和雨淋，雷雨天不得作业。做好仪器的防潮、防霉，定期更换干燥剂。

（4）擦拭仪器的物镜和目镜时，只能用干净的软布、生棉和毛刷，禁止使用除纯酒精外的任何清洁液，不得用手指触摸仪器镜头。

（5）使用专用电池，出现仪器电池电量不足的警告提示后，应立即更换电池。更换电池时应先关机，插入时应注意电池的极性，电池盒盖一定要盖好，小心电池滑落。长期不用时取出电池，并按要求安放电池。

（6）仪器不用时应尽量放置在 0～40℃ 的环境下，使用前先在工作环境中晾放 30 分钟以上，再进行操作。

（7）给 DINI 数字水准仪专用电池充电须用专门的充电器。充电器不得给其他型号的电池充电，非专业人员不得打开和修理充电器。充电的环境温度为 ＋10～＋30℃。

（8）PC 卡中的数据应及时传出，传输时需用专用电缆。插入和取出 PC 卡和电池时一定要先关机，注意卡的方向。PC 卡长期不用时，应定期检查钮扣电池的电量，电量不足时及时插入仪器充电或更换。

（9）应定期检查仪器和标尺的圆气泡居中情况，定期为仪器校正视线。

（10）操作人员不要修改仪器的标识码和仪器号等内置数据。

（11）应注意标尺的维护，不使用时应尽量避免太阳的曝晒和雨淋，淋湿后应及时用干布擦拭干净。不要在因瓦带上划写，以免影响仪器读取读数，安放时不要尺面朝下。合金外壳的因瓦标尺，在移动过程中应注意避开电力线和通信线等。

2. 地震水准点的维护

地震水准点应定期进行检查和维护。每次复测前应对水准点进行实地踏勘，逐点检查并记录地震水准标石的状况，视情况进行维修并处理下列事项：

（1）地震水准点附近地貌、地物有显著变化时，应重绘点之记并拍摄照片；

（2）对损毁的标石及附属设施进行修补或重新建造。

3. 观测环境的维护

（1）区域水准观测环境的维护。受经济社会的发展、城市大规模扩建等因素的影响，东部发达地区原有水准监测点年破坏率为 10% 左右，欠发达地区约为 4%；西部地区较低，平均破坏率为 5%。为了稳定开展区域水准测量工作，必须对地震水准网进行定期踏勘，对丢失和被破坏的水准点进行补埋，对水准路线、水准网进行优化布局。

（2）跨断层场地水准观测环境的维护。跨断层流动观测场地同样存在被破坏的情况，需要定期进行场地的维护和优化布局改造。

（3）台站水准观测环境的维护。定点形变台站应该根据台站环境技术要求对观测场地进行日常跟踪保护。

6.4 地震水准测量观测资料成果质量控制

6.4.1 区域水准测量观测资料成果验收和质量评定指标

区域水准测量观测资料成果质量评定按照中国地震局监测预报司发布的《地壳形变学科观测资料质量评比办法》之《区域精密水准测量资料质量评比评分细则》执行（表6－4－1）。

质量评分 = 技术指标分(45) + 日常运维分(53.2) + 跟踪分析分(1.8)

表6－4－1 验收和评定项目及指标

序号	项目	评分分值	序号	项目	评分分值
1	观测精度	30	6	成果记录整理	15
2	一级、二级、三级品的百分比	10	7	技术总结	5
3	环线闭合差	5	8	质量检查报告	3.2
4	水准仪及标尺检验	15	9	跟踪分析	1.8
5	观测操作规程	15			
总分：100分					

6.4.2 跨断层场地测量观测资料成果验收和质量评定指标

跨断层场地水准测量观测资料成果质量评定按照中国地震局监测预报司发布的《地壳形变学科观测资料质量评比办法》之《跨断层场地观测资料质量评比评分细则》执行（表6－4－2）。

质量评分 = 技术指标分（35） + 日常运维分（63.2） + 跟踪分析分（1.8）

表6－4－2 验收和评定项目及指标

序号	项目	评分分值	序号	项目	评分分值
1	观测限差	10	6	记录、整饰	10
2	观测精度	25	7	成果表	10
3	仪器检验	15	8	两级验收	3.2
4	复测周期	10	9	观测成果报送	5
5	操作规程	10	10	数据跟踪分析	1.8
总分：100分					

6.4.3 定点形变台站水准测量观测资料成果验收和质量评定指标

定点形变台站水准测量观测资料成果质量评定按照中国地震局监测预报司发布的《地

壳形变学科观测资料质量评比办法》之《断层台站水准测量资料质量评比评分细则》执行（表6－4－3）。

质量评分＝技术指标分（35）＋日常运维分（63.2）＋跟踪分析分（1.8）

表6－4－3　验收和评定项目及指标

序号	项目	评分分值	序号	项目	评分分值
1	观测精度	20	7	辅助观测	5
2	成果连续率	10	8	技术总结	5
3	限差	5	9	质量检查报告	3.2
4	水准仪及标尺检验	15	10	资料报送	5
5	观测操作规程	10	11	跟踪分析	1.8
6	成果记录整理	20			
总分：100 分					

6.5　地震水准测线和测网布设

6.5.1　基本要求

（1）地震水准测量高程一般宜采用正常高系统，按照 1985 年国家高程基准起算。特殊情况下也可采用独立高程基准，但应在地震水准点高程成果表中注明高程基准的相关情况。

（2）区域水准的测网布设应符合 DB/T 40.2—2010 中 6.1～6.3 的要求，跨断层水准测量和台站水准测量的场地布设应符合 DB/T 40.2—2010 中 7.3.1 和 7.3.2 的要求。

（3）区域水准的测网宜布设在主要的活动构造带、地震带或垂直形变高梯度带附近。跨断层水准和台站水准的测线应跨越主要的活动构造带。

（4）布设地震水准测量测线时，应收集测线及附近的地震、地质、地形、水文、气象及道路和已有测点等信息。

（5）地震水准测量测网和场地设计应选用比例尺不小于 1∶100000 的地形图并绘制水准测线图，水准测线图示例见 GB/T 12897—2006 中附录 A 中图 A.1。地震水准测线图中，附录 A 中表 A.1 所列的水准标石按其规定的符号绘制，其他类型的地震水准标石应符合 GB/T 12897—2006 中表 A.2 的要求。

（6）测网及测线的技术设计的要求、内容和审批程序按 CH/T 1004 的要求执行。

6.5.2　区域水准测网与测线布设

（1）测网应布设在活动的地质构造带和地震带区域。

（2）测线应构成闭合环并呈网状。闭合环周长宜小于 500km，西部地区可根据交通等情况适当放宽，但最长应小于 1000km。

（3）测线应在现有国家一、二等水准路线基础上沿公路综合优化布设，结点宜选用国家一、二等水准路线的基岩水准点或基本水准点，也可利用 GPS 观测标石或建设综合标石。

（4）距水准点 4km 以内的 GPS 点、重力点、跨断层测量水准点、台站水准点、验潮站水准点和分层标等宜纳入连测或支测。

（5）测线分为若干区段时，区段长度宜小于 30km，西部地区可放宽至 50km，区段的端点应埋设基本水准标石或综合标石。

（6）东部地区测段长度应小于 4km，西部地区测段长度应小于 8km。跨越活动断层时，宜适当缩短测段长度。

（7）布设水准点的位置应尽可能避开断层破碎带。

6.5.3　跨断层水准场地及测线布设

（1）跨断层水准测量的场地布设应符合 DB/T 47—2012 中第 4 章的要求。

（2）场地内应至少有一条测线跨越断层。

（3）水准标石布设应避开破碎带且优先选择基岩出露的位置，当有覆盖层时，基岩埋深应小于 50m。

（4）测线端点宜布设基岩水准点或综合点。

（5）测线宜构成闭合环，不能构成闭合环时可在跨断层测线附近埋设跨越同一断层的检测测线。

（6）立尺点宜布设过渡水准点，安置仪器位置宜布设观测台，观测台中心至前后过渡水准点的距离均应小于 30m，且前后距离差应小于 0.2m。

6.5.4　台站水准场地及测线布设

（1）适用 6.5.3（1）～（5）的规定。

（2）台站的测线总长度应小于 1.5km，测段长度应控制在 0.2～0.5km 范围内。

（3）立尺点应布设过渡水准点，安置仪器位置应布设观测台。观测台中心至前后两过渡水准点的距离应小于 30m，且前后距离差应小于 0.2m。

6.5.5　场地勘选和标石埋设

1. 勘选

勘选的基本要求如下。

（1）跨越活动断层的水准测线应确定水准点与断层的相对位置。

（2）选定的水准点位置应征得土地使用者的同意并有利于水准点的长期保存和便于观测。

（3）地震水准点优先选择岩层水准标石。

（4）水准测线和水准场地附近符合要求的已有水准点、GPS 点和重力点应予以利用。

（5）测线和水准点勘选应符合 GB/T 12897—2006 中 5.1.1、5.1.2 和 5.1.3 条的要求。

（6）测线和水准点勘选的观测环境应符合 GB/T 19531.3—2004 中 4.4 条的要求。

（7）水准测线的结点或端点宜选择综合标石，周围环境应符合 GB/T 18314 中 7.2.1 条的要求。

（8）跨断层水准和台站水准的跨断层测线与断层走向的夹角宜大于 30°。

2. 标石埋设

（1）水准标志。① 地震水准测量的标志包括地震水准标志和地震水准墙脚标志。地震水准标志和地震水准墙脚标志的材料、规格及制作见 GB/T 12897—2006 中 A.5，标志面的文字为"地震水准点"。② 埋设地震水准综合标石时，上标志采用 GPS 强制归心标志。

（2）水准标石类型及适用范围。地震水准点有基岩水准点、综合点、基本水准点、普通水准点及过渡水准点等。各类水准标石的适用范围见表 6-5-1。

表 6-5-1　水准标石类型及适用范围

水准标石类型		使用条件 （岩层距地面的覆盖层厚度）	适用范围
基岩 水准点	深层基岩水准标石	>3.0 m	适用于各类地震水准测量
	浅层基岩水准标石	≤3.0 m	
综合点	基岩综合标石	<1.5 m	
	土层综合标石	≥1.5 m	
基本 水准点	岩层基本水准标石	<1.5 m（优选）	适用于区域水准测量的区段和测线端点，跨断层水准测量和台站测线端点
	混凝土柱基本水准标石	≥1.4 m 且最大冻土深度≤0.8 m	
	混凝土基本水准标石	≥1.4 m 且最大冻土深度≤0.8 m	
	钢管基本水准标石	≥1.3 m 且最大冻土深度>0.8 m	
	永冻地区钢管基本水准标石	永冻地区	
	沙漠地区混凝土柱基本水准标石	沙漠地区	
普通 水准点	岩层普通水准标石	<1.5 m（优选）	适用于区域水准测量的普通水准点，台站水准测量和跨断层水准测量过渡点
	混凝土柱普通水准标石	≥1.4 m 且最大冻土深度≤0.8 m	
	混凝土普通水准标石	≥1.2 m 且最大冻土深度≤0.7 m	
	钢管普通水准标石	≥1.3 m 且最大冻土深度>0.8 m	
	永冻地区钢管普通水准标石	永冻地区	
	沙漠地区混凝土柱普通水准标石	沙漠地区	

续表

水准标石类型		使用条件 （岩层距地面的覆盖层厚度）	适用范围
过渡 水准点	道路水准标石	经济发达地区或水网地区	适用于跨断层水准 测量和台站水准测 量的立尺点
	墙脚水准标石	稳定坚固建筑物或石崖直壁	
	基岩过渡水准标石	<1.5 m（优选）	
	土层过渡水准标石	≥1.5 m	
观测台			适用于跨断层水准 测量和台站水准测 量的仪器站

（3）水准标志样式（图6-5-1、图6-5-2）。

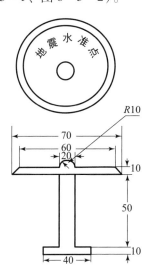

图6-5-1　地震水准标志

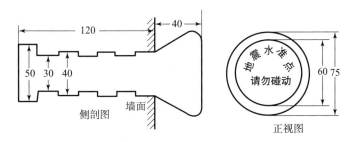

图6-5-2　地震水准墙脚标志

（4）地震水准标石断面图，包括：① 基岩综合标石（图6-5-3）；② 土层综合标石（图6-5-4）；③ 混凝土基本水准标石（图6-5-5）；④ 混凝土普通水准标石（图6-5-6）。

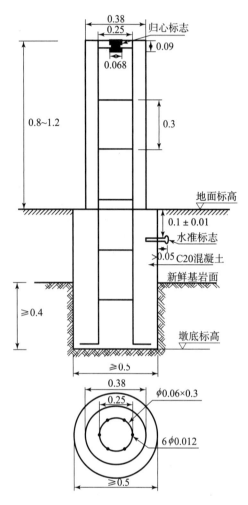

图 6-5-3 基岩综合标石（单位：m）

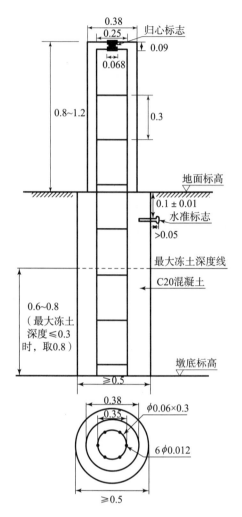

图 6-5-4 土层综合标石（单位：m）

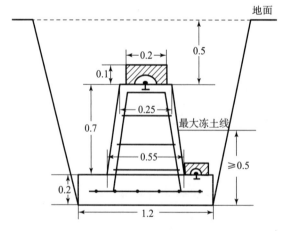

图 6-5-5 混凝土基本水准标石
（单位：m）

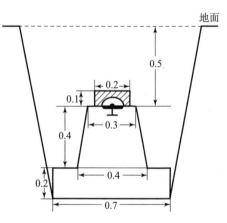

图 6-5-6 混凝土普通水准标石
（单位：m）

习　题

一、判断题

1. 监视地壳垂直形变与断层两盘相对垂直位移的水准测量——地震水准测量包括区域水准测量、跨断层水准测量和台站水准测量。　　　　　　　　　　　（　　）

2. 区域水准测量是用于监视地震重点防御区域地壳垂直形变的地震水准测量。（　　）

3. 跨断层水准测量是监视断层两盘相对垂直位移的地震水准测量。　　　　（　　）

4. 台站水准测量是监视地震台站附近的断层两盘相对垂直位移的地震水准测量。（　　）

5. 中国采取青岛验潮站长期观测的海平面为高程的起算基准，称之为黄海高程系。
　　　　　　　　　　　　　　　　　　　　　　　　　　　　　　　　　（　　）

6. 水准测量是测定两点间高差的较精密的方法之一，它是利用一个水平视线来测定两点间高差的。　　　　　　　　　　　　　　　　　　　　　　　　　　　（　　）

7. 中国地震局第一监测中心和中国地震局第二监测中心依托国家一、二等水准网，加密布设了覆盖大华北、川滇、陕甘宁等地区的水准网，总长约 8.5 万 km。（　　）

8. 中国大陆晚新生代和现代构造变形以地块运动为主要特征，强震活动受控于活动地块运动，而集中分布于活动地块边界上。有历史记载以来，中国大陆几乎所有 8 级和 80%～90% 的 7 级以上的强震发生在这些活动地块的边界带上。　　　　　　　（　　）

9. 跨断层场地的布设充分考虑了现今中国大陆主要活动断裂和活动地块分布特征，现有场地 298 处，其中跨断层流动场地 278 处，跨断层定点形变台站 20 处。（　　）

10. 地震水准测量使用的主要仪器为自动安平光学水准仪（配套线条式因瓦标尺）和自动安平数字水准仪（配套条码式因瓦标尺）。　　　　　　　　　　　　（　　）

二、单选题

1. 我国地震水准形变观测工作始于（　　　　）。
   A. 1956 年　　　　　　B. 1962 年　　　　　　C. 1966 年

2. 地球表面任何一点的高程就是指该点沿垂线到（　　　　）的距离。
   A. 地球表面　　　　　B. 海平面　　　　　　C. 大地水准面

3. 中国采用（　　　　）长期观测的海平面为高程的起算基准，称之为黄海高程系。
   A. 烟台验潮站　　　　B. 大连验潮站　　　　C. 青岛验潮站　　　　D. 连云港验潮站

4. 地球的形状很不规则，无法用数学的方法进行推算。在研究地球形状时，人们采用与其最接近的（　　　　）来代替它。
   A. 球体　　　　　　　B. 椭球体　　　　　　C. 旋转椭球体

5. 水准测量是测定两点间高差的较精密的方法之一，它是利用（　　　　）来测定两点间高差的。
   A. 垂直视线　　　　　B. 红外线　　　　　　C. 水平视线　　　　　D. 一条直线

6. 当前地震水准测量外业观测数据记录采用（　　　　）。
   A. 手工记录　　　　　B. 仪器内存自记　　　C. 笔记本记录　　　　D. 专用记录设备

7. 测量进行过程中，当出现无法挽回的错误时，可以将本测段作废，从而重新测量。这时可使用测段作废功能，为防止误删观测数据，测段作废时需要输入作废代码（　　）。

    A. 110　　　　　　　　B. 119　　　　　　　　C. 911

8. 跨断层水准和台站水准的跨断层测线与断层走向的夹角宜大于（　　）。

    A. 0°　　　　　　　　B. 30°　　　　　　　　C. 60°　　　　　　　　D. 90°

9. 区域水准测量每千米测量的偶然中误差 $M_\Delta/(\mathrm{mm/km})$ 不应超过（　　）。

    A. 0.50　　　　　　　　B. 0.45　　　　　　　　C. 1.0

10. 流动跨断层场地水准测量复测周期为（　　）。

    A. 1～5 年　　　　　　B. 1～12 个月　　　　C. 1～7 天

三、多选题

1. 地震水准测量分为（　　）。

    A. 区域水准测量　　　　　　　　　　　B. 跨断层水准测量
    C. 台站水准测量

2. 地震水准测量的目的包括（　　）。

    A. 监视地壳垂直形变　　　　　　　　　B. 监视断层两盘相对垂直位移
    C. 测定两点间的高差

3. 目前地震系统使用的光学自动安平水准测量仪器包括（　　）。

    A. NI004 型　　　B. NI007 型　　　C. NI002 型　　　D. NI002A 型

4. 目前地震系统使用的数字自动安平水准测量仪器包括（　　）。

    A. 天宝 DINI11 型　　　　　　　　　　B. 天宝 DINI12 型
    C. 天宝 DINI03 型　　　　　　　　　　D. 徕卡 DNA03 型

5. 数字水准仪除了具有光学仪器所具备的高精度的特点之外，还具有（　　）特点。

    A. 自动读数　　　　　　　　　　　　　B. 自动记录
    C. 与计算机进行直接通信　　　　　　　D. 避免人为干扰

6. 地震水准测量外业记录和资料处理软件可选观测任务类型包括（　　）。

    A. 区域水准观测　　　　　　　　　　　B. 跨断层水准观测
    C. 定点台站水准观测

7. 地震水准测量外业记录和资料处理软件观测主菜单中有（　　）主要功能。

    A. 水准观测　　　B. 仪器检查　　　C. 成果查询　　　D. 观测时间查询
    E. 测段作废　　　F. 信息设置　　　G. 上下标志联测

8. 地震水准测量的日常维护包括（　　）。

    A. 水准观测仪器设备维护　　　　　　　B. 地震水准点维护
    C. 观测环境维护

9. 地震水准标志类型包括（　　）。

    A. 基岩水准点　　　B. 综合点　　　C. 基本水准标石　　　D. 普通水准标石
    E. 过渡水准点

10. 区域水准测网宜布设在（　　）。

A. 主要的活动构造带　　　　　　　B. 地震带

C. 垂直形变高梯度带

四、计算题

1. 区域水准路线上有两个水准测量标志 A、B，在 A、B 两点上分别竖立水准标尺，在两点中间安置仪器，使视线处于水平状态，水准仪对准 A 点水准标尺，读数为 $a = 1.46851\text{m}$，再对准 B 点水准标尺，读数为 $b = 1.27494\text{m}$，求 A、B 两点的高差 h_{AB} 为多少。

2. 某跨断层水准观测场地断层上盘水准标志点为 A，断层下盘水准观测点为 B，用数字水准仪和配套条码标尺测量 A 和 B 点的高差，已知从 A 点测量到 B 点需要测量 4 站，往测每站高差分别为 $\Delta_1 = 0.22394\text{m}$，$\Delta_2 = -0.44936\text{m}$，$\Delta_3 = 0.58790\text{m}$，$\Delta_4 = -0.32690\text{m}$，返测每站高差分别为 $\Delta_4 = 0.32671\text{m}$，$\Delta_3 = -0.58795\text{m}$，$\Delta_2 = 0.44945\text{m}$，$\Delta_1 = -0.22370\text{m}$，求上下盘水准标志点 A 与 B 间的高差 h_{AB}。

五、简答题

1. 简述水准测量一测站操作程序（以奇数站为例）；
2. 简述跨断层水准测量成果通过验收后应提交的归档资料；
3. 简述区域水准测量数据产品产出类型；
4. 简述数字水准仪的日常维护；
5. 简述区域精密水准测量观测资料成果验收和质量评定项目。

参 考 文 献

［1］国家地震局科技监测司. 地震地形变观测技术. 北京：地震出版社，1995.

［2］全国地震标准化技术委员会. 地震地壳形变观测方法　跨断层位移测量：DB/T 47—2012. 北京：地震出版社，2012.

［3］全国地震标准化技术委员会. 地震水准测量规范：DB/T 5—2015. 北京：地震出版社，2015.

［4］全国地理信息标准化技术委员会. 国家一、二等水准测量规范：GB/T 12897—2006. 北京：中国标准出版社，2006.

［5］国家地震局. 跨断层测量规范. 北京：地震出版社，1991.

［6］国家地震局. 大地形变台站测量规范　短水准测量. 北京：中国铁道出版社，1990.

［7］全国地震标准化技术委员会. 地震台站观测环境技术要求　第3部分：地壳形变观测：GB/T 19531.3—2004. 北京：中国标准出版社，2004.

［8］全国地震标准化技术委员会. 地震台站建设规范　地形变台站　第3部分：断层形变台站：DB/T 8—2003. 北京：地震出版社，2004.

［9］张培震，邓起东，张国民，等. 中国陆地的强震活动与活动地块. 中国科学（D辑）：地球科学，2003，33（增刊）：12－19.

［10］张国民，张培震. 大陆强震机理与预测中期学术进展. 中国基础科学，2000（10）：4－10.

第7章　断层形变测量

1966 年邢台地震后，在周恩来总理的亲切关怀下，由著名地质学家李四光先生指导，在我国一些主要地震活动区、活动构造带上建立了大规模的跨断层水准监测场地和基线测距观测场地，开始了断层形变监测。本章对断层形变测量中的定点形变测量和流动场地测量的原理、现状、常用仪器设备、操作过程、软件使用、资料处理应用、资料成果质量评价以及站网建设等进行介绍。

7.1　断层形变测量

断层形变测量通过直接测定活动断层两侧参考点间水平距离和相对高差的微小变化来推断断层两盘的三维运动，从而确定断层的运动方式、运动速率以及它们随时间而演变的过程。其任务在于直接、精细地测定活动断层和断层网络现今运动方式（剪、旋、压、张、倾、分段性、网络交叉效应与整体效应等）、运动速率并建立相应的它们随时间演变的运动学和动力学的定量模型。断层形变监测的技术作用表现在以下几方面。

（1）精确测定活断层当今运动方式、速率及其变化，研究断层带与断层网络的活动图像，为地震趋势、地球动力学研究提供基础资料。

（2）捕捉强震孕育中断层运动中期、短期前兆与连续观测台站可能的短临前兆，为地震预报研究提供依据。

（3）为工程地震、烈度区划、减灾防灾等提供地基稳定性资料。

断层形变监测包括水平形变、垂直形变与重力观测，水平、垂直形变观测精度为 $10^{-7} \sim 10^{-6}$，重力观测精度为 10^{-8}，按监测方式分为断层剖面测量、断层场地测量和断层定点台站测量 3 种。

7.1.1　断层剖面测量

断层剖面测量是跨越断层布设一条形变测量的线路，沿线进行水平和垂直形变测量，从而提供全国一、二级地质构造块体边界地壳运动的信息和全国主要活动断层运动的动态变化信息。观测项目为跨断层精密水准观测、跨断层 GPS 观测，通常沿剖面还进行相对重力测量。断层剖面观测网覆盖全国各大地质构造块体边界和主要活动断层。

提供一、二级地质构造块体边界地壳运动信息的断层剖面观测网，采取沿边界准均匀布局模式。剖面与边界带正交，间距不宜大于 200km。剖面应跨越边界带，长度不宜小于 50km。

提供全国主要活动断层运动动态变化信息的断层剖面观测网采取非均匀布局模式。剖面与活动断层正交,剖面间距不宜大于 100km,剖面长度不宜小于 40km。

每条观测剖面由 9 个以上水准、重力、GPS 相重合的综合观测点构成,另在每相邻两个综合观测点之间布设 1～2 个加密水准点,形成一个观测台阵。

水准测量精度,每千米高差偶然中误差 M_Δ 不大于 0.45mm,每千米高差全中误差 M_W 不大于 1.0mm;GPS 位移测定精度,水平分量优于 5mm,垂直分量优于 10mm;相对重力测量精度优于 15×10^{-8}。复测周期 0.5～12 个月。

断层剖面测量中 GPS 测量方法和技术要求同大地形变测量中的 GPS 观测,精密水准测量方法和技术要求同大地形变测量中的精密水准观测,相对重力测量方法和技术要求同重力测量中的相对重力观测。

7.1.2 断层场地测量

断层场地测量是跨越断层布设一个简单的图形或不同方向的几条短测线,进行水平和垂直形变测量,从而提供主要活动地震带和地震重点防御区活动断层运动的变化信息。

断层场地观测网的观测项目为:跨断层精密水准观测,跨断层激光测距和跨断层 GPS 观测。

断层场地观测网分布在主要地震带、地震重点防御区和特定地区。

断层场地观测网采取非均匀布局模式,监测同一断层的断层观测场地间距不宜大于 50km。

断层场地观测网水准测量精度,每千米高差偶然中误差 M_Δ 不大于 0.45mm,每千米高差全中误差 M_W 不大于 1.0mm;激光测距精度相对中误差优于 1/700000;GPS 位移测定精度,水平分量优于 5mm,垂直分量优于 10mm。复测周期 0.5～12 个月。

处理断层场地观测网的 GPS、精密水准和激光测距资料,可以获得同一坐标系中断层两侧各观测点的坐标。由多期观测结果得到这些点的位移、位移速率,从而获得断层的形变图像。

在大震发生前后,可启动应急观测方案。要求实时或准实时地获取震区断层场地形变观测网观测资料并进行处理,为灾害的预测或救灾服务。

断层场地测量中 GPS 测量方法和技术要求同水平形变测量中的 GPS 观测,精密水准测量方法和技术要求同垂直形变测量中的精密水准观测,激光测距方法和技术要求同短边测量中的精密激光测距观测。

7.1.3 断层定点台站测量

断层定点台站测量也属于台站形变测量,它应用大地测量方法在固定的台站上进行跨断层形变测量。目前应用的是短水准测量方法、短基线或短边测距的方法,在台站布设跨越断层的测线,每 1～7 天进行一次往返观测,监测活动断层的运动。

7.1.4 断层形变测量现状

1. 断层形变测量发展简史

20 世纪 60 年代初期,由地质学家李四光先生亲自指导,开创跨断层测量技术,并在新丰江、华北、西南等地区开展工作；20世纪七八十年代，全国先后有27家单位，沿我国大陆主要构造带建立跨断层测量场地；20世纪80年代中后期，跨断层观测手段增多（水准测量、基线测量、短程测距、短边三角形测量等等），有效监测全国各主要地震带和地震活跃区；20世纪90年代至今，跨断层测量进入规范化、标准化的发展运行轨道，由国家局、省局和专业测量队构成统一的三级管理体系，颁布实施《跨断层测量规范》。

2. 断层形变布局

中国大陆跨断层形变测量的布局有两类情况。

一类布设在块体边界的主要活动断裂带上，这些断裂是发生大地震的场所，通过测量，可了解断裂带的应变积累和释放状况，判断未来大震的危险地段，捕捉中短期地震前兆，研究地震的断层力学过程；另一类则布设在块体内部规模较小的活动断层上，这些活动断层本身很少产生大地震，但其活动可以灵敏地反映区域构造活动和应力场的变化，在附近发生大地震前，这些小断层往往出现异常活动，有可能作为预报地震的依据。

3. 现有观测场地布局

全国目前有19个省局（中心），278个流动场地（其中68个测距），20个定点形变台站，分布图见图7－1－1。

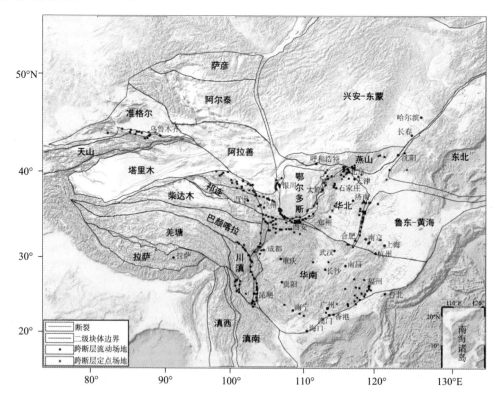

图7－1－1　全国跨断层形变测量分布示意图（见彩插）

（1）首都圈地区，主要沿山西带、太行山山前带、张渤带以及相关区域内的断层布设有 47 处水准测量场地；

（2）东部地区，主要沿郯庐断裂带布设有 50 处水准观测场地；

（3）东南沿海地区，布设有 24 处水准观测场地；

（4）南北地震带南段（川滇地区），主要沿川滇菱形块体边界断裂布设 41 处水准观测场地；

（5）祁连—贺兰—渭河盆地，共布设 104 处水准观测场地；

（6）北天山地震带，布设有 13 处水准测量场地；

（7）华中地区，布设有 3 处水准测量场地。

7.2　断层形变测量仪器

7.2.1　MD 断层形变测量仪

断层运动有水平分量和垂直分量，而水平分量又包含了跨断层走向的走滑分量（也称剪切分量）和与断层走向正交的法向分量。自 20 世纪 60 年代以来，我国在跨断层测量方面已逐渐形成了具有特色的观测方法——三维观测布置方法，即跨断层布置两台水平分量观测仪器（其中一台与断层正交，另一台与断层成 30°~40°夹角斜交）和一台垂直分量观测仪器。本节介绍的 MD 断层形变测量仪是全数字化、自动化的断层形变的测量仪器。仪器包括用于观测断层形变水平分量的 MD4271 型水平变形测量仪（DSG）和用于观测断层形变垂直分量的 MD4472 型垂直变形测量仪（DFG），配置了可记录 8 路信息并符合地震前兆台网通信接口协议要求的 MDC 型数据采集器，以及系统功能软件、数据库和数据处理软件等。

1. 仪器的构成与原理

1）MD4271 型水平变形测量仪

（1）工作原理。MD4271 型水平变形测量仪是用于观测断层形变水平分量的专用仪器。

本仪器应用比较法测量原理，以柔性金属线丝——含 Nb 超因瓦合金丝在确定张力下形成的弦长作为长度基准，与被测参考点之间的距离进行比较。当两个参考点（测量标志点）之间的水平距离相对于弦长发生微量变化时，其变化量经过力平衡系统传递至仪器首端，首端钢丝上固定的位移指示标志框产生成比例的水平位移。该水平位移由智能化线阵 CCD 位移传感器在使用一系列微处理技术后输出的位移数字信号。图 7-2-1 为该仪器的测量原理框图。

（2）仪器结构。如图 7-2-2 所示，MD4271 型水平变形测量仪由首尾端机座、位移传递与力平衡单元、标定与量程扩展单元、光学投影测量单元以及机箱和保护装置等组成。

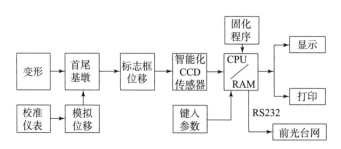

图 7 - 2 - 1 MD4271 型水平变形测量仪测量原理框图

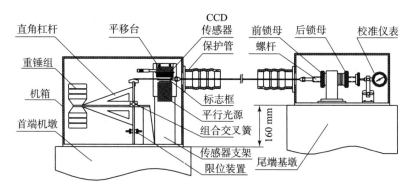

图 7 - 2 - 2 MD4271 型水平变形测量仪结构示意图

2）MD4472 型垂直变形测量仪

（1）工作原理。MD4472 型垂直变形测量仪是用于观测断层形变垂直分量的专用仪器。由于断层破碎带较宽，仪器必须有足够长的尺度，并且能够根据断面和两盘岩石的实际情况，有尺度变动灵活性。本仪器应用地球重力位面为参考基准面的连通管原理，采用双端测量取差值的技术方案。图 7 - 2 - 3 为反映连通管容器内液面位移变化的示意图。

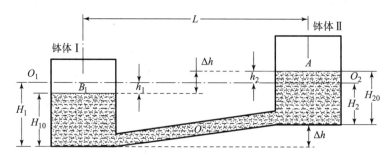

图 7 - 2 - 3 基础与液面变化关系示意图

仪器采用双端测量取差值的连通管技术方案检测断层两盘的相对垂直变形，则需要在断层上、下盘各安装一套结构相同、对称的测量装置。当断层上盘相对下盘上升 Δh 时，建立在上盘的 A 端仪器墩和下盘的 B 端仪器墩将同步反映此变形 Δh。根据连通管容器中液面的位移关系，A 端钵体内液面将下降 $\Delta h/2$。B 端钵体内液面将上升 $\Delta h/2$，相应地 A 端浮子和标志杆下降 $\Delta h/2$，CCD 传感器检测出 $+\Delta h/2$ 信号，B 端浮子和标志杆上升 $\Delta h/2$，CCD 传感器检测出 $-\Delta h/2$ 信号。经过双端取差值运算后，结果仍为 A 端相对 B 端上升了 Δh。

（2）仪器结构。MD4472 型垂直变形测量仪的结构如图 7 - 2 - 4 所示。仪器系统由完全对称的 A、B 两套测量装置组成。测量装置包括钵体、浮子、浮子接杆、位移标志框、双层片簧导轨、CCD 光学投影测量单元等部件。两套测量装置通过连通气管和连通液管相连接，分别安装在断层两盘建立的仪器墩上。A 端安装在上盘，B 端安装在下盘。为了便于对仪器系统进行整体标定，在 A 端测量装置底盘下方还设置了精密升降台。

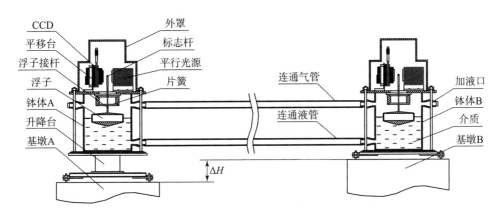

图 7 - 2 - 4　MD4472 型垂直变形测量仪结构示意图

3）CCD 智能化传感器与采集器

在仪器中，传感器的任务是将标志物的位移转换成电信号。观测系统的技术指标，要靠相应的传感器技术指标来保证。在本仪器的设计中，要求传感器的量程大于 30mm，误差及漂移小于 30μm，最小分辨能力达到 1μm。

CCD 智能化传感器由电源板、平行光源和 CCD 器件及其外围电路三部分组成。

MDC 型数据采集器是专为 CCD 型智能传感器研制的，由于是与数字量传感器连接，数据采集器与传感器之间不是普通的模拟量接口，而采用通信接口连接，另外还需要一个通信接口，管理微机通信，通信接口及数采通信程序的设计遵循"地震前兆台网通信控制协议"，实现了按设定的工作方式自动采集数据、存储测量结果及向微机传送测量结果和修改参数等功能。

本数据采集器在电路设计上除了有与一次仪表的数字通信接口、与管理微机的遥测通信接口、测量结果存储功能、日历时钟及电源部分外，还设计了并行打印接口、LED 显示器接口和 16 键小键盘接口，这样在不具备遥测条件的台站也能通过 LED 显示器和小键盘来设置参数，通过微型打印机记录观测数据。

2. 性能指标

MD 断层形变测量仪的技术指标见表 7 - 2 - 1。

表 7 - 2 - 1 MD 断层形变测量仪的技术指标

仪器型号 技术指标	MD4271 型水平变形测量仪	MD4472 型垂直变形测量仪
灵敏阈值	0.001mm	0.001mm
量程	30mm（可扩展）	30mm（可扩展）
非线性误差	0.1% F. S.	0.1% F. S.
重复性误差	0.1% F. S.	0.1% F. S.
回程误差	0.1% F. S.	0.1% F. S.
稳定性	0.1% F. S. /年	0.1% F. S. /年
仪器跨度	3～50m	3～100m
对环境条件要求		
温度	－10～40℃	－10～40℃
湿度	95% RH	95% RH
供电电源	A. C. 220V±20%，50Hz	A. C. 220V±20%，50Hz

3. 仪器的安装与调试

MD 系列形变测量仪器安装与调试的主要内容有：连接机座、连接机座和支架，确定重锤组质量，确定线丝长度等。具体安装调试工作请参阅数字地震监测技术系统系列教材《地壳形变数字观测技术》分册和有关技术说明书。

4. 仪器校准与稳定性检测

1）校准方法

MD 系列形变测量仪器是用于测量岩体与基础变形的计量器具。为了保证所测得量值的准确和一致，通过标定（校准定度），把计量基准所复现的单位量值传递到工作仪器，并确定测量仪器的误差。本节所述校准及数据处理方法适用于 MD 系列形变测量系统和具有独立功能的仪器组成单元。

用图 7 - 2 - 5 说明标定方法。输入信号可以由工作仪器附属的装置产生，也可以由另外的装置提供。输出量监视仪表可以是工作仪器的组成单元，也可以外配标准仪表。输入信号的量值由计量标准器具控制监视。计量标准器具需经国家法定计量部门检定，其准确度应为工作仪器准确度的 $1/10 \sim 1/3$。

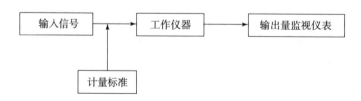

图 7 - 2 - 5 说明标定方法的框图

校准步骤和方法如下。

（1）输入信号 x 在被标定工作仪器全量程范围内分成等间隔 $k \sim 1$ 段分别给出。k 称为标定级数，一般 k 值不低于 5，一般取 $k = 5 \sim 10$。

（2）输入信号从低端向高端行进称为正程，从高端向低端行进称为返程。相邻的正程与返程称为一次循环，循环次数 R 不低于 2，一般取 $R = 2 \sim 5$。每一次循环的标定级数应相同。

（3）在测量范围的上下限位置，即最高标定级和最低标定级处改变运行方向之前需给出不低于全行程 5% 的过冲量，以使端点标定数据具有利用价值。

2）标定数据预处理

（1）将原始标定数据扣除起始值，见表 7 - 2 - 2 和表 7 - 2 - 3 中的数据。

（2）计算各校准点均值。

（3）计算各校准点最佳拟合值。

表 7 - 2 - 2　原始标定数据　　　　　　　　　单位：格

次数 方向 输入/μm	第1次		第2次		第3次	
	正行程	反行程	正行程	反行程	正行程	反行程
0.0	11.5	11.6	11.9	11.5	11.8	12.0
100.0	26.4	26.8	26.6	26.7	26.8	27.0
200.0	41.9	42.1	41.9	42.4	41.8	42.2
300.0	57.2	58.0	58.0	57.9	57.9	58.1
400.0	72.9	73.9	73.1	73.9	73.1	73.5
500.0	88.3	89.2	89.1	89.5	88.7	89.3

表 7 - 2 - 3　归一化的标定数据　　　　　　　　　单位：格

次数 方向 输入/μm	第1次		第2次		第3次	
	正行程	反行程	正行程	反行程	正行程	反行程
0.0	0.0	0.0	0.0	0.0	0.0	0.0
100.0	14.9	15.2	14.7	15.2	15.0	15.0
200.0	30.4	30.5	30.0	30.9	30.0	30.2
300.0	45.7	46.4	46.1	46.4	46.1	46.1
400.0	61.4	62.3	61.2	62.4	61.3	61.5
500.0	76.8	77.6	77.2	78.0	76.9	77.3

3）参数计算

（1）分度值 η：

$$\eta = \frac{1}{b} \qquad\qquad (7-2-1)$$

（2）灵敏度 S：

$$S = \frac{D}{\eta} = Db \qquad\qquad (7-2-2)$$

式中，D 为最小单位示值的实际量值。

例如，对于 No. 8425 记录纸，$D = 800\mu m$；对于 No. 270-42 记录纸，$D = 1000\mu m$；数字记录时 $D = 1$ 字。

除上述参数外，还要计算线性误差分量 σ_L、回程误差分量 σ_H 和重复性误差分量 σ_R。这些误差分量是在置信系数为 1，置信概率为 68.26% 时以仪器输出量表示的。为了直观，通常以被测量（输入量）的量纲表示，将每项误差分量乘以分度值 η。

线性误差分量：

$$\sigma_L' = \eta\sigma_L \qquad\qquad (7-2-3)$$

回程误差分量：

$$\sigma_H' = \eta\sigma_H \qquad\qquad (7-2-4)$$

重复性误差分量：

$$\sigma_R' = \eta\sigma_R \qquad\qquad (7-2-5)$$

为了便于横向比较，通常还用无量纲相对值表示，即用仪器全量程示值去除 σ_L、σ_H、σ_R，或以全量程示值所代表的输入量去除 σ_L'、σ_H'、σ_R'。三种表示方式是等价的，可以互相换算。

例如，MD4281（DSJ）全量程示值为 100 格，用相对值表示的参数如下。

线性误差分量：

$$\frac{\sigma_L}{100} \times 100\% \qquad\qquad (7-2-6)$$

回程误差分量：

$$\frac{\sigma_H}{100} \times 100\% \qquad\qquad (7-2-7)$$

重复性误差分量：

$$\frac{\sigma_R}{100} \times 100\% \qquad\qquad (7-2-8)$$

MD4211（DSD）全量程示值为 2000mV，用相对值表示的参数如下。

线性误差分量：

$$\frac{\sigma_L}{2000} \times 100\% \qquad\qquad (7-2-9)$$

回程误差分量：

$$\frac{\sigma_H}{2000} \times 100\% \qquad\qquad (7-2-10)$$

重复性误差分量：

$$\frac{\sigma_{\text{R}}}{2000} \times 100\% \qquad\qquad (7-2-11)$$

一般同时用第二、第三种方式给出，可以对工作仪器的基本参数获得明确、全面的了解。根据上述计算公式，表7-2-3标定数据实例的最后结果如表7-2-4所示。

表7-2-4　标定结果（实例）

分度值/ （μm/格）	灵敏度 S	线性误差		回程误差		重复性误差	
		绝对值	相对值	绝对值	相对值	绝对值	相对值
6.45	124.0	1.5μm	0.23%	3.4μm	0.52%	1.3μm	0.20%

5. 常见故障处理

常见故障分为通信故障和光源故障两大类。传感器具有自诊断功能，遇故障可用数据采集器进行检查。在多点自动监测状态下，只要有一个传感器出现通信故障，时钟显示的左侧就会自动出现"H"提示字符。按数值键即可转入单点检测，显示屏将显示相应传感器的编号和测值。若某个传感器有故障，其测值将显现为E0、E1或E2。其中E0代表通信故障，E1代表光源过弱故障，E2代表光源过强故障。

（1）出现通信故障E0的原因可能是：① 传感器电源中断；② 通信线断路或短路；③ 通信器件损坏。

（2）出现光源过弱故障E1的原因可能是：① 传感器电源中断；② 镜头或CCD器件窗口尘土太厚；③ 发光管的限流电阻失调；④ 发光管损坏。

（3）出现光源过强故障E2的原因可能是：① 外界光漏入CCD器件窗口；② 发光管的限流电阻失调；③ CCD电路板内部失调或损坏。

初步检查在观测室内即可进行。值班人员如发现数据采集器时钟显示前方带有"H"提示字符，可对1～4号传感器进行逐个检查。传感器逐个检查完毕后，值班人员应按"C"键恢复自动监测，并将故障初步检查结果报送给维修人员。

维修人员须在认定传感器供电正常的前提下进行逐个检查。① 首先要排除通信故障E0。如果在观测室发现1～4号传感器的测值均为E0，则需要将数据采集器移至传感器安装现场再度进行检查，以便逐段判断和排除通信传输线路故障。如果在传感器通信端口检测仍为E0，则应与制造部门联系，确定下一步维修办法。② 排除光源过弱故障E1的步骤是：打开传感器外罩，观察有无可见的红光。若光亮太弱，可擦净镜头和CCD窗口后关罩再试。若仍然无效，则可适当调节电源板上的可变限流电阻以增加光强。如果完全无光或处理无效，则应与制造部门联系，确定下一步维修办法。③ 排除光源过强故障E2的步骤是：用黑布罩住传感器外罩，完全避免外界光漏入。若无效，则需打开传感器外罩，用黑纸片临时挡住CCD窗口进行试验。如果用黑纸片挡住CCD窗口时，故障显示能从E2变为E1，可适当调节电源板上的可变限流电阻以减弱光强。如果用黑纸片挡住CCD窗口时，故障显示不能从E2变为E1，则应与制造部门联系，确定下一步维修办法。

必须注意的是，采用调节光强措施排除光源故障E2或E1后，还需反复进行微调，直至测值的短期稳定性接近微米量级。

长达两年的运行实践表明，上述所谓常见故障并不常见，有的甚至从未发生。制造部门还将进一步提高传感器的可靠性和增强传感器的自诊断功能。

7.2.2 数字水准仪

数字水准仪的介绍已经在第6章中叙述了，这里不再介绍。

7.2.3 全站仪

1. 电子测距仪的发展

随着电子技术的发展，ME3000、DI2002电子测距仪逐渐取代了在跨断层测量中使用因瓦钢尺的传统距离测量方式。近年来，随着全站仪距离测量精度的提高，电子测距仪（全站仪）已经成为跨断层测量的主流距离测量设备，比如徕卡 TCA 和 TS 系列产品等（图7-2-6）。

2. 电子测距仪的工作原理

电子测距即电磁波测距。它是以电磁波为载波，传输光信号来测量距离的一种方法。它的基本原理是：利用仪器发出的光波（光速 c 已知），通过测定出光波在测线两端点间往返传播的时间 t 来测量距离 S，按这种原理设计制成

图7-2-6 徕卡 TS50 全站仪

的仪器叫作电磁波测距仪。根据测定时间的方式不同，其又分为脉冲式测距仪和相位式测距仪。脉冲式测距仪直接测定光波传播的时间，由于这种方式受到脉冲的宽度和电子计数器时间分辨率的限制，所以测距精度不高。相位式光电测距仪利用测相电路直接测定光波从起点出发，经终点反射回到起点时，因往返时间差引起的相位差来计算距离，测量精度较高。目前短程测距仪大都采用相位法计时测距。

3. 电子测距仪的主要技术指标

徕卡 TS 系列高精度全站仪的测距精度可以满足跨断层测距的精度要求，以 TS60 高精度全站仪为例，主要技术指标如表7-2-5所示。

表7-2-5 TS60 全站仪主要技术指标

距离测量	范围	棱镜（GPR1，GPH1P）	1.5m 至 >3500 m
		无棱镜/任何表面	1.5m 至 >1000 m
		长测量模式	12000m
	精度/测量时间	单次（棱镜）	0.6mm + 1ppm/典型 2.4s
		单次（任何表面）	2mm + 2ppm/典型 3s
		连续（棱镜）	3mm + 1.5 ppm/典型 0.15s
	光斑大小	50m 处	8 mm ×20 mm
	测量技术	基于相位原理系统分析技术	同轴，红色可见光

续表

一般参数	电源	可更换内置锂电池，具有给电池充电功能	使用时间 7~9h
	数据存储	内存/存储卡	2GB/SD 卡 1GB 或 8GB
	接口	RS232，USB，Bluetooth，WLAN	
	重量	包括电池	7.7 kg
	环境参数	工作温度范围	-20~50℃
		防尘防水（IEC 60529）/防雨	IP65/MIL-STD-810G，方法 506.5-I
		防潮	95%，无冷凝

4. 电子测距仪的操作

跨断层场地测距采用的跨断层测距外业记录软件和跨断层测距辅助（资料处理）程序，是 2015 年度地震科技星火计划项目（XH15063Y）资助的成果。

二者可用于满足跨断层场地测距的观测记簿、计算查看、仪检、资料整理等业务需要。

跨断层测距外业记录软件主要用于观测记簿、计算查看、仪检等。

跨断层测距辅助（资料处理）程序用于后期资料整理，包含生成观测手簿、成果及精度统计表、仪检手簿等。

1）电子测距的基本要求

（1）技术依据。

《跨断层测量规范》，国家地震局，1991 年；

《DI2002 测距仪距离测量技术规定》，国家地震局，1998 年；

《光电测距仪检定规程》，国家质量监督检验检疫总局，2004 年。

（2）测距精度要求。计算公式：

$$每千米测量中误差：M = \pm \frac{\frac{1}{4n}\frac{\Delta}{D}}{2}$$

$$每千米相对中误差：M_\Delta = M/1000000$$

式中，Δ 为光段差，以 mm 计；D 为观测距离，以 km 计，边长小于 0.3km 时，按 0.3km 计；n 为作业单位全年的测距边总数。

限差规定：同一光段内 10 个距离观测值互差不得大于 ±（0.6mm + $D \times 10^{-6}$），其光段互差不得大于 ±（0.6mm + 1.5 × $D \times 10^{-6}$）。计算时，边长 D 以 km 为单位。当边长小于 0.3km 时，按 0.3km 计算。

（3）简明作业流程：要求外出观测一个布设三个观测点（A、B、C）的跨断层测距场地。

测前准备工作有：① 参数文件准备；② 仪器准备；③ 仪检。测距仪加常数、乘常数、正倒镜等。

在场地观测中需进行：① 温度表、气压表校核；② 光段 1 观测包括 $A-B$、$A-C$、

$B - C$；③ 光段 2 观测包括 $C - B$、$C - A$、$B - A$；④ 计算检查。

测后工作有：① 仪检；② 资料整理：生成观测手簿、仪检手簿、成果表、精度统计表等。

（4）作业时间。① 距离测量应在最佳观测时间段内进行，即在空气温度垂直梯度为零的时刻前后 1 h 内进行。一般选择在测网日出后 0.5 h 至 2.5 h 和日落前 2.5 h 至 0.5 h 内进行观测。全阴天可将上述时段向中天方向延长 1 h。② 布设在深山峡谷间的测网，按当地经纬度计算的日出、日落时刻与测网实际日出、日落时刻差异较大时，业务主管部门可根据测网地理条件，将上述最佳观测时间段适当向中天平移，一旦确立，在复测中不得随意更改。③ 一条边的观测原则上应分别在上、下午光段内进行（即每条边应测两个光段，且上、下午各半）。一个测网（场地）中，同光段（不同天的两个光段均为上午或均为下午）观测的边数不得超过总数的三分之一。在特殊情况下，经业务主管部门批准，同光段观测的边数可放宽至二分之一。

2）电子测距外业记录和资料处理

（1）要求与设置。① 跨断层测量采用强制归心观测。仪器使用中必须遮荫。② 跨断层测量须使用具有水平转动轴与棱镜中心一致的反射棱镜，如 Kern 反射棱镜。③ 当边长小于 5km 时，应采用重复测量模式 DIL；大于 6km 时，采用长距离测量模式 LDIL，并给反射棱镜遮荫；5~6km 时可用上述任一模式。④ 当边长小于 200m 时，镜站只许用一块棱镜。在信号强度满足测距精度前提下，应使用较少的反射棱镜。⑤ 预置加常数为 0、乘常数为 1。⑥ 设置测量长度单位为 m，分辨率为 0.1mm。

（2）观测前准备。到测点后，测站、镜站均应开启对讲机（电台），保持联络畅通。检查观测墩是否稳定，强制归心是否可靠，必要时做适当修整。仪器站、镜站双方检查通视条件，清理测线上的障碍物。

（3）仪器站操作。① 安装测距仪主机时要确保正确无误、稳固可靠，并注意连接器间的连接隙动差。测量过程中，不得移动供电电池及电源馈线。② 在观测墩上安置仪器，根据仪器存放与使用时的温差，保证仪器有足够的凉置时间。按 1℃ 需要 2 min 计，使仪器内部与环境温度一致。此间检查测距仪基座的连接可靠性，整平仪器，量取仪器高。③ 仪器预热不得少于 5 min，若仪器检测的预热时间大于 5 min，则按检测结果预热。预热期间注意随时检查仪器的自动关机情况，如仪器自动关机，应视情况再次预热。④ 安置气象仪表，检查记簿计算机是否正常。⑤ 预热期间检查测距仪预置参数、测量模式、长度单位、分辨率、电池状态及其他功能是否正确、正常，必要时按本技术规定重新设置。⑥ 瞄准镜站，进行"光照准"和"电照准"，使回光信号达最大值后进行试测，观察距离显示的稳定性。⑦ 测站、镜站准备就绪，即可进行测量。

每光段读取 10 个距离观测值，在观测始末分别读记测距仪的工作频率及测站、镜站气象元素（干温、湿温和气压）。观测顺序为：① 观测记录测站干温 $t_{仪1}$、湿温 $t'_{仪1}$、气压 $p_{仪1}$；② 观测记录镜站干温 $t_{镜1}$、湿温 $t'_{镜1}$、气压 $p_{镜1}$；③ 记录测距仪工作频率 F1；④ 读取第 1~5 个距离观测值；⑤ 测站及镜站检查仪器安置及气象仪表等是否正常，必要时进行安置或调整（时间不少于 60 s）；⑥ 读取第 6~10 个距离观测值；⑦ 记录测距仪工作频率 F2；⑧ 观测记录测站干温 $t_{仪2}$、湿温 $t'_{仪2}$、气压 $p_{仪2}$；⑨ 观测记录镜站干温 $t_{镜2}$、湿温 $t'_{镜2}$、气压 $p_{镜2}$。

（4）仪镜站操作。① 反射棱镜周围不得有其他强反射物，不得有观测中不使用的反射棱镜。② 在观测墩上正确安置、整平反射棱镜，严格对准仪器站，量取镜高，安置好气象仪表。③ 随时听从测站指挥，进行操作和读数。④ 有情况及时报告测站。

（5）气象元素的测定。① 气象元素为干温、湿温和气压，空气的相对湿度由干温、湿温和气压计算而得。② 测站、镜站温度表应稳妥安置在测线具有气象代表性的地方，距地面高度不得低于 1.5 m。温度表要遮荫，保证其周围空气流通，防止日晒和其他热辐射。不得将温度表置于观测墩上或靠（挂）在观测墩侧面，不得将其置于低洼或闭风处。温度表通风 3 min 后方可读数。观测员须手扶温度表外壳，迎风、平视、屏住呼吸快速读取干、湿温。湿球上只能裹一层纱布，纱布不得与金属壳接触，加适量蒸馏水，并经常更换，以免积尘影响精度。大风时，须戴防风罩。③ 气压表必须平稳安置在观测墩附近的阴影处。读数前应轻击表盘，视线垂直于表盘读取数值。

（6）观测限差规定。① 同一光段内 10 个距离观测值互差不得大于 $0.6\text{mm} + D \times 10^{-6}$，两光段距离中数互差不得大于 $0.6\text{mm} + 1.5D \times 10^{-6}$。计算时，边长 D 以 km 为单位，边长不足 0.3km 时按 0.3km 计算。② 在一光段测量中，测站（镜站）的两次气象观测值互差：干、湿温不得大于 1°C，气压不得大于 1hPa。

（7）成果记录与整理。① 一切原始数据、注记等一律在现场记录，严禁补记。② 一切完整成果均须保留。作废成果须用红笔划去，并注记重测原因。③ 手簿编号用四位数字表示，前两位为代号，由使用单位自定，后两位为手簿序号。

（8）观测手簿记录内容。① 测网（场地）名称，测边名（测站名与镜站名）；② 测距仪名称及编号，成果观测序号；③ 预置加常数 K_0（$K_0 = 0$），预置乘常数 R（$R = 1$）；④ 观测年月日、观测起止时间（精确到 1 min）；⑤ 天气、风向风力、成像能见度，测量模式，日出、日落时刻，仪器高及镜高；⑥ 温度表、气压表型号及编号，测站至镜站高差（可记入成果表）；⑦ 测站与镜站干温、湿温、气压、仪器工作频率；⑧ 距离观测值 D_0，气象改正后的单光段观测值 D_1；⑨ 光段中数，光段差；⑩ 观测者、记录者签（章）名、重要问题记载及处理。

（9）精度估算。① 中误差和相对中误差计算见测距精度要求部分；② 每千米边长中数相对中误差不得大于 1/（70 万）；③ 当测网边数较多，多余观测等于或大于 5 时，由平差结果评定精度，否则按下式对多个测网（或多期成果）进行综合精度估算：

$$M = \pm \sqrt{\frac{\sum_{i=1}^{m} [pvv]_i}{\sum_{i=1}^{m} (n-r)_i}} \qquad (7-2-12)$$

式中，m 为测网总个数；i 为测网序号（同期或不同期），$i = 1, 2, \cdots, m$；n 为第 i 个测网的实际观测边数；r 为第 i 个测网的必要观测边数，$(n-r)_i$ 为第 i 个测网的多余观测数；$[pvv]_i$ 为第 i 个测网独立平差时的 pvv 之和；M 为综合估计的单位权中误差（以 1km 边长为单位权），单位为 mm，相对中误差为 $M/1000000$（通常表示为 1：×××

万）。

3）仪器的检定与检验

1）测距仪的检验

（1）一般性检验。① 检查各部件是否完整齐全，主机及配件有无缺损，各旋钮、按键操作是否灵活，光学部件是否干净、无霉、无损。检视结果须作文字记载及说明。② 开机检查液晶显示是否正常，各按键操作与相应功能是否一致，有无失效功能或功能异常，机内应配置软件是否正确。③ 检查设置和显示参数是否正确可靠。

（2）测距仪检验项目。① 测同一条边时，各反射棱镜互差不得大于 0.2mm；设有正、倒镜的反射棱镜，其正、倒镜差不得大于 0.2mm。② 加常数中误差不得大于 ±0.3mm。测前、测后加常数互差小于 1mm 时，可取中数进行改正，否则应分析原因，由业务主管部门提出加常数使用方案（分段或内插），并在成果表中注记。③ 频率偏差改正系数相对中误差不得大于 0.2×10^{-6}；相邻两次（测前、测中、测后）测定的互差小于 1×10^{-6} 时，可取中数分别进行改正，否则应分析原因，由业务主管部门提出频率改正方案（分段或内插），并在成果表中注记。

2）气象仪表检验

（1）气象仪表包括通风干湿温度表、通风电子干湿温度表、空盒气压表、水银气压表等，气象仪表的检验必须在技术监督部门授权的检定单位进行。

（2）通风干湿温度表（包括电子产品）的精度不得低于 ±0.2℃。通风干湿温度表必须经常检查水银有无断开，刻度板是否松动、破损，风扇转动有无异常。若不正常，应及时修复，必要时送检。

（3）每测网作业前须将通风电子干湿温度表探头放在一起测试比对，并作文字记载，经各项改正后互差不得大于 0.5℃，否则不得使用。

（4）气压表的最大误差不得超过 1hPa。每测网作业前，各气压表须放在一起互相比较。经各项改正后，其互差不得超过 1hPa（高原气压表为 2hPa），否则需进行校核。

（5）气象仪表必须在检定的有效期内使用。

7.2.4 软件介绍

1）记簿程序主界面
该主界面见图 7-2-7。
2）系统配置功能

（1）功能介绍。在图 7-2-8 中，点击区域 B 按钮，即可进入系统配置界面（图 7-2-9），主要实现了设置观测期数参数，同时也可新建观测目录；另外还可查询作业时间，使观测人员可以准确掌握作业时间；计算相对误差功能可对观测文件进行及时的计算，方便观测人员对成果的掌握。

图 7-2-7 记簿程序主界面

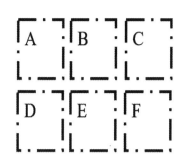

图 7 - 2 - 8　记簿程序功能界面

A：记簿；B：部分仪检；C：常用工具

（作业时间查询、相对中误差计算等）；D：系统配置；

E：关于开发者；F：退出程序

图 7 - 2 - 9　系统配置界面

（2）操作步骤。① 每次出测前设置好观测期数。在下拉列表中选择观测期数后，点击"设置为当前观测期数"按钮，即可设置为当前观测期数目录。所产生的观测文件都将存储在这个目录中，同时所需要的"task. xml"和"hosmet. xml"等配置文件也要求存放在这个目录中。② 新建观测期数目录，可以在前述下拉列表中没有合适的参数时，新建存储目录。③ 点击"查询作业时间"按钮，可查询指定场地的有效的观测作业时间。④ 点击"相对误差计算"按钮，进入操作界面。

3）观测记录

观测记录操作步骤（图 7 - 2 - 10）如下。① 根据界面文字提示，选择或输入观测信息，并点击"第一步"按钮进入下一操作界面，若不能进入下一界面，应根据错误提示修改本页或重测本测段。② 最终完成观测后，点击"保存观测结果"按钮来保存观测成果。注意：观测记录第四步第一测回结束时，若气压、干湿温没有变化，选择"使用前次观测者"按钮（默认）；若有变化，选择"获取新的观测值"按钮，重新输入气压、干湿温。

4）计算查询

提取同一条边的两个观测值，点击"计算相对中误差"（图 7 - 2 - 11）可进行相对中误差和光段差的计算；显示本边的观测中误差、相对中误差、光段差、光段 1、光段 2 的值；每次场地观测结束后应进行观测结果的计算检查。

5）仪器检查

（1）温度表校核（图 7 - 2 - 12）需要在出测前及每个场地观测前完成。① 根据界面文字提示，选择或输入观测信息。② 点击"计算"，显示比对结果。③ 点击"保存结果"，文件以"场地名_ThermometerVerify_年月日小时分"的形式保存。例如"st_ThermometerVerify_201707090548"表示：三塘场地温度表校核，是在 2017 年 7 月 9 日 5 点 48 分观测的。

图 7 - 2 - 10　观测记录操作步骤

图 7 - 2 - 11　计算结果的查询

图 7 - 2 - 12　温度表的校核

（2）气压表校核（图7-2-13）需要在出测前及每个场地观测前完成。① 根据界面文字提示，选择或输入观测信息。② 点击"计算"，显示比对结果。③ 点击"保存结果"，文件以"场地名_BarometerVerify_年月日小时分"的形式保存。例如"st_BarometerVerify_201707090553"表示：三塘场地气压表校核，是在2017年7月9日5点53分观测的。

（3）反射棱镜校核（图7-2-14）需要在出测前完成。根据界面文字提示选择或输入观测信息，按顺序依次观测各个镜子的正倒镜读数。结束时点击"计算"可显示比对结果，点击"保存结果"按钮可保存结果。

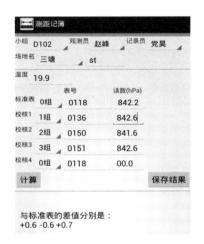

图7-2-13 气压表的校核

图7-2-14 反射棱镜校核

（4）加常数测定（图7-2-15）需要在出测前、收测后完成。

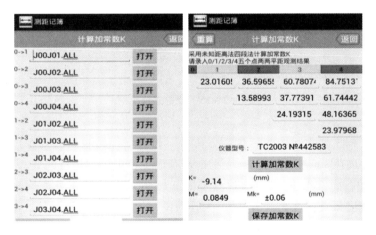

图7-2-15 加常数测定

加常数的测定采用未知距离法四段法的观测模式；观测值的输入采取直接输入观测值或提取观测值的方式；计算加常数 K，显示界面如图7-2-15所示。保存加常数 K，文件以"K_201706230722"（K加年月日时分）的形式保存。

（5）乘常数的测定需要出测前、收测后完成。本项检测由仪器检定部门完成，提供完整的仪器检定证书。

6）资料整理

（1）资料准备内容如下。① 数据准备，连接数据线。在手持机 TOS 目录中对应观测期数目录中下载观测数据至 PC 机。② 配置文件（.ini）的主要内容见图 7-2-16。配置文件是为了配合手簿的生成，内容可根据主管部门要求进行设置，例如手簿编号、图幅编号等。③ 模板文件、场地图等，在 Templetes 目录存放模板文件，可以根据需要自行修改。场地边略图目录中存放对应观测场地的示意图。场地图文件名的命名参考现在的格式。

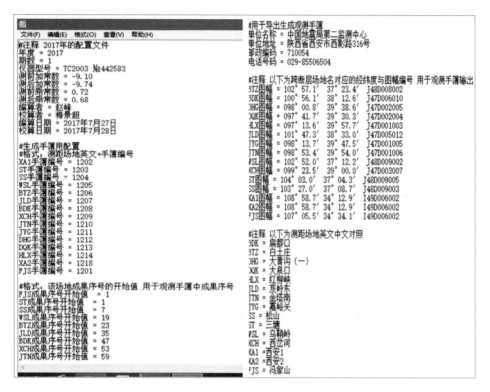

图 7-2-16　配置文件示例

整理资料时需注意以下几点：① 配置文件，打开已经编辑好的或者重新编辑；② 观测文件类型默认选择 xml 格式；③ 一个场地若有返工，可手动进行调整，一般不采用的成果放在正式成果后面；④ 按"生成观测手簿"按钮，生成观测手簿；⑤ 按"生成成果表"按钮，生成成果及精度统计表；⑥ 一般来说，先应生成观测手簿，如果有返工的情况，则需移除作废观测成果，再生成成果及精度统计表。

（2）观测手簿及成果表的生成见图 7-2-17。

（3）仪器检验相关文件（图 7-2-18）既可一次性生成，放在一个目录下，也可分类分别生成，放在提前建好的目录下。

图 7 – 2 – 17　成果与手簿生成过程

图 7 – 2 – 18　仪检文件生成过程

7.3 断层形变监测运行与管理

MD 断层形变测量仪测量和全站仪水平短程测距的监测运行与管理已在本章 7.2.1 和 7.2.3 中详细讲解，这里只介绍跨断层定点形变台站的监测运行与管理。

7.3.1 数据采集与存储

跨断层定点形变台站的垂直形变观测采用跨断层短水准测量的方法进行。水准观测按《大地形变台站测量规范 短水准测量》（1990 年，国家地震局）和《地震水准测量规范》的相关要求执行。

台站每 1~7 日分上、下午两个光段分别进行往返观测（经审批同意可在同一光段进行往返观测）。观测时，必须使用经检验合格并确保在检验有效期内的观测仪器和标尺，使用的记录器及记录软件也必须经学科技术管理部审定。

每次开始和结束观测时，需对天气、云量、风向风级、温度（读至 0.1℃）等进行观测。

每天还应有选择地进行地下水位、降水量、地温、气温和气压等辅助观测，具体项目由省级管理部门确定并报技术管理部备案。

台站水准观测时应注意以下几点。

仪器和标尺：经常检查圆气泡是否居中，确认尺号正确，往返测前后尺要互换。

脚架的安置：两脚与测线平行，另一脚轮流置于测线方向的两侧。

观测顺序：往测奇数站为后前前后，偶数站为前后后前，返测时相反（使用数字水准仪固化程序自动记录时返测可与往测相同）。

测微螺旋：最后读数前都为旋进。

观测时间：由省级管理部门确定，报技术管理部备案，不得提前和超后。

天气：气温突变或风、雨、雪、雾等引起呈现出的图像跳动和不稳定时，不能观测。

仪器晾置：露天阴影下晾 15~30min。

视线长度及视距差：视线长小于 30m 为佳（观测时仪器站、立尺点完全固定，可不读取视距），安置仪器时不要偏离视线的中间位置（建设时已提前设好的固定平台）。

调焦：在同一测站上观测时，不允许两次调焦（双摆位自动安平水准仪除外）。

摆位：双摆位仪器应分别在摆Ⅰ和摆Ⅱ位置读取基本分划和辅助分划读数（无辅助分划时，在两摆位分别读取即可）。

7.3.2 成果记录整理

（1）每次观测结束后应及时检查观测成果，尤其是观测成果的符合限差情况，若超过限差应及时进行重测。发现天气、温度等辅助记录与实际不符应及时划改并加注记。按规定将观测成果入库，填写成果表，显示（或点绘）相应的观测曲线图（高差及辅助观测）。根据数值和曲线的变化情况，初步判断是否存在异常情况。若发现异常，对成果再次进行全面检查，确认为异常的，及时报告省局分析预报部门，按规定处理。对当日的作业情况在工作日志中进行详细记载。检查人员在对成果进行检查后应及时签名。

（2）每月5、10、15、20、25日及当月最后一日观测结束后，计算并填写最新的五日均值，显示（或绘制）相应的五日均值曲线。

（3）每月填写观测成果表，应包括成果的精度（M站、M千米）、缺测和同光段观测天数的统计及一个月以来的仪器更换、台站附近的工作环境变化、干扰因素、资料的异常和落实情况、发生地震情况等内容（可另附），成果表应经过仔细的检查，并有填报者和检查者的签名。

（4）全年的所有资料的整理（包括工作日志、仪器检验、观测手簿、图件绘制、辅助观测和相关报告等）、检查（检查后应签名）、装订（包括封面、目录等）。编写《技术总结》（包括对一年来观测资料的分析，也可单独编写《分析报告》），《技术总结》应经台站领导审批并盖台站公章）。

7.3.3　数据分析与异常落实

发现观测资料的突变事件，台站应用观测资料非潮汐分析方法（推荐使用《基于GIS分析预报系统》软件，也可用自编软件）及时处理并加以调查核实，从作业人员、仪器（包括标尺）的更换、仪器运行状态、环境气候变化（旱季、台风、暴雨等）和人为干扰（点位碰动、机井抽水）等因素的角度逐一查找原因、分析核实，再考虑是否存在地震前兆，核实结果应及时上报省局监测管理部门和分析预报部门。出现短期和临震异常，根据省局主管部门的安排加密观测（上、下午分别进行往返测）。

7.3.4　资料报送

（1）每次观测结束后通过网络将观测成果上报中国地震局台网中心、学科技术管理部和省局相关部门。

（2）次月5日前，上报月成果表，报送中国地震局台网中心、学科技术管理部和省局相关部门。

（3）次年1月底以前，将《技术总结》和《分析报告》寄送学科技术管理部和省局相关部门。

（4）根据中国地震局和省局的验收评比安排，在规定的时间内向学科技术管理部和省局主管部门寄送验收评比资料。

（5）根据中国地震局台网中心、学科技术管理部和省局相关部门的管理要求，随时寄送相关的工作日志、仪器检验成果、原始观测手簿（使用数字水准仪时还应包括数据文件）和相关的图件、辅助观测资料。

7.3.5　仪器标定

应用于地震监测的水准仪在使用前和使用中应对一些项目进行检验和检查（表7 -

3-1），以保证监测成果的真实、可靠。关于 NI002 等光学仪器的检验项目、场地布设、操作要求和各项限差，在《大地形变台站测量规范 短水准测量》中已详细规定并附有范例。数字水准仪的部分项目的检验方法在《地震水准测量规范》中也已有规定和范例。

表 7-3-1　数字水准仪及水准标尺检验项目表

	检验项目	期限	限差	备注
仪器	1. 一般检视	经常	正常	年检时记录，包括通电检验、圆水准器等
	2. i 角检验	每月一次	±15″	
	2. 补偿性能	每年一次	0.20″	
	3. 安平精度	每年一次	0.40″	
	4. 调焦透镜	每三年一次	0.50mm	全部 V 值
	5. 视线距离误差测定	每三年一次	50mm/(30m)	
	6. 磁致误差	新仪器	0.10mm/km	
	7. 两千米试测	新仪器	符合规范要求	在仪器和标尺各项检验合格的基础上进行
标尺	1. 一般检视	经常	正常	年检时记录，包括圆水准器检验
	2. 一副标尺零点差	每月一次	0.10mm	
	3. 矢距测定	每半年一次	4.0mm	
	4. 中轴线与底面垂直性的测定	每三年一次	0.10mm	
	5. 一根标尺零点差的测定	新标尺	0.10mm	
	6. 一根标尺每米真长的测定	每年一次	100μm	送检
	7. 一副标尺每米真长的测定	每年一次	50μm	送检
	8. 条形码尺偶然标准差的测定	每年一次	13μm	送检

注：新购和大修后仪器和标尺需进行全面检查，一般修理需对相关项目进行检验。

　　每年在更换仪器、标尺（包括备用仪器、标尺）前，应按上表的要求提前完成相应项目的检验，合格后才能使用。因仪器故障等特殊原因，临时启用备用仪器、标尺时，可先使用再检验，但应在一星期内完成所有项目的检验（除送检项目外），对正在使用的仪器的检验则可按上表的时间要求边使用边检验。

7.3.6　日常维护

　　用于断层形变台站测量的水准仪都是昂贵的精密测量仪器，仪器除进行必要的检查外，还应注意日常维护，确保仪器能正常运转，在日常使用和维护中应注意以下几方面。

　　（1）各台站都应有专人使用和保管，在使用仪器前，应认真阅读仪器的《操作手册》或相关使用说明，对使用者进行操作培训，了解仪器的使用要求。

（2）作业人员应严格按《操作手册》的要求操作，使用时务必小心，不要在危险的环境下使用仪器，脚架的中心螺旋应严格与仪器配套，严禁非专业人员打开仪器的外壳。

（3）禁止观测仪器受太阳暴晒和雨淋，作业时使用测伞，雷雨天不得作业。做好仪器的防潮、防霉，定期更换干燥剂。

（4）擦拭仪器的物镜和目镜时，只能用干净的软布、生棉和毛刷，禁止使用除纯酒精外的任何清洁液，不得用手指触摸仪器镜头。

（5）仪器不用时，应尽量放置在 $0 \sim +40℃$ 的环境下，使用前先在工作环境中晾放 $15 \sim 30min$，再进行操作。

（6）应注意标尺的维护，不使用时应尽量避免太阳的曝晒和雨淋，淋湿后应及时用干布擦拭干净。

（7）建立观测仪器档案，详细记载仪器及标尺的性能资料，并记录启用、标定或检定、维修及使用情况。每半年对仪器和标尺进行一次全面保养。

使用数字水准仪的台站还应注意以下几点。

（1）使用专用电池，出现仪器电池电量不足的警告提示后，应立即更换电池。更换电池时应先关机，插入时应注意电池的极性，电池盒盖一定要盖好，小心电池滑落。长期不用时取出电池，并按要求安放电池。充电时使用专门的充电器，专用充电器不得给其他型号的电池充电，非专业人员不得打开和修理充电器。充电的环境温度为 $10 \sim 30℃$。

（2）PC 卡中的数据应及时传出，传输时需用配备的专用电缆。插入和取出 PC 卡和电池时一定要先关机，注意卡的方向。PC 卡长期不用时，应定期检查钮扣电池的电量，电量不足时及时插入仪器充电或更换。

（3）定期对仪器进行视线校正。

（4）操作人员不要修改仪器的标识码和仪器号等内置数据。

（5）不要在因瓦带上划写，以免影响仪器的正常读数，安放时不要尺面朝下。合金外壳的因瓦标尺，在移动过程中应注意避开电力线和通信线等。

7.4 断层形变资料质量控制

7.4.1 断层形变观测资料质量的评定指标

断层形变观测资料质量的评定指标参照第 6 章中相关章节执行，这里不再赘述。

7.4.2 辅助观测

观测成果因受客观环境的影响，往往包含有一定噪声，增加辅助观测资料的分析是非常必要的。不同台站应根据具体所处环境，有选择地长年进行某些项目的辅助观测，与主观测项水准测量进行对比，进一步排除噪声。一般可选择地下水位、降水量、地温、气温、气压等对本台站短水准成果影响大的某几项。

地下水位观测，尽可能在测线各端点附近的专用水井中进行，可采用自记装置或人工定时测井的方法。没有专用测井的台站也可选测线附近的其他水井，测井时同期记录采水量。所选水井应能反映对水准标石干扰最大的含水层的水位变化。降雨量一般采用自记雨量计或量筒进行观测。

地温可在地下埋设直管温度计，也可将接触式温度计安置在套管基岩标的内外管间，每日定时观测。

场地水准测量，目前没有开展上述辅助观测。

7.4.3　验收评分标准

断层形变测量验收评分标准参照第6章中相关章节执行，这里不再赘述。

7.5　断层形变监测站的建设

地震台站中跨断层形变监测场地、点位建设以《大地形变台站测量规范　短水准测量》和《地震水准测量规范》为基础，根据断层形变台站多年来的建设经验和资料应用情况，以水平形变和垂直形变（图7-5-1）可同时观测的断层形变综合台的建设为要求和标准。如果断层以水平运动为主，可建设基线测量场地，一般布设为线状或者大地四边形；如果断层以垂直运动为主，可建设水准测量场地（网型见图7-5-2）；如果既有水平又有垂直运动，一般建设为基线测量场地。

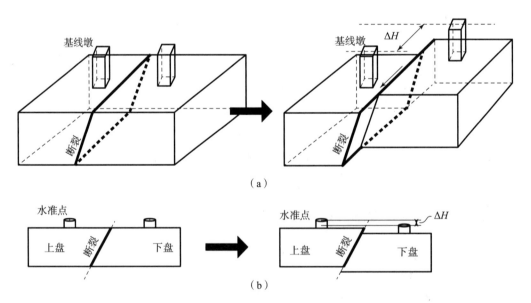

图7-5-1　跨断层形变场地监测示意图

（a）基线测量：监测两盘相对水平运动；（b）水准测量：监测两盘相对垂直运动

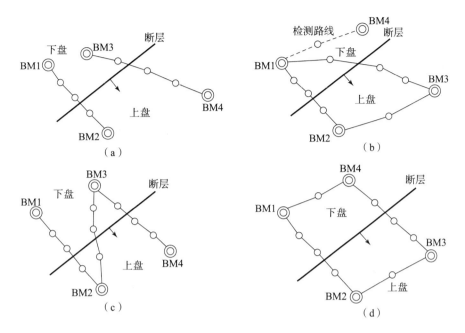

图 7-5-2 跨断层水准场地点位设计示意图（箭头所指为断层上盘，测点之间有若干过渡桩）

7.5.1 观测场地勘选和环境技术要求

1. 观测场地勘选

（1）地震地质条件。观测场地应布设在活动构造带的端部、拐折、分叉和交汇部位，且跨越活动构造带。基岩出露地区的观测场地基岩应坚硬、完整。无基岩出露地区的观测场地覆盖层（包括风化岩石层）厚度应≤50m，且地表土坚实。

（2）地形地貌条件。观测点位宜选在场地平坦、视野开阔的地点，并应考虑利于观测点位长期保存和观测。

（3）下列地段不宜选作观测场地：地势低洼、易于淹没或地下水位较高的地区；泥石流、土崩、滑坡的易发地带；地下有溶洞、流沙及近期古河道、近期海相、湖相沉积地区；土堆、河堤、冲积层河岸；陡坎和风口。

2. 观测环境要求的技术指标

（1）荷载、水文地质环境变化源在跨断层形变观测场地引起的跨断层水准测段高差变化量应不大于0.45mm/km。

（2）振动源在跨断层形变观测场地引起的断层水准观测中误差应不大于0.1mm。

（3）人工电磁源对断层形变GPS观测场地的影响：断层形变GPS观测的水平分量重复精度应不大于1.0mm，垂直分量重复精度应不大于2.0mm。

（4）跨断层形变水准观测场地视线内应无阻挡物；断层形变GPS观测各方向水平视线高度角15°以上无阻挡物，特殊地区局部（累计水平视角≤60°）水平视线高度角25°以上无阻挡物。

3. 观测仪器与干扰源的最小距离规定

对于明确的干扰影响来源，在已发布的国家标准《地震台站观测环境技术要求　第3部分：地壳形变观测》（GB/T 19531.3—2004）中对各种干扰源距地震台站地形变观测仪器的最小距离作出了明确规定，参见表7-5-1。

表7-5-1　断层形变观测距干扰源最小距离的规定

干扰源类型	干扰源		最小距离/km
荷载变化干扰源	海洋潮汐		≥0.5
	水库、湖泊	蓄水量 $1 \times 10^8 m^3$ 以上	≥0.5
	建筑、工厂、仓库、列车编组站等荷载变化源	总荷载变迁质量大于 $5 \times 10^7 kg$	≥0.5
振动干扰源	铁路、公路、机场跑道	铁路、三级以上公路	≥0.5
	采石、采矿爆破点，冲击振动设备等振动源	单段炮震药量大于50kg	≥1.0
		单段炮震药量大于500kg	≥2.0
		冲击力大于等于 $2 \times 10^3 kN$	≥0.5
水文地质环境变化干扰源	注水区、采矿采油区、地下水漏斗沉降区等	抽（注）量为 $5 \sim 100 m^3/d$、水位降深5m以下的抽（注）水井、采油井	≥0.5
		抽（注）量大于 $100 m^3/d$、水位降深5m以上的抽（注）水井、采油井	≥1.0
		地下水漏斗沉降区	≥0.5
人工电磁骚扰源	35kV及以上电压的高压输电线、变压器等		≥0.3
	微波通道和强电磁源等		与GPS观测仪器的最小距离应测试确定

7.5.2　观测装置系统技术要求

1. 测线布设要求

（1）断裂破碎带两侧以外至少各有两座固定标石，固定标石间可设立过渡标石。

（2）水准测线总长度应≤1.5km，综合观测墩的间距应≥300m。

2. 测站布设要求

（1）每条水准测线的测站数应为偶数。

（2）每测站的视距应≤30m。

（3）每测站的两标志间高差应≤2.5m。

3. 观测标石要求

断层形变台的标石包括固定标石和过渡标石。固定标石又分为水准标石和综合观测墩。

（1）水准标石分为普通基岩水准标石、套管基岩水准标石［参见《地震台站建设规范　第 3 部分：断层形变台站》（DB/T 8.3—2003）中图 B.1、图 B.2］。普通基岩水准标石在标石表面中央嵌入上标志，在距上标志 0.5m 处设下标志；套管基岩水准标石在标杆管上安装主标志，在保护管上焊接副标志。

（2）综合观测墩分为Ⅰ型、Ⅱ型和Ⅲ型［参见《地震台站建设规范　第 3 部分：断层形变台站》（DB/T 8.3—2003）中图 C.1、图 C.2、图 C.3］。综合观测墩在墩面设立强制归心盘作为 GPS 观测标志，在墩体底部两对立侧面离墩体 10cm 处各设立一个水准观测标志，水准点位置可根据测线方向及保护房的房门位置确定。

（3）过渡标石包括基岩过渡水准标石和土层过渡水准标石［参见《地震台站建设规范　第 3 部分：断层形变台站》（DB/T 8.3—2003）中图 D.1、图 D.2］。

4. 观测标石的选择

（1）水准标石：① 在基岩出露或覆盖层厚度不超过 2m 的地方，应选择普通基岩水准标石；② 在覆盖层厚度为 2~5m 的地方，可选择普通基岩水准标石，也可选择套管基岩水准标石；③ 在覆盖层厚度为 5~50m 的地方，应选择套管基岩水准标石。

（2）综合观测墩：① 在覆盖层厚度超过 4m 的地方应埋设Ⅰ型综合观测墩；② 在覆盖层厚度为 0.5~4m 的地方应埋设Ⅱ型综合观测墩；③ 在覆盖层厚度不超过 0.5m 的地方应埋设Ⅲ型综合观测墩。

（3）过渡标石：① 在基岩出露或覆盖层厚度不超过 1.5m 的地方应埋设基岩过渡水准标石；② 在覆盖层厚度超过 1.5m 的地方，可埋设土层过渡水准标石。

7.5.3　施工程序与要求

1. 标石制作要求

（1）制作观测标石的原料材质。① 灌制混凝土的材料应符合《国家一、二等水准测量规范》（GB/T 12897—2006）附录 A 中 A6.1 的要求。② 各类型的观测标石钢筋的具体要求参见《地震台站建设规范　第 3 部分：断层形变台站》（DB/T 8.3—2003）图 B.1 至图 D.2 的有关说明。③ 观测标石中的水准标志用不锈钢、铜或玛瑙材料制作，上表面制成半球形。各类标志的结构参见图 E.1、图 E.2、图 E.3。④ 综合观测墩的 GPS 强制归心标志用不锈钢材料制作，其结构参见《地震台站建设规范　第 3 部分：断层形变台站》（DB/T 8.3—2003）中图 F.1 和图 F.2。

（2）制作观测标石的基本要求。① 每立方米混凝土制作材料用量按《国家一、二等水准测量规范》（GB/T 12897—2006）表 A4 的规定执行。② 混凝土调制应满足《国家一、二等水准测量规范》（GB/T 12897—2006）附录 A 中 A6.3 的要求。

（3）制作固定标石时，应对下列的施工过程照相：① 开挖后的基坑；② 安置好的钢筋架及基坑（仅普通基岩水准标石和水准、GPS 综合观测墩）；③ 拆模后的标石近景；④ 整饰好的标石近景；⑤ 保护房外景。

2. 套管基岩水准标石埋设要求

（1）钢管基岩标志通过保护管隔离覆盖土层，标杆管与基岩应牢固连接，标杆管上的滑轮扶正器应焊接固定。

（2）保护管接箍要可靠，不渗水，管外要采取防锈、防腐措施，并用水泥砂浆回填，使之与钻孔孔壁固结。

（3）标底与岩层的连接要牢固、可靠，不渗水渗油；标口设计应能保证长期妥善保护标志，又做到使用方便。

（4）由于地表面一定深度内温度存在剧烈的日变化和年变化，为削弱对钢管基岩标可能产生的不利影响，因此要采取隔温措施。

（5）施工必须使用钻探设备，钻孔直径要略大于保护管外径，钻孔要求圆直，孔斜不得大于 $1°$。钻孔过程中，要求取样，并详细收集地质分层资料。

3. 辅助设施

（1）观测标石均应设有排水设施，固定标石还应建立保护房（保护房的长和宽均应 ≥ 2.0 m，室内净高应 ≥ 3.2m）。

（2）综合观测墩应确保墩面出露于保护房房顶，且观测墩的边与保护房的墙平行。

（3）在水准测线的安置仪器处可设立混凝土观测平台，平台尺寸为 1.2m $\times 1.2$m $\times 0.4$m。平台中心位置至相邻两观测标志的距离差应 ≤ 0.1m。

7.5.4　观测站建技术文档

断层形变观测台站建设完成后应将勘选报告，建设报告及项目建设有关的报告、批复、设计等材料，土地占用批准文件等整理归档保存。

1. 勘选报告内容

（1）任务来源（包括立项报告及有关的批复）。

（2）台站地理位置（经度 λ，纬度 Ψ，可从 $1:5$ 万地图上量取，准确至 $1'$，台站及观测场地周围约 2km^2 范围的 $1:5$ 万地形图。

（3）台站及观测场地的地震地质（活断层等）、水文地质、地形地貌、植被、气象及其他自然条件，重点描述断层的特性和岩性（必要时附相关图件）。

（4）勘选过程和主要勘选人员情况。

（5）观测场地附近存在的干扰源（铁路、主干公路、水库、抽水井、大型仓库等，标明距离）。

（6）观测场地试观测情况记录。

（7）观测标石、观测墩和观测标志的建议类型（附图，包括综合观测墩的环视图）。

（8）观测场地的综合性评价、勘选结论及对建设（包括仪器配备）的建议。

2. 建设报告内容

（1）施工过程的基本情况。

（2）台站及观测场地（可测线两侧各 250m 的范围）$1:5000$ 比例尺的地质地形图，包括断层位置和走向。

（3）实埋观测标石和观测标志剖面图。

（4）观测点位的土地使用证明材料。

（5）坑位地质素描图。

（6）井孔地质柱状图（仅限于套管基岩水准标石，根据井孔岩芯鉴定结果绘制）。

（7）施工过程的照片及含底片（仅固定标石）：开挖后的基坑，安置好的钢筋架及基坑（仅限于普通基岩水准标石和水准、GPS 综合观测墩），拆模后的标石近景，整饰好的标石近景，保护房外景。

（8）仪器购置有关资料。

（9）施工过程中的有关问题、处理情况及对观测工作的建议。

7.6 断层形变资料分析方法

跨断层资料的分析方法包括数据处理的基本方法和形变异常的综合分析方法。数据处理的基本方法主要是根据跨断层观测所得测线长度、点间高差的变化，提炼相应的水平走滑、张压和垂向正逆断分量；针对含明显年变、季节性变化的观测数据，也需事先扣除此类周期性变化背景。综合分析方法则主要是借助统计分析或数学计算，基于观测数据提炼预测指标，削弱或剔除非构造活动干扰，突显异常尤其群体性异常、断层活动共性或差异性特征，以提高地震预测效能。常用的综合分析方法包括速率合成、斜率差方法和断层活动协调比等。

7.6.1 数据处理的基本方法

1. 断层活动参量计算方法与实例分析

对于直交基线，断层上、下盘短时间内微小错动量（地震错动除外）在数值上与基线长度相差甚大，由此引起的基线与断层交角的变化可忽略不计，直交基线测值的变化 ΔS 可反映断层的张压活动性。基线伸长（$\Delta S > 0$）表示张性，基线缩短（$\Delta S < 0$）表示压性。对于斜交基线，ΔS 还可能反映断层的水平错动。已知测线与断层夹角 α、断层倾角 β、基线长度变化 ΔS 和高差变化 Δh，断层走滑量 d 可由下式计算（张超，1981）：

$$d = \left(\Delta S + \Delta h \frac{\sin\alpha}{\tan\beta} \right) \frac{1}{\cos\alpha} \qquad (7-6-1)$$

计算时定义断层线逆时针转动，第一次与测线重合或平行时所转过的角度为 α。断层左旋（反扭）时 $\Delta d < 0$，右旋（正扭）时 $\Delta d > 0$；上盘相对下盘上升即逆断 $\Delta h < 0$，正断则 $\Delta h > 0$。但式（7-6-1）中含倾角 β，而多种情况下较难获得断层倾角的准确数值，此时可用两条基线联立求解（薄万举等，1998；张希等，2012），计算公式见式（7-6-2）：

$$d = \frac{\Delta S_1 \sin\alpha_2 - \Delta S_2 \sin\alpha_1}{\sin(\alpha_2 - \alpha_1)}; b = \frac{\Delta S_2 \cos\alpha_1 - \Delta S_1 \cos\alpha_2}{\sin(\alpha_2 - \alpha_1)}; c = \frac{\Delta h_1 + \Delta h_2}{2} \qquad (7-6-2)$$

式中，Δh_1、Δh_2 为两条测线的高差变化；d 为断层两盘走滑量（左旋为负，右旋为正）；b 为水平张压量（挤压为负，拉张为正）；c 为垂向高差变化量（逆断为负，正断为正）。

尽管如此，祁连山断裂带红外测距与水准综合场地、川滇地区部分场地跨断层直交、斜交甚至多角度斜交基线测段超过 2 条，c 为多测线高差变化均值，其他参量需根据式（7 - 6 - 3）及最小二乘法则（测值变化与理论值之差的平方和，即 $\sum\limits_k \varepsilon_k^2$ 最小）获得（张希等，2014a）：

$$\Delta S_k + \varepsilon_k = b \cdot \sin\alpha_k + d \cdot \cos\alpha_k; k = 1,2,\cdots \qquad (7 - 6 - 3)$$

这里，ΔS_1，ΔS_2，$\cdots$ 为各基线测线测值变化；α_1，α_2，$\cdots$ 为各测线与断层走向的夹角。

对鲜水河断裂龙灯坝、虚墟、侏倭 3 处水准基线综合场地观测资料，计算水平走滑、张压和垂直升降累积变化（图 7 - 6 - 1）。

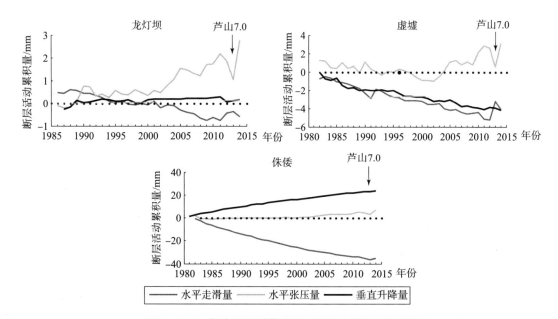

图 7 - 6 - 1　鲜水河断裂带断层三维活动参数时间序列

计算断层活动分量可以更好地分析断层活动背景与动态变化特征，如鲜水河断裂 3 处场地均表现为左旋走滑特征，张压、垂直活动不同场地存在差异。可以看出断裂活动一定程度上受到 2001 年 11 月昆仑山口西 8.1 级地震、2008 年 5 月汶川 8.0 级地震的影响，出现趋势改变的调整性变化，并且在 2013 年 4 月芦山 7.0 级地震前出现压性、右旋转折等短期异常变化。

2. 傅里叶滑动去周期法和实例分析

该方法为扣除观测值序列中的年变周期成分（陆远忠等，2002）。设观测值序列 $y = \{y_1, y_2, \cdots, y_N\}$ 中的年变周期长度为 T，即一年中，等间隔均值序列中有 T 个观测值。年变序列成分用 $x = \{x_1, x_2, \cdots, x_N\}$ 表示。利用下面的三角级数公式由 y 序列中的 T

个观测值 $\{y_{n-T+1}, y_{n-T+2}, \cdots, y_n\}$ 计算 x_n ，由 $\{y_{n-T+2}, y_{n-T+3}, \cdots, y_{n+1}\}$ 计算 x_{n+1} ，以此类推。

$$a_n = \frac{2}{T} \sum_{j=n-T+1}^{n} y_j \cos \frac{2\pi(j-n+T)}{T} \qquad (7-6-4)$$

$$b_n = \frac{2}{T} \sum_{j=n-T+1}^{n} y_j \sin \frac{2\pi(j-n+T)}{T} \qquad (7-6-5)$$

$$x_n = a_n \cos \frac{2\pi(j-n+T)}{T} + b_n \sin \frac{2\pi(j-n+T)}{T} \qquad (7-6-6)$$

扣除年变后的新序列为：

$$G_n = y_n - x_n \quad (n = T, T+1, \cdots, N) \qquad (7-6-7)$$

由式（7-6-4）、式（7-6-5）计算出的 a_n、b_n 是随年变强弱而动态变化的。对 y_n 序列中前 $T-1$ 个数据通过基波拟合求得 $x_1, x_2, \cdots, x_{T-1}$ ，然后利用式（7-6-7）计算 $G_1, \cdots, G_{T-1}$ 。若观测序列为月均值，$T=12$ ；若观测序列为五日均值，则 $T=72$ 。

图 7-6-2 为利用上述方法对张山营基线观测的处理结果，在利用傅里叶滑动消除年变周期影响后，地震前后的异常形态更加明显，表现为紫荆关水准在地震前逆断活动增强、张山营基线在地震前左旋走滑增强的特征。

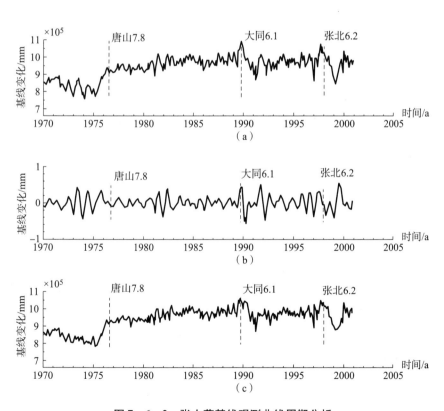

图 7-6-2　张山营基线观测曲线周期分析

（a）张山营（E-W）基线观测原始数据；（b）张山营（E-W）基线观测周期项；

（c）张山营（E-W）基线观测消除周期项残差值

7.6.2　形变异常的综合分析方法

1. 速率合成方法

张晶等利用华北地区跨断层资料做速率合成，削弱干扰噪声，提炼首都圈等构造区断层活动量的动态变化（江在森等 2001 年也曾提出类似的应用于西部地区的速率合成方法）。其计算原理为，在跨断层观测网络中，通过叠加"信号"，群体异常信息可能会增强 N 倍。但叠加后噪声也会增强，按误差传播定律将增大 $\sqrt{N}$ 倍，叠加后"信号"的信噪比为 $\dfrac{N}{\sqrt{N}} = \sqrt{N}$，纯粹的"噪声"由于其偶然误差特性，经过叠加就可能在相当大的程度上被抵消或削弱。

以一定的时间间隔 T 作差分，考虑单测项的权重，求取平均值，并以一定时间间隔滑动：

$$V_i = Y_i - Y_{i-T}$$

$$\bar{V} = \frac{\sum\limits_{j=1}^{n} V_{j,i} P_i}{n} \qquad (7-6-8)$$

式中，Y_i 为观测值时间序列；n 为测项数；P_i 为观测值的权重或信度；$\bar{V}$ 为多测项差分合成值。

若 T 取 12 个月，1 个月滑动，则为月滑动的年速率合成结果，可有效滤除趋势性和年变变化。

以首都圈跨断层资料为例，图 7-6-3 分别为 T 取 12 个月、6 个月、3 个月间隔的差分速率合成结果，对首都圈地区及其周边 200km 范围内的强震有较好反映，震前 1、2 年速率加快或波动加剧。其中 12 个月尺度可较好地去除年变影响，3 个月尺度可突显短期变化信号。

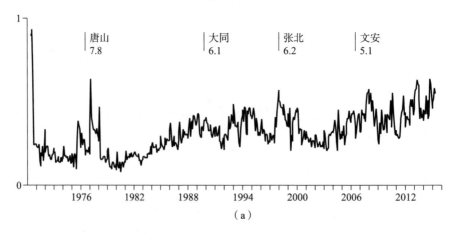

（a）

图 7-6-3　首都圈跨断层资料不同频段的差分速率合成结果

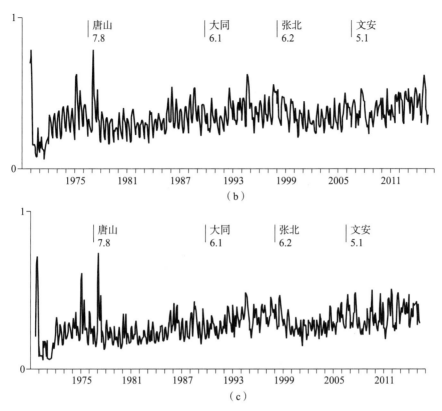

图 7 - 6 - 3　首都圈跨断层资料不同频段的差分速率合成结果（续）

（a）12 个月；（b）6 个月；（c）3 个月

2. 斜率差信息法

定点台站日观测资料波动性强，且含有较强的中长期形变背景及干扰信息，如年形变信号、气象干扰等，需要将相对较弱的中短期形变信号提取出来。以往多先将资料处理成旬均值、月均值或年均值，但这样会平滑掉大部分的、有预测意义的中短期信号。为解决这一问题，薄万举等（2001）提出了前兆信息提取的斜率差信息法。

$$\boldsymbol{y} + \boldsymbol{v} = a + bt \tag{7-6-9}$$

式中，y 为观测值向量；v 为拟合残差向量；t 为时间向量；a、b 为待定未知数。

为求得 t_i 时刻的斜率差信息值，分别取时间 $\boldsymbol{t}_i, \boldsymbol{t}_{i-1}, \boldsymbol{t}_{i-2}, \cdots, \boldsymbol{t}_{i-L+1}$，计 L 个观测值代入式（7-6-9），有：

$$\left.\begin{array}{ll}
\boldsymbol{y}_i & + \boldsymbol{v}_i & = a_L + b_L \boldsymbol{t}_i \\
\boldsymbol{y}_{i-1} & + \boldsymbol{v}_{i-1} & = a_L + b_L \boldsymbol{t}_{i-1} \\
\vdots & \vdots & \\
\boldsymbol{y}_{i-L+1} & + \boldsymbol{v}_{i-L+1} & = a_L + b_L \boldsymbol{t}_{i-L+1}
\end{array}\right\} \tag{7-6-10}$$

令

$$Y_L = \begin{bmatrix} y_i \\ y_{i-1} \\ \vdots \\ y_{i-L+1} \end{bmatrix}, A_L = \begin{bmatrix} 1 & t_i \\ 1 & t_{i-1} \\ \vdots & \vdots \\ 1 & t_{i-L+1} \end{bmatrix}$$

在 $[vv] = \min$ 的条件下组成法方程，有：

$$A_L^{\mathrm{T}} Y_L = A_L^{\mathrm{T}} A_L \begin{bmatrix} a_L \\ b_L \end{bmatrix} \tag{7-6-11}$$

则

$$\begin{bmatrix} a_L \\ b_L \end{bmatrix} = (A_L^{\mathrm{T}} A_L)^{-1} A_L^{\mathrm{T}} Y_L$$

所以

$$b_L = \begin{bmatrix} 0 & 1 \end{bmatrix} (A_L^{\mathrm{T}} A_L)^{-1} A_L^{\mathrm{T}} Y_L \tag{7-6-12}$$

式中，b_L 为利用式（7-6-10）对 t_i 时刻以前 L 个观测值所构成的观测值曲线元进行线性回归得到的回归曲线斜率值。

根据观测曲线的特点，取适当的 L 值（一般对日均值可取 30 左右），可得到观测曲线在 t_i 时刻的背景斜率值 b_L，故称 b_L 为背景斜率值。采用同样的推导过程，将式（7-6-12）中的 L 值换成较小的 M 值（对日均值一般可取 10 左右），同理可得：

$$b_M = \begin{bmatrix} 0 & 1 \end{bmatrix} (A_M^{\mathrm{T}} A_M)^{-1} A_M^{\mathrm{T}} Y_M \tag{7-6-13}$$

称 b_M 为当前斜率值，则定义 $\varepsilon = b_M - b_L$ 为斜率差信息值，将式（7-6-12）和式（7-6-13）代入上式，有：

$$\varepsilon = \begin{bmatrix} 0 & 1 \end{bmatrix} [(A_M^{\mathrm{T}} A_M)^{-1} A_M^{\mathrm{T}} Y_M - (A_L^{\mathrm{T}} A_L)^{-1} A_L^{\mathrm{T}} Y_L] \tag{7-6-14}$$

斜率差信息法能有效提取短临异常信息，包括突变、转折、阶跃、趋势消失或减弱等各种类型的异常信号，且适用于其他定点连续形变前兆手段异常信息的提取，具有较好的普适性。曲线异常变化持续一段时间后，模型自动改变其趋势背景值，具有自动捕获和跟踪斜率背景值的功能；若资料出现异常平静、趋势变化或年变消失，该方法可自动识别。若资料噪声水平存在明显的周期性差异，可在确定异常指标方面考虑到噪声背景的不同，用多年同季节的资料确定该季节的警戒线，即可变警戒线，其效果优于固定警戒线。

以唐山定点水准台站（2-3）测段 1979 年的日均值观测曲线为例，用式（7-6-9）～式（7-6-14）计算斜率差信息值序列，取 $L=20$ 天，$M=8$ 天，并取：

$$m = \sqrt{\frac{[\varepsilon\varepsilon]}{n-20}} \tag{7-6-15}$$

计算标准差 [在没有异常信号的前提下，数学期望 $E(\varepsilon) = 0$，$n-20$ 为多余观测值个数]，并取 $\pm 2.5m$ 为异常判定的警戒范围，原始观测曲线和斜率差信息曲线见图 7-6-4。

由图 7-6-4 可以看出，观测曲线显示的 6 月底至 7 月初和 8 月中下旬出现的下降—回升变化，均在斜率差信息曲线上得到了强化反映，异常更为显著。该方法有如下特点。① 通过改变 L 和 M 的长度，可捕捉不同频率的异常变化信息。本例适合捕捉 10 天以内短临异常信息。② 可在不进行排除干扰处理的情况下去掉背景信号对斜率差信息的影响，

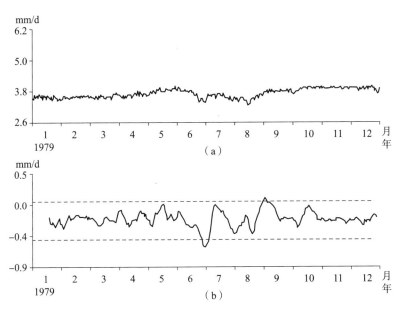

图7-6-4　唐山（2-3）水准1979年测值的斜率差计算结果

（a）原始观测曲线；（b）斜率差信息曲线

避免了远端资料的干扰；对有明显年变周期的资料，可自动去掉年变干扰。③ 因 ε 值的数学期望值为0，可利用方差估计的方法设定警戒值，因此可以经优化筛选出报警参数，实现计算机对异常检索的自动报警，这对日常预报工作具有较高的使用价值。

3. 断层活动协调比方法探讨

为有效捕捉潜在震源区前兆变化信息与断层应变积累状态，张晶等（2011）利用川滇、首都圈地区跨断层基线和水准综合观测资料，采用断层三维立体模型计算断层三维运动参数，提出了断层活动协调比参数的概念，分析断层活动状态的动态演变及与典型震例的可能关系。结果显示，断层周边强震发生前，其活动协调比偏离背景，呈现非稳态变化，震后逐渐恢复稳定形态。本节以1996年2月3日云南丽江7.0级地震为例。

首先建立断层三维直角坐标系，以断层走向为 x 轴，垂直于 x 轴的水平方向设为 y 轴，垂直向上的方向设为 z 轴，以 a、b、Δh 三个变量描述断层的走滑活动参量（a）、张压活动参量（b）、上盘相对下盘垂直升降量（Δh），定义两个变量之比为断层活动协调比参数，即：

$$f_1 = \frac{\Delta y}{\Delta x} = \frac{b}{a}; f_2 = \frac{\Delta z}{\Delta x} = \frac{\Delta h}{a}; f_3 = \frac{\Delta z}{\Delta y} = \frac{\Delta h}{b} \tag{7-6-16}$$

式中，f_1、f_2、f_3 为断层活动协调比，是描述断层活动的特征参数。

当断层处于无障碍自由蠕滑、无应变积累时，协调比为常数。当断层活动协调比是一个变数，偏离原来正常值很远时，在排除了非构造活动（干扰及人为影响等）情况下，可以认为断层活动受阻，断层蠕动趋向不稳定或产生闭锁，即协调比的趋势偏离表明有一定的应变积累。当断层失稳发生强震，应变能释放后，协调比又恢复稳定形态。

1996年2月3日丽江7.0级地震前丽江场地断层活动速率一直较低，震后断层活动速率增大，出现年周期变化形态［图7－6－5（a）］；协调比参数显示震前趋势偏离，呈明显离散性变化［图7－6－5（b）］，表明该阶段断层活动有显著应变积累；观测曲线可看到显著同震阶变，积累的应变获得了较充分的释放；之后断层活动协调比恢复至稳定形态。

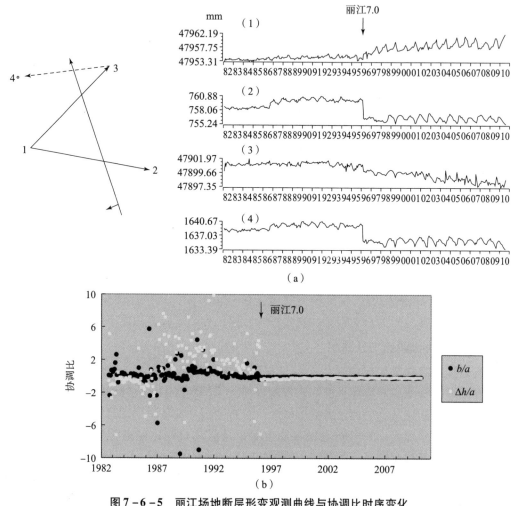

图7－6－5　丽江场地断层形变观测曲线与协调比时序变化

（a）场地布设与观测曲线；（b）断层活动协调比

　　而距丽江地震约70km的永胜场地1994年底基线、水准观测开始出现快速变化，表现为年变幅的剧增［图7－6－6（a）］，断层活动协调比此时也开始趋势偏离并呈显著离散性变化，震后逐渐恢复［图7－6－6（b）］。虽然观测曲线直到1999年还维持较高的变化速率，但协调比已恢复到正常水平，说明丽江7级大震后该场地的断层活动无显著的应变积累。

　　由丽江场地断层活动协调比时序变化，可以推断该次7级地震前震源区经历了至少十几年的断层闭锁阶段；稍远的永胜场地则在震前一年左右开始出现异常；而震源区以外的下关场地在丽江震前基本正常（图7－6－7）。

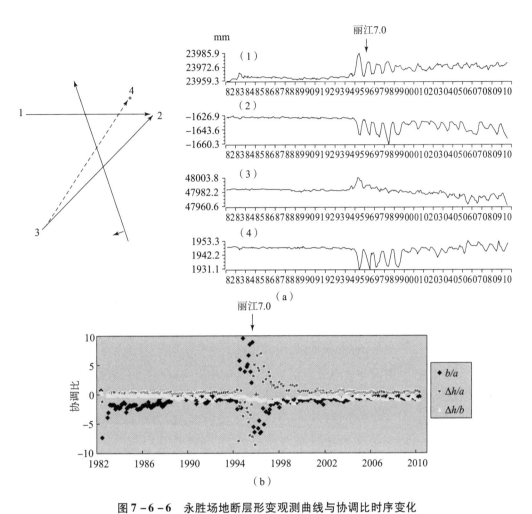

图 7 - 6 - 6　永胜场地断层形变观测曲线与协调比时序变化

（a）场地布设与观测曲线（1：1 - 2 基线；2：1 - 2 水准；3：1 - 3 基线；4：1 - 3 水准）；

（b）断层活动协调比

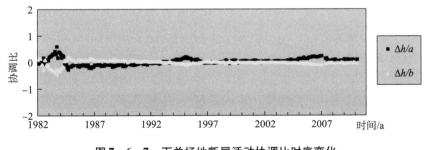

图 7 - 6 - 7　下关场地断层活动协调比时序变化

当断层观测受到降雨或环境干扰时，断层活动协调比也可能出现趋势偏离，应结合实际情况具体分析。如首都圈八宝山断裂断层形变观测曲线与水位变化、降雨明显相关，降雨通过改变断层带孔隙压力变化而影响八宝山断裂活动。跨该断裂的大灰厂场地断层活动协调比在 1976 年唐山 7.8 级、1989 年大同 6.1 级、1998 年张北 6.2 级地震前出现离散性变化（图 7-6-8），虽然其中包含了异常信息，但也包含降雨影响。因此在分析断层活动协调比时，应注意区分是否由于干扰所引起。

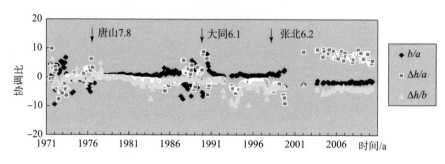

图 7-6-8　大灰厂场地断层活动协调比时序变化

4. 主成分分析方法

主成分分析又称主分量分析，是由 Hotelling 于 1933 年首先提出来的。主成分分析是利用降维的思想，在最大限度地保留原有信息的基础上，把多个指标转化为少数几个综合指标的多元统计方法。通常把转化生成的综合指标称为主成分，而每个主成分都是原始变量的线性组合，但各个主成分之间没有相关性，这就使得主成分比原始变量在反映问题本质上显得更优越。具体分析方法如下（李腊月等，2013）：

记 x_1，x_2，$\cdots$，x_p 为原变量指标，z_1，z_2，$\cdots$，z_m（$m \leqslant p$）为新变量指标：

$$\begin{cases} z_1 = l_{11}x_1 + l_{12}x_2 + \cdots + l_{1p}x_p \\ z_2 = l_{21}x_1 + l_{22}x_2 + \cdots + l_{2p}x_p \\ \qquad\cdots\cdots \\ z_m = l_{m1}x_1 + l_{m2}x_2 + \cdots + l_{mp}x_p \end{cases} \qquad (7-6-17)$$

$$l_{i1}^2 + \cdots + l_{ip}^2 = 1 \qquad (7-6-18)$$

其中，系数 l_{ij} 的确定原则：① z_i 与 z_j（$i \neq j$，i、$j = 1, 2, 3, \cdots, m$）不相关；② z_1 是 x_1，x_2，$\cdots$，x_p 的一切线性组合中方差最大者，z_2 是与 z_1 不相关的 x_1，x_2，$\cdots$，x_p 的所有线性组合中方差最大者；z_m 是与 z_1，z_2，$\cdots$，z_{m-1} 都不相关的 x_1，x_2，$\cdots$，x_p 的所有线性组合中方差最大者，则新变量指标 z_1，z_2，$\cdots$，z_m 分别称为原变量指标 x_1，x_2，$\cdots$，x_p 的第 1，第 2，$\cdots$，第 m 主成分。

主成分分析步骤如下。

（1）将原始数据标准化。应用中，不同变量有不同的量纲，由于不同量纲会引起各变量取值范围的差异较大，这时总体方差则主要受方差较大的变量控制。为了消除由于量纲的不同可能带来的影响，常采用变量标准化方法。

$$x_{ij}^* = \frac{x_{ij} - \overline{x}_j}{\sqrt{\text{var}(x_j)}}, (i = 1,2,\cdots,n; j = 1,2,\cdots p) \qquad (7-6-19)$$

式中，$\overline{x}_j = \dfrac{1}{n}\sum_{i=1}^{n} x_{ij}$，$\text{var}(x_j) = \dfrac{1}{n-1}\sum_{i=1}^{n}(x_{ij} - \overline{x}_j)^2$。

（2）根据标准化数据表 $(x_{ij}^{*})_{p\times n}$，计算相关系数矩阵 $R=(r_{ij})_{p\times n}$，其中

$$r_{ij}=\frac{\sum_{k=1}^{n}(x_{ki}-\bar{x}_i)(x_{kj}-\bar{x}_j)}{\sqrt{\sum_{k=1}^{n}(x_{ki}-\bar{x}_i)^2(x_{kj}-\bar{x}_j)^2}}\qquad(7-6-20)$$

（3）计算 R 的特征值（$\lambda_1,\lambda_2,\cdots,\lambda_p$，其中 $\lambda_1\geqslant\lambda_2\geqslant\cdots\geqslant\lambda_p\geqslant0$）和相应的特征向量 $\boldsymbol{u}_i=(u_{i1},u_{i2},\cdots,u_{ip})(i=1,2,\cdots,p)$。

（4）计算主成分 $z_m=\sum_{j=1}^{p}u_{mj}x_j$。

（5）计算主成分的贡献率 $e_i=\lambda_i\big/\sum_{k=1}^{p}\lambda_k$ 和累积贡献率 $E_m=\sum_{k=1}^{m}\lambda_k\big/\sum_{k=1}^{p}\lambda_k$。贡献率越大，说明该主成分包含原始变量的信息越强。根据主成分的累积贡献率决定主成分个数 k，一般要求累积贡献率达到85%以上，这样才能保证综合变量能包括原始变量的大部分信息。

（6）根据主成分分析得到的主成分 z_i 和相应的权值（贡献率）e_i，计算断层垂直形变速率的综合指标 $W=\sum_{i=1}^{m}e_iz_i$，由于 m 个主成分已经基本保留了这些资料的前兆异常信息，所有综合指标就代表研究区跨断层形变资料的前兆综合信息。

鲜水河断裂带水平张压量主成分分析结果如图7-6-9所示，前3个主成分的贡献率共占95.54%，其他主成分的贡献率共占4.46%，通常只针对前3个主成分进行分析。同

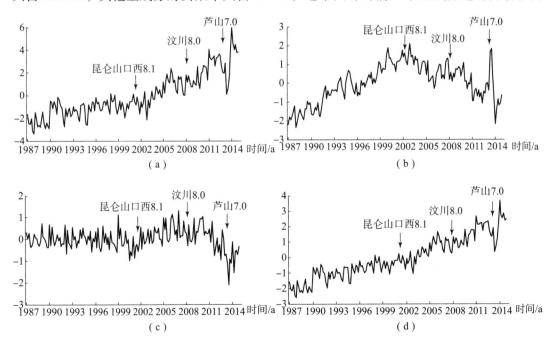

图7-6-9　鲜水河断裂带断层水平张压量第一、
第二和第三主成分和综合指标的时间序列曲线

（a）第一主成分；（b）第二主成分；（c）第三主成分；（d）综合指标

样，第一主成分主要反映的是断层长期构造运动的信息，第二、第三主成分除包含部分构造信息外，还包含一些年变干扰信息或比年变更短周期的干扰信息。可以看出，3个主成分在 2001 年同步发生趋势性转折变化，这可能与 2001 年 11 月 14 日昆仑山口西 M_S8.1 地震有关，为其震后效应；3个主成分在 2006 年再一次出现转折变化，曲线有所转平，幅度相对较小，这种相对闭锁的状态可能是 2008 年汶川 M_S8.0 地震的前兆反映；3个主成分在 2012 年底开始出现破趋势的异常变化，异常幅度较大，2013 年异常达到最大值，2014 年异常有所恢复，在异常达到最大值时距鲜水河断裂带北西段 140 km 处发生了芦山 M_S7.0 地震，表明水平张压量 3 个主成分在芦山地震前出现了明显异常。

习　题

一、判断题

1. 断层形变测量是通过间接测定活动断层两侧参考点间水平距离和相对高差的微小变化来推断断层两盘的三维运动，从而确定断层的运动方式、运动速率以及它们随时间而演变的过程。　　　　　　　　　　　　　　　　　　　　　　　　　　　（　　）

2. 断层形变监测包括水平形变、垂直形变与重力观测，水平、垂直形变观测精度为 $10^{-7}\sim$ 10^{-6}，重力观测精度为 10^{-8}。　　　　　　　　　　　　　　　　　　（　　）

3. 断层场地测量是跨越断层布设一个简单的图形或不同方向的几条短测线，进行水平和垂直形变测量，从而提供主要活动地震带和地震重点防御区活动断层运动的变化信息。　　　　　　　　　　　　　　　　　　　　　　　　　　　　　　　　　（　　）

4. 断层场地观测网分布在主要地震带、地震重点防御区和特定地区。　　（　　）

5. 断层场地观测网水准测量精度，每千米高差偶然中误差 M_Δ 不大于 0.45mm，每千米高差全中误差 M_W 不大于 1.0mm；激光测距精度相对中误差优于 1/700000。　（　　）

6. 断层定点台站测量也属于台站形变测量，它是应用大地测量方法在固定的台站上进行跨断层形变测量。　　　　　　　　　　　　　　　　　　　　　　　　　　（　　）

7. 电子测距即电磁波测距，它是以电磁波为载波，传输光信号来测量距离的一种方法。　　　　　　　　　　　　　　　　　　　　　　　　　　　　　　　　　　（　　）

8. 近年来随着全站仪距离测量精度的提高，其已经成为跨断层测量的主流距离测量设备，比如徕卡 TCA 和 TS 系列产品等。　　　　　　　　　　　　　　　　　　（　　）

二、单选题

1. 断层场地观测网采取非均匀布局模式，监测同一断层的断层观测场地间距不宜大于（　　）。

　　A. 20km　　　　　　B. 40km　　　　　　C. 50km　　　　　　D. 100km

2. 断层定点形变台站观测周期为：（　　）。

　　A. 每年一期　　　　B. 每月一期　　　　C. 每 1~7 天一期

3. 水准仪和水准标尺的检验周期一般不超过（　　）。

　　A. 一年　　　　　　B. 半年　　　　　　C. 3 个月　　　　　　D. 两年

4. 距离测量应在最佳观测时间段内进行，一般选择在测网日出后（　　）h 至（　　）h 和日落前（　　）h 至（　　）h 内进行观测，全阴天可将上述时段向中天方向延长（　　）h。

    A. 0.5/2.5/2.5/0.5/1　　　　　　　　B. 1.0/1.5/2.0/2.5/0.5

5. 每千米边长中数相对中误差不得大于（　　）。

    A. 1/（50 万）　　B. 1/（60 万）　　C. 1/（70 万）　　D. 1/（90 万）

6. 短程测距测同一条边时，各反射棱镜互差不得大于（　　）；设有正、倒镜的反射棱镜，其正、倒镜差不得大于（　　）。

    A. 0.2mm　　　　B. 0.5mm　　　　C. 0.3mm　　　　D. 1mm

7. 距离测量每测网作业前须将通风电子干湿温度表探头放在一起测试比对，并作文字记载，经各项改正后互差不得大于（　　），否则不得使用。

    A. 0.5℃　　　　B. 1.0℃　　　　C. 0.1℃　　　　D. 2.0℃

8. 距离测量气压表的最大误差不得超过（　　）。每测网作业前，各气压表须放在一起互相比较，经各项改正后其互差不得超过（　　）［高原气压表为（　　）］，否则需进行校核。

    A. 1hPa，1hPa，2hPa　　　　　　　B. 0.5hPa，0.5hPa，1hPa

    C. 0.5hPa，1hPa，1hPa

9. 观测场地勘选中，无基岩出露地区的观测场地覆盖层（包括风化岩石层）厚度应（　　），且地表土坚实。

    A. ≤50m　　　　B. ≤500m　　　　C. ≤10m　　　　D. ≥50m

10. 观测环境技术要求中，荷载、水文地质环境变化源在跨断层形变观测场地引起的跨断层水准测段高差变化量应不大于（　　）。

    A. 0.4mm/km　　B. 0.45mm/km　　C. 0.5mm/km　　D. 0.045mm/km

11. 观测环境技术要求中，振动源在跨断层形变观测场地引起的断层水准观测中误差应不大于（　　）。

    A. 0.1mm　　　　B. 0.2mm　　　　C. 0.3 mm　　　　D. 0.4mm

12. 观测环境技术要求中，人工电磁源对断层形变 GPS 观测的水平分量重复精度应不大于（　　），垂直分量重复精度应不大于（　　）。

    A. 0.1mm，0.2mm　　　　　　　　B. 0.1mm，2.0mm

    C. 1.0 mm，0.2mm　　　　　　　　D. 1.0 mm，2.0mm

13. 断裂破碎带两侧以外至少各有两座固定标石，水准测线总长度应≤（　　），综合观测墩的间距应≥（　　）。

    A. 1km，100mm　　　　　　　　　B. 1.0km，200m

    C. 1.5km，300m　　　　　　　　　D. 1.0km，300m

14. 每条水准测线的测站数应为偶数，视距应≤（　　），每测站的两标志间高差应≤（　　）。

    A. 30m，2.5m　　B. 30m，2.0m　　C. 20m，30 m　　D. 10m，1.0 m

15. 在基岩出露或覆盖层厚度不超过2m的地方，应选择（　　）水准标石。厚度为5～

50m 的地方，应选择（　　）水准标石。

    A. 普通基岩，套管基岩　　　　　　　　B. 套管基岩，普通基岩

三、多选题

1. 断层形变监测按监测方式分为：（　　）。

    A. 断层剖面测量　　　　　　　　　　　B. 断层场地测量

    C. 断层定点台站测量

2. 断层剖面测量观测项目包括（　　）。

    A. 跨断层精密水准观测　　　　　　　　B. 跨断层 GPS 观测

    C. 相对重力测量

3. 断层场地测量观测项目包括（　　）。

    A. 跨断层精密水准观测　　　　　　　　B. 跨断层激光测距

    C. 跨断层 GPS 观测

4. 断层场地观测网分布于（　　）。

    A. 主要地震带　　　　　　　　　　　　B. 地震重点防御区

    C. 特定地区

5. 断层定点台站测量观测项目包括（　　）。

    A. 短水准测量　　　　　　　　　　　　B. 短基线测量

    C. 短边测距

6. 断层形变仪包括：（　　）。

    A. MD4271 型水平变形测量仪　　　　　B. MD4472 型垂直变形测量仪

7. MD 系列形变测量仪器安装与调试的内容主要有：（　　）。

    A. 安装机座　　　　　　　　　　　　　B. 安装机座和支架

    C. 确定重锤组质量　　　　　　　　　　D. 确定线丝长度

8. 电子测距的基本技术依据包括（　　）。

    A.《跨断层测量规范》，国家地震局，1991 年

    B.《DI2002 测距仪距离测量技术规定》，国家地震局，1998 年

    C.《光电测距仪检定规程》，国家质量监督检验检疫总局，2004 年

9. 断层定点台站短水准测量基本技术依据为：（　　）。

    A.《大地形变台站测量规范　短水准测量》（1990 国家地震局）

    B.《地震水准测量规范》（2015 中国地震局）

10. 断层定点台站辅助观测项目包括（　　）。

    A. 地下水位观测　　B. 地温观测　　　　C. 降水量观测　　　D. 气温观测

    E. 大气压强观测

11. 跨断层形变监测场地应布设在活动构造带的（　　）部位，且跨越活动构造带。

    A. 端部　　　　　B. 拐折　　　　　C. 分叉　　　　　D. 交汇

四、简答题

1. 简述数字水准仪和电子测距仪的工作原理；

2. 简述跨断层观测资料成果检查验收的重点；

3. 简述跨断层观测场地建设中观测环境要求；

4. 简述跨断层观测资料报送要求；

5. 简述跨断层形变测量的特点。

参 考 文 献

［1］国家地震局科技监测司．地震地形变观测技术．北京：地震出版社，1995．

［2］全国地震标准化技术委员会．地震地壳形变观测方法　跨断层位移测量：DB/T 47—2012．北京：地震出版社，2012．

［3］全国地震标准化技术委员会．地震水准测量规范：DB/T 5—2015．北京：地震出版社，2015．

［4］全国振动冲击转速计量技术委员会．光电测距仪检定规程：JJG 703—2003．北京：中国计量出版社，2004．

［5］全国地理信息标准化技术委员会．中、短程光电测距规范：GB/T 16818—2008．北京：中国标准出版社，2008．

［6］国家地震局科技监测司．大地形变台站测量规范　短水准测量．北京：中国铁道出版社，1990．

［7］全国地震标准化技术委员会．地震台站观测环境技术要求　第3部分：地壳形变观测：GB/T 19531.3—2004．北京：中国标准出版社，2004．

［8］全国地震标准化技术委员会．地震台站建设规范　地形变台站　第3部分：断层形变台站：DB/T 8.3—2003．北京：地震出版社，2004．

第8章　地形变测量误差分析与处理

地球是一个在宇宙中运动着的行星，它由地核、地幔、岩石圈、水圈、大气圈、生物圈等多圈层构成。地球与宇宙各天体（例如太阳、月亮等）之间、地球的各圈层之间存在着多种形式的物质、能量、信息交换及动力耦合。地形变测量的目的是获取地形变（现时地壳运动、变形、重力）和地震地形变信息；与传统大地测量相比，它在动态性和精密性上具有空前的高要求。因此地形变测量是在地球表面，即岩石圈与水圈、大气圈、生物圈的界面上实施的精密的动态观测。多圈层界面的观测环境和多种动力学的交叉作用决定了地形变观测结果具有蕴含多种信息的综合性，这给地形变测量（观测）数据的研究应用既带来了麻烦，又提供了开拓新领域的机遇。

8.1　地形变测量值序列的特征

形变台站（测点）可视为一个系统，如图 8-1-1 所示，它由环境介质、观测条件（洞室、基墩、标石、钻孔等）、以高灵敏传感器为核心的观测仪器和技术管理共同组成。其观测设计的目标是获取来自岩石圈与地球内部的现今地壳运动、变形和重力的信息（如位移、倾斜、应变、速度、加速度、深部介质物性等），即其观测的目标值是由输入U_1——地球内力所导致的形变与重力变化。

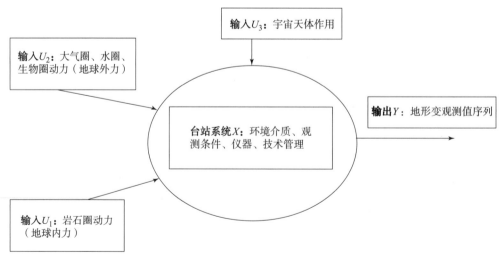

图 8-1-1　地球多圈层动力作用下的地壳形变测量——多输入单输出系统示意图

8.1.1 地形变测量值的特点

由于地形变台站建立在地壳表层，恰好位于岩石圈与大气圈、水圈、生物圈的交界面上，因而不可避免地要受到输入 U_2 的作用，例如温度、气压、降水（雨、雪）、冰盖、地下水、河湖水位、海平面、对流层、电离层等变化的影响，以及人类活动（生物圈中的智慧圈）的影响，例如水库蓄水、油田开采、矿井挖掘、抽水注水等。此外，还会受到输入 U_3 宇宙天体作用，例如，月亮和太阳对地球的引力、太阳活动过程等变化的影响。

由图 8-1-1 和上述分析可知，形变台站（测点）是一个由多输入（U_1、U_2、U_3）和单输出（测量值 Y）所构成的精密动态观测系统。这就意味着在测量（观测）值序列中不仅包含有来自地球内部的地形变（现今地壳运动、变形和重力）信息，还可能在不同程度上包含了来自地球外部的水圈、大气圈、人类活动和宇宙天体的信息。当我们致力于研究现今地壳运动、构造微动态、地震地形变和地震预测时，来自地球外部的多种作用，在一般情况下往往被视为干扰，而需要通过多种数据处理，努力地加以排除。但当我们致力于探索地球各圈层之间的关系（物质、能量、信息交换和动力学耦合）时，这些"干扰"又可能成为宝贵的新信息。例如电磁波穿越电离层、对流层时发生的延迟，对 GPS 定位是干扰，但反过来加以利用，又成为暴雨预测和通信安全的重要信息（如近年来新发展起来的 GPS 气象学、掩星观测等）。地形变测量不仅是现今地壳运动研究和地震预测必不可缺的基石，还正在成为地球多圈层相互作用研究的新通道。

8.1.2 地形变测量值序列的综合性、可分性及其数学物理内涵

形变台站观测或流动测量定期复测均可构成地形变观测时间序列 $f(t)$；在一定时间间隔内的多个台站或多个流动测点的观测值，又可构成一定范围内的地形变空间分布 $\Omega(x, y, h)$ 以及空间分布随时间的演化 $\Omega(x, y, h, t)$。理论分析和数十年的观测实践均表明，无论时间序列 $f(t)$ 还是空间分布 $\Omega(x, y, h)$ 及其随时间的演化 $\Omega(x, y, h, t)$，均具有综合性、可分性和丰富的数学物理内涵。建立初步的正确的理论概念，是科学观测、数据处理和地震预测的基础。下面主要以观测时间序列 $f(t)$ 为例，先论述地形变测量值的综合性、可分性与截止频率，再列出它可能包含的多种分项并逐项讨论其数学物理意义。

1. 地形变观测时间序列的综合性与可分性

前文从形变台站（测点）的实况出发，应用地球系统科学和地球动力学的原理论述了形变台站（测点）测量系统是一个多输入和单输出的动力学系统，因此其观测值序列（输出值）必然具有综合性，即蕴含了多种物理数学信息。综合性和可分性是同一问题的两个侧面，观测值序列既然是多种信息的综合，必然也是可分离的。傅里叶分析和近年发展起来的小波分析均已证明，就一般情况而言，不管一条曲线如何复杂，均可将其分解为一系列不同频率以及不同相位、不同幅度的各种子序列，而将这些子序列叠加，又可在一定的精度范围内恢复到原始的观测序列——母序列。近 40 年的地形变观测（现时地壳运动、变形、重力）在原始观测序列的分解、综合及其数学表达形式和物理意义的解释上已累积了较多的可资借鉴的经验与知识。

2. 观测值时间序列 $f(t)$ 的截止频率（最高频率）

观测值时间序列 $f(t)$ 的采样间隔，决定了此序列所可能包容信息的截止频率（最高频率），即可望观测到的地形变信号的最小（短）周期。

$$F = 1/T \qquad (8-1-1)$$

式（8-1-1）是频率与周期的关系式，频率 F 的单位为 Hz，周期 T 的单位为 s。

$$F_C = 1/(2\Delta T) \qquad (8-1-2)$$

式（8-1-2）中 F_C 是观测值时间序列 $f(t)$ 的截止频率，ΔT 是观测值采样间隔。

利用式（8-1-2）可计算出观测值时间序列 $f(t)$ 的截止频率。例如某台站某手段观测值采样间隔是小时，则其截止频率 $F_C = 1/(2 \times 60 \times 60)\,\text{s} = 1.388889 \times 10^{-4}\,\text{Hz}$。经过数字化改造后，观测值采样间隔缩短到了分钟，则其截止频率 $F_C = 1/(2 \times 60)\,\text{s} = 8.333334 \times 10^{-3}\,\text{Hz}$。这表明数字化改造拓宽了地形变观测的频率域，可以观测到更高频率（更短周期）的信息，显然这为揭示大地测量学和地震学观测频率域交接区中的暂态信号（蠕变、静地震、慢地震等）和捕捉地震地形变短临前兆创造了有利条件。

还可以从周期的角度更直观地理解截止频率：采样间隔为月的观测值序列只可能反映周期 $T \geq 2$ 个月的地形变信息；采样间隔为日的观测值序列只可能反映其周期 $T \geq 2$ 天的信息；采样间隔为分钟的观测值序列只可能反映其周期 $T \geq 2\text{min}$ 的信息；对超过此界限的更短周期（更高频率）的信息则不具备监测能力。

3. 多种周期波动

大气圈和水圈中的物质迁徙和能量变化（如降水、气压、冰盖、海平面、地表水、地下水、光照、气温、地温等）往往具有周期性，最常见的是受地球绕太阳公转制约的年周期（季节变化）以及受地球自转制约的日周期（周日变化）。大气圈和水圈中的周期性变化通过多种途径（如地壳荷载、介质物性等）作用于地壳表层、台站介质环境和观测系统，往往会激励、调制出相应的周期性变化，并为观测仪器所记录。因此，地形变观测序列（现今地壳运动、变形、重力）往往都包含了以一年为周期的季节变化和以一天为周期的周日变化。观测环境良好的台站（地下洞体和钻孔）往往能屏蔽掉周日变化，但一般仍记录到年周期变化。除各种地面观测手段普遍存在年周期变化外，空间大地测量的 GPS 观测也同样存在年周期变化（尤其在垂直向）。

月球、太阳和地球之间的引力作用，会激励出地球固体潮汐，其周期约为 23h。观测环境良好的台站（信息分辨力优于 10^{-8}）方能记录到地球固体潮汐（应变固体潮、倾斜固体潮、重力固体潮）。

除上述几种常见的周期性变化外，核幔效应、地球自转、极移、构造循回、地震循回等多种地球动力学作用，也可能会激励出其他各种周期性变化，如 10 年左右的周期等，有待我们进一步观测与研究。

4. 线性变化和非线性变化

（1）线性变化。近百年来的精密水准测量，近 40 年来的断层形变测量，特别是近 20 年来全球和我国的 GPS 测量结果表明：当前正在进行的现今地壳运动是地质学新构造运动，即现代地壳运动的继承和自然延伸。因此，在一般情况下（如无强震、大震、震群孕育），在不太长的时域内，地壳运动往往呈现出线性或准线性的特征。在有强震、大震孕育和发生的地震危险区，存在着与地震循回相关的地壳形变循回，即震间形变→震前形变→同震形变→震后形变→震间形变的自组织过程。当此过程处于震间形变阶段时，也往往呈现出线性或准线性的特征。可以认为线性变化是地形变观测值序列中常见的一种成分，由于其运动速度稳定，不随或基本不随时间变化，常将其频率视为零频或近似零频。

（2）非线性变化。

如上所述，线性变化的特征是恒速运动，即其速度不随时间而变化。非线性变化的特征是变速运动，其速度显著地随时间变化，但又不具有周期性。国内外许多地震地形变观测表明，大震、强震之后的震后形变一般均具有指数衰减或对数衰减的特征，其时间历程可由十余天、数月至年。国内外断层蠕变观测表明：许多蠕变过程服从指数律或对数律。这些都是典型的地形变的非线性变化。

相当多的震例表明：在大震、强震发生之前地形变往往偏离正常线性运动而出现非线性运动（正加速度或负加速度）。如果说线性形变（继承性的恒速运动）可用牛顿第一定律来解释，则非线性形变（在恒速运动的正常背景下出现了加速度运动）似乎可用牛顿第二定律（$f = m \times a$）来解释。在质量 m 可视为不变的条件下，地形变出现了加速度 a 的运动过程，很可能意味着与地震孕育和发生有关的构造应力或震源应力发生了某种变化。因此地形变非线性变化值得重视。

当前我们对地形变非线性变化尚知之不多，有待更多的观测积累与深入研究。例如由于观测数据积累的时间历程不够长，目前认为的某些非线性变化也有可能是未知的某种长周期变化的一部分。

5. 暂态事件或非连续短期变化

地形变连续观测（应变仪、倾斜仪、重力仪、断层蠕变仪、连续 GPS 等）经常会记录到一些暂态事件或非连续短期变化，如阶跃、突跳、高频波动、短暂非线性变化等。

对这些事件的识别与处理必须全面考虑，仔细调查，实事求是。停电事故、台站附近局部环境改变（抽水、注水、开挖、暴雨等）、人为干扰、操作失误均可能导致暂态事件或非连续短期变化。但构造运动与地震地形变也可能导致暂态事件或非连续短期变化，例如地震发生时的同震形变可能导致阶跃；地震波传播到台站，在形变观测系统中所激励出的同震效应可能导致高频波动（俗称"喇叭口"）；而断层蠕变事件也可能导致短暂的非线性变化等。

当然，最令人感兴趣的是，某些台站的某些手段曾记录到在某些大震、强震临震前夕的突跳、高频波动、短暂的非线性变化。这些现象曾被解释为可能是震源主破裂（同震位错）之前的预滑动或预破裂所激发出来的某种波辐射传播到远方而为形变台站所接收。但是否的确如此尚存在较大的不确定性和争论，有待深入研究。

6. 互相关函数项

有些台站观测基墩和观测仪器屏蔽较差，易受外界环境因子的影响，或所在地理位置特殊（如河、湖、水库边缘等），或由于其他某种原因使得观测值序列与某一项或某几项环境因子（如气温、地温、降水、河湖水位、地下水位等）呈现出相关关系。若通过单相关函数或复相关函数的定量判别，证明在原始观测序列中的确包含有外界环境因子的影响，就应将互相关函数项分离并予以扣除。这可通过一元回归或多元回归等途径实现。当这种影响是有记忆时（例如观测值不仅与当天雨量，还与昨天雨量、前天雨量、大前天雨量有关时），还应通过褶积（卷积）函数来实现。

必须指出，如果互相关函数项过于显著，证明此台站观测系统未受到良好屏障，环境干扰严重，难以提供可靠而精确的地形变和地震地形变信息，应考虑改造，甚至撤销。

7. 自相关函数项

当观测值序列扣除了应该扣除的各种确定项后，剩下的很可能是具有自相关性的随机波动（即同一观测序列第 t 天的值，与第 $t-1$ 天、第 $t-2$ 天、…、第 $t-p$ 天的值之间在统计上存在着某种相互影响），还应对自相关函数项予以扣除，才能获得较为纯粹的随机波动。下面列出基于自相关函数的自回归模型：

$$f(t) = a_1 f(t-1) + a_2 f(t-2) + \cdots + a_p f(t-p) + v(t) \tag{8-1-3}$$

式中，$f(t)$，$f(t-1)$，$f(t-2)$，…，$f(t-p)$ 为观测值序列扣除了各种确定项后第 t 天、第 $t-1$ 天、第 $t-2$ 天、…、第 $t-p$ 天的值；p 为自相关长度；a_1，a_2，…，a_p 为自回归系数。

式（8-1-3）可通过最小二乘估计或递推最小二乘估计解算出各个自回归系数。

8. 随机波动

当原始观测值序列扣除了上述的各种确定性项和自相关项以后，剩余的就是随机波动。它包含了测量过程中不可避免的观测误差以及由于估计各种确定性项和自相关项不够精确而产生的误差。一般来说它具有偶然误差的性质。

8.1.3　对观测序列的理论模拟

尽管地形变的实际观测序列 $f(t)$ 看起来变化多端，但由于它具有可分性和综合性，基于大地测量学、地球物理学、地质学和系统信息科学的知识，应用一定的数学理论方法（如建模理论、时间序列分析、时频分析等），可以对在正常情况下实际观测序列 $f(t)$ 进行理论模拟（一种基于物理概念的数学模拟）。针对不同的实际情况，理论模拟可以有多种不同的表达形式，下面仅列出其中一种形式的概念表达：

$$f(t) = F(t) + V(t) \tag{8-1-4}$$

式中，$f(t)$ 为正常情况下地形变实际观测序列；$F(t)$ 为理论模拟序列；$V(t)$ 为随机波动。

$$F(t) = 线性项 + 周期项 + 互相关项 + 自相关项 \tag{8-1-5}$$

$$V(t) = f(t) - F(t) \tag{8-1-6}$$

对观测序列理论模拟的意义在于：

（1）定量估计观测序列所包含的各种成分，加深对其物理意义的理解；有助于评定台站的观测环境、观测质量以及对地形变和地震地形变的监测能力。

（2）不仅可拟合已有的观测序列，还可在一定程度上预估观测序列未来的正常变化，为识别异常（地震地形变、可能的地震前兆等）提供了较为科学定量的正常变化背景。

（3）通过对观测值和模拟值之差的随机波动的统计分析，为识别异常提供概率意义明确的定量判据和指标。

8.2　地形变测量误差来源与分类

我们把希望通过测量所获得的值，称为目标值（或"目的值"）。由于地形变测量具有鲜明的动态（动力）大地测量特性，目标值可以是在某时刻的一个量值，但在许多情况下是一个随时间变化的动态过程。目标值总是在一定的环境条件下，通过人操作仪器装备或人管理仪器装备（自动记录也离不开人的技术管理），并通过一定的方法进行测量（观测、自动记录）而获得的。由于多种环境因素的干扰和人、仪器装备以及方法的能力局限与不够完备，实际测量值中总是不可避免地包含了各种各样的误差。

8.2.1　地形变测量误差来源

地形变（现今地壳运动、变形和重力）是地形变测量的总体目标，对某一种测量手段而言，又有其各自不同的特定具体目标，如边长、高程、某参考系中的坐标、断层位移、应变、倾斜、重力加速度、固体地球潮汐等。它们的来源和关系可用下述概念式表示：

观测值＝目标值＋仪器装备误差＋环境误差＋人员误差＋方法误差

（1）仪器装备误差：主要包括装置结构误差、调整误差、量值误差等，例如尺长误差、钟差、频率误差、频率不稳定误差、标定误差、置平误差、定向误差、隙动误差、电子元件老化、信号畸变、零漂、频率局限、分辨率局限、仪器装备本身的噪声等。

（2）环境误差：由于各种环境因素与要求的标准状态不一致及其在空间上的梯度与随时间变化所引起的测量装置（包括测量基墩、测量仪器）、测量信号传播过程和测量对象本身的变化而引起的误差，如气温、地温、日照、降水、气压、地表水、地下水、湿度、近地面大气、对流层、电离层等的变化以及台站附近工程作业等。

（3）人员误差：测量人员生理上的最小分辨力、感觉器官的生理变化、反应速度和固有习惯引起的误差，测量人员不按规范操作、粗枝大叶引起的误差等。

（4）方法误差：测量方法和计算方法（有些项目的目标值必须经过计算方能获得）研究不充分，设计不周密（如经验公式类型选择的近似性、各系数确定的近似性、检验标准普适性不足等）而引起的误差等。

以上几种误差来源有时是独立地起作用，有时也可能联合起作用。

8.2.2　地形变测量误差分类

测量误差来源概述了误差的一般性物理起源。测量误差分类则侧重于从数学，特别是从工程数学、概率论和数理统计学的视角来对不同性质的误差进行分类，以便基于其不同特性实施定量分析和处理。可以说测量误差分类是测量数据处理必不可缺的重要基础之一。一般将测量误差分为：系统误差、偶然误差与粗差三大类。它们的存在使观测值受到污染，不能直接获得纯净的目标值。它们之间的关系，可用下述概念性表述：

$$观测值 = 目标值 + 系统误差 + 偶然误差 + 粗差$$

（1）系统误差。在相同的条件下作一系列观测，若误差在大小和正负号上表现出系统性，或在条件改变时、在观测过程中按某种确定性规律变化，此种误差就称为系统误差。

前一类系统误差，如尺长误差、i 角误差、基线误差、钟差、格值误差等。在相同的条件下作一系列观测，它们的误差在大小和正负号上均会呈现出系统性（某种恒定性），用多次观测的平均值也不能削弱其影响。

后一类系统误差，定义为"按某种确定规律变化"，其含义是：这种误差可用某种确定性的数学形式来表达。例如可归结为某一个因素或某几个因素的函数，而这些函数一般可以用解析公式、曲线或数表来表达。按变化规律的不同，其又可分为：线性系统误差、周期性系统误差和复杂规律系统误差，例如温度变化对尺长的影响、多种环境因子变化所导致的年周变（季节变）和日周变、某些环境因子与观测值的互相关、电磁波在穿越电离层和对流层时出现的相位延迟等。它们均可用某种确定性的数学形式来描述并在相当大的程度上得到改正。

系统误差对测量的结果影响特别显著，必须采取措施予以消除或使其影响尽可能减小。有些系统误差分离出后又可予以利用（从另一侧面提供有用信息）。

（2）偶然误差。在相同的条件下作一系列观测，若观测误差在大小和正负号上均呈现出偶然性，即从表面上看，该列误差的大小和符号均没有规律，但分析结果表明它们却服从于一定的概率统计规律，则此种误差为偶然误差。

单个偶然误差的无规律性，导致了它们的和具有正负相消的机会，随着观测次数的增多，误差平均值将趋近于零，即多次测量平均值的偶然误差比单个测量值的偶然误差小，即具有可抵偿性。而系统误差是不可能有此性质的。

产生偶然误差的原因较多，往往是难以控制的，如仪器本身不尽完善、信号分辨能力的限制、观测人员的估读误差、外界环境微弱的波动等。对系统误差的消除不够完美精确也会形成偶然误差。

（3）粗差。明显歪曲测量结果的误差称为粗差。它是一种大量级的观测误差，可能是测量中的失误，但也可能是突然出现的某种异常因子的影响。

粗差出现的原因也较多，必须实事求是，准确查明。观测人员责任心不强、疏忽大意、违反规范和细则是出现粗差的主要原因，如大数被读错、碰动仪器或天线、停电等事故造成记录曲线阶跃未能正确连接，将无关人员放进仪器室频繁活动等。外界环境的突然改变（如台站附近工程作业、抽水注水以及爆破等）也可能导致粗差。特别值得注意的是，某些地震地形变（同震形变、同震波动）和某些可能的地震前兆信号也可能以粗差的形式出现。

8.3　对系统误差和粗差的认识及其对策

地形变测量（地形变大地测量学）是大地测量（现代大地测量学）的一个当代分支（一门新的前沿交叉子学科），因此对系统误差和粗差，除大地测量学共有的已有的认识外，还有自己特有的新认识。

8.3.1　对系统误差和粗差的新认识

如前所述，地形变测量是在地球表面（多圈层界面）上实施的精密动态过程观测，并以揭示与识别灾害地形变（地震地形变等）和灾害前兆（地震前兆等）为目标。因此地形变测量认为，严格说来许多系统误差并非一定要将其理解为误差，实际上它们反映了大气圈、水圈、宇宙天体和生物圈的诸种动力学因子对岩石圈（或地壳）的作用以及岩石圈（或地壳）对这些作用的响应。例如年周变（季节变）、日周变、固体潮汐、水库水荷载变化引起的形变等，显然将它们理解为某种动力学过程或对动力学过程的响应，要比理解为误差更为合理，系统误差既有可恶的应该加以消除的一面，但也有提供有用信息的一面（如圈层交互作用、某种动力学信息等）。

同样，粗差也不能仅理解为测量中的失误或错误，它也可能反映了动力学环境中的某种突发事件或突跳信号。例如，同震形变也可以引起记录曲线的阶跃，仪器系统对地震波的响应可以引起大幅度的波动（同震振荡），而某些突跳也不能完全排除是短临前兆的可能，因此对粗差不能简单化地一概删除而不顾，而应具体问题具体分析。

8.3.2　应对系统误差的对策

（1）通过试验研究认识系统误差的数学形式及其动力学（物理）意义。

如前所述，许多系统误差来源于大气圈、水圈、宇宙天体和生物圈的诸种动力学因子对岩石圈（或地壳）的作用以及岩石圈（或地壳）对这些作用的响应。为了有效地识别，对经常出现的各种系统误差的数学形式及利用其动力学（物理）意义，必须持续地进行研究，使认识不断深化，应与相应的气象（气温、地温、降水、气压、湿度等）、水文（地下水位、河川水库水位等）、天文等相关信息进行对比和分析。针对某些系统性变化，还可在特定条件下，通过可控人工干扰源进行干扰模拟试验，比较实际试验结果和理论模拟效果，不断深化对系统误差的认识。

（2）通过改善和保护观测环境来屏蔽或削弱系统误差。

改善观测环境是屏蔽或削弱系统误差的一项治本性措施。坚实的基岩、可靠的观测基墩、确实达到了规范要求的洞体和钻孔的观测环境，能有效地屏蔽或极大地削弱系统误差，确保观测质量。密切与当地政府的联系，贯彻有关国家法规，确保台站的观测环境不被破坏，关系到台站能否有继续存在的价值，具有根本性的保障意义。

（3）通过科学的观测方法来抵偿或削弱系统误差。

制定观测规范时已尽可能地考虑了这些问题，如水准测量中要求前视与后视的距离相等以消除 i 角误差、自记仪器要求定期严格标定等。坚决贯彻执行观测规范，对台站实施科学的技术管理，讲究观测方法是抵偿和削弱方法性系统误差的重要保障。

（4）通过恰当的数据处理来消除或削弱系统误差。

数据处理是消除或削弱系统误差的必要途径。数据处理方法很多，应根据实际情况选用。当两种观测量所受系统误差影响基本相同时，不管这些误差多么复杂，量值大小如何，往往通过差分法就能较好地消除或削弱系统误差。例如，在 GPS 测量中通过差分法能消除钟差并在很大程度上削弱卫星轨道误差和信号传播误差。为了突出某种频率（周期）域中的变化，常使用数字滤波方法，也就同时有效地消除了在设定频率域之外的多种系统误差。例如，在台站的时间序列观测中，为了突出短期变化，常用差分法消除长期变化（线性与非线性）和周期性变化；而当需要突出长期变化时；则常用一定步长的滑动平均来消除较短周期的系统误差。也可通过多种现有的数学工具和软件（傅里叶分析、小波分析等），设计一定的低通滤波器、高通滤波器和带通滤波器来完成特定频率域的滤波，同时也消除特定域的多种系统误差。

（5）将不能消除的系统误差视为正常变化，实施物理数学模拟。

采用前述的几种办法后，若系统误差仍未完全消除，则将它们视为在正常环境条件中，在正常动力学作用下所产生的正常变化。在明确物理意义的基础上进行数学模拟，根据实际情况，可选用多种模型实施模拟，如 CAR（带控制项的自回归）模型、ARMA（滑动平均自回归）模型、CARMA（带控制项的滑动平均自回归）模型、动态灰箱模型等。所建立的模拟模型可视为观测序列的理论值，理论值与实际观测序列相比较得出其差值序列（综合误差序列）。基于差值序列求得概率置信区间，当出现突破置信区间的小概率事件时就认为正常变化被破坏，出现了异常变化，标志着出现了非正常的某种动力作用或环境变异。

（6）开发利用系统误差中蕴含的有用信息，开拓新研究领域。

不少系统误差中蕴含着有用信息，如年周变中蕴含着大气圈、水圈和岩石圈相互作用信息，GPS 测量中卫星信号传播误差蕴含着电离层电子浓度和对流层水汽含量的信息，水库蓄水量变化导致的地面垂直形变蕴含着地下介质黏滞系数信息及水库荷载应力场变化信息等。开发利用系统误差中蕴含的有用信息，有望开拓新的研究应用域，变废为宝，为地球科学和防灾事业做出贡献。

8.3.3 应对粗差的对策

（1）加强责任心，严格执行规范，最大限度地减少观测人员粗差。

（2）加强对台站环境的保护和巡察，最大限度地减少台站环境粗差。

（3）通过统计检验识别粗差。其基本思想是：给定一个置信概率（例如 0.99），并确定一个置信区间，凡超过这个限度的误差，就认为它不属于偶然误差范畴，而判定其为粗差。实质上是把粗差视为一个概率非常非常小的事件，已接近不可能事件，若其一旦出现，必是非正常的特殊原因所致。

粗差的检验与处理是一个相当复杂的问题，多年来一直是研究的热点，已有很多检测准则，如肖维勒（Chauvenet）准则、拉依达（Райта）准则、格拉布斯（Grubbs）准则、t 检验准则、狄克逊（Dixon）准则等。

对广大台站观测人员而言，一般应用所谓"3σ 规律"基本就可满足实用需要。即首先求得标准差 σ，再用 $\pm 3\sigma$ 作为置信区间，凡超过这个限度的误差均判定为粗差（此时超限误差的概率 $\leqslant 0.003$，可视其为正常条件下的不可能事件）。"3σ 规律"不仅对正态分布而且对与正态分布差异不大的其他分布均有效。

（4）建立粗差目录和粗差日志。对通过统计检验识别出的粗差，应按时间顺序构建每一观测手段、每一观测分量的粗差目录，并尽最大可能及时查明粗差的性质和原因，如人为错误、进入观测室的人员过多时间过长、仪器故障、停电，台站附近抽水、注水、人工爆破，同震形变、对地震波的响应，暂时还无法判明其性质和原因的粗差等。详细说明并签名。因统计检验本身并不能说明粗差的性质和原因，台站观测人员在第一现场、第一时间的仔细认真调查与判定，具有不可替代的重要作用。

（5）坚持双份（含有粗差与剔除粗差）数据分别存盘。

（6）通过长期观察研究提高识别不同来源粗差的能力。

（7）研究可能与灾害形变（地震形变）和灾害前兆（地震前兆）有关的粗差。

8.4 偶然误差统计特性、概率分布与置信区间

仪器分辨能力和观测者生理能力的限制以及观测过程中观测环境微小的随机波动等，使观测结果不可避免地带有偶然误差。此类误差也可称为不可避免的误差。

8.4.1 偶然误差的统计特性

表面上偶然误差在大小和正负号上均呈现出偶然性，似乎无规律可循。但大量的观测实践表明，在一定的观测条件下（环境、仪器和观测者均相同），大量的偶然误差从整体上又呈现出一定的统计规律，透射出一种偶然性中的必然性。偶然误差的整体蕴含规律性表现在如下几个特性：① 有界性：在一定的观测条件下，偶然误差的绝对值不会超过一定的限值。② 单峰性：绝对值较小的误差比绝对值较大的误差出现的可能性大。③ 对称性：绝对值相等的正误差与负误差出现的可能性相等。④ 抵偿性：偶然误差的算术平均值，随着观测次数的无限增加而趋向于零，设 Δ 为观测偶然误差，即

$$\lim \frac{\Delta_1 + \Delta_2 + \cdots + \Delta_n}{n} = 0 \ （当 n \rightarrow \infty 时） \qquad (8-4-1)$$

用 "[ ]" 表示和数，则上式写为：

$$\lim \frac{[\Delta]}{n} = 0 \qquad (8-4-2)$$

上述四条规律称为偶然误差的统计特性，是处理观测结果和评定精度的基础。

8.4.2 衡量观测（测量）精度的偶然误差统计指标

在一定的观测条件下，会产生一定的偶然误差，它代表了观测结果的精确程度。在不同的观测条件下，会产生不同的偶然误差，观测结果必会有不同的精度。如何通过偶然误差的统计指标，定量地建立一种客观衡量观测结果精度的统一标准呢？目前一般用标准差（中误差）、极限误差和相对误差（相对标准差）三种指标来衡量。

1. 标准差 σ（中误差 m）

$$\Delta_i = Y - L_i \ (i = 1, 2, \cdots, n) \qquad (8-4-3)$$

式中，Y 为观测值（未知量）的真值；L_i 为在相同的观测条件下对未知量进行了 n 次观测

的每次观测结果；Δ_i 为每次观测结果相应的真误差。

应注意的是：在静态大地测量中，真值可以通过 n 次观测结果的算术平均值求得。因为根据偶然误差的第四统计特性，当 n 足够大时，偶然误差将被抵消，此时的算术平均值可视为真值。在地形变动态测量中，当难以满足在同一观测条件下对未知量进行 n 次重复观测时，一般将动态过程的理论值视为真值。

取各个真误差之平方的平均值再开方，此值就是观测值的标准差 σ。

$$\sigma = \pm \sqrt{\frac{\Delta_1^2 + \Delta_2^2 + \cdots + \Delta_n^2}{n}} \qquad (8-4-4)$$

或简写为：

$$\sigma = \pm \sqrt{\frac{[\Delta\Delta]}{n}} \qquad (8-4-5)$$

式（8-4-5）是标准差 σ 的定义式。标准差并不等于每个观测值的真误差，但当一系列真误差普遍较小时，相应的标准差也必定随之较小，观测的精度就比较高。反之，标准差较大，就表示观测的精度较低。一组同精度的观测值，其真误差虽然不同，但其标准差均相同。

2. 极限误差

从偶然误差的第一特性得知：在一定的观测条件下，偶然误差的绝对值不会超过一定的限值。如果发现某个观测值的误差超过了这一限值，就应当认为是不正常的，或者是错误，或者是异常（有可能是地震地形变等）。这个限值就称为极限误差或最大误差。

应如何规定极限误差的大小呢？根据误差理论的研究，当观测值的概率分布呈正态分布时（大量观测实践表明，地形变测量一般在排除粗差和系统误差后，可呈现正态或近似正态分布），绝对值大于两倍标准差（2σ）的偶然误差，出现的概率仅为 4.6%；绝对值大于三倍标准差（3σ）的偶然误差，出现的概率仅为 0.3%。这意味着：在 100 次同精度观测中只可能出现 4.6 个大于两倍标准差的偶然误差，在 330 次同精度观测中只可能出现 1 个大于三倍标准差的偶然误差。但在实际工作中，测量次数是不会太多的，故可以认为大于三倍标准差的偶然误差实际上是不可能出现的（从概率论的观点看，可将概率很小的事件，视为不可能事件）。故通常以三倍标准差作为偶然误差的极限值，极限误差 $\Delta\sigma$：

$$\Delta\sigma = 3\sigma \qquad (8-4-6)$$

在判别和剔出粗差时常用 3σ 标准，但在识别异常时也经常用 2σ 标准：

$$\Delta\sigma = 2\sigma \qquad (8-4-7)$$

3. 相对误差

以上所述的真误差、标准差（中误差）和极限误差都是误差本身的大小，属于绝对误差。当观测值涉及距离、边长等因素时（如 GPS 测量、伸缩仪应变观测等），仅用绝对误差尚不能完全表达观测结果精度的优劣。此时要采用另一种衡量精度的指标，即相对误差。

一般将标准差（中误差）与其相应观测值之比，称为相对标准差，也可简称为相对误差，它是个无量纲数，有时也可用相对极限误差描述。

8.4.3　概率分布的初步概念

自然界和人类社会中存在着两类不同的现象，即确定（决定）性现象和随机（偶然）现象。我们将在一定条件下必然发生的事件，例如在没有外力作用的条件下，做等速直线运动的物体必然继续做等速直线运动，又如在标准大气压下，水加热到$100°C$时必然会沸腾等等，称之为"确定（决定）性现象"。另一类现象则与确定性现象具有本质区别，虽然仍在一定的条件下，但一系列的试验和观察却会得到不同的结果，即就个别的试验和观察而言，它时而会出现这种结果，时而会出现那种结果，呈现出一种偶然性。例如，在一定的环境中，同一观测者用同一仪器测量某物体的长度，所得结果总是略有差别的。又如在同一道路交叉口车辆等待通过的时间也总是略有差别的。我们将这类现象称为"随机（偶然）现象"。

随机（偶然）现象，并非一片混乱，没有规律。"在表面上是偶然性在起作用的地方，这种偶然性始终是受内部隐蔽的规律支配的，而问题只是在于发现这些规律"（恩格斯）。

概率分布是揭示随机（偶然）现象内蕴规律的有力武器之一。如果我们把一组试验和观察得来的数据之偶然误差作为横坐标，并按一定的相等间隔由小到大地加以标注，再统计落入每一个间隔中偶然误差出现的频次，作为纵坐标方向的每个直方块绘出，就获得了该类试验的频次统计直方图。若大量地增加观察（测量）次数，并缩小横坐标上的标注间隔，当次数趋向于无穷大（足够大），间隔趋向于零（足够小）时，频次统计直方图就转化为概率分布，概率分布曲线可用一个确定性的数学函数来描述。概率分布刻画了偶然误差出现的可能性（偶然误差的大小）与其出现概率之间的定量关系，揭示了隐蔽在偶然性外表下的内蕴规律，具有普遍而现实的重要意义。

在不同类型的条件下，会产生不同的概率分布。例如测量误差的概率分布，一般是正态分布［高斯（Gauss）分布］，而道路交叉口车辆等待通过时间的概率分布则是泊松（Poisson）分布。还有许多种概率分布，如接近正态分布的学生分布（t分布）、接近泊松分布的二项分布以及χ^2分布、F分布、柯尔莫哥洛夫－斯米尔诺夫分布等。二项式分布、泊松分布和正态分布，被认为是概率论理论研究和实际应用中最重要的三种分布。二项式分布广泛应用于抽样检查。泊松分布大量出现于社会生活和物理现象中，泊松过程的结构分析是随机过程理论的最基本成果之一，泊松分布与泊松过程在地震学中也有不少应用。正态分布更是十分重要，将在下一节中讲述。

8.4.4　正态分布［高斯（Gauss）分布］

正态分布是德国著名数学家、大地测量学家高斯（Gauss）发现和提出的，故又名高斯（Gauss）分布。正态分布是概率论最重要的一种分布，它具有许多优良的性质，许多分布可以用正态分布来近似，另外一些分布又可以通过正态分布来导出，在理论研究中十分重要。大多数数理统计方法都基于正态分布，可以说正态分布是数理统计的基础。

正态分布是自然界最常见的一种分布，例如测量的误差、炮弹落点的分布、某类人种生理特征的尺寸（身高、体重等）、农作物的收获量、工厂产品的尺寸（直径、长度、宽度、高度等）等等都服从或近似服从正态分布。一般说来，如果一个量是由大量相互独立的随机（偶然）因素影响所造成的，而每一个别因素在总影响中所起的作用都不很大，则这种量通常都服从或近似服从正态分布，这已为概率论中的"中心极限定理"所证明。

各种大地测量数据和地形变测量数据，在正确处理了系统误差和粗差之后，一般均能满足"如果一个量是由大量相互独立的随机（偶然）因素影响所造成的，而每一个别因素在总影响中所起的作用都不很大"这一前提条件，故一般均可呈现出正态分布或近似正态分布。这为进一步的数据处理（平差、建模、拟合推估等）和数理统计、随机过程研究与应用创造了良好的条件。这是大地测量学家和地形变测量专家们的幸事。

正态分布可通过分布密度函数 $p(x)$ 和分布函数 $F(x)$ 两种途径表达。两者的关系为：

$$F(x) = \int_{-\infty}^{x} p(y)\,\mathrm{d}y \qquad (8-4-8)$$

此处我们仅写出正态分布的分布密度函数 $p(x)$：

$$p(x) = \frac{1}{\sqrt{2\pi}\,\sigma} e^{-\frac{(x-\mu)^2}{2\sigma^2}} \qquad (8-4-9)$$

式中，x 为从符合正态分布的随机变量（如测量的偶然误差）中抽出的某子样值；$e \approx 2.718$，为自然对数的底；μ 为此随机变量的平均值，也是分布密度函数曲线最高点的横坐标值；σ 为此随机变量的标准差。

有了均值 μ 和标准差 σ，此随机变量的正态分布曲线就完全确定了，可以简记为 $N(\mu, \sigma^2)$。

图 8-4-1 是基于式（8-4-9）绘出的同一个 μ 和 3 种不同 σ^2 的正态分布密度曲线。可以看出，标准差 σ 表示分布密度函数曲线胖瘦的程度：σ 越大，曲线越胖，数据越分散；σ 越小，曲线越瘦，数据越集中。但这 3 条曲线均具有共同的特征，即单峰性、对称性、有界性和抵偿性。正态分布从理论上精确地演绎出测量偶然误差的 4 个基本特征。经验归纳法（偶然误差的 4 个基本特征）和理论演绎法（正态分布）获得了完美的统一。

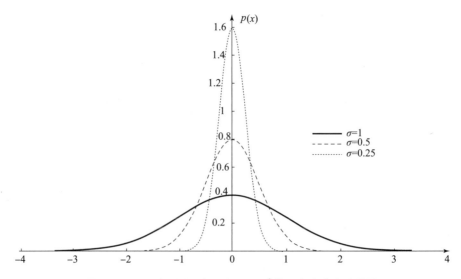

图 8-4-1　对于同一个 μ 和不同 σ^2 的正态分布密度曲线

随机变量通过标准化转换，即其中的每一个值都减去均值 μ，再除以标准差 σ，就可将 μ 转换为 0，将 σ 转换为 1。当 $\mu = 0$，$\sigma = 1$ 时，此时的正态分布，称为"标准正态分布"，简记为 $N(0, 1)$。标准正态分布的分布密度函数 $\varphi(x)$ 如式（8 - 4 - 10）所示：

$$\varphi(x) = \frac{1}{\sqrt{2\pi}} e^{-\frac{x^2}{2}} \tag{8 - 4 - 10}$$

对式（8 - 4 - 10）积分，就给出了标准正态分布的分布函数 $\phi(x)$：

$$\phi(x) = \frac{1}{\sqrt{2\pi}} \int_{-\infty}^{x} e^{\frac{-t^2}{2}} \mathrm{d}t \tag{8 - 4 - 11}$$

$\phi(x)$ 的积分结果表示标准正态分布密度函数曲线，从 $-\infty$ 到 x 之间的面积，即从 $-\infty$ 到 x 的随机变量（测量偶然误差）出现的概率，用 $p(-\infty, x)$ 表示。同样可以求出落在 a 值与 b 值之间的随机变量（测量偶然误差）所出现的概率，用 $p(a < x < b)$ 表示：

$$p(a < x < b) = \frac{1}{\sqrt{2\pi}} \int_{a}^{b} e^{\frac{-t^2}{2}} \mathrm{d}t \tag{8 - 4 - 12}$$

应用式（8 - 4 - 12）我们可求出：

落在（- 0.67, 0.67）之间的面积为总面积之 50%，即概率 $p(-0.67 < x < 0.67) = 0.5$；

落在（- 1, 1）之间的面积为总面积之 68.3%，即概率 $p(-0.67 < x < 0.67) = 0.683$；

落在（- 2, 2）之间的面积为总面积之 95.4%，即概率 $p(-2 < x < 2) = 0.954$。

实际上，我们并不需要自己动手去进行计算。式（8 - 4 - 10）的标准正态密度函数 $\varphi(x)$ 和式（8 - 4 - 11）的标准正态分布函数 $\phi(x)$ 早已被制成了数值表格，只需要通过测量偶然误差标准差之倍数值就可直接查出，十分方便。

8.4.5　置信区间与异常判别

当地形变测量的观测结果排除了或最大限度地削弱了粗差和系统误差之后，获得了测量偶然误差系列。一般来说，它服从或近似服从于正态分布（当要求非常严格时，还应通过统计检验，如 χ^2 检验等，以证实是否确实服从于正态分布）。当求出平均值 μ 和标准差 σ 后，正态分布 $N(\mu, \sigma^2)$ 就完全确定了。

在求算标准差 σ 时，与前述式（8 - 4 - 4）和式（8 - 4 - 5）略有不同。此两式中均假定"真值"为已知，但实际上我们仅知道与每一个观测值 y 相对应的测量误差 x，只能用平均值 μ（最或是值）来代替"真值"。因此应采用如下的计算方法：

$$\mu = \frac{1}{n} \sum x_i \quad (i = 1, 2, \cdots, n) \tag{8 - 4 - 13}$$

$$\sigma = \sqrt{\frac{\sum_{i=1}^{n} (x_i - \mu)^2}{n - 1}} \tag{8 - 4 - 14}$$

图 8 - 4 - 2 是正态分布密度曲线与置信区间的示意图。纵坐标是正态分布密度函数值 $\varphi(x)$，横坐标是随机值（测量偶然误差）x，平均值 μ 是正态分布密度函数曲线坐标原

点，它具有最高的概率密度，概率密度对称地向两侧减少。从横坐标上的 a 点和 b 点分别作平行于纵坐标的直线与函数曲线所圈围出的面积（图中用斜线标出），就是随机值 x 落入 a 值与 b 值之间的概率，用 $p(a<x<b)$ 表示。而 $1-p(a<x<b)$ 就是随机值 x 超出 a 值与 b 值之外的概率。

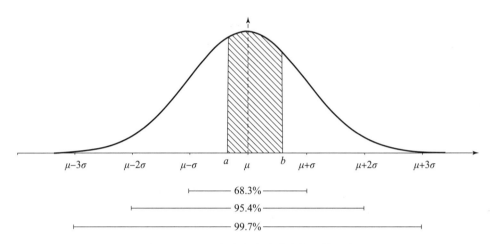

图 8 - 4 - 2　正态分布密度曲线与置信区间

为了区分正常变化与异常变化，使用"概率置信区间"，简称为"置信区间"，其含义是对于每一种概率信度，都有其相应的确定的数值区间（范围）。随机值（测量偶然误差）落在区间之内有一定的概率，超越区间也有一定的概率。下面列出几个典型的置信区间。

（1）当以"σ"为"置信区间"时，$p(\mu-\sigma,\mu+\sigma)=68.3\%$；超出"置信区间"的概率为 31.7%；概率信度 $\alpha=0.317\approx0.32$。

（2）当以"2σ"为"置信区间"时，$p(\mu-2\sigma,\mu+2\sigma)=95.4\%$；超出"置信区间"的概率为 4.6%；概率信度 $\alpha=0.046\approx0.05$。

（3）当以"2.5σ"为"置信区间"时，$p(\mu-2.5\sigma,\mu+2.5\sigma)=98.8\%$；超出"置信区间"的概率为 1.2%；概率信度 $\alpha=0.012\approx0.01$。

（4）当以"3σ"为"置信区间"时，$p(\mu-3\sigma,\mu+3\sigma)=99.7\%$；超出"置信区间"的概率为 0.3%；概率信度 $\alpha=0.003$。

一般取"2σ"或"2.5σ"为识别"正常"与"异常"的置信区间时，此时相应的概率信度 α 约为 0.05 或 0.01，即随机值（测量偶然误差）超出置信区间的可能性只有 5% 或 1%；一般情况下很难出现此种小概率事件，一旦出现，可判定其为"异常"。

在要求更严格的情况下，取"3σ"为识别"正常"与"异常"的置信区间时，此时相应的概率信度 α 为 0.003，即随机值（测量偶然误差）超出置信区间的可能性只有千分之三，是一个非常小的概率事件，更应将其判别为异常。

这样识别出的"异常"，仅具有统计学的意义。它可能是地震地形变异常，但也不一定，还有待用其他方法来识别和确认（如群体异常识别、信息合成、物理模式判别等）。

8.5 误差传播定律及实例

前面已讨论过如何根据一组直接测定的观测值来计算观测值的标准差［式（8－4－4）、式（8－4－14）］。但在地形变测量的实际工作中经常遇到某一量的大小不是直接测定的，而是通过一个或多个观测值，通过一定的函数关系间接计算出来的。这就提出了一个问题：如何确定观测值与其函数之间标准差的关系？阐述这种关系的定律被称为"误差传播定律"。

8.5.1 误差传播定律

误差传播定理定量刻画了随机误差对结果的影响——标准差或方差的传播。现分几种情况讨论。

1. 倍乘传播

设有函数

$$F = Kx \tag{8-5-1}$$

式中，K 为没有误差的常数；x 为观测值，标准差为 σ_x，可导出 F 的标准差 σ_F 与 x 的标准差 σ_x 的关系：

$$\sigma_F = K\sigma_x \tag{8-5-2}$$

2. 和差传播

设有函数

$$F = x \pm y \tag{8-5-3}$$

式中，x、y 为独立观测值，它们的标准差分别为 σ_x 和 σ_y，可导出 F 的标准差 σ_F 与 σ_x 和 σ_y 的关系：

$$\sigma_F{}^2 = \sigma_x{}^2 + \sigma_y{}^2 \tag{8-5-4}$$

式（8－5－4）表示两个独立观测值代数和的标准差平方，等于这两个独立观测值标准差平方之和。

再讨论一特例，设有函数

$$F = x_1 + x_2 + \cdots + x_n \tag{8-5-5}$$

式中，x_1，x_2，$\cdots$，x_n 为独立观测值，它们的观测精度均相同，即它们的标准差均为 σ_x，可导出 F 的标准差 σ_F 与 σ_x 的关系为：

$$\sigma_F = \sqrt{n}\,\sigma_x \tag{8-5-6}$$

式（8－5－6）表示 n 个等精度独立观测值之和的标准差，等于观测值标准差的 $\sqrt{n}$ 倍。

3. 线性函数传播

设有线性函数

$$F = K_1 x_1 \pm K_2 x_2 \pm \cdots \pm K_n x_n \tag{8-5-7}$$

式中，K_1，K_2，$\cdots$，K_n 为常数；x_1，x_2，$\cdots$，x_n 为独立观测值，其标准差分别为 σ_1，σ_2，$\cdots$，

σ_n。可导出 F 的标准差 σ_F 与各独立观测值标准差 σ_1、σ_2，$\cdots$，σ_n 的关系为：

$$\sigma_F^2 = K_1^2\sigma_1^2 + K_2^2\sigma_2^2 + \cdots + K_n^2\sigma_n^2 \tag{8-5-8}$$

式（8-5-8）表示常数与独立观测值乘积的代数和的标准差平方和，等于各常数与相应的独立观测值标准差乘积的平方和。

4. 任意函数传播

设有任意函数

$$F = f(x_1, x_2, \cdots, x_n) \tag{8-5-9}$$

式中，x_1，x_2，$\cdots$，x_n 为直接观测值，它们各自的标准差为 σ_{x_1}，σ_{x_2}，$\cdots$，σ_{x_n}。对式（8-5-9）全微分得到：

$$dF = \frac{\partial f}{\partial x_1}dx_1 + \frac{\partial f}{\partial x_2}dx_2 + \cdots + \frac{\partial f}{\partial x_n}dx_n \tag{8-5-10}$$

式中，偏导数 $\left(\frac{\partial f}{\partial x}\right)$ 为常数，函数 F 的标准差可按式（8-5-8）求得：

$$\sigma_F^2 = \left(\frac{\partial f}{\partial x_1}\right)^2\sigma_{x1}^2 + \left(\frac{\partial f}{\partial x_2}\right)^2\sigma_{x2}^2 + \cdots + \left(\frac{\partial f}{\partial x_n}\right)^2\sigma_{xn}^2 \tag{8-5-11}$$

式（8-5-11）表明任意函数标准差之平方，等于该函数按每个观测值所求得的偏导数值与相应观测值标准差之乘积的平方和。

或

$$\sigma_F = \sqrt{\left(\frac{\partial f}{\partial x_1}\right)^2\sigma_{x1}^2 + \left(\frac{\partial f}{\partial x_2}\right)^2\sigma_{x2}^2 + \cdots + \left(\frac{\partial f}{\partial x_n}\right)^2\sigma_{xn}^2} \tag{8-5-12}$$

式（8-5-11）或式（8-5-12）是误差传播定律的普遍形式。以上的倍乘、和或差、线性等函数都不过是它的一种特例。

8.5.2 误差传播定律应用实例

误差传播定律定量刻画了随机误差对结果的影响——标准差的传播。它有着广泛的应用域，如测量方案设计问题、最佳实验条件问题、测量中的限差问题、数据合理处理问题、误差分配问题等。下面针对某些应用实例作分析讨论。

1. 偶然误差的累积问题——以水准测量为例

设在 A、B 两水准点间进行水准测量，中间共设测站 n 个，设在第 i 站的观测高差为 h_i（$i=1, 2, \cdots, n$），每站的中误差都是 σ_s，求 A、B 两水准点间高差 h_{ab} 的中误差 $\sigma_{h_{AB}}$。

因为

$$h_{ab} = h_1 + h_2 + \cdots + h_n$$

由和差传播定律之式（8-5-6）可直接获得：

$$\sigma_{h_{AB}} = \sqrt{n}\sigma_s \tag{8-5-13}$$

式（8-5-13）表示水准测量高差的中误差等于测站数 n 的平方根与测站中误差的乘积，其中 σ_s 表示每站观测高差的中误差。

当水准测量路线穿过平坦地区时，作业细则规定仪器至水准标尺间的视线长度每次都保持大致相等，因而每千米的测站数可认为基本相等，在此条件下可导出：

$$\sigma_{h_{AB}} = \sqrt{k}\sigma_k \qquad\qquad (8-5-14)$$

式（8-5-14）表示水准测量高差的标准差等于线路距离千米数 k 的平方根与每千米中误差的乘积，其中 σ_k 是每千米观测高差的中误差。

对较为平坦和地形起伏不大的地区，可用式（8-5-14）；对地形起伏较大地区，则应该用式（8-5-13）计算两水准点间高差的中误差。

尽管精密水准测量的精度显著优于目前 GPS 测量垂直分量的精度，但从式（8-5-13）和式（8-5-14）中均可看出误差的累积随距离而增长是不可忽视的。国家一等水准测量，每千米高差中误差为 $\leq \pm 0.45mm$，从式（8-5-14）中可知当距离达到 100km、1000km 和 4000km 时，高差的中误差将分别累积到每千米中误差的 10 倍、31.6 倍和 63.2 倍，即分别达到 $\leq \pm 4.5mm$、$\pm 14.2mm$ 和 $\pm 28.4mm$。可见对长距离水准测量而言，由误差传播所导致的偶然误差的系统性累积是一个严重问题。GPS 垂直测量的精度虽然低于精密水准测量，但它采用的空间大地测量定位方法，本质上不同于逐站传递的地面测量，因此不存在误差的逐站传播和累积。可见精密水准测量和 GPS 测量在垂直分量测定上各有优劣，以互补应用为佳。

2. 提高"信号 – 噪声比"问题——以群体异常信息合成为例

地形变观测台阵（台网），由 N 个台站（测点）构成，数据经过处理后，用一定的概率信度设置信区间，超越区间的观测值被视为"异常"。但此时的"异常"仅是统计学中的小概率事件，可能是"信号"（地震地形变前兆），也可能是"噪声"（随机波动）。如何才能增强信号 – 噪声比，从而在一定程度上加以区分呢？群体异常信息合成可能是途径之一。通过叠加，信号可能会增强 N 倍，但叠加的结果是信号的噪声也会增强。一般来说，各台站（测点）的噪声具有各自的个性或偶然性，按误差传播定律它将增大 $\sqrt{N}$ 倍，因此叠加后信号的信号 – 噪声比应为 $N/\sqrt{N} = \sqrt{N}$，即较单台来说提高了 $\sqrt{N}$ 倍。而纯粹的"噪声"由于其偶然误差特性，经过叠加就可能在相当大的程度上被抵消或削弱。对若干大震和强震的试验表明，在一定的条件下，通过多台信息合成有利于增强信号 – 噪声比。

习 题

一、判断题

1. 地球表面仅是岩石圈与大气圈的交界面。　　　　　　　　　　　　　　（　　）

2. 地形变观测数据中仅包含了构造运动和地震地形变信息。　　　　　　　（　　）

3. 地形变观测数据中可能包含有地球内力、地球外力和宇宙天体作用的信息。（　　）

4. 地形变测量中所包含的干扰信息，阻碍了对目标值的精确测定，除此之外，没有任何可利用价值。　　　　　　　　　　　　　　　　　　　　　　　　　　（　　）

5. 地壳运动的非线性变化意味着出现了某种加速度运动。　　　　　　　　（　　）

6. 两种时间序列之间在数学上的相关关系就是它们之间的物理因果关系。 （　　　）

7. 如果某时间序列存在着显著的卷积（褶积）滤波因子，说明它是"有记忆的"。 （　　　）

8. 任何一条观测曲线总可以用某种数学模型（表达式）在一定误差范围内去模拟。 （　　　）

9. 系统误差只有消极意义，毫无利用价值。 （　　　）

10. 粗差不能仅理解为测量中的错误，它也有可能反映某种有用信号。 （　　　）

11. 通过群体异常信息合成之后，有可能提高"信号－噪声比"。 （　　　）

12. 高灵敏度连续形变观测可能自动记录到同震事件，甚至慢地震事件。 （　　　）

二、选择题

1. 地球表面是岩石圈与（　　　）的交界面。
   A. 空气　　　　　　B. 大气圈　　　　　C. 水蒸气　　　　　D. 生物圈
   E. 水圈　　　　　　F. 地核

2. 形变观测时间序列（　　　）性质。
   A. 仅具有可分解性　　　　　　　　　B. 仅具有可综合性
   C. 同时具有可分解性和可综合性

3. 某形变观测时间序列的采样间隔为 1 天，按采样定律它只能反映其周期 $T \geqslant$ （　　　）的信息。
   A. 半天　　　　　　B. 1 天　　　　　　C. 2 天　　　　　　D. 4 天

4. 某形变观测时间序列的采样间隔为 1min，按采样定律它只能反映其频率 $f \leqslant$ （　　　）的信息。
   A. 1/60s　　　　　　B. 1/120s　　　　　C. 1/180s　　　　　D. 1/240s

5. 地形变时间序列最通常观测到的周期有（　　　）。
   A. 450 天　　　　　B. 360 天　　　　　C. 24h　　　　　　D. 约 23h
   E. 17h

6. 一个时间序列内部各个数据顺次之间的关联关系称为（　　　）。
   A. 复相关　　　　　B. 互相关　　　　　C. 多重相关　　　　D. 自相关

7. 测量误差按其性质包括（　　　）。
   A. 系统误差　　　　B. 精度误差　　　　C. 目标误差　　　　D. 偶然误差
   E. 粗差

8. 测量观测值在剔除粗差和系统误差后，其残差一般均服从于（　　　）。
   A. 二项式分布　　　　　　　　　　　B. 泊松分布
   C. 正态（高斯）分布　　　　　　　　D. F 分布

9. 测量偶然误差的基本统计特性表现为（　　　）。
   A. 偶然性　　　　　B. 有界性　　　　　C. 单峰性　　　　　D. 确定性
   E. 对称性　　　　　F. 抵偿性

10. 偶然误差序列中，绝对值大于 2 倍标准差（中误差）的误差之出现概率为（　　　）。
    A. 2%　　　　　　　　　　　　　　　B. 4.6%（近似 5%）

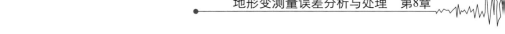

C. 9.7%（近似10%）

11. 偶然误差序列中，绝对值大于2.5倍标准差（中误差）的误差之出现概率为（　　　）。

    A. 1.2%（近似1%）　　　　　　　　B. 2%

    C. 2.8%（近似3%）

12. 偶然误差序列中，绝对值大于3倍标准差（中误差）的误差之出现概率为（　　　）。

    A. 0.01%　　　　　　B. 0.03%　　　　　　C. 0.3%

13. 两种观测数据列各有其标准差，分别为 σ_1 和 σ_2，且 $\sigma_1 = \sigma_2 = \sigma$。在两种观测数据列相加之后获得一种新数据列，此新数据列的标准差应为（　　　）。

    A. σ　　　　　　B. $\sqrt{2}\sigma$　　　　　　C. $\dfrac{1}{\sqrt{2}}\sigma$

参 考 文 献

［1］武汉测绘学院大地测量系地震测量教研室．大地形变测量学．北京：地震出版社，1979.

［2］肖明耀．实验误差估计与数据处理．北京：科学出版社，1980.

［3］巴里．科学、工程和技术中的实际测量的误差．白迪谋，等译．北京：测绘出版社，1986.

［4］於宗俦，于正林．测量平差原理．武汉：武汉测绘科技大学出版社，1990.

［5］费史．概率论及数理统计．王福保，译．上海：上海科学技术出版社，1964.

［6］复旦大学．概率论．北京：人民教育出版社，1962.

［7］周硕愚．系统科学导引．北京：地震出版社，1988.

［8］胡明城．现代大地测量学的理论及其应用．北京：测绘出版社，2003.

第9章　地形变地震预测方法简介

地震预测就是根据对地震规律的认识，预测未来地震的地点、强度和时间。尽管我国同美国、前苏联（俄罗斯）、日本等国从事地震预测研究已历经数十年，取得了若干进展，但由于地震孕育和发生过程的高度复杂性以及观测所获取的信息不充分，至今仍未能从根本上突破地震预测难关。

9.1　地震预测的基本思路

9.1.1　地震预测的思路与三种科学途径

地震是孕育和发生在岩石圈内的一种地球动力学过程及事件：应力在某些特定部位积累，使岩层变形，当超过岩石的强度时突然发生破裂，产生位错，释放能量，激发出地震波。对地震的预测一般有三种途径。

1. 观测事实（震例）归纳法

其为根据长期观测和多次地震预报实践中所累积的大量时空信息数据和震例资料，归纳总结观测现象与地震之间的统计性和经验性关系，适当考虑其力学和物理意义，应用于预测未来地震，并在实践中不断改进。例如我国的地震科技人员根据几十年的实践和思考提出了"长、中、短、临渐进式预报""源兆与场兆""源的过程追踪与场的动态监测"和"块、带、源、场、兆、触、震"等预测思路。又如国际上各国的地震预报试验场都有各具特色的一套预测方法、统计公式及典型图像等。此方法本质上是由个别到一般的"科学归纳法"。这一预测途径的优点是直接面对生动丰富的自然现象，可望有新发现，获取新知识。但由于自然条件的高度差异性和复杂性以及观测样本的局限性，其结论不具确定性与必然性。

2. 物理模式演释法

其为基于已知的物理定律和知识（如固体力学、震源物理、地震力学和岩石破裂实验等），对大自然条件进行一定的前提假设和简化，提出揭示地震孕育和发生规律的物理模式。国际和我国科学家已提出过多种模式，如岩石膨胀流体扩散模式（DD，Dilatancy—Diffusion，美国）、雪崩不稳定裂隙形成模式（IPE，Institute of Physics of the Earth，前苏联）和组合模式、坚固体模式（中国）等。其优点在于如果大自然确实符合模式设定的前提条件，其演释结论应具确定性与必然性。它对于我们认识孕震过程及其前兆现象的物理意义有重要启发。例如当应力集中于震源区并不断增强时，微破裂会增多，导致岩石体积膨胀、岩石介质的物理性质变化及流体扩散等；在接近破裂临界时，微破裂导致的诸多微裂隙会聚集为更大的裂隙，并以更快的速度扩张，产生更大的破裂，进入一种以"正反馈"方式运行的、雪崩式的不可逆转的不稳定状态，直至主破裂发生；而震源区相对周围介质在强度上往往呈现出坚固体或断层闭锁段的状态。此类方法的本质是由一般到个别的"科学演绎法"。但它并不能发现新自然现象，而且预测地域的大自然实况也不一定符合模式设定的前提条件，此外，还很难在实际预测中操作。

3. 动力学预测（数值预报）

其为基于对地震物理机理的透彻认识，提出动力学方程，以观测资料为约束条件、检验条件，实际建立并求解动力学方程，通过数值运算预测地震，力求实现物理模式与观测数据的互补，演绎法与归纳法的互补。显然它必须以必要的观测（特别是与动力作用过程有直接关系的观测，如形变、地震活动等）和对地震机理规律性的把握为前提。

目前的地震预测仍以观测事实归纳法为主，辅以物理模式演绎法。动力学预测（数值预报）则是我们进一步追求的目标。

地形变在三种预测途径中的重要作用如下。

地形变观测在三种预测途径中均具有不可替代的重要作用。在观测事实（震例）归纳法中，各国［中国、日本、前苏联（俄罗斯）、美国等］的经验和统计，均不约而同地认为地震学前兆和地形变前兆是最为重要的基础地震前兆。

物理模式演释法中的核心问题是地震孕育过程中微破裂、微裂隙的发生、演化并不断增强，直到导致突变——主破裂（同震位错）的问题。这些物理量及其演变均属地震学和地形变的观测对象。例如，通过形变和重力的连续观测，可揭示与深部地下介质膨胀扩容密切相关的介质密度和介质勒夫数（弹性模量）的演化。又如，通过多种形变手段可揭示地表的膨胀扩容效应和裂隙的扩展，断层的加速运动及预滑动等；并可借助反演，探求在地下深部发生的相应过程。再如，对坚固体及其周围相对的软弱体、断层闭锁段及其两端的蠕滑段的界定，是形变和重力的空间分布问题。

对动力学预测（数值预报）而言，能反映岩石圈和孕震区当今动力学过程的、满足空间分布和采样时间间隔要求的、精确可靠的形变和重力观测（包括动态图像和参量）是必不可缺的约束条件和检验条件。缺此，无法进行动力学数值预报。

9.1.2　地震地形变演化过程与可能提供的地震前兆

1. 地震地形变的演化过程

地震地形变的空间分布和时间演化对地震预测具有直接的重要意义。针对台站预测的实况，我们侧重介绍地震地形变随时间的演化。如前所述，自然界实际存在着一种形变（应变、弹性能量）逐渐累积→突然释放（地震）→逐渐累积→突然释放（地震）→……的过程，地震学称之为"地震循回"，与其对应的形变过程称为"形变循回"。我们应将其理解为自然界的某种韵律，并非严格的周期。前苏联、美国和日本一些科学家根据地震前后地形变观测资料归纳出了地震地形变随时间演化过程，即所谓的"$\alpha \rightarrow \beta \rightarrow \gamma \rightarrow \delta \rightarrow \alpha$"的诸阶段。这种归纳总体上也得到了中国地形变观测的验证，并与岩石力学破裂实验中的某些阶段划分似乎还能相互呼应。但在解释上各国的专家们仍不尽相同。

图 9-1-1 所示为科学家们对地震地形变演化阶段的一种归纳。其中 α 表示震间形变，β_1、β_2、γ_1 表示震前形变，γ_2 表示同震形变，δ 表示震后形变。现基于我国的研究结果作扼要解释。

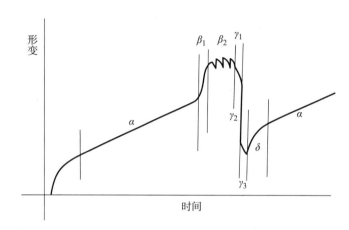

图 9-1-1　对地震地形变演化阶段的一种归纳（据 **N. Fujita**、**Y. Fujii**）

1）震间形变

震间形变是指在同一地域内先后两次大震（或强震）之间的形变。古地震和现今观测结果表明此时间间隔一般为数十年至数百年甚至千年。近 20 年来，全球的 GPS 测量结果进一步揭示出，当今正在进行的地壳运动的确是地质学数百万年时间尺度的新构造运动的继承（包括运动方式、速率等）。因此将震间形变视为"准线性形变"是合理的，它反映了一种动力学平衡状态下的相对稳定的或基准性的、或背景性的正常状态下的形变。跨断层、定点水准和 GPS 等多种形变测量均证实了此论断。

震间形变由于能反映两次大震（或强震）之间应变累积的速率，因此可用于地震危险性评估、危险区划分和长期预测研究（如估计地震复发周期等），同时又为识别震前形变（可能的地震前兆）提供了一种天然的"正常动态基准"和"正常动态背景"。

2）震前形变

震前形变，意指有别于震间形变（"正常动态基准""正常动态背景"）的，发生在地震之前的形变。它与地震孕育过程可能有关，有可能起到地震前兆的作用。它可能包括 β_1、β_2 和 γ_1 三个阶段。

（1）β_1 为中短期异常阶段。中国的地震地形变观测和研究表明，在大震（或强震）之前数月或 1~2 年内，地形变的动态变化经常由"准线性"进入"非线性"，即由等速运动进入到"加速运动"。根据牛顿第二定律 $f = ma$，加速度的出现可能意味着在正常应力的基础上出现了增量应力过程，很可能与地震孕育有关。在岩石破裂实验中也揭示出主破裂之前，应力应变关系曲线由"准线性"进入"非线性"的变化规律。在日本新潟 7.5 级地震，我国海城、唐山、丽江、台湾集集等较多的大震前均观测到这种由"准线性"进入

"非线性"的变化。

（2）β_2 为短（临）异常阶段。在若干大震（或强震）之前数日或 1 个月左右，地形变连续观测（日值、分钟值或连续曲线）经常记录到频度和强度均显著高于正常状态时的瞬态短周期事件（如突跳、波动等）。在岩石破裂实验中，当进入主破裂即将发生的"临界状态"时，由于微破裂雪崩似的剧烈增加，往往会激发出许多脉冲式的声发射、电磁辐射以及声重力波等。未来震源可能成为一种临震前夕的波动源，波动传播到装备有高灵敏度传感器的地形变连续观测台站，就可能激发出一系列的瞬态短周期事件（如突跳、波动等）。非线性动力学也启示我们，当非线性系统进入失稳前的"临界状态"时，细涨落可望被放大为"巨涨落"。

（3）γ_1 为临震预滑动。如前所述，雪崩不稳定裂隙形成模式（IPE）等指出，在接近破裂临界时，微破裂导致的诸多微裂隙会聚集为更大的裂隙，具"正反馈"机制，以越来越快速度扩张，产生更大的破裂，直至主破裂发生。此过程相应于震源力学中的地震成核过程。深部的破裂，反映到地表，就有可能在未来震中附近的断裂上观测到量级显著大于准线性形变 α 和中短期异常阶段非线性形变 β_1 的短（临）预滑动事件 γ_1。我国学者郭增建指出，预滑动的幅度可能达到同震错动幅度的 5%，假设某次大地震同震错动为 3m，则预滑动可达 150mm。目前仅在少数大震（强震）前，个别测点有幸观测到了短（临）预滑动，如唐山、道孚、丽江地震。短（临）预滑动被认为是一种确定性很高的地震地形变短（临）前兆。

3）同震形变

同震形变即同震位错（地震导致岩体的破裂错断），它可以通过震前震后两期地形变测量（GPS、水准测量以及 IN_{SAR} 等）反演出，也可根据多个地震台站的地震波记录计算出，两者略有差别。图 9 - 1 - 1 中用 γ_2 表示，其量级显著大于震间形变与震前形变。

此外，各地形变连续观测台站，无论摆式还是条形或钻孔仪器，一般均可记录到地震波。

4）震后形变

地震后即同震位错（同震形变）发生之后，会出现一个调整阶段——震后形变阶段，通过调整地壳形变将自动逐步地回归到震间形变的动平衡稳定状态（继承性的正常基准态）。大量的实际观测结果表明：震后形变过程服从于指数律或对数律。图 9 - 1 - 1 中描绘 δ 的曲线图像是符合此规律的。地球动力学相关研究成果表明，断层的蠕变也服从于指数律或对数律，因此震后形变也有可能是岩体断裂后的蠕变过程。此过程结束后，震间形变重新开始。

但是图 9 - 1 - 1 中的 γ_3 阶段，在中国的地震地壳形变观测中似乎尚未见到。是否有此阶段，还有待探索。

2. 地形变监测可望提供的地震前兆

由上述讨论可知，根据世界各国大量地形变观测所归纳出的地震地形变演化过程（阶段）（图 9 - 1 - 1）与岩石破裂实验、地震物理模式和非线性动力学等的演释结论大致能相互印证，可认为其在一定程度上概括了地震地形变自然现象的某些共性。在地震孕育的长、中、短（临）各个物理阶段中，地形变都具有各不相同的鲜明特征，说明有可能通过地形变时空动态监测，来寻觅地震的长、中、短（临）前兆，进而实施地震的长、中、短（临）预测。

地形变监测的时间尺度，可由数十年、数年、数月、数日直至数小时和分钟，为长、中、短（临）地震预测提供了多种频率域的信息保证。地形变监测的空间尺度，可由全球板块、板内块体、子块体、边界带、断层带、断裂、块体内部直至定点形变，为获取各种空间范围的信息提供了保证。时空演化信息的整体动态跟踪，使地形变观测有可能为实现下述目标提供依据：① 板块与块体的划分，活动程度和活动方式的定量测定；② 边界带与断裂带的识别，活动程度、分段性和活动方式的定量测定；③ 板间与板内、块内变形的定量测定；④ 地震大形势判定；⑤ 地震危险区的圈定和演化跟踪；⑥ 寻觅震源区和动态图像跟踪；⑦ 预估未来地震地点与震级；⑧ 动态判别是否进入非线性阶段和临界阶段，发震时间预估；⑨ 短临前兆信号捕捉判别，提出地震诸要素预报意见。

由此可见，地形变监测可望提供长、中、短（临）地震前兆信息，通过分析与研究，可望为长、中、短（临）地震预报做出不可取代的基础性的重要贡献。

9.2　干扰排除与异常识别

9.2.1　台站干扰排除与异常识别

在观测数据中，除蕴含我们所需要的目标值之外，还包含粗差、系统误差和偶然误差等多种信息。换言之，可能的地震地形变前兆信号，经常混杂于岩石圈正常构造运动，大气圈、水圈和宇宙天体等多种动力因子作用所导致的非构造性变化以及错误和噪声之中。只有通过干扰排除与异常识别，才能达到去粗取精、去伪存真的目的，观测数据才可能在地震监测预报中发挥其应有的作用。

图9-2-1是台站排除干扰与识别异常的一般步序示意图。首先应制订工作方案，主要包括明确目标值、确定频率域和时间序列长度并选定相应的数据处理方法。根据实际需要，目标值可能是速率异常、季节变异常、固体潮汐因子异常、波动（突跳）异常等。不同目标值要求有不同的频率域和不同的时间序列长度，进而选定或创造不同的数据处理方法。其一般工作步序如下。

1. 汇集观测数据与相关信息

其包括主观测（形变、重力）和辅助观测时间序列（温度、气压、雨量、地下水位等），以及台站工作日志和环境干扰信息等。

2. 观测数据预处理

其内容为时间序列的归化连接（如处理因仪器故障、停电、同震形变等导致的陡坎，对不连续时序的必要内插等）、剔除确认的粗差与错误等。预处理后的时间序列用以建立"正常态"（"基准态"）数学物理模型。但剔除的粗差与错误系列也应保留备查。

3. 建立"正常态"物理数学模型，并从观测序列中扣除正常动态序列

排除干扰的基本思路是：基于已有的理论知识，应用预处理后的时间序列，建立模拟

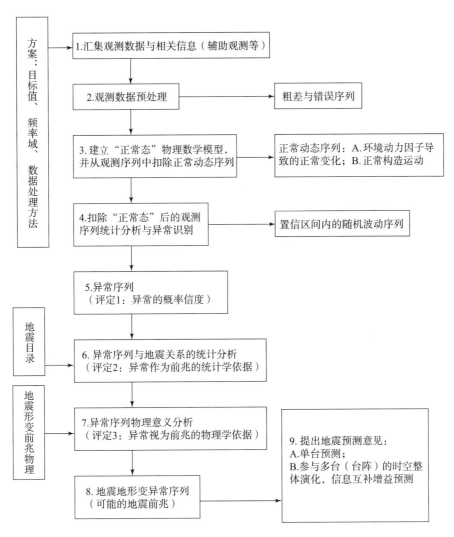

图 9 - 2 - 1　台站排除干扰与识别异常的步序示意图

多种环境动力因子和正常构造运动所导致的非地震效应的"正常态"（"基准态"）的物理数学模型。依此理论模型能推演出观测值的正常变化时序（过程）。观测时序减去正常变化时序就能较好地分离非地震的地形变效应。它主要包括：① 环境动力因子导致的正常变化；② 正常构造运动。也意味着排除了测量的系统误差。分离出的各项正常变化，也应保留备查，必要时予以应用。

4. 扣除"正常态"后的观测序列统计分析

扣除"正常态"后的观测序列，可认为已消除了测量的粗差和系统误差，具偶然误差（随机）序列性质。可用第8章中所述的方法，进行统计分析。根据其均值与标准差，设定概率信度和置信区间，超出置信区间之观测值，被认为是异常（小概率事件）。

5. 异常序列

超出置信区间的观测值构成了异常序列，它是在正常状态下很难出现的小概率事件序列。一旦出现，特别是连续或频繁出现，可能意味着有某种非正常的动力因素作用于台站观测系统。这种因素有可能是地震孕育动力学过程所导致的地形变。首先应评定异常序列的真实性和"异常的概率信度"（异常的第一评价）。

6. 异常序列与地震关系的统计分析

异常有可能是地震孕育动力学过程所导致的地形变，但也完全有可能是其他不明因素（如干扰未排除干净）所导致的地形变。因此在一定时间区间中的时间序列，应与在一定空间范围中的地震目录相对照，全面统计有异常有地震（报准）、有异常无地震（虚报）、无异常有地震（漏报）、无异常无地震（平静）四种不同情况，综合求算异常序列与地震关系的统计指标，可称其为该台站该手段在一定时间区间和空间范围内的地震前兆信息量或地震前兆信息水平，即给出了异常作为前兆的统计学评价（异常的第二评价）。

7. 异常序列物理意义分析

对异常序列作第一评价和第二评价之后，还应进行异常序列的地震地形变前兆物理意义评价，即基于构造物理学、地球动力学、地震动力学、地震前兆物理学、形变前兆物理学等知识，评价异常序列的合理性、可能性并解释其物理意义（异常的第三评价）。

8. 地震地形变异常序列

经过第一、第二和第二评价后的异常序列，就可视为地震地形变异常序列，即可能的地震前兆。

9. 提出地震预测意见

基于地震地形变异常序列，应用各种理论模式和经验关系，推测未来发展，提出地震预测意见，包括：① 单台预测意见，填写内部预报卡片；② 提供资料与意见，组织或参与多台（台阵）的时空整体演化、信息互补增益的综合预测。

9.2.2 建立观测时序理论模型的某些方法简介

地形变观测值的时间序列始终处于变化之中。建立多种环境动力因子和正常构造运动所导致的非地震效应的正常态（基准态）理论模型，模拟和推演正常变化过程，是排除干扰、识别异常的关键。由于篇幅所限，本书只能先概述基本原则，再大致按照由低频至高频的顺序（由长、中期至短、临）对一些方法作概念性（包括某些基本公式）简介。

选择方法的基本原则是：① 有明确的物理意义；② 最适合需要达到的目的（提取某种目标值）；③ 方法本身是科学的并在实际应用中已被证明有效；④ 被处理数据能满足该方法所需要的前提条件；⑤ 在满足基本目的的条件下，选用较为简单和方便的方法；⑥ 方法本身并无优劣之分，效果最好的方法就是最优方法。

1. 地形变趋势性变化分析

通过低通滤波，如滑动平均法、傅里叶分析和小波分析等方法，滤去较高的频率成分（如突跳、波动、固体潮汐、周日变、周年变等），仅保留较低频率成分，从而获得反映正在进行的现今构造运动的长中趋势性连续变化。再通过线性回归，分离出线性运动和非线性运动。前者可为长期预测提供信息，而后者很可能就是中、短期地形变异常（地震前兆）。

定点形变、断层形变和 GPS 的观测时序中存在的以年为周期的季节性变化，主要反映了大气圈、水圈诸种动力因子的系统性干扰及地壳的响应，可通过历年变化的叠加平均、傅里叶分析和小波分析等方法分离出地壳形变年周变（季节性变化）。通常将其平均值作为正常变化，观测值与平均值之差作为偏离值；再进行统计分析，设定概率置信区间，超出区间的偏离值视为年周变畸变。年周变畸变有可能反映中、短期地形变异常（地震前兆）。

2. 多元线性回归

这是一种因果关系分析方法，也是一种无记忆回归。若地形变观测（主观测时序）中确实存在诸种干扰因子（如温度、雨量等）导致的影响，又有相应的辅助观测时序，则多元线性回归的观测方程为：

$$y_i = b_0 + b_1 x_{i1} + b_2 x_{i2} + \cdots + b_m x_{im} + v_i \qquad (9-2-1)$$

式中，y_i 为主观测时序，观测值序号 $i = 1, 2, \cdots, n$；$x_{i1}, \cdots, x_{im}$ 为相应的辅助观测时序；v_i 为误差时序。

用最小二乘法可解出 b_0，b_1，b_2，$\cdots$，b_m 等待定系数，从而可求出多元线性回归的理论值（模拟值）Y_i 和误差时序 v_i：

$$Y_i = b_0 + b_1 x_{i1} + b_2 x_{i2} + \cdots + b_m x_{im} \qquad (9-2-2)$$

$$v_i = y_i - Y_i \qquad (9-2-3)$$

如有中短期地形变异常（地震前兆），应蕴含在 v_i 之中，可用概率置信区间析出。

3. 褶积滤波方法

实际上许多干扰因子对地形变观测值的影响是有记忆的，如一次降水其影响不限于当天，可延续若干天等。因此褶积方法更贴近实际，其观测方程为：

$$y(t) = \sum_{\tau=0}^{k} h(\tau) \cdot x(t-\tau) + v_i \qquad (9-2-4)$$

式中，$y(t)$ 为地形变观测时序（$t = 1, 2, \cdots, n$）；$x(t-\tau)$ 为干扰因子时序；$h(\tau)$ 为褶积滤波因子，记忆步长 $\tau = 0, 1, 2, \cdots, k$。

应用最小二乘法求解出 k 个褶积滤波因子 $h(\tau)$：

$$v_i = y(t) - \sum_{\tau=0}^{k} h(\tau) \cdot x(t-\tau) \qquad (9-2-5)$$

如有中短期地形变异常（地震前兆），应蕴含在 v_i 之中，可用概率置信区间析出。

4. 自回归模型（AR 模型）

观测值时间序列，由于受到多种因素的影响，普遍含有系统性（确定性）和偶然性（随机性）部分。系统性部分被消除后（如扣除趋势性变化、年周期变化等），时序主要呈现随机性特征，但此时仍可能存在着一种统计上的顺序相关关系，即时序自身在时域上存在着某种有记忆性，例如今天的时序值 $x(t)$ 可能与昨天的 $x(t-1)$、前天的 $x(t-2)$、$\cdots\cdots$、第 p 天前的 $x(t-p)$ 之间存在着某种自回归关系。严格说来，它们并不是相互独立的，因此有必要通过自回归模型作进一步的改善。自回归模型的观测方程为：

$$x_{(t)} = a_1 x_{(t-1)} + a_2 x_{(t-2)} + \cdots + a_p x_{(t-p)} + e_{(t)} \qquad (9-2-6)$$

式中，$x_{(t)}$ 为观测值时序扣除系统性影响后得到的残差时序；$e_{(t)}$ 为 $x_{(t)}$ 和自回归模型理论值

$X_{(t)}$ 之差所构成的误差时序。

应用最小二乘法，可估计出 $a_1,a_2,\cdots,a_p$ 等自回归系数。

$$e_{(t)} = x_{(t)} - X_{(t)} \tag{9-2-7}$$

$$e_{(t)} = x_{(t)} - a_1 x_{(t-1)} + a_2 x_{(t-2)} + \cdots + a_p x_{(t-p)} \tag{9-2-8}$$

如有中、短期地形变异常（地震前兆），应蕴含在 $e_{(t)}$ 之中，可用概率置信区间析出。

5. 带控制项的自回归模型（CAR 模型）

尽管地形变观测值时序经过系统性改正后，许多外界干扰因子已被消除，得到了随机时序，但它不仅在一定程度上存在着上述的自回归关系，还有某种外界干扰因子残差的影响（这种因子常被称为主干扰因子）。此时就应该用带控制项的自回归模型来进一步改善，其观测方程为：

$$d_{(t)} = a_1 d_{(t-1)} + \cdots + a_n d_{(t-n)} + b_0 u_{(t)} + b_1 u_{(t-1)} + \cdots + b_n u_{(t-n)} + E_{(t)} \tag{9-2-9}$$

式中，$d_{(t)}$、$u_{(t)}$ 为用同样方法进行系统性改正（如扣除趋势性变化、年周期变化等）后得到的地形变观测值的残差时序和某种主干扰因子的残差时序；$E_{(t)}$ 为 $d_{(t)}$ 与带控制项的自回归模型理论值 $D_{(t)}$ 之差所构成的误差时序。

应用最小二乘法可估计出自回归系数 $a_1,a_2,\cdots,a_n$ 和控制项系数 $b_0,b_1,b_2,\cdots,b_n$。

$$E_{(t)} = d_{(t)} - D_{(t)} \tag{9-2-10}$$

$$E_{(t)} = d_{(t)} - a_1 d_{(t-1)} + \cdots + a_n d_{(t-n)} + b_0 u_{(t)} + b_1 u_{(t-1)} + \cdots + b_n u_{(t-n)} \tag{9-2-11}$$

如有中、短期地形变异常（地震前兆），应蕴含在 $E_{(t)}$ 之中，可用概率置信区间析出。

6. 动态灰箱模型（DGB 模型）

动态灰箱模型是基于对地形变时间序列物理与数学意义的初步认识而提出的一种综合模型。它是趋势性变化模型、季节性变化模型、褶积滤波模型和自回归模型的结合。其观测方程为：

$$f(t) = F(t) + V(t) \tag{9-2-12}$$

式中，$f(t)$ 为地形变观测时序；$F(t)$ 为 $f(t)$ 正常变化的最佳估值——"动态基线值"，即动态灰箱模型理论值；$V(t)$ 为 $f(t)$ 扣除 $F(t)$ 后所获得的差值时序。

$$F(t) = M(t) + S(t) + \eta_1(t) + \eta_2(t) \tag{9-2-13}$$

式中，$M(t)$ 为观测时序长趋势成分的拟合推估值；$S(t)$ 为观测时序年周期变化的多年平均值；$\eta_1(t)$ 为观测值时序经过 $M(t)$ 和 $S(t)$ 改正之后，仍然未能完全消除的某主要干扰因子的有记忆影响（褶积滤波）；$\eta_2(t)$ 为观测值时序经过 $M(t)$、$S(t)$ 和 $\eta_1(t)$ 改正后尚存在的自相关（自回归）影响。

（1）$M(t)$ 可用 $f(t)$ 的滑动平均（低通滤波）法求得：

$$M(t) = \frac{1}{2m+1} \sum_{-m}^{+m} f(t) \tag{9-2-14}$$

在时间轴上某时刻 t_i 的左（之前）、右（之后）两侧各取时间长度间隔 m，组成 $2m+1$ 的滑动步长。当 $2m+1$ 为 1 年时，可以证明式（9-2-14）是一个周期 $T>1$ 年的低通滤波器。它滤去了等于和小于 1 年的各种高频成分，仅保留了周期大于 1 年的低频趋势性成分。

（2）$S(t)$ 用下式求得：

$$S(t) = \frac{1}{N} \sum_{i=1}^{N} \left[f(t) - M(t) \right]_{ij} \qquad (9-2-15)$$

式中，N 为时序中包含的整年周期数；i 为各个年周期序号；j 为年周期内取样值序号，如月均值时，$j=1$，2，$\cdots$，12。

（3）主要干扰因子残余的褶积影响理论值 $\eta_1(t)$ 用下述方法求得：

$$\xi_1(t) = f(t) - M(t) - S(t) \qquad (9-2-16)$$

$\xi_1(t)$ 是观测值经过趋势项和年周期项改正后的时序，但可能仍存在某种干扰因子 W 的残余影响。将 W 的时序 $W(t)$ 按类似式（9-2-16）的方法改正其本身的趋势项和年周期项后获得 $\Delta W(t)$ 时序。$\Delta W(t)$ 对 $\xi_1(t)$ 有记忆的褶积影响的理论值为：

$$\eta_1(t) = \sum_{\tau=0}^{k} h(\tau) \cdot \Delta W(t-\tau) \qquad (9-2-17)$$

$$\xi_1(t) = \eta_1(t) + V(t) = \sum_{\tau=0}^{k} h(\tau) \cdot \Delta W(t-\tau) + V(t) \qquad (9-2-18)$$

用最小二乘法求解出式（9-2-18）中的 $h(\tau)$ 值，$\tau=1$，2，$\cdots$，k。代入式（9-2-17），求得 $\eta_1(t)$。

（4）自回归模型理论值时序 $\eta_2(t)$ 用下述方法求得：

$$\xi_2(t) = f(t) - M(t) - S(t) - \eta_1(t) \qquad (9-2-19)$$

$\xi_2(t)$ 是观测值经过趋势项、年周期项和主要干扰因子残余褶积影响项改正后的时序，但可能仍存在着时序顺次的自相关，有必要再进行自回归改正。自回归模型为：

$$\eta_2(t+1) = a_0 \xi_2(t) + a_1 \xi_2(t-1) + \cdots + \xi_2(t-L) \qquad (9-2-20)$$

建立观测方程：

$$\begin{aligned} \xi_2(t+1) &= \eta_2(t+1) + V(t) \\ &= a_0 \xi_2(t) + a_1 \xi_2(t-1) + \cdots + a_L \xi_2(t-L) + V(t) \end{aligned} \qquad (9-2-21)$$

用最小二乘法求解出式（9-2-21）中的 $a_0,a_1,\cdots,a_L$，代入式（9-2-20），即可求得 $\eta_2(t)$。

当需要全面考虑趋势项、年周期项、主干扰因子残余褶积项和自回归项时，观测值时序理论值——动态基线 $F(t)$ 为式（9-2-13）。

但在许多情况下，或因观测条件较好，不需要考虑主干扰因子残余褶积项，或因缺少辅助（干扰因子）观测，仅考虑趋势项、年周期项和自回归项即可满足要求时，观测值时序理论值——动态基线 $F(t)$ 为：

$$F(t) = M(t) + S(t) + \eta_2(t) \qquad (9-2-22)$$

应用式（9-2-13）或式（9-2-22）可求出观测值时序 $f(t)$ 与动态灰箱模型理论值时序（动态基线）$F(t)$ 之差，即误差时序 $V(t)$：

$$V(t) = f(t) - F(t) \qquad (9-2-23)$$

$$S_{MP}^2 = E\left[V(t) \cdot V(t) \right] \qquad (9-2-24)$$

从而可获得预测标准差（预测观测值正常变化的实际能力）S_{MP}。

如有中短期地形变异常（地震前兆），应蕴含在 $V(t)$ 之中，可基于 S_{MP} 设置一定的概率置信区间识别出异常。

7. 地球固体潮汐因子分析

地球固体潮汐因子分析较前述各种方法具有一个得天独厚的优点：它的理论值不需要通过对观测值的拟合推估求得，而是根据月亮、太阳和地球之间的引力关系按严格的力学理论直接算出的。因此地球固体潮汐的理论值是不依赖于观测值的严格的理论值。

某一频率波段（如 M_2 等）的地球固体潮汐观测值振幅与理论值振幅之比称为地球固体潮汐振幅因子，此两相应振幅的时间滞后称为地球固体潮汐因子时间滞后（相位滞后）。可通过观测方程用最小二乘法求出：

$$y(t_i) = AR(t_i) - A\Delta tR'(t_i) + a_0 + a_1 t_i + a_2 t_i^2 + v(t_i) \tag{9-2-25}$$

式中，$y(t_i)$ 为 t_i 时刻的潮汐观测值；$R(t_i)$、$R'(t_i)$ 为 t_i 时刻的观测值相对应的固体潮理论值及其对时间的一阶微商，可通过地球固体潮理论准确地计算出来；a_0、a_1、a_2 为漂移项；A 为观测值相对于理论值的固体潮汐振幅因子，又称为潮汐响应率；Δt 为观测值相对于理论值的固体潮汐因子时间滞后（相位滞后）。

获得 $A(t)$ 和 $\Delta t(t)$ 的时间序列后，可求其平均值、标准差，设定概率置信区间，进而识别出异常。地倾斜、地应变和重力地球固体潮汐各有自己的 $A(t)$ 和 $\Delta t(t)$，前两者又有 NS 向与 EW 向之分。

8. 差分方法

差分方法是一种简便的高通滤波方法。设观测时序为 $f(t_i)$，则一阶差分 $\Delta f(t_i)$ 为：

$$\Delta f(t_i) = f(t_{i+1}) - \Delta f(t_i) \tag{9-2-26}$$

式中，i 为观测值时序的序列号，如可以为月均值、日均值（或零点值）、时均值（或整点值）和分钟值等的时序号。

求出 $\Delta f(t_i)$ 时序的平均值与标准差，按设定的概率置信区间识别异常。

9. 频谱分析方法

频谱分析方法的优点是将时间域方法（如时间序列分析）和频率域方法（如频谱分析）有机结合，能将观测值时序分解为多个频段，分别观察各个频段成分随时间的变化，从低频至高频均可望分析。另一显著优点是有通用软件可供方便应用。

10. 多个台站的信息合成增益方法

对单台、单信道而言，不管用何种分析方法，都经常存在"信息 - 噪声比"低，异常不明显的问题。我国地震科学工作者根据系统信息增益原理，提出了"系统信息合成增益方法"。在一定的物理背景下（地震异常对各台的影响具系统性，而各台的干扰具偶然性），通过对多台、多信道数据的时、空域信息合成，可望有效地提高"信息 - 噪声比"，从干扰背景中突出地震前兆异常。有"速率合成""频次合成""概率合成"和"空间信息合成"等方法。下面仅列出"速率合成"的表达式。

设某区内多测点观测值变化速率的集合为 V：

$$V = \{ v_{(i,j)}, i = 1, 2, \cdots, n; j = 1, 2, \cdots, m \} \tag{9-2-27}$$

式中，n 为时序数（台站信道数）；m 为序列内时间单元数。

按下式计算区域内速率合成值（绝对值的平均值）：

$$\overset{\Delta}{V}(i,j) = \frac{1}{N}\sum_{i=1}^{N}|v_{(i,j)}|, j = 1,2,\cdots,m \qquad (9-2-28)$$

如再想放大异常，还可求区域内速率的连乘积：

$$\overset{\Delta\Delta}{V}(i,j) = C\prod_{i=1}^{n}|V_{(i,j)}|, j = 1,2,\cdots,m \qquad (9-2-29)$$

除上述简介的各种方法外，还有基于时间序列分析、频率分析、控制论滤波、非线性动力学等多种方法，有待我们进一步去学习、选用、试验，结合实际创造更有效的方法。

9.3　台站常用预测方法

9.3.1　地形变趋势性变化预测方法与震例

观测与研究表明，地震地形变存在着一个由继承性（准线性匀速）运动→偏离继承性（加速度）运动→发生地震→震后调整逐步回复到继承性运动的过程。岩石破裂实验也证明，主破裂发生前应力 – 应变曲线存在着一个由准线性至非线性的变化。因此，当地形变时序出现由准线性至非线性的趋势性变化时，有可能是大震、强震的中短期前兆，大致可以与图 9 – 1 – 1 中的 β_1、β_2 和 γ_1 相类比。但必须注意，不能与年周期等波动相混淆。

1. 海城 7.3 级地震（1975 – 02 – 04）

我国地震科学家曾在 1975 年 2 月 4 日海城 7.3 级地震之前，对其进行过成功的预报（包括短临预报），实现了人类有史以来对大地震的首次成功预报。当时预报的主要依据有二，第一是地震活动，第二是金州台地壳形变（图 9 – 3 – 1）。

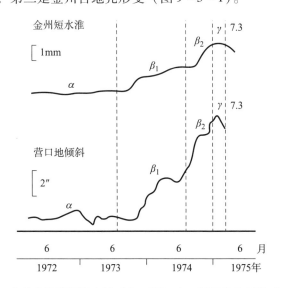

图 9 – 3 – 1　金州台跨断层短水准（$\Delta \approx 190\text{km}$）、营口台地倾斜（$\Delta \approx 190\text{km}$）

观测值时间序列与 1975 年 2 月 4 日海城 7.3 级地震

对图 9 - 3 - 1 所示曲线的直观观察，可看出：大约在海城 7.3 级地震 （1975 - 02 - 04）之前 18 个月，地壳形变出现了趋势性异常变化，由准线性匀速运动转变为非线性加速度运动，震后又基本回复到准线性匀速运动。

2. 唐山 7.8 级地震 （1976 - 07 - 28）

图 9 - 3 - 2 （a）显示了墙子路、小水峪、张家台、牛口峪、施庄村、张山营、大灰厂等单台单测线断层形变月均值时序及其低通滤波。可以看出，其曲线形态虽各具个性，但在唐山大震之前在不同程度上均出现了趋势性变异。图 9 - 3 - 2 （b）是按式（9 - 2 - 28）、式（9 - 2 - 29）进行速率合成的结果，鲜明地展示了震源周围的断层网络在唐山大震之前 2~3 年出现了加速度的非线性运动，达到峰值略有回复时发震，震后又回归于低速率的准线性的正常运动。

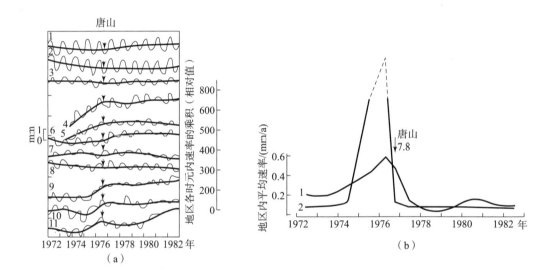

图 9 - 3 - 2　1972—1983 年唐山大震前后围绕震源的断层形变演进过程
（a）细线是各台月均值时序，粗线是低通滤波结果；（b）多台低通滤波时序的
两种速率合成，从整体上反映了地震前后的地形变过程

图 9 - 3 - 3 是在更长的时段和更广阔的空间范围内进行速率合成的结果，并标出了平均值与两倍标准差的置信区间，总体结果与图 8 - 3 - 2 一致。还可看出整体水平运动的正常速率约为 0.20mm/a，大震前增大到 1.20mm/a （加速 6.0 倍），震后又回归正常速率。整体垂直运动的正常速率约为 0.16mm/a，大震前增大到 0.4mm/a （加速 2.5 倍），震后又回归正常速率。

3. 丽江 7.0 级地震 （1996 - 02 - 03） 与澜沧—耿马 7.6 级地震

图 9 - 3 - 4 展示了滇西与滇东活动断裂略图与断层形变测站分布。应用信息系统合成中的速率合成法，得到了图 9 - 3 - 5 所示的结果。可以看出，无论是滇西还是滇东的断层网络，其水平运动和垂直运动的整体强度变化，在 1982—1995 年间只有两长趋势高峰，恰好出现在澜沧—耿马 7.6 级和丽江—中甸 7.0 级大地震之前。

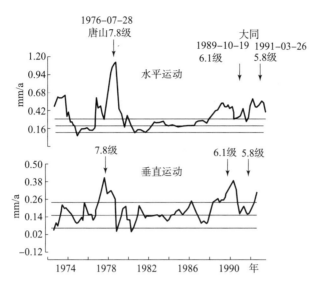

图 9 - 3 - 3 1972—1993 年首都圈断层网络速率
合成结果与地震关系（据周硕愚，2004）

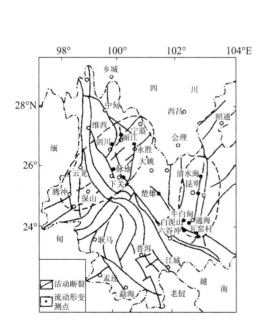

图 9 - 3 - 4 滇西与滇东活动断裂
与断层形变测点略图

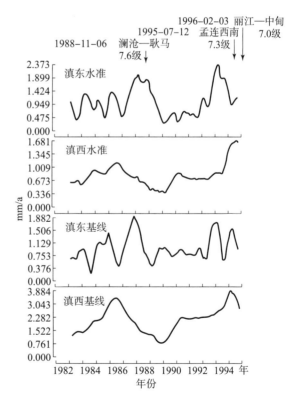

图 9 - 3 - 5 1982—1995 年滇西与滇东断层网络
各水准、基线速率合成结果与大地震之关系

4. 某些中强地震震例: 门源 6.4 级（1986 - 08 - 26）、永登 5.8 级（1995 - 07 - 22）地震

图 9 - 3 - 6 和图 9 - 3 - 7 分别展示了门源 6.4 级和永登 5.8 级地震前断层形变的趋势性变化。可以看出, 在门源 6.4 级地震前, 扁都口场地的跨断层水准 AD 和 AB（垂直形变）以及基线 AB（水平形变）均出现了超越 2 倍标准差的趋势性异常。在永登 5.8 级地震前, 扁都口断层场地的跨断层水准和乌鞘岭酒兰线 109 - 110 点高差变化曲线也均出现了超越 2 倍标准差的趋势性异常。

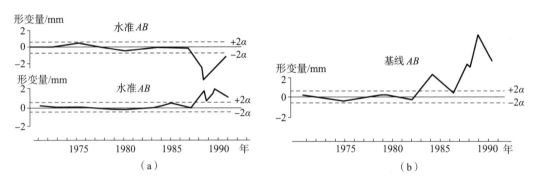

图 9 - 3 - 6　门源 6.4 级地震与扁都口断层形变趋势

(a) 水准; (b) 基线

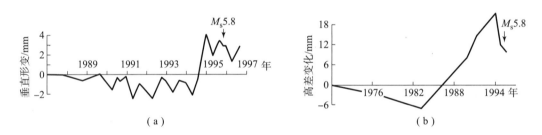

图 9 - 3 - 7　永登 5.8 级地震与断层形变趋势

(a) 扁都口垂直形变曲线; (b) 乌鞘岭酒兰线 109 - 110 点高差变化曲线

9.3.2　地球固体潮汐因子预测方法与震例

地球固体潮汐因子预测地震的基本原理是: 利用大自然恩赐的能从理论上精确确定的地球固体潮汐信号探测深部介质力学参数的变化。

固体潮汐是固体地球在月亮、太阳引潮力作用下所产生的周期性形变。在各种固体地球形变中, 迄今为止, 唯有固体潮能事先精确计算理论值。我国经过数十年的监测实践和研究发展, 遍布全国多数地区的定点形变观测台网已由第一代发展到第三代, 能稳定地高质量地记录到倾斜固体潮、应变固体潮和重力固体潮, 部分台站已实现数字化, 从而可以精确地求出地球固体潮汐因子（固体潮汐特征数）——观测值与理论值之比。

地震在孕育过程中, 微破裂、微裂隙的产生、串通及扩张（如"扩容过程"、临震前的"地震成核过程"或"雪崩过程"等）, 使震源体介质的物理性质发生变化, 介质的弹性参数——勒夫数（h、k、l）发生了随孕震历程的变化。而固体潮汐因子与勒夫数之间又存在着一种确定性的关系，例如：

$$\gamma = 1 + k - h \qquad\qquad (9-3-1)$$

$$\delta = 1 + h - \frac{3}{2}k \qquad\qquad (9-3-2)$$

式（9-3-1）给出了倾斜固体潮汐因子γ与勒夫数的关系，γ永远小于1，一般在0.6～0.7之间；式（9-3-2）给出了重力固体潮汐因子δ与勒夫数的关系，δ永远大于1，一般在1.15～1.20之间。应变固体潮汐因子与勒夫数也有类似关系。因此固体潮汐因子随时间的变化，可以反映震源体介质物性在地震孕育过程中的变化。相当于利用月、日起潮力对地球的激励和地球对此种激励的响应，对深部介质物性进行持续不断的动态物理勘探。一般认为，固体潮汐因子有可能反映震源区介质物性在孕震过程中随时间的变化，特别是短、临阶段的变化。由于日波可能受气象要素周日变的干扰，故常用半日波潮汐（M_2波）因子。实践初步表明地震平静期时γ_2值相当稳定，而在5级以上地震前，近台（震中距100km内）发生γ_2值的变化是经常的。当γ_2值出现系统偏离，超出置信区间时，可视为短期异常。临近发震时，可能出现γ_2值的急剧增大或不稳定跳动。大致可分别类比于图9-1-1中的β_1和β_2阶段。

　　云南永胜台距丽江7.0级地震的震中距为73km，在地震之前，多种固体潮汐因子均出现了明显的异常。

　　从图9-3-8中可见，从永胜台固体潮汐因子的变化中能较好地监测并识别出100km范围内6级以上的地震之前的异常。无论是倾斜潮汐振幅因子、应变潮汐振幅因子，还是潮汐矢量偏角，在强震或大震发生前3～6个月均出现了明显异常；而在地震平静期和相对平静期，则较为稳定。可以认为这种短期异常具有较好的信噪比和可信度。

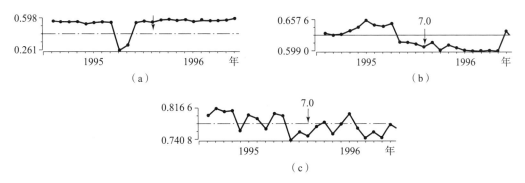

图9-3-8　永胜台倾斜、应变固体潮振幅因子时序与丽江7.0级地震（1996-02-03）
（震中距$\Delta=73$km）（据李正媛，2003）
（a）倾斜潮汐因子NS；（b）倾斜潮汐因子EW；（c）应变潮汐因子

9.3.3　周期性地形变异常预测方法与震例

　　周期性是自然界常见的特性之一。若将固体地球视为一个动力学系统，系统之外的某些动力学因子对系统的激励，有可能在系统中激起周期性响应，从而产生周期性形变。例如地球和月亮、太阳在相互运动中的引力变化，激起了周期约为半日波和周日波的地球固体潮汐。又如地球自转所导致的昼夜温差等变化，激起了周期为 24h 地形变周日变。再如地球绕太阳公转在水圈、大气圈和岩石圈中导致的一系列季节性变化（如大气荷载、地表水荷载、气温、地温、地下水等的相应变化），激起了周期为 365 天的地形变年周变（季节变）。地球固体潮汐在地震预测中的应用前面已讨论过，本节侧重讨论地形变年周变（季节变）在地震预测中的应用。

观测实践表明，不仅定点形变台站（倾斜、应变）、重力台站和断层形变台站能清晰地观测到地形变年周变（季节变），GPS 连续观测台站也能观测到地形变年周变（季节变）。以台站多年积累的观测时序为基础，运用一定的方法，可望找到一定的年周变统计规律（包括时序本身及其与其他环境动力因子的相关），并可预测未来年份的年周变（理论值、正常值）。当实际观测到的年周变与理论值（正常值）产生显著差异时，被认为是出现了年周变畸变。地震孕育过程中产生的地震地形变，破坏了理论（正常）年周变，可能是导致年周变畸变的重要原因之一。因此地形变年周变畸变可能是地震中短期异常。但某些非地震原因也有可能导致地形变年周变畸变。

图 9-3-9 中的实线是营口台 1972 年 1 月至 1975 年 1 月地倾斜月均值矢量图，1972年、1973 年都呈现出有规律的年周变；图中的虚线是此正常年周变的外推值。但从 1974年 9 月起实际观测值严重偏离了正常值（理论值）。图中还标出了 1974 年 9 月至 1975 年 1月，此 5 个月的月均值异常矢量，它们均指向东方。营口台位于海城 7.3 级地震震中正西方向约 20km。因此震前 5 个月的地倾斜异常，可认为是均指向未来地震之震中。这似乎可用震源区的膨胀扩容效应来解释（笔者注：从观测值矢量与理论值矢量之差的观点看，图中各矢量的箭头应倒转绘制，即指向西，背向震中，这就与膨胀扩容效应的解释一致了）。

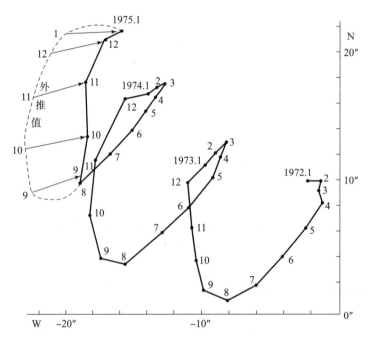

图 9-3-9 辽宁营口台地倾斜矢量年周变与海城 7.3 级地震

9.4　流动重力预测方法与震例

9.4.1　流动重力预测方法

利用流动重力观测图像进行的地震预测实践表明，强震或大震前往往出现典型的重力变化梯度带或上升与下降变化交替的四象限图像，且未来震中位于其相对低值（如零值线）部位。这些特征可用震前闭锁剪力模式（申重阳等，2011）来解释：孕震源存在的双力偶剪力促使震源附近外围地区物质迁移运动，而震源闭锁不动，如同发生等效的位错运动。位错运动模拟研究表明，逆冲型位错活动会产生正－负重力变化梯度带，而走滑型断裂活动会产生正负交替的"四象限"重力变化图像。当前，虽还未能根据重力变化图像建立地震预测的物理模型，但是大规模重力场变化观测和地震预测实践经验的积累，使得人们对破坏性地震发生前的重力变化"时、空、强"有了一定的认识，能为未来地震重力监测网的设计和地震预测实践提供有意义的参考。

震例总结表明，中强地震发生前 2 ~ 3 年一般会有较明显的重力变化，尽管 7 级以上大震重力变化持续时间可能长达 8 ~ 10 年，但震前 2 ~ 3 年的观测非常关键。重力变化的空间分布特征对发震地点预测有关键的指示作用，地震一般发生在重力变化的高梯度带附近。地震震级与重力变化的范围和量级呈正相关，一般震前重力场变化覆盖范围越大，则震级越大，8 级以上地震伴生重力变化范围可达 1000km 以上；5 ~ 6 级地震伴生的重力变化量级为 40 ~ 50μGal，6 ~ 7 级地震伴生的重力变化量级为 70 ~ 100μGal，7 级以上地震伴生重力变化量级可达 100μGal 以上，甚至达 200μGal。发震时间、地点、震级与重力场变化存在如下关系：① 重力变化的空间分布特征与发震地点预测有关；② 震前重力变化覆盖范围越大，则震级越大；③ 震前重力变化量级越大，则震级越大；④ 震前 2 ~ 3 年的观测对发震时间预测非常关键。

9.4.2　重力变化量级 G 与震级 M_S 间的关系

胡敏章等（2019）根据公开发表的文献和中国地震局重力观测技术管理部的总结，统计了 56 个震例对应的重力变化量级 G 与震级 M_S 间的关系，发现 56 个震例重力变化量级 G 与震级 M_S 之间呈线性相关，相关度达 0.682，经线性拟合，得出：

$$G = 23.56M_S - 68.75 \qquad (9-4-1)$$

拟合直线见图 9 - 4 - 1 中实线（模型 A）。去掉 G 与直线拟合结果之差大于 1 倍中误差的震例后，剩余 44 个震例，则 G 与 M_S 之间线性相关度可达 0.86，经线性拟合，得出：

$$G = 21.82M_S - 59.37 \qquad (9-4-2)$$

拟合直线见图中虚线（模型 B）。

根据式（9 - 4 - 1）和式（9 - 4 - 2），可对 4 ~ 8 级地震对应的重力变化量级 G 作出评估，见表 9 - 4 - 1。从表中可以看出，5、6、7、8 级地震对应的震前重力变化异常量级分别为 50μGal、70μGal、90μGal、120μGal，与祝意青等（2018）的总结一致。

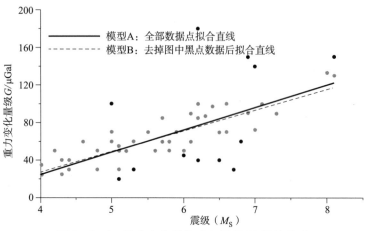

图 9 - 4 - 1　重力变化量级 G 与震级 M_S 间的关系

表 9 - 4 - 1　不同震级地震对应的震前重力变化异常量级 G　　（单位：μGal）

M_S	4	5	6	7	8
G（模型 A）	25	49	73	96	120
G（模型 B）	28	50	72	93	115
祝意青等（2018）	—	≥50	≥80	≥100	≥120

9.4.3　重力异常变化时变距 S 与震级 M_S 间的关系

胡敏章（2019）根据全部 89 个震例分析的震级与时变距的关系（分段拟合），分析发现时变距 S 与震级 M_S 之间线性相关度达 0.778，线性拟合得出：

$$\begin{cases} S = 36.38M_S - 112.06, M_S \leq 6.5 \\ S = 154.89M_S - 911.6, M_S > 6.5 \end{cases} \tag{9-4-3}$$

从图 9 - 4 - 2 中可以看出，时变距 S 随着震级增大而增大，特别是震级在 6.5 级以上时，时变距 S 增长更快。这与震级越大，则能量积累越多，对应的孕震范围越大这一基本认识是一致的。

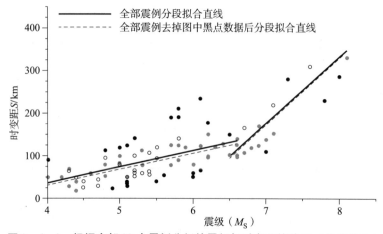

图 9 - 4 - 2　根据全部 89 个震例分析的震级与时变距的关系（分段拟合）

从表 9 - 4 - 2 中可以看出，震级为 5、6、7、8 级时，时变距 S 分别为 72km、109km、175km、330km。震级为 5、6、7、8 级时，对应的重力变化异常范围分别约为 140km、220km、350km、660km，与祝意青等（2018）的总结基本一致。

表 9 - 4 - 2　重力变化时变距 S、异常范围与震级 M_S 之间关系统计

M_S	4	5	6	7	8	备注
时变距 S/km	9	69	128	188	247	
	36	74	112	177	332	
	33	70	106	173	328	
	35	72	109	175	330	
	10	80	150	220	290	
异常范围（2S）/km	70	140	220	350	660	
	—	≥100	≥200	≥400	≥600	祝意青等（2018）
破裂长度/km			3.5	14	58	235	孙银涛等（2016）
孕震范围（"源"）	—	10.5	42	174	705	破裂长度的 3 倍，刘杰等（2016）

一般情况下，地震前兆所位于的地震孕震区是破裂尺度的 2~3 倍（刘杰等，2016）。孙银涛等（2016）统计分析了中国大陆地震震级与破裂长度之间的关系。若取孕震范围是破裂长度的 3 倍，则 5、6、7、8 级地震对应的孕震范围（地震孕育的"源"区）分别约为 10.5km、42km、174km、705km。除 8 级地震外，其他震级对应的孕震范围明显小于本文估算的重力变化异常范围（表 9 - 4 - 2），这是因为强震是在大构造活动背景下的局部断层差异化运动，造成局部应力积累突破岩石强度后会突然失稳破裂，其孕育的力学演化过程不局限于发震断层。因此，地震监测预报工作不仅要着眼于地震孕育的"源"，还应关注周边"场"的演化。流动重力观测获得的重力变化异常范围（"场"）大于根据破裂长度推算的孕震范围（"源"），恰恰说明"场"的演化对"源"起着重要作用。流动重力观测的是"场"兆，近年来在地震年度预测中主要作用于地点判定方面，是由"场"及"源"的体现。

9.4.4　典型震例

1. 1975 年 2 月 4 日海城 7.3 级地震

海城地震是目前世界上被联合国教科文组织认定的唯一成功预测案例，我国首次观测到震前重力变化，在地震预测中起到一定作用。卢造勋等（1978）震前在震中西侧测线东南段的盖县至庄河观测到了显著的重力下降，1972 年 6 月至 1973 年 5 月一年间重力下降幅度最大达 352μGal。由于缺乏绝对重力控制，早期观测数据存在较大仪器漂移影响。将1972 年 6 月至 1973 年 5 月和 1972 年 6 月至 1972 年 11 月两期数据采用线性拟合方法去漂移后再作差，可获得 1972 年 11 月至 1973 年 5 月的重力变化，如图 9 - 4 - 3 所示，其中小庄、营口、盖县重力变化经过了先增大（7206 - 7211）后减小的过程，营口变化幅度超过 200μGal。

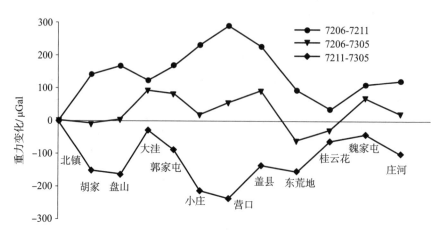

图 9 – 4 – 3　去漂移后北镇—营口—庄河剖面重力变化

2. 1976 年 7 月 28 日唐山 7.8 级地震

　　唐山地震给我国造成极大生命和财产损失，虽未被预测，但震后的反思却促进了我国地震科学的发展。事后总结表明，首次观测到了地震前后较完整重力变化过程。北京—天津—唐山—山海关的重力联测（约 1 期/3 月）表明（图 9 – 4 – 4），自 20 世纪 70 年代初开始，天津、唐山和山海关相对

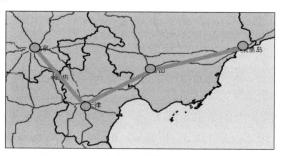

图 9 – 4 – 4　唐山地震前后联测的重力测线

于北京的重力值持续增加，直到地震前一年出现下降，重力变化量级达约 100μGal，震后重力变化逐渐趋向于平稳，如图 9 – 4 – 5 所示。

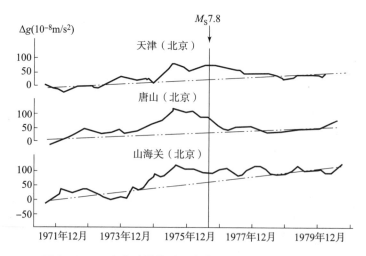

图 9 – 4 – 5　唐山地震前后重力变化（李瑞浩等，1997）

3. 1996 年 2 月 3 日丽江 7.0 级地震

滇西地震预报试验场的区域重力网建于 1984 年（图 9 - 4 - 6），截至 1997 年底累积了 30 期观测资料。通过对该网观测资料及震例的分析研究，学者们总结了大量区域重力变化形态、持续时间等与地震活动关系的经验性认识。

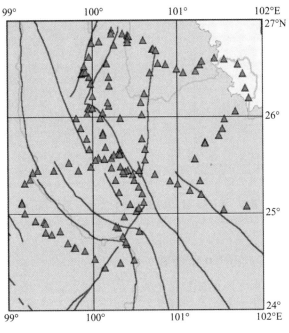

图 9 - 4 - 6 滇西区域重力网

丽江地震前重力变化持续近 10 年，震前 4 年开始出现较显著的区域性重力变化，并持续增强至地震发生前，变化量级达约 80μGal。丽江地震是我国从区域重力场变化的角度来研究地震的首个震例，但是由于测网覆盖范围仅约 300km × 300km，地震相关重力变化的空间覆盖范围仍无法评估。

另一方面，丽江地震前两期的观测数据捕捉到了重力变化增强的过程，但鉴于没有更高时间分辨率的观测数据，地震预测的时间窗口无法进一步收窄。

4. 2008 年 5 月 12 日汶川 8.0 级地震

汶川地震是新中国成立后造成的破坏力仅次于唐山地震的地震，是继昆仑山地震后的又一次巨震。"网络工程"资料显示相关重力变化自 2005 年（相对 1998 年）即开始显现，区域性重力变化范围超过 1000km，量级超过 100μGal。重力学科组根据流动重力观测结果对该地震提出了较为准确的预测（图 9 - 4 - 7），是首次根据区域重力场变化信息给出较准确的大震预测意见。张国民研究员认为基于区域重力场时 - 空变化对汶川地震的预测，是目前国内外对 7 级以上大地震的潜在发生地点中期预测中最准确的一次。

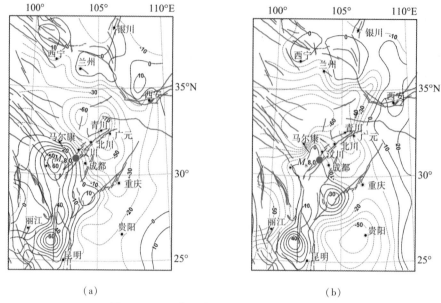

（a）   （b）

图 9 - 4 - 7　汶川地震前重力变化（见彩插）

（a）汶川地震前 3 年尺度变化（2002—2005）；（b）汶川地震前 7 年尺度变化（1998—2005）

5. 2013 年 4 月 20 日芦山 7.0 级地震

芦山地震是汶川地震后龙门山断裂带上发生的又一次大震，重力学科组同样在震前给出了较准确的预测意见。震前两年的累积重力变化如图 9 - 4 - 8 所示，东西向梯度带达约 120μGal，范围超过 400km。

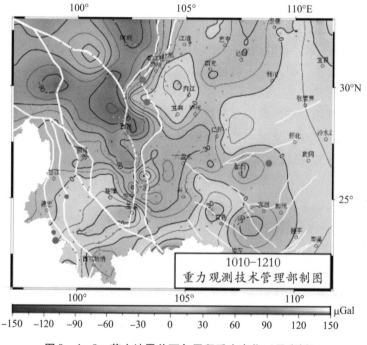

图 9 - 4 - 8　芦山地震前两年累积重力变化（见彩插）

6. 2014年10月7日云南景谷6.6级地震

如图9-4-9所示，震前重力变化过程如下。

（1）1010-1310（表示2010年10月—2013年10月期间的重力变化，下同），滇西南地区重力变化梯度带在德宏—沧源—景洪一带与龙陵—澜沧断裂走向一致，震中核心区域正重力变化半径约113km，震中西南部重力变化差异约60μGal；

（2）1110-1310，震中西南形成了南负-北正的重力变化梯度带，正变化区域半径约75km，重力变化差异约100μGal；

（3）1210-1310，震中西南形成了垂直于龙陵—澜沧断裂的梯度带，震中至正重力变化中心距离约110km，重力变化差异约60μGal；

（4）1310-1404，半年期重力变化显示，震中西南部有局部正重力变化异常，震中至正重力变化中心的距离约101km，重力变化差异约40μGal。

因此，景谷6.6级地震重力变化时变距 S 和量级 G 为上述前3个时段的平均值，即 S 约为100km，G 约为73μGal。

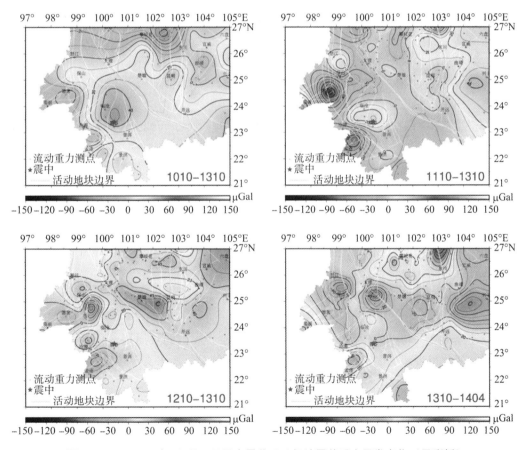

图9-4-9 2014年10月7日云南景谷6.6级地震前重力异常变化（见彩插）

习　题

一、判断题

1. 地震是岩石在力的作用下产生运动变形进而导致破裂的过程和事件。　　　　（　　）
2. 地震地形变演化过程有可能与地震孕育和发生过程中的长、中、短（临）、发震及震后
　　调整各阶段相对应。　　　　（　　）
3. 当今的地壳运动总体上是地质学新构造运动的继承。　　　　（　　）
4. 震间形变总体上具有非线性特征。　　　　（　　）
5. 震前形变具有线性特征。　　　　（　　）
6. 确认正常周期性变化后，周期变畸变有可能是异常。　　　　（　　）
7. 用 0.3% 置信度（三倍标准差）挑选出的异常很严格，可直接视为地震前兆。　　　　（　　）
8. 多元线性回归是一种"有记忆"回归方法。　　　　（　　）
9. 褶积（卷积）滤波是一种"无记忆"的方法。　　　　（　　）
10. 自回归模型揭示了时间序列数据的顺次相关关系。　　　　（　　）
11. 带控制项自回归模型（CAR）是互相关分析和自相关分析的综合。　　　　（　　）
12. 地球固体潮汐是太阳系八大行星引力对固体地球形变的综合影响。　　　　（　　）
13. 月亮、太阳对地球的引力和地球离心力共同导致地球固体潮汐。　　　　（　　）
14. 地球固体潮汐的理论值依赖于观测值。　　　　（　　）
15. "地球固体潮汐振幅因子"可能包含了深部岩石介质特性（如弹性模量等）的信息。
　　　　（　　）
16. "地球固体潮汐因子时间滞后"不能包含深部岩石介质特性（如弹性模量等）的信息。
　　　　（　　）
17. "地球固体潮汐振幅因子"和"地球固体潮汐因子时间滞后"有可能反映震源区在震
　　前微破裂增多导致的扩容效应。　　　　（　　）
18. 跨断层形变测定现今断层运动过程，正常情况下滤去年周变（季节变）之后，断层的
　　趋势性运动基本是匀速的（准线性的）。　　　　（　　）
19. 当现今断层运动过程由匀速（准线性）转为加速（非线性）时，有可能是异常。
　　　　（　　）
20. 定点连续形变（应变、倾斜）时间序列存在着较为规律的年周期变化（季节变），当
　　年周期变化出现畸变时，可能是异常，但也有可能是气象水文等环境因子的影响。
　　　　（　　）
21. 断层形变（水平、垂直）时间序列存在着较为规律的年周期变化（季节变），当年周
　　期变化出现畸变时，可能是异常，但也有可能是气象水文等环境因子的影响。（　　）
22. 差分法是一种简易的低通滤波器。　　　　（　　）
23. 滑动平均法是一种简易的高通滤波器。　　　　（　　）
24. 小波分析是将频率域分析和时间域分析相结合的方法。　　　　（　　）
25. 在排除干扰识别异常中，越复杂的方法就可能越精确，因而就越好。　　　　（　　）

26. 多个台站的信息合成不可能提高"信号 – 噪声比"。　　　　　　　　（　　）

27. 在多种固体地球形变中，迄今为止，唯有固体潮能事先精确计算理论值。　（　　）

28. 固体潮汐因子与勒夫数之间存在着一种确定性的关系，因而有可能反映地下介质性质随时间的变化，起到"动态物探的作用"。　　　　　　　　　　　　　　（　　）

二、选择题

1. 地震预测有三种基本途径：（　　　）。

　　A. 蒙特卡罗法　　　　　　　　　B. 观测事实（震例）归纳

　　C. 细胞自动机　　　　　　　　　D. 物理模式演绎

　　E. 动力学数值预测

2. 各类地震前兆各有其特色，但最基础的力学型前兆是（　　　）。

　　A. 地震学　　　　B. 电磁　　　　C. 地形变　　　　D. 地下流体

3. 当前排除干扰，识别异常的基本思路是（　　　）。

　　A. 通过建立正常态模型识别异常　　　B. 根据地震动力学特性识别异常

4. 动态灰箱模型（DGB）是（　　　）的综合。

　　A. 趋势性变化模型　　　　　　　B. 模糊数学模型

　　C. 季节变化模型　　　　　　　　D. 灰色系统模型

　　E. 互相关褶积滤波模型　　　　　F. 自回归模型

5. "地球固体潮汐振幅因子"是（　　　）。

　　A. 前一天观测值振幅与后一天观测值振幅之比

　　B. 观测值振幅与理论值振幅之比

　　C. 当天观测值振幅与观测值平均振幅之比

参 考 文 献

[1] 固体地球物理学编辑委员会，测绘学编辑委员会，空间科学编辑委员会. 中国大百科全书：固体地球物理学、测绘学、空间科学. 北京：中国大百科全书出版社，1985.

[2] 国家地震局科技监测司. 地震形变前兆特征的识别与研究. 北京：地震出版社，1994.

[3] 国家地震局科技监测司. 形变·重力·应变专辑. 北京：地震出版社，1991.

[4] 国家地震局科技监测司. 中国地震预报方法研究. 北京：地震出版社，1991.

[5] 国家地震局科技监测司. 综合预报专辑. 北京：地震出版社，1991.

[6] 江在森，丁平，王双绪，等. 中国西部大地形变监测与地震预测. 北京：地震出版社，2001.

[7] 陆远忠，吴云，王炜，等. 地震中短期预报的动态图像方法. 北京：地震出版社，2001.

[8] 梅世蓉，冯德益. 中国地震预报概论. 北京：地震出版社，1993.

[9] 张国民，傅征祥，桂燮泰，等. 地震预报引论. 北京：科学出版社，2001.

[10] 周硕愚. 系统科学导引. 北京：地震出版社，1988.

［11］周硕愚．利用地面观测资料研究活动断裂带的运动学与动力学，中国大陆现今地壳运动．北京：地震出版社，2004．

［12］李正媛，陈鹏，林穗平，等．川滇强震震源区形变潮汐短临变化特征．大地测量与地球动力学，2003，23（2）：55－60．

［13］胡敏章，郝洪涛，李辉，等．地震分析预报的重力变化异常指标分析．大地测量与地球动力学，2019，35（3）：417－430．

［14］申重阳，谈洪波，郝洪涛，等，2009年姚安M_S6.0级地震重力场前兆变化机理．大地测量与地球动力学，2011，31（2）：17－22：47．

［15］贾民育，詹洁晖．中国地震重力监测体系的结构与能力．地震学报，2000，22（4）：360－367．

［16］祝意青，申重阳，张国庆等．我国流动重力监测预报发展之再思考．大地测量与地球动力学，2018，38（5）：441－446．

［17］刘杰，张国民．"是否存在有助于预报的地震前兆"的讨论．科学通报，2016，61（18）：1988－1994．

［18］孙银涛，徐国栋，龙海云，等．震级与破裂长度统计关系研究．地震学报，2016，38（5）：803－806．

［19］卢造勋，方昌流，石作亭，等．重力变化与海城地震．地球物理学报，1978，（1）．

［20］李瑞浩，黄建梁，李辉．唐山地震前后区域重力场变化机制．地震学报，1997，（4）：399－405．

第10章 论文汇编

"4·20"芦山地震预测思路及过程回顾

苏 琴[1] 杨永林[1] 郑 兵[1] 王双洪[1] 李菲菲[1] 刘冠中[2]

(1. 四川省地震局 测绘工程院 四川雅安 62500)
(2. 中国地震局 地壳应力研究所,北京 100085)

摘 要: "4·20"芦山7.0级是继2008年汶川8.0级地震后,龙门山断裂又一次破坏性地震,与汶川地震不同的是,这次地震前,四川省跨断层形变资料出现了明显的前兆异常,且有一定程度的预测。本文将对该次地震的预测思路及过程进行回顾,展示长、中、短期预测依据及过程,为未来强震的短期预测总结经验。其分析结果认为:① 跨断层短水准、短基线的突变加速异常对强震发生的时间有着较好的短期预测意义;② 综合利用跨断层前兆异常出现的时序特征、流动重力高梯度带及差异性变化进行分析,提取其异常交汇部位,对强震的发生地点有着较好的预测效果;③ 跨断层形变异常持续时间的统计对于强震发生的震级有一定的指示意义。这里展示的只是当时实际的工作过程,但对于其发震机理的认识还有一定的难度,特别是对于短期异常与发震不同为一条断层的分析尚有待于进一步的研究。

关键词: 跨断层形变 流动重力 芦山地震 预测回顾

引 言

2008年汶川8.0级地震的发生,使川、滇两省进入了强震发生的活跃时段。震后不到5年的时间,再次发生了"4·20"芦山7.0级地震。该次地震使龙门山断裂南段各族人民再次经受了严重的地震灾害,致使193人死亡,25人失踪和不可估量的经济损失。

众所周之,四川境内分布着北西向鲜水河、北东向龙门山、近南北向的安宁河—则木河三大断裂带,控制着川滇块体东边界带的断层活动,其交汇部位简称为"三岔口"地区,位于青藏高原与四川盆地的过渡地带,"4·20"芦山7.0级地震即发生在该区域内。

20世纪八九十年代开始,为研究川滇块体断层活动特征,四川省地震局测绘工程院在"三岔口"及附近地区布设了多个跨断层形变测点,经过几代人的艰苦努力,到目前已布设了23个短水准、8处短基线和6个水平蠕变观测场地,大多数场地积累了近三十年的观测资料，其场地分布及观测资料情况见图1、表1。

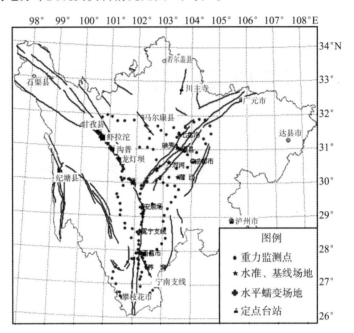

图1 三岔口地区跨断层形变、重力监测网点分布图

表1 三岔口地区跨断层形变观测场地布设情况统计表

序号	场地名称	观测手段	使用资料起止时间/年	标石类型	所跨断裂	序号	场地名称	观测手段	使用资料起止时间/年	标石类型	所跨断裂
1	侏倭	水准、基线	1980—2013	土中点	鲜水河中北段	13	棉蟹	水准	1990—2013	基岩点	安宁河北段
2	格篓	水准、基线	1974—2013	土中点		14	紫马垮	水平蠕变	1990—2013	水泥浇注	
3	虚墟	水准、基线	1980—2013	土中点		15	冕宁	水准	1981—2013	基岩	
4	虾拉沱	水准、基线、水平蠕变	1976—2013	土中点	鲜水河断裂中南段	16	西昌	水准	2004—2013	土中点	则木河断裂主断层、次级断层
5	恰叫	水平蠕变	1990—2013	水泥浇注		17	尔乌	水准	1981—2013	基岩点	
6	沟普	水准、基线、水平蠕变	1983—2013	基岩、土中		18	宁南	水准	1989—2013	基岩点	
7	道孚	水准	1972—2013	基岩点		19	汤家坪	水准、基线	1981—2013	基岩点	龙门山前山断裂
8	龙灯坝	水准、基线、水平蠕变	1985—2013	土中点		20	双河	水准	1977—2013	基岩点	
9	老乾宁	水准、基线、水平蠕变	1979—2013	土中点		21	灌县	水准	1978—2013	基岩点	
10	折多塘	水准、基线	1980—2013	土中点	鲜水河南段	22	宝兴	水准	2008—2013	基岩点	龙门山主中央断裂
11	团结	水准	1986—2013	基岩点		23	映秀	水准	2010—2013	基岩点	
12	安顺场	水准	1977—2013	基岩点		24	七盘沟	水准	1986—2013	基岩点	龙门山后山断裂

由图1、表1可看出，这些点主要埋设于鲜水河、安宁河、则木河和龙门山断裂带上，鲜水河上的测点大多跨越鲜水河断裂主活动面，安宁河、则木河上的测点大多跨越次级断裂，龙门山断裂带上的测点涵盖了龙门山主中央断裂、后山和前山断裂。测点资料精度较好，连续可靠。

2010年来，沿鲜水河—则木河—龙门山南段跨断层形变、川西地区流动重力观测资料先后不同程度地出现明显的异于背景性变化的异常。特别是2013年1月，鲜水河北段、龙门山南段跨断层形变观测资料（图4）显示，三岔口地区断层活动异常活跃，进入了强震发生的亚失稳Ⅱ阶段（马瑾，SISHERMAN，郭彦双，2012年。所谓亚失稳Ⅱ阶段，是指岩石破裂前，应力-应变积累到强度极限点与失稳点之间的阶段，即短临阶段）。为此，2013年2月22日，四川省地震局测绘工程院利用这些异常资料，综合三岔口地区地震地质、地震活动性等背景性资料作出了较为准确的短期预测①，本文旨在对本次短期预测的思路及过程进行回顾、总结，为今后的地震预测预报工作积累一些经验。

1 预测主要思路

总体上实行三要素分别预测的方法，最后参考中国地震局制定的短临预测卡规则进行填报。

1.1 时间的预测

对于时间的预测，总体上坚持中国地震局"长-中-短-临"（张国民，傅征祥，桂燮泰等，2001年）的渐进式预测思路，也是多年来地震预测预报的短临跟踪过程。

首先利用地震地质、地震活动性、形变等背景性预测结果进行长期背景性预测，再依据半年以上跨断层中短期时间尺度的异常进行中短期预测，最后以短期突变异常进行短期预测。

1.2 地点的预测

综合形变异常特点，利用强震前的"前兆偏离"（是指强震不一定发生在短期异常出现的地方，而是发生在与之有关断裂的其他部位，马瑾，刘力强，马胜利，1999年）和"源、兆、场"（即震源体、前兆场和孕震场。张国民，傅征祥，桂燮泰等，2001年；中国地震局监测预报司，2002年）理论，结合区域重力、区域构造背景和板块边界动力学特点进行预测。

1.3 震级预测

引入跨断层异常持续时间与震级的关系式进行预测。

---

① 四川省地震局测绘工程院2013年2月22日中国地震局、四川省地震局短临预测卡片。

2 预测过程及依据

2.1 时间的预测过程及依据

（1）长期背景性预测

2008 年汶川 8.0 级地震后，龙门山断裂南段、鲜水河断裂南段、安宁河断裂北段等三岔口所属区域没有因这次特大地震的发生而"解锁"，仍然处于高应力闭锁状态（闻学泽，杜方，张培震等，2011 年），库仑应力（王连捷，周春景，孙东生等，2008 年）进一步加强且长期处于低 b 值（易桂喜，闻学泽，苏有锦，2008 年）阶段，由此认为三岔口地区强震发生的背景在逐步增强。

分析图 2 发现，2002 年前后，鲜水河中南段恰叫、安宁河北段紫马垮水平蠕变显示，断层活动改变了多年的压性活动趋势，进入张性活动状态，说明鲜水河中段、安宁河北段改变了断层的闭锁活动，进入了左旋走滑活动过程，2008 年汶川 8.0 级特大地震后，鲜水河中段断层活动有所加速，于 2010 年 4 月发生了玉树地震。震后，鲜水河中南段继续高速滑动，而安宁河北段、龙门山南段则进入"闭锁"状态（图 2、图 3），显现出中长期背景性形变异常。

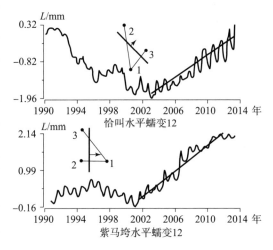

图 2 水平蠕变显示的长期趋势背景

（2）中短期预测

2010 年 3 月至 2012 年 9 月，鲜水河断裂带中南段老乾宁基线、沟普水平蠕变、紫马垮水平蠕变、龙门山南段宝兴水准等观测资料反映，该时段在这些场地没有监测到断层活动，表明断层进入"闭锁"状态。

同时段内则木河断裂带断层活动则进入了活跃时段，出现了以西昌、尔乌、汤家坪水准等为代表的一批跨断层中短期形变异常且断层以张性活动为主（图 3），表明该时段内，则木河断层左旋活动加速，在加速后转折的过程中发生了 2012 年 6 月 24 日的云南宁蒗—四川盐源间 5.7 级地震和 2012 年 9 月 7 日云南彝良—贵州威宁间 5.7 级地震，震后则木河断层呈持续的压性活动状态，有恢复年变的迹象，而该时段内汶川 8.0 级地震主活动面的龙门山断裂仍处于震后的高速张性调整过程中（图 4）。

这些区域断层的活动表明，川滇块体东边界带断层巴颜喀拉块体向南东移动的带动作用使三岔口地区断层出现新活动迹象，进入强震的孕育阶段。而同时则木河、龙门山断裂北段的加速运动将会受到断层"闭锁"区的阻挡作用，断层的脆性部位在拉、伸、挤、压等多种外力"失衡"的状态下势必发生挤出活动，由此预测未来一年时间内三岔口地区将有 6.5 级左右地震发生的危险（苏琴，杨永林，郑兵等，2012 年 10 月）。

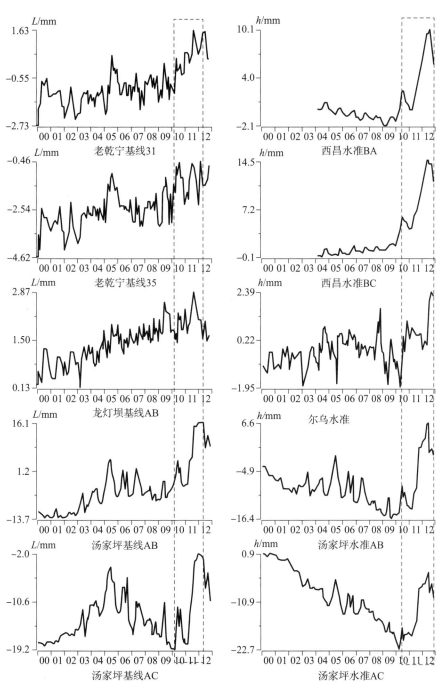

图3 四川跨断层水准、基线显示的中短期异常

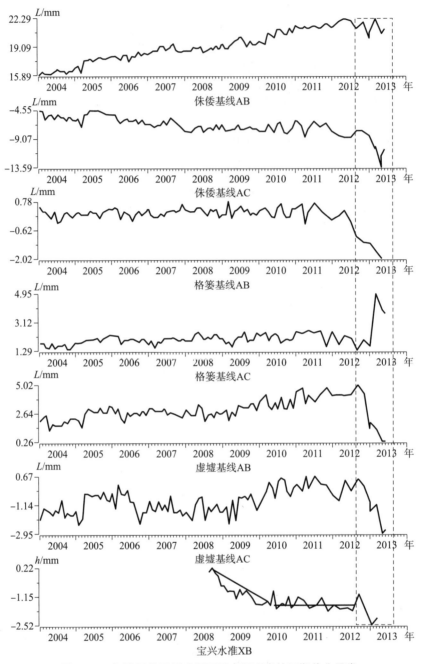

图 4 7.0 级地震前四川跨断层形变显现出的短期前兆异常

（3）短期预测

① 2013 年 1 月，鲜水河断裂北段的侏倭、格篓、虚墟短基线、宝兴水准观测结果显示：鲜水河北段、龙门山南段异于平常的快速活动，其形变速率最小达到了平均速率的 20 倍左右（图 4），且异常呈群体性特征分布。到此，四川境内长、中、短期各类形变异常项次达到了自有观测资料以来的最高值（25 项，图 5 所示仅为异常测点，计算测项时按观测手段、测线等分别计算，例：汤家坪异常，在图中仅列出汤家坪测点，而计算异常项

时，则有水准、基线异常共4项之多），表明鲜水河北段、龙门山南段受到了外力的推动作用，进入了"失稳"（张国民，傅征详，桂燮泰，2001年；牛安福，2007年）阶段。鲜水河北段断层水平活动显示出断层的正常左旋走滑活动被打破，显现出显著的右旋活动特征，对邻近断层将会产生推动作用，在边界带及各地块的推、挤、拉、张活动过程中，具中短期孕震背景的脆性部位将有强震发生的可能。据以往总结的经验（苏琴，杨永林，王兰等，2012年）和目前的形变特征认为：未来三个月是强震发生的优势时段，由此准备填报中国地震局短期预测卡。

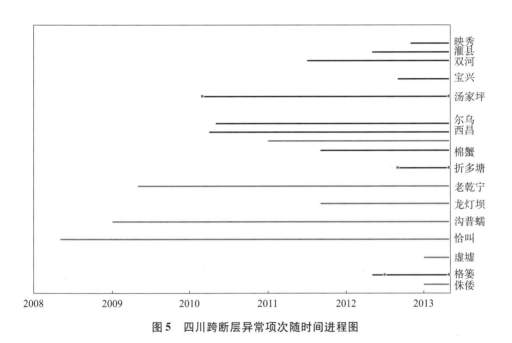

图5　四川跨断层异常项次随时间进程图

② 2013年2月18—20日，四川周边小震频发，围绕研究区形成了较大的地震活动空区，使强震发生的紧迫性进一步加强（图6）。

综合以上对发震时间进程的分析，利用我院和前人总结的经验（程式等，1989年；吕弋培，1994年；吕弋培，廖华，苏琴，1999年；中国地震局监测预报司，2002年；苏琴，杨永林，王兰等，2012年），依据目前跨断层监测的实际情况向中国地震局、四川省地震局提交了短临预测卡片。预测强震发生的时段为：2013年2月25日至2013年5月10日。

2.2　危险区的预测过程及依据

对危险区的预测主要包含四个方面的因素。

① 有可能发生强震的地震地质背景：该项资料利用高应力闭锁区（闻学泽，杜方，张培震等，2011年），库仑应力积累区（王连捷，周春景，孙东生等，2008年），低 b 值危险区（易桂喜，闻学泽，苏有锦，2008年）和跨断层形变监测显现的断层活动"闭锁"区（苏琴，杨永林，郑兵等，2012年）进行预测。

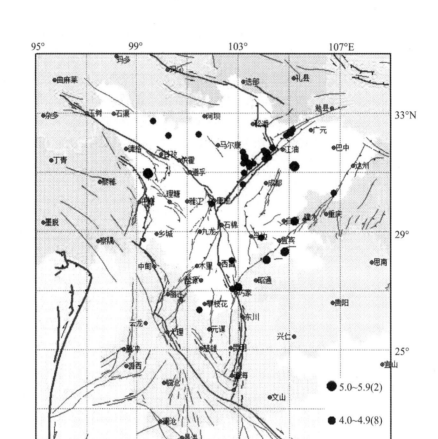

图6　四川及邻区≥3.0级地震分布图（2013.1.1—2013.2.20，据邱桂兰）

② 分析四川境内各断裂带活动特征如下。a. 2010—2012 年上半年间，则木河断层在多年活动微弱的背景下，显现出左旋加速活动特征。西昌、汤家坪场地水准、基线观测资料显示活动量级达 13~20mm（图3），而安宁河断裂北段、龙门山断裂南段则逐渐进入不活动的"闭锁"阶段，说明该时间段内，则木河断裂、鲜水河断裂中段受巴颜喀拉块体的带动作用左旋走滑活动加速，而安宁河北段、龙门山南段断层活动停滞，在此过程中积累能量，进入强震的短期孕育阶段。b. 2012 年下半年，则木河断裂带、龙门山断裂南段改变了近两年的拉张和停滞活动，转变为压性活动阶段，三岔口交汇部位在鲜水河南段、安宁河北段、大凉山等多条断裂汇聚的闭锁部位势必会因川滇块体内部多断裂的挤压碰撞活动而伴生挤出活动，脆性部位将有强震发生的危险。在川内、川滇交界等区域已经多次发生中强地震的背景下，三岔口闭锁区的强震危险性得到进一步强化。由此认为：未来三岔口地区将有强震发生的危险。

③ 跨断层短期异常出现后，以各断裂带上最后出现异常的测点为圆心，与其最早出现异常的点的距离为半径作圆所圈定的区域（吕弋培，1994 年；吕弋培，廖华，苏琴，1999 年）即为未来强震可能发生的危险区。该方法用于强震发生地点的预测，有成功也有失败，总结后发现，当震级≥5.3 级后，强震大多发生在危险区外围，这是基于少数断

裂带出现前兆异常而言，而本次不同的是，川内鲜水河、龙门山南段、则木河断裂带均不同程度地出现了跨断层形变异常，故本次预测时，结合以往的经验，将各断裂带异常划定的危险区交汇部位确定为未来强震发生的危险区，其结果仍包含了三岔口大部分区域（图7）。

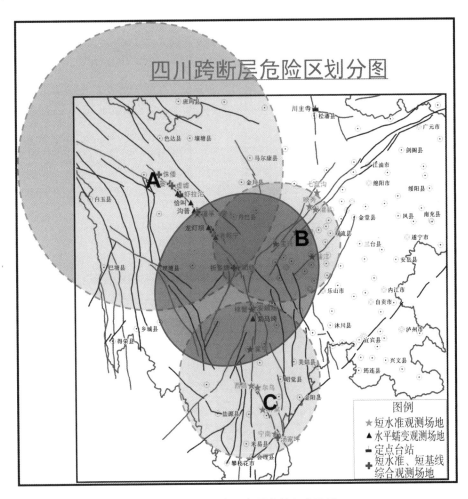

图7 跨断层形变异常圈定的危险区图

④ 流动重力观测覆盖区域较广，对强震发生的地点有着重要的预测意义，其正负差异及高梯度带显示出强震发生前区域地壳密度介质的变化。分析一年时间尺度川滇地区流动重力场演化结果，可以看出，2011 年重力等值线雅安、石棉、康定等区域正值变化，形成高梯度带，2012 年该区域则负值变化，在三岔口地区形成明显的差异性变化异常区（图8）。

⑤ 参考中国地震局第二监测中心重力室所作两年（2010.10—2012.10，图9）时间尺度川西重力高梯度变化，认为宝兴、天全、康定、泸定、石棉一带重力差异运动较大，达100μGal 以上，并沿断裂形成重力变化高梯度带，该区域有强震发生的危险。

最后将跨断层形变、重力所划定的危险区绘制在同一张图上，认为它们的交汇部位即

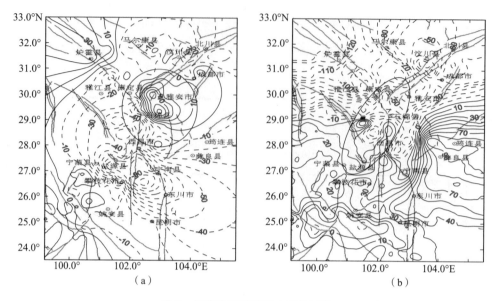

图8 川滇地区流动重力变化图像

（a）2010.8—2011.8；（b）2011.8—2012.7

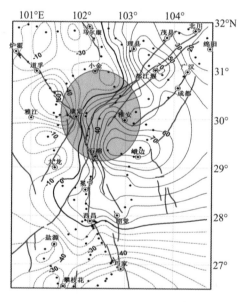

图9 川西重力等值线变化图（单位：μGal）

（2010.10—2012.10，祝意青提供）

为未来强震发生的危险区，于是得到木里—稻城—九龙—雅江—道孚—康定—丹巴—雅安—石棉—越西—冕宁—木里等县所围成的区域有强震发生的危险。所涉危险区为椭圆形（图10），其长轴约340千米，短轴约240千米。其椭圆拐点经纬度分别是：A（103.03，30.62）；B（100.90，30.03）；C（102，54，28.76）；D（100.25，27.94）。

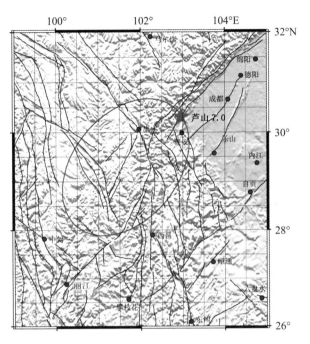

图10　预测危险区示意图

2.3　震级的预测过程及依据

对于震级的预测，本次主要采用了跨断层形变异常持续时间与震级的经验关系式（吕弋培，廖华，苏琴，1999年；中国地震局监测预报司，2002年；阮祥，程万正，杜方等，2010年），综合各异常场地持续时间计算结果，再参考预报卡规则进行填报。其关系式如下（由于篇幅所限，计算过程略）：

$$M = 2.68 \lg T - 0.32 \tag{1}$$

式中，M 为地震震级；T 为形变异常持续时间，其计算方法是异常开始（即观测曲线出现异于平常的变化，包括趋势变化、突跳、停滞、蠕动、反向等）至结束时间，包含了中短期异常。

预测震级为：6.0~6.9级。

到此，完成了一次短期预测，于2013年4月20日在预测区内发生了芦山7.0级地震。

3　存在的问题

虽然经过认真的分析，四川省地震局测绘工程院在4·20芦山地震前作出了较为准确的预测，但回顾预测依据及过程，发现存在如下问题。

1）区域的判定不是太准确

预测有可能发生强震的面积约6.6万平方千米。发震地点在预报区域内，距最近的边界线约 20 千米（图 10 中五角星为震中位置），地域跨度明显偏大。特别是长轴方向大于实际发震影响区近一倍。

2）难以实现短临预测

预测可能发生强震的时间为 2013 年 2 月 25 日至 5 月 10 日，时间跨度为 75 天，实际发震时间为 2013 年 4 月 20 日，发震时间在预测时段内。不足之处在于跨度略大。时间跨度 75 天，距发震持续时间 55 天，这个时间尺度离实现短临预报的要求相差较大。

3）震级存在偏差

预测震级为 6.0~6.9 级，实际发震震级 7.0 级，预测震级略低于发震震级。

4　结论与讨论

4.1　结论

由以上对"4·20"芦山 7.0 级地震的预测思路及过程的回顾，得出如下结论。

1）跨断层短水准、短基线的突变加速异常对强震发生的时间有着较好的短期预测意义。

2）综合利用跨断层前兆异常出现的时序特征、流动重力高梯度带及差异性变化进行分析，提取其异常交汇部位，对强震的发生地点有着较好的预测效果。

3）跨断层形变异常持续时间的统计对于强震发生的震级有明确的指示意义。

4.2　讨论

仔细分析研究形变观测结果，笔者认为：当一定区域内，地壳形变观测结果大面积范围内出现大量的前兆异常后，根据这些异常特征，结合块体边界构造、地质背景、地震活动性等观测研究资料，将有可能对强震的发生作出相对较好的短期预测，从而为保障震区人民的生命财产安全作出一定的贡献。

致谢：本文编写过程中得到了马瑾院士的耐心指导，在此表示衷心感谢！

参 考 文 献

［1］程式. 四川地区综合预报判据和指标的研究. 四川地震，1989，3：70-83.

［2］吕弋培. 跨断层地形变测量资料的处理和中短期异常识别. 四川中短期地震预报研究. 成都：成都地图出版社，1994：56-65.

［3］马瑾，刘力强，马胜利. 断层几何与前兆偏离. 中国地震，1999，52（2）：444-454.

［4］吕弋培，廖华，苏琴. 形变测量预报方法及效能评价. 四川地震，1999，（1-2）：54-65.

［5］张国民，傅征祥，桂燮泰，等. 地震预报引论. 北京：科学出版社，2001.

［6］中国地震局监测预报司. 强地震中短期预报方法及其效能研究. 北京：地震出版

社，2002.

［7］中国地震局监测预报司．强震中期预报新方法及机理研究．北京：地震出版社，2002.

［8］牛安福．地壳形变观测与地震前兆一般性问题的讨论．国际地震动态，2007，390（6）：43－47.

［9］中国地震局监测预报司．地形变测量．北京：地震出版社，2008.

［10］易桂喜，闻学泽，苏有锦．川滇地块东边界强震危险性研究．地球物理学报，2008，51（6）：1719－1725.

［11］王连捷，周春景，孙东生，等．汶川5.12地震引起的库仑应力变化及其对周边地震活动的影响．地质力学学报，2008，14（3）：193－199.

［12］闻学泽，杜方，张培震，等．巴颜喀拉块体北和东边界大地震序列的关联性与2008年汶川地震．地球物理学报，2011，54（3）：706－716.

［13］阮祥，程万正，杜方，等．汶川8.0级地震前后四川及邻区构造应力场研究．中国地震，2010，26（2）：183－191.

［14］马瑾，SISHERMAN，郭彦双．地震前亚失稳应力状态的识别——以5°拐折断层变形温度场演化的实验为例．中国科学，2012，42（5）：633－645.

［15］苏琴，杨永林，王兰，等．鲜水河断裂带跨断层形变中短期强震预测指标研究．四川地震，2012，（4）：10－17.

［16］苏琴，杨永林，向和平，等．则木河断裂带断层活动特征与中强震关系浅析．地震研究，2012，35（1）：18－23.

［17］张燕，吴云．2008汶川地震前的形变异常及机制解释．武汉大学学报（信息科学版），2010，35（1）：25－29.

2008 汶川地震前的形变异常及机制解释

张 燕 吴 云

中国地震局地震研究所，武汉小洪山洪山侧路 40 号，430071

摘 要：2008 年 5 月 12 日发生了汶川 8.0 级大地震。在地震前，从定点形变观测值曲线能直接看到的异常很少；在地震后，通过对定点形变观测台的震前数据进行了深入处理和分析，发现地震前有许多台存在不同频段的异常，且呈现出一定的空间展布特征：距震中较近的台，异常的频率较高；距震中较远的台，异常的频率较低。对这些现象进行了初步的解释，并据此推断：地震震源一般位于高频异常集群区。

关键词：汶川地震 地壳形变 小波变换

Anomaly of fixed deformation data and explain before the 2008 Wenchuan earthquake

Zhang Yan   Wu Yun

Institute of seismology, China Earthquake Administration, 40 Hongshan Road, Wuhan, 430071

Abstract：A M_S 8.0 earthquake struck Wenchuan county on 12 May 2008 and anomaly of observation curve of fixed deformation stations is little. After the earthquake observation data before earthquake have been analyzed and processed. The result shows deformation revealed anomalies before Wenchuan M_S 8.0 earthquake, moreover, the frequency of anomalies are high when stations are near from the earthquake epicenter and the frequency are low when stations are far from the earthquake epicenter. At last the phenomena have been primary explained and we can conclude：a seismic source commonly strikes where anomaly of high frequency collect.

Key words：Wenchuan earthquake, fixed deformation, wavelet transformation, frequency, anomaly

引 言

地变形观测与研究被国际公认为是地震预测研究最有希望的途径之一。地震预测就是依据地震前兆信息，通过反演地震的孕育过程来预测未来地震发生的时间、地点和强度。地震前兆信息是预测地震的依据，在地形变观测数据的分析中，一般按三个标准来衡量地

震前兆信息的可靠性：信息本身的显著性；信息时空分布的统计学显著性，即在一定区域范围内有一批同步或准同步的异常出现；信息具有一定的地球物理机制上的可解释性[1]。

多年地震预测的实践和研究表明：地震前兆信息不仅仅包括异常幅度的信息，还应该包括异常频率的信息，并且应该具有区域同步或准同步特征。提取地震前兆是一个非常重要的问题。要判断观测数据是否存在异常，必须采取有效的数学处理方法。从地形变观测时间序列数据中提取异常的方法有很多，主要包括：拟合法、滤波法和时频分析法等。拟合法和滤波法都是提取那些占满整个时间轴的变化成分，并作为识别异常的正常动态背景，显然，这样提取出来的异常不具有频率特征。周硕愚[2]曾提出"动态灰箱法"，用于分析地形变观测数据，"动态灰箱法 = 平滑法 + 周期分析法 + AR 法"，分步提取观测数据序列中的长趋势项、周期项和非周期的自相关项成分，加起来作为正常动态背景，从观测数据序列中减去正常动态背景，以获得"突变异常"。动态灰箱法取得比较好的实际应用效果，缺点是不知道这些"突变异常"的频率特性。傅立叶变换给出了信号中包含的各种频率成份的功率信息，但变换之后使信号失去了时间信息，无法知道在某段时间里发生了什么变化，而很多信号都包含有的非稳态（或者瞬变）特性，如：漂移、趋势项、突变以及某个频率信号的开始或结束时间等，这些特征是信号的最重要部分。加窗傅里叶变换（D. Gabor 法）能够提供信号在时窗内的功率谱信息，但依赖于时窗的长度，而反映信号频率随时间变化的信息则取决于时窗的滑动步长，所以信号的频率分辨率和时间分辨率分别受到窗长和滑动步长的限制。小波变换提供了序列数据处理的全新视觉，通过自动改变时间——频率窗口形状的方法，很好地解决了信号时间分辨率与频率分辨率之间的矛盾，对信号中的低频成分采用宽的时间窗，得到高的频率分辨率和低的时间分辨率；对信号中的高频成分采用窄的时间窗，得到低的频率分辨率和高的时间分辨率，小波变换的这种自适应特性，使得它成为信号时频分析的有力工具[3][4]。

近年来，小波变换在地形变序列数据分析中得到应用。张燕[5][6]将 DB4 变换用于定点形变数据分析，发现在强震前 3 ~ 5 个月，震中周围的台会准同步地出现周期为几天至十几天的异常扰动；宋治平[7]认为小波变换在地形变数据分析中是消除干扰、提取异常较为有用的方法。李杰[8]认为通过小波变换来分析和追踪指定尺度的数字化形变观测数据的非震异常特征变化，可望捕捉到与强地震孕育过程有关的前兆异常信息。

2008 年 5 月 12 日四川汶川县发生了 $M_S8.0$ 级大地震，震中位于（31°N，103.4°E），发震构造是北东走向的龙门山断裂带。汶川地震震中附近分布有近 60 个定点形变台，从观测数据的完整率考虑，本文处理了震中 800km 以内 48 个台的形变数据，每个台都有地倾斜和地应变两种观测，每种观测都有东西、北南两个分量，均为整时值序列数据。由于部分台从 2007 年 10 月 1 日起才开始产出数据，故所有数据的起始时间均从 2007 年 10 月 1 日 0 时开始，截止时间是 2008 年 5 月 11 日 23 时，目的是避免同震及震后异常的影响。

1 震前异常识别方法

　　地形变观测是公认的有效地震前兆观测手段之一，但是实践表明：利用地形变观测数据进行地震预测特别是短期地震预测仍然存在很大困难。第一，很难直接从原始观测数据中发现异常。这次汶川地震前，距震中 1000km 范围内，倾斜应变观测值曲线显示异常的比例不超过 10%，这种偏低的异常比例使得分析预报人员难于做出有震的判断。第二，很难直接从原始观测数据中发现地震"前兆"信息的时间、空间特征。这次汶川地震前，不仅地形变观测显示的异常比例偏低，而且异常信息的时间、空间特征不明显，不能提供判定危险区和强度的信息。定点形变观测数据是多种激励因素的综合效应，如引潮力、气象干扰、人为干扰以及地震孕育等，并且是多种频率成分混合在一起，如各种周期的固体潮波。小波变换可以分离不同频带的信号，凸显异常信息的频率和时间特征。

1.1 基于小波变换的分频带信息提取

　　小波分析方法的原理在很多文献中都有详细的描述[9][10]，本文不再赘述。根据笔者以往的研究，DB4 变换在提取定点形变数据的异常方面较为有效，故本文继续采用 DB4

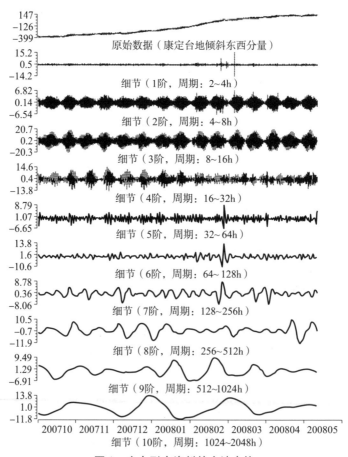

图 1　定点形变资料的小波变换

小波变化法。图 1 是四川康定地震台地倾斜观测数据的 DB4 变换结果，原始数据是 2007 年 10 月 1 日到 2008 年 5 月 11 日的整时值数据，细节 1 阶主要是高频成分，如背景噪声与突跳等；细节 2~4 阶主要是固体潮波信号，依次是 1/3 日波、半日波和日波；从细节 5 阶开始是去除了潮汐成分的非潮汐信息，随阶数的增加，信号的频率越来越低，周期越来越长。非潮汐变形是地壳运动的主要形式之一，与地震孕育有关的信息也包含在非潮汐信息中，这些信号正是我们的兴趣所在。固体潮信号是一个持续过程，占满整个时间轴。地震孕育与发生是一个暂态过程，地震前兆信息只在有限时间段出现。一般情况下，从原始数据曲线不一定能直观地看到"异常"，而是需要通过这种分频段滤波，才能显现这些"异常"。此外，地倾斜、地应变观测仪器存在漂移，且与长趋势项叠加在一起，这使得地倾斜、地应变观测的长趋势成分变得不可信，因此，本文对长趋势项成分不予分析。

1.2　异常识别

一般而言，"如果一个量是由大量相互独立的随机（偶然）因素影响所造成的，而每一个别因素在总影响中所起的作用都不很大[11]"的话，则这个量就呈现正态分布或近似正态分布，这为进一步的数据处理分析创造了条件。地倾斜、地应变观测数据序列经过 DB4 变换后，除长趋势项和各主要固体潮频段以外，其他各细节（阶）频段的序列被认为服从正态分布或近似正态分布。为了区分正常变化与异常变化，取各细节（阶）频段序列数据的算术均值为期望值、2 倍标准差为识别"异常"的置信区间，相应的概率信度约为 0.05。这样识别出来的"异常"仅具有统计学的意义，是否为地震形变异常，还有待用群体异常识别来进一步证实。在本文中，在单台异常识别的基础上，还进一步综合考察多台的异常识别结果，才得以确定为与地震有关的异常。

2　汶川地震前的形变异常

用 DB4 变换对 48 个定点形变台的数据进行了处理，发现异常主要集中出现在细节 6 阶、7 阶、8 阶和 9 阶上。表 1 是所有台的现异常及异常所在阶的统计结果，台按震中距由近及远的顺序排列。从表 1 中可以看出，距离震中近的台，出现异常的比例较高，且异常大多集中在细节的第 6 阶，同时，也有部分台的第 7 阶甚至第 8 阶也有异常出现；距震中稍远的台，异常的比例有所降低，异常大多集中在细节的第 7 阶和第 8 阶，也有少量的异常出现在第 6 阶或第 9 阶；距震中较远的台，异常的比例更低，异常大多集中在细节的第 8 阶和第 9 阶，少量出现在第 7 阶；当震中距超过 650km 后，出现异常的台比例很低。图 3 是出现各阶异常的台及其震中距的对应关系，可以看出，随着震中距的增加，出现异常的细节阶也随之增加，即频率越来越低。由于台分布的不均匀，异常也出现了一定的分区特性，震中距 200km 以内的台，异常以细节第 6 阶为主；震中距 200~550km 的台，异常以细节第 7 阶和第 8 阶为主；震中距超过 550km 范围的台，异常以第 8 阶和第 9 阶为主。笔者曾经对云南地区多个 M_S6 级以上地震做过分析[5][6]，结果发现，在震前距震中 300km 以内的定点形变在小波分解的细节第 7 阶和第 8 阶有异常出现，这与汶川地震前的异常基本一致。

表1 各台异常及异常出现在细节阶的结果

台名	细节6阶	细节7阶	细节8阶	细节9阶	震中距/km
汶川					56
茂县	√	√			87
雅安	√				100
康定	√	√	√		117
峨眉	√				139
姑咱	√	√	√		153
松潘拱背	√				172
武都					301
重庆	√	√			352
小庙		√	√		360
宕昌		√	√		370
金河	√	√	√		394
昭通					407
乡城	√	√			412
汉中	√	√	√		445
马兰山			√	√	513
宝鸡		√	√		515
同仁		√	√	√	519
南山					520
攀枝花			√		523
宁陕		√			530
仁和		√	√		532
重庆黔江		√	√	√	541
永胜					543
丽江			√	√	549
安康			√		563
兰州				√	568
泾源形变				√	575
贵阳	√	√	√		585
乾陵		√	√	√	600
固原海子峡					609

台名	细节6阶	细节7阶	细节8阶	细节9阶	震中距/km
西安					618
白银					621
洱源			√		641
玉树					642
海原小山					648
昆明					655
湟源		√	√		661
下关					685
楚雄	√	√			688
弥渡					690
云龙			√		691
景泰寺滩					695
古浪横梁					701
门源					743
宜昌	√	√			761
保山					780
云县					798

3　异常特征的初步解释

3.1　异常机制的初步解释

地震成核[12]假说指出，裂纹从某一点开始扩展到某一临界尺度，必经历一个每秒数米的稳态扩展到每秒数千米的快速扩展的过程，即在时间域为一个过程，在空间域为过渡区。地震成核模型是解释地震短、临前兆的一种物理模式。

Dieterich 对地震成核过程的研究表明[13]，在一定的初始条件和加载历史情况下，有可能产生可监测的前兆变化，并可能确定未来地震的发震时间和震源位置，而且地震成核模型也可能给出中短期，尤其是短临期地震概率的估计。地震成核的实质是新断裂产生并达到失稳扩展或原有断裂重新启动并达到失稳扩展的过程。地震往往在地壳内的薄弱部位——断裂带发生，在地壳中到处都存在着规模不等的断裂或裂缝，地震正是某些断裂或裂缝在应力作用下发生失稳扩展的结果。断裂失稳扩展前可能存在一个预扩展过程，而这预扩展过程可能激发多种频率的地形变波[14]，我们推断：随着地震成核过程的推进，会不断产生频率更高的地形变波。汶川8.0级地震前的地倾斜、地应变异常现象可能就是地震成核过程中的预滑动或预扩展过程的反映。

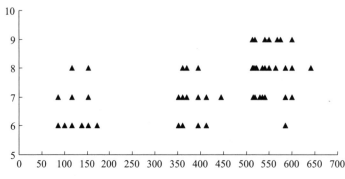

图2　出现各阶异常的台及其震中距的关系

3.2　异常频率空间特征的初步解释

汶川地震是多条断层活动的结果，映秀—北川断裂和灌县—江油断裂的共同错动是导致地震产生的主要原因。其中，沿映秀—北川断裂展布的地表破裂带长约240km，以兼有右旋走滑分量的逆断层型破裂为主，最大垂直位移6.2m，最大右旋走滑位移4.9m；沿灌县—江油断裂连续展布的地表破裂带长约72km，最长可达90km，为典型的纯逆断层型地表破裂，最大垂直位移3.5m。破裂开始于汶川县的映秀镇地面下方约19km处，终止于震中东北方向的青川县，地震破裂持续时间长达90s[15][16][17]。

地倾斜、地应变观测结果反映的是相对量，不是绝对量，不能直接与震源机制建立关系，但可以反映地震孕育过程的变化信息，包括：信息的频率特性及其空间展布特征。汶川8.0级地震前，距离震中较近的地倾斜、地应变台都出现了高频的异常；距离震中稍远的台出现了频率相对低的异常。这种现象符合波的传播规律。如果这些异常信号来自震源，高频信号必定出现在近源区，只有频率相对低的信号才能传播到较远的地方。这是由波的传播特性所决定的，高频信号在传播过程中能量被吸收得快、衰减得快，只能近处的台接收到；低频信号在传播过程中能量被吸收得慢、衰减得慢，能够被远处的台接收到。

图3给出了不同细节（阶）异常台的分布图。对于单台而言，出现异常的细节一般不止一阶，而是有2至3阶都可能出现了异常信号，因此，我们需要建立一个以哪一细节（阶）的异常为该台异常的准则。根据波的传播特性以及在汶川地震前地倾斜和地应变异常的频率及其空间展布特征，这一准则可简单概括为：以最高频段的异常为该台的异常。例如：康定台同时有细节第6、7、8阶都出现了异常，按照所述准则选取细节第6阶异常为该台异常。从图3中可以看出，异常出现在细节第6阶的台较为集中，都处于距离震中较近的位置；稍远的台出现的异常都集中在细节第7或8阶。据此可以推断：地震震源一般位于高频异常集群区，即图3中的椭圆形区域。据此可以判定未来地震危险区的地点。

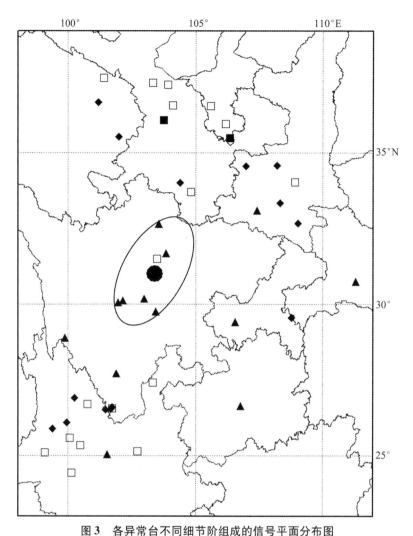

图3 各异常台不同细节阶组成的信号平面分布图

▲—细节6阶出现异常的台；◆—细节7或8阶出现异常的台；■—细节9阶出现异常的台；

□—无异常的台；●—汶川地震震中

4 结论与讨论

迄今为止，还没有任何一种观测手段能够有把握地提供全频段孕震阶段的前兆信息。本文采用小波分频带滤波方法，分离出了地倾斜、地应变观测数据中的非潮汐信息，凸显非潮汐信息的暂态时间过程特征，为进一步识别可能由地震孕育产生的异常信号提供了可能。通过对多个台资料的分析和处理，可以识别震前的异常信息。

对汶川8.0级地震前的地倾斜、地应变观测数据的处理分析结果表明：在距震中一定范围内的台在震前出现了不同频段的异常，这些异常信号的频率相对于地震波频率来说要低得多；这种异常可能是震源成核过程的预滑动或预扩展过程的反映；异常信号的频段与台的震中距有关，距震中较近，异常的频率较高；距震中较远，异常的频率较低。产生这种现象的原因是，高频异常信号衰减快，只能被近处的台接收到；低频异常信号衰减慢，能够被远处的台接收到。

根据对多台地倾斜、地应变观测数据的分析，以及显示出的地形变异常及其频率在空间上的分布特征，我们推断，地形变高频异常集群区可以作为未来地震危险区的判定依据。这对预测地震的地点具有指标意义。

参 考 文 献

[1] 何世海. 中国地震学会第二届前兆专业委员会成立大会上部分委员的发言摘要. 地震，1985（4）.

[2] 周硕愚. 地壳形变图像动力学与地震预报∥许厚泽. 大地测量学的发展. 北京：科学出版社，1998.

[3] 秦前清，杨宗凯. 实用小波分析. 西安：西安电子科技大学出版社，1995.

[4] 郑治真，沈萍，杨选辉，等. 小波变换及其 MATLAB 工具的应用. 北京：地震出版社，2001.

[5] 张燕，吴云，刘永启，等. 潮汐形变资料中地震前兆信息的识别与提取. 大地测量与地球动力学，2003，23（4）：103 – 108.

[6] 张燕，吴云，刘永启，等. 小波分析在地壳形变资料处理中的应用. 地震学报，2004，26（增刊）：103 – 109.

[7] 宋治平，武安绪，王梅，等. 小波分析方法在形变数字化资料处理中的应用. 大地测量与地球动力学，2003，23（4）：21 – 27.

[8] 李杰，刘希强，李红，等. 利用小波变换方法分析形变观测资料的正常背景变化特征. 地震学报，2005，27（1）：33 – 41.

[9] A Bruce, Donoho D, Gao H Y. Wavelet analysis. IEEE Spectrum, 1996, 33 (10): 26 – 35.

[10] Morlet J G, Arens G, Fourgeau E, et al. Wave propagation and sampling theory. Geophysics, 1982, 47 (1): 203 – 211.

[11] 复旦大学. 概率论. 北京：人民教育出版社，1962.

[12] 宋治平，王裕仓. 地震成核模型研究的由来、方法与进展. 地震科技情报，1996，（12）：29 – 32.

[13] 陈凌. 地震成核过程的研究及其意义. 地震科技情报，1996，（10）：39 – 40.

[14] 冯德益，潘琴龙，郑斯华，等. 长周期形变波及其所反映的短期和临震地震前兆. 地震学报，1984，6（1）：41 – 57.

[15] 徐锡伟，闻学泽，叶建青，等. 汶川 M_S8.0 地震地表破裂带及其发震构造 地震地质，2008，30（3）：597 – 629.

[16] 王卫民，赵连锋，李娟，等. 四川汶川 8.0 级地震震源过程. 地球物理学报，2008，51（5）：1403 – 1410.

[17] 张勇，冯万鹏，许力生，等. 2008 年汶川大地震的时空破裂过程. 中国科学（D辑），2008，38（10）：1186 – 1194.

重力场动态变化与汶川 M_S 8.0 地震孕育过程

申重阳[1,2)]　李辉[1,2)]　孙少安[1,2)]　刘少明[1,2)]　玄松柏[1,2)]　谈洪波[1,2)]

1）中国地震局地震研究所，武汉，430071

2）地壳运动与地球观测实验室，武汉，430071

摘　要：基于中国大陆 1998—2007 年（复测周期 2~3 年）流动重力观测数据，结合 GPS、水准观测成果和区域地质构造动力环境，分析研究了汶川 8.0 级地震区域重力场动态变化演化特征和孕震机理。结果表明：区域重力场动态演化大体反映了青藏高原物质东流的动态效应和汶川大震孕育的中长期（2~10 年）信息；汶川大震孕育的显著重力标志为震中西南持续多年的正重力变化（上升）和较大规模的重力变化梯级带，前者有利于地震能量的不断积累，后者有利于地震剪切破裂的发生；与地震孕育相关重力场变化总体呈增大 – 加速增大 – 减速增大 – 发震的过程；8 年累积重力变化幅差最大约 200μGal；2001 年昆仑山口 8.1 级地震孕育发生和震后恢复调整，对区域重力场动态变化和汶川大震的孕育发展具有重要影响；松潘—甘孜块体一般呈现负重力变化，可能反映深部壳幔局部上隆、壳内温度较高而膨胀，有利逆冲或推覆体运动的形成和大震的发生。最后，分析并提出了大震预测的重力学基本判据。

关键词：重力场　动态变化　汶川地震　孕震过程

Dynamic variations of gravity and the preperation process of the Wenchuan M_S 8.0 earthquake

Sheng Chongyang[1,2)]　Li Hui[1,2)]　Sun Shaoan[1,2)]
Liu Shaoming[1,2)]　Xuan Songbai[1,2)]　Tan Hongbo[1,2)]

1）Institute of Seismology，CEA，Wuhan，430071

2）Crustal Movement Laboratory，Wuhan，430071

Abstract：Based on the repeated gravity observation from 1998 to 2007 of China mainland which repeated cycle is 2 ~ 3 years, and considering the GPS and leveling observation and the regional environment of geologic tectonics and dynamics, we analyze the characteristics of regional dynamic gravity field evolvement and the preparation mechanics of Wenchuan M_S 8.0 earthquake. The regional gravity field evolvement basically reflect the dynamic effect of eastward matter flow of Qinghai – Tibetan plateau and the preparation information of mid – and – long term, that is

2 to 10 years, of Wenchuan earthquake. The obvious gravity mark related to the Wenchuan earthquake preparation are the positive gravity changes in southwest of epicenter which last many years, which is in favor of the continuous accumulation of seismic energy, and the relative large scale gradient zone of gravity changes, which is in favor of occurrence of seismic rupture. The gravity change process related to earthquake preparation is increase, accelerated increase and decelerated increase during which the earthquake occurs. The maximum of 8 years of accumulative gravity change may come up to 200 μgal. The preparation and occurrence of the Kunlunshan M_S8.1 earthquake and the adjustment after this earthquake significantly effect the regional dynamic gravity changes and the preparation of the Wenchuan earthquake. The gravity change in Songpan – Ganzi block is negative, which may reflects the local uplift of deep crust – mantle and the crust expansion results from the relative high temperature inside, which results in the formation of thrust or nappe movement and the occurrence of the large earthquake. Finally, we put forward the gravity criterion forecasting large earthquake.

Key words：Gravity field; Dynamic Changes; Wenchuan earthquake; Earthquake preparation process

1 引 言

2008 年 5 月 12 日 14 时 28 分（北京时间），我国四川省汶川县境内的映秀镇附近发生 M_S8.0 地震，随后亦有一系列的较强余震，造成巨大伤亡和财产损失，是 1976 年唐山地震以来我国最大地震灾害，举世瞩目。该地震发生在青藏高原东缘龙门山推覆构造带上，亦即位于中国大陆最为活跃的南北地震带的次级地震带——龙门山地震带上。震源破裂过程研究和地表考察表明[1-3]：发震断层以逆冲为主，兼具小量右旋走滑分量，破裂长度超过 300km，破裂持续时间长达 90s，最大地表垂直位移 6.2m，最大地表右旋走滑位移 4.9m。

地震重力监测是地震前兆观测的一种重要手段，其主要观测地表或空间重力场时间变化，即动态重力变化。理论研究表明[4,5]，地表重力场动态变化主要由地表观测点的位置变化、地表整体变形运动以及地球内部因构造块体变形运动的密度变化效应叠加引起，包含了十分丰富的地球变动和地震运动信息。地球内部运动（包括地壳运动）可分别用介质密度变化和变形运动来表征，两者相互耦合、相互变化与转换，重力场动态变化亦是这种耦合运动的综合反映[5]。地震的孕育发生过程蓄含于地壳运动过程中，因此，通过深入分析动态重力场变化的地壳运动信息，有可能捕获某些反映强震孕育发生过程的有效信息（即前兆信息），这是利用重力手段探索地震机理和预测研究的基本出发点。

国际上，重力时间变化观测研究始于 1920 年代，地震前后确实观测到一些可信的重力变化：1964 年日本新潟地震[6]，1964 年美国阿拉伯斯加地震[7]，1965—1967 年日本松代震群[8]，1968 年新西兰因南格华地震[9]，1971 年美国费尔南多地震[10]，我国 1975 年海城地震、1976 年唐山地震[11~12]、1996 年云南丽江 7.0 级地震[13]等。这些震例为地震重力研究提供了宝贵经验，但能够反映震源孕育时间过程信息并可从机理上进行解释的震例惟有唐山地震，李瑞浩等[12]发现唐山地震前后重力变化过程具有明显上升-下降-发震-恢复特征。同时，为解释地震前后重力场变化原因，国内外许多学者提出了各种引起重力场变化的孕震发生模式：形变和质量迁移模式[11]、扩容模式[14]、位错模式[15]以及耦合运动模式[16]等，这对理解和认识大震的重力变化机制十分有益。

本文主要从重力"场"变化角度，结合汶川大震孕育发生的深浅构造动力环境，总结分析汶川地震前重力场动态变化特征及其可能成因机理，研究大震孕育发生的重力学"前兆"标志，为未来地震预测提供更加有效的重力学依据。

2　汶川 $M_S8.0$ 地震孕育发生动力构造背景

龙门山构造带由一系列大致平行的叠瓦状冲断带构成，具典型的逆冲推覆构造特征，自西向东发育汶川—茂汶断裂、北川断裂、彭灌断裂和大邑断裂[3,17]。龙门山推覆构造是由于其北西侧松潘—甘孜褶皱带中的北东—南西向收缩派生的南东向挤压而逐渐发育起来的，推覆作用是自北西往南东逐渐扩展的，龙门山断裂逐渐由正断层演化为逆冲为主的断裂，并呈现一定活动性。地震地质和 GPS 结果表明，龙门山断裂带震前并不活跃，整个龙门山断裂带的滑动速率不超过 3mm/a，单条断裂的滑动速率不超过 2mm/a[18]；历史地震记载显示，龙门山断裂带的地震活动水平不高，只发生过 3 次 6~6.5 级强震，最大的地震为 1657 年在后山断裂、汶川北发生的 6.5 级地震。

目前，许多学者对汶川大震深部构造动力环境与地震成因机理进行了许多研究[3,19,20]。从大尺度构造动力环境来看，印度洋板块与欧亚板块的挤压碰撞或汇聚，形成了青藏高原；随着高原不断向北推进与挤压，造就高原不断隆升，地壳加厚与南北缩短；同时，在推挤压力与重力等作用下，高原物质向四周运移，但受所围限高原的较强刚性块体阻挡，导致了高原物质侧向流出现象和大型走滑剪切带的形成[3,19-23]。其中，高原物质东流过程中，受到华北地块鄂尔多斯和华南地块四川盆地等高强度块体的阻挡，在青藏高原东缘形成了局部挤压推覆构造带及其前陆盆地系统，其中包括青藏高原东部巴颜喀拉与华南两地块分界的龙门山推覆构造带[3]。从区域深部构造条件来看，龙门山构造带两侧地壳结构差异较大，龙门山断裂系的 Moho 界面深度比青藏高原东部要薄 20km 左右，比鲜水河断裂附近地带薄 5km 左右，比四川盆地厚 6~10km，松潘—甘孜地块中地壳明显上隆[19]；震源区下方明显低波速异常体有利下地壳流的上侵[24]；松潘—甘孜地块上地幔存在地幔上涌特征，青藏高原向东挤压和地幔上涌的双重作用造成松潘—甘孜地块隆升[25]；四川盆地不存在向西侧的俯冲，四川盆地强硬地壳的阻挡作用可导致松潘—甘孜地块内部蓄积很大的应变能量，上下地壳在低速层顶部边界解耦，龙门山断裂带附近形成上地壳的铲形逆冲推覆[26]；松潘甘孜地块下地壳低速层有利于中上地壳物质的滑脱作用，四川盆地高密度块体阻挡了青藏高原东部下地壳物质向四川盆地下方的流动，中上地壳物质向东运动受到刚性强度较大的扬子地块的阻挡[27]。另外，从背景重力异常来看[19,28]，龙门山造山带处于布格重力异常高梯度带上，深浅介质视密度分布明显差异（四川盆地密度较大，松潘—甘孜块体密度较小），显示下地壳和地幔物质在受力作用下，在其运移过程中与上部上、中地壳解耦。这些结果对理解汶川大震成因机理具有重要参考价值。

地震运动蓄含于地壳运动之中，大震孕育不同阶段应表现出差异特征[12,16]。一些学者通过汶川大震前区域地表垂直运动[29,30]、水平运动[31]研究，证实龙门山断裂带震前处于闭锁状态，但缺乏地震孕育过程不同阶段的明确信息和有效短期"前兆"信息。因此，基于发震构造和区域地壳动力运动背景，来深入分析近期区域重力场动态变化的含义，分析总结汶川大震不同孕育阶段特征，无疑对汶川大震孕育发生机理研究和未来地震预测具有重要意义。

3 震前区域重力场动态变化图像

3.1 重力观测数据与结果

我国的流动（动态）重力测量始于邢台地震后的 20 世纪 60 年代，主要进行地震监测研究。流动重力测量在 20 世纪八九十年代得到较快发展，在测量仪器、观测技术、数据处理和地震预测等各方面都取得了长足的进步[32]。20 世纪 90 年代末期以来，中国地壳运动观测网络、中国数字地震观测网络工程实施与运行，首次准同步实现绝对重力控制测量与相对重力联测，形成了覆盖全国大陆的流动重力网[33]。

利用中国地壳运动观测网络 4 期流动重力观测数据（1998、2000、2002、2005）和中国数字地震观测网络 1 期流动重力观测数据（2007）成果，每期资料采用绝对重力控制下的相对重力联测的弱基准平差，和绝对重力控制下的整体处理解算[33]，获得 1998 年以来 2~3 年尺度的震前重力场动态变化。解算结果表明，各期结果的点值精度均为 12 ~ 16 μGal（$1\mu Gal = 1 \times 10^{-8} ms^{-2}$），任意两期结果获得的重力变化点值精度约为 $20\mu Gal$。初步分析表明，1998—2007 年中国大陆重力场动态变化反映了中国大陆近期较大尺度地壳物质运动和主要强震活动的基本轮廓。

本文研究区域选为：东经 99°~109°、北纬 27°~37°，相关流动重力观测网线布局如图 1 所示（虚线框内）。重力场动态变化一般采用差分动态变化和累积动态变化两种表现形式[33]。1998—2007 年汶川地震区域重力场差分动态变化和累积动态变化图像分别如图 2、图 3 所示。

3.2 重力场差分动态变化图像特征（图 2）

1998—2000 年，区域重力场变化呈现南北低、中部高的反相格局。北部（天水—兰州一线）呈现低值正重力变化（+0~20μGal）；包括龙门山断裂带在内的中部呈现大片负变化，尤其突出的是龙门山断裂带两侧呈现较大的东西分异明显的负重力变化区（西侧负异常达 –120μGal，东侧略小，亦达 –100μGal）；南部（昭通、西昌附近）呈现低值负变化（大于 –40μGal）。巨大负重力变化显示区域地下介质存在较严重的质量亏损状态，可能与 2001 昆仑山口西 8.1 级地震的孕育状态有关，此时较大的昆仑地震源应处于物质能量积累的最后阶段，其震源闭锁状态可能导致巴彦克拉地块东流物质突然减弱，而川滇菱形块体北部及邻区因惯性作用和运动滞后性，地下物质继续向东南向运动，造成东流物质

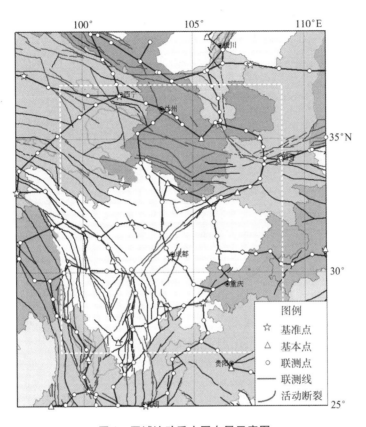

图1 区域流动重力网布局示意图

流入（填补）与物质东南运动流出失衡（入不抵出）；当然，区域地表的持续快速隆升[29,30]亦是原因之一。

2000—2002年，区域重力场变化呈现南北高、中部低的格局，显然受2001昆仑山口西8.1级地震发生的巨大影响。北部（天水—兰州一线）呈现低值负重力变化（−0～40μGal）；包括龙门山断裂带在内的中部及南部呈现大片正变化（+0～120μGal），突出的是，中西部较大正重力变化（+60～120μGal）优势走向从西往东，从南东东经龙门山断裂带南断后转为南东向，尽管穿越断裂带，但明显受断裂带及其东侧的四川盆地阻挡的影响，这种物质运动态势十分有利于龙门山地区推覆构造运动的发展和地震能量的汇聚；南部（昭通、西昌附近）呈现低值负变化（一般小于40μGal）；西昌—中甸间出现局部负重力变化，汉中地区出现局部正重力变化。区域重力场显著增强的主要原因，可能是昆仑山口西8.1级地震破裂的突然发生，导致巴彦克拉地块东流物质运动大大增强，区域中部大量物质堆积。

2002—2005年，区域重力场变化呈现中部低、南北高格局，重力场趋于恢复性反相发展。北部（固原—兰州—共和一线）呈现低值正重力变化（+0～20μGal）；包括龙门山断裂带在内的中部及东南部呈现大片负重力变化（−0～80μGal），突出的是，中部较大负重力变化（−40～100μGal）优势走向呈南南东，且沿龙门山断裂带两侧出现局部负重力变化，显示了该断裂带的隔离作用；西南部（康定、西昌一线，川滇菱形块体东边界附

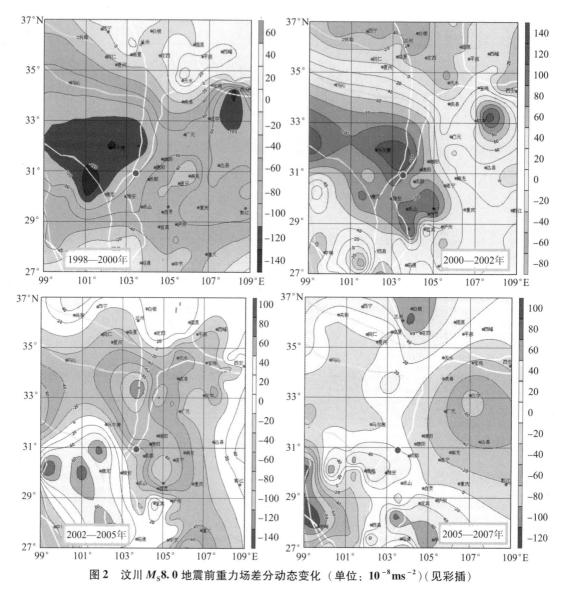

图2　汶川 $M_S8.0$ 地震前重力场差分动态变化（单位：$10^{-8}\,\mathrm{ms}^{-2}$）（见彩插）

近）呈现低值正变化（+0~80μGal），优势走向为南南东向。区域重力场反相发展的原因在于昆仑山口西8.1级地震的震后调整恢复效应导致巴彦克拉地块东流物质运动减弱，以及区域均衡作用和弹性恢复作用，与1998—2000年类似。

2005—2007年，区域重力场变化总体仍维持中部低、南北高格局，但更为显著的正重力场变化区域南北向贯通，负重力变化明显向东移动并收缩。北部（固原—兰州—共和一线）呈正重力变化（+0~80μGal），兰州—定西附近重力场变化幅度和范围明显增长或南移；中部呈中间（岷山—马尔康）高（+0~20μGal）、东西两侧低格局，其中西侧重力变化呈-0~20μGal，东侧呈-0~60μGal，龙门山断裂带处于正负重力变化过渡部位，显示了龙门山断裂带西北盘地块的阻挡作用和物质积累效应；南部正重力变化区（+0~60μGal）明显东移（至康定、宜宾一线），并穿越川滇菱形块体东边界，优势走向为南东向，分别在康定、宜宾南出现正局部异常变化区（不低于+40μGal）。

3.3　重力场累积动态变化图像特征（图3）

1998—2000 年情况同上，其突出特点之一是汶川大震孕育部位处于东西分异负重力变化区的过渡地带。

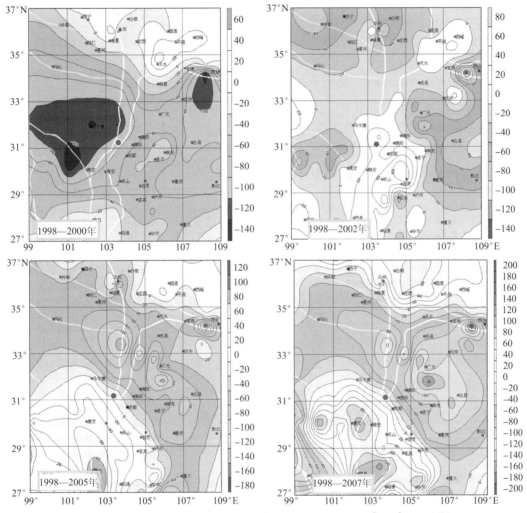

图3　汶川 $M_S 8.0$ 地震前重力场累积动态变化（单位：$10^{-8} ms^{-2}$）（见彩插）

1998—2002 年，区域重力场变化呈现南部高、北部低的基本格局（南升北降）。区域北部重力场除天水—西峰地区为局部低值正变化外（ $+0 \sim 20\mu Gal$ ），一般呈现负重力变化（ $-0 \sim 60\mu Gal$ ），显示重力场变化呈持续下降趋势。区域南部呈中部高、两侧低的格局：成都北—西昌地区呈现北北东向正重力变化（ $+0 \sim 60\mu Gal$ ），其西侧（康定西）呈近南北向负重力变化（ $-0 \sim 60\mu Gal$ ），其东侧呈大片负重力变化（ $-0 \sim 80\mu Gal$ ），显示出南部重力场处于持续上升状态。这种区域重力变化格局表明，尽管昆仑山口西8.1级地震的孕育发生，一定程度上迫使区域重力场大幅波动（差分动态变化），但并未改变区域整体变化趋势，随后的累积重力场动态变化亦说明此观点。汶川大震孕育部位处于南部正重力变化区的北端。

1998—2005 年，往北东方向看，区域重力场变化呈中部低、两侧高的基本格局。区域东北部呈现低值正重力变化（+0～20μGal）；区域西南部亦呈现较大范围的正重力变化（+0～100μGal）；区域中部呈现东南走向的贯穿整个区域的负重力变化（-0～120μGal），该负重力变化沿龙门山断裂带两侧明显分异出较低的局部负异常变化体（低于-80μGal，西侧略低）。此外，重力场最显著的特征之一是，汶川大震孕震区域处于近北西向正负重力变化过渡的梯级带上（-60～+40μGal，长度逾 510km，宽 180～250km，梯度值 0.4～0.5μGal/km）。

1998—2007 年，与 1998—2005 年重力场变化相比，其基本轮廓维持一致，但仍有一定细小差异。区域北部的正重力变化明显增强（+0～60μGal），向西较大扩展，并稍南移；区域西南部较大范围的正重力变化亦有所增强（+0～140μGal），并在康定、西昌等地出现 3 个局部正异常变化体（大于+80μGal）；区域中部东南走向的贯穿整个区域的负重力变化（-0～140μGal）沿龙门山断裂带两侧分异变化趋势反相（西北侧高、东南侧低），西北侧负重力变化稍有恢复（-0～100μGal），而东南侧负重力变化继续下降（-0～140μGal）并向北扩展。出较低的局部负异常变化体（低于-80μGal，西侧略低）。此外，汶川大震孕震区域所处的近北西向正负重力变化过渡的梯级带有所增强（-60～+60μGal，长度逾 620km，宽 150～260km，梯度值 0.45～0.80μGal/km）。

4 大震孕育过程的重力变化机理分析

一般来说，地表沉降或地下物质增多（密度增大）引起地表正重力变化，地表隆升或地下物质减少（密度减小）引起地表负重力变化。图 2 和图 3 所示重力场动态变化反映了区域近期地壳物质动力运动（包括地震运动）的基本信息。

4.1 区域重力场动态变化的动力学机制分析

4.1.1 地表变形运动对重力变化的影响

为了分析地表重力变化对深部物质运动信息的反映，应分析地表变形运动对地表重力变化的影响。一般来说，地表重力变化直接受地表垂直运动的影响，每抬升（或沉降）1cm，将引起测点约 3.086μGal 的下降（或上升）重力变化。目前高精度地表垂直运动观测主要通过水准观测来获取，但因其观测周期长，并与重力观测不同步或不相匹配，故只能利用有关水准测量成果粗略估算地表垂直运动对重力变化的影响。

1951—1982 年期间全国精密水准测量获得的中国大陆第一幅现今垂直形变速率图表明[34,35]，相对四川盆地，川西高原表现为 3.0～4.0 mm/a 的下沉运动，相当于+0.9～1.2μGal/a 的重力变化，与青藏高原东缘晚新生代以来的继承性隆升构造运动不相一致。从震前近 30 年（1970 年至 2006 年）多期水准观测结果来看[29,30]，相对四川盆地，川西地区（包括龙门山断裂带）表现为大面积的快速隆升运动，其上升速率一般在 2.5～5.8mm/a，相当于-0.8～1.8μGal/a 的重力变化，与青藏高原东缘晚新生代以来的继承性隆升构造运动相一致。从这些较长期积累的垂直运动结果（包括短期跨断层水准结果）来看，尽管不同时期观测结果的观测精度有所差异，但仍能反映出区域地壳垂直运动比较强烈，并具有较短期垂直运动强烈波动的特点[30]，例如，1983—1990 年，川西北高原的甘孜、炉霍、小金等地大幅度上升，最大速率达 12mm/a，而 1990—1997 年转为大幅下沉，速率最大达 -13mm/a，最大相当于 4.0μGal/a 的重力变化。这说明，由于受到各种地球内外动力作用可能因素（块体运动、大震运动、冰雪融化及重力均衡作用等）的影响，区域现今地壳垂直运动呈现复杂多变的特点，不难理解，其有时与背景性隆升构造运动（地质时间尺度）一致，有时则相反。从上可以看出，地表垂直运动对地表观测重力变化的贡献一般低于 2.0μGal/a，最大不超过 4.0μGal/a。对 2~3 年的差分重力场变化来说，垂直运动对其影响一般在观测精度范围，因此图 2 和图 3 所展示的重力场变化能够明显反映地壳深部介质密度变化效应和物质运动过程。另外，汶川 8.0 级地震前龙门山断裂带及其西部高原区上升速率一般在 2~3mm/a，远大于整个龙门山断裂带 1.0mm/a 左右的水平挤压缩短速率，汶川 8.0 级地震就恰恰发生在龙门山及邻区垂直形变速率的高梯度带上[36]，这与震前累积重力变化梯度带特征一致。

自 1988 年我国开始引进 GPS 观测地壳运动以来，地壳水平运动观测取得极大发展，并取得一系列瞩目成果[37]，其能从侧面或间接显示出地壳内部物质运动的基本态势。震前 10 多年 GPS 观测结果给出的龙门山区很低的应变速率在很大程度上反映出龙日坝断裂带以南的龙门山区，特别是龙门山推覆构造带应处于震前高强度的闭锁状态，综合第四纪地质研究，龙门山推覆构造带存在≤3mm/a 有限的地壳缩短速率[3]。GPS 显示的龙门山区地壳缩短和闭锁，说明其地壳物质缓慢堆积，物质总量增加，地表隆升。

从上可知，已有水准和 GPS 观测结果表明，区域地表变形（隆升）重力效应并不明显，具有广域特征的重力变化能够反映深部物质密度变化信息。汶川大震前，震中东北明显负重力变化（图2、图3）的存在，说明除地表隆升作用外，地下介质密度减小即物质膨胀效应明显存在；而震中西南明显正重力变化则说明地下致密作用（密度增大）比地表隆升作用更占优势。

4.1.2 构造动力背景与动态重力变化关系

前述 2001 年昆仑山口西 8.1 级地震前后差分重力场动态变化特征（图2），清楚说明了（巴颜喀拉地块）高原物质东流效应的存在，且物质东流效应的起伏或波动受到大震孕育发生和震后调整的较大影响；前述 2005 年以来累积重力变化（图3）在鲜水河—安宁河断裂带附近的正变化可能更多地反映出东流物质受阻挡后变向往东南方向弧形运动（与川滇菱形块体东边界左旋运动一致）；2000—2002 年差分重力变化反映了东流物质穿越松潘—甘孜块体，尽管阻挡作用使之往东南扭转，但还是抵达了四川盆地。这说明青藏高原东流物质应分成两支，一支沿川滇菱形块体往南南东运动（水平运动为主），另一支挤压或穿越松潘—甘孜块体（隆升为主），与地质和 GPS 观测结果一致。

GPS 观测研究结果表明，青藏高原东流物质主要沿川滇菱形活动地块的持续东南向运动[37,31]，其中，沿鲜水河断裂带的左旋滑动速率为 8.9~17.1mm/a，沿安宁河—则木河—小江断裂带的左旋运动速率为 2.8~9.4 mm/a，而龙门山断裂约有 0.5 mm/a 的左旋走滑和 1.1 mm/a 的逆冲运动，龙日坝断裂为右旋走滑，速率约为 5.1mm/a[38]，说明从地表水平运动来看，龙门山断裂带活动相对较弱。上述分析表明，重力场动态变化除反映青藏高原东流物质主要沿川滇菱形活动地块的持续东南向运动外，还反映出东流物质继续东移并在松潘—甘孜块体的物质汇集、隆升作用信息。

从地质和较长期地壳运动来看，龙日坝断裂带和龙门山推覆构造带吸收、转换了华南地块与以 7~8mm/a 的速率向 SEE 运动的巴颜喀拉地块之间现今汇聚量的主体部分[3]，但从近期重力场动态变化来看，该区主要呈现负重力场变化，说明龙日坝断裂带、龙门山推覆构造带和巴颜喀拉地块之间（即松潘—甘孜地块）几乎没有吸收现今汇聚量，或说其主体部分通过川滇菱形块体持续东南向运动而分解、吸收和转换。

从深部构造动力环境条件研究[24~28]来看，汶川大震区确实存在有利于逆冲推覆构造发展的动力构造条件。震前显示的四川盆地和松潘—甘孜地块正负重力场变化（大致以过震中的，与龙门山断裂带走向的垂线为界，东北部为负，西南部为正），说明东北部地下物质膨胀流出、上隆，西南部地下物质压缩流入，有利于逆冲推覆剪切力的形成，显示了汶川大震发生的基本力学机制；同时，震前松潘—甘孜地块持续较大负变化可能反映深部（如上地幔）物质上隆作用，造成局部温度升高、物质膨胀，这种作用亦有利于逆冲或推覆体运动的发展和大震的发生（可能存在地震孕育的膨胀机制），但四川盆地负重力变化机制仍有待研究。另外，龙门山断裂带附近重力场变化往往呈现分异特征，显示出四川盆地对川西高原的阻挡作用。

从差分重力场动态变化（图2）可知，2~3 年时间尺度的区域重力变化具有相互交替的上升和下降变化，说明了区域物质运动的"回弹"性质，只要地球具有一定弹性，不管非均衡力如何作用，在均衡力作用下，地壳物质运动往某一方向达到一定程度，都将出现恢复"回弹"现象。区域中部（例如马尔康）重力变化具有这种特征。

总之，区域重力变化明显反映了区域现今地壳物质运动轮廓，并受更广域构造动力环境的制约和影响，明显受到青藏高原东流物质运移变化的控制。区域地壳物质的迁移运动不仅仅表现在地表浅层，还更多可能表现出深部物质的迁移变化。重力场动态变化一方面受继承性构造动力运动的限制和制约，另一方面明显受非继承性构造动力运动（例如地震事件）的影响。由于不同地区构造动力环境的差异，重力场动态变化呈现复杂多样的形态。这说明，要全面了解区域实际地壳运动，需要 GPS、重力和水准数据的联合解算或分析，以及更深入数值模拟研究。

4.2　与孕震有关的重力场动态变化的阶段特征

从差分动态重力变化图像（图2）来看，1998—2000 年震中区（-80μGal）处于近东西向负重力变化区内东西两个异常区的过渡地带（靠西区一侧），区域最大负重力变化约 -120μGal，出现总体质量亏损，可能与昆仑地震孕育影响有关；2000—2002 年震中区（+100μGal）处于正变化区内近东西走向往东南转折部位，区域最大正重力变化约 +120μGal；2002—2005 年震中区（-30μGal）位于北北西向正负重力变化过渡梯级带上（靠负变化一侧），区域最大正重力变化约 +60μGal；2005—2007 年震中区（+20μGal）位于东西负变化区过渡的南北向低值正变化区内，区域最大正重力变化约 +40μGal。其最明显特征表现为震中西南部持续多年（5 年以上）的正变化特征，说明区域物质运动的总体质量增加，其所携带的能量亦增加，有利于地震孕育能量积累；与汶川大震相关的重力场最大变化（见表1）呈下降－加速增大（震前6~8年）－减速增大（震前3~6年）－稳定（震前3年以内）－发震过程；震中部位重力变化（见表2）呈（加速）下降－（加速）增大－减小－增大特征。

从累积动态重力变化图像（图3）来看，1998—2000年震中区（－80μGal）处于近东西向负重力变化区内东西两个异常区的过渡地带（靠西区一侧），区域最大负重力变化约－120μGal，出现总体质量亏损；1998—2002年震中区（＋20μGal）则处于北北东向正变化区的北端，区域最大累积正重力变化约＋60μGal；1998—2005年震中区（－10μGal）位于正负重力变化区过渡低值梯级带附近，区域最大累积正重力变化约＋100μGal；1998—2007年仍维持1998—2005年状况，震中区（＋10μGal）仍位于正负重力变化区过渡低值梯级带附近，震中区两侧正负变化继续加大或下降，区域最大累积正重力变化约＋120μGal。其最明显特征表现为震中区西南部存在持续多年（5年以上）的正变化区、重力场梯级变化特征与龙门山断裂带两侧负重力变化分异特征；累积最大重力变化（见表1）呈下降－加速增大（震前约6年）－减速增大（震前约3年）－发震过程；震中部位重力变化（见表2）呈（大幅）下降－增大－减小－增大特征，反映了地震孕育能量累积过程。2005年以来，汶川地震震中西南侧呈现较大规模的正重力变化区，且正重力场变化持续增大；震中东北侧呈现较大规模的负重力变化区，且负重力场变化持续下降；震中部位形成北西向正负重力变化低值梯级带，标志了汶川大震孕育基本完成。

表1　震中西南部最大重力变化时间特征　　　　　（单位：μGal）

差分变化	1998—2000	2000—2002	2002—2005	2005—2007
	（－120）	＋120	＋60	＋40
累积变化	1998—2000	1998—2002	1998—2005	1998—2007
	（－120）	＋60	＋100	＋120

表2　震中部位重力变化时间特征　　　　　（单位：μGal）

差分变化	1998—2000	2000—2002	2002—2005	2005—2007
	－80	＋100	－30	＋20
累积变化	2000—1998	2002—1998	2005—1998	2007—1998
	－80	＋20	－10	＋10

绝对重力观测结果表明[39]：2002年以来，绝对重力值持续增大，平均上升变化约4.9μGal/a，2004年前变化最大，随后逐步衰减，呈现重力变化上升、加速上升、减速上升、正常上升、发震的过程，与上述分析和唐山地震过程[12]基本一致。因此，总体上来说，重力场动态变化过程基本反映了汶川大震孕育过程中能量加速积累－减速积累－平稳－发震过程信息。

可以看出，汶川大震前区域重力变化过程（以累积为例）具有一定演变规律，震中东北侧为较大负重力变化（2000年）－较低正、负重力变化（2002年）－较低负重力变化（2005）－较大负重力变化（2007）；震中西南侧正重力变化为较低（2002年）－增大

(2005 年) - 基本稳定（2007 年）；震中所处的北西向梯级带形成（2005 年）并加强（2007 年）。这说明印度板块推挤青藏高原至昆仑断裂带附近往东及南东东运动加强，造成鲜水河、龙门山地区地壳变动加强；龙门山断裂带两侧负重力变化的分异说明该断裂带附近因孕震体的存在而对区域地壳运动的阻隔、控制作用，为汶川 8.0 级地震的孕育提供了好的动力源泉，同时孕震体已发展到后期阶段，出现较强"闭锁"。川滇菱形块体区因挤出物质堆积而呈正重力变化，龙门山地区在青藏高原挤压作用和四川盆地阻挡作用下隆升而呈负重力变化。

4.3　大震预测的重力学基本判据

地震源于地壳深处，是当介质应力应变能量积累到一定程度而造成剪切破裂所引起的，据此可推知地震孕育发生应满足两个基本条件：能量积累条件（孕震条件）和破裂条件。根据上述分析及于田 7.3 级、唐山 7.6 级等地震的重力学分析[12,33,40]，可以看出大震前重力变化的最显著标志是持续多年的正重力变化（上升）和较大规模的重力变化梯级带，不同阶段具有相似特征但变化幅度明显差异。较大范围的持续上升或正的地表重力变化能够反映出地下物质的汇聚运动和质量增加，其所携带的能量亦增加，有利于地震孕育能量积累；较大规模的重力变化梯级带，特别在重力变化相对上升和相对下降的过渡部位，往往能够反映出地下物质最大差异运动，处于物质膨胀（密度减小）和收缩（密度增大）的过渡部位，亦即潜在震源相对薄弱部位，在周边应力持续失衡作用下，易于产生剪应力而首先破裂。因此，汶川大震前重力变化特征满足地震孕育发生条件，大震预测的重力学基本判据是持续上升的重力变化和较大规模的重力变化梯级带。

5　主要结论与认识

汶川大地震破裂构造的逆冲为主、兼具小量右旋走滑（单侧破裂）和孕震推覆体控制性构造的特点，说明该地震孕育发生的前兆或影响范围较大，从震前 10 年（1998—2007，复测周期 2~3 年）重力场动态变化来看，这种广域前兆特征十分明显和复杂，且不同时期具有明显差异特征，显示了大震孕育的阶段性特征信息。通过上述分析研究，不难得到如下主要认识或结论。

（1）基于中国大陆 1998 年以来（复测周期 2~3 年）流动重力观测数据，区域重力场动态演化图像能够反映较大尺度地壳物质运动的基本信息，特别是龙门山推覆构造体运动信息。尽管受到 2001 年昆仑山口西 8.1 级地震孕育发生和震后调整的一定影响，但仍能够分辨出较大空间尺度的与汶川 8.0 级地震孕育有关的重力场动态演化基本特征，能够捕捉汶川 8.0 级地震孕育的中长期时间尺度（2~10 年）信息。

（2）从累积重力场动态变化看，汶川 8.0 级地震孕育发生的显著重力标志为震中区西南部存在持续多年的正重力变化（上升，约 5 年）和与发震断层走向垂直或与发震断层运动方向一致的较大规模的低值重力变化梯级带（约 3 年），以及震中东北侧大规模负重力变化，前者有利于地震能量的不断积累，后者有利于逆冲型地震破裂的发生。这为强震孕育发生地点判定提供了依据。同时，重力变化梯级带两侧重力变化差值约达 200μGal，与于田地震基本一致[40]，这为地震孕育发生强度判定提供了依据。2005 年以来的累积重力变化图像清晰显示了该地震孕育已基本成形，进入待震或临震闭锁状态。

（3）动态重力变化表明汶川大震孕育具有明显的阶段特征和一定演变规律。从差分重力场动态变化来看，汶川大震孕震区域为重力场最大变化区，其明显呈现间歇式上升、下降、再上升、发震的过程。与该地震孕育有关的重力场呈增大 – 加速增大 – 减速增大 – 发震的过程，累积重力变化亦具类似特征（参见表1），与唐山地震孕育不同阶段的重力场变化特征[10]和近期郫县绝对重力点显示的重力时间变化过程[41]相似，总体反映了汶川大震孕育能量加速积累 – 减速积累 – 平稳 – 发震过程的基本信息。这为地震孕育发生时间判定提供了依据。

（4）1998 年以来重力场扰动变化可能受昆仑8.1级地震孕育、发生及震后调整的较大影响。2000—2002 年重力场较大变化可能说明昆仑8.1级地震震后效应对青藏高原东流物质具有增强作用。

对汶川8.0级地震的上述总结分析，说明重力场动态变化对区域地壳运动和地震运动具有重要指示意义，可为未来 7 级以上大震的中长期预测提供重要震例经验和参考。需说明的是，由于监测网点密度、复测周期等原因，重力场观测研究结果还具有一定局限性[41]。

参 考 文 献

[1] 张勇，冯万鹏，许力生，等．2008 年汶川大地震的时空破裂过程．中国科学（D 辑），2008，38（10）：1186 ~ 1194.
Zhang Yong, FengWanpeng, Xu Lisheng. Temporal and spatial rupture process of the Wenchuan earthquake, 2008. Science in China（Series D）：Earth Science（in Chinese），2008，38（10）：1186 – 1194.

[2] 王卫民，赵连锋，李娟，等．四川汶川8.0级地震震源过程．地球物理学报，2008，51（5）：1403 – 1410.
Wang W M, Zhao L F, Li J, et al. Rupture process of M_S8.0 Wenchuan earthquake of Sichuan, China. Chinese J Geophys（in Chinese），2008，51（5）：1403 – 1410.

[3] 徐锡伟，闻学泽，叶建青，等．汶川 M_S8.0 地震地表破裂带及其发震构造．地震地质，2008，30（3）：597 – 629.
Xu Xiwei, Wen Xueze, Ye Jianqing, et al. The M_S8.0 Wenchuan earthquake surface ruptures and its seismogenic structure. Seismology and geology（in Chinese），2008，30（3）：597 – 629.

[4] 申重阳．地壳形变与密度变化耦合运动探析．大地测量与地球动力学，2005，25（3）：7 – 12.
Shen Chongyang. Preliminary analysis of coupling movement between crustal deformation and density change. Journal of geodesy and geodynamics，2005，25（3）：7 – 12.

[5] 申重阳，李辉．研究现今地壳运动和强震机理的一种方法．地球物理学进展，2007，

22（1）：49-56.

Shen Chongyang, Li Hui. A method of analyzing the present crustal movement and the mechanism of strong shocks. Progress in Geophysics, 2007, 22（1）：49-56.

［6］ Fujii Y. Gravity changes in the shock area of the Niigata earthquake, 16 June 1964. Zisin, 1966, 19（3）：200-216.

［7］ Barnes D F. Gravity changes during the Alaska earthquake. J. Geophys. Res., 1966, 71（2）：451-456.

［8］ Kisslinger C, Process during the Matsushiro, Japan earthquake swarm as revealed by evelling, gravity and spring-flow observations. Geology, 1975, 3（2）：57-62.

［9］ Hunt T M. Gravity changes associated with the 1968 Inangahua earthquake. N Z J Geol Geophys, 1979, 13（4）：1050-1051.

［10］ Oliver H W, Robbins S L, Grannell R B, et al. Surface and subsurface movemements determined by remeasuring gravity∥Oakeshott G B, et al. San Fernando California Earthquake of 9 February 1971, Saoramento, Calif, 1975, 16：195-211.

［11］ 陈运泰，顾浩鼎，卢造勋.1975年海城地震与1976年唐山地震前后的重力变化.地震学报，1980，2（1）：21-31.
Chen Yuntai, Gu Haoding, Lu Zaoxun. Variations of gravity before and after the haicheng earthquake, 1975 and the tangshan earthquake, 1976. Acta Seismologica Sinica, 1980, 2（1）：21-31.

［12］ 李瑞浩，黄建梁，李辉，等.唐山地震前后区域重力场变化机制.地震学报，1997，19（4）：399-407.
Li Ruihao, Huang Jianliang, Li Hui, et al. The mechanism of regional gravity changes before and after the Tangshan earthquake. Acta Seismologica Sinica, 1997, 19（4）：399-407.

［13］ 吴国华，罗增雄，赖群.丽江70级地震前后滇西实验场的重力异常变化特征.地震研究，1997，20（1）：101-107.
Wu Guohua, Luo Zengxiong, Lai Qun. The variation characteristics of gravity anomaly in the earthquake prediction test site in western Yunnan before and after the M7.0 Lijiang earthquake. Journal of Seismological Research, 1997, 20（1）：101-107.

［14］ Nur A. The Matsushiro earthquake swarm：a confirmation of the dilatancy-fluid flow model. Geology, 1974, 2：217-221.

［15］ Okubo S. Gravity and potential changes due to shear and tensile faults in a half-space. J Geophys Res, 1992, 97：7137-7144.

［16］ 申重阳，李辉，付广裕.丽江7.0级地震重力前兆模式研究.地震学报，2003，25（2）：163-171.
Shen Chongyang, Li Hui, Fu Guangyu. Study on a gravity precursor mode of the M_s7.0 Lijiang earthquake. ACTA Seismological Sinica, 2003, 16（2）：175-184.

［17］ 李勇，周荣军，等.青藏高原东缘龙门山晚新生代走滑-逆冲作用的地貌标志.第

四纪研究，2006，26（1）：40－51.

Li Yong，Zhou Rongjun，et al. Geomorphic evidence for the late Cenozoic strike－slipping and thrusting in Longmen Mountain at the eastern margin of the Tibetan Plateau. Quaternary Sciences，2006，26（1）：40－51.

[18] 张培震，徐锡伟，闻学泽，等.2008 年汶川 8.0 级地震发震断裂的滑动速率、复发周期和构造成因. 地球物理学报，2008，5（4）：1066－1073.

Zhang P Z，Xu X W，Wen X Z，et al. Slip rates and recurrence intervals of the Longmen Shan active fault zone，and tectonic implications for the mechanism of the May 12 Wenchuan earthquake，2008，Sichuan，China. Chinese J. Geophys.，2008，51（4）：1066－1073.

[19] 滕吉文，白登海，杨辉，等.2008 汶川 M_S8.0 地震发生的深层过程和动力学响应. 地球物理学报，2008，51（5）：1385－1402.

Teng J W，Bai D H，Yang H，et al. Deep processes and dynamic responses associated with the Wenchuan M_S8.0 earthquake of 2008. Chinese J. Geophys.，2008，51（5）：1385－1402.

[20] 朱守彪，张培震.2008 年汶川 M_S8.0 地震发生过程的动力学机制研究. 地球物理学报，2009，52（2）：418－427.

Zhu S B，Zhang P Z. A study on the dynamical mechanisms of the Wenchuan M_S8.0 earthquke，2008. Chinese J. Geophys，2009，52（2）：418－427.

[21] Tapponnier P，Molnar P. Active faulting and tectonics in China. J. Geophys. Res.，82：2905.

[22] 中国岩石圈动力学图集编委会. 中国岩石圈动力学概论. 北京：地震出版社，1991.

China lithosphere dynamics atlas Compilation Committee. China lithosphere dynamics outline. Beijing：Seismological Press，1991.

[23] 邓起东，陈社发，赵小麟. 龙门山及其邻区的构造和地震活动及动力学. 地震地质，1994，16（4）：389－403.

DENG Q D，CHEN S F，ZHAO X L. Tectonics，seismicity and dynamics of Longmenshan Mountains and its adjacent regions. Seismology and Geology，1994，16（4）：389－403.

[24] 雷建设，赵大鹏，苏金蓉，等. 龙门山断裂带地壳精细结构与汶川地震发震机理. 地球物理学报，2009，52（2）：339－345.

Lei J S，Zhao D P，Su J R，et al. Fine structure under Longmenshan fault zone crustal and the mechanism of the large Wenchuan earthquake. Chinese J Geophys，2009，52（2）：339－345.

[25] 郭飚，刘启元，陈九辉，等. 川西龙门山及邻区地壳上地幔远震 P 波层析成像. 地球物理学报，2009，52（2）：346－355.

Guo B，Liu Q Y，Chen J H，et al. Teleseismic P－wave tomography of the crust and upper mantle in Longmenshan area，west Sichuan. Chinese J Geophys，2009，52（2）：346－355.

［26］刘启元，李昱，陈九辉，等．汶川 M_S8.0 地震：地壳上地幔 S 波速度结构的初步研究．地球物理学报，2009，52（2）：309－319．

Liu Qiyuan，Li Yu，Chen Jiuhui，et al. Wenchun M_S8.0 earthquake：preliminary study of the S－wave velocity structure of the crust and upper mantle. Chinese J Geophys，2009，52（2）：309－319.

［27］楼海，王椿镛，吕智勇，等．2008 年汶川 M_S8.0 地震的深部构造环境——远震 P 波接收函数和布格重力异常的联合解释．中国科学（D 辑），2008，38（10）：1207－1220．

Lou H，W C，Yu Z，et al. The deep tectonic environment of the Wenchuan M_S8.0 earthquake，2008—the joint explanation with teleseismic P－wave reception function and Bouguer gravity anomaly. Science in China（Series D），2008，38（10）：1207－1220.

［28］楼海，王椿镛．川滇地区重力异常的小波分解与解释．地震学报，2005，27（5）：515－523．

Lou H，W C Y. Wavelet analysis and interpretation of gravity data in Sichuan－Yunnan region，China. Acta Seismologica Sinica，2009，52（2）：309－319.

［29］王庆良，崔笃信，王文萍，等．川西地区现今垂直地壳运动研究．中国科学（D 辑），2008，38（5）：598－610．

Wang Q L，Cui D X，Wang W P. Study of current vertical crustal movement in west Sichuan. Science in China（Series D），2008，38（5）：598－610.

［30］张四新，张希，王双绪，等．汶川 8.0 级地震前后地壳垂直形变分析．大地测量与地球动力学，2008，28（6）：43－46．

Zhang S X，Zhang X，Wang S G，et al. Analysis of crustal vertical deformation before and after Wenchuan M_S8.0 earthquake. Journal of geodesy and geodynamics，2008，28（6）：43－46.

［31］江在森，方颖，武艳强，等．汶川 8.0 级地震前区域地壳运动与变形动态过程．地球物理学报，2009，52（2）：505－518．

Jiang Z S，Fang Y，Wu Y Q，et al. The dynamic process of regional crustal movement and deformation before Wenchuan M_S8.0earthquake. Chinese Journal of Geophysics，2009，52（2）：505－518.

［32］项爱民，孙少安，李辉．流动重力运行状态及质量评价．大地测量与地球动力学，2007，27（6）：109－114．

Xiang A M，Sun S A，Li H. Running state and quality evaluation of repeated gravimetry. Journal of Geodesy and Geodynamics，2007，27（6）：109－114.

［33］李辉，申重阳，孙少安，等．中国大陆近期重力场动态图像．大地测量与地球动力学，2009，29（3）：1－10．

Li H，Shen C Y，Sun S A，et al. Dynamic gravity change of recent years in China continent. Journal of geodesy and geodynamics，2009，29（3）：1－10.

［34］中国岩石圈动力学图集编委会．中国岩石圈动力学地图集．北京：中国地图出版

社，1989.

China lithosphere dynamic atlas compilation committee. China ithosphere dynamic atlas. BeijingSinoMaps Press, 1989.

［35］ 应绍奋，张祖胜，耿士昌，等. 中国大陆垂直向现代地壳运动基本特征. 中国地震，1988，4（4）：1－8.

Ying S F, Zhang Z S, Geng S C, et al. Basic characteristics of recent vertical crustal movement of China mainland. Earthquake research in China, 1988, 4 (4): 1－8.

［36］ 中国地震局监测预报司. 汶川8.0级地震科学研究报告. 北京：地震出版社，2009：71－73.

Department of monitoring and prediction, CEA. Science study report of Wenchuan M_S8.0 earthquake. BeijingSeismological Press, 2009：71－73.

［37］ Wang Q, Zhang P Z, Jeffrey T F, et al. Present－day crustal deformation in China constrained by Global Positioning System measurements. Science, 2001, 294：574－577.

［38］ 王阎昭，王恩宁，沈正康，等. 基于GPS资料约束反演川滇地区主要断裂现今活动速率. 中国科学（D辑），2008，38（5）：582－597.

Wang Y Z, Wang E N, Shen Z K, et al. Inversion of Current movement velocity of Sichuan－Yunnan main rupture constrained by GPS data. Science in China（Series D）：Earth Science, 2008, 38 (5): 582－597.

［39］ 邢乐林，李辉，何志堂，等. 成都地震基准台重复绝对重力测量结果分析. 大地测量与地球动力学，2008，28（6）：38－42.

Xing Lelin, Li Hui, He Zhitang, et al. Analysis of repeat absolute gravity surveying results at Chengdu earthquake station. Journal of Geodesy and Geodynamics, 2008, 28 (6): 38－42.

［40］ 申重阳，李辉，孙少安，等. 2008年于田M_S7.3地震前重力场动态变化特征分析. 大地测量与地球动力学，2010，30（4）：1－7.

Shen C Y, Li H, Sun S A, et al. Characterstic analysis of dynamic gravity change before Yutian M_S7.3 earthquake, 2008. Journal of Geodesy and Geodynamics, 2010, 30 (4): 1－7.

［41］ 贾民育，詹洁辉. 中国地震重力监测体系的结构与能力. 地震学报，2000，22（4）：360－367.

Jia M Y, Zhan J H. The structure and ability of the China seismological gravity monitoring system. Acta Seismologica Sinica, 2000, 22 (4): 360－367.

基于 GPS 和水准数据的 "4·20" 四川芦山地震震源滑动模型*

畅 柳 杨 博 张风霜 许明元 杨国华

（中国地震局第一监测中心，300180，天津）

摘 要：利用 GPS 连续站和精密水准观测资料所得到的同震形变结果作为 "4·20" 芦山地震地表三维形变场的约束，在兼顾不同断层模型方案的基础上对地震震源参数等进行了反演计算，结果表明：以盲逆断层为反演的断层模型要优于以上边界到地表的断层为反演的断层模型的结果，矩形盲逆与铲状盲逆断层模型间反演结果没有明显的差异，芦山地震矩的最佳反演结果为 $M_W6.7$，芦山地震的发震断层北翼为右旋位错，断层南翼为左旋位错。

关键词：芦山地震 GPS 水准 滑动模型

中图分类号：P 315.72^{15} 文献标识码：A 文章编号：0253 – 4967（2017）03 – 0561 – 11

GPS and leveling constrained co – seismic source and slip distribution of the Lushan $M_S7.0$ earthquake on 20 April 2013

CHANG Liu YANG Bo ZHANG Fengshuang XU Mingyuan YANG Guohua

（First Crust Deformation Monitoring and Application Center, China Earthquake Administration, Tianjin 300180, China）

Abstract：Co – seismic deformation results calculated by the observations of GPS continuous sites and precise leveling as three dimensional constraint of the deformation field of Lushan $M_S7.0$ earthquake on 20 April 2013. The inversion of seismic source parameters based on the consideration to different value – taking scheme and fault models. Seven data type selection schemes, three fault models and two data coverage selection schemes are designed in order to discuss the effect of data selection and fault model selection on inversion results.

---

* 〔收稿日期〕2016 – 05 – 18 收稿，2017 – 03 – 09 改回。

〔基金项目〕国家科技基础性工作专项（2015FY210400）资助。

The results shows that the fault model using blind reverse fault as inverse is better than that using piedmont fault rupture to the surface as inverse, which may indicate that the Lushan earthquake fault is the most likely to blind reverse fault; there are no obvious differences in the inverse results between the blind listric fault models and rectangle and fault models. The best inverse calculation result of Lushun County seismic moment is $M_W6.7$. And it also shows that the distribution of dislocations on the fault plane is concentrated in the range of 30 km × 30 km, the north of seism genic fault of Lushun County earthquake is dextral dislocation, and the south of the fault is sinisterly dislocation which is bigger than dextral dislocation, which is a wedge deformation mode.

Key words: Lushan earthquake, GPS, Leveling, Slip model

0 引 言

2013 年 4 月 20 日四川芦山发生 7.0 级地震。芦山地震发生在龙门山推覆构造带南段，震区发育有 NE 走向的大邑隐伏断裂、双石—大川断裂、盐井—五龙断裂、耿达—陇东断裂等叠瓦状逆断层。虽然仪器记录的芦山地震仪微观震中位于双石—大川断裂下盘，但由于此次地震未造成明显的地表破裂，因此有关芦山地震的发震构造还存在较大争议。徐锡伟等（2013）根据地表变形情况结合余震的空间分布特征、震源机制解等资料，推测芦山地震属典型的盲逆断层型地震，并根据余震分布情况建立了铲形发震构造模型。张竹琪等（2013）提出余震分布指示的破裂面形态呈现三维的弯曲特征，且断层面可能未延伸至浅部。房立华等（2013）使用双差法对芦山地震的主震和余震序列进行了重定位，结果反映芦山地震的发震断层可能为一条铲形盲逆冲断层。吕坚等（2013）综合地震序列分布特征、主震震源深度、已有破裂过程研究结果等初步推测发震构造为龙门山山前断裂，也不排除主震震中东侧还存在一条未知的基底断裂发震的可能性。曾祥方等（2013）根据主震和余震定位结果认为芦山地震的发震断层为龙门山南段的双石—大川断裂。房立华（2013）重新定位的余震分布结果显示，余震区还存在与发震断层相交成 y 字形的向南东倾斜的余震带，推测其为逆冲推覆构造中常见的反冲断层。

前人在利用同震形变以及地震波等进行芦山地震震源参数反演方面取得了一些结果。刘云华等（2013）基于芦山地震 InSAR 形变场进行了同震滑动分布的反演。金明培、汪荣江等（2014）基于 13 个近场强震动台的同震位移以及 GPS 结果反演了震源参数。王卫民等（2013）用远场体波资料和有限断层方法反演获得了芦山地震的震源破裂过程。江在森等（2013）采用 GPS 结果反演了断层同震滑动分布。由于大气折射、发射和接收天线相位中心误差等因素的存在，再加上非构造形变的影响，GPS 技术直接用于构造形变监测的垂向精度仅在 10mm 左右（王敏，2009），武艳强（2013）给出的同震位移场部分测站垂向误差高于 10mm。InSAR 空间分辨率虽然较高，也有达到毫米级精度的潜力，但是目前的结果及其精度受观测环境影响还很明显，在植被覆盖较少的区域精度远高于植被茂盛的区域，刘云华等（2013）给出的垂向同震位移精度在厘米级。区域水准，相较于 GPS 和 InSAR 仍然是目前垂直形变观测精度最高的手段，可以达到毫米级。因此目前在垂向形变监测方面，水准仍发挥着很重要的作用。

基于对芦山地震发震断层的争议，不同学者对芦山地震同震位移与破裂方式的认识的差异，以及发震断层的构造模型对于反演结果可能有较大影响，本文综合利用 GPS 与水准观测资料，通过建立不同的发震断层模型，采用不同的观测数据选取方案进行反演，并进行定量的对比分析，希望能为客观认识与深入研究芦山地震发震构造提供参考。

1　数据简介与处理

本文采用芦山 7 级地震震中周围 100km 范围内 15 个流动站和 14 个连续站的 GPS 资料，获得了同震三维位移场。其中连续站同震形变结果主要基于 2013 年 4 月 16 日至 2013 年 4 月 23 日共 8 天的数据解算得到；流动站同震形变结果主要基于 2009 年、2010 年、2011 年、2013 年四期数据解算得到，每期每个测点至少观测 3 天。

水准资料覆盖的区域范围主要为龙门山断裂带的南段及周围地区，2010 年 1 月至 2011 年 1 月，2013 年 5 月至 2013 年 11 月两期数据。在水准数据处理时以四川盆地为参考基准进行动态平差获得相对于四川盆地的垂直形变结果。选取震中 100km 范围内的 120 个水准点进行后续的处理分析。

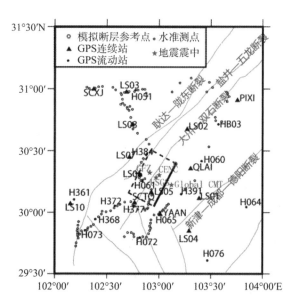

图 1　芦山 7.0 级地震震中周围 100km 范围内 GPS 台站与水准点分布

GPS 数据处理与武艳强（2013）文献中的方法类似，采用 GAMIT/GLOBK 软件包完成。为了确定精密卫星轨道及实现 ITRF2000 参考框架，一并处理了全球近 80 个 IGS 站的数据。通过单日解的重复性检测，去除不稳定的 IGS 站并人为增大区域站个别粗值的误差，然后将包含有测站位置及其方差－协方差矩阵的单日松弛解作为准观测量估计所有 GPS 站的位置和区域站在地震时刻的偏差。

水准数据的时间跨度达两年左右，其形变信息中包含部分震间位移信息，需要将其扣除。震中附近有三个陆态网络 GPS 连续站 SCTQ、SCSM 和 SCXJ［图 2（a）］，据此对它们

2010 年 1 月 1 日至 2013 年 4 月 19 日的垂向时间序列进行了野值剔除、趋势判别以及周期项分析，并获得考虑了时间序列年周期与半年周期及运动速率值（黄立人等，2012）。采用上述方法求得 SCTQ、SCSM、SCXJ 站的垂向分量的年速率分别为（1.76 ± 0.26）mm/a、（0.06 ± 0.13）mm/a 和（−0.89 ± 0.17）mm/a。值得说明的是，虽然 GPS 测量得到的是大地高，水准测量得到的是正常高，但是有关研究已证明两个高程系统的变化量之间差异极小，可以视为等价（黄立人等，2000）。由于离震中较近的 GPS 连续站只有三个站，因此无法采用曲面拟合等空间拟合方法求得震中附近的形变，本文采用距离倒数加权的方法进行形变改正。求水准点垂向年速率公式如式（1）所示。

$$\begin{cases} s_i = \sqrt{(x-x_i)^2 + (y-y_i)^2} \\ v = \sum_{i=1}^{n} \dfrac{1/s_i}{\sum\limits_{i=1}^{n} 1/s_i} v_i \end{cases} \tag{1}$$

式中，(x, y)、v 为代求垂向年速率点的坐标与代求速率；(x_i, y_i)、v_i 为已知垂向速率点的坐标与垂向速率；s_i 为未知点与已知点 i 之间的距离；n 为已知点个数。

采用此方法求得水准点的震间垂向形变速率，与观测间隔时间的乘积即震间形变，将前期处理的水准结果扣除震间形变，获得同震形变结果。通过水准、GPS 所获得的同震位移如图 2 所示。

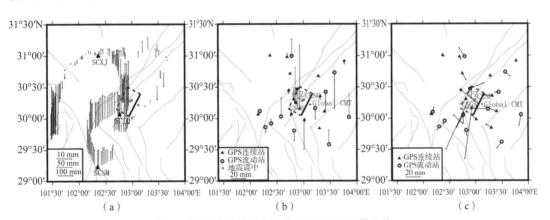

图 2　芦山地震前后水准位移和 GPS 同震位移

（a）水准测点位移（2010—2013）；（b）、（c）分别为 GPS 站点垂向、水平向同震位移

水准测点震间垂向位移的改正值在 −1.1 mm 至 1.9 mm 之间，与观测误差同量级，由此可知，芦山地震震区附近的震间形变并不明显，后续的数值模拟对改正和未改正的数据分别做了反演并做了对比。由测点位置所观测到的芦山地震垂向最大同震位移为（276.5 ± 2.7）mm，东向同震位移在（−16.5 ± 0.8）mm 与（24.1 ± 1.1）mm 之间，北向同震位移在（−66.8 ± 0.8）mm 与（7.7 ± 1.0）mm 之间。

3　反演模型建立与结果比较

形变观测数据的误差特性以及由于地球介质、形状、断层几何的复杂性，使得建立的函数模型不可避免地存在一定的系统误差或粗差（刘洋，2012）。在进行大地测量反演时，函数模型误差的处理方法主要取决于对客观现实先验信息的认识。进行反演时，首先要确定地震的发震断层震源机制解。而芦山地震的震源机制解，不同机构和学者给出的结果均有所差异，走向从198°到222°，倾角从33°到47°，滑动角从71°到112°，矩心深度从10km到25km，断层破裂长度从22.5km到60km，宽度从17.0km到45.0km。Zaisen Jiang等（2013）、王卫民等（2013）、金明培等（2013）、刘云华等（2013）的反演中采用的都是出露到地表的（模型上边界深度都为0km）矩形断层数值模型（文中该模型简称矩形地表），其中刘云华等（2013）根据反演结果得出造成破裂的发震断层未出露到地表的结论。徐锡伟，陈桂华等（2013）先给出了矩形盲逆断层的地质模型（文中该模型简称矩形盲逆）。然后徐锡伟，闻学泽等（2013）给出了铲形盲逆断层的地质模型（文中该模型简称铲形盲逆）。为了分析不同断层模型的反演结果，本文在参考已有文献结果上经过试算调整，设计出三类断层模型进行反演，如表1所示。

表1 断层模型设计方案

模型简称	铲形盲逆	矩形盲逆	矩形地表
走向/（°）	212	208	208
倾角/（°）	54～35	43	43
顶边深度/k）	7	7	0
长度/km	46	46	46
宽度/km	38	38	38
格网大小/（km×km）	2×2	2×2	2×2
断层起点	(30.400，103.175)	(30.400，103.175)	(30.400，103.175)

注：其中断层起点为震源滑动模型的参考点（图1），也是模拟断层面长宽坐标为（0，0）的点（图3）。

GPS和水准对形变分量的约束存在差异，同时两者本身也存在不确定性，如观测误差和参考系统等。为了分析分别或联合使用GPS和水准数据，以及去除水准数据震间形变对反演的影响，设计了7种数据选取方案进行对比分析。方案如表2所示。

表2 反演数据选取方案设计

数据选取	方案1	方案2	方案3	方案4	方案5	方案6	方案7
水准_不去除震间位移	√			√		√	
水准_去除震间位移		√			√		√
GPS水平			√	√	√	√	√
GPS垂向			√			√	√

方案1、2为仅采用水准结果，方案3为仅采用GPS结果，方案4、5为采用水准结果与GPS水平方向的结果，方案6、7为水准与GPS三个方向结果都采用。

基于以上的反演断层与反演数据选取方案的设计，采用基于约束条件下最小二乘原理及最速下降法的反演方法（Wang et al.，2009）进行芦山地震的震源滑动模型反演，反演所用的软件采用汪荣江博士根据约束条件下最小二乘原理及最速下降法编写的 SDM2008 程序，反演的地壳速度结构采用吕坚等（2013）给出的地壳一维速度模型，如表3所示。数 – 模相关系数可以反映模拟值与真实值之间的相近程度，其值越接近于1，说明从统计角度模型越优，统计反演的震级与数 – 模相关系数如表4所示。

表3　本文采用地壳分层模型

地壳分层/km	V_p（km/s）	V_s（km/s）	密度/（g/cm³）
0～2.94	4.88	2.86	2.60
2.94～8.34	5.80	3.40	2.78
8.34～21.70	6.04	3.55	2.83
21.70～43.09	6.82	3.98	3.00
43.09～50	7.00	4.00	3.05
50+	7.85	4.40	3.30

表4　反演结果统计

距震中距离	方案	矩形地表		矩形盲逆		铲形盲逆	
		M_W	Data – model correlation	M_W	Data – model correlation	M_W	Data – model correlation
100km	方案1	6.66～6.69	0.70	6.64～6.68	0.90	6.59～6.62	0.89
	方案2	6.73～6.76	0.73	6.83～6.86	0.74	6.55～6.57	0.83
	方案3	6.44～6.46	0.81	6.55～6.57	0.76	6.54～6.55	0.75
	方案4	6.71～6.74	0.72	6.68～6.72	0.90	6.68～6.70	0.91
	方案5	6.72～6.74	0.72	6.69～6.72	0.90	6.68～6.71	0.91
	方案6	6.66～6.68	0.69	6.65～6.68	0.83	6.64～6.66	0.84
	方案7	6.66～6.69	0.70	6.65～6.68	0.83	6.64～6.67	0.84
50km	方案1	6.69～6.72	0.89	6.69～6.73	0.96	6.6～6.63	0.93
	方案2	6.77～6.80	0.93	6.87～6.89	0.94	6.69～6.72	0.95
	方案3	6.47～6.49	0.91	6.67～6.77	0.88	6.57～6.59	0.86
	方案4	6.74～6.77	0.92	6.73～6.75	0.95	6.71～6.74	0.96
	方案5	6.75～6.77	0.91	6.75～6.77	0.96	6.72～6.74	0.96
	方案6	6.68～6.71	0.88	6.71～6.74	0.89	6.69～6.72	0.90
	方案7	6.68～6.70	0.86	6.72～6.74	0.89	6.69～6.71	0.89

由表4的结果我们可以得出如下初步认识。

① 采用距震中50km范围内的同震位移结果较采用距震中100km范围内的同震位移结果进行断层同震位错反演的数 – 模相关系数更接近于1。推测这是由于距离震中越远，受到震源位错的影响越小，远场的观测结果成因较为复杂，远场地表位移对震源位错反映不灵

敏造成的。因此在进行断层位错反演时并非数据越多越好，需要同时考虑数据的有效性。

② 对于同一数据选取方案，从数－模相关系数的角度比较不同断层模型的模拟效果，采用铲形盲逆断层层反演的数－模相关系数最接近于1，矩形盲逆断层次之，矩形地表断层与1偏离最大。上述现象从一定程度上支持了关于芦山地震的发震断层是盲逆断层的论点。铲形盲逆断层模型的数模相关系数较矩形盲逆断层模型的数模相关系数更接近1。需要说明的是，数－模相关系数仅可以作为模型评价参考标准，不同的模型反演结果仍然有其特定的物理意义。

③ 从方案1与方案2、方案4与方案5、方案6与方案7的反演结果比较可知，是否对水准数据进行震间位移去除反演出的震级及数－模相关系数差异都较小，说明本文－1.1mm至1.9mm的震间地表垂直位移改正量对反演结果的影响不明显。

④ 从方案4与方案6、方案5与方案7的反演结果比较可知，方案4明显优于方案6，方案5明显优于方案7，这样的结果反映出进行断层同震位错反演时垂向观测数据仅采用水准结果比同时采用水准与GPS垂向结果从数学拟合的角度看更优，推测原因之一是GPS垂向观测精度还是相对较差，其次，与起算基准难以完全一致有关。

⑤ 从方案2与方案3的反演结果比较可知，仅采用GPS或仅采用水准结果进行反演的数学拟合角度的优劣指向性并不明显。推测这是由于仅采用水准数据水平方向的同震位移缺失时很有可能对反演结果的客观性造成影响；仅采用GPS结果，测点较少，垂向精度不高，这样也势必对反演结果的客观程度造成不利影响。因此，缺乏必要的有一定密集程度的三维形变结果约束，其反演结果的客观性难以得到进一步提升。

⑥ 对方案5、方案2和方案3进行比较可以看出，方案5整体上是优于方案2和方案3的。也就是说，采用GPS水平结果与水准垂直结果进行反演的效果是最优的。

基于以上看法，选取距震中50km范围内的方案5的数据反演结果相对最佳，因此本文将给出此方案三种不同断层模型的反演结果。

地震发生后中国地震台网中心和各国地震机构都给出了芦山地震参数结果，如表5所示。

表5　不同机构给出的芦山地震震源参数

机构	CENC[①]	Global CMT[②]	USGS[③]	GFZ[④]
名称	中国地震台网中心	全球矩张量项目	美国地质调查局	德国地学研究中心
震中经度/（°）	103	103.12	102.97	102.91
震中纬度/（°）	30.3	30.22	30.28	30.32
深度/km	13	21.9	12	10
震级	$M_s 7.0$	$M_W 6.6$	$M_W 6.6$	$M_W 6.7$
走向/（°）	220	212	198	204
倾向/（°）	35	42	33	43
滑动角/（°）	101	100	71	84

① http：//www.cenc.ac.cn/manage［2014－7－21］；
② http：//www.globalcmt.org/CMTsearch.html［2014－7－21］；
③ ftp：//hazards.cr.usgs.gov［2014－7－21］；
④ 参考文献［14］中统计的结果。

从图 3 中可以观察到不论何种断层模型，位错量最大值都在 15~20 km 深度范围，铲形盲逆断层模型和矩形盲逆断层模型的一致性较好，二者都可以反映出芦山地震的发震断层北翼［图 3（1）系列图中为左侧］呈现右旋位错，断层南翼［图 3（1）系列图中为右侧］呈现左旋运动，且左旋明显大于右旋幅度［图 3（4）中正值部分量值与空间范围都大于负值部分］，这是一种典型的"楔形"形变模式。而矩形地表断层模型在断层北翼既有左旋又有右旋，与实际情况有所偏离，这样从定性的角度证实了芦山 4·20 地震的发震断层为盲逆断层。

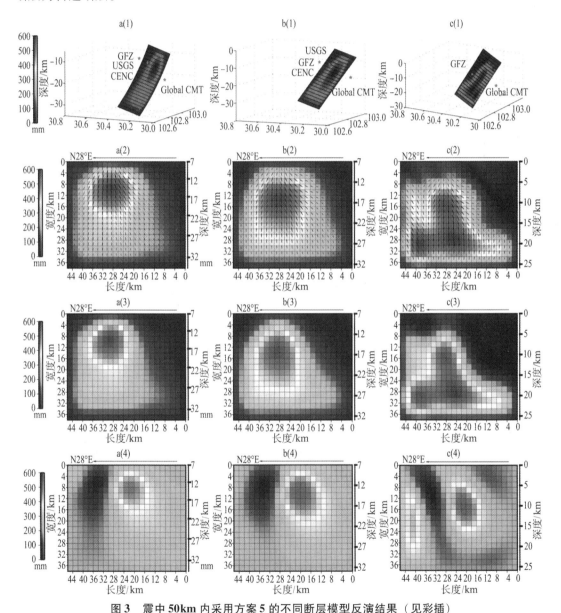

图 3　震中 50km 内采用方案 5 的不同断层模型反演结果（见彩插）

注：图 a 系列表示铲形盲逆断层反演结果，图 b 系列表示矩形盲逆断层反演结果，图 c 系列表示矩形地表断层的反演结果；图（1）系列表示反演断层位错的三维展示，图（2）系列表示断层位错，图（3）系列表示断层位错的倾滑分量，图（4）系列表示断层位错的走滑分量。

以上实验方案较多，仅展示采用距震中 50km 范围内的方案 5 的数据反演结果，观测值与反演后再正演得到的预测值如图 4 所示。从图 4 中可以观测对于水平方向的位移，在反演模拟断层内或距离反演模拟断层较近的 GPS 点预测值与原始值整体较为一致，但是有部分点（例如 LS06、H061）预测值与观测值之间存在较大的差异，整体为断层东南侧观测值与预测值一致性较好，断层西侧一致性较差，推测与数据的可靠性以及断层实际的形状较模拟的形状更为复杂有一定的联系。对于垂向分量，模拟断层面区域内的观测值与预测值较好，距离模拟断层越远，其一致性越差，紧挨震源南边缘的水准拟合残差十分明显。这样的现象与模拟断层面外观测值是多种综合因素共同作用的反应，且离震中越远，受地震同震影响越小，该类观测值实际同震位移所占比例较小有关，也与模拟断层面外预测值约束没有断层面内约束强，模型外推值可靠性弱于内插值有关。

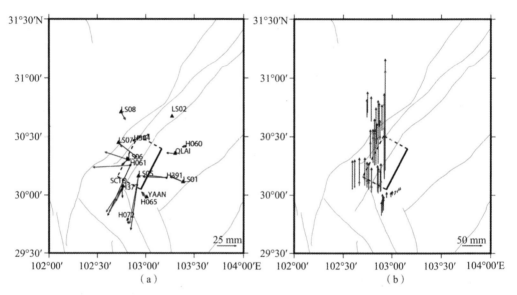

图 4　芦山地震地表同震观测值与反演参数计算预测值
（蓝色箭头为观测值，红色箭头为预测值；a 图为水平分量结果，b 图为垂直分量结果）

4　结语与讨论

针对数据选取与断层模型选取的问题，本文设计了 7 个数据类型选取方案、3 个断层模型和 2 个数据覆盖范围选取方案。通过本文进行的大量试算结果说明 GPS 垂向结果在用于以逆冲为主的发震断层反演中有时会产生负作用，建议在类似情况下谨慎采用 GPS 垂向结果；在进行反演数据选取时并不是数据空间范围越大越好，远场位移受其他构造过程干扰明显，排除距离发震断层较远的数据对反演更有利。通过对不同断层模型反演效果的比较分析，认为芦山地震发震断层为盲逆断层的可能性最大。

由于 2010 年至 2013 年芦山地震震中附近震间形变量值很小，水准数据震间形变剔除与否对结果影响并不是很明显，但也不排除获取震间形变信息的测点较少及空间分布不够完善的因素，就量级间的比例来看不会存在质的变化。

此外4·20芦山地震的震源滑动模型反演结果表明，位错在断层面上的分布集中在30km×30km的范围内，以逆冲为主，兼有北翼右旋、南翼左旋特征，左旋分量大于右旋分量，是一种"楔形"的形变模式。

参 考 文 献

[1] 陈运泰，杨智娴，张勇，等．从汶川地震到芦山地震［J］．中国科学（D辑），2013，43（6）：1064－1072.

[2] 房立华，吴建平，王未来，等．四川芦山 M_S7.0级地震及其余震序列重定位［J］．科学通报，2013，58（20）：1－9.

[3] 黄立人，韩月萍，高艳龙，等．GNSS连续站坐标的高程分量时间序列在地壳垂直运动研究中应用的若干问题［J］．大地测量与地球动力学，2012，32（04）：10－14.

[4] 黄立人，匡绍君．论地面垂直变形监测中应用GPS技术的可能性［J］．地壳形变与地震，2000，（1）：30－37.

[5] 金明培，汪荣江，屠泓为．芦山7级地震的同震位移估计和震源滑动模型反演尝试尝试［J］．地球物理学报，2014，57（1）：129－135.

[6] 吕坚，王晓山，苏金蓉，等．芦山7.0级地震序列的震源位置与震源机制解特征［J］．地球物理学报，2013，56（5）：1753－1763.

[7] 刘瑞丰，陈运泰，邹立晔，等．2013年4月20日四川芦山 M_W6.7（M_S7.0）地震参数的测定［J］．地震学报，2013，35（05）：652－660.

[8] 刘洋．顾及模型误差的震源参数InSAR反演［D］．武汉：武汉大学，2012.

[9] 刘云华，汪驰升，单新建．芦山地震InSAR同震形变及断层滑动分布反演初步结果：中国地球物理学会第二十九届年会，中国云南昆明，2013［C］．中国地球物理学会．

[10] 王敏．GPS观测结果的精化分析与中国大陆现今地壳形变场研究［D］．北京：中国地震局地质研究所，2009.

[11] 武艳强，江在森，王敏，等．GPS监测的芦山7.0级地震前应变积累及同震位移场初步结果［J］．科学通报，2013（20）：1910－1916.

[12] 徐锡伟，闻学泽，韩竹军，等．四川芦山7.0级强震：一次典型的盲逆断层型地震［J］．科学通报，2013，58（20）：1887－1893.

[13] 徐锡伟，陈桂华，于贵华，等．芦山地震发震构造及其与汶川地震关系讨论［J］．地学前缘，2013，20（3）：11－20.

[14] 曾祥方，韩立波，石耀霖．四川芦山 M_S7.0级地震震源机制解初步研究［J］．科技导报，2013，31（12）：15－18.

[15] 张竹琪，王伟涛，任治坤，等．芦山7.0级地震：特殊的弯曲断层地震［J］．科学通报，2013，58（20）：1933－1940.

[16] D Cheloni, N D'Agostino, E D'Anastasio, et al. Coseismic and initial postseismic slip of the 2009 M_W 6.3 L'Aquila earthquake, Italy, from GPS measurements［J］Geophysical Journal Internationa, 2010, 181（3）: 1539－1546.

[17] Tom Parson, Ji Chen, Kirb Ericy. Stress changes form the 2008 Wenchuan earthquake and increased hazard in the Sichuan Basin [J] Nature, 2008, 454: 500 –510.

[18] Wang R, Lorenzo – Martin F, Roth F. PSGRN/PSCMP—A new code for calculating co – and post – seismic deformation, geoid and gravity changes based on the viscoelastic – gravitational dislocation theory [J]. Comput Geosci, 2006, 32: 527 –541.

[19] Zaisen Jiang, Min Wang, Yanzhao Wang, et al. GPS constrained coseismic source and slip distribution of the 2013 $M_W6.6$ Lushan, China, earthquake and its tectonic implications [J] AGU Publications, doi: 10. 1002/2013GL058812.

2013 年四川芦山 M_S 7.0 地震前的重力变化

祝意青[1,2]　闻学泽[3,4]　孙和平[2]　郭树松[1]　赵云峰[1]

1. 中国地震局第二监测中心　西安 710054
2. 大地测量与地球动力学国家重点实验室　武汉 430077
3. 中国地震局地震预测研究所　北京 100036
4. 四川省地震局　成都 610000

摘　要：本文利用川西地区 2010—2012 年间的流动重力观测资料，系统分析了区域重力场变化及其与 2013 年 4 月 20 日四川芦山 7.0 级地震发生的关系。结果主要表明：① 区域重力场异常变化与北东向龙门山断裂带南段和北北西向马尔康断裂带在空间上关系密切，反映沿该两断裂带（段）在 2010—2012 年间发生了引起地表重力变化效应的构造活动或变形。② 芦山 7.0 级地震前，测区内出现了较大空间范围的区域性重力异常，而震源区附近产生了局部重力异常，沿龙门山断裂带南段形成了重力变化高梯度带，其中，宝兴、天全、康定、泸定、石棉一带重力差异变化达 $100 \times 10^{-8} \mathrm{ms}^{-2}$ 以上；这些可能反映芦山地震前，区域及震源区附近均产生与该地震孕育、发生有关的构造运动或应力增强作用。③ 重力场差分动态演化图像和重力场累积变化动态图像均反映芦山 7.0 级地震孕育过程的最后 2~3 年出现较显著的流动重力异常变化，可视为该地震的中期前兆信息；本文第一作者等也曾基于该流动重力异常变化在芦山 7.0 级地震前做过一定程度的中期预测，尤其是地点预测。本文的例子再次证明流动重力观测能较好地捕捉到强震孕育发生过程中，特别是该过程最后阶段的重力异常变化信息。因此，区域流动重力场观测对未来强震的中－长期预测，尤其是在发震地点的判定上具有优势。

关键词：川西地区　重力观测　重力变化　芦山地震　中期前兆

Gravity Changes before the Lushan, Sichuan, $M_S = 7.0$ Earthquake of 2013

Zhu Yiqing[1,2] Wen Xueze[3,4] Sun Heping[2] Guo Shusong[1] Zhao Yunfeng[1]

1) Second Crust Monitoring and Application Center, CEA, Xi'an 710054, China

2) State Key Laboratory of Geodesy and Earth's Dynamics, Institute of Geodesy and Geophysics, CAS, Wuhan 430077, China

3) Institute of Earthquake Science, CEA, Beijing 100036, China

4) Seismological Bureau of Sichuan Province, Chengdu 610000, China

Abstract: Using the observation data of relative gravity measurements in western Sichuan region from 2010 to 2012, we have systematically analyzed the spatial – temporal variation of the regional gravity field and their relation to the occurrence of the $M_S = 7.0$ Lushan earthquake on April 20, 2013. Our research mainly shows that: (1) Spatially the anomaly change of the regional gravity field are closely related to both the southern segment of the NE – trending Longmenshan fault zone and the NNW – trending Markang fault, suggesting that the active tectonic action or deformation happened along the two fault zones (or segments) during 2010 to 2012, which would have induced the variation in the ground gravity observation. (2) Before the $M_S = 7.0$ Lushan earthquake, regional gravity anomaly appeared in the whole study region and local gravity anomalies at and near the potential source area. Among the region and the areas with gravity anomalies, somewhere near Baoxing, Tianquan, Kangding, Luding and Shimian have had anomaly variations up to and over $100 \times 10^{-8} ms^{-2}$, apparently reflecting an enhancement of tectonic or stress's action in the study region and at and near the potential source area, that could be related to the preparation and occurrence of the earthquake. (3) The dynamic evolution patterns of the regional gravity changes and those patterns of cumulated gravity variations suggest that significantly anomalies of gravity variations in the relative gravity measurements appeared indeed in the last 2 to 3 years in the preparation of the $M_S = 7.0$ Lushan earthquake, and such an anomalies can be regarded as one of the medium – term precursory of the earthquake. In a certain degree, the first author of this paper and others once made a medium – term forecast before the Lushan earthquake, especially made a forecast for the locality the earthquake to occur, based on the anomaly gravity variations. The case studied in this article demonstrates again that through relative gravity survey people can catch anomaly gravity variation that would be related to the process of earthquake preparation, especially to those anomaly variations appear in the last stage of the process. Therefore, relative gravity survey has unique advantages in the medium – to long – term earthquake forecast, especially for forecasting localities of potential earthquakes.

Key words：Western Sichuan，Gravity observation，Gravity variation，Lushan earthquake，medium – term precursor

1 引　　言

2013 年 4 月 20 日，四川省雅安市芦山县发生 M_S7.0 地震，震源深度约 13 千米。这是继 2008 年四川汶川 M_S8.0 大地震后在 NE 向龙门山断裂带上发生的又一次强烈地震。芦山地震前，中国地震局系统在四川开展过多期流动重力观测，并基于观测到的重力异常变化，提出中期预测意见，具体如下。发震时间：2013 年；发震地点：川西宝兴、天全、康定、泸定、石棉一带［以（30.2°N，102.2°E）为中心，半径 100km 范围内］；震级：6 级左右。可以看出，基于流动重力观测的分析作出的中期预测，与 2013 年 4 月 20 日四川芦山发生的 M_S7.0 地震（30.3°N，103.0°E）对应较好，尤其是在地点的预测上，预测的危险区中心位置距离中国地震台网测定的芦山 7.0 级地震震中相距不到 80km。在此之前的相关研究表明，基于流动重力观测资料曾对 2008 年四川汶川 8.0 级地震作出一定程度的中期预测[1-3]，预测危险区的中心位于汶川映秀至北川之间，即位于汶川地震主破裂带的中心，距离中国地震台网测定的汶川地震震中小于 75km。这表明，依据区域重力场时 – 空变化的分析，可以开展强震中期预测的探索，尤其是强震可能发生地点的判定，这在地震三要素预测中尤为重要。因此，系统分析研究 2013 年四川芦山 M_S7.0 地震前的重力场时空变化特征，对认识强震的蕴育发生规律，捕捉地震前兆，开展强震中期预测的应用研究具有现实意义。

本文拟利用川西地区 2010—2012 年间的流动重力观测资料，系统分析区域重力场变化及其与 2013 年 4 月 20 日四川芦山 7.0 级地震发生的关系。

2 重力观测与资料处理

自 1986 年起，地震系统采用高精度 LCR – G 型重力仪在川西地区开展每年 1 期的流动重力测量，承担观测任务的是四川省地震局测绘工程院。考虑到早期的川西重力测网主要沿鲜水河—安宁河—则木河断裂带布设，大都是支线联测，整个测网形态对主要活动构造带的覆盖面较窄，对区域重力变化的空间控制能力较差[4]，从而难以满足强震监测预报的需要[5-6]，2008 年汶川地震后，地震系统加强流动重力观测，对全国地震重点危险区进行每年 2 期的重力测量，并对南北地震带地区（含川西）和大华北地区的重力网进行优化改造[7-8]。其中，2010 年起对川西重力测网进行了改造、扩建与完善，形成覆盖整个川西主要构造带的、新的重力监测网（图 1）。2013 年芦山 7.0 级地震发生在 2010 年优化改造后的重力监测网区域内。本文主要分析 2010 年以来川西地区的重力场变化。

对资料的处理：① 对新优化的川西测网的流动重力观测资料，采用《LGADJ》程序进行自由网平差，以获得测网中心基准下的重力变化。② 平差计算时，先对多期重力观测资料计算结果进行整体分析，初步了解各台仪器的观测精度后，合理确定各台仪器的先验方差，再重新平差计算，以得到合理解算结果。③ 用最小二乘配置对重力观测数据进

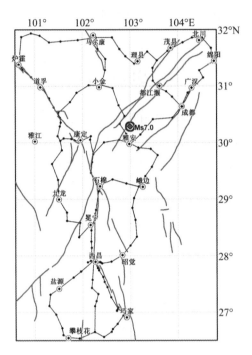

图 1　川西地区重力测量路线及活动断裂略图

行拟合推估，以便突出显示构造因素的重力效应。各期资料的平差精度见表 1。各测点重力测值的平均精度均优于 $10 \times 10^{-8} \mathrm{ms}^{-2}$，反映观测资料质量可靠。

表 1　川西地区重力测量资料情况（LCR – G 型重力仪）

使用仪器	观测时间	点值平均精度/ ($10^{-8}\mathrm{ms}^{-2}$)	使用仪器	观测时间	点值平均精度/ ($10^{-8}\mathrm{ms}^{-2}$)
G829、G843	2010 年 9 月	9.3	G843、G1132	2012 年 5 月	5.9
G854、G1132	2011 年 3 月	9.0	G843、G1132	2012 年 10 月	5.9
G843、G1132	2011 年 10 月	9.0			

3　芦山地震前的区域重力场动态图像

3.1　重力场差分动态变化图像

2010 年以来，四川地震局每年对川西重力网进行 2 期观测。图 2 是研究区相邻两期区域重力场的差分图像。图 2 表明：

① 2010 年 9 月—2011 年 3 月，研究区重力变化总体表现为自西向东由负向正的态势。测区中部的九龙—石棉—雅安一带重力的空间变化最为剧烈，并在九龙、雅安附近形成一负一正两个重力变化异常区，最大差异变化达 $120 \times 10^{-8} \mathrm{ms}^{-2}$，并在两异常区之间的康定—石棉之间沿鲜水河断裂带南形成一北北西向的重力变化高梯度带［图 2（a）］。

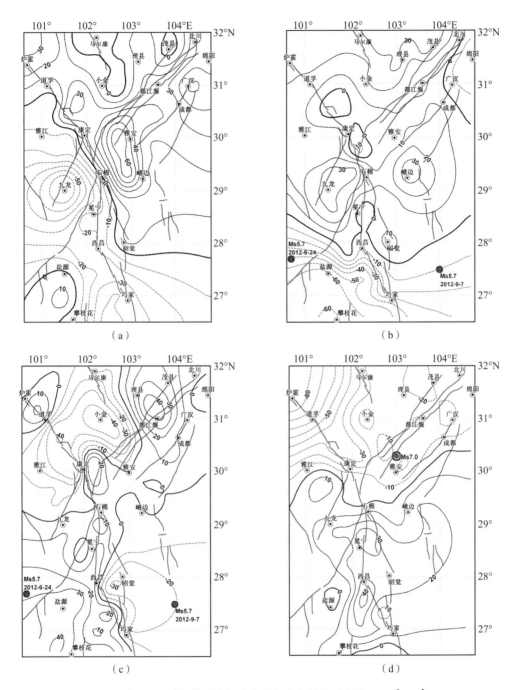

图 2 川西不同时段的重力场差分动态变化图像（单位：$10^{-8}\mathrm{ms}^{-2}$）

（a）2010 年 9 月—2011 年 3 月；（b）2011 年 3 月—2011 年 10 月；
（c）2011 年 10 月—2012 年 5 月；（d）2012 年 5 月—2012 年 10 月

② 2011 年 3 月—2011 年 10 月，研究区重力场总体态势由上期的自西向东由负向正的趋势变化转为自南向北由负向正的趋势变化。大致以冕宁为界，测区南部主要表现为重力负值的趋势变化，测区北部则表现为多个 $+30 \times 10^{-8}\mathrm{ms}^{-2}$ 局部重力异常变化，其中，九龙

地区由上期局部负值异常转为局部正值异常，峨边地区重力持续正值异常变化。仔细分析，还可发现此期间测区南部重力变化也较为剧烈，并在盐源、巧家一带出现重力变化高梯度带，2012 年 6 月 24 日四川盐源 5.7 级地震（27.7°N，100.7°E）和 2012 年 9 月 7 日云南彝良 5.7 级地震（27.5°N，104.0°E）发生在这一重力变化高梯度附近，反映本期重力场的变化对这两次中强地震的发生也有一定程度的反映 [图 2（b）]。

③ 2011 年 10 月—2012 年 5 月，重力变化表现出一种新的态势，反映分区变化。以冕宁、峨边一线为界，测区南部主要表现为自西向东由正向负的趋势变化，盐源、巧家一带上期出现的近东西向的重力变化高梯度带发生了转向，变为西昌、巧家近南北向的重力变化高梯度带，2012 年 6 月盐源 5.7 级和 2012 年 9 月彝良 5.7 级地震发生在重力高梯度带发生转折的时段。测区北部，康定、雅安以北地区重力变化较为剧烈，雅江、小金地区出现重力负值变化异常区，都江堰出现重力正值变化异常区，并沿北北西向的马尔康（或称抚边河）断裂带和北东向的龙门山断裂带南段出现重力变化高梯度带 [图 2（c）]。

④ 2012 年 5 月—2012 年 10 月，研究区重力变化显著，重力变幅在（−80～40）× 10^{-8}ms^{-2} 之间，总体变化态势表现为自北向南由负向正的趋势，且在趋势性变化中于雅安附近地区出现两个局部点的低值异常变化。与前一时段相比，雅安地区以及龙门山断裂带几乎不存在明显的重力变化，显示出区域重力场时−空变化中的局部"硬化"现象 [图 2（d）]。

3.2　重力场累积动态变化图像

为了分析研究较长时段的区域重力场累积变化特征，我们以 2010 年 9 月川西网观测资料为时间基准，分别绘制了各测期相对首期的区域重力场累积变化动态图像（图 3）。图 3 表明：

① 2010 年 9 月—2011 年 3 月，区域重力场空间变化情况同图 2（a）时段的特征，突出特点之一是 2013 年芦山 7.0 级地震的孕育部位处于雅安重力变化正异常区北界附近沿龙门山断裂带南段的重力变化梯度带上 [图 3（a）]。

② 2010 年 9 月—2011 年 10 月，区域重力变化表现为康定以北重力正值变化较为平缓，康定以南重力变化总体态势表现为自西向东由负向正，并在雅安、峨边地区产生 $+60\times10^{-8}\text{ms}^{-2}$ 以上的重力变化局部异常区；冕宁、峨边一带重力差异变化最大达 $110\times10^{-8}\text{ms}^{-2}$，并在龙门山断裂带南段和石棉、昭觉、巧家附近沿鲜水河断裂带南段形成重力变化高梯度带。与此同时，盐源、巧家一带出现的重力剧烈变化及近东西向的重力变化高梯度带，可能是 2012 年四川盐源 5.7 级和云南彝良 5.7 级地震前的反映 [图 3（b）]。

③ 2010 年 9 月—2012 年 5 月，整个测区重力变化剧烈而又复杂，具有分区现象。以冕宁、峨边一线为界，测区南部主要表现为自南向北由负向正的趋势性变化，并在盐源附近出现局部重力异常变化，这可能是 2012 年 6 月盐源 5.7 级地震前的反映。测区北部重力变化较为复杂，雅江、小金地区出现重力负值变化异常区，都江堰、峨边分别出现 2 个重力正值变化异常区，并在马尔康—芦山之间地区沿北北西向的马尔康（抚边河）断裂带、在芦山—康定之间地区沿北东向龙门山断裂带南段，以及在康定—石棉之间地区沿北

北西向鲜水河断裂带南段出现重力变化高梯度带［图3（c）］。至此，区域重力场的变化较清楚反映了2013年芦山地震前龙门山断裂带南段及其以南的活动块体边界带发生了引起地表重力变化效应的构造运动或形变［图3（a）、（b）、（c）］。

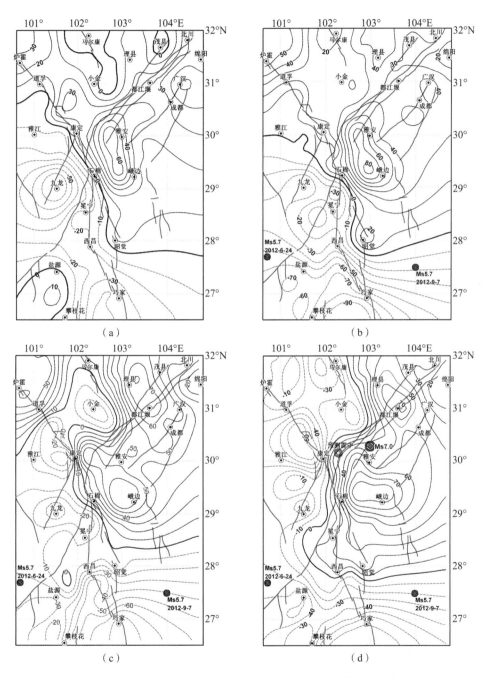

图3　川西重力场累积变化动态图像（单位：$10^{-8}\mathrm{ms}^{-2}$）

（a）2010年9月—2011年3月；（b）2010年9月—2011年10月；

（c）2010年9月—2012年5月；（d）2010年9月—2012年10月

④ 2010 年 9 月—2012 年 10 月，研究区重力变化非常显著，变化总体态势表现为自西向东由负向正的趋势，变幅在（−50~80）×10^{-8}ms^{-2}之间。其中，区域性重力异常表现为与测区主要活动断裂带走向基本一致的重力变化高梯度带，并在康定北、雅安及都江堰等地区产生可能与地震孕育发生有关的多点局部重力异常区。2013 年 4 月 20 日芦山 7.0 级地震发生在沿北北西向马尔康断裂（抚边河）以及沿北东向龙门山断裂带南段出现的重力变化高梯度带的汇合区附近，即在雅安和都江堰两个重力正变化异常区过渡带之间的重力高梯度带拐弯部位附近。这与已有研究关于强震中期危险区位置与重力异常区关系的认识基本一致[9-12]，即强震一般发生在重力变化的局部异常、高梯度带以及梯度带的拐弯部位。

4 重力变化与芦山 7.0 级地震

以上分析区域重力场差分动态图像（图 2）可以发现，2013 年 4 月 20 日芦山 7.0 级地震前测区的重力变化具有一定的分区性，以北纬 28°为界，测区北部 2010 年 9 月—2011 年 3 月区域重力场主要表现为自西向东由负向正的有序性变化，并在芦山地震的震中区附近出现 +60×10^{-8}ms^{-2} 的重力变化异常区及重力变化梯度带；2010 年 11 月—2011 年 10 月，九龙地区重力变化由上期负值转为正值变化，震中及其附近的峨边地区持续重力正值变化，雅安地区重力变化较低；2011 年 10 月—2012 年 5 月沿马尔康（抚边河）断裂和龙门山断裂南段出现重力变化梯度带，并在小金、都江堰和康定出现多个局部重力变化异常区，芦山震中位于多个异常区伴生的重力变化梯度带的转弯部位；2012 年 5 月—2012 年 10 月期间区域重力场出现自西向东由负向正的趋势性变化，并在震中地区出现低值变化的局部重力异常。重力场差分动态图像较好地反映了芦山 7.0 级地震前震中附近的重力变化，是一个由重力正值异常区→重力异常区变化持续增加→沿相关活动构造带出现重力变化梯度带→局部"硬化"的重力异常的演化过程。另外，区域重力场的变化对测区南部 2012 年发生的四川盐源 5.7 级和云南彝良 5.7 级地震也有一定程度的反映。

分析区域重力场累积动态图像（图 3）可以看出，2010 年 9 月—2012 年 10 月的累积重力场［图 3（d）］的异常变化可分为三级。一级变化为自西向东、从川西高原向四川盆地由负向正的趋势性变化，主要反映芦山 7.0 级地震前区域应力场增强引起的大空间尺度重力场的有序性变化；二级变化表现为一级场变化中较大范围的重力异常区（雅江至小金地区的重力负异常区、峨边至雅安地区的重力正异常区），以及区域重力场趋势变化中的大型突变，即研究区内沿马尔康（抚边河）断裂、龙门山断裂带南段和安宁河活动断裂带出现的延伸长、变幅大的重力变化梯度带。重力场的一、二两级异常变化的总体空间格局与研究区布格重力背景场的异常变化同向[13-14]，从而应是区域与深部构造运动、物质变迁以及地块/块体差异构造运动的结果，较好地反映了芦山地震前研究区内地壳构造运动强烈，并以继承性运动为主[9-10]。重力场三级异常变化为二级变化中的较大范围正、负重力异常区中的相对起伏，以及二级变化中的区域性重力梯度带中具有不同梯度的段落。例如，川西高原除了整体表现出大面积的重力负异常区（二级变化）外，还在区内出现康定和小金 2 个局部的、不同值的重力负异常区（三级变化）；四川盆地除了整体表现出大面积的重力正异常区（二级变化）外，也在区内出现雅安和都江堰 2 个局部的、不同值的重力正异常区（三级变化），芦山震中位于正、负重力异常区伴生的与龙门山断裂带走向基本一致的重力变化高梯度带上、重力变化等值线拐弯的地区，较好地反映了强震中期危险地点与区域重力场的局部异常、高梯度带及其拐弯、交汇部位有关[9-11]。此外，芦山震中还处在雅安和都江堰两个重力正变化异常区的过渡带之间的相对低值变化地区，表明震中区附近在震前存在重力变化的相对闭锁。

已有研究表明，与特定地震构造有关的一次强震的发生，会引起地下应力的重新排列或分布，导致附近或相邻断裂（段）应变积累的非线性加速，从而促使那里的潜在强震提前发生[15-17]。2013 年的芦山 7.0 级地震发生在 NE 向龙门山断裂带南段，与发生过 2008 年汶川 8.0 级地震破裂的龙门山断裂带中-北段相邻。从图3（d）中可以看出，芦山 7.0 级地震发生在都江堰和雅安两个局部重力异常区的过渡带之间，其中，都江堰出现的 $+70 \times 10^{-8} ms^{-2}$ 重力变化异常区及伴生的重力变化高梯度带，应是汶川 8.0 级大震后恢复调整的效应。因此，我们认为，2008 年汶川 8.0 级地震孕育发生和震后恢复调整，对川西地区重力场动态变化以及对 2013 年芦山 7.0 级地震的发生具有重要影响，即有一定的促震作用。

5　结论与讨论

2013 年 4 月 20 日四川芦山 M_S7.0 级地震发生在 NE 向龙门山断裂带南段。本文已给出震前 3 年的区域重力场变化图像，并初步分析了区域与震区附近的重力场演化特征及其与芦山地震的关系，获得的主要认识如下。

（1）2013 年芦山地震前，位于 2008 年汶川震中附近的都江堰地区出现汶川大震后恢复调整变化的局部重力异常，在龙门山断裂带南段出现沿断裂带分布的重力变化高梯度带及剧烈差异运动。这表明汶川 8.0 级地震后、芦山 7.0 级地震前的主要构造变形与能量积累在龙门山断裂带南段上，汶川 8.0 级地震的恢复调整对芦山 7.0 级地震孕育发生具有一定的促进作用。

（2）川西重力网的流动重力观测资料显示 2013 年芦山 7.0 级地震前出现较好的中期前兆性变化图像，即区域重力场变化既呈现大尺度空间范围的有序性，又有相对小尺度的局部集中性［图3（d）］，芦山地震发生在雅安重力变化正异常区（反映能量的积累）及沿龙门山断裂南段出现的重力变化高梯度带（反映有利于地震破裂的部位）上。

（3）流动重力资料对 2008 年汶川 8.0 级大震和 2013 年芦山 7.0 级强烈地震震中地点的判定，证实区域重力场观测对未来强震震中位置的判定具有独到的优势。强震易发生在重力变化正、负异常区过渡的高梯度带上，并考虑地震构造活动情况（大震易发生在活动块体边界活动构造带内）。这是由于重力变化高梯度带是物质密度增大与减小的过渡地带，该处产生的物质增减差异运动剧烈，易产生剪应力而首先破裂，从而诱发地震。芦山 7.0 级地震发生在龙门山断裂带南段重力变化高梯度带发生弯曲的部位。

本文的工作得到了四川地震局测绘工程院同仁们的支持和帮助，谨此致谢。

参 考 文 献

[1] Zhu Y, Zhan F B, Zhou J, et al. Gravity Measurements and Their Variations before the

2008 Wenchuan Earthquake, BSSA, 2010, 100 (5B): 2815 – 2824.

［2］ 祝意青，梁伟锋，徐云马，等. 汶川 $M_S8.0$ 地震前后的重力场动态变化. 地震学报，2010，32（6）：633 – 640.

Zhu Yiqing, Liang Weifeng, Xu Yunma, et al. Dynamic variation of gravity field before and after Wenchuan $M_S8.0$ earthquake. Acta Seismologica Sinica (in Chinese), 2010, 32 (6): 633 – 640.

［3］ 祝意青，梁伟锋，徐云马. 重力资料对 2008 年汶川 $M_S8.0$ 地震的中期预测. 国际地震动态，2008，（7）：36 – 39.

Zhu Yiqing, Liang Weifeng, Xu Yunma. Medium—Term prediction of $M_S8.0$ earthquake in Wenchuan, Sichuan by mobile gravity. Recent Developments in World Seismology (in Chinese), 2008, (7): 36 – 39.

［4］ 祝意青，苏琴，梁伟锋，等. 川西地区重力变化与汶川地震. 大地测量与地球动力学，2010，30（2）：1 – 5.

Zhu Yiqing, Su Qin, Liang Weifeng, et al. Gravity variation of western Sichuan area and Wenchuan earthquake. Journal of geodesy and geodynamics (in Chinese), 2010, 30 (2): 1 – 5.

［5］ 贾民育，詹洁辉. 中国地震重力监测体系的结构与能力. 地震学报，2000，22（4）：360 – 367.

Jia Minyu, Zhan Jiehui. The structure and ability of the china seismological gravity monitoring system. Acta Seismologica Sinica (in Chinese), 2000, 22 (4): 360 – 367.

［6］ 祝意青，王庆良，徐云马. 我国流动重力监测预报发展的思考. 国际地震动态，2008，（9）：19 – 25.

Zhu Yiqing, Wang Qingliang, Xu Yunma. Thoughts on the development of Earthquake Monitoring and Prediction in mobile gravity. Recent Developments in World Seismology (in Chinese), 2008, (9): 19 – 25.

［7］ 李辉，徐如刚，申重阳，等. 大华北地震动态重力监测网分形特征研究. 大地测量与地球动力学，2010，30（5）：15 – 18.

Li Hui, Xu Rugang, Shen Chongyang, et al. Fractal characteristics of seismological dynamic gravity network in northern China. Journal of geodesy and geodynamics (in Chinese), 2010, 30 (5): 15 – 18.

［8］ 祝意青，闻学泽，张晶，等. 华北中部重力场的动态变化及其强震危险含义. 地球物理学报，2013，56（2）：531 – 541.

Zhu Yiqing, Wen Xueze, Zhang Jing, et al. Dynamic variation of gravity field in middle North China and its implication for seismic potential. Chinese J. Geophys (in Chinese), 2013, 56 (2): 531 – 541.

［9］ 祝意青，李辉，朱桂芝，等. 青藏块体东北缘重力场演化与地震活动. 地震学报，2004，26（增）：71 – 78.

Zhu Yiqng, Li Hui, Zhu Guizhi, et al. Gravity Evolution and Earthquake Activities of the

Northeastern Edge of Qinghai – Tibet Block. Acta Seismologica Sinica（in Chinese），2004，17（Supp.）：71 – 78.

［10］祝意青，徐云马，吕弋培，等．龙门山断裂带重力变化与汶川8.0级地震关系研究．地球物理学报，2009，52（10）：2538 – 2546.

Zhu Yiqing, Xu Yunma, et al. Relations between gravity variation of Longmenshan fault zone and Wenchuan M_S8.0 earthquake. Chinese J Geophys（in Chinese），2009，52（10）：2538 – 2546.

［11］祝意青，胡斌，朱桂芝，等．民乐6.1、岷县5.2级地震前区域重力场变化研究．大地测量与地球动力学，2005，25（1）：24 – 29.

Zhu Yiqing, Hu Bin, Zhu Guzhi, et al. Research on the Variation of Gravity Field before Minle M_S6.1 and Minxian M_S5.2 Earthquakes. Journal of Geodesy and Geodynamics（in Chinese），2005，25（1）：24 – 29.

［12］祝意青，梁伟锋，陈石，等．青藏高原东北缘重力变化机理研究．大地测量与地球动力学，2012，32（3）：1 – 6.

Zhu Yiqing, Liang Weifeng, Chen Shi, et al. Study on mechanism of gravity field change in northeastern margin of Qinghai – Tibet peateau. Jouenal of Geodesy and Geodynamics（in Chinese），2012，32（3）：1 – 6.

［13］楼海，王椿镛，吕智勇，等．2008年汶川 M_S8.0级地震的深部构造环境．中国科学（D辑），2008，38（10）：1207 – 1220.

Lou Hai, Wang Chunyong, Lou Zhiyong, et al. Deep tectonic condition of the M_S8.0 Wenchuan earthquake of Sichuan, China. Science in China（Series D）（in Chinese），2008，38（10），1207 – 1220.

［14］张季生，高锐，曾令森，等．龙门山及邻区重、磁异常特征及与地震关系的研究．地球物理学报，2009，52（2）：572 – 578.

Zhang Jisheng, Gao Rui, Zeng Lingsen, et al. Relationship between characteristics of gravity and magnetic anomalies and the earthquake in Longmenshan range and adjacent areas. Chinese J Geophys（in Chinese），2009，52（2），572 – 578.

［15］顾功叙，Kuo J T，刘克人，等．中国京津唐张地区时间上连续的重力变化与地震的孕育和发生．科学通报，1997，42（18）：1919 – 1930.

Gu Gongxu, John T Kuo, Liu Keren, et al. Seismogenesis and occurrence of earthquakes as observed by temporally continuous gravity variations in China. Chinese Science Bulletin（in Chinese），1997，42（18）：1919 – 1930.

［16］Chen Y T, Gu H D, Lu Z X. Variations of gravity before and after the haicheng earthquake, 1975, and the tangshan earthquake, 1976. Physics of the Earth and Planetary Interiors, 1979, 18（4）：330 – 338.

［17］M7专项工作组．中国大陆大地震中 – 长期危险性研究．北京：地震出版社，2012.

Working group of M7. Study on the Mid – long – Term Potential of large earthquakes on the Chinese continent（in Chinese）. Beijing：Seismological Press, 2012.

附录　参考答案

第2章答案

一、判断题

1. √　2. √　3. √　4. √　5. √　6. √　7. √　8. ×　9. ×　10. ×　11. √
12. ×　13. √　14. √　15. √　16. √　17. √　18. ×　19. ×　20. √　21. √　22. ×
23. ×　24. √　25. √

二、单选题

1. B　2. A　3. A　4. C　5. C　6. A　7. B　8. D　9. D　10. B　11. C　12. C　13. D　14. C

三、多选题

1. DEF　2. ABD　3. ACEF　4. AC　5. ACEFG　6. BC　7. ABC　8. CD　9. ACD　10. ABCD

第3章答案

一、选择题

1. A　2. ABC　3. B　4. BC　5. A　6. A　7. B　8. D

二、简答题

1. 答：LCR－PET 重力仪是一种全自动型重力仪，是在 LCR－G 型基础上改进而成的。

2. 答：DZW 重力仪的恒温精度：日变化小于 $0.0001\,℃$，月变化小于 $0.0004\,℃$

3. 答：DZW 重力仪的恒温功率为 $15\,W$。

4. 答：GS 型重力仪共有两层恒温。

5. 答：GS 型重力仪测程范围：直接测程不小于 $2\times10^{-5}\,ms^{-2}$，可调测程 $7\times10^{-2}\,ms^{-2}$。

6. 答：GS 型重力仪标定面板常数取 4 位有效数字，标定的相对中误差 $\leqslant1\times10^{-3}$。

7. 答：电磁标定结束后，一定要将"标定"开关放在"关"的位置上。

8. 答：（1）水泡位置的检验与调整。（2）光电比的测定。（3）正式记录前和检修仪器后，应确定零漂情况。

9. 答：DZW 重力仪有 3 层恒温。

10. 答：DZW 重力仪弹性系统采用垂直悬挂方式，质量平移式结构。

11. 答：我国流动重力测量目前普遍采用拉科斯特重力仪，我国在 1980 年代中期开始引进。

12. 答：当重力使质量块偏离平衡位置时，通过调节度盘使其回复到电流计零位（平衡位置），由度盘读出读数，获取相对重力变化。

13. 答：LCR 重力仪观测精度：优于 $1 \times 10^{-7} \mathrm{ms}^{-2}$。

14. 答：LCR 重力仪测程范围：直接测程不小于 $2 \times 10^{-3} \mathrm{ms}^{-2}$，可调测程 $7 \times 10^{-2} \mathrm{ms}^{-2}$。

15. 答：LCR – G 型重力仪格值检测标定包括检测格值一次项系数的长基线标定和检测格值周期项的短基线标定两种检测标定。

16. 答：性能检验包括：（1）仪器漂移特性；（2）外界磁场对重力仪观测结果的影响；（3）大气压力变化对重力仪观测结果的影响；（4）环境温度变化对重力仪观测结果的影响。

17. 答：在测量过程中，要保持纵、横水准器严格居中。

18. 答：锁摆和关照明灯。即测量结束后，按顺时针方向缓慢旋转锁摆夹固旋钮，直至仪器摆被锁紧为止，关闭照明灯。

19. 答：激光绝对重力仪利用自由落体原理，采用上抛下落或直接下落的方式。

20. 答：绝对重力仪准确度为 $5.0 \times 10^{-8} \mathrm{ms}^{-2}$。

21. 答：绝对重力仪测程范围为 $9.76 \sim 9.83 \mathrm{ms}^{-2}$。

22. 答：采用了具有 $30 \sim 60\mathrm{s}$ 长周期超长弹簧系统来减小微震干扰，以提高观测精度。

23. 答：绝对重力仪的标定主要是对激光管时钟频率的标定和比对。

24. 答：超导重力仪的超导小球的位置由电容位移传感器来测定，并通过电子反馈系统使其归零。

25. 答：超导重力仪的准确度优于 $1.0 \times 10^{-8} \mathrm{ms}^{-2}$。

26. 答：超导重力仪的测程范围：直接测程 $1 \times 10^{-5} \mathrm{ms}^{-2}$，全球可调。

27. 答：超导重力仪的采样率不低于 1 次/s。

28. 答：超导重力仪温度变化可用安在铜球上呈支撑线圈形式的锗电阻温度计来测量，分辨力达 $10^{-6}\mathrm{K}$。

29. 答：日常监测工作评分包括三部分，其内容和所占百分比分别是：A. 仪器运行（40分）；B. 日常观测与资料整理（50分）；C. 资料报送与年度总结（10分）。

30. 答：评比总分 = 日常监测工作评比分 ×60% + 资料质量指标评比分 ×40%。

31. 答：当评比总分≥90 分时方可确认为优秀。

第 4 章答案

一、判断题

1. √　2. ×　3. ×　4. √　5. √　6. ×　7. ×　8. √　9. ×　10. ×　11. ×
12. ×　13. √　14. √　15. √　16. ×　17. √

二、选择题

1. C　2. B　3. A　4. B　5. A　6. A　7. A　8. A　9. B　10. B　11. B　12. A

13. B 14. D 15. A 16. B 17. C 18. C 19. B 20. C 21. A 22. A 23. D 24. B
25. A 26. B 27. D 28. A 29. D 30. A 31. D 32. B 33. A 34. D 35. B 36. C
37. A 38. C 39. A 40. B 41. D

第5章答案

一、单选题

1. B 2. A 3. B 4. A 5. A 6. C 7. D 8. A 9. B 10. A 11. D
12. B 13. A 14. A 15. C 16. C 17. C 18. B 19. A 20. C 21. D 22. A
23. B 24. A 25. C

二、多选题

1. ACD 2. ABCD 3. ABC 4. ABDEF 5. ABC 6. ABCDE

三、判断题

1. √ 2. × 3. √ 4. √ 5. √ 6. √ 7. √ 8. ×

四、填空题

1. GPS，BDS（北斗），GLONASS（格洛纳斯）

2. Bernese、GIPSY

3. 原子钟（或原子频标）

4. 地壳形变，动力学

五、简答题

1. 答：按接收机运动状态分为动态定位和静态定位方式，按参考点的不同分为绝对定位和相对定位方式。

2. 答：主要有地壳运动速度场、应力应变场、活动断层闭锁程度、跨断层基线变化等。

3. 答：接收机在连续跟踪卫星信号时，由于某种原因（如信号被遮拦、无线电干扰等原因），接收机的计数器在累计工作期间产生中断，使得载波相位发生整周跳变，但其中不足一周的部分仍保持不变，这个整周跳变称为周跳。

六、计算题

答：
$$L_1 = c(t-t_1) = \sqrt{(x-x_1)^2+(y-y_1)^2+(z-z_1)^2}$$
$$L_2 = c(t-t_2) = \sqrt{(x-x_2)^2+(y-y_2)^2+(z-z_2)^2}$$
$$L_3 = c(t-t_3) = \sqrt{(x-x_3)^2+(y-y_3)^2+(z-z_3)^2}$$
$$L_4 = c(t-t_4) = \sqrt{(x-x_4)^2+(y-y_4)^2+(z-z_4)^2}$$

第 6 章答案

一、判断题

1. √   2. √   3. √   4. √   5. √   6. √   7. √   8. √   9. √   10. √

二、单项选择题

1. C   2. C   3. C   4. C   5. C   6. D   7. C   8. B   9. B   10. B

三、多选题

1. ABC   2. AB   3. BCD   4. ABCD   5. ABCD   6. ABC   7. ABCDEFG   8. ABC   9. ABCDE
10. ABC

四、计算题

1. $h_{AB} = a - b = 1.46851 - 1.27494 = 0.19356 (\text{m})$

2. 往测高差 $h_{AB} = \Delta_1 + \Delta_2 + \Delta_3 + \Delta_4 = 0.22394 + (-0.44936) + 0.58790 + (-0.32690) = 0.03558 (\text{m})$；

   返测高差 $h_{BA} = \Delta_4 + \Delta_3 + \Delta_2 + \Delta_1 = 0.32671 + (-0.58795) + 0.44945 + (-0.22370) = -0.03549 (\text{m})$；

   所以 $h_{AB} = (往测 - 返测)/2 = 0.03554 \text{m}$。

五、简答题

1. 水准测量一测站操作程序（以奇数站为例）：
   (1) 首先将仪器整平（望远镜绕垂直轴旋转，圆气泡始终位于指标环中央）；
   (2) 将望远镜对准后视标尺（此时，标尺应按圆水准器整置于垂直位置），用垂直丝照准条码中央，精确调焦至条码影像清晰，按测量键；
   (3) 显示读数后，旋转望远镜照准前视标尺条码中央，精确调焦至条码影像清晰，按测量键；
   (4) 显示读数后，重新照准前视标尺，按测量键；
   (5) 显示读数后，旋转望远镜照准后视标尺条码中央，精确调焦至条码影像清晰，按测量键，显示测站成果，测站检核合格后迁站。

2. 跨断层水准测量成果通过验收后应提交的归档资料：
   (1) 水准观测记录数据和水准观测手簿；
   (2) 水准仪、水准标尺检验资料；
   (3) 跨断层水准测量观测成果表及图件；
   (4) 观测技术总结（按年度）；
   (5) 资料分析报告（按年度）；
   (6) 队级和省局级质量检查报告（含质量评定）；
   (7) 验收报告（含质量评定）。

3. 区域水准测量数据产品产出类型：

（1）垂直等值线图或位移速率等值线图；

（2）测线剖面图；

（3）点位高程变化图；

（4）立体形变图。

4. 数字水准仪的日常维护：

数字水准仪是较为昂贵的精密测量仪器，仪器除进行必要的检查外，还应注意日常维护，确保仪器能正常运转，在日常使用和维护中应注意以下几方面。

（1）各台站都应有专人使用和保管仪器，在使用仪器前，应认真阅读《操作手册》，了解仪器的使用要求。建议对使用者进行操作培训。

（2）作业人员应严格按《操作手册》的要求操作，使用时务必小心，不要磕碰，不要在危险的环境下使用仪器，脚架的中心螺旋应严格与仪器配套，严禁非专业人员打开仪器的外壳。

（3）作业时使用测伞，禁止太阳暴晒和雨淋，雷雨天不得作业。做好仪器的防潮、防霉，定期更换干燥剂。

（4）擦拭仪器的物镜和目镜时，只能用干净的软布、生棉和毛刷，禁止使用除纯酒精外的任何清洁液，不得用手指触摸仪器镜头。

（5）使用专用电池，出现仪器电池电量不足的警告提示后，应立即更换电池。更换电池时应先关机，插入时应注意电池的极性，电池盒盖一定要盖好，小心电池滑落。长期不用时取出电池，并按要求安放电池。

（6）仪器不用时应尽量放置在 $0 \sim +40℃$ 的环境下，使用前先在工作环境中晾放 30min 以上，再进行操作。

（7）给 DINI 数字水准仪专用电池充电须用专门的充电器。充电器不得给其他型号的电池充电，非专业人员不得打开和修理充电器。充电的环境温度为 $+10 \sim +30℃$。

（8）PC 卡中的数据应及时传出，传输时需用专用电缆。插入和取出 PC 卡和电池时一定要先关机，注意卡的方向。PC 卡长期不用时，应定期检查钮扣电池的电量，电量不足时及时插入仪器充电或更换。

（9）应定期检查仪器和标尺的圆气泡居中情况，定期为仪器校正视线。

（10）操作人员不要修改仪器的标识码和仪器号等内置数据。

（11）应注意标尺的维护，不使用时应尽量避免太阳的曝晒和雨淋，淋湿后应及时用干布擦拭干净。不要在因瓦带上划写，影响仪器的读取，安放时不要尺面朝下。合金外壳的因瓦标尺，在移动过程中应注意避开电力线和通信线等。

5. 区域水准测量观测资料成果验收和质量评定项目：

（1）观测精度；

（2）一级、二级、三级品的百分比；

（3）环线闭合差；

（4）水准仪及标尺检验；

（5）观测操作规程；

（6）成果记录整理；

（7）技术总结；

（8）质量检查报告。

第7章答案

一、判断题

1. √　2. √　3. √　4. √　5. √　6. √　7. √　8. √

二、单选题

1. C　2. C　3. A　4. A　5. C　6. A　7. A　8. A　9. A　10. B　11. A

12. D　13. C　14. A　15. A

三、多选题

1. ABC　2. ABC　3. ABC　4. ABC　5. ABC　6. AB　7. ABCD　8. ABC　9. AB　10. ABCDE

11. ABCD

四、简答题

1. 数字水准仪和电子测距仪的工作原理如下。

（1）数字水准仪：数字水准仪的工作原理是利用仪器内置的机械补偿器自动调平，将在一定范围内的倾斜视线自动纠正到水平位置，将水准标尺上的某一尺段条形编码成像在望远镜中，再通过控制面板上的按钮用传感器（DINI 仪器采用 CCD 传感器）测量影像，与内部存储的标准编码信号进行相关分析和比对，找到最佳重合位置，得到仪器的视高读数及仪器至标尺的距离，最后通过光电二极管阵列将信息转化成数字信号，将测量数据和计算信息显示在显示屏上，并将其自动记录在 PC 卡、内部存储器或者专用记录设备上。

（2）电子测距仪：电子测距即电磁波测距，它是以电磁波为载波，传输光信号来测量距离的一种方法。它的基本原理是利用仪器发出的光波（光速 C 已知），通过测定出光波在测线两端点间往返传播的时间 t 来测量距离 S，按这种原理设计制成的仪器叫作电磁波测距仪。

2. 跨断层观测资料成果验收依据和检查重点如下。

检查验收依据为：中震测函〔2015〕127 号《关于修订印发电磁、地下流体、地壳形变学科观测资料质量评比办法的通知》中的相关规定。

重点检查：仪器检验、操作规程、成果记录、成果取舍、观测精度、成果整理等，保证了观测资料成果的可靠性。

3. 跨断层观测场地建设中观测环境要求如下。

（1）距矿区、油气开采区的最近点距离应大于 5000m；

（2）观测场地不应建在填方区上；

（3）距大型抽注水站、大工厂、大型仓库及大型建筑物等的距离应大于 500m；

（4）距铁路的距离应大于 50m，距离公路的距离应大于 30m；

（5）距大树的距离应大于 10m。

4. 跨断层观测资料报送要求如下。

（1）每次观测结束后通过网络将观测成果上报中国地震局台网中心、学科技术管理部和省局相关部门。

（2）次月 5 日前，上报月成果表，报送中国地震局台网中心、学科技术管理部和省局相关部门。

（3）次年 1 月底以前，将《技术总结》和《分析报告》寄送学科技术管理部和省局相关部门。

（4）根据中国地震局和省局的验收评比安排，在规定的时间内向学科技术管理部和省局主管部门寄送验收评比资料。

（5）根据中国地震局台网中心、学科技术管理部和省局相关部门的管理要求，随时寄送相关的工作日志、仪器检验成果、原始观测手簿（使用数字水准仪时还应包括数据文件）和相关的图件、辅助观测资料。

5. 跨断层形变测量的特点如下。

物理意义明确，测量精度较高，产品稳定可靠，场地布设简单，便于组织观测，相对投资较小，设备、场地维护方便。

第 8 章答案

一、判断题

1. × 　 2. × 　 3. √ 　 4. × 　 5. √ 　 6. × 　 7. √ 　 8. √ 　 9. × 　 10. √ 　 11. √

12. √

二、选择题

1. BDE 　 2. C 　 3. C 　 4. B 　 5. BCD 　 6. E 　 7. ADE 　 8. C 　 9. ACEF 　 10. B 　 11. A 　 12. C

13. B

第 9 章答案

一、判断题

1. √ 　 2. √ 　 3. √ 　 4. × 　 5. × 　 6. √ 　 7. × 　 8. × 　 9. × 　 10. √ 　 11. √

12. × 　 13. √ 　 14. × 　 15. √ 　 16. × 　 17. √ 　 18. √ 　 19. √ 　 20. √ 　 21. √ 　 22. ×

23. × 　 24. √ 　 25. × 　 26. × 　 27. √ 　 28. √

二、选择题

1. BDE 　 2. AC 　 3. A 　 4. ACEF 　 5. B

彩　插

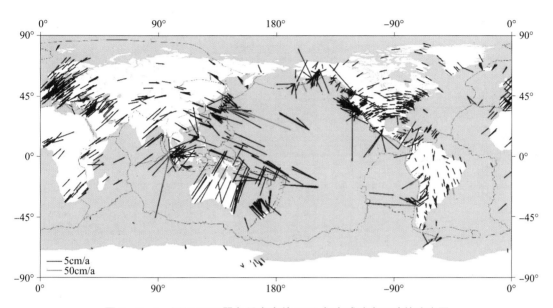

图 2 - 5 - 4　国际 GPS 服务局发布的 2005 年全球地壳运动的速度图

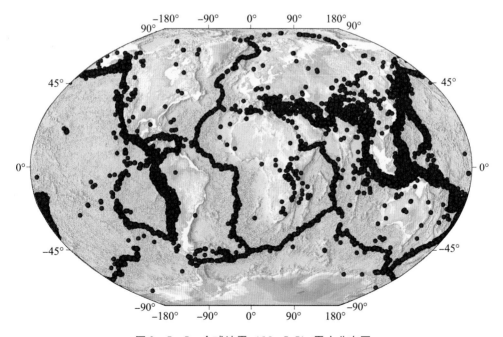

图 2 - 5 - 5　全球地震（$M > 5.5$）震中分布图

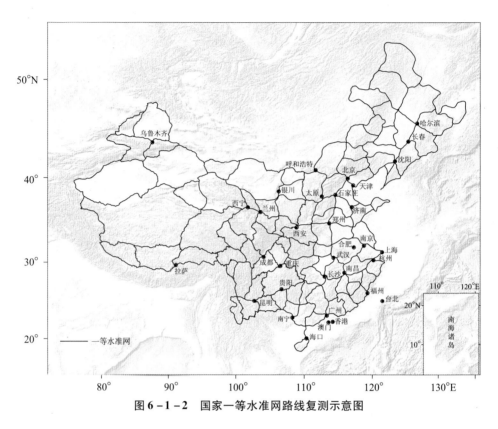

图 6-1-2　国家一等水准网路线复测示意图

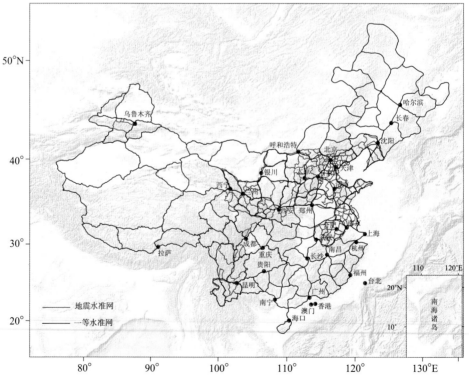

图 6-1-3　地震监测水准网布设示意图

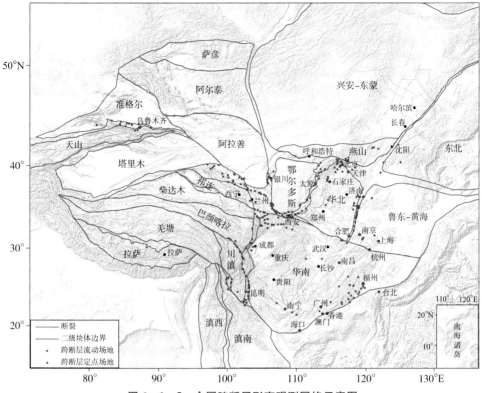

图6-1-5 全国跨断层形变观测网络示意图

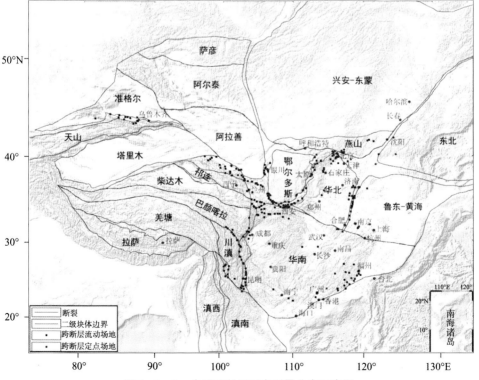

图7-1-1 全国跨断层形变测量分布示意图

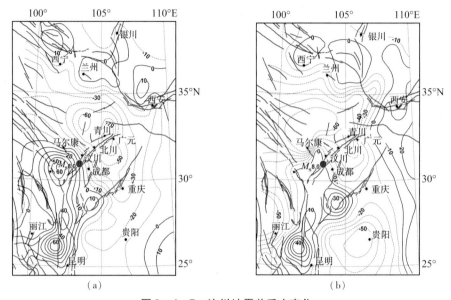

图 9 - 4 - 7　汶川地震前重力变化

（a）汶川地震前 3 年尺度变化（2002—2005）；（b）汶川地震前 7 年尺度变化（1998—2005）

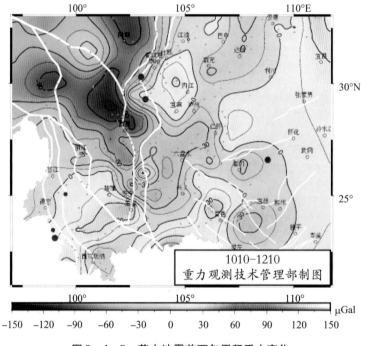

图 9 - 4 - 8　芦山地震前两年累积重力变化

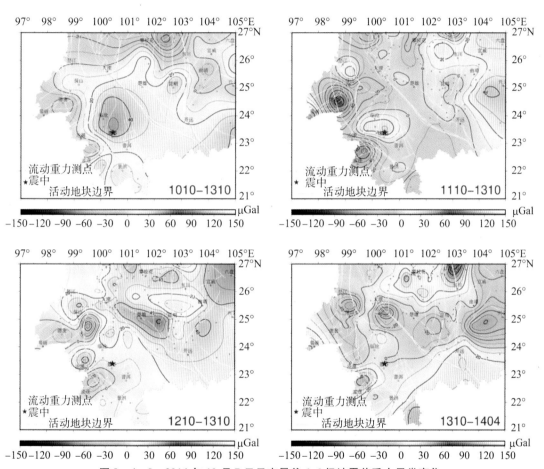

图 9 – 4 – 9 　 2014 年 10 月 7 日云南景谷 6.6 级地震前重力异常变化

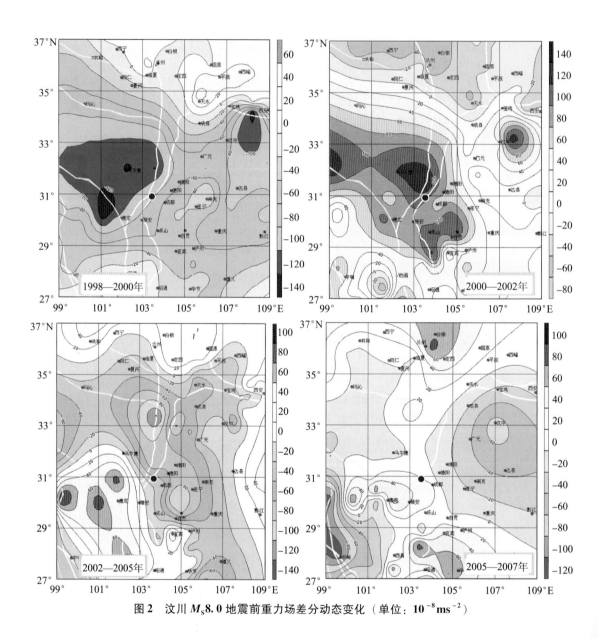

图 2　汶川 $M_S 8.0$ 地震前重力场差分动态变化（单位：$10^{-8} ms^{-2}$）

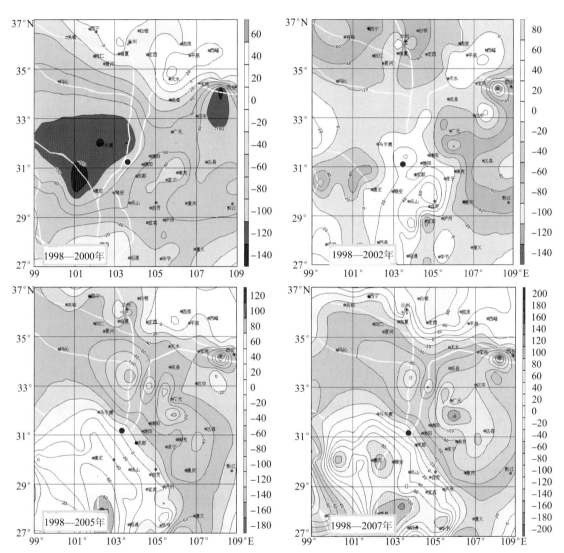

图 3 汶川 $M_S 8.0$ 地震前重力场累积动态变化（单位：$10^{-8} \mathrm{ms}^{-2}$）

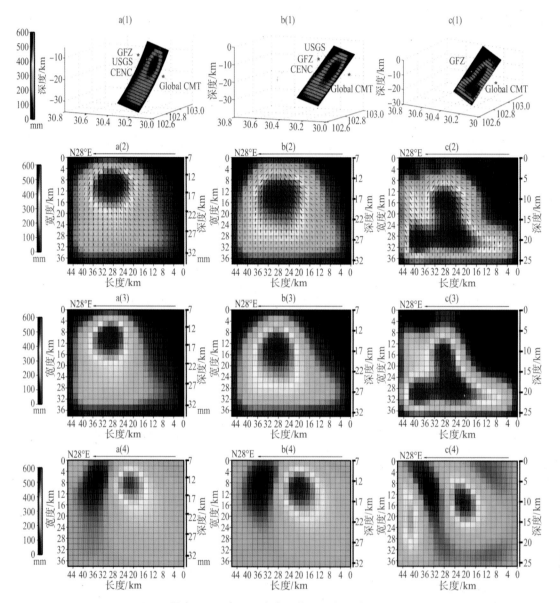

图 3　震中 50km 内采用方案 5 的不同断层模型反演结果

注：图 a 系列表示铲形盲逆断层反演结果，图 b 系列表示矩形盲逆断层反演结果，图 c 系列表示矩形地表
断层的反演结果；图（1）系列表示反演断层位错的三维展示，图（2）系列表示断层位错，
图（3）系列表示断层位错的倾滑分量，图（4）系列表示断层位错的走滑分量。